U0258908

『十三五』国家重点出版物出版规划项目
微分几何与拓扑学

国家出版基金项目
NATIONAL PUBLICATION FOUNDATION

徐森林　胡自胜　金亚东　薛春华　著

点集拓扑

中国科学技术大学出版社

内 容 简 介

本书是作者在点集拓扑方面几十年教学与研究的成果，内容丰富，层次分明.全书共3章，第1章介绍了拓扑空间与拓扑不变量，给出了相关的概念与定理，证明了重要的Urysohn引理、Tietze扩张定理与可度量化定理；第2章给出了各种构造新拓扑空间的方法，讨论了子拓扑空间的遗传性、有限拓扑积空间的有限可积性、拓扑积空间的可积性、商拓扑空间的可商性，并研究了映射空间 Y^X 的点式收敛拓扑、一致收敛拓扑与紧致-开拓扑；第3章引入了拓扑空间的基本群的概念，给出了8种计算基本群的方法，特别论述了覆叠空间理论，它是基本群计算的强有力的工具，同时，由底空间的基本群的子群的共轭类给出了覆叠空间的分类定理，还在一定条件下证明了万有覆叠空间的存在、唯一性定理，进而，对正则覆叠空间证明了：自同构群 $A(E,B,p)$ 与 $\pi_1(B,b_0)/p_*(\pi_1(E,e_0))$ 同构.

本书可供综合性大学与师范院校数学系本科生参考，也可供研究生和青年教师参考.

图书在版编目(CIP)数据

点集拓扑/徐森林，胡自胜，金亚东，薛春华著.—合肥：中国科学技术大学出版社，2019.6(2020.4 重印)
(微分几何与拓扑学)
国家出版基金项目
“十三五”国家重点出版物出版规划项目
ISBN 978-7-312-04571-4

Ⅰ.点…　Ⅱ.①徐…②胡…③金…④薛…　Ⅲ.一般拓扑　Ⅳ.O189.1

中国版本图书馆CIP数据核字(2018)第232939号

出版　中国科学技术大学出版社
安徽省合肥市金寨路96号，230026
http://press.ustc.edu.cn
https://zgkxjsdxcbs.tmall.com
印刷　合肥华苑印刷包装有限公司
发行　中国科学技术大学出版社
经销　全国新华书店
开本　787 mm×1092 mm　1/16
印张　18.5
字数　416千
版次　2019年6月第1版
印次　2020年4月第2次印刷
定价　148.00元

序　言

微分几何学、代数拓扑学和微分拓扑学都是基础数学中的核心学科，三者的结合产生了整体微分几何，而点集拓扑则渗透于众多的数学分支中.

中国科学技术大学出版社出版的这套图书，把微分几何学与拓扑学整合在一起，并且前后呼应，强调了相关学科之间的联系.其目的是让使用这套图书的学生和科研工作者能够更加清晰地把握微分几何学与拓扑学之间的连贯性与统一性.我相信这套图书不仅能够帮助读者理解微分几何学和拓扑学，还能让读者凭借这套图书所搭成的"梯子"进入科研的前沿.

这套图书分为微分几何学与拓扑学两部分，包括《古典微分几何》《近代微分几何》《点集拓扑》《微分拓扑》《代数拓扑：同调论》《代数拓扑：同伦论》六本.这套图书系统地梳理了微分几何学与拓扑学的基本理论和方法，内容囊括了古典的曲线论与曲面论(包括曲线和曲面的局部几何、整体几何)、黎曼几何(包括子流形几何、谱几何、比较几何、曲率与拓扑不变量之间的关系)、拓扑空间理论(包括拓扑空间与拓扑不变量、拓扑空间的构造、基本群)、微分流形理论(包括微分流形、映射空间及其拓扑、微分拓扑三大定理、映射度理论、Morse 理论、de Rham 理论等)、同调论(包括单纯同调、奇异同调的性质、计算以及应用)以及同伦论简介(包括同伦群的概念、同伦正合列以及 Hurewicz 定理).这套图书是对微分几何学与拓扑学的理论及应用的一个全方位的、系统的、清晰的、具体的阐释，具有很强的可读性，笔者相信其对国内高校几何学与拓扑学的教学和科研将产生良好的促进作用.

本套图书的作者徐森林教授是著名的几何与拓扑学家，退休前长期担任中国科学技术大学(以下简称"科大")教授并被华中师范大学聘为特聘教授，多年来一直奋战在教学与科研的第一线.他 1965 年毕业于科大数学系几何拓扑学专业，跟笔者一起师从数学大师吴文俊院士，是科大"吴龙"的杰出代表.和"华龙""关龙"并称为科大"三龙"的"吴龙"的意思是，科大数学系 1960 年入学的同学(共 80 名)，从一年级至五年级，由吴文俊老师主持并亲自授课形成的一条龙教学.在一年级和二年级上学期教微积分，在二年级下学期教微分几何.四年级分专业后，吴老师主持几何拓扑专业.该专业共有 9 名学生：徐森林、王启明、邹协成、王曼莉(后名王炜)、王中良、薛春华、任南衡、刘书麟、李邦河.专业课由吴老师讲代数几何，辅导老师是李乔和邓诗涛；岳景中老师讲代数拓扑，辅导老师是熊金城；李培信老师讲微分拓扑. 笔者有幸与徐森林同学在一入学时就同住一室，在四、五年级时又同住一室，对他的数学才华非常佩服.

徐森林教授曾先后在国内外重要数学杂志上发表数十篇有关几何与拓扑学的科研论文，并多次主持国家自然科学基金项目. 而更令人津津乐道的是，他的教学工作成果也非常突出，在教学上有一套行之有效的方法，曾培养出一大批知名数学家，也曾获得过包括宝钢教学奖在内的多个奖项. 他所编著的图书均内容严谨、观点新颖、取材前沿，深受读者喜爱.

这套图书是作者多年以来在科大以及华中师范大学教授几何与拓扑学课程的经验总结，内容充实，特点鲜明. 除了大量的例题和习题外，书中还收录了作者本人的部分研究工作成果. 希望读者通过这套图书，不仅可以知晓前人走过的路，领略前人见过的风景，更可以继续向前，走出自己的路.

是为序！

中国科学院院士

李邦河

2018 年 11 月

前　言

拓扑学作为一个新兴学科出现，从 Poincaré 1895 年相继发表的一系列论文算起，至今已有 100 多年了，今天已经发展成为包括点集拓扑学（又名一般拓扑学）、代数拓扑学和微分拓扑学等重要分支的庞大学科．拓扑学是近代数学的一个非常重要的部分．它的发展不仅深刻影响着数学其他分支，而且在其他学科（如物理、生物、化学）中也得到了日益广泛的应用．

我在中国科学技术大学开设拓扑学的相关课程近 40 年，从点集拓扑到研究生课程——微分拓扑、代数拓扑（同调论、同伦论、不动点理论）、代数拓扑中的微分形式与示性类，以及对硕士生、博士生研究能力的培养，已积累了大量的经验，深深体会到点集拓扑知识与能力的培育是至关重要的．可以说点集拓扑是从 19 世纪的经典分析到 20 世纪的近代数学，尤其是近代拓扑学的桥梁．这一系列课程的讲授、训练，使中国科学技术大学数学系与少年班、零零班的大学生在全国大学生暑期数学竞赛中多次获奖，使数学系研究生在全国研究生暑期训练班中多次获奖．特别是 1998 年在南京大学举办的全国研究生暑期训练班中，几何拓扑方向获第一名、第二名的分别是我的研究生梅加强、倪轶龙．这一系列课程的讲授、训练，使中国科学技术大学涌现出了一批有能力、有成就的年轻数学家．

本书是我在点集拓扑方面几十年教学与研究的总结，它有以下特点：

(1) 第 1 章系统、全面地介绍了拓扑空间中经常用到的重要基本概念和各种拓扑不变性（量）：可数性（A_1，A_2，Lindelöf，可分）；分离性（T_i，$i=0,1,2,3,3.5,4$，正则性，完全正则性，正规性）；连通性（连通，局部连通，道路连通，局部道路连通）；紧性（紧致，可数紧致，序列紧致，列紧，局部紧，仿紧，σ 紧）．每一部分知识都讲得很到位，对重要的具有相当难度的 Urysohn 引理、Tietze 延拓（扩张）定理与可度量化定理给出了详细的论证．这一章是点集拓扑的经典内容．

(2) 大量的实例、正面的典型例子和能点清读者概念的有用的反例渗透到了全书的各个部分．叙述中还注重引导读者思考，并注重构造这种例子的能力的培养．

(3) 第 2 章列举了构造新拓扑空间的各种方法．读者学习后，会感到自己的能力上升到了一个更高的层次，同时对已学的点集拓扑的概念与内容有了更深的理解．

第 2 章全面地、系统地讲述了子拓扑空间的遗传性、拓扑有限积空间与有限可积性、拓扑积空间与可积性、商拓扑空间与可商性.这部分内容集中在一起讲授,一方面可使读者具有整体观,也减少了分散讲时对拓扑不变量学习的干扰;另一方面,我们这样安排,可在书中反映出哪些拓扑不变量具有遗传性、有限可积性、可积性与可商性,哪些肯定不具有,读者阅读这一章后会一目了然.具有的都给出了证明;不具有的,或者给出了反例,或者列举了参考文献;对于至今不清楚的,我们用"开问题"(即未解决的问题)的形式让读者留心或进一步去思考.

(4) 第 2 章在介绍基与子基时,我们详细叙述了流形 C^r 映射空间 $C^r(M,N)$ 的强 C^r 拓扑与弱 C^r 拓扑,用它来刻画 $C^r(M,N)$ 中两个元素(即从 M 到 N 的两个 C^r 映射)之间的逼近程度.这是点集拓扑在微分拓扑中的重要应用,我们还在映射空间 Y^X 上引入了点式收敛拓扑、一致收敛拓扑与紧致-开拓扑来刻画从 X 到 Y 的映射之间的逼近.

第 2 章在介绍商空间时,还列举了 Grassmann 流形、向量丛(包括切丛、张量丛、外形式丛)的底流形;第 3 章在介绍覆叠空间时,它的底空间都是商空间.

讲述这些内容是为了使读者了解点集拓扑与近代数学的联系是如此密切,是为了使本书具有近代气息.

(5) 第 3 章的基本群是代数拓扑中同伦群 $\pi_n(X,x_0)(n\in\mathbf{N})$ 的最基本、最简单的第 1 同伦群 $\pi_1(X,x_0)$.因为基本群在近代数学的研究中极其重要,它的知识强烈依赖于点集拓扑,所以,讲述基本群这一章,一方面是为了突出它是点集拓扑在近代数学中的重要应用;另一方面,也是为了在点集拓扑与代数拓扑(尤其是同伦论)之间架起一座桥.

我们细致深入地描述了覆盖空间的理论,它是计算基本群的强有力的工具,同时,也描述了基本群如何影响覆叠空间的分类.更重要的是,我们列举了计算基本群的 8 种方法,并用各种方法计算了一些典型空间(如单位球面 S^n,环面 $S^1\times S^1$,Möbius 带、Klein 瓶、透镜空间)的基本群.

(6) 对于定理与例题经常采用多种证法,可以打开读者的思路,开阔读者的视野.

对于综合性大学或师范类院校,如果课时少,可以只学第 1 章或第 1 章的前 6 节内容;如果课时充裕,可以再学第 2 章甚至第 3 章,也可将第 3 章内容放到硕士阶段学习.少数对拓扑学要求较高的学校会开设代数拓扑课程,讲授同调论与同伦论,但不会详细介绍基本群,只将它作为同伦群的特殊情形附带叙述,那么本书第 3 章就可作为课外阅读内容.

感谢吴文俊教授、李培信教授、岳景中教授、熊金城教授在拓扑学方面多年的培养与帮助.感谢中国科学技术大学数学系领导与老师的支持.

徐森林

2018 年 7 月

目　次

序言 001

前言 003

引言 001

第 1 章

拓扑空间与拓扑不变量 002

1.1 拓扑空间、开集、闭集、聚点、闭包、邻域 002

1.2 点列的极限、内点、外点、边界点 020

1.3 连续映射与拓扑(同胚)映射 032

1.4 连通与道路连通 043

1.5 连通分支与道路连通分支、局部连通与局部道路连通 060

1.6 紧致、可数紧致、列紧、序列紧致 074

1.7 正则、正规、T_3 空间、T_4 空间、局部紧致、仿紧、σ 紧、单点紧化 094

1.8 完全正则空间、Tychonoff 空间、Urysohn 引理、Tietze 扩张定理、可度量化定理 110

第 2 章

构造新拓扑空间 131

2.1 基与子基、C^r 映射空间 $C^r(M,N)$上的强 C^r 拓扑与弱 C^r 拓扑 132

2.2 子拓扑空间与遗传性(继承性)、有限拓扑积空间与有限可积性 151

2.3 商拓扑空间与可商性 167

2.4 一般乘积空间与可积性 183

2.5 映射空间的点式收敛拓扑、一致收敛拓扑、紧致-开拓扑 196

第 3 章
基本群及其各种计算方法 203
3.1 同伦、相对同伦、道路类乘法 204
3.2 基本群 211
3.3 空间的同伦等价、可缩空间、基本群的同伦不变性定理 217
3.4 覆叠空间与基本群、万有覆叠空间、基本群与覆叠空间的分类 228
3.5 基本群的各种计算方法 249
3.6 万有覆叠空间、正则覆叠空间 274

参考文献 285

引　言

点集拓扑学是拓扑学的基础，也是整个数学的基础，是从古典数学通往近代数学的桥梁．拓扑学主要包括点集拓扑、微分拓扑与代数拓扑（同调论、同伦论）．而微分拓扑与代数拓扑正是20世纪以来的近代数学，它们都依赖于点集拓扑的内容与方法．可以说，没有扎实的点集拓扑知识，就不能作微分拓扑与代数拓扑的深入研究．

拓扑学是研究图形拓扑性质的学科，主要研究拓扑不变量，即拓扑映射（或同胚）下的不变量，如紧致性、连通性、可数性、分离性等，它们都是点集拓扑范畴下的不变量；还有同调群、同伦群（特别是基本群——第1同伦群），这些都是代数拓扑范畴下的拓扑不变量．由此知，拓扑学的任务就是想方设法去寻找各种各样的不变量，只要同类型不变量不同，它们就绝不同胚．

大家知道，大皮球曲率（弯曲程度）小，小皮球曲率大，自然人站在小皮球上不稳，站在大皮球上较稳，而站在地球上如同站在平面上一样．所以，在几何学家看来，这些球是不一样的，但在拓扑学家看来，大皮球与小皮球，鼓凸的皮球与凹瘪的皮球都是一样的．用一个术语表达，即它们能拓扑对应或同胚对应．因此，它们有相同的拓扑性质．形象地说，一个橡皮球，随你如何拉，它们的拓扑性质是相同的，故拓扑学又称为橡皮几何学．

第1章

拓扑空间与拓扑不变量

本章主要引入拓扑、开集、闭集、聚点、导集、闭包、极限等重要而抽象的拓扑概念，进而引入紧致性、连通性、可数性与分离性等重要的拓扑不变性，并列举大量实例通过细致的分析来帮助初学拓扑学的读者理解上述各个抽象的概念.

研究的实例主要有两类：一类是度量空间，特别是大家熟悉的Euclid空间；另一类是一些特殊的拓扑空间，如平庸拓扑空间、离散拓扑空间、余可数空间、余有限空间等，往往将它们作为理解拓扑概念的反例.

1.1 拓扑空间、开集、闭集、聚点、闭包、邻域

设 $\mathbf{R}^n=\{\boldsymbol{x}=(x_1,\cdots,x_n)\mid x_i\in\mathbf{R}$(实数集)$,i=1,2,\cdots,n\}$ 为 n 维Euclid空间，$\langle\boldsymbol{x},\boldsymbol{y}\rangle=\sum\limits_{i=1}^{n}x_iy_i$ 为 $\boldsymbol{x}=(x_1,\cdots,x_n),\boldsymbol{y}=(y_1,\cdots,y_n)\in\mathbf{R}^n$ 的内积，$\|\boldsymbol{x}\|=\sqrt{\langle\boldsymbol{x},\boldsymbol{x}\rangle}$ 为 $\boldsymbol{x}\in\mathbf{R}^n$ 的模或范数或长度，$\rho_0^n(\boldsymbol{x},\boldsymbol{y})=\|\boldsymbol{x}-\boldsymbol{y}\|=\sqrt{\sum\limits_{i=1}^{n}(x_i-y_i)^2}$ 为 $\boldsymbol{x}$ 与 $\boldsymbol{y}$ 的距离. 我们知道，如果对 $\forall\,\boldsymbol{a}\in U\subset\mathbf{R}^n$，都有 $\delta_{\boldsymbol{a}}>0$，使以 $\boldsymbol{a}$ 为中心、$\delta_{\boldsymbol{a}}$ 为半径的开球 $B(\boldsymbol{a};\delta_{\boldsymbol{a}})=\{\boldsymbol{x}\in\mathbf{R}^n\mid\rho^n(\boldsymbol{x},\boldsymbol{a})<\delta_{\boldsymbol{a}}\}\subset U$，则称 U 为 $\mathbf{R}^n$ 中的开集. 记 $\mathbf{R}^n$ 中的子集族

$$\mathscr{T}_{\rho_0^n}=\{U\mid\forall\,\boldsymbol{a}\in U,\exists\,\delta_{\boldsymbol{a}}>0,\text{s.t.}\,B(\boldsymbol{a};\delta_{\boldsymbol{a}})\subset U\}$$

($\forall$ 表示任意，$\exists$ 表示存在，s.t.表示使得). 容易验证 $\mathscr{T}_{\rho_0^n}$ 具有3个性质：

(1°) $\varnothing,\mathbf{R}^n\in\mathscr{T}_{\rho_0^n}$；

(2°) 若 $U_1,U_2\in\mathscr{T}_{\rho_0^n}$，则 $U_1\cap U_2\in\mathscr{T}_{\rho_0^n}$；

(3°) 若 $U_\alpha\in\mathscr{T}_{\rho_0^n}$，$\alpha\in\Gamma$(指标集)，则 $\bigcup\limits_{\alpha\in\Gamma}U_\alpha\in\mathscr{T}_{\rho_0^n}$.

从Euclid空间中开集的3条性质出发，自然在任意非空集合上可抽象出拓扑与拓扑空间的概念.

定义1.1.1 如果非空集合 X 的子集族

$$\mathscr{T}=\{U\subset X\mid U\text{ 具有性质 }*\}$$

满足：

(1°) $\varnothing, X \in \mathscr{T}$;

(2°) $U_1, U_2 \in \mathscr{T}$蕴涵着 $U_1 \cap U_2 \in \mathscr{T}$;

(3°) $U_\alpha \in \mathscr{T}, \alpha \in \Gamma$(指标集)蕴涵着 $\bigcup\limits_{\alpha \in \Gamma} U_\alpha \in \mathscr{T}$,或者 $\mathscr{T}_1 \subset \mathscr{T}$蕴涵着 $\bigcup\limits_{U \in \Gamma_1} U \in \mathscr{T}$.

则称 $\mathscr{T}$为 X 上的一个**拓扑**,偶对$(X,\mathscr{T})$称为 X 上的一个**拓扑空间**.

$U \in \mathscr{T}$称为$(X,\mathscr{T})$中的**开集**.由数学归纳法与(2°)立知,有限个开集的交为开集.显然,上述3个性质也可叙述为:$\varnothing, X$ 为开集;两个开集 U_1, U_2 的交 $U_1 \cap U_2$ 为开集;任意一个开集族 $U_\alpha, \alpha \in \Gamma$ 的并 $\bigcup\limits_{\alpha \in \Gamma} U_\alpha$ 仍为开集.

如果 $F \subset X$ 的余(补)集 $F^c = X \backslash F \in \mathscr{T}$,则称 F 为$(X,\mathscr{T})$中的**闭集**(上标 c 表示 complement 余(补)).

引理 1.1.1(de Morgan 公式)

$$X \backslash \bigcup_{\alpha \in \Gamma} A_\alpha = \bigcap_{\alpha \in \Gamma} (X \backslash A_\alpha),$$

$$X \backslash \bigcap_{\alpha \in \Gamma} A_\alpha = \bigcup_{\alpha \in \Gamma} (X \backslash A_\alpha).$$

如果 $A_\alpha \subset X, \forall \alpha \in \Gamma$,并称 X 为全空间,上述两式变为

$$\left(\bigcup_{\alpha \in \Gamma} A_\alpha\right)^c = \bigcap_{\alpha \in \Gamma} A_\alpha^c,$$

$$\left(\bigcap_{\alpha \in \Gamma} A_\alpha\right)^c = \bigcup_{\alpha \in \Gamma} A_\alpha^c.$$

证明 由

$$\begin{aligned} x \in X \backslash \bigcup_{\alpha \in \Gamma} A_\alpha &\Leftrightarrow x \in X, \quad x \notin \bigcup_{\alpha \in \Gamma} A_\alpha \\ &\Leftrightarrow x \in X, \quad \forall \alpha \in \Gamma, \quad x \notin A_\alpha \\ &\Leftrightarrow \forall \alpha \in \Gamma, \quad x \in X \backslash A_\alpha \\ &\Leftrightarrow x \in \bigcap_{\alpha \in \Gamma} (X \backslash A_\alpha), \end{aligned}$$

知

$$X \backslash \bigcup_{\alpha \in \Gamma} A_\alpha = \bigcap_{\alpha \in \Gamma} (X \backslash A_\alpha).$$

第2式类似证明. □

根据 de Morgan 公式,闭集族有与开集族对偶的3条性质.

定理 1.1.1 设$(X,\mathscr{T})$为拓扑空间,则闭集族

$$\mathscr{F} = \{F \mid F \text{ 为}(X,\mathscr{T}) \text{ 中的闭集}\}$$

具有性质:

(1) $X, \varnothing \in \mathscr{F}$;

(2) $F_1,F_2\in\mathscr{F}$ 蕴涵着 $F_1\cup F_2\in\mathscr{F}$;

(3) $F_\alpha\in\mathscr{F},\alpha\in\Gamma$ 蕴涵着 $\bigcap\limits_{\alpha\in\Gamma}F_\alpha\in\mathscr{F}$, 或者 $\mathscr{F}_1\subset\mathscr{F}$ 蕴涵着 $\bigcap\limits_{F\in\mathscr{F}_1}F\in\mathscr{F}$.

证明 (1) 因为 $X^c=\varnothing\in\mathscr{T},\varnothing^c=X\in\mathscr{T}$,所以 $X,\varnothing\in\mathscr{F}$.

(2) 因为 $F_1,F_2\in\mathscr{F}$,所以 $F_1^c,F_2^c\in\mathscr{T}$.

$$(F_1\cup F_2)^c\xlongequal{\text{de Morgan}}F_1^c\cap F_2^c\in\mathscr{T}.$$

从而 $F_1\cup F_2\in\mathscr{F}$.

(3) 因为 $F_\alpha\in\mathscr{F}$,所以 $F_\alpha^c\in\mathscr{T}$,

$$\Big(\bigcap_{\alpha\in\Gamma}F_\alpha\Big)^c\xlongequal{\text{de Morgan}}\bigcup_{\alpha\in\Gamma}F_\alpha^c\in\mathscr{T}.$$

从而

$$\bigcap_{\alpha\in\Gamma}F_\alpha\in\mathscr{F}.$$ □

换言之,$X,\varnothing$为闭集;两个闭集 F_1,F_2 的并 $F_1\cup F_2$ 为闭集;任意一个闭集族 $F_\alpha,\alpha\in\Gamma$ 的交 $\bigcap\limits_{\alpha\in\Gamma}F_\alpha$ 为闭集.由(2)及归纳法得有限个闭集的交为闭集.

定义 1.1.2 设 $A\subset X,x\in X$(不必 $x\in A$),如果对 x 的任何开邻域(含 x 的开集) U 必有

$$U\cap(A\backslash\{x\})=(U\backslash\{x\})\cap A\neq\varnothing$$

(即 U 中含 A 的异于 x 的点 y),则称 x 为 A 的**聚点**(图 1.1.1).记 A 的聚点的全体为 A'(或 A^d,右上角的 d 表示 derived),并称其为 A 的**导集**.而 $\overline{A}=A'\cup A$ 称为 A 的**闭包**.有时记 $\overline{A}$ 为 A^-.

如果 $a\in A$,且 $a\notin A'$,则称 a 为 A 的**孤立点**(图 1.1.2).显然

$$a\text{ 为 }A\text{ 的孤立点}\quad\Leftrightarrow\quad a\in A,\text{且 }\exists\, U\in\mathscr{T},\text{使得 }U\cap A=\{a\}.$$

如果 $\overline{A}=X$,则称 A 为$(X,\mathscr{T})$(或 X)中的**稠密集**.

定理 1.1.2 $x\in\overline{A}\Leftrightarrow$对 x 的任何开邻域 $U,U\cap A\neq\varnothing$.

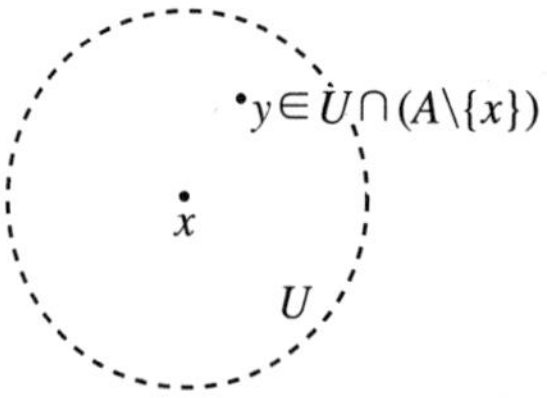

图 1.1.1

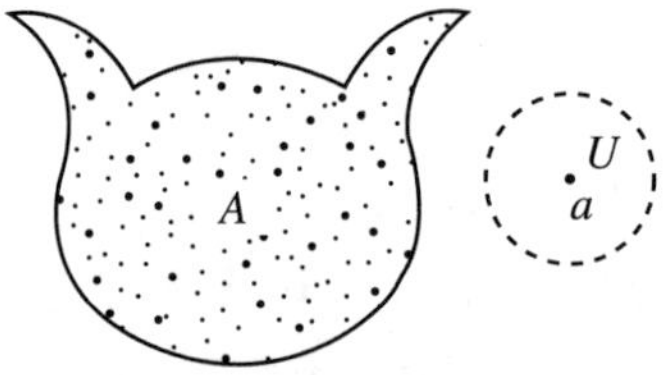

图 1.1.2

等价地,$x\notin\overline{A}\Leftrightarrow$存在 x 的开邻域 U,使 $U\cap A=\varnothing$.

证明 $x\in\overline{A}=A'\cup A\Leftrightarrow x\in A$ 或 $x\notin A,x\in A'\Leftrightarrow$对 x 的任何开邻域 U,

$U\cap A\neq\varnothing$. □

定理 1.1.3 设$(X,\mathscr{T})$为拓扑空间,则:

(1) A 为闭集;

$\Leftrightarrow$(2) $A'\subset A$;

$\Leftrightarrow$(3) $\overline{A}=A$.

证明 (1)⇒(2). 设 A 为闭集,则 A^c 为开集. $\forall x\in A^c$,A^c 即为 x 的开邻域,于是

$$A^c\cap(A\backslash\{x\})=\varnothing,$$

所以,$x\notin A'$,从而 $A'\subset A$.

(2)⇔(3). $A'\subset A\Leftrightarrow\overline{A}=A\cup A'=A$.

(1)⇐(2). 设 $A'\subset A$. $\forall x\in A^c$,必有 $x\notin A'$. 根据聚点定义,存在 x 的开邻域 U_x,使得 $U_x\cap(A\backslash\{x\})=\varnothing$. 再由 $x\notin A$ 知,$U_x\cap A=\varnothing$,$x\in U_x\subset A^c$. 于是,$A^c=\bigcup\limits_{x\in A^c}\{x\}\subset\bigcup\limits_{x\in A^c}U_x\subset A^c$,$A^c=\bigcup\limits_{x\in A^c}U_x$ 为开集,从而 A 为闭集. □

定理 1.1.4(导集的性质) (1) $\varnothing'=\varnothing$;(2) $A\subset B$ 蕴涵着 $A'\subset B'$;(3) $(A\cup B)'=A'\cup B'$;(4) $(A')'\not\subset A'$,$(A')'\not\supset A'$.

证明 (1) $\forall x\in X$,x 的任何开邻域 U,$U\cap(\varnothing\backslash\{x\})=\varnothing$,故 $x\notin\varnothing'$,从而$\varnothing'=\varnothing$.

(2) 设 $x\in A'$,则对 x 的任何开邻域U,有 $U\cap(B\backslash\{x\})\supset U\cap(A-\{x\})\neq\varnothing$,所以 $x\in B'$,$A'\subset B'$.

(3) 一方面,由 $A\subset A\cup B$,$B\subset A\cup B$,并根据(2)知,$A'\subset(A\cup B)'$,$B'\subset(A\cup B)'$. 因此 $A'\cup B'\subset(A\cup B)'$.

另一方面,如果 $x\notin A'\cup B'$,则 $x\notin A'$,$x\notin B'$,故存在 x 的开邻域U_A,U_B,使得

$$U_A\cap(A\backslash\{x\})=\varnothing,\quad U_B\cap(B\backslash\{x\})=\varnothing.$$

显然 $U_A\cap U_B$ 为x 的开邻域,且

$$(U_A\cap U_B)\cap((A\cup B)\backslash\{x\})=\varnothing,$$

所以 $x\notin(A\cup B)'$. 这就证明了$(A\cup B)'\subset A'\cup B'$.

综上,得到$(A\cup B)'=A'\cup B'$.

(4) 反例:设 $X=\{a,b\}$,a 与 b 不相同,令

$$\mathscr{T}_{平庸}=\{\varnothing,X\},\quad A=\{a\}.$$

显然,$\mathscr{T}_{平庸}$为$\{a,b\}$上的一个拓扑. 由聚点定义知,$A'=\{b\}$,$(A')'=\{b\}'=\{a\}$. 于是,$(A')'=\{a\}\not\subset\{b\}=A'$,且$(A')'=\{a\}\not\supset\{b\}=A'$. □

定理 1.1.5(Kuratovski,闭包公理) (1) $\overline{\varnothing}=\varnothing$;(2) $A\subset\overline{A}$;(3) $\overline{(\overline{A})}\subset\overline{A}$;(4) $\overline{A\cup B}=\overline{A}\cup\overline{B}$.

证明 (1) $\overline{\varnothing}=\varnothing'\cup\varnothing\xlongequal{\text{定理 1.1.3(1)}}\varnothing\cup\varnothing=\varnothing$.

(2) $A\subset A'\cup A=\overline{A}$.

(3)

$$
\begin{aligned}
x\in\overline{A} &\Leftrightarrow \text{对 } x \text{ 的任何开邻域 } U, U\cap A\neq\varnothing(\text{定理 1.1.2}) \\
&\Leftrightarrow \text{对 } x \text{ 的任何开邻域 } U, U\cap\overline{A}\neq\varnothing \\
&\overset{\text{定理1.1.2}}{\Leftrightarrow} x\in\overline{(\overline{A})}.
\end{aligned}
$$

所以,$\overline{(\overline{A})}=\overline{A}$,当然,$\overline{(\overline{A})}\subset\overline{A}$.

(4)

$$
\begin{aligned}
\overline{A\cup B} &= (A\cup B)'\cup(A\cup B)\xlongequal{\text{定理 1.1.4}}(A'\cup B')\cup(A\cup B) \\
&= (A'\cup A)\cup(B'\cup B)=\overline{A}\cup\overline{B}.
\end{aligned}
$$

□

推论 1.1.1 (1) $A\subset B$ 蕴涵着 $\overline{A}\subset\overline{B}$;(2) $\overline{(\overline{A})}=\overline{A}$.

证明 (1) 由 $A\subset B$ 与定理 1.1.4 知 $A'\subset B'$,从而

$$\overline{A}=A'\cup A\subset B'\cup B=\overline{B}.$$

(2) 由定理 1.1.5(3)的证明立知 $\overline{(\overline{A})}=\overline{A}$. □

定义 1.1.3 称 $\mathscr{N}_x^\circ=\{U\mid U \text{ 为 } x \text{ 的开邻域}\}$为点 $x\in X$ 的**开邻域系**.

从上面定义直接可得:

(1) $\forall x\in X,\mathscr{N}_x^\circ\neq\varnothing$;

(2) $U_1,U_2\in\mathscr{N}_x^\circ$蕴涵着 $U_1\cap U_2\in\mathscr{N}_x^\circ$;

(3) 若 $\mathscr{N}_0$ 为 $\mathscr{N}_x^\circ$的非空子族,则 $\bigcup\limits_{U\in\mathscr{N}_0}U\in\mathscr{N}_x^\circ$.

称 $\mathscr{N}_x=\{V\mid\exists x \text{ 的开邻域 } U, \text{s.t. } x\in U\subset V\}$为点 $x\in X$ 的**邻域系**.

定义 1.1.3 是利用开集定义邻域,当然也可以用邻域来描述开集.

定理 1.1.6 设$(X,\mathscr{T})$为拓扑空间,$V\subset X$,则

$$V \text{ 为开集} \Leftrightarrow V \text{ 是它的每一点的邻域}.$$

证明 (⇒)设 V 为开集,$x\in V$,则取 $U=V$,有 $x\in V=U\subset V$,故 $V\in\mathscr{N}_x$.

(⇐)设 V 为它的每一点 x 的邻域,则存在开集 U_x,使得 $x\in U_x\subset V$,于是

$$V=\bigcup_{x\in V}\{x\}\subset\bigcup_{x\in V}U_x\subset V.$$

因此,$V=\bigcup\limits_{x\in V}U_x$ 为开集. □

关于邻域系有以下性质:

定理 1.1.7(邻域系的性质) 设$(X,\mathscr{T})$为拓扑空间,$\mathscr{N}_x$ 是点$x\in X$ 的邻域系,则:

(1) $\forall x\in X,\mathscr{N}_x\neq\varnothing$,若 $V\in\mathscr{N}_x$,必有 $x\in V$;

(2) $V_1,V_2\in\mathscr{N}_x$ 蕴涵着 $V_1\cap V_2\in\mathscr{N}_x$;

(3) $V_1\in\mathscr{N}_x$ 与 $V_1\subset V_2$ 蕴涵着 $V_2\in\mathscr{N}_x$;

(4) $V\in\mathscr{N}_x$ 蕴涵着存在$U\in\mathscr{N}_x$,使得 $U\subset V$,并且对任意 $y\in U$,都有 $U\in\mathscr{N}_y$.

证明 (1) $\forall x\in X$,因 X 为开集,所以 $X\in\mathscr{N}_x$,从而 $\mathscr{N}_x\neq\varnothing$. 又由定义 1.1.3 知,若 $V\in\mathscr{N}_x$,必有 $x\in V$.

(2) 设 $V_1,V_2\in\mathscr{N}_x$,则存在开集 U_1,U_2 使得 $x\in U_1\subset V_1,x\in U_2\subset V_2$. 由于 $U_1\cap U_2$ 为开集,且 $x\in U_1\cap U_2\subset V_1\cap V_2$,所以 $V_1\cap V_2\in\mathscr{N}_x$.

(3) 因 $V_1\in\mathscr{N}_x$,故有开集 U_1,使得 $x\in U_1\subset V_1\subset V_2$. 从而 $V_2\in\mathscr{N}_x$.

(4) 由 $V\in\mathscr{N}_x$,存在开集 U,使得 $x\in U\subset V$,则 $U\in\mathscr{N}_x$,且对任意 $y\in U$,根据定理 1.1.6,$U\in\mathscr{N}_y$. □

上面给出了拓扑的定义,并根据定义得到了一些简单性质. 为了对这些抽象概念有更深刻的理解,下面将列举大量拓扑空间的例子,研究其子集的聚点、导集与闭包.

例 1.1.1 设 X 为非空集合,$\mathscr{T}_{平庸}=\{\varnothing,X\}$为 X 上的一个拓扑,称为 X 上的**平庸拓扑**,$(X,\mathscr{T}_{平庸})$称为 X 的**平庸拓扑空间**. 此时,开集最少,只有$\varnothing$与 X.

如果 $A=\varnothing$,则 $A'=\varnothing$;

如果 $A=\{a\}\subset X$,根据聚点定义得到 $A'=X\backslash A=X\backslash\{a\}$;特别地,当 X 为独点集时,$\forall A\subset X$,必有 $A'=\varnothing$. 如果 A 含两个相异点a_1,a_2,则 $A'=X$(事实上,$\forall x\in X$,含 x 的开邻域必为 X,因 $X\backslash\{x\}$必含 a_1,a_2 中的某一点,故$(X\backslash\{x\})\cap A\neq\varnothing$,从而 $x\in A',A'=X$). 此时,必有 $\overline{A}=A\cup A'=X$,即 A 为$(X,\mathscr{T}_{平庸})$中的稠密集.

例 1.1.2 设 X 为非空集合,$\mathscr{T}_{离散}=\{U\mid U\subset X\}\xlongequal{记作}2^X$ 为X 上的一个拓扑,称为 X 上的**离散拓扑**,而$(X,\mathscr{T}_{离散})$称为 X 上的**离散拓扑空间**. 此时,开集最多,X 的任何子集都为$(X,\mathscr{T}_{离散})$的开集.

对任何 $A\subset X$,因为 $U=\{x\}$为 x 的开邻域,而$\{x\}\cap(A\backslash\{x\})=\varnothing$,故 $x\notin A'$,从而 $A'=\varnothing$.

例 1.1.3 $X=\{a,b\},a\neq b$. 它共有 $2^2=4$ 或 $C_2^0+C_2^1+C_2^2=(1+1)^2=4$ 个子集,$2^4=16$ 个子集族.

易证子集族

$$\mathscr{T}_1=\{\varnothing,X\},\quad \mathscr{T}_2=\{\varnothing,\{a\},X\},$$
$$\mathscr{T}_3=\{\varnothing,\{b\},X\},\quad \mathscr{T}_4=\{\varnothing,\{a\},\{b\},X\}$$

均为 X 上的拓扑(满足拓扑定义中的3条). 而 X 的其他子集族均不为X 上的拓扑(至少

不满足拓扑定义），如$\{\{a\},\{b\},X\}$缺$\varnothing$.

例 1.1.4 $X=\{a,b,c\}$，a,b,c 彼此不相同，则

$$\mathscr{T}_{平庸}=\{\varnothing,X\},$$
$$\mathscr{T}_{离散}=\{\varnothing,\{a\},\{b\},\{c\},\{a,b\},\{a,c\},\{b,c\},X\},$$
$$\mathscr{T}=\{\varnothing,\{a\},\{a,b\},X\}$$

均为 X 上的拓扑.

X 共有 $2^3=8$ 或 $C_3^0+C_3^1+C_3^2+C_3^3=(1+1)^3=8$ 个子集，$2^8=256$ 个子集族. 请读者验证 X 上恰有 29 个拓扑.

例 1.1.5 设$(X,\mathscr{T})$为拓扑空间，$Y\subset X$ 为非空子集，记

$$\mathscr{T}_Y=\{Y\cap U\mid U\in\mathscr{T}\}$$

为 Y 的子集族，则 $\mathscr{T}_Y$ 为 Y 上的一个拓扑，称为**由 $\mathscr{T}$ 诱导的拓扑或子拓扑**，$(Y,\mathscr{T}_Y)$称为$(X,\mathscr{T})$的**诱导拓扑空间或子拓扑空间**.

证明 (1) $\varnothing_Y=Y\cap\varnothing_X\in\mathscr{T}_Y$，$Y=Y\cap X\in\mathscr{T}_Y$.

(2) 若 $H_i=Y\cap U_i\in\mathscr{T}_Y$，$U_i\in\mathscr{T}$，$i=1,2$，则 $U_1\cap U_2\in\mathscr{T}$，从而 $H_1\cap H_2=(Y\cap U_1)\cap(Y\cap U_2)=Y\cap(U_1\cap U_2)\in\mathscr{T}_Y$.

(3) 若 $H_\alpha=Y\cap U_\alpha\in\mathscr{T}_Y$，$U_\alpha\in\mathscr{T}$，$\alpha\in\Gamma$，则 $\bigcup\limits_{\alpha\in\Gamma}U_\alpha\in\mathscr{T}$，从而

$$\bigcup_{\alpha\in\Gamma}H_\alpha=\bigcup_{\alpha\in\Gamma}(Y\cap U_\alpha)=Y\cap\Big(\bigcup_{\alpha\in\Gamma}U_\alpha\Big)\in\mathscr{T}_Y.$$

根据(1)、(2)、(3)知 $\mathscr{T}_Y$ 为 Y 上的一个拓扑. □

此例表明，在 X 的子集 Y 上可以构造出与 X 的拓扑 $\mathscr{T}$ 有关的诱导拓扑或子拓扑.

例 1.1.6 引入度量(距离)空间，它是一类特殊的拓扑空间，而 n 维 Euclid 空间又是一类特殊的度量空间.

设 X 为非空集合，

$$\rho: X\times X\to\mathbf{R},\quad (x,y)\mapsto\rho(x,y)$$

为映射. 如果 $\forall x,y,z\in X$ 满足：

(1°) $\rho(x,y)\geqslant 0$，且 $\rho(x,y)=0\Leftrightarrow x=y$(正定性)；

(2°) $\rho(x,y)=\rho(y,x)$(对称性)；

(3°) $\rho(x,z)\leqslant\rho(x,y)+\rho(y,z)$(三角(点)不等式).

则称 ρ 为 X 上的一个**度量(距离)**，偶对(X,ρ)称为 X 上的**度量(距离)空间**. $\rho(x,y)$称为**点 x 与 y 间的距离**. 称 X 的子集

$$B(a;\delta)=\{x\in X\mid\rho(x,a)<\delta\}$$

为以 a 为中心、$\delta>0$ 为半径的**开球**. 容易验证 X 的子集族

$$\mathscr{T}_\rho=\{U\mid\forall a\in U,\exists\delta_a>0,\text{s.t. 开球 }B(a;\delta_a)\subset U\}$$

为 X 上的一个拓扑,称为**由 $\boldsymbol{\rho}$ 诱导的拓扑**.

证明 (1) 由于 $\forall x\in X$,显然 $B(x;1)=\{y\in X\mid \rho(y,x)<1\}\subset X$,故 $X\in\mathscr{T}_\rho$.

因为 $\varnothing$ 不含任何元素,自然它满足 $\mathscr{T}_\rho$ 的性质.故 $\varnothing\in\mathscr{T}_\rho$.

(2) 设 $U_1,U_2\in\mathscr{T}_\rho$,如果 $U_1\cap U_2=\varnothing$,根据(1),$U_1\cap U_2=\varnothing\in\mathscr{T}_\rho$;如果 $U_1\cap U_2\neq\varnothing$,则 $\forall a\in U_1\cap U_2$,有 $a\in U_i$,故 $\exists\,\delta_i>0$,使 $B(a;\delta_i)\subset U_i$,$i=1,2$.令 $\delta=\min\{\delta_1,\delta_2\}$,则 $\delta>0$,且 $B(a;\delta)\subset U_1\cap U_2$.因此,$U_1\cap U_2\in\mathscr{T}_\rho$.

(3) 设 $U_\alpha\in\mathscr{T}_\rho$,$\alpha\in\Gamma$.如果 $a\in\bigcup\limits_{\alpha\in\Gamma}U_\alpha$,则 $a\in U_{\alpha_0}$,$\alpha_0\in\Gamma$.于是,$\exists\,\delta_0>0$,s.t. $B(a;\delta_0)\subset U_{\alpha_0}\subset\bigcup\limits_{\alpha\in\Gamma}U_\alpha$.因此 $\bigcup\limits_{\alpha\in\Gamma}U_\alpha\in\mathscr{T}_\rho$.

根据(1)、(2)、(3),$\mathscr{T}_\rho$ 为 X 上的一个拓扑. □

注 1.1.1 上述(3)的证明也可表达如下:设 $\mathscr{T}_0\subset\mathscr{T}_\rho$,如果 $a\in\bigcup\limits_{U\in\mathscr{T}_0}U$,则 $a\in U_0\in\mathscr{T}_0$.于是,$\exists\,\delta>0$,s.t. $B(a;\delta)\subset U_0\subset\bigcup\limits_{U\in\mathscr{T}_0}U$.因此,$\bigcup\limits_{U\in\mathscr{T}_0}U\in\mathscr{T}_\rho$.

注 1.1.2 拓扑空间 $(X,\mathscr{T}_\rho)$ 中的开球 $B(a;\delta)$ 为开集.事实上,$\forall b\in B(a;\delta)$,必有 $B(b;\delta-\rho(a,b))\subset B(a;\delta)$(图 1.1.3),所以,$B(a;\delta)\in\mathscr{T}_\rho$,即 $B(a;\delta)$ 为开集.

图 1.1.3

例 1.1.7 设度量空间 (X,ρ) 只含有限个元素,则 $\mathscr{T}_\rho=\mathscr{T}_{\text{离散}}$.

证明 设 $X=\{x_1,\cdots,x_n\}$.

当 $n=1$ 时,$\mathscr{T}_\rho=\{\varnothing,X=\{x_1\}=B(x_1;1)\}=\mathscr{T}_{\text{离散}}$.

当 $n>1$ 时,令 $\delta_i=\min\{\rho(x_j,x_i)\mid j\neq i\}$.显然 $\delta_i>0$,于是,$B(x_i;\delta_i)=\{x_i\}\in\mathscr{T}_\rho$,从而 $\forall A\subset X$,$A=\bigcup\limits_{x_i\in A}B(x_i;\delta_i)\in\mathscr{T}_\rho$.这就证明了 $\mathscr{T}_\rho=\mathscr{T}_{\text{离散}}$. □

例 1.1.8 设 X 为非空集合,则 $(X,\mathscr{T}_{\text{离散}})$ 为可度量化的拓扑空间.

证明 令

$$\rho:X\times X\to\mathbf{R},$$

$$(x,y)\mapsto\rho(x,y)=\begin{cases}1, & x\neq y,\\ 0, & x=y.\end{cases}$$

显然,开球

$$B(x;\delta)=\begin{cases}\{x\}, & 0<\delta\leqslant 1\ (\text{独点集}),\\ X, & \delta>1.\end{cases}$$

因此,$\forall A\subset X$,$A=\bigcup\limits_{x\in A}\{x\}=\bigcup\limits_{x\in A}B(x;1)\in\mathscr{T}_\rho$,从而 $\mathscr{T}_{\text{离散}}=\mathscr{T}_\rho$.这就证明了 $(X,\mathscr{T}_{\text{离散}})$ 为可度量化的拓扑空间. □

我们称上述的 ρ 为**离散度量**,特别记为 $\rho_{\text{离散}}$.

例 1.1.9 设(X,ρ)为度量空间,它诱导的拓扑为$\mathscr{T}_\rho$.再设 Y 为 X 的非空子集.于是 Y 由$\mathscr{T}_\rho$ 导出的子拓扑为$(\mathscr{T}_\rho)_Y$.

另一方面,考虑 Y 上的子度量 $\rho|_Y: Y\times Y\to\mathbf{R}$, $\rho|_Y(x,y)=\rho(x,y)$.也就是,$(Y,\rho|_Y)$为由 ρ 诱导的子度量空间.它作为度量空间,其拓扑为$\mathscr{T}_\rho|_Y$.证明$(\mathscr{T}_\rho)_Y=\mathscr{T}_\rho|_Y$.

证明 首先分别用 $B_X(x;\delta)$与 $B_Y(x;\delta)$来表示$(X,\mathscr{T}_\rho)$与$(Y,\mathscr{T}_\rho|_Y)$中以 x 为中心、δ 为半径的开球.易见

$$\begin{aligned}B_Y(x;\delta)&=\{y\in Y\mid\rho|_Y(y,x)<\delta\}\\&=Y\cap\{y\in X\mid\rho(y,x)<\delta\}\\&=Y\cap B_X(x;\delta),\quad\forall x\in Y.\end{aligned}$$

$\forall A\in(\mathscr{T}_\rho)_Y$,则 $A=Y\cap U$, $U\in\mathscr{T}_\rho$. $\forall x\in A$,必有 $x\in U$,故$\exists\delta>0$, s.t. $x\in B_X(x;\delta)\subset U$.这就推得 $B_Y(x;\delta)=Y\cap B_X(x;\delta)\subset Y\cap U=A$, $A\in\mathscr{T}_\rho|_Y$,从而$(\mathscr{T}_\rho)_Y\subset\mathscr{T}_\rho|_Y$.

反之,$\forall A\in\mathscr{T}_\rho|_Y$, $\forall x\in A$, $\exists\delta_x>0$, s.t. $x\in B_Y(x;\delta_x)\subset A$.于是,$A=\bigcup\limits_{x\in A}\{x\}\subset\bigcup\limits_{x\in A}B_Y(x;\delta)\subset A$,从而

$$\begin{aligned}A&=\bigcup_{x\in A}B_Y(x;\delta)=\bigcup_{x\in A}(Y\cap B_X(x;\delta))\\&=Y\cap\Big(\bigcup_{x\in A}B_X(x;\delta)\Big)\in(\mathscr{T}_\rho)_Y,\end{aligned}$$

$$\mathscr{T}_\rho|_Y\subset(\mathscr{T}_\rho)_Y.$$

综合上述得到$(\mathscr{T}_\rho)_Y=\mathscr{T}_\rho|_Y$. □

例 1.1.10 设(X,ρ)为度量空间,$A\subset X$,则

$x\in X$ 为 A 的聚点,即 $x\in A'$ $\Leftrightarrow$ 对 x 的任何开邻域 U, $U\cap A$ 为无限集,即 U 含 A 中无限个点.

证明 $(\Leftarrow)$设 $U\cap A$ 为无限集,则 $U\cap(A\setminus\{x\})\neq\varnothing$,从而 $x\in A'$.

$(\Rightarrow)$设 $x\in A'$,对 x 的任何开邻域U, $\exists n_1\in\mathbf{N}$(自然数集), s.t. $B\left(x;\frac{1}{n_1}\right)\subset U$,则有 $x_1\in B\left(x;\frac{1}{n_1}\right)\cap(A\setminus\{x\})$.取 $n_2>n_1$, s.t. $\frac{1}{n_2}<\rho(x_1,x)$,则对 x 的开邻域 $B\left(x;\frac{1}{n_2}\right)$有 $x_2\in B\left(x;\frac{1}{n_2}\right)\cap(A\setminus\{x\})$,显然 $x_2\neq x_1$.依次类推,得到点列$\{x_k\}$满足 $x_k\in B\left(x;\frac{1}{n_k}\right)\cap(A\setminus\{x\})$,且$\frac{1}{n_k}<\min\left\{\frac{1}{n_{k-1}},\rho(x_i,x),i=1,\cdots,k-1\right\}$, x_k 为异于 $x_1,\cdots,x_{k-1}$的点.于是,U 含 A 中无限个点$\{x_k\mid k\in\mathbf{N}\}$. □

对于一般的非度量空间的拓扑空间,上述必要性未必成立.

反例:X 为至少含两个点的有限集合.$A=\{a\}\subset X$,则在$(X,\mathscr{T}_{平庸})$中,$A'=X\setminus\{a\}$.

显然 $x\in A'=X\backslash\{a\}$ 的开邻域必为 X，$X\cap A=\{a\}$ 为有限集.

此外，如果在拓扑空间 $(X,\mathscr{T})$ 中，$x\in A'$，且存在 x 的开邻域 U，$U\cap A$ 为有限集，则应用反证法立知，$(X,\mathscr{T})$ 不可度量化.

例 1.1.11 $\forall\, n\in\mathbf{N}$，设

$$\mathbf{R}^n=\{\boldsymbol{x}=(x_1,\cdots,x_n)\mid x_i\in\mathbf{R},i=1,\cdots,n\},$$

定义

$$\rho_0^n:\mathbf{R}^n\times\mathbf{R}^n\to\mathbf{R},$$

$$(\boldsymbol{x},\boldsymbol{y})\mapsto\rho_0^n(\boldsymbol{x},\boldsymbol{y})=\sqrt{\sum_{i=1}^n(x_i-y_i)^2},$$

其中 $\boldsymbol{x}=(x_1,\cdots,x_n)$，$\boldsymbol{y}=(y_1,\cdots,y_n)$. 容易验证 ρ_0^n 满足度量(距离)的3个条件：

(1°) $\rho_0^n(\boldsymbol{x},\boldsymbol{y})\geqslant 0$，$\rho_0^n(\boldsymbol{x},\boldsymbol{y})=\sqrt{\sum_{i=1}^n(x_i-y_i)^2}=0\Leftrightarrow x_i-y_i=0,i=1,\cdots,n\Leftrightarrow x_i=y_i,i=1,\cdots,n\Leftrightarrow\boldsymbol{x}=\boldsymbol{y}$；

(2°) $\rho_0^n(\boldsymbol{x},\boldsymbol{y})=\sqrt{\sum_{i=1}^n(x_i-y_i)^2}=\sqrt{\sum_{i=1}^n(y_i-x_i)^2}=\rho_0^n(\boldsymbol{y},\boldsymbol{x})$；

(3°)

$$\begin{aligned}\rho_0^n(\boldsymbol{x},\boldsymbol{z})&=\sqrt{\sum_{i=1}^n(x_i-z_i)^2}\leqslant\sqrt{\sum_{i=1}^n(x_i-y_i)^2}+\sqrt{\sum_{i=1}^n(y_i-z_i)^2}\\&=\rho_0^n(\boldsymbol{x},\boldsymbol{y})+\rho_0^n(\boldsymbol{y},\boldsymbol{z})\end{aligned}$$

$$\begin{aligned}\Leftrightarrow\quad\sum_{i=1}^n(x_i-z_i)^2&=\sum_{i=1}^n((x_i-y_i)+(y_i-z_i))^2\\&=\sum_{i=1}^n((x_i-y_i)^2+(y_i-z_i)^2+2(x_i-y_i)(y_i-z_i))\\&\leqslant\left(\sqrt{\sum_{i=1}^n(x_i-y_i)^2}+\sqrt{\sum_{i=1}^n(y_i-z_i)^2}\right)^2\end{aligned}$$

$$\Leftrightarrow\quad\left(\sum_{i=1}^n(x_i-y_i)(y_i-z_i)\right)^2\leqslant\sum_{i=1}^n(x_i-y_i)^2\sum_{i=1}^n(y_i-z_i)^2.$$

最后一个不等式可由 Cauchy-Schwarz 不等式

$$\left(\sum_{i=1}^n a_ib_i\right)^2\leqslant\sum_{i=1}^n a_i^2\sum_{i=1}^n b_i^2$$

立即推得.

因此，$(\mathbf{R}^n,\rho_0^n)$ 为度量空间，它即是通常的 **Euclid 空间**，其拓扑就是

$$\mathscr{T}_{\rho_0^n}=\{U\subset\mathbf{R}^n\mid\forall\,\boldsymbol{a}\in U,\exists\,\delta_a>0,\text{s.t. }B(\boldsymbol{a};\delta_a)\subset U\}.$$

当 $n=1$ 时，开球 $B(a;\delta_a)$ 就是以 a 为中心、δ_a 为半径的开区间 $(a-\delta_a,a+\delta_a)$，$(\mathbf{R}^1,\rho_0^1)$ 为 **Euclid 直线或实直线**.

当 $n=2$ 时,开球 $B(\boldsymbol{a};\delta_a)$就是以 $\boldsymbol{a}$ 为中心、δ_a 为半径的开圆盘,$(\mathbf{R}^2,\rho_0^2)$为 **Euclid 平面或实平面**.

当 $n=3$ 时,开球 $B(\boldsymbol{a};\delta_a)$就是以 $\boldsymbol{a}$ 为中心、δ_a 为半径的 3 维开球体,$(\mathbf{R}^3,\rho_0^3)$为 **3 维 Euclid 空间**.

例 1.1.12 设 $\mathbf{R}^\infty=\{\boldsymbol{x}=(x_1,\cdots,x_n,\cdots)\mid x_i\in\mathbf{R},i=1,\cdots,n,\cdots,\sum_{i=1}^{\infty}x_i^2<+\infty\}$,定义

$$\rho_0^\infty:\mathbf{R}^\infty\times\mathbf{R}^\infty\to\mathbf{R},\quad(\boldsymbol{x},\boldsymbol{y})\mapsto\rho_0^\infty(\boldsymbol{x},\boldsymbol{y})=\sqrt{\sum_{i=1}^{\infty}(x_i-y_i)^2},$$

其中,$\boldsymbol{x}=(x_1,\cdots,x_n,\cdots)$,$\boldsymbol{y}=(y_1,\cdots,y_n,\cdots)$.读者自证 ρ_0^∞ 为 $\mathbf{R}^\infty$ 上的一个度量,它是 $\mathbf{R}^\infty$ 上所指的通常度量.

考虑 $\mathbf{R}^\infty$ 上的内积$\langle\boldsymbol{x},\boldsymbol{y}\rangle=\sum_{i=1}^{\infty}x_iy_i$,模 $\|\boldsymbol{x}\|=\sqrt{\langle\boldsymbol{x},\boldsymbol{x}\rangle}=\sqrt{\sum_{i=1}^{\infty}x_i^2}$,距离 $\rho_0^\infty(\boldsymbol{x},\boldsymbol{y})=\|\boldsymbol{x}-\boldsymbol{y}\|=\sqrt{\sum_{i=1}^{\infty}(x_i-y_i)^2}$,又称$(\mathbf{R}^\infty,\langle,\rangle)$为 **Hilbert 空间**.$(\mathbf{R}^\infty,\rho_0^\infty)$作为度量空间,它自然对应一个拓扑空间$(\mathbf{R}^\infty,\mathscr{T}_{\rho_0^\infty})$.

例 1.1.13 设 $n\in\mathbf{N}$,定义 $\rho_i^n:\mathbf{R}^n\times\mathbf{R}^n\to\mathbf{R}$,$i=1,2$.其中

$$\rho_1^n(\boldsymbol{x},\boldsymbol{y})=\max\{|x_i-y_i|\mid i=1,\cdots,n\},$$

$$\rho_2^n(\boldsymbol{x},\boldsymbol{y})=\sum_{i=1}^{n}|x_i-y_i|.$$

请读者验证 $\rho_i^n(i=1,2)$都为 $\mathbf{R}^n$ 上的度量.

特别考虑 $\mathbf{R}^2$,3 种度量 ρ_i^2 相应的开球$B_i(\mathbf{0};\delta)$,$i=0,1,2$ 的图形分别为图 1.1.4、图 1.1.5 和图 1.1.6.

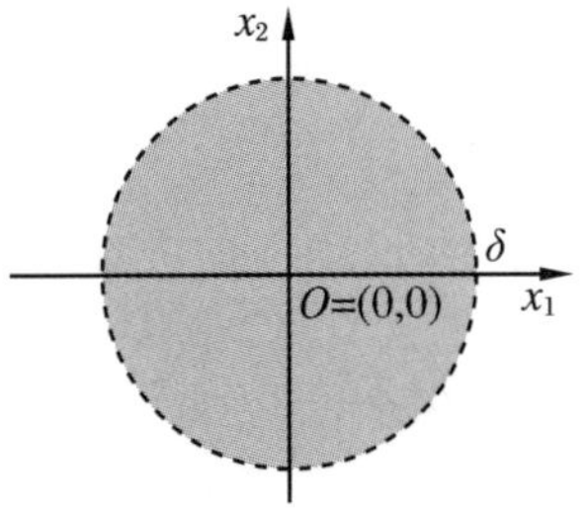

图 1.1.4

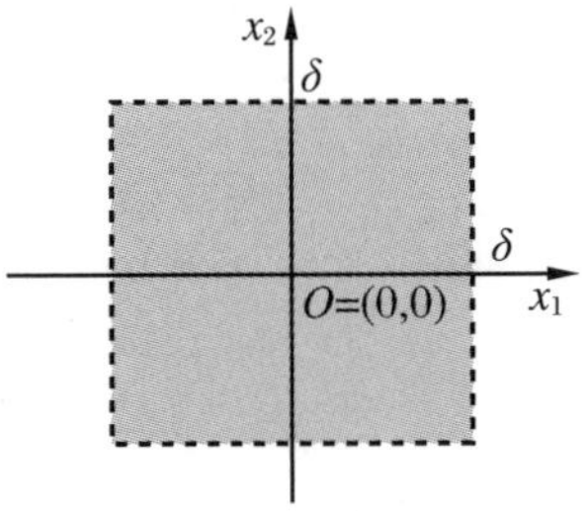

图 1.1.5

证明:$\rho_0^2,\rho_1^2,\rho_2^2$ 3 种度量是等价的,即 $\mathscr{T}_{\rho_0^2}=\mathscr{T}_{\rho_1^2}=\mathscr{T}_{\rho_2^2}$.

证明 首先,$\forall A\in\mathscr{T}_{\rho_0^2}$,$\forall\boldsymbol{x}\in A$,$\exists B_0(\boldsymbol{x};\delta)\subset A$.取 $\varepsilon=\dfrac{\sqrt{2}}{2}\delta$,则

$$B_1(\boldsymbol{x};\varepsilon) = B_1\left(\boldsymbol{x};\frac{\sqrt{2}}{2}\delta\right) \subset B_0(\boldsymbol{x};\delta) \subset A$$

(图 1.1.7)，因此，$A\in\mathscr{T}_{\rho_1^2}$，从而 $\mathscr{T}_{\rho_0^2}\subset\mathscr{T}_{\rho_1^2}$.

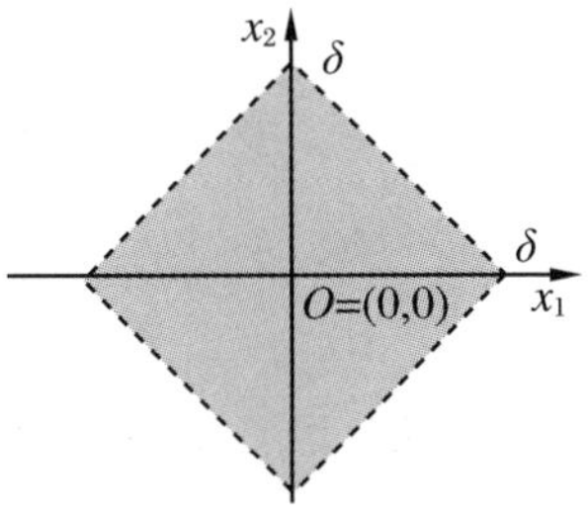

图 1.1.6

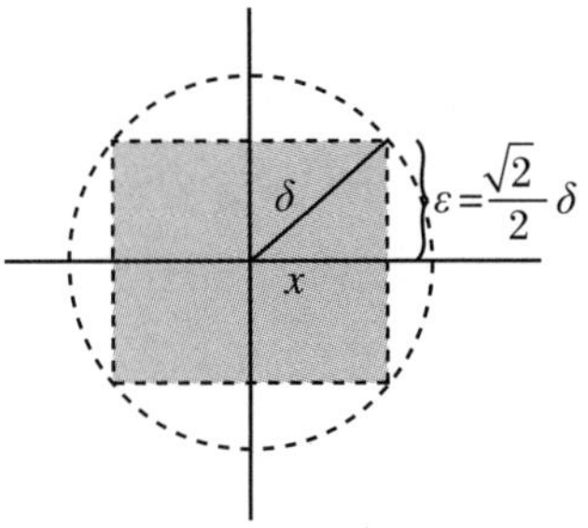

图 1.1.7

其次，$\forall A\in\mathscr{T}_{\rho_1^2}$，$\forall \boldsymbol{x}\in A$，$\exists B_1(\boldsymbol{x};\delta)\subset A$. 取 $\varepsilon=\delta$，则 $B_2(\boldsymbol{x};\delta)\subset B_1(\boldsymbol{x};\delta)\subset A$（图 1.1.8)，因此，$A\in\mathscr{T}_{\rho_2^2}$，从而 $\mathscr{T}_{\rho_1^2}\subset\mathscr{T}_{\rho_2^2}$.

再次，$\forall A\in\mathscr{T}_{\rho_2^2}$，$\forall \boldsymbol{x}\in A$，$\exists B_2(\boldsymbol{x};\delta)\subset A$. 取 $\varepsilon=\frac{\sqrt{2}}{2}\delta$，则 $B_0(\boldsymbol{x};\varepsilon)=B_0\left(\boldsymbol{x};\frac{\sqrt{2}}{2}\delta\right)\subset B(\boldsymbol{x};\delta)\subset A$（图 1.1.9)，因此，$A\in\mathscr{T}_{\rho_0^2}$，从而 $\mathscr{T}_{\rho_2^2}\subset\mathscr{T}_{\rho_0^2}$.

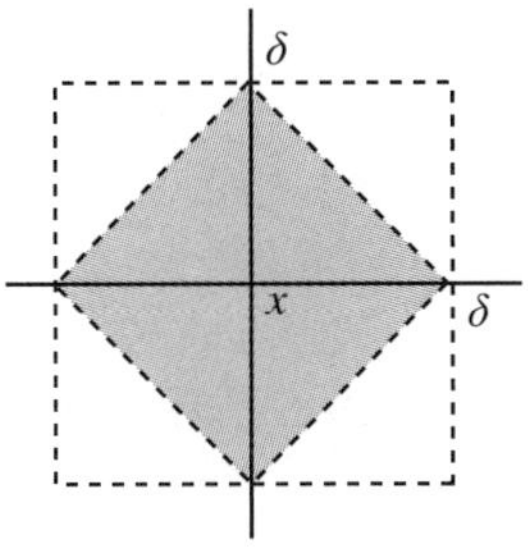

图 1.1.8

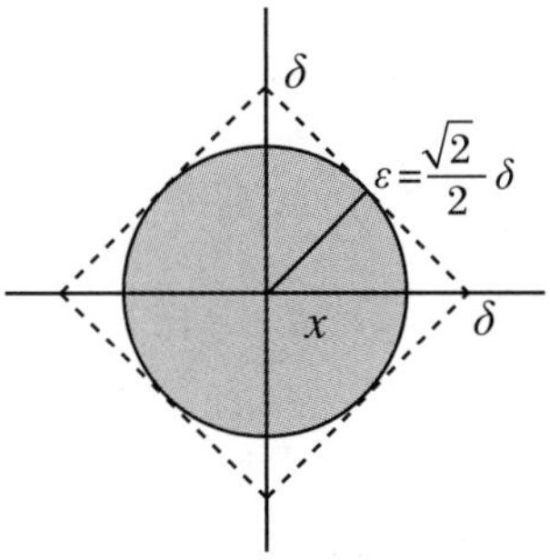

图 1.1.9

综上得到 $\mathscr{T}_{\rho_0^2}\subset\mathscr{T}_{\rho_1^2}\subset\mathscr{T}_{\rho_2^2}\subset\mathscr{T}_{\rho_0^2}$，从而 $\mathscr{T}_{\rho_0^2}=\mathscr{T}_{\rho_1^2}=\mathscr{T}_{\rho_2^2}$. □

例 1.1.14 考察定理 1.1.4(4)，对一般拓扑空间，$(A')'\subset A'$ 与 $(A')'\supset A'$ 都未必成立. 但是，在度量空间 (X,ρ) 中，有

$$(A')'\subset A'.$$

证明 对任何 $x\in(A')'$ 及 x 的开邻域 U，有 $y\in U\cap(A'\setminus\{x\})$. 因为 U 为开集，故 $\exists\delta\in(0,\rho(y,x))$，s. t. $B(y;\delta)\subset U$. 再由 $y\in A'$，$\exists z\in B(y;\delta)\cap(A\setminus\{y\})$，显然 $z\neq x$（图 1.1.10)，由此推得 $z\in U\cap(A\setminus\{x\})$ 及 $x\in A'$. 从而 $(A')'\subset A'$. □

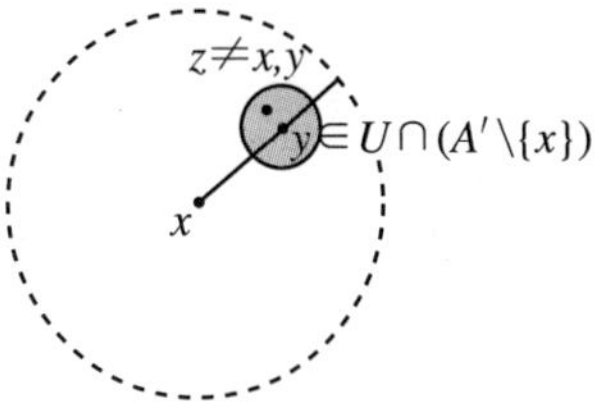

图 1.1.10

但是,即使对度量空间,也未必有$(A')'\supset A'$.

反例:$(\mathbf{R}^1,\mathscr{T}_{\rho_0^1})$,$A=\left\{\frac{1}{n}\middle| n\in\mathbf{N}\right\}$,则 $A'=\{0\}$,$(A')'=\{0\}'=\varnothing$,$(A')'=\varnothing\not\supset\{0\}=A'$.

例 1.1.15 $\mathbf{R}^n$ 中有理点集(坐标都为有理数)$\mathbf{Q}^n=\{\boldsymbol{x}=(x_1,\cdots,x_n)\mid x_i\in\mathbf{Q}$(有理数集),$i=1,\cdots,n\}$在$(\mathbf{R}^n,\mathscr{T}_{\rho_0^n})$中既非开集又非闭集,且$(\mathbf{Q}^n)'=\mathbf{R}^n$,从而 $\overline{\mathbf{Q}}^n=\mathbf{R}^n$,即 $\mathbf{Q}^n$ 在$(\mathbf{R}^n,\mathscr{T}_{\rho_0^n})$中稠密.注意,子拓扑空间$(\mathbf{Q}^n,(\mathscr{T}_{\rho_0^n})_{\mathbf{Q}^n})$中开球 $B_{\mathbf{Q}}(\boldsymbol{x};\delta)=B_{\mathbf{R}^n}(\boldsymbol{x};\delta)\cap\mathbf{Q}^n$,它就是$(\mathbf{R}^n,\mathscr{T}_{\rho_0^n})$中的开球 $B_{\mathbf{R}^n}(\boldsymbol{x};\delta)$与 $\mathbf{Q}^n$ 的交.

同理,$\mathbf{R}^n$ 中无理点集(至少有一个坐标为无理数)$\mathbf{R}^n\backslash\mathbf{Q}^n$ 也有相同的结论.

例 1.1.16 设(X,ρ)为度量空间,$\tilde{\rho}:X\times X\to\mathbf{R}$ 定义为

$$\tilde{\rho}(x,y)=\frac{\rho(x,y)}{1+\rho(x,y)},\quad \forall x,y\in X.$$

证明:(1) $\tilde{\rho}$ 为 X 上的一个度量;(2) $(X,\mathscr{T}_\rho)$与$(X,\mathscr{T}_{\tilde{\rho}})$是等价的,即 $\mathscr{T}_\rho=\mathscr{T}_{\tilde{\rho}}$.

证明 (1) 因为 $\rho(x,y)\geqslant 0$,故 $\tilde{\rho}(x,y)=\dfrac{\rho(x,y)}{1+\rho(x,y)}\geqslant 0$.

$$\tilde{\rho}(x,y)=\frac{\rho(x,y)}{1+\rho(x,y)}=0\iff\rho(x,y)=0\iff x=y;$$

$$\tilde{\rho}(x,y)=\frac{\rho(x,y)}{1+\rho(x,y)}=\frac{\rho(y,x)}{1+\rho(y,x)}=\tilde{\rho}(y,x);$$

$$\begin{aligned}\tilde{\rho}(x,z)&=\frac{\rho(x,z)}{1+\rho(x,z)}\leqslant\frac{\rho(x,y)+\rho(y,z)}{1+\rho(x,y)+\rho(y,z)}\leqslant\frac{\rho(x,y)}{1+\rho(x,y)}+\frac{\rho(y,z)}{1+\rho(y,z)}\\&=\tilde{\rho}(x,y)+\tilde{\rho}(y,z),\end{aligned}$$

其中第一个不等式是由于$\dfrac{u}{1+u}=1-\dfrac{1}{1+u}$当 $u\geqslant 0$ 时为严格增函数.

综上知 $\tilde{\rho}$ 为 X 上的一个度量.

(2) 设 $\delta=\rho(x,y)$,$\tilde{\delta}=\tilde{\rho}(x,y)$,则

$$\tilde{\delta}=\tilde{\rho}(x,y)=\frac{\rho(x,y)}{1+\rho(x,y)}=\frac{\delta}{1+\delta},$$

$$\delta=\frac{\tilde{\delta}}{1-\tilde{\delta}}.$$

于是,$B_\rho(x;\delta)=B_{\tilde{\rho}}\left(x;\dfrac{\delta}{1+\delta}\right)=B_{\tilde{\rho}}(x;\tilde{\delta})$,$B_\rho(x;\delta)\subset U\Leftrightarrow B_{\tilde{\rho}}(x;\delta)\subset U$,故 $U\in\mathscr{T}_\rho\Leftrightarrow U\in\mathscr{T}_{\tilde{\rho}}$,即 $\mathscr{T}_\rho=\mathscr{T}_{\tilde{\rho}}$. □

下面再举 3 个怪异的例子,它们的拓扑与度量空间的拓扑有截然不同的性质.它们主要用作区分各种概念与研究定理时需减弱条件所要的反例,其重要性是不言而喻的.

例 1.1.17 设 X 为非空集合，则 X 的子集族

$$\mathscr{T}_{\text{余有限}}=\{U\mid U=X\backslash C, C\text{ 是 }X\text{ 中的有限子集}\}\cup\{\varnothing\}$$

为 X 上的一个拓扑，并称$(X,\mathscr{T}_{\text{余有限}})$为 X 的**余有限拓扑空间**.

证明 (1) 由 $\mathscr{T}_{\text{余有限}}$的定义，$\varnothing\in\mathscr{T}_{\text{余有限}}$；$X=X\backslash\varnothing\in\mathscr{T}_{\text{余有限}}$.

(2) 设 $U_1,U_2\in\mathscr{T}_{\text{余有限}}$.

① $U_1=\varnothing$或 $U_2=\varnothing$，则 $U_1\cap U_2=\varnothing\in\mathscr{T}_{\text{余有限}}$；

② $U_1\neq\varnothing,U_2\neq\varnothing$，则 $U_1=X\backslash C_1,U_2=X\backslash C_2$，其中 C_1,C_2 都是 X 的有限子集. 于是 $C_1\cup C_2$ 也是 X 的有限子集，从而

$$U_1\cap U_2=(X\backslash C_1)\cap(X\backslash C_2)\overset{\text{de Morgan}}{=\!=\!=\!=}X\backslash(C_1\cup C_2)\in\mathscr{T}_{\text{余有限}}.$$

(3) 设 $U_\alpha\in\mathscr{T}_{\text{余有限}},\alpha\in\Gamma$. 不失一般性，令 $U_\alpha=X\backslash C_\alpha$，其中 C_α 为X 的有限子集，于是 $\bigcap\limits_{\alpha\in\Gamma}C_\alpha$ 也为X 的有限子集. 从而

$$\bigcup_{\alpha\in\Gamma}U_\alpha=\bigcup_{\alpha\in\Gamma}(X\backslash C_\alpha)\overset{\text{de Morgan}}{=\!=\!=\!=}X\backslash(\bigcap_{\alpha\in\Gamma}C_\alpha)\in\mathscr{T}_{\text{余有限}}.$$

根据(1)、(2)、(3)知 $\mathscr{T}_{\text{余有限}}$为 X 上的一个拓扑. □

设 $A\subset X$ 为有限集，则$\forall x\in X$，$(X\backslash A)\cup\{x\}$为 x 的一个开邻域，且

$$(((X\backslash A)\cup\{x\})\backslash\{x\})\cap A=\varnothing,$$

故 $x\notin A'$，从而 $A'=\varnothing$.

设 $A\subset X$ 为无限集，则$\forall x\in X$，x 的任何开邻域$X\backslash C$(C 为X 的有限子集)，必有

$$((X\backslash C)\backslash\{x\})\cap A\neq\varnothing,$$

故 $x\in A'$，从而 $A'=X,\bar{A}=X$，即 A 为$(X,\mathscr{T}_{\text{余有限}})$中的稠密集.

当 X 为有限集时，$\forall A\subset X$，$A=X\backslash(X\backslash A)\in\mathscr{T}_{\text{余有限}}$，因此 $\mathscr{T}_{\text{余有限}}=\mathscr{T}_{\text{离散}}$.

例 1.1.18 设 X 为非空集合，则 X 的子集族

$$\mathscr{T}_{\text{余可数}}=\{U\mid U=X\backslash C, C\text{ 是 }X\text{ 中至多可数子集}\}\cup\{\varnothing\}$$

为 X 上的一个拓扑. 称$(X,\mathscr{T}_{\text{余可数}})$为 X 上的**余可数拓扑空间**.

证明 (1) 由 $\mathscr{T}_{\text{余可数}}$的定义，$\varnothing\in\mathscr{T}_{\text{余可数}}$，$X=X\backslash\varnothing\in\mathscr{T}_{\text{余可数}}$.

(2) 设 $U_1,U_2\in\mathscr{T}_{\text{余可数}}$.

① $U_1=\varnothing$或 $U_2=\varnothing$，则 $U_1\cap U_2=\varnothing\in\mathscr{T}_{\text{余可数}}$.

② $U_1\neq\varnothing,U_2\neq\varnothing$，则 $U_1=X\backslash C_1,U_2=X\backslash C_2$，其中 C_1,C_2 都为 X 的至多可数集. 于是 $C_1\cup C_2$ 也为 X 的至多可数子集，从而

$$U_1\cap U_2=(X\backslash C_1)\cap(X\backslash C_2)\overset{\text{de Morgan}}{=\!=\!=\!=}X\backslash(C_1\cup C_2)\in\mathscr{T}_{\text{余可数}}.$$

(3) 设 $U_\alpha\in\mathscr{T}_{\text{余可数}},\alpha\in\Gamma$. 不失一般性，令 $U_\alpha=X\backslash C_\alpha$，其中 C_α 为X 中的至多可数集. 于是 $\bigcap\limits_{\alpha\in\Gamma}C_\alpha$ 也为X 的至多可数集. 从而

$$\bigcup_{\alpha\in\Gamma} U_\alpha = \bigcup_{\alpha\in\Gamma}(X\backslash C_\alpha) \xlongequal{\text{de Morgan}} X\backslash \bigcap_{\alpha\in\Gamma} C_\alpha \in \mathscr{T}_{余可数}.$$

根据(1)、(2)、(3)立知，$\mathscr{T}_{余可数}$为 X 上的一个拓扑. □

设 $A\subset X$ 为至多可数集，则 $\forall x\in X$，$(X\backslash A)\cup\{x\}$为 x 的一个开邻域，且

$$(((X\backslash A)\cup\{x\})\backslash\{x\})\cap A = \varnothing,$$

故 $x\notin A'$，从而 $A'=\varnothing$.

设 $A\subset X$ 为不可数集，则 $\forall x\in X$，x 的任何开邻域 $X\backslash C$（C 为 x 的至多可数集），必有

$$((X\backslash C)\backslash\{x\})\cap A\neq\varnothing,$$

故 $x\in A'$，从而 $A'=X$，$\bar{A}=X$，即 A 为$(X,\mathscr{T}_{余可数})$中的稠密集.

当 X 为至多可数集时，$\forall A\subset X$，$A=X\backslash(X\backslash A)\in\mathscr{T}_{余可数}$，故 $\mathscr{T}_{余可数}=\mathscr{T}_{离散}$.

例 1.1.19 记$^{\#}A$ 为有限集 A 中元素的个数，在自然数集 $\mathbf{N}$ 上，令

$$\mathscr{T}_{\mathbf{N}} = \{\varnothing\}\cup\left\{\mathbf{N}\backslash C \,\middle|\, \lim_{n\to+\infty}\frac{^{\#}(\{1,\cdots,n\}\cap C)}{n}=0, C\text{ 为 }\mathbf{N}\text{ 的子集}\right\},$$

则 $\mathscr{T}_{\mathbf{N}}$ 为 $\mathbf{N}$ 上的一个拓扑.

证明 (1) 显然$\varnothing\in\mathscr{T}_{\mathbf{N}}$，$\mathbf{N}=\mathbf{N}\backslash\varnothing\in\mathscr{T}_{\mathbf{N}}$.

(2) 设 $U_1,U_2\in\mathscr{T}_{\mathbf{N}}$.

① $U_1=\varnothing$或 $U_2=\varnothing$，则 $U_1\cap U_2=\varnothing\in\mathscr{T}_{\mathbf{N}}$；

② $U_1\neq\varnothing$，$U_2\neq\varnothing$，则 $U_1=\mathbf{N}\backslash C_1$，$U_2=\mathbf{N}\backslash C_2$，其中 C_1，C_2 满足

$$\lim_{n\to+\infty}\frac{^{\#}(\{1,\cdots,n\}\cap C_i)}{n}=0,\quad i=1,2.$$

因为

$$\left|\frac{^{\#}(\{1,\cdots,n\}\cap(C_1\cup C_2))}{n}-0\right| \leqslant \frac{^{\#}(\{1,\cdots,n\}\cap C_1)}{n}+\frac{^{\#}(\{1,\cdots,n\}\cap C_2)}{n},$$

所以，$(\mathbf{N}\backslash C_1)\cap(\mathbf{N}\backslash C_2)=\mathbf{N}\backslash(C_1\cup C_2)\in\mathscr{T}_{\mathbf{N}}$.

(3) 若 $\mathbf{N}\backslash C_\alpha\in\mathscr{T}_{\mathbf{N}}$，$\alpha\in\Gamma$，则

$$\lim_{n\to+\infty}\frac{^{\#}(\{1,\cdots,n\}\cap C_\alpha)}{n}=0.$$

因为

$$\left|\frac{^{\#}(\{1,\cdots,n\}\cap(\bigcap_{\alpha\in\Gamma}C_\alpha))}{n}-0\right| \leqslant \left|\frac{^{\#}(\{1,\cdots,n\}\cap C_\alpha)}{n}-0\right|,$$

所以

$$\lim_{n\to+\infty}\frac{{}^{\#}(\{1,\cdots,n\}\cap(\bigcap_{\alpha\in\Gamma}C_\alpha))}{n}=0.$$

从而

$$\bigcup_{\alpha\in\Gamma}(\mathbf{N}\backslash C_\alpha)\xlongequal{\text{de Morgan}}\mathbf{N}\backslash\bigcap_{\alpha\in\Gamma}C_\alpha\in\mathcal{T}_{\mathbf{N}}.$$

根据(1)、(2)、(3)知，$\mathcal{T}_{\mathbf{N}}$ 为 $\mathbf{N}$ 上的一个拓扑. □

如果 $A\subset\mathbf{N}$ 满足 $\lim\limits_{n\to+\infty}\frac{{}^{\#}(\{1,\cdots,n\}\cap A)}{n}=0$（称 A 为**零密度集**），则 $\forall n_0\in\mathbf{N}$，$(\mathbf{N}\backslash A)\cup\{n_0\}$ 为 n_0 的一个开邻域.显然

$$((\mathbf{N}\backslash A)\cup\{n_0\})\cap(A\backslash\{n_0\})=\varnothing,$$

所以，$n_0\notin A'$，从而 $A'=\varnothing$.

如果 $A\subset\mathbf{N}$ 满足 $\lim\limits_{n\to+\infty}\frac{{}^{\#}(\{1,\cdots,n\}\cap A)}{n}\neq0$（称 A 为**非零密度集**），则 $\forall n_0\in\mathbf{N}$ 的任何开邻域 $\mathbf{N}\backslash C$（C 为零密度集），必有

$$(\mathbf{N}\backslash C)\cap(A\backslash\{n_0\})\neq\varnothing.$$

所以，$n_0\in A'$.由于 n_0 任取，故 $A'=\mathbf{N}$，$\overline{A}=\mathbf{N}$.即 A 为$(\mathbf{N},\mathcal{T}_{\mathbf{N}})$中的稠密集.

例 1.1.20 设$(Y,\mathcal{T}_Y)$为$(X,\mathcal{T})$的子拓扑空间，则

A 为$(Y,\mathcal{T}_Y)$中的闭集 $\Leftrightarrow$ 存在$(X,\mathcal{T})$中的闭集 F，使 $A=Y\cap F$.

证明 $(\Rightarrow)$设 A 为$(Y,\mathcal{T}_Y)$中的闭集，即 $Y\backslash A$ 为$(Y,\mathcal{T}_Y)$中的开集，故存在$(X,\mathcal{T})$中的开集 U，使得 $Y\backslash A=Y\cap U$.于是，$A=Y\cap F$，其中 $F=X\backslash U$ 为$(X,\mathcal{T})$中的闭集.

$(\Leftarrow)$设 $A=Y\cap F$，F 为$(X,\mathcal{T})$中的闭集，则 $Y\backslash A=Y\cap(X\backslash F)$，其中 $X\backslash F$ 为$(X,\mathcal{T})$中的开集，从而 $Y\backslash A$ 为$(Y,\mathcal{T}_Y)$中的开集.这就证明了 A 为$(Y,\mathcal{T}_Y)$中的闭集. □

例 1.1.21 设 $Y\subset Z\subset X$，$(Y,\mathcal{T}_Y)$与$(Z,\mathcal{T}_Z)$都为$(X,\mathcal{T})$的子拓扑空间，而$(Y,(\mathcal{T}_Z)_Y)$为$(Z,\mathcal{T}_Z)$的子拓扑空间，则

$$\mathcal{T}_Y=(\mathcal{T}_Z)_Y.$$

证明 设 $W\in(\mathcal{T}_Z)_Y$，则 $\exists V\in\mathcal{T}_Z$，s.t. $W=Y\cap V$，其中 $V=Z\cap U$，$U\in\mathcal{T}$.所以

$$W=Y\cap V=Y\cap(Z\cap U)=Y\cap U\in\mathcal{T}_Y,\quad(\mathcal{T}_Z)_Y\subset\mathcal{T}_Y.$$

反之，设 $W\in\mathcal{T}_Y$，则 $\exists U\in\mathcal{T}$，s.t.

$$W=Y\cap U=Y\cap(Z\cap U)\in(\mathcal{T}_Z)_Y,\quad\mathcal{T}_Y\subset(\mathcal{T}_Z)_Y.$$

综上知，$\mathcal{T}_Y=(\mathcal{T}_Z)_Y$. □

例 1.1.22 设$(Y,\mathcal{T}_Y)$为$(X,\mathcal{T})$的子拓扑空间，$A\subset Y$，A'与 $\overline{A}$ 分别为 A 在$(X,\mathcal{T})$中的导集与闭包，A'_Y与$\overline{A}_Y$ 分别为 A 在$(Y,\mathcal{T}_Y)$中的导集与闭包，则 $\overline{A}_Y=Y\cap\overline{A}$.

证明 根据聚点定义，当 $y\in A\subset Y$ 时，

$$\begin{aligned}&y\text{ 为 }A\text{ 在}(X,\mathscr{T})\text{ 中的聚点}\\ \Leftrightarrow\ &\forall U\in\mathscr{T},y\in U,\text{有 }U\cap(A\backslash\{y\})\neq\varnothing\\ \Leftrightarrow\ &\forall U\in\mathscr{T},y\in Y\cap U,\text{有}(Y\cap U)\cap(A\backslash\{y\})\neq\varnothing\\ \Leftrightarrow\ &y\text{ 为 }A\text{ 在}(Y,\mathscr{T}_Y)\text{ 中的聚点}.\end{aligned}$$

由此得到 $A'_Y=Y\cap A'$, $Y\cap\overline{A}=Y\cap(A'\cup A)=(Y\cap A')\cup(Y\cap A)=A'_Y\cup A=\overline{A}_Y$.

□

例 1.1.23 设$(Y,\mathscr{T}_Y)$为$(X,\mathscr{T})$的子拓扑空间.

(1) $A\subset Y$ 为$(X,\mathscr{T})$中的开集$\Rightarrow A\subset Y$ 为$(Y,\mathscr{T}_Y)$中的开集.但反之不成立.

(2) 如果 Y 为$(X,\mathscr{T})$中的开集,则

$$A\subset Y\text{ 为}(X,\mathscr{T})\text{中的开集}\quad\Leftrightarrow\quad A\subset Y\text{ 为}(Y,\mathscr{T}_Y)\text{中的开集}.$$

(3) $A\subset Y$ 为$(X,\mathscr{T})$中的闭集$\Rightarrow A\subset Y$ 为$(Y,\mathscr{T}_Y)$中的闭集.但反之不成立.

(4) 如果 Y 为$(X,\mathscr{T})$中的闭集,则

$$A\subset Y\text{ 为}(X,\mathscr{T})\text{中的闭集}\quad\Leftrightarrow\quad A\subset Y\text{ 为}(Y,\mathscr{T}_Y)\text{中的闭集}.$$

证明 (1) ($\Rightarrow$)因为 $A\subset Y$ 为$(X,\mathscr{T})$中的开集,故 $A=Y\cap A$ 为$(Y,\mathscr{T}_Y)$中的开集.

($\not\Leftarrow$)设 $Y=\mathbf{Q}$, $(X,\mathscr{T})=(\mathbf{R}^1,\mathscr{T}_{\rho_0^1})$, $A=\mathbf{Q}$.显然,$A=\mathbf{Q}$ 为$(Y,\mathscr{T}_Y)=(\mathbf{Q},(\mathscr{T}_{\rho_0^1})_{\mathbf{Q}})$中的开集,但它不是$(X,\mathscr{T})=(\mathbf{R}^1,\mathscr{T}_{\rho_0^1})$中的开集.

(2) ($\Rightarrow$)见(1)中必要性.

($\Leftarrow$)设 $A\subset Y$ 为$(Y,\mathscr{T}_Y)$中的开集,则存在$(X,\mathscr{T})$中的开集 U 使得 $A=Y\cap U$.因 Y 为$(X,\mathscr{T})$中的开集,根据拓扑定义,$A=Y\cap U$ 也为$(X,\mathscr{T})$中的开集.

(3) ($\Rightarrow$)因为 $A\subset Y$ 为$(X,\mathscr{T})$中的闭集,根据例 1.1.20,$A=Y\cap A$ 为$(Y,\mathscr{T}_Y)$中的闭集.

($\not\Leftarrow$)设 $Y=\mathbf{Q}$, $(X,\mathscr{T})=(\mathbf{R}^1,\mathscr{T}_{\rho_0^1})$, $A=\mathbf{Q}$.显然,$A=\mathbf{Q}$ 为$(Y,\mathscr{T}_Y)=(\mathbf{Q},(\mathscr{T}_{\rho_0^1})_{\mathbf{Q}})$中的闭集,但它不是$(X,\mathscr{T})=(\mathbf{R}^1,\mathscr{T}_{\rho_0^1})$中的闭集.

(4) ($\Rightarrow$)见(3)中必要性.

($\Leftarrow$)设 $A\subset Y$ 为$(Y,\mathscr{T}_Y)$中的闭集,根据例 1.1.20,存在$(X,\mathscr{T})$中的闭集 F 使得 $A=Y\cap F$.又因 Y 为$(X,\mathscr{T})$中的闭集,根据定理 1.1.1(3),$A=Y\cap F$ 也为$(X,\mathscr{T})$中的闭集. □

必须指出:虽然拓扑空间是用开集族 $\mathscr{T}$ 定义的,但同样可以用闭集族,或子集与它的闭包之间的对应($A\mapsto\overline{A}$)来定义,也可用点与它的邻域族($x\mapsto\mathscr{N}_x$)之间的对应定义.

定理 1.1.8 设 X 为一个非空集合,$\mathscr{F}$ 为 X 的一个子集族,具有定理 1.1.1 中的 3 个性质,则存在 X 的唯一的一个拓扑 $\mathscr{T}$,使得拓扑空间$(X,\mathscr{T})$的闭集族就是 X 的子集族 $\mathscr{F}$.

证明 令 $\mathscr{T}=\{X\backslash F\mid F\in\mathscr{F}\}$.根据 de Morgan 公式及 $\mathscr{F}$ 的 3 个性质,$\mathscr{T}$ 为 X 的一个拓扑.既然 $\mathscr{T}$ 为$(X,\mathscr{T})$的开集族,而且 $\mathscr{F}$ 的每一个成员是 $\mathscr{T}$ 的一个成员在 X 中的余(补)集,所以 $\mathscr{F}$ 就是拓扑空间$(X,\mathscr{T})$的所有闭集组成的闭集族.再者,如果 $\mathscr{F}$ 是另一个拓扑空间

$(\mathscr{X},\widetilde{\mathscr{T}})$的所有闭集所组成的闭集族,必有 $\widetilde{\mathscr{T}}=\mathscr{T}$. □

由此定理可知,如果将本定理假设中的 $\mathscr{F}$ 称作 X 的一个闭集族,那么就可以将$(X,\mathscr{F})$作为拓扑空间理论的出发点.

定理 1.1.9 设 X 为非空集合,且给定了 X 的子集之间的一个对应 $\varphi^*:A\mapsto A^*$,具有定理 1.1.5 中的 4 个性质((1°) $\varnothing^*=\varnothing$;(2°) $A\subset A^*$;(3°) $(A^*)^*\subset A^*$;(4°) $(A\cup B)^*=A^*\cup B^*$),则存在 X 的唯一的一个拓扑 $\mathscr{T}$,使得拓扑空间$(X,\mathscr{T})$的子集 A 与它的闭包之间的对应 $\varphi:A\mapsto\overline{A}$ 就是给定的对应 $\varphi^*:A\mapsto A^*$.

证明 如果 X 有一个拓扑以 $\varphi^*:A\mapsto A^*$ 为其闭包对应,根据定理 1.1.3,它的闭集族必为$\{F\subset X\mid F^*=F\}$.因此,取 X 的子集族 $\mathscr{F}=\{F\subset X\mid F^*=F\}$.

先证 $\mathscr{F}$ 具有定理 1.1.1 中闭集族所具有的 3 个性质.

对应 φ^* 的性质(1°)$\varnothing^*=\varnothing$蕴涵着$\varnothing\in\mathscr{F}$. φ^* 的性质(2°)蕴涵着 $X\subset X^*$;又因 $X^*\subset X$,所以 $X^*=X$,从而 $X\in\mathscr{F}$.这就证明了 $\mathscr{F}$ 具有定理 1.1.1 中的(1).

从对应 φ^* 的性质(4°)与 $\mathscr{F}$ 的定义得到

$$(A\cup B)^*=A^*\cup B^*=A\cup B.$$

于是,$A\cup B\in\mathscr{F}$.这就证明了 $\mathscr{F}$ 具有定理 1.1.1 中的(2).

设 $F_\alpha\in\mathscr{F}$,即 $F_\alpha^*=F_\alpha$,对于每一 $\alpha\in\Gamma$,纯从集合考虑,显然有 $\bigcap\limits_{\alpha\in\Gamma}F_\alpha\subset F_\alpha$. 由 φ^* 的性质(4°)推得:如果 $A\subset B$,则 $A^*\subset A^*\cup(B\backslash A)^*=(A\cup(B\backslash A))^*=B^*$.由此及 $F_\alpha\in\mathscr{F}$,有$(\bigcap\limits_{\alpha\in\Gamma}F_\alpha)^*\subset F_\alpha^*=F_\alpha$.从而,纯从集合考虑,显然$(\bigcap\limits_{\alpha\in\Gamma}F_\alpha)^*\subset\bigcap\limits_{\alpha\in\Gamma}F_\alpha$.此结果与 φ^* 的性质(2°)得到 $\bigcap\limits_{\alpha\in\Gamma}F_\alpha\subset(\bigcap\limits_{\alpha\in\Gamma}F_\alpha)^*$.于是,$(\bigcap\limits_{\alpha\in\Gamma}F_\alpha)^*=\bigcap\limits_{\alpha\in\Gamma}F_\alpha$,即 $\bigcap\limits_{\alpha\in\Gamma}F_\alpha\in\mathscr{F}$.这就证明了 $\mathscr{F}$ 具有定理 1.1.1 中的(3).

根据定理 1.1.8,存在 X 的唯一的一个拓扑 $\mathscr{T}$,使得$(X,\mathscr{T})$的闭集族恰为 $\mathscr{F}$.令$(X,\mathscr{T})$的子集与它的闭包之间的对应为 $\varphi:A\mapsto\overline{A}$.因而 φ 也具有定理 1.1.5 中的 4 个性质.

接下来证明 $\varphi=\varphi^*$,即 $\forall A\subset X$,必有 $\overline{A}=A^*$.事实上,因为对应 φ^* 的性质(2°),有 $A\subset A^*$;根据 φ 的性质(4)得到 $\overline{A}\subset\overline{A}\cup\overline{(A^*\backslash A)}=\overline{A\cup(A^*\backslash A)}=\overline{A}^*$;再根据拓扑 $\mathscr{T}$ 的取法,A^* 为$(X,\mathscr{T})$的闭集(由 φ^* 的性质(2°),$A^*\subset(A^*)^*$ 及 φ^* 的性质(3°),$(A^*)^*\subset A^*$ 得$(A^*)^*=A^*$,从而 $A^*\in\mathscr{F}$),即 $\overline{A}^*=A^*$.于是,$\overline{A}\subset\overline{A}^*=A^*$.同样地,因为 φ 的性质(2),有 $A\subset\overline{A}$;由 φ^* 的性质(4°)可推出 $A^*\subset(\overline{A})^*$(仿上推导);因为 $\overline{A}$ 为$(X,\mathscr{T})$中的闭集,根据拓扑 $\mathscr{T}$ 的取法,$\overline{A}\in\mathscr{F}$,即$(\overline{A})^*=\overline{A}$.于是,$A^*\subset(\overline{A})^*=\overline{A}$.综上所述得到 $\overline{A}=A^*$. □

以上论述表明,定理 1.1.9 中的对应 φ^* 也可作为拓扑理论的出发点.

定理 1.1.10 设 X 为非空集合,对于任何 $x\in X$,有 X 的子集族 $\mathscr{N}_x^*$ 满足定理 1.1.7 中 $\mathscr{N}_x$ 的4 条,记为(1°)、(2°)、(3°)、(4°),则 X 有唯一的拓扑 $\mathscr{T}$,使得 $\mathscr{N}_x^*$ 恰为点 x

在拓扑空间$(X,\mathscr{T})$中的邻域系 $\mathscr{N}_x$.

证明 令

$$\mathscr{T}=\{U\subset X\mid \forall x\in U,\text{则有 }U\in\mathscr{N}_x^*\}.$$

先证$\mathscr{T}$为一个拓扑.

(1) 因为空集$\varnothing$不含任何元素,它自然满足$\mathscr{T}$中的条件,所以$\varnothing\in\mathscr{T}$;对于任何 $x\in X$,由 $\mathscr{N}_x^*$ 的(1°),必有 $V\in\mathscr{N}_x^*$.由于 $V\subset X$,根据 $\mathscr{N}_x^*$ 的(3°),$X\in\mathscr{N}_x^*$.因此,$X\in\mathscr{T}$.

(2) 设 $U_1,U_2\in\mathscr{T}$.如果 $U_1\cap U_2=\varnothing$,由(1),$U_1\cap U_2\in\mathscr{T}$;如果 $U_1\cap U_2\neq\varnothing$,$\forall x\in U_1\cap U_2$,由于 $U_1\in\mathscr{N}_x^*$,$U_2\in\mathscr{N}_x^*$,根据 $\mathscr{N}_x^*$ 的(2°),$U_1\cap U_2\in\mathscr{N}_x^*$.因此,$U_1\cap U_2\in\mathscr{T}$.

(3) 设 $U_\alpha\in\mathscr{T}$,$\alpha\in\Gamma$,如果 $\bigcup_{\alpha\in\Gamma}U_\alpha=\varnothing$,由(1),$\bigcup_{\alpha\in\Gamma}U_\alpha\in\mathscr{T}$.如果 $\bigcup_{\alpha\in\Gamma}U_\alpha\neq\varnothing$,$\forall x\in\bigcup_{\alpha\in\Gamma}U_\alpha$,则$\exists\alpha_0\in\Gamma$,s.t. $x\in U_{\alpha_0}$,所以 $U_{\alpha_0}\in\mathscr{N}_x^*$.由于 $U_{\alpha_0}\in\bigcup_{\alpha\in\Gamma}U_\alpha$,所以根据 $\mathscr{N}_x^*$ 的(3°),$\bigcup_{\alpha\in\Gamma}U_\alpha\in\mathscr{N}_x^*$.因此,$\bigcup_{\alpha\in\Gamma}U_\alpha\in\mathscr{T}$.

根据(1)、(2)、(3),$\mathscr{T}$为 X 上的一个拓扑.

现记任一点 $x\in X$ 在拓扑空间$(X,\mathscr{T})$中的邻域系为 $\mathscr{N}_x$,并证明 $\mathscr{N}_x=\mathscr{N}_x^*$.事实上,设 $V^*\in\mathscr{N}_x^*$.根据 $\mathscr{N}_x^*$ 的(4°),$\exists U^*\in\mathscr{N}_x^*$,s.t. $U^*\subset V^*$ 且 $U^*\in\mathscr{T}$.再根据 $\mathscr{N}_x^*$ 的(1°),$x\in U^*$.于是,$x\in U^*\subset V^*$,从而由定理 1.1.7(3)知,$V^*\in\mathscr{N}_x$.这就证明了 $\mathscr{N}_x^*\subset\mathscr{N}_x$.另一方面,设 $V\in\mathscr{N}_x$,则$\exists U\in\mathscr{T}$,s.t. $x\in U\subset V$.由于 $U\in\mathscr{N}_x^*$,并根据 $\mathscr{N}_x^*$ 的(3°),可见 $V\in\mathscr{N}_x^*$.这又证明了 $\mathscr{N}_x^*\supset\mathscr{N}_x$.因此,$\mathscr{N}_x=\mathscr{N}_x^*$.

再证唯一性.为此,假定$\widetilde{\mathscr{T}}$为 X 的一个拓扑,使得$\forall x\in X$,X 的子集族$\mathscr{N}_x^*$便是点x在拓扑空间$(X,\widetilde{\mathscr{T}})$中的邻域系.根据定理 1.1.7 立即可见,$\widetilde{U}\in\widetilde{\mathscr{T}}\Leftrightarrow x\in\widetilde{U}$ 蕴涵 $\widetilde{U}\in\mathscr{N}_x^*\Leftrightarrow\widetilde{U}\in\mathscr{T}$.这就证明了 $\widetilde{\mathscr{T}}=\mathscr{T}$. □

该定理表明,完全可以从邻域系的概念出发来建立拓扑空间理论.

但是,应该指出的是,以上各种建立拓扑空间理论的方法都不如直接从开集概念出发定义拓扑来得简洁.

1.2 点列的极限、内点、外点、边界点

定义 1.2.1 设$\{x_n\}$为拓扑空间$(X,\mathscr{T})$中的一个点列.如果$\exists x\in X$,对 x 的任何开邻域U,$\exists N\in\mathbf{N}$,当 $n>N$ 时,有 $x_n\in U$,则称$\{x_n\}$**收敛**于 x,记作 $\lim\limits_{n\to+\infty}x_n=x$ 或$x_n\to x$ $(n\to+\infty)$,而 x 称为点列$\{x_n\}$的**极限**.

例 1.2.1 在度量空间$(X,\mathscr{T}_\rho)$中，

(1) $\lim\limits_{n\to+\infty} x_n = x$；

$\Leftrightarrow$(2) $\forall \varepsilon>0, \exists N\in \mathbf{N}$，当 $n>N$ 时，$x_n\in B(x;\varepsilon)$；

$\Leftrightarrow$(3) $\forall \varepsilon>0, \exists N\in \mathbf{N}$，当 $n>N$ 时，$\rho(x_n,x)<\varepsilon$.

证明 (1)$\Rightarrow$(2). 设 $\lim\limits_{n\to+\infty} x_n = x$，由 $B(x;\varepsilon)$为 x 的一个特殊的开邻域，根据定义 1.2.1，$\exists N\in \mathbf{N}$，当 $n>N$ 时，有 $x_n\in B(x;\varepsilon)$.

(1)$\Leftarrow$(2). 对 x 的任何开邻域 U，必有开球 $B(x;\varepsilon)\subset U$. 根据(2)，$\exists N\in \mathbf{N}$，当 $n>N$ 时，$x_n\in B(x;\varepsilon)\subset U$.

(2)$\Leftrightarrow$(3). 显然. □

例 1.2.2 设 X 为至少含两点的集合，$\{x_n\}$为$(X,\mathscr{T}_{平庸})$中的任意点列，则 $\forall x\in X$，总有 $\lim\limits_{n\to+\infty} x_n = x$，即 X 中的每一点都为$\{x_n\}$的极限. 这是$(X,\mathscr{T}_{平庸})$的怪性质. 由此表明点列$\{x_n\}$的极限不唯一!

事实上，对 x 的任何开邻域 $U\in\mathscr{T}_{平庸}$，必有 $U=X$. 当 $n>N=1$ 时$(n\in\mathbf{N})$，$x_n\in X=U$，故 $\lim\limits_{n\to+\infty} x_n = x$.

这极限不唯一的例子与 Euclid 空间中极限唯一形成了鲜明的对比. 例 1.2.2 的怪性质真是出乎意料.

问题：对拓扑空间$(X,\mathscr{T})$应附加什么条件才能使点列极限总唯一？要回答这一问题，必须先引入分离性概念.

定义 1.2.2 设$(X,\mathscr{T})$为拓扑空间. 如果 $\forall p,q\in X, p\neq q$ 均有 p 的开邻域 U_p 与 q 的开邻域 U_q，s.t. $U_p\cap U_q=\varnothing$，则称$(X,\mathscr{T})$为 **T_2 空间或 Hausdorff 空间**(图 1.2.1).

如果 $\forall p,q\in X, p\neq q$ 均有 p 的开邻域 U_p 不含 q 及 q 的开邻域 U_q 不含 p，则称$(X,\mathscr{T})$为 **T_1 空间**(图 1.2.2).

如果 $\forall p,q\in X, p\neq q$，均有 p 的开邻域 U_p 不含 q 或 q 的开邻域 U_q 不含 p，则称$(X,\mathscr{T})$为 **T_0 空间**(图 1.2.3).

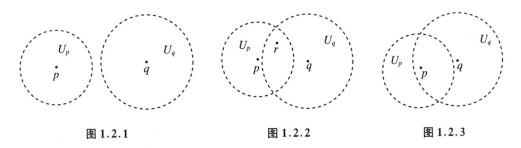

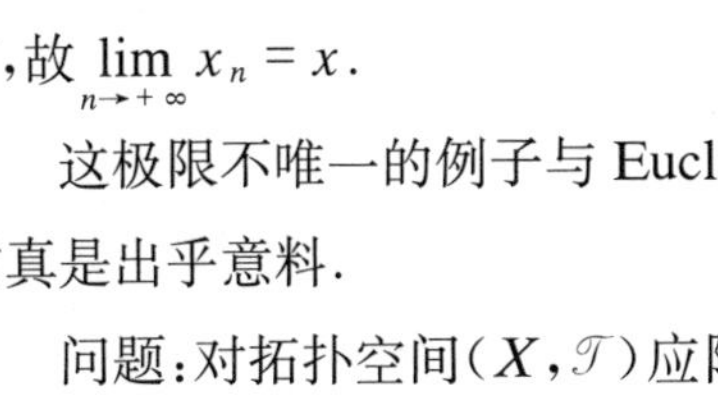

图 1.2.1

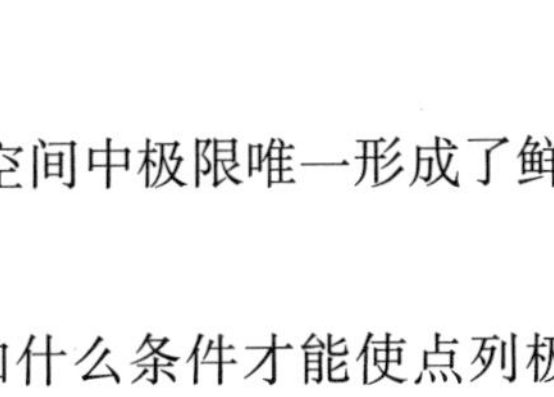

图 1.2.2

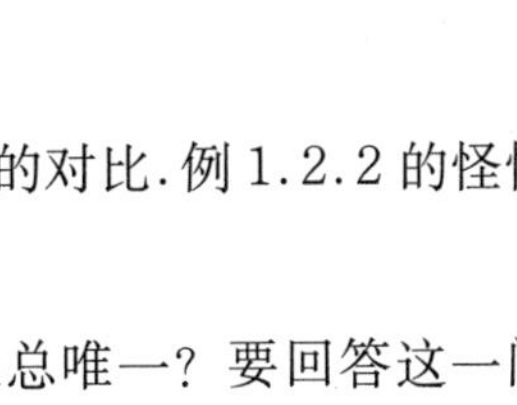

图 1.2.3

T_2, T_1, T_0 统称为**分离性**.

显然，$T_2\Rightarrow T_1\Rightarrow T_0$.

例 1.2.3 (1) 含至少两点的平庸拓扑空间$(X,\mathscr{T}_{平庸})$为非 T_0 空间.

设 $p,q\in X,p\neq q$,显然,含 p 的开邻域就是X,它必含 q.同样,含 q 的开邻域就是X,它必含 p.故$(X,\mathscr{T}_{平庸})$为非 T_0 空间.

(2) 设 $a\neq b,X=\{a,b\},\mathscr{T}=\{\varnothing,\{a\},\{a,b\}\}$为 T_0 空间,但不为 T_1 空间.

事实上,a 有开邻域$\{a\}$不含 b,故$(X,\mathscr{T})$为 T_0 空间.又因 b 的开邻域必为$\{a,b\}$,它必含 a,故$(X,\mathscr{T})$不为 T_1 空间.

显然,常点列$\{a\}$的极限为 a,b(极限不唯一);常点列$\{b\}$的极限为 b.

(3) 设 X 为可数集,则$(X,\mathscr{T}_{余有限})$为 T_1 空间(取 $a,b\in X,a\neq b$.显然,$X\backslash\{b\}$为 a 的开邻域不含b;$X\backslash\{a\}$为 b 的开邻域不含a).但它不为 T_2 空间(因$(X\backslash C_1)\cap(X\backslash C_2)=X\backslash(C_1\cup C_2)\neq\varnothing$,其中 C_1,C_2 均为有限集).

设 $X=\{x_n\mid n\in\mathbf{N}\}$,则点列$\{x_n\}$收敛于任何点 $x\in X$(x 的任何开邻域$X\backslash C,C=\{x_{n_1},\cdots,x_{n_k}\},n_1<\cdots<n_k$.当 $n>N=n_k$ 时,$x_n\in X\backslash C$,故 $\lim\limits_{n\to+\infty}x_n=x$).此时,$\{x_n\}$的极限不唯一.

例 1.2.3(1)、(2)表明 $T_2\nLeftarrow T_1\nLeftarrow T_0$.它还表明:如果附加条件 T_0,T_1 都不足以推得极限唯一.但是,如果附加条件 T_2,则极限唯一.

定理 1.2.1(极限唯一) 设$(X,\mathscr{T})$为 T_2 空间.如果点列$\{x_n\}$在$(X,\mathscr{T})$中收敛,则极限必唯一.

证明 (反证)假设极限不唯一,则$\exists\,x,y\in X,x\neq y$,s.t. $\lim\limits_{n\to+\infty}x_n=x$, $\lim\limits_{n\to+\infty}x_n=y$.由于$(X,\mathscr{T})$为 T_2 空间,故必有 x 的开邻域U_x 与 y 的开邻域U_y,使得 $U_x\cap U_y=\varnothing$,根据极限的定义,知

$$\exists\,N_1\in\mathbf{N},\text{当 } n>N_1 \text{ 时},x_n\in U_x;$$

$$\exists\,N_2\in\mathbf{N},\text{当 } n>N_2 \text{ 时},x_n\in U_y.$$

于是,当 $n>\max\{N_1,N_2\}$时,$x_n\in U_x\cap U_y=\varnothing$,矛盾(图 1.2.4). □

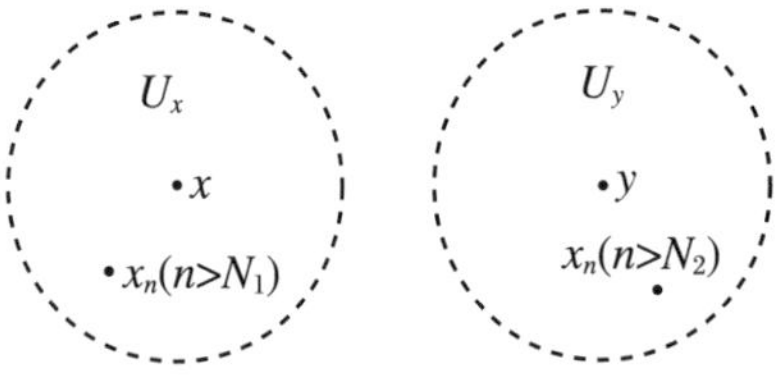

图 1.2.4

注 1.2.1 上面思考问题的方式是,先举出了 T_0,T_1 空间中点列的极限不唯一的反例 1.2.2 与反例 1.2.3.为了确保极限唯一,对拓扑空间再加强为 T_2 空间,经论证,在此类空间中,极限总是唯一的.这种强分离性起了关键作用.

另一种思考问题的方式是,先给拓扑空间赋予强分离性的 T_2 条件,并证明极限总是唯一的.然后,减弱条件为 T_1 空间,看能否证明极限的唯一性.能就证明;不能就举反例,反例就应到 T_1 空间但非 T_2 空间去寻找!

考虑定理 1.2.1 的反问题：极限总唯一的拓扑空间一定是 T_2 空间吗？回答是否定的. 反例：例 1.1.18 或例 1.2.8，设 X 为不可数集，则$(X,\mathscr{T}_{余可数})$是 T_1 空间、非 T_2 空间. 根据引理 1.2.3(怪性质)，表明：$\lim\limits_{n\to+\infty} x_n = x$，则 $\exists N\in\mathbf{N}$，当 $n>N$ 时，有 $x_n = x$. 因此，在此拓扑空间中，极限必唯一. 但是，它不是 T_2 空间.

类似地，例 1.1.19 或例 1.2.9 也是一个反例.

问题：从例 1.2.3(3) 自然会想到，是否有 T_1 但非 T_2 的有限拓扑空间？$n=1,2,3$ 个元素的拓扑空间中，可直接验证是找不到的. 进而可证，一般的有限拓扑空间中，这种例子也是找不到的.

例 1.2.4 设 X 为非空的有限集，若$(X,\mathscr{T})$为 T_1 空间，则它必为 T_2 空间.

证明 设 $X=\{a_1,\cdots,a_k\}$，因为$(X,\mathscr{T})$为 T_1 空间，所以由 T_1 的定义，

$$\exists U_{12}\in\mathscr{T}，满足\ a_1\in U_{12}，但\ a_2\notin U_{12}；$$
$$\exists U_{13}\in\mathscr{T}，满足\ a_1\in U_{13}，但\ a_3\notin U_{13}；$$
$$\cdots；$$
$$\exists U_{1k}\in\mathscr{T}，满足\ a_1\in U_{1k}，但\ a_k\notin U_{1k}.$$

根据拓扑定义中条件(2)及归纳法立知，$\{a_1\}=U_{12}\cap U_{13}\cap\cdots\cap U_{1k}\in\mathscr{T}$. 同理，$\{a_2\},\cdots,\{a_k\}\in\mathscr{T}$. 从而 $\mathscr{T}=\mathscr{T}_{离散}$，$(X,\mathscr{T})=(X,\mathscr{T}_{离散})$为 T_2 空间. □

与点列有关的另一个定理是：

定理 1.2.2 设$(X,\mathscr{T})$为拓扑空间，则：

(1) A 为闭集；

$\Leftrightarrow$(2) $A'\subset A$；

$\Leftrightarrow$(3) $\overline{A}=A$；

$\Rightarrow$(4) $\forall a_n\in A$，$\lim\limits_{n\to+\infty} a_n=a$，必有 $a\in A$.

证明 由定理 1.1.3，只需证明(1)$\Rightarrow$(4).

因为 A 为闭集，所以 A^c 为开集.(反证)假设 $a\notin A$，即 $a\in A^c$，则 A^c 为 a 的一个开邻域. 由于 $\lim\limits_{n\to+\infty} a_n=a$，故 $\exists N\in\mathbf{N}$，当 $n>N$ 时，有 $a_n\in A^c$，即 $a_n\notin A$，这与已知 $a_n\in A$ 相矛盾. □

问题：定理 1.2.2 中是否有(1)$\Leftarrow$(4)？一个命题，如果正确就应证明. 倘若证明不了，可附加条件再证. 然后可将这种条件减弱到最弱的程度，甚至有时删去附加条件命题仍正确；如果要否定这个命题的正确性，就应到不满足最弱附加条件的例子中去寻找所要的反例.

为给出附加条件，引入第 1 与第 2 可数性公理的概念.

定义 1.2.3 设$(X,\mathscr{T})$为拓扑空间，$x\in X$，有开集子族 $\mathscr{T}_x^\circ\in\mathscr{T}$，s. t. $\forall U\in\mathscr{T}_x^\circ$，有

$x\in U$;且对 x 的任何开邻域 V,必有 $U\in\mathscr{T}_x^\circ$ 及 $x\in U\subset V$,则称 x 处有**局部基** $\mathscr{T}_x^\circ$. 如果 $\mathscr{T}_x^\circ$ 中含至多可数个元素,则称 $\mathscr{T}_x^\circ$ 为 x 处的**可数局部基**.

如果 $\forall x\in X$,均有可数局部基,则称 $(X,\mathscr{T})$ 为 $\boldsymbol{A_1}$ **空间**或具有**第 1 可数性公理**的拓扑空间.

设 $\mathscr{T}^\circ\subset\mathscr{T}$ 为开集子族,如果 $\forall V\in\mathscr{T}$, $\forall x\in V$,必有 $U\in\mathscr{T}^\circ$, s.t. $x\in U\subset V$,等价地, $\forall V\subset\mathscr{T}$,必有 $\mathscr{T}_1^\circ\subset\mathscr{T}^\circ$, s.t. $V=\bigcup\limits_{U\in\mathscr{T}_1^\circ}U$,则称 $\mathscr{T}^\circ$ 为 $\mathscr{T}$ 的一个**拓扑基**. 此时,也称 $\mathscr{T}^\circ$ **生成了**拓扑 $\mathscr{T}$. 如果 $\mathscr{T}^\circ$ 中含至多可数个元,则称 $\mathscr{T}^\circ$ 为 $\mathscr{T}$ 的**可数拓扑基**. (注意, $\{U_1,\cdots,U_m\}$ 可视作 $\{U_1,\cdots,U_m,U_m,\cdots\}$.)

如果 $(X,\mathscr{T})$ 有可数拓扑基,则称它为 $\boldsymbol{A_2}$ **空间**或具有**第 2 可数性公理**的拓扑空间.

显然,拓扑 $\mathscr{T}$ 本身就是一个拓扑基. 只含有限个元素(特别地, X 为有限集)的拓扑 $\mathscr{T}$, $(X,\mathscr{T})$ 为 A_2 空间.

A_1, A_2 统称为**可数性**. 显然, A_2 空间 $\Rightarrow A_1$ 空间. 事实上,因为 $(X,\mathscr{T})$ 为 A_2 空间,故有可数拓扑基 $\mathscr{T}^\circ$,则 $\mathscr{T}_x^\circ=\{U\mid U\in\mathscr{T}^\circ, x\in U\}$ 为 x 处的可数拓扑基,因此, $(X,\mathscr{T})$ 为 A_1 空间. 但是,反之不真,即 A_2 空间 $\not\Leftarrow A_1$ 空间.

例 1.2.5 设 X 为不可数集,则 $(X,\mathscr{T}_{离散})$ 为 A_1 空间,但非 A_2 空间.

证明 若 $\forall x\in X$,则 $\mathscr{T}_x^\circ=\{\{x\}\}$ 为 x 处的可数局部基,因此, $(X,\mathscr{T}_{离散})$ 为 A_1 空间(注意,此时 X 不必不可数).

再证 $(X,\mathscr{T}_{离散})$ 不为 A_2 空间. (反证)假设 $(X,\mathscr{T}_{离散})$ 为 A_2 空间,则有可数拓扑基 $\mathscr{T}^\circ$. 由于独点集 $\{x\}\in\mathscr{T}_{离散}$,根据拓扑基定义知, $\exists U_x\in\mathscr{T}^\circ$, s.t. $x\in U_x\subset\{x\}$,从而 $U_x=\{x\}$. 由此推得 $\{\{x\}\mid x\in X\}=\{U_x\mid x\in X\}\subset\mathscr{T}^\circ$ 为至多可数集,从而 $X=\{x\mid x\in X\}$ 为至多可数集,这与已知 X 为不可数集相矛盾. □

引理 1.2.1 设 $(X,\mathscr{T})$ 为拓扑空间, $\mathscr{T}_x^\circ\subset\mathscr{T}$ 为 x 处的可数局部基,则必有 x 处的可数局部基 $\{V_n\mid n\in\mathbf{N}\}$,满足 $V_1\supset V_2\supset\cdots\supset V_n\supset V_{n+1}\supset\cdots$,并称 $\{V_n\mid n\in\mathbf{N}\}$ 为 x 处的**标准可数局部基**.

证明 设 $\mathscr{T}_x^\circ=\{U_n\mid n\in\mathbf{N}\}$,则 $x\in U_n$, $n\in\mathbf{N}$. 令

$$V_n=\bigcap_{i=1}^n U_i,$$

必有 $x\in V_n\in\mathscr{T}$ 且

$$V_1\supset V_2\supset\cdots\supset V_n\supset V_{n+1}\supset\cdots.$$

再证 $\{V_n\mid n\in\mathbf{N}\}$ 为 x 处的可数局部基. 事实上,对 x 的任何开邻域 U,必有 $U_n\in\mathscr{T}_x^\circ$,使得 $x\in U_n\subset U$. 根据 V_n 的定义, $x\in V_n=\bigcap\limits_{i=1}^n U_i\subset U_n\subset U$,这就证明了 $\{V_n\mid n\in\mathbf{N}\}$ 为 x 处的可数局部基. □

引理 1.2.2 设$\{V_n \mid n\in\mathbf{N}\}$为 x 处的标准可数局部基，且有 $x_n\in V_n$，$n\in\mathbf{N}$，则$\{x_n\}$收敛于 x，即 $\lim\limits_{n\to+\infty} x_n=x$.

证明 设 U 为 x 处的任何开邻域，因为$\{V_n \mid n\in\mathbf{N}\}$为 x 处的标准可数局部基，故$\exists N\in\mathbf{N}$，使 $x\in V_N\subset U$. 于是，$\forall n>N$，有 $x\in V_n\subset V_N\subset U$，从而 $x_n\in V_n\subset U$，这就证明了 $\lim\limits_{n\to+\infty} x_n=x$. □

从引理 1.2.2 可看出，x 处的标准可数局部基$\{V_n \mid n\in\mathbf{N}\}$相当于度量空间中$\left\{B\left(x;\frac{1}{n}\right)\middle| n\in\mathbf{N}\right\}$所起的作用.

我们进一步来讨论定理 1.2.3.

定理 1.2.3 设$(X,\mathscr{T})$为 A_1 空间，则：

(1) $\forall x\in X$，在 x 处必有标准可数局部基；

(2) A 为闭集$\Leftrightarrow \forall a_n\in A$，$\lim\limits_{n\to+\infty} a_n=a$，必有 $a\in A$.

证明 (1) 由引理 1.2.1 立即推得.

(2) ($\Rightarrow$)参阅定理 1.2.2 中(1)$\Rightarrow$(4)的证明.

($\Leftarrow$)(反证)假设 A 不为闭集，根据定理 1.2.2(2)，$\exists a\in A'$但 $a\notin A$. 因为$(x,\mathscr{T})$为 A_1 空间，故在 a 点处有标准可数局部基$\{V_n \mid n\in\mathbf{N}\}$. 于是，对 a 的任何开邻域 V_n，有 $V_n\cap(A\setminus\{a\})\neq\varnothing$. 取 $a_n\in V_n\cap(A\setminus\{a\})\subset A$，根据引理 1.2.2，$\lim\limits_{n\to+\infty} a_n=a$. 再由题设右边条件，必有 $a\in A$. 这与上述 $a\notin A$ 相矛盾. □

我们可以证明度量空间为 T_2，A_1 空间. 因此，在度量空间(特别是 Euclid 空间)中，点列极限是唯一的；A 为闭集$\Leftrightarrow\forall a_n\in A$，$\lim\limits_{n\to+\infty} a_n=a$，必有 $a\in A$.

读者会注意到，在有些数学分析教材中，就用"$\forall a_n\in A$，$\lim\limits_{n\to+\infty} a_n=a$，必有 $a\in A$"来作为闭集的定义. 定理 1.2.3 表明，这种定义在 A_1 空间(特别是度量空间、Euclid 空间)中与"开集的余(补)集称为闭集"是等价的. 易见，前者不是拓扑学家的定义，而后者才是拓扑学家的定义，并且这种定义更简单、更直接.

例 1.2.6 设(X,ρ)为度量空间，则$(X,\mathscr{T}_\rho)$为 T_2，A_1 空间.

证明 $\forall p,q\in X$，$p\neq q$，显然，$B\left(p;\frac{1}{2}\rho(p,q)\right)$与 $B\left(q;\frac{1}{2}\rho(p,q)\right)$分别为 p 与 q 的两个不相交的开邻域，因此$(X,\mathscr{T}_\rho)$为 T_2 空间.

$\forall x\in X$，因为$\left\{B\left(x;\frac{1}{n}\right)\middle| n\in\mathbf{N}\right\}$或$\{B(x;r) \mid r\in\mathbf{Q}$(有理数集)，$r>0\}$都为 x 处的可数局部基，所以$(X,\mathscr{T}_\rho)$为 A_1 空间. □

注意，即使是度量空间，它是 A_1 空间，但未必是 A_2 空间. 这可从例 1.1.10 与例 1.2.5 立即看出，只需取 X 为不可数集，则$(X,\mathscr{T}_{\rho_{\text{离散}}})=(X,\mathscr{T}_{\text{离散}})$为 A_1 空间但非 A_2

空间.

例 1.2.7 $(\mathbf{R}^n, \mathscr{T}_{\rho_0^n})$为 A_2 空间.

证明 因为$\left\{B\left(\boldsymbol{x};\frac{1}{m}\right)\middle|\boldsymbol{x}\in\mathbf{Q}^n, m\in\mathbf{N}\right\}$或$\{B(\boldsymbol{x};r)\mid\boldsymbol{x}\in\mathbf{Q}^n, r\in\mathbf{Q}^+\text{(正有理数集)}\}$均为$(\mathbf{R}^n, \mathscr{T}_{\rho_0^n})$中的可数拓扑基,所以$(\mathbf{R}^n, \mathscr{T}_{\rho_0^n})$为 A_2 空间. □

问题:能否举出非 A_1 的拓扑空间例子?

例 1.2.8 设 X 为不可数集,则:

(1) $(X, \mathscr{T}_{\text{余可数}})$为 T_1 非 T_2 空间;

(2) $(X, \mathscr{T}_{\text{余可数}})$为非 A_1 空间,当然也为非 A_2 空间.

证明 (1) $\forall p,q\in X, p\neq q$,则 $X\backslash\{q\}$为不含 q 的 p 的开邻域,而 $X\backslash\{p\}$为不含 p 的 q 的开邻域,因此,$(X, \mathscr{T}_{\text{余可数}})$为 T_1 空间.

此外,设 U_p, U_q 分别为 p,q 的开邻域,则 $U_p = X\backslash C_p, U_q = X\backslash C_q$,其中 C_p, C_q 为 X 中的至多可数集,则 $C_p\cup C_q$ 仍为至多可数集,且

$$U_p\cap U_q = (X\backslash C_p)\cap(X\backslash C_q)\xlongequal{\text{de Morgan}} X\backslash(C_p\cup C_q)\neq\varnothing.$$

因此,$(X, \mathscr{T}_{\text{余可数}})$不为 T_2 空间.

(2) (证法 1)(反证)假设 X 为 A_1 空间,则有$\{X\backslash C_n\mid C_n\text{ 为 }X\text{ 中的至多可数集}, n\in\mathbf{N}\}$为 $x\in X$ 处的一个可数局部基.因为 X 不可数,故$\exists\, a\in X\backslash\left(\{x\}\cup\left(\bigcup\limits_{n=1}^{\infty}C_n\right)\right)$. 于是,$X\backslash\{a\}$为 x 的开邻域,但 $a\in X\backslash C_n\not\subset X\backslash\{a\}, n\in\mathbf{N}$,这与$\{X\backslash C_n\mid n\in\mathbf{N}\}$为 x 处的可数局部基相矛盾.于是,$(X, \mathscr{T}_{\text{余可数}})$不为 A_1 空间.

(证法 2)(反证)假设在 $x\in X$ 处有可数局部基 $\mathscr{T}_x$,则$\forall\, y\neq x, x\in X\backslash\{y\}$,而 $X\backslash\{y\}$为 x 的开邻域,故$\exists\, U_y\in\mathscr{T}_x$, s.t.

$$U_y\subset X\backslash\{y\} = \{y\}^{\mathrm{c}},\quad y\in U_y^{\mathrm{c}},$$

所以,不可数集 $X\backslash\{x\} = \bigcup\limits_{y\neq x}\{y\}\subset\bigcup\limits_{y\neq x}U_y^{\mathrm{c}}\subset\bigcup\limits_{U\in\mathscr{T}_x}U^{\mathrm{c}}$ 为至多可数集,矛盾.于是,$(X, \mathscr{T}_{\text{余可数}})$不为 A_1 空间.

(证法 3)(反证)假设$(X,\mathscr{T})$为 A_1 空间.$\forall\, x\in X$,存在 x 处的标准可数局部基$\{V_n\mid n\in\mathbf{N}\}(V_1\supset V_2\supset\cdots\supset V_n\supset\cdots)$.任取 $x_n\in V_n, x_n\neq x$,则 $A=\{x_1,\cdots,x_n,\cdots\}$为至多可数集,$X\backslash A$ 为x 的开邻域.显然,$\forall\, n\in\mathbf{N}, V_n\subset X\backslash A$ 不成立.这与$\{V_n\mid n\in\mathbf{N}\}$为 x 处的标准可数局部基相矛盾.于是,$(X, \mathscr{T}_{\text{余可数}})$不为 A_1 空间.

(证法 4)由例 1.1.18 知,$X'=X$.(反证)假设$(X,\mathscr{T})$为 A_1 空间.由下面的定理 1.2.4,$X\backslash\{x\}$中有点列$\{x_n\}$, s.t. $\lim\limits_{n\to+\infty}x_n = x$.因 $X\backslash\{x_i\mid i\in\mathbf{N}\}$为 x 的开邻域,故$\exists\, N\in\mathbf{N}$,当 $n>N$ 时,$x_n\in X\backslash\{x_i\mid i\in\mathbf{N}\}$,矛盾.因此,$(X, \mathscr{T}_{\text{余可数}})$不为 A_1 空间.

（证法5）设 $x\in X$，$A=X\backslash\{x\}$. 如果 $\forall a_n\in A$，$\lim\limits_{n\to+\infty}a_n=a$，根据 $(X,\mathscr{T}_{余可数})$ 的怪性质（引理1.2.3），必有 $N\in\mathbf{N}$，当 $n>N$ 时，$a_n=a$. 于是，$a=a_n\in A$.

（反证）假设 $(X,\mathscr{T}_{余可数})$ 为 A_1 空间，则由定理1.2.3知，$A=X\backslash\{x\}$ 为闭集. 由于 $\{x\}=(X|\{x\})^c=A^c$ 不为开集，故 $A=X\backslash\{x\}$ 不为闭集，矛盾. 因此，$(X,\mathscr{T}_{余可数})$ 不为 A_1 空间.

（证法6）参阅例1.3.1的证明. □

注1.2.2 当 X 为不可数集时，$(X,\mathscr{T}_{余可数})$ 不为 A_1 空间，根据定理1.2.3，它就有可能成为定理1.2.2中(1)$\not\Leftarrow$(4)的反例.

另外，从例1.2.8(2)证法4知，$A=X\backslash\{x\}$ 具有定理1.2.2(4)的性质，但它不为闭集. 因此，它确实是定理1.2.2中(1)$\not\Leftarrow$(4)的反例.

引理1.2.3（怪性质） 设 X 为不可数集，$x_n\in X$，且在 $(X,\mathscr{T}_{余可数})$ 中，$\lim\limits_{n\to+\infty}x_n=x$，则 $\exists N\in\mathbf{N}$，当 $n>N$ 时，有 $x_n=x$.

证明 显然，$U=(X\backslash\{x_m\mid m\in\mathbf{N}\})\cup\{x\}$ 为 x 的一个开邻域，故从极限的定义知，$\exists N\in\mathbf{N}$，当 $n>N$ 时，有 $x_n\in U=(X\backslash\{x_m\mid m\in\mathbf{N}\})\cup\{x\}$. 此时，有 $x_n=x$，$n>N$. □

定理1.2.4 设 $(X,\mathscr{T})$ 为拓扑空间，A 为 X 的一个子集，x 为 X 中的一点，我们列出关于 A 与 x 的下面3个性质：

(1°) 子集 A 以点 x 为聚点；

(2°) $A\backslash\{x\}$ 中存在一个点列收敛到点 x；

(3°) $A\backslash\{x\}$ 中存在由完全不同的点所组成的一点列，它收敛到点 x.

显然，这3个性质都是拓扑不变性，并且：

(1) (3°)⇒(2°)⇒(1°)；

(2) 对于 $(X,\mathscr{T})$ 为 A_1 空间，(1°)⇔(2°)$\not\Rightarrow$(3°)；

(3) 对于 $(X,\mathscr{T})$ 为 T_1 空间，(1°)$\not\Rightarrow$(2°)⇔(3°).

证明 (1) (3°)⇒(2°). 显然.

(2°)⇒(1°). 设 U 为 x 的任一开邻域，根据(2°)，$A\backslash\{x\}$ 中存在点列 $\{x_n\}$ 收敛到点 x，所以，$\exists N\in\mathbf{N}$，当 $n>N$ 时，$x_n\in U$，由于 $x_n\in A\backslash\{x\}$，故 $x_n\in A$，且 $x_n\neq x$. 这就证明了 x 为 A 的聚点，即(1°)成立.

(2) (1°)⇒(2°). 因为 $(X,\mathscr{T})$ 为 A_1 空间，根据定理1.2.3(1)，在 x 处必有一个标准可数局部基 $\{V_n\mid n\in\mathbf{N}\}$. 又由(1°)知，$x$ 为 A 的聚点，故必有 $x_n\in V_n\cap(A\backslash\{x\})$. 由引理1.2.2，$\{x_n\}$ 收敛于 x. 这表明(2°)成立.

(2°)$\not\Rightarrow$(3°). 反例：设 $X=\{a,b,c\}$，a,b,c 彼此不同，$\mathscr{T}=\{\varnothing,\{a\},\{a,b\},\{a,c\},X=\{a,b,c\}\}$ 为 X 的一个拓扑. 因为 X 是有限集，所以 $(X,\mathscr{T})$ 为 A_2 空间，当然也是 A_1 空间.

显然，$(X,\mathscr{T})$为 T_0 空间而非 T_1 空间(因为 b 的开邻域必含 a).

点 b,c 都是$A=\{a\}$的聚点. X 中的常点列$\{x_n\}=\{a\}$以点 a,b,c 为极限. 因此，$A\setminus\{b\}$中有点列$\{x_n\}=\{a\}$收敛于 b，即满足(2°). 但由于 $A\setminus\{b\}$为有限集，故(3°)不成立.

(3) (2°)⇒(3°). 显然，$(X,\mathscr{T})$为 T_1 空间⇔独点集为闭集⇔有限集为闭集(设 a 为 T_1 空间$(X,\mathscr{T})$的任一点，则 $\forall\, x\neq a$ 有一开邻域 U 不包含 a，所以 $x\notin\overline{\{a\}}$. 因而，$\overline{\{a\}}=\{a\}$，即独点集$\{a\}$为闭集；反之，如果$(X,\mathscr{T})$中的独点集为闭集，则 $\forall\, a,b\in X, a\neq b$，$X\setminus\{b\}$为 a 的开邻域不含 b，而 $X\setminus\{a\}$为 b 的开邻域不含 a，即$(X,\mathscr{T})$为 T_1 空间). 由(2°)存在点列$\{x_n\}$收敛到点 x. 此时，$\forall\, n\in\mathbf{N}, x_n\neq x$. 子集 $\bigcup\limits_{n=1}^{\infty}\{x_n\}$不可能是有限的$\Big($如果 $\bigcup\limits_{n=1}^{\infty}\{x_n\}$为有限集，根据上述知，它为闭集，从而 $X\setminus\bigcup\limits_{n=1}^{\infty}\{x_n\}$为开集，且为点 x 的一个开邻域，而它不包含点列$\{x_n\}$的点. 这与 $x_n\to x(n\to+\infty)$相矛盾$\Big)$，因而显然存在$\{x_n\}$的一个子点列$\{x_{n_k}\}$，由完全不同的点组成，且收敛到点 x. 这表明(3°)成立.

(1°)$\not\Rightarrow$(2°). 反例：设 X 为不可数集，$A\subset X$ 也为不可数集，由例 1.1.18 知，$A'=X$，因此子集 A 以 x 为聚点，即$(X,\mathscr{T}_{余可数})$满足(1°). 再由例 1.2.8，$(X,\mathscr{T}_{余可数})$为 T_1 非 A_1 的空间. 此外，下证(2°)不成立.(反证)假设(2°)成立，即 $A\setminus\{x\}$中存在一个点列$\{x_n\}$收敛到点 x. 根据引理 1.2.3(怪性质)，$\exists\, N\in\mathbf{N}$，当 $n>N$ 时，$x_n=x$，则 $x=x_n\in A\setminus\{x\}$，$n>N$，矛盾. □

我们知道，任何非空有限集上的拓扑只含有限个元素，因而为 A_2 空间.

问题：如果 X 为可数集，是否 X 上的任何拓扑空间都为 A_2 空间？都为 A_1 空间？出乎意料，回答是否定的.

例 1.2.9 在例 1.1.19 中，已证明了

$$\mathscr{T}_{\mathbf{N}}=\{\varnothing\}\cup\{\mathbf{N}\setminus C\mid C\text{ 为 }\mathbf{N}\text{ 中的零密度集}\}$$

为 $\mathbf{N}$ 上的一个拓扑. 试证：

(1) 设 $n_k\in\mathbf{N}, k=0,1,2,\cdots, \lim\limits_{n\to+\infty}n_k=n_0$，则 $\exists\, K\in\mathbf{N}$，当 $k>K$ 时，$n_k=n_0$(怪性质)；

(2) $(\mathbf{N},\mathscr{T}_{\mathbf{N}})$为 T_1 空间，但不为 T_2 空间；

(3) $(\mathbf{N},\mathscr{T}_{\mathbf{N}})$不为 A_1 空间.

证明 (1) (反证)假设不存在 $K\in\mathbf{N}$，使当 $k>K$ 时，$n_k=n_0$，则存在子列，不妨仍记为 n_k，使 $n_k\neq n_0$，$\lim\limits_{k\to+\infty}n_k=n_0$，且 $\lim\limits_{n\to+\infty}\dfrac{\#(\{1,\cdots,n\}\cap\{n_1,n_2,\cdots\})}{n}=0$. 于是，$\mathbf{N}\setminus\{n_l\mid l\in\mathbf{N}\}$为 n_0 的一个开邻域，故 $\exists\, K\in\mathbf{N}$，当 $k>K$ 时，$n_k\in\mathbf{N}\setminus\{n_l\mid l\in\mathbf{N}\}$，即 $n_k\notin\{n_l\mid l\in\mathbf{N}\}$，

矛盾.

(2) $\forall p, q \in \mathbf{N}, p \neq q$,则 $\mathbf{N}\backslash\{q\}$ 为不含 q 的 p 的开邻域,而 $X\backslash\{p\}$ 为不含 p 的 q 的开邻域,因此,$(\mathbf{N}, \mathscr{T}_{\mathbf{N}})$ 为 T_1 空间.

此外,设 U_p, U_q 分别为 p, q 的开邻域,则 $U_p = X\backslash C_p, U_q = X\backslash C_q$,其中 C_p, C_q 为 $\mathbf{N}$ 中的零密度集,则 $C_p \cup C_q$ 仍为零密度集,且

$$U_p \cap U_q = (\mathbf{N}\backslash C_p) \cap (\mathbf{N}\backslash C_q) \xlongequal{\text{de Morgan}} \mathbf{N}\backslash(C_p \cup C_q) \neq \varnothing,$$

因此,$(\mathbf{N}, \mathscr{T}_{\mathbf{N}})$ 不为 T_2 空间.

(3) 设 $A = \{1,3,5,\cdots,2k-1,\cdots\}$,显然 A 不为零密度集,因而它不为闭集.(反证)假设 $(\mathbf{N}, \mathscr{T})$ 为 A_1 空间,由(1)知,当 $n_k \in A$, $\lim\limits_{k\to+\infty} n_k = n_0$ 时,必有 $K \in \mathbf{N}$,当 $k > K$ 时,$n_k = n_0$,从而 $n_0 = n_k \in A$,根据定理1.2.3(2),A 为闭集.这与上述证得 A 不为闭集相矛盾. □

注1.2.3 讨论至此,例1.2.6表明,非 A_1 或 T_2 的拓扑空间不可度量化,因此:

(1) 至少含两个相异点的平庸拓扑空间(非 T_2);

(2) 不可数集上的余可数拓扑(非 A_1,非 T_2);

(3) 无限集上的余有限拓扑空间(非 T_2);

(4) 例1.1.21或例1.2.9中的拓扑空间(非 A_1,非 T_2),都是不可度量化的拓扑空间.

最后,我们将讨论拓扑空间中任一子集的内点、外点与边界点及其有关的性质.

定义1.2.4 设 $(X, \mathscr{T})$ 为拓扑空间,$A \subset X$.如果 $x \in A$,且存在 x 的开邻域 U,使得 $x \in U \subset A$,则称 x 为 A 的**内点**,内点的全体记为 $\mathring{A}$ 或 A° 或 A^{i} 或 $\mathrm{Int}A$(i 表示 interior,内部);如果 $x \in A^c$,且存在 x 的开邻域 U,使得 $x \in U \subset A^c$,则称 x 为 A 的**外点**.此时 x 为 A^c 的内点.因此,外点的全体记为 $(A^c)^\circ$;如果 $x(\in A$ 或 $\in A^c)$ 的任何开邻域 U 内既含 A 的点又含 A^c 的点,则称 x 为 A 的**边界点**,边界点的全体记为 A^b(b 表示 boundary,边界)或 ∂A,并称为 A 的**边界**(图1.2.5中 A 为通常Euclid平面 $\mathbf{R}^2$ 中的子集).

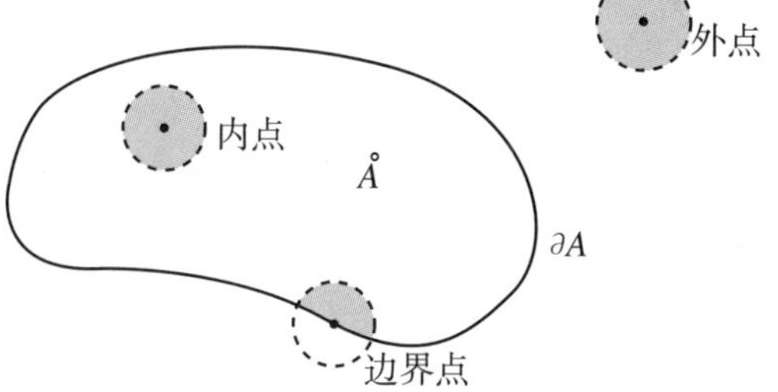

图1.2.5

显然，$\mathring{A}$，$(A^c)^\circ$，∂A 彼此不相交，且

$$X = \mathring{A} \cup \partial A \cup (A^c)^\circ.$$

此外，还有

$$\partial A = \partial A^c, \quad \overline{A} \cap A^{c-} = \partial A,$$
$$\overline{A} = \mathring{A} \cup \partial A, \quad A^{c-} = (A^c)^\circ \cup \partial A^c.$$

例 1.2.10 (1) 设 $A=(0,1)\cup\{2\}$，则在$(\mathbf{R}^1,\mathscr{T}_{\rho_0^1})$中，

$$\mathring{A} = (0,1), \quad (A^c)^\circ = (-\infty,0) \cup (1,2) \cup (2,+\infty), \quad \partial A = \{0,1,2\}.$$

(2) 设 $A=\{(x,y)\mid x^2+y^2<1\}$，则在$(\mathbf{R}^2,\mathscr{T}_{\rho_0^2})$中，

$$\mathring{A} = \{(x,y) \mid x^2+y^2<1\}, \quad (A^c)^\circ = \{(x,y) \mid x^2+y^2>1\},$$
$$\partial A = S^1 = \{(x,y) \mid x^2+y^2=1\}.$$

(3) 设 $A=\{(x,y)\mid x^2+y^2<1\}\cup\{(2,0)\}$，则在$(\mathbf{R}^2,\mathscr{T}_{\rho_0^2})$中，

$$\mathring{A} = \{(x,y) \mid x^2+y^2<1\},$$
$$\partial A = \{(x,y) \mid x^2+y^2=1\} \cup \{(2,0)\},$$
$$(A^c)^\circ = \{(x,y) \mid x^2+y^2>1\} \backslash \{(2,0)\}.$$

(4) $\mathbf{Q}$ 为$(\mathbf{R}^1,\mathscr{T}_{\rho_0^1})$中的有理点集，则

$$\mathring{\mathbf{Q}} = \varnothing, \quad (\mathbf{Q}^c)^\circ = \varnothing, \quad \partial\mathbf{Q} = \mathbf{R}^1.$$

同理，有

$$(\mathbf{R}^1\backslash\mathbf{Q})^\circ = \varnothing, \quad ((\mathbf{R}^1\backslash\mathbf{Q})^c)^\circ = \varnothing, \quad \partial(\mathbf{R}^1\backslash\mathbf{Q}) = \mathbf{R}^1.$$

(5) 在$(\mathbf{R}^n,\mathscr{T}_{\rho_0^n})$中，$\mathring{\mathbf{Q}}^n=\varnothing$，$((\mathbf{Q}^n)^c)^\circ=\varnothing$，$\partial\mathbf{Q}^n=\mathbf{R}^n$.

(6) 设 $X=\mathbf{R}$(不可数集)，取 $A\subset\mathbf{R}$ 为不可数集，使 $A^c\subset\mathbf{R}$ 也为不可数集，则在$(\mathbf{R},\mathscr{T}_{余可数})$中，

$$\mathring{A} = \varnothing, \quad (A^c)^\circ = \varnothing, \quad \partial A = \mathbf{R} = X.$$

(7) 设 a,b,c 为互异的 3 个点，

$$X = \{a,b,c\}, \quad \mathscr{T} = \{\varnothing,\{c\},\{a,c\},\{b,c\}, \quad X=\{a,b,c\}\}, \quad A=\{a\},$$

则

$$\mathring{A} = \varnothing, \quad (A^c)^\circ = \{b,c\}^\circ = \{b,c\}, \quad \partial A = \{a\}.$$

定理 1.2.5(用闭集刻画闭包) 设$(X,\mathscr{T})$为拓扑空间. $A\subset X$，则 A 的闭包$A^-=\overline{A}$为包含 A 的最小闭集，即

$$A^- = \overline{A} = \bigcap_{\substack{A\subset F\\ F\in\mathscr{F}}} F,$$

其中 $\mathscr{F}$ 为闭集族.

证明 (证法1)$\forall x\in\overline{A}^c$,即 $x\notin\overline{A}$,故存在 x 的开邻域 U_x,使 $U_x\cap A=\varnothing$. 从而 $U_x\cap\overline{A}=\varnothing$,$U_x\subset\overline{A}^c$. 因而,$\overline{A}^c$ 为开集,$A^-=\overline{A}$ 为含 A 的闭集. 由此得到 $\bigcap\limits_{\substack{A\subset F\\F\in\mathscr{F}}}F\subset\overline{A}$.

反之,如果闭集 $F\supset A$,根据定理1.1.4(2),$F'\supset A'$. 于是

$$F\xlongequal{\text{定理 1.1.3(3)}}\overline{F}=F'\cup F\supset A'\cup A=\overline{A},$$

$$\bigcap_{\substack{A\subset F\\F\in\mathscr{F}}}F\supset\overline{A}.$$

综合上述得到 $\overline{A}=\bigcap\limits_{\substack{A\subset F\\F\in\mathscr{F}}}F$ 为包含 A 的最小闭集.

(证法2)由证法1,$\bigcap\limits_{\substack{A\subset F\\F\in\mathscr{F}}}F\subset\overline{A}$,且 $\overline{A}$ 为闭集.

反之,由 $A\subset\bigcap\limits_{\substack{A\subset F\\F\in\mathscr{F}}}F$、推论1.1.1(1)、定理1.1.1(3)以及定理1.1.3得到

$$\overline{A}\subset\overline{\bigcap_{\substack{A\subset F\\F\in\mathscr{F}}}F}=\bigcap_{\substack{A\subset F\\F\in\mathscr{F}}}F.$$

综合上述得到 $\overline{A}=\bigcap\limits_{\substack{A\subset F\\F\in\mathscr{F}}}F$ 为包含 A 的最小闭集.

(证法3)由推论1.1.1(2),$\overline{(\overline{A})}=\overline{A}$,再由定理1.1.3,$\overline{A}=A'\cup A$ 为含 A 的闭集. 剩下的与证法1的相应部分相同.

(证法4)如果 $x\notin\overline{A}$,则存在 x 的开邻域 U_x,s.t. $U_x\cap A=\varnothing$. 于是,$A\subset U_x^c$,从而 U_x^c 为包含 A 的一个闭集,而 $x\notin U_x^c$,故 $x\notin\bigcap\limits_{\substack{A\subset F\\F\in\mathscr{F}}}F$. 这就证明了 $\bigcap\limits_{\substack{A\subset F\\F\in\mathscr{F}}}F\subset\overline{A}$.

另一方面,如果 $x\notin\bigcap\limits_{\substack{A\subset F\\F\in\mathscr{F}}}F$,则 $x\in\Big(\bigcap\limits_{\substack{A\subset F\\F\in\mathscr{F}}}F\Big)^c\xlongequal{\text{de Morgan}}\bigcup\limits_{\substack{A\subset F\\F\in\mathscr{F}}}F^c$(开集),从而 $\Big(\bigcap\limits_{\substack{A\subset F\\F\in\mathscr{F}}}F\Big)^c$ 为 x 的开邻域. 由于 $A\subset\bigcap\limits_{\substack{A\subset F\\F\in\mathscr{F}}}F$,$\Big(\bigcap\limits_{\substack{A\subset F\\F\in\mathscr{F}}}F\Big)^c\cap A=\varnothing$,故 $x\notin\overline{A}$. 这就证明了 $\overline{A}\subset\bigcap\limits_{\substack{A\subset F\\F\in\mathscr{F}}}F$.

综上知,$\overline{A}=\bigcap\limits_{\substack{A\subset F\\F\in\mathscr{F}}}F$ 为包含 A 的最小闭集. □

引理1.2.4(用开邻域刻画开集) 设$(X,\mathscr{T})$为拓扑空间,则 A 为开集$\Leftrightarrow\forall x\in A$,必存在 x 的开邻域 U_x,s.t. $x\in U_x\subset A$.

证明 ($\Rightarrow$)设 A 为开集,$\forall x\in A$,则 A 为 x 的开邻域. 取 $U_x=A$,则 $x\in A=U_x\subset A$.

($\Leftarrow$)从右边条件立知

$$A=\bigcup_{x\in A}\{x\}\subset\bigcup_{x\in A}U_x\subset A,$$

故 $A=\bigcup\limits_{x\in A}U_x$ 为开集. □

定理 1.2.6(用开集刻画内点集) 设$(X,\mathscr{T})$为拓扑空间.

(1) $\mathring{A} = \bigcup\limits_{\substack{U\subset A\\ U\in\mathscr{T}}} U$,即$\mathring{A}$为含于$A$中的最大开集;

(2) A为开集$\Leftrightarrow A=\mathring{A}$;

(3) $\overline{A}=\mathring{A}\cup\partial A$,$\partial A=\overline{A}\setminus\mathring{A}$,$A^{c-}=(A^c)^\circ\cup\partial A^c$;

(4) $\mathring{A}=A^{c-c}$.

证明 (1) 如果开集$U\subset A$,显然$U\subset\mathring{A}$.因此,$\bigcup\limits_{\substack{U\subset A\\ U\in\mathscr{T}}}\subset\mathring{A}$.

反之,$\forall x\in\mathring{A}$,由内点定义,存在x的开邻域U_x,s.t. $x\in U_x\subset A$.易见,$U_x\subset\mathring{A}$($\forall y\in U_x$,因U_x为y的开邻域且$y\in U_x\subset A$,从而$y\in\mathring{A}$,$U_x\subset\mathring{A}$).根据引理 1.2.4(或$\mathring{A}=\bigcup\limits_{x\in\mathring{A}} U_x$)知,$\mathring{A}$为开集.又由$\mathring{A}\subset A$推得$\mathring{A}\subset\bigcup\limits_{\substack{U\subset A\\ U\in\mathscr{T}}} U$.

综上得到$\mathring{A}=\bigcup\limits_{\substack{U\subset A\\ U\in\mathscr{T}}} U$为含于$A$中的最大开集.

(2) ($\Rightarrow$)设A为开集,则$\forall x\in A$,A为x的开邻域,且$x\in A\subset A$,故$x\in\mathring{A}$,从而$A\subset\mathring{A}$.又显然有$\mathring{A}\subset A$,因此,$A=\mathring{A}$.

($\Leftarrow$)由(1)的证明知,$A=\mathring{A}$为开集.

(3) $x\in\overline{A}\Leftrightarrow x\in\mathring{A}$或$x\notin\mathring{A}$且$x\in\partial A\Leftrightarrow x\in\mathring{A}\cup\partial A$,即$\overline{A}=\mathring{A}\cup\partial A$.

(4) $x\in\mathring{A}\Leftrightarrow$存在$x$的开邻域$U\subset A$,即$U\cap A^c=\varnothing\overset{\text{定理1.1.2}}{\Longleftrightarrow}x\notin A^{c-}\Leftrightarrow x\in A^{c-c}$.

所以,$\mathring{A}=A^{c-c}$.

或者由X为$\mathring{A}$,$(A^c)^\circ$,∂A的不交并,有

$$\mathring{A}=((A^c)^\circ\cup\partial A)^c=((A^c)^\circ\cup\partial A^c)^c=(A^{c-})^c=A^{c-c}.$$ □

1.3 连续映射与拓扑(同胚)映射

这一节先引入映射的连续、连续映射及拓扑(同胚)映射的概念,然后证明连续映射的充要条件,以及拓扑映射与开映射或闭映射之间的关系的定理.给出的粘接引理虽简单但应用很广泛.拓扑学的中心任务是研究拓扑不变性(量).用拓扑不变性(量)的不同可区分拓扑空间的不同胚.

定义 1.3.1 设$(X,\mathscr{T}_1)$与$(Y,\mathscr{T}_2)$为拓扑空间,$f:X\to Y$为映射,$x_0\in X$.如果对$f(x_0)\in Y$的任何开邻域V,均存在x_0的开邻域U,使得

$$f(U)\subset V,$$

则称 f **在点 x_0 处连续**(图 1.3.1).如果 f 在 X 的每一点处都连续,则称 f 为 X 上的**连续映射**或 f 在 X 上是**连续的**.如果 f 为一一连续映射,且 f^{-1} 也连续,则称 f 为**拓扑映射**或**同胚映射**(简称为**同胚**).

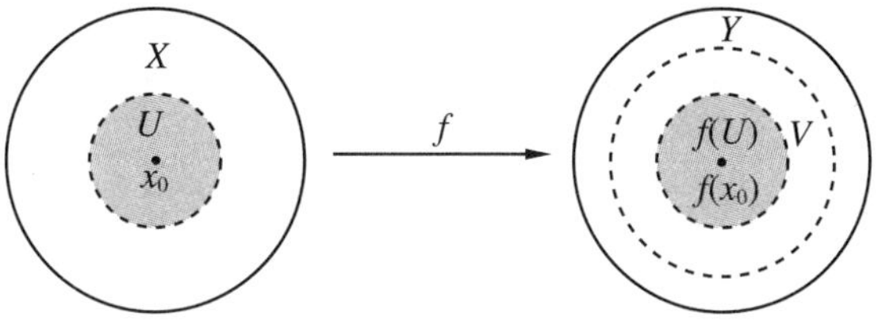

图 1.3.1

如果$(X,\mathscr{T}_1)$与$(Y,\mathscr{T}_2)$之间存在一个同胚,则称它们为**同胚的拓扑空间**,记作$(X,\mathscr{T}_1)\cong(Y,\mathscr{T}_2)$,简记为 $X\cong Y$.

关于映射在一点处的连续在度量空间中有如下描述.

定理 1.3.1 在度量空间$(X,\mathscr{T}_{\rho_1})$与$(Y,\mathscr{T}_{\rho_2})$中,$f:X\to Y$ 为映射,则以下结论等价:

(1) f 在 x_0 处连续;

(2) $\forall\,\varepsilon>0,\exists\,\delta>0$,s.t. $f(B(x_0;\delta))\subset B(f(x_0);\varepsilon)$;

(3) $\forall\,\varepsilon>0,\exists\,\delta>0$,当 $x\in X,\rho_1(x,x_0)<\delta$ 时,有 $\rho_2(f(x),f(x_0))<\varepsilon$.

证明 只需证:

(1)⇒(2). $\forall\,\varepsilon>0$,显然 $V=B(f(x_0);\varepsilon)$为 $f(x_0)$的开邻域,因为 f 在 x_0 处连续,故存在 x_0 的开邻域 U,使得 $f(U)\subset V$. 于是,$\exists\,\delta>0$, s. t. $B(x_0;\delta)\subset U$. 这就推得 $f(B(x_0;\delta))\subset f(U)\subset V=B(f(x_0);\varepsilon)$.

(1)⇐(2). 对 $f(x_0)$的任何开邻域 V,必有 $\varepsilon>0$, s. t. $B(f(x_0);\varepsilon)\subset V$. 由(2)知,$\exists\,\delta>0$,s. t. $f(U)=f(B(x_0;\delta))\subset B(f(x_0);\varepsilon)\subset V$,其中 $U=B(x_0;\delta)$为 x_0 的开邻域,根据定义 1.3.1,f 在 x_0 处连续. □

定理 1.3.2 设$(X,\mathscr{T}_X)$与$(Y,\mathscr{T}_Y)$为拓扑空间,$f:X\to Y$ 为映射,则下面的(1)~(6)彼此等价,且它们中任一个成立,都可推得(7)成立.

(1) f 为连续映射;

(2) 开集 V 的逆像 $f^{-1}(V)=\{x\mid x\in X,f(x)\in V\}$为开集;

(3) 闭集 F 的逆像 $f^{-1}(F)=\{x\mid x\in X,f(x)\in F\}$为闭集;

(4) 对于 X 的任一子集 A,$f(\overline{A})\subset\overline{f(A)}$;

(5) 对于 Y 中的任一子集 B,$f^{-1}(\overline{B})\supset\overline{f^{-1}(B)}$;

(6) $\forall\,B\subset Y,f^{-1}(B^\circ)\subset(f^{-1}(B))^\circ$;

(7) $\forall x\in X,\forall x_n\in X,\lim\limits_{n\to+\infty}x_n=x$ 蕴涵 $\lim\limits_{n\to+\infty}f(x_n)=f(x)$.

证明 (1)⇒(2). 若 $f^{-1}(V)=\varnothing$,则它为开集.

若 $f^{-1}(V)\neq\varnothing$,则 $\forall x\in f^{-1}(V)$,$f(x)\in V\subset Y$. 因为 V 为开集,f 连续,故有 x 的开邻域 U_x,使得 $f(U_x)\subset V$,即 $x\in U_x\subset f^{-1}(V)$. 所以

$$f^{-1}(V)=\bigcup_{x\in f^{-1}(V)}\{x\}\subset\bigcup_{x\in f^{-1}(V)}U_x\subset f^{-1}(V),$$

$$f^{-1}(V)=\bigcup_{x\in f^{-1}(V)}U_x.$$

根据拓扑定义中条件(3),$f^{-1}(V)$为$(X,\mathscr{T}_X)$中的开集.

(1)⇐(2). $\forall x\in X$,$f(x)$的任何开邻域 V,由(2)知 $f^{-1}(V)$为 x 的开邻域,且 $f(f^{-1}(V))\subset V$,所以 f 在 x 处连续. 由 x 的任意性推得 f 为连续映射.

(2)⇔(3). 由 $f^{-1}(Y\backslash B)=X\backslash f^{-1}(B)$立即推得.

(3)⇒(4). 设 $A\subset X$. 由于 $f(A)\subset\overline{f(A)}$,有 $A\subset f^{-1}(\overline{f(A)})$. 因$\overline{f(A)}$为$(Y,\mathscr{T}_Y)$中的闭集,根据(3),$f^{-1}(\overline{f(A)})$为$(X,\mathscr{T}_X)$中的一个闭集. 因此,由定理 1.1.3(3)立知,$\overline{A}\subset\overline{f^{-1}(\overline{f(A)})}=f^{-1}(\overline{f(A)})$,从而 $f(\overline{A})\subset\overline{f(A)}$.

(4)⇒(5). 设 $B\subset Y$. 对于集合 $f^{-1}(B)\subset X$ 应用(4)即得 $f(\overline{f^{-1}(B)})\subset\overline{f(f^{-1}(B))}=\overline{B}$. 因此,$f^{-1}(\overline{B})\supset\overline{f^{-1}(B)}$.

(5)⇒(6). 由定理 1.2.5(4)知

$$(f^{-1}(B))^\circ=(f^{-1}(B))^{c-c}.$$

上述等式两边取余集得到

$$(f^{-1}(B))^{\circ c}=(f^{-1}(B))^{c-}=(f^{-1}(B^c))^-.$$

再由(5),有

$$(f^{-1}(B^c))^-\subset f^{-1}(B^{c-})=f^{-1}(B^{\circ c})=(f^{-1}(B^\circ))^c.$$

所以

$$f^{-1}(B^\circ)\subset(f^{-1}(B^c))^{-c}=(f^{-1}(B))^\circ.$$

(6)⇒(2). 设 V 为$(Y,\mathscr{T}_Y)$中的开集,由定理 1.2.5(2),$V=V^\circ$. 从(6)推得

$$f^{-1}(V)=f^{-1}(V^\circ)\subset(f^{-1}(V))^\circ\subset f^{-1}(V),$$

所以,$f^{-1}(V)=(f^{-1}(V))^\circ$,再由定理 1.2.5(2),$f^{-1}(V)$为$(X,\mathscr{T}_X)$中的开集.

(5)⇒(2). 设 V 为$(Y,\mathscr{T}_Y)$中的开集,则 V^c 为闭集. 对 V^c 应用(5)得到 $\overline{f^{-1}(V^c)}\subset f^{-1}(\overline{V^c})=f^{-1}(V^c)$. $\overline{f^{-1}(V^c)}\supset f^{-1}(V^c)$是显然的,故$\overline{f^{-1}(V^c)}=f^{-1}(V^c)$. 这表明 $(f^{-1}(V))^c=f^{-1}(V^c)$为$(X,\mathscr{T}_X)$中的闭集,从而 $f^{-1}(V)$为$(X,\mathscr{T}_X)$中的开集.

(2)⇒(6). 由定理 1.2.5(1)的证明知,B°为$(Y,\mathscr{T}_Y)$中的开集,再由(2),$f^{-1}(B^\circ)$为$(X,\mathscr{T}_X)$中的开集,从 $f^{-1}(B^\circ)\subset f^{-1}(B)$立得 $f^{-1}(B^\circ)\subset(f^{-1}(B))^\circ$.

(1)⇒(7). 设 V 为 $f(x)$ 的任一开邻域，因 f 在 x 处连续，故存在 x 的开邻域 U，使得 $f(U)\subset V$. 由 $\lim\limits_{n\to+\infty}x_n=x\in U$(开集)，故 $\exists N\in\mathbf{N}$，当 $n>N$ 时，有 $x_n\in U$. 于是，$f(x_n)\in f(U)\subset V$，从而 $\lim\limits_{n\to+\infty}f(x_n)=f(x)$. □

推论 1.3.1 设 $(X,\mathscr{T}_X)$ 与 $(Y,\mathscr{T}_Y)$ 为拓扑空间，$f:X\to Y$ 为映射，则

$$f\ 在\ x_0\in X\ 处连续 \quad\Rightarrow\quad \forall\, x_n\in X，且 \lim_{n\to+\infty}x_n=x_0\ 蕴涵\ \lim_{n\to+\infty}f(x_n)=f(x_0).$$

证明 完全仿照定理 1.3.2(1)⇒(7)的证明. □

引理 1.3.1 设 $(X,\mathscr{T}_X)$ 与 $(Y,\mathscr{T}_Y)$ 为拓扑空间，$f:X\to Y$ 为映射. 如果在 x_0 处有可数局部基，则

$$f\ 在\ x_0\ 处连续 \quad\Leftrightarrow\quad \forall\, x_n\in X，\lim_{n\to+\infty}x_n=x_0\ 蕴涵着\ \lim_{n\to+\infty}f(x_n)=f(x_0).$$

证明 (⇒)见推论 1.3.1.

(⇐)因为在 $x_0\in X$ 处有可数局部基，根据引理 1.2.1，在 x_0 处有标准可数局部基 $\{U_n\mid n\in\mathbf{N}\}$.(反证)假设 f 在 x_0 处不连续，则必有 $f(x_0)$ 的开邻域 V，对 x_0 的任何开邻域 U，$f(U)\not\subset V$. 特别对 x_0 的开邻域 U_n，有 $f(U_n)\not\subset V$. 取 $x_n\in U_n$，s.t. $f(x_n)\notin V$. 由于 $\{U_n\mid n\in\mathbf{N}\}$ 为 x_0 处的标准可数局部基及点极限的定义推得 $\lim\limits_{n\to+\infty}x_n=x_0$(见引理 1.2.2). 但是，显然有 $\lim\limits_{n\to+\infty}f(x_n)\neq f(x_0)$，这与右边条件相矛盾. □

定理 1.3.3 设 $(X,\mathscr{T}_X)$ 为 A_1 空间(特别是度量空间)，$(Y,\mathscr{T}_Y)$ 为拓扑空间，$f:X\to Y$ 为映射，则

$$f\ 连续 \quad\Leftrightarrow\quad \forall\, x\in X，\forall\, x_n\in X\ 且\ \lim_{n\to+\infty}x_n=x\ 蕴涵\ \lim_{n\to+\infty}f(x_n)=f(x).$$

证明 (证法 1)从引理 1.3.1 即得.

(证法 2)根据定理 1.3.2(4)，只需证明对 X 的任何非空子集 A，$f(\overline{A})\subset\overline{f(A)}$. 事实上，设 $y\in f(\overline{A})$，则 $\exists\, x\in\overline{A}$，s.t. $f(x)=y$. 于是：

(1) $x\in A$，明显地，$y=f(x)\in f(A)\subset\overline{f(A)}$.

(2) $x\notin A$，因为 $(X,\mathscr{T}_X)$ 为 A_1 空间，根据定理 1.2.4(2°)，$A\setminus\{x\}$ 中存在一点列 $\{x_n\}$，它收敛到 x. 再根据右边条件，$\{f(x_n)\}$ 收敛到 $f(x)=y$. 因为 $f(x_n)\in f(A)$，$\forall\, n\in\mathbf{N}$，所以从闭包定义，$y\in\overline{f(A)}$. 于是，$f(\overline{A})\subset\overline{f(A)}$. 因此，$f$ 连续. □

注 1.3.1 定理 1.3.3 告诫我们，定理 1.3.2 中(1)⇍(7)的反例必须到非 A_1 的拓扑空间 $(X,\mathscr{T}_X)$ 中去寻找！自然会想到：

例 1.3.1 设 X 为不可数集，$f=\mathrm{Id}_X:(X,\mathscr{T}_X)=(X,\mathscr{T}_{余可数})\to(X,\mathscr{T}_{离散})=(Y,\mathscr{T}_Y)$，其中 $f(x)=\mathrm{Id}_X(x)=x$ 为 X 上的恒同(等)映射.

由引理 1.2.3(怪性质)知，$\forall\,\{x_n\}\subset X$，$\lim\limits_{n\to+\infty}x_n=x$ 蕴涵着：$\exists\, N\in\mathbf{N}$，当 $n>N$ 时，有 $x_n=x$. 当然，在 $(Y,\mathscr{T}_Y)=(X,\mathscr{T}_{离散})$ 中，有 $\lim\limits_{n\to+\infty}f(x_n)=\lim\limits_{n\to+\infty}\mathrm{Id}_X(x_n)=\lim\limits_{n\to+\infty}x_n=x=\mathrm{Id}_X(x)=f(x)$，即 $f=\mathrm{Id}_X$ 满足定理 1.3.2(7)中的条件.

但是，f 在任何 $x\in X$ 处都不连续. 事实上，在 $(Y,\mathscr{T}_Y)=(X,\mathscr{T}_{离散})$ 中，显然，$\{x\}$ 为 x 的一个开邻域，但不存在 x 在 $(X,\mathscr{T}_X)=(X,\mathscr{T}_{余可数})$ 中的开邻域 $U=X\backslash C$（C 为 X 中的至多可数集），使得 $f(U)=\mathrm{Id}_X(U)=U=X\backslash C\subset\{x\}$，所以 $f=\mathrm{Id}_X$ 在 x 处不连续. 这就说明了(1)$\not\Leftarrow$(7).

或者 $(Y,\mathscr{T}_Y)=(X,\mathscr{T}_{离散})$ 中开集 $\{x\}$ 在 $f^{-1}=(\mathrm{Id}_X)^{-1}$ 下的逆像 $f^{-1}(\{x\})=\{x\}$ 不为 $(X,\mathscr{T}_X)=(X,\mathscr{T}_{余可数})$ 中的开集，因此，$f=\mathrm{Id}_X$ 不连续，从而(1)$\not\Leftarrow$(7).

由上述及定理 1.3.3 推得 $(X,\mathscr{T}_{余可数})$ 不为 A_1 空间.

例 1.3.2 (1) 设 $(X,\mathscr{T}_X)$ 与 $(Y,\mathscr{T}_Y)$ 均为拓扑空间，则常值映射 $f:X\to Y,x\mapsto y=f(x)=y_0$（$y_0$ 为固定点）为连续映射；

(2) $f:(X,\mathscr{T}_{离散})\to(Y,\mathscr{T}_Y)$ 为连续映射；

(3) $f:(X,\mathscr{T}_X)\to(Y,\mathscr{T}_{平庸})$ 为连续映射.

证明 （证法 1）(1) $\forall x\in X$，对 $y_0=f(x)$ 的任一开邻域 V，取 x 的开邻域 X，则 $f(X)=\{y_0\}\subset V$，故 f 在 x 处连续. 由 x 任取知，f 为连续映射.

(2) $\forall x\in X$，对 $f(x)$ 的任何开邻域 V，取 x 的开邻域 $\{x\}\in\mathscr{T}_{离散}$，有 $f(\{x\})=\{f(x)\}\subset V$，根据 f 在 x 处连续的定义知，f 在 x 处连续. 由 x 任取推得 f 为连续映射.

(3) $\forall x\in X$，则 $f(x)$ 在 $(Y,\mathscr{T}_{平庸})$ 中的开邻域必为 Y，而 X 为 x 的开邻域，且 $f(X)\subset Y$，故 f 在 x 处连续. 由 x 的任取性，f 为连续映射.

（证法 2）(1) $\forall V\in\mathscr{T}_Y$，则

$$f^{-1}(V)=\begin{cases}X, & y_0\in V,\\ \varnothing, & y_0\notin V\end{cases}$$
$$\in\mathscr{T}_X,$$

根据定理 1.3.2(2)，f 为连续映射.

(2) $\forall V\in\mathscr{T}_Y$，则 $f^{-1}(V)\in\mathscr{T}_X=\mathscr{T}_{离散}$，根据定理 1.3.2(2)，$f$ 为连续映射.

(3) $\forall V\in\mathscr{T}_Y=\mathscr{T}_{平庸}$，则

$$f^{-1}(V)=\begin{cases}X, & V=Y,\\ \varnothing, & V=\varnothing\end{cases}$$
$$\in\mathscr{T}_X,$$

根据定理 1.3.2(2)，f 为连续映射. □

例 1.3.3 设 $\mathscr{T}_1$ 与 $\mathscr{T}_2$ 为 X 上的两个拓扑，则

$$\text{恒同映射 }\mathrm{Id}_X:(X,\mathscr{T}_1)\to(X,\mathscr{T}_2),x\mapsto\mathrm{Id}_X(x)=x\text{ 连续}\quad\Leftrightarrow\quad\mathscr{T}_2\subset\mathscr{T}_1.$$

证明 根据定理 1.3.2(2)，

$$\mathrm{Id}_X\text{ 为连续映射}\quad\Leftrightarrow\quad\forall V\in\mathscr{T}_2\text{ 蕴涵 }V=\mathrm{Id}_X^{-1}(V)\in\mathscr{T}_1$$

$$\Leftrightarrow \quad \mathscr{T}_2 \subset \mathscr{T}_1. \qquad \square$$

例 1.3.4 (1) 在$(\mathbf{R}^{n+1},\mathscr{T}_{\rho_0^{n+1}})$中,半径为 $r_1>0$ 与 $r_2>0$ 的球心都在原点处的 n 维球面 $S^n(r_1)$与 $S^n(r_2)$是同胚的;

(2) 在$(\mathbf{R}^{n+1},\mathscr{T}_{\rho_0^{n+1}})$中,$n$ 维椭球面$X=\left\{(x_1,\cdots,x_{n+1})\,\middle|\, x_i\in\mathbf{R},\dfrac{x_1^2}{a_1^2}+\cdots+\dfrac{x_{n+1}^2}{a_{n+1}^2}=1\right\}$与 n 维单位球面$S^n(1)$是同胚的.

证明 (1) $f:S^n(r_1)\to S^n(r_2),\boldsymbol{x}\mapsto f(\boldsymbol{x})=\dfrac{r_2}{r_1}\boldsymbol{x}$ 为所需的同胚.

(2) $f:X\to S^n(1),\boldsymbol{x}\mapsto f(\boldsymbol{x})=\dfrac{\boldsymbol{x}}{\|\boldsymbol{x}\|}$为所需的同胚,其中$\|\boldsymbol{x}\|=\sqrt{\sum\limits_{i=1}^{n+1}x_i^2}=\rho_0^{n+1}(\boldsymbol{x},\boldsymbol{0})$. $\square$

定理 1.3.4 设 $f:(X,\mathscr{T}_X)\to(Y,\mathscr{T}_Y)$与 $g:(Y,\mathscr{T}_Y)\to(Z,\mathscr{T}_Z)$为映射,则:

(1) 如果 f 在点$x_0\in X$,g 在点 $y_0=f(x_0)\in Y$ 处都连续,则复合映射 $g\circ f:X\to Z$,$x\mapsto z=g\circ f(x)=g(f(x))$在点 x_0 处也连续;

(2) 如果 f 与g 都为连续映射,则 $g\circ f$ 也为连续映射.

证明 (证法1)(1) 设 W 为点$g\circ f(x_0)=g(f(x_0))=g(y_0)$在$(Z,\mathscr{T}_Z)$中的任一开邻域,由 g 在$y_0=f(x_0)$处连续,故存在 y_0 在$(Y,\mathscr{T}_Y)$中的开邻域 V,使得 $g(V)\subset W$.再由 f 在x_0 处连续,故存在 x_0 在$(X,\mathscr{T}_X)$中的开邻域 U,使得 $f(U)\subset V$. 于是

$$g\circ f(U)=g(f(U))\subset g(V)\subset W.$$

这就证明了 $g\circ f$ 在x_0 处也连续.

(2) 由(1)知,$g\circ f$ 在任一点$x_0\in X$ 处连续,因而 $g\circ f$ 也为连续映射.

(证法2)(1) 同证法1(1).

(2) $\forall W\in\mathscr{T}_Z$,由 g 为连续映射,根据定理1.3.2(2),$g^{-1}(W)\in\mathscr{T}_Y$. 再由 f 为连续映射,根据定理1.3.2(2),$(g\circ f)^{-1}(W)=f^{-1}(g^{-1}(W))\in\mathscr{T}_X$,又一次应用定理1.3.2(2),$g\circ f$ 也为连续映射. $\square$

关于连续有重要且应用广泛的粘接引理.

定理 1.3.5(粘接引理) 设$\{x_\alpha\mid\alpha\in\Gamma\}$为拓扑空间$(X,\mathscr{T}_X)$的一族子拓扑空间,并且$X=\bigcup\limits_{\alpha\in\Gamma}X_\alpha$;$(Y,\mathscr{T}_Y)$为拓扑空间,如果$\forall\alpha\in\Gamma,f_\alpha:X_\alpha\to Y$ 都为连续映射,且

$$f_\alpha|_{x_\alpha\cap x_\beta}=f_\beta|_{x_\alpha\cap x_\beta},\quad \forall\alpha,\beta\in\Gamma,$$

则$\exists_1 f:X\to Y$,s.t. $f|_{X_\alpha}=f_\alpha$,$\forall\alpha\in\Gamma$($\exists_1$ 表示存在且唯一).并且当下述条件之一成立时 f 连续:

(1) $\forall\alpha\in\Gamma$,X_α 为$(X,\mathscr{T}_X)$的开集;

(2) Γ 为有限集,$\forall\alpha\in\Gamma$,X_α 为$(X,\mathscr{T}_X)$的闭集.

证明 （证法 1）$\forall x \in X = \bigcup_{\alpha\in\Gamma} X_\alpha$，则 $\exists \alpha_0 \in \Gamma$，s. t. $x \in X_{\alpha_0}$. 令 $f(x) = f_{\alpha_0}(x)$. 当 $\exists \alpha, \beta \in \Gamma$，s. t. $x \in X_\alpha \cap X_\beta$ 时，依题意，$f_\alpha(x) = f_\beta(x)$，因此，我们确实定义了唯一的一个映射 $f: X \to Y$.

(1) $\forall V \in \mathscr{T}_Y$，因 f_α 连续，故 $f_\alpha^{-1}(V)$ 为 X_α 中的开集，而 X_α 为 $(X, \mathscr{T}_X)$ 中的开集，所以 $f_\alpha^{-1}(V)$ 为 $(X, \mathscr{T}_X)$ 中的开集，从而

$$f^{-1}(V) = f^{-1}(V) \cap \left(\bigcup_{\alpha\in\Gamma} X_\alpha\right) = \bigcup_{\alpha\in\Gamma} \left(f^{-1}(V) \cap X_\alpha\right) = \bigcup_{\alpha\in\Gamma} f_\alpha^{-1}(V)$$

为 $(X, \mathscr{T}_X)$ 中的开集. 这就证明了 f 为连续映射.

(2) 对 $(Y, \mathscr{T}_Y)$ 中的任意闭集 F，因 f_α 连续，故 $f_\alpha^{-1}(F)$ 为 X_α 中的闭集，而 X_α 为 $(X, \mathscr{T}_X)$ 中的闭集，根据例 1. 1. 23(4)，$f_\alpha^{-1}(F)$ 为 $(X, \mathscr{T}_X)$ 中的闭集. 因此，$f^{-1}(F) = \bigcup_{\alpha\in\Gamma} f_\alpha^{-1}(F)$ 为 $(X, \mathscr{T}_X)$ 中的闭集. 这就证明了 f 为连续映射.

（证法 2）(1) $\forall x \in X = \bigcup_{\alpha\in\Gamma} X_\alpha$，则 $\exists \alpha_0 \in \Gamma$，s. t. $x \in X_{\alpha_0}$. 由于 $f = f_{\alpha_0}: X_{\alpha_0} \to Y$ 连续，故存在 x 在 X_{α_0} 中的开邻域 U，s. t. $f(U) = f_{\alpha_0}(U) \subset V$. 由于 X_{α_0} 为 $(X, \mathscr{T}_X)$ 中的开集，根据例 1.1.23(2)，U 也为 $(X, \mathscr{T}_X)$ 中 x 的开邻域. 这就表明 f 在 x 处连续. 由 x 任取知 f 在 $(X, \mathscr{T}_X)$ 上连续.

(2) 同证法 1(2). □

进而，我们来研究同胚关系.

定理 1.3.6 同胚 $\cong$ 为一个等价关系，即：

(1) 反身（自反）性：$(X, \mathscr{T}_X) \cong (X, \mathscr{T}_X)$；

(2) 对称性：$(X, \mathscr{T}_X) \cong (Y, \mathscr{T}_Y)$ 蕴涵 $(Y, \mathscr{T}_Y) \cong (X, \mathscr{T}_X)$；

(3) 传递性：$(X, \mathscr{T}_X) \cong (Y, \mathscr{T}_Y)$，$(Y, \mathscr{T}_Y) \cong (Z, \mathscr{T}_Z)$ 蕴涵 $(X, \mathscr{T}_X) \cong (Z, \mathscr{T}_Z)$.

证明 (1) 因为 $\mathrm{Id}_X: (X, \mathscr{T}_X) \to (X, \mathscr{T}_X)$ 为同胚，所以 $(X, \mathscr{T}_X) \cong (X, \mathscr{T}_X)$.

(2) 因 $(X, \mathscr{T}_X) \cong (Y, \mathscr{T}_Y)$，故有同胚 $f: (X, \mathscr{T}_X) \to (Y, \mathscr{T}_Y)$. 于是，$f^{-1}: (Y, \mathscr{T}_Y) \to (X, \mathscr{T}_X)$ 也为同胚，从而 $(Y, \mathscr{T}_Y) \cong (X, \mathscr{T}_X)$.

(3) 因 $(X, \mathscr{T}_X) \cong (Y, \mathscr{T}_Y)$，$(Y, \mathscr{T}_Y) \cong (Z, \mathscr{T}_Z)$，故有同胚 $f: (X, \mathscr{T}_X) \to (Y, \mathscr{T}_Y)$，同胚 $g: (Y, \mathscr{T}_Y) \to (Z, \mathscr{T}_Z)$. 于是，$g \circ f: (X, \mathscr{T}_X) \to (Z, \mathscr{T}_Z)$ 为同胚，从而 $(X, \mathscr{T}_X) \cong (Z, \mathscr{T}_Z)$. □

具有反身（自反）性、对称性、传递性的关系都称为一种等价关系. 因此，上述同胚关系就是一种等价关系. 根据这种等价关系将拓扑空间进行分类. 凡同一类的彼此同胚；凡不同类的彼此不同胚. 每一类称为一个**等价类**，在这里具体称为一个**同胚类**.

定义 1.3.2 拓扑（同胚）映射下保持不变的性质（量）称为**拓扑不变性**（**拓扑不变量**）.

我们感到，要证明两个拓扑空间是同胚还是不同胚往往不是一件轻而易举的事，有时候，甚至既不能找到同胚又不能肯定不同胚. 而研究拓扑不变性（量）却给这种同胚分

类带来了很大的方便. 自然，在拓扑(同胚)映射下，将开集、闭集、聚点、导集、闭包分别变为像拓扑空间中的开集、闭集、聚点、导集、闭包. 此外，根据定义容易看出，前面给出的分离性(T_0, T_1, T_2)与可数性(A_1, A_2)以及后面将给出的连通性(连通、道路连通、连通分支、道路连通分支、局部连通、局部道路连通)与紧性(紧致、可数紧致、列紧、序列紧致、局部紧致)都是拓扑不变性. 这些拓扑不变性相比之下还是初等的，它们是点集拓扑学中的主要内容；在代数拓扑学(它是一门近代数学基础课程)中引入的同调群(由此派生出的 Euler 示性数、Betti 数)、同伦群(特别是第1同伦群——基本群)相比之下是比较高等的拓扑不变量.

如果拓扑空间$(X,\mathscr{T}_X)$与$(Y,\mathscr{T}_Y)$具有相同的分离性、相同的可数性、相同的连通性、相同的紧性、相同的同调群及相同的同伦群，这也不能下判断$(X,\mathscr{T}_X)\cong(Y,\mathscr{T}_Y)$！但是，只要有一个同类型的拓扑不变性(量)不同，则它们必不同胚，即$(X,\mathscr{T}_X)\not\cong(Y,\mathscr{T}_Y)$.

例 1.3.5 (1) 设 $B^n(1)=\left\{\boldsymbol{x}=(x_1,\cdots,x_n)\in\mathbf{R}^n \,\middle|\, \rho_0^n(\boldsymbol{x},\boldsymbol{0})=\left(\sum_{i=1}^n x_i^2\right)^{\frac{1}{2}}<1\right\}$ 为单位球体，则$(B^n(1),(\mathscr{T}_{\rho_0^n})_{B^n(1)})\cong(\mathbf{R}^n,\mathscr{T}_{\rho_0^n})$. 事实上，

$$f:B^n(1)\to\mathbf{R}^n,\quad \boldsymbol{x}\mapsto\boldsymbol{y}=f(\boldsymbol{x})=\frac{\boldsymbol{x}}{\sqrt{1-\|\boldsymbol{x}\|^2}}$$

为一一连续映射，其逆映射

$$f^{-1}:\mathbf{R}^n\to B^n(1),\quad \boldsymbol{y}\mapsto\boldsymbol{x}=f^{-1}(\boldsymbol{y})=\frac{\boldsymbol{y}}{\sqrt{1+\|\boldsymbol{y}\|^2}}$$

也连续，故 f 为同胚.

(2) 设 $\boldsymbol{p}=(0,\cdots,0,1)\in S^n(1)$为单位球面 $S^n(1)$上的北极，则 $S^n(1)\setminus\{\boldsymbol{p}\}\cong\mathbf{R}^n=\{\boldsymbol{y}=(y_1,\cdots,y_n,0)\mid y_i\in\mathbf{R},i=1,\cdots,n\}$. 事实上，北极投影(图 1.3.2)

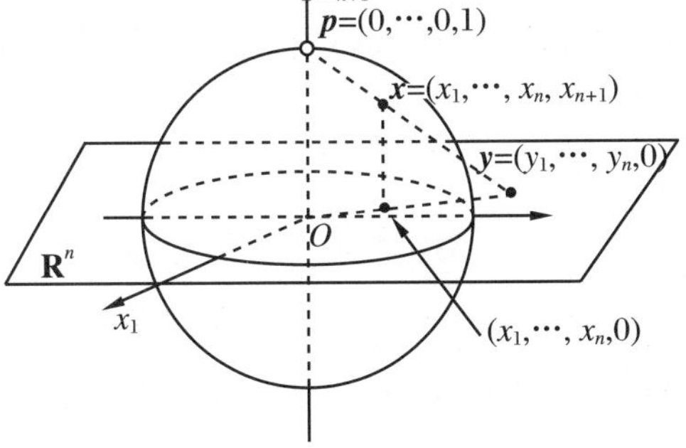

图 1.3.2

$$P_{北}:S^n(1)\setminus\{\boldsymbol{p}\}\to\mathbf{R}^n,\quad \boldsymbol{x}\mapsto\boldsymbol{y}=P_{北}(\boldsymbol{x})=\frac{\boldsymbol{x}-x_{n+1}\boldsymbol{p}}{1-x_{n+1}}$$

为一一连续映射$\left(\text{其中 } \boldsymbol{x}=(1-t)\boldsymbol{p}+t\boldsymbol{y}, x_{n+1}=(1-t)\cdot 1+t\cdot 0=1-t, t=1-x_{n+1},\right.$

$\left.\boldsymbol{y}=\dfrac{\boldsymbol{x}-(1-t)\boldsymbol{p}}{t}=\dfrac{\boldsymbol{x}-x_{n+1}\boldsymbol{p}}{1-x_{n+1}}=\left(\dfrac{x_1}{1-x_{n+1}},\cdots,\dfrac{x_n}{1-x_{n+1}},0\right)\right)$.而

$$\begin{aligned}
&P_{北}^{-1}:\mathbf{R}^n\to S^n(1)\backslash\{\boldsymbol{p}\},\\
&\boldsymbol{y}=(y_1,\cdots,y_n,0)\mapsto \boldsymbol{x}=P_{北}^{-1}(\boldsymbol{y})\\
&\quad=\frac{2\boldsymbol{y}}{1+y_1^2+\cdots+y_n^2}+\frac{y_1^2+\cdots+y_n^2}{1+y_1^2+\cdots+y_n^2}\boldsymbol{p}\\
&\quad=\left(\frac{2y_1}{1+y_1^2+\cdots+y_n^2},\cdots,\frac{2y_n}{1+y_1^2+\cdots+y_n^2},\frac{y_1^2+\cdots+y_n^2-1}{1+y_1^2+\cdots+y_n^2}\right)
\end{aligned}$$

也为连续映射,故 $P_{北}$ 为同胚. □

例 1.3.6 (1) 在$(\mathbf{R}^1,\mathscr{T}_{\rho_0^1})$中,因为 $\mathbf{R}^1$ 不可数,$\mathbf{Q}$ 可数,所以它们不能一一对应,当然更不能同胚,即$(\mathbf{R}^1,\mathscr{T}_{\rho_0^1})\not\cong(\mathbf{Q},(\mathscr{T}_{\rho_0^1})_{\mathbf{Q}})$.

(2) 因为$(\mathbf{R}^1,\mathscr{T}_{平庸})$非 T_0,$(\mathbf{R}^1,\mathscr{T}_{余可数})$为 T_1 非 T_2 非 A_1,$(\mathbf{R}^1,\mathscr{T}_{\rho_0^1})$为 T_2,A_2,$(\mathbf{R}^1,\mathscr{T}_{离散})$为 T_2 非 A_2,所以它们是彼此不同胚的.

现在来讨论连续函数的一些性质.

定理 1.3.7 设$(X,\mathscr{T}_X)$与$(Y,\mathscr{T}_Y)$为拓扑空间,$(f(X),(\mathscr{T}_Y)_{f(X)})$为$(Y,\mathscr{T}_Y)$的子拓扑空间,$A\subset X$,$f|_A(x)\overset{\text{def}}{=\!=}f(x)$,$\forall x\in A$,则:

(1) $f:X\to Y$ 在点 x 处连续$\Leftrightarrow f:X\to f(X)$在点 x 处连续;

(2) $f:X\to Y$ 连续$\Leftrightarrow f:X\to f(X)$连续;

(3) $f:X\to Y$ 连续$\Rightarrow f|_A:A\to Y$ 连续.

证明 (证法 1)(1) $f:X\to Y$ 在点 x 处连续$\Leftrightarrow$对 $f(x)$在$(Y,\mathscr{T}_Y)$中的任何开邻域 V,必有 x 在$(X,\mathscr{T}_X)$中的开邻域 U,s.t. $f(U)\subset V\Leftrightarrow$对 $f(x)$在$(f(X),(\mathscr{T}_Y)_{f(X)})$中的开邻域 $f(X)\cap V$(其中 $V\in\mathscr{T}_Y$),必有 x 在$(X,\mathscr{T}_X)$中的开邻域 U,s.t. $f(U)\subset f(X)\cap V\Leftrightarrow f:X\to f(X)$在点 x 处连续.

(2) 由(1)立即推得.

(3) $\forall x\in A$,对 $f(x)$在$(Y,\mathscr{T}_Y)$中的任何开邻域 V,由 $f:X\to Y$ 连续,存在 x 在$(X,\mathscr{T}_X)$中的开邻域 U,s.t. $f(U)\subset V$.于是,$A\cap U$ 为 x 在$(A,(\mathscr{T}_X)_A)$中的开邻域,且 $f|_A(A\cap U)=f(A\cap U)\subset f(U)\subset V$,所以 $f|_A$ 在 $x\in A$ 处连续.由 x 任取,$f|_A:A\to Y$ 连续.

(证法 2)(1) 同证法 1(1).

(2) $f:X\to Y$ 连续$\Leftrightarrow\forall V\in\mathscr{T}_Y$,必有 $f^{-1}(V)\in\mathscr{T}_X\Leftrightarrow\forall f(X)\cap V\in(\mathscr{T}_Y)_{f(X)}$(其中 $V\in\mathscr{T}_Y$),必有 $f^{-1}(f(X)\cap V)=f^{-1}(V)\in\mathscr{T}_X\Leftrightarrow f:X\to f(X)$连续.

(3) $\forall V\in\mathscr{T}_Y$，由 $f:X\to Y$ 连续，$f^{-1}(V)$为$(X,\mathscr{T}_X)$中的开集，所以$(f|_A)^{-1}(V)=A\cap f^{-1}(V)$为$(A,(\mathscr{T}_X)_A)$中的开集.这就证明了 $f|_A$ 是连续的. □

定义 1.3.3 设$(X,\mathscr{T}_X)$与$(Y,\mathscr{T}_Y)$都为拓扑空间，$f:X\to Y$ 为映射.如果对$(X,\mathscr{T}_X)$中的任何开集 U，$f(U)$都为$(Y,\mathscr{T}_Y)$中的开集，则称 f 为**开映射**.类似地，如果对$(X,\mathscr{T}_X)$中的任何闭集 F，$f(F)$都为$(Y,\mathscr{T}_Y)$中的闭集，则称 f 为**闭映射**.

定理 1.3.8 设$(X,\mathscr{T}_X)$与$(Y,\mathscr{T}_Y)$都为拓扑空间，$f:X\to Y$ 为映射，则：

(1) f 为开映射；

$\Leftrightarrow$(2) $\forall A\subset X$，有 $f(A^\circ)\subset(f(A))^\circ$；

$\Leftrightarrow$(3) 对$(X,\mathscr{T}_X)$的任何拓扑基 $\mathscr{T}^\circ\subset\mathscr{T}_X$，s.t. $\forall B\in\mathscr{T}^\circ$必有 $f(B)$都为$(Y,\mathscr{T}_Y)$中的开集；

$\Leftrightarrow$(4) 存在$(X,\mathscr{T}_X)$的一个拓扑基 $\mathscr{T}^\circ\subset\mathscr{T}_X$，s.t. $\forall B\in\mathscr{T}^\circ$必有 $f(B)$都为$(Y,\mathscr{T}_Y)$中的开集.

证明 (1)$\Rightarrow$(2). $\forall A\subset X$，因 $A^\circ\subset A$，故 $f(A^\circ)\subset f(A)$.由(1)知 $f(A^\circ)$为$(Y,\mathscr{T}_Y)$中的开集，而$(f(A))^\circ$是包含于 $f(A)$中的最大开集，所以 $f(A^\circ)\subset(f(A))^\circ$.

(2)$\Rightarrow$(3).因 $B\in\mathscr{T}^\circ\subset\mathscr{T}_X$，故 $B=B^\circ$.由(2)得到 $f(B)=f(B^\circ)\subset(f(B))^\circ\subset f(B)$，所以 $f(B)=(f(B))^\circ$为$(Y,\mathscr{T}_Y)$中的开集.

(3)$\Rightarrow$(4).显然.

(4)$\Rightarrow$(1). $\forall U\in\mathscr{T}_X$，因为 $\mathscr{T}^\circ$为$(X,\mathscr{T}_X)$的一个拓扑基，故 $\exists\mathscr{T}_1^\circ\subset\mathscr{T}^\circ$，s.t. $U=\bigcup\limits_{B\in\mathscr{T}_1^\circ}B$.于是

$$f(U)=f\left(\bigcup_{B\in\mathscr{T}_1^\circ}B\right)=\bigcup_{B\in\mathscr{T}_1^\circ}f(B).$$

再由(4)知 $f(B)$为$(Y,\mathscr{T}_Y)$中的开集，从而 $f(U)$也为$(Y,\mathscr{T}_Y)$中的开集.这就证明了 f 为开映射. □

定理 1.3.9 设$(X,\mathscr{T}_X)$与$(Y,\mathscr{T}_Y)$都为拓扑空间，$f:X\to Y$ 为一一映射(即双射，也就是既为单射($x\neq y$ 蕴涵着 $f(x)\neq f(y)$)，又为满射($\forall y\in Y$ 必有 $x\in X$，s.t. $f(x)=y$))，则：

(1) f 为同胚；

$\Leftrightarrow$(2) f 连续且为开映射；

$\Leftrightarrow$(3) f 连续且为闭映射.

证明 (1)$\Leftrightarrow$(2).因为

$$f^{-1}\text{ 连续}\quad\Leftrightarrow\quad\forall U\in\mathscr{T}_X,\ (f^{-1})^{-1}(U)=f(U)\in\mathscr{T}_Y\quad\Leftrightarrow\quad f\text{ 为开映射},$$

所以

$$f\text{ 为同胚} \quad \Leftrightarrow \quad f\text{ 连续且为开映射}.$$

(1)⇔(3). 因为

$$\begin{aligned} f^{-1}\text{ 连续} \quad &\Leftrightarrow \quad \forall F \in \mathscr{F}_X((X,\mathscr{T}_X)\text{ 的闭集族}),(f^{-1})^{-1}(F) = f(F) \in \mathscr{F}_X \\ &\Leftrightarrow \quad f\text{ 为闭映射}, \end{aligned}$$

所以

$$f\text{ 为同胚} \quad \Leftrightarrow \quad f\text{ 连续且为闭映射}.$$

(2)⇔(3). 因为 $f: X \to Y$ 为一一映射，所以

$$U\text{ 为}(X,\mathscr{T}_X)\text{ 的开集} \quad \Leftrightarrow \quad F = X\setminus U\text{ 为}(X,\mathscr{T}_X)\text{ 的闭集};$$

$$f(U)\text{ 为}(Y,\mathscr{T}_Y)\text{ 的开集} \quad \Leftrightarrow \quad f(F) = Y\setminus f(U)\text{ 为}(Y,\mathscr{T}_Y)\text{ 的闭集};$$

$$f\text{ 为开映射} \quad \Leftrightarrow \quad f\text{ 为闭映射}.$$

于是，f 连续且为开映射⇔f 连续且为闭映射. □

还应注意的是，T_0, T_1, T_2, A_1, A_2 并不是连续不变性(连续不变性即连续映射下不变的性质)，也不是一一连续不变性.

例 1.3.7 (1) 设 $X=\{a,b\}$，$a\neq b$. 显然，恒同映射 $\mathrm{Id}_X:(X,\mathscr{T}_{离散})\to(X,\mathscr{T}_{平庸})$ 为一一连续映射. $(X,\mathscr{T}_{离散})$ 为 T_0, T_1, T_2 空间，但是 $(X,\mathscr{T}_{平庸})$ 为非 T_0 非 T_1 非 T_2 空间.

(2) 显然，恒同映射 $\mathrm{Id}_{\mathbf{R}^1}:(\mathbf{R}^1,\mathscr{T}_{\rho_0^1})\to(\mathbf{R}^1,\mathscr{T}_{余有限})$ 为一一连续映射. $(\mathbf{R}^1,\mathscr{T}_{\rho_0^1})$ 为 A_1，A_2 空间，但是 $(\mathbf{R}^1,\mathscr{T}_{余有限})$ 为非 A_1 非 A_2 空间(参阅例 1.2.8(2)).

(3) 恒同映射 $\mathrm{Id}_{\mathbf{N}}:(\mathbf{N},\mathscr{T}_{离散})\to(\mathbf{N},\mathscr{T}_{\mathbf{N}})$ 为一一连续映射，$(\mathbf{N},\mathscr{T}_{离散})$ 为 A_1, A_2 空间，但是，$(\mathbf{N},\mathscr{T}_{\mathbf{N}})$ 为非 A_1 非 A_2 空间.

上述各例表明，T_0, T_1, T_2, A_1, A_2 都不是一一连续不变性，当然更不是连续不变性.

因为某种同类型的拓扑不变性不同，所以

$$(X,\mathscr{T}_{离散})\not\cong(X,\mathscr{T}_{平庸}), \quad (\mathbf{R}^1,\mathscr{T}_{\rho_0^1})\not\cong(\mathbf{R}^1,\mathscr{T}_{余有限}), \quad (\mathbf{N},\mathscr{T}_{离散})\not\cong(\mathbf{N},\mathscr{T}_{\mathbf{N}}).$$

当然，它们不同胚还可直接看出：独点集为 $(X,\mathscr{T}_{离散})$ 的开集，但独点集不为 $(X,\mathscr{T}_{平庸})$ 的开集，故 $(X,\mathscr{T}_{离散})\not\cong(X,\mathscr{T}_{平庸})$；$[0,1]$ 为 $(\mathbf{R}^1,\mathscr{T}_{\rho_0^1})$ 的闭集，但 $[0,1]$ 在 $\mathbf{R}^1$ 的任何一一映射下的像不为 $(\mathbf{R}^1,\mathscr{T}_{余有限})$ 的闭集，故 $(\mathbf{R}^1,\mathscr{T}_{\rho_0^1})\not\cong(\mathbf{R}^1,\mathscr{T}_{余有限})$；独点集为 $(\mathbf{N},\mathscr{T}_{离散})$ 的开集，但独点集不为 $(\mathbf{N},\mathscr{T}_{\mathbf{N}})$ 的开集，故 $(\mathbf{N},\mathscr{T}_{离散})\not\cong(\mathbf{N},\mathscr{T}_{\mathbf{N}})$.

1.4 连通与道路连通

在引入连续映射的基础上,可研究拓扑空间的连通与道路连通性以及它们之间的关系.证明了连通与非连通的各种充要条件;连通性(连通与道路连通)不仅是拓扑不变性,而且也是连续不变性;还证明了$(\mathbf{R}^n,\mathscr{T}_{\rho_0^n})$中的开集,其连通、道路连通与折线连通是彼此等价的,从而对$(\mathbf{R}^n,\mathscr{T}_{\rho_0^n})$中区域的定义给出了清晰的描述. $\mathbf{R}^n$ 中区域是 $\mathbf{R}^1$ 中区间的推广,因此区间上连续函数的零值定理与介值定理可以推广为$(\mathbf{R}^n,\mathscr{T}_{\rho_0^n})$中区域上连续函数的零值定理与介值定理.关于连续函数的这两个重要定理甚至可推广到更一般的连通拓扑空间上,它的结论仍然是正确的.

这一节还引入了近代数学中非常重要的一类拓扑空间——流形,并指出在流形上连通与道路连通是等价的.它的证明方法也是非常巧妙与典型的.

我们还列举了 4 个连通但非道路连通的反例.一方面为了增强读者举反例的能力,也就是为了将来能有研究的创新能力;另一方面,它们也是深入学清楚概念时需举反例的源泉.

定义 1.4.1 设$(X,\mathscr{T})$为拓扑空间,$[0,1]$为通常 Euclid 直线$(\mathbf{R}^1,\mathscr{T}_{\rho_0^1})$的子拓扑空间.如果 $\forall\, p,q\in X$,必存在连接 p 到 q 的一条**道路**,即存在连续映射

$$\sigma:[0,1]\to X,$$

使得 $\sigma(0)=p,\sigma(1)=q$,则称$(X,\mathscr{T})$为**道路连通**(或**路连通**)的拓扑空间(图 1.4.1). $p=\sigma(0)$与 $q=\sigma(1)$分别称为道路 σ 的**起点**与**终点**.

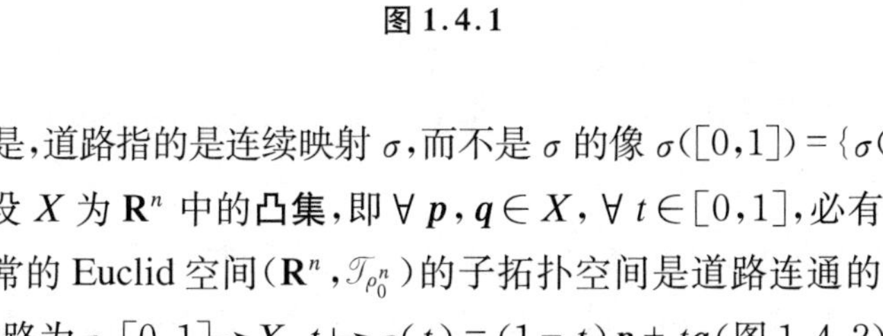

图 1.4.1

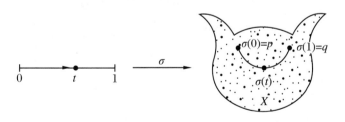

应该注意的是,道路指的是连续映射 σ,而不是 σ 的像 $\sigma([0,1])=\{\sigma(t)\mid t\in[0,1]\}$.

例 1.4.1 设 X 为 $\mathbf{R}^n$ 中的**凸集**,即 $\forall\, \boldsymbol{p},\boldsymbol{q}\in X$, $\forall\, t\in[0,1]$,必有$(1-t)\boldsymbol{p}+t\boldsymbol{q}\in X$,则 X 作为通常的 Euclid 空间$(\mathbf{R}^n,\mathscr{T}_{\rho_0^n})$的子拓扑空间是道路连通的.事实上,只需取连接 $\boldsymbol{p}$ 到 $\boldsymbol{q}$ 的道路为 $\sigma:[0,1]\to X, t\mapsto\sigma(t)=(1-t)\boldsymbol{p}+t\boldsymbol{q}$(图 1.4.2).

显然,直线上的(开或闭或半开半闭或半闭半开)区间,平面上的(开或闭)圆片(椭圆

片)，$\mathbf{R}^n(n\geqslant 3)$中的(开或闭)球体(椭球体)，还有$\mathbf{R}^n(n\geqslant 1)$本身都是凸集．因而它们都是道路连通的．

考察平面上的集合

$$X=[-2,2]\times[-1,0]\cup[-2,-1]\times[0,1]\cup[1,2]\times[0,1],$$

它是道路连通的，但不是凸集(图1.4.3)．

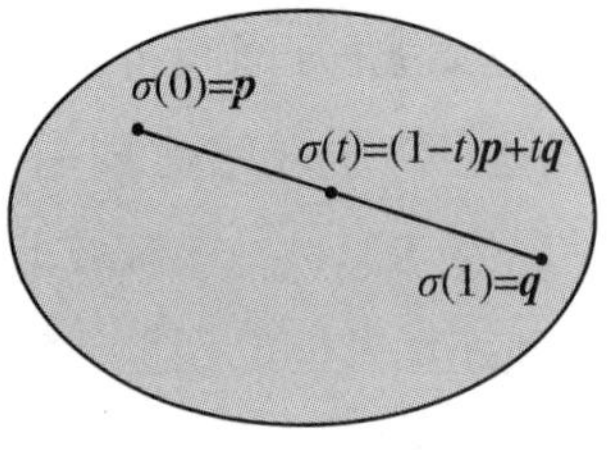

图1.4.2

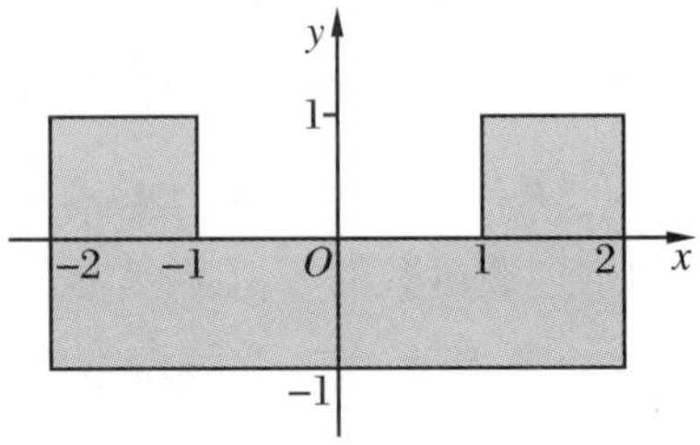

图1.4.3

定义1.4.2 设$(X,\mathscr{T})$为拓扑空间，如果X为两个不相交的非空开集的并，则称$(X,\mathscr{T})$为**非连通的拓扑空间**；否则称为**连通的拓扑空间**，则

$$(X,\mathscr{T})\text{连通}\quad\Leftrightarrow\quad X=U\cup V,U,V\in\mathscr{T},\text{必有 }U=\varnothing\text{或 }V=\varnothing.$$

根据定义1.4.2，显然，$(X,\mathscr{T}_{\text{平庸}})$为连通空间；至少两点的离散拓扑空间$(X,\mathscr{T}_{\text{离散}})$为非连通空间．

定理1.4.1 在拓扑空间$(X,\mathscr{T})$中：

(1) $(X,\mathscr{T})$非连通；

$\Leftrightarrow$(2) X为两个不相交的非空闭集的并；

$\Leftrightarrow$(3) X含有一个非空的真子集，它既为开集，又为闭集；

$\Leftrightarrow$(4) X为两个非空隔离子集A与B的并(如果$(A\cap\overline{B})\cup(B\cap\overline{A})=\varnothing$，即$A\cap\overline{B}=\varnothing$与$B\cap\overline{A}=\varnothing$，则称$A$与$B$是**隔离的**．此时，显然有$A\cap B=\varnothing$)．

等价地，有：

(1) $(X,\mathscr{T})$连通；

(2) X不为两个不相交的非空闭集的并；

(3) X不含一个非空的真子集，它既为开集，又为闭集；

(4) X不为两个非空隔离子集A与B的并．

证明 (1)$\Rightarrow$(2)．设$(X,\mathscr{T})$非连通，即X为两个不相交的非空开集A与B的并．显然，A与B互为余集，所以它们都为闭集．于是，(2)成立．

(2)$\Rightarrow$(3)．设X为两个不相交的非空闭集A与B的并，由于A与B互为余集，所以也都为开集，因此，A(或B)为X的既开又闭的非空真子集．于是，(3)成立．

(3)$\Rightarrow$(4)．设A为X的既开又闭的非空真子集，则$B=X\backslash A$也为X的既开又闭的

非空真子集. 于是

$$(A \cap \bar{B}) \cup (B \cap \bar{A}) = (A \cap B) \cup (B \cap A) = \varnothing \cup \varnothing = \varnothing,$$

即 X 为两个非空隔离子集 A 与 B 的并,即(4)成立.

(4)⇒(1). 设 X 为两个非空隔离子集 A 与 B 的并,则 A 与 B 隔离,即

$$(A \cap \bar{B}) \cup (B \cap \bar{A}) = \varnothing \quad \Leftrightarrow \quad A \cap \bar{B} = \varnothing \text{ 与 } B \cap \bar{A} = \varnothing,$$

由此立知 $A \cap B = \varnothing$,且有

$$\bar{B} = \bar{B} \cap X = \bar{B} \cap (A \cup B) = (\bar{B} \cap A) \cup (\bar{B} \cap B) = \varnothing \cup B = B.$$

根据定理 1.1.3(3),B 为$(X,\mathscr{T})$中的闭集;同理,A 也为$(X,\mathscr{T})$中的闭集. 由于 A 与 B 互为余集,它们都为开集. 因此,X 为两个不相交的非空开集 A 与 B 的并,即(1)成立. □

例 1.4.2 (1) $(-1,0)$与$(0,1)$为$(\mathbf{R}^1,\mathscr{T}_{\rho_0^1})$中的隔离子集;

(2) $(-1,0)$与$[0,1)$虽不相交但在$(\mathbf{R}^1,\mathscr{T}_{\rho_0^1})$中为非隔离子集;

(3) $\mathbf{Q}^n$ 与 $\mathbf{R}^n \backslash \mathbf{Q}^n$ 为$(\mathbf{R}^n,\mathscr{T}_{\rho_0^n})$中的非隔离子集.

定义 1.4.3 如果拓扑空间$(X,\mathscr{T})$的子集 A 作为子拓扑空间是连通(或非连通)的,则称 A 为**连通(或非连通)子集**.

如果$(X,\mathscr{T})$的子集 A 作为子拓扑空间是道路连通(或非道路连通)的,则称 A 为**道路连通(或非道路连通)子集**.

例 1.4.3 $[a,b]$$(a,b\in\mathbf{R},a<b)$为$(\mathbf{R}^1,\mathscr{T}_{\rho_0^1})$中的连通子集.

证明 (反证)假设$[a,b]$非连通,则$[a,b]=U\cup V$,U,V 为$[a,b]$中不相交的非空开集. 取 $p\in U,q\in V$,不妨设 $p<q$. 令

$$\xi = \sup\{x \mid x \in U \cap [p,q]\}.$$

由于 U 与 V 为开集,易见 $p<\xi<q$. 再由 sup 的定义知 $\xi\notin V\cap[p,q]$,而由$(\xi,q)\subset V$ 知$\xi\notin U\cap[p,q]$. 因此

$$\xi \notin (U \cap [p,q]) \cup (V \cap [p,q]) = (U \cup V) \cap [p,q] = [a,b] \cap [p,q] = [p,q],$$

这与 ξ 的定义必有$\xi\in[p,q]$相矛盾. □

类似可证(a,b),$[a,b)$,$(a,b]$,$(-\infty,a)$,$(-\infty,a]$,$[a,+\infty)$,$(a,+\infty)$,$(-\infty,+\infty)$都为$(\mathbf{R}^1,\mathscr{T}_{\rho_0^1})$中的连通子集.

定理 1.4.2 $(X,\mathscr{T})$道路连通必连通,但反之不真.

证明 (反证)假设$(X,\mathscr{T})$非连通,则 $X=U\cup V$,U 与 V 为$(X,\mathscr{T})$中不相交的非空开集,取 $p\in U,q\in V$. 显然,$p\neq q$. 因$(X,\mathscr{T})$道路连通,故存在连接 p 到 q 的道路σ:$[0,1]\to X$,使 $\sigma(0)=p\in U$,$\sigma(1)=q\in V$. 于是

$$[0,1] = \sigma^{-1}(X) = \sigma^{-1}(U \cup V) = \sigma^{-1}(U) \cup \sigma^{-1}(V),$$

其中 $0\in\sigma^{-1}(U)$,$1\in\sigma^{-1}(V)$. 由 σ 连续知$\sigma^{-1}(U)$与 $\sigma^{-1}(V)$为$[0,1]$中不相交的非空开

集,从而$[0,1]$非连通,这与例 1.4.3 中的结论相矛盾.

反之不真,参阅例 1.4.7、例 1.4.8、例 1.4.11、例 1.4.12. □

例 1.4.4 例 1.4.1 表明$(\mathbf{R}^n,\mathcal{T}_{\rho_0^n})$中的任何凸集都为道路连通子集,根据定理 1.4.2 知,这凸集也是连通的.

或者直接证明如下:(反证)假设凸集 X 不连通,则 $X=U\cup V$,其中 U 与 V 为 X 的不相交的非空开集.取 $p\in U,q\in V$,并连接直线段$\overline{pq}$.于是,$\overline{pq}=(U\cap\overline{pq})\cup(V\cap\overline{pq})$,其中 $U\cap\overline{pq}$与$V\cap\overline{pq}$为$\overline{pq}$中不相交的非空开集.由此得到 $\overline{pq}$ 非连通,这与例 1.4.3 中的结论相矛盾.

例 1.4.5 (1) $\mathbf{Q}^n(n\geqslant 1)$为$(\mathbf{R}^n,\mathcal{T}_{\rho_0^n})$中的非连通子集;

(2) $\mathbf{R}^1\setminus\mathbf{Q}^1$ 为$(\mathbf{R}^1,\mathcal{T}_{\rho_0^1})$中的非连通子集;

(3) $\mathbf{R}^n\setminus\mathbf{Q}^n(n\geqslant 2)$为$(\mathbf{R}^n,\mathcal{T}_{\rho_0^n})$中的道路连通子集.

证明 (1) 设 $U=\{\boldsymbol{x}=(x_1,\cdots,x_n)\mid x_n<\sqrt{2}\}$,$V=\{\boldsymbol{x}=(x_1,\cdots,x_n)\mid x_n>\sqrt{2}\}$均为$(\mathbf{R}^n,\mathcal{T}_{\rho_0^n})$中的开集,则$\mathbf{Q}^n=(U\cap\mathbf{Q}^n)\cup(V\cap\mathbf{Q}^n)$为 $\mathbf{Q}^n$ 中两个不相交的非空开集$U\cap\mathbf{Q}^n$ 与 $V\cap\mathbf{Q}^n$ 的并,所以 $\mathbf{Q}^n$ 为$(\mathbf{R}^n,\mathcal{T}_{\rho_0^n})$中的非连通子集.

(2) 显然

$$\mathbf{R}^1\setminus\mathbf{Q}^1=((-\infty,0)\cap(\mathbf{R}^1\setminus\mathbf{Q}^1))\cup((0,+\infty)\cap(\mathbf{R}^1\setminus\mathbf{Q}^1))$$

为 $\mathbf{R}^1\setminus\mathbf{Q}^1$ 中两个不相交的非空开集的并,所以 $\mathbf{R}^1\setminus\mathbf{Q}^1$ 为$(\mathbf{R}^1,\mathcal{T}_{\rho_0^1})$中的非连通子集.

(3) 因为 $\mathbf{R}^n\setminus\mathbf{Q}^n(n\geqslant 2)$中任何两个不同的点 $\boldsymbol{p}$ 与 $\boldsymbol{q}$ 总能用一条各线段分别平行坐标轴的折线 σ 相连接(图 1.4.4,$n=2$),所以 $\mathbf{R}^n\setminus\mathbf{Q}^n(n\geqslant 2)$为$(\mathbf{R}^n,\mathcal{T}_{\rho_0^n})$中的道路连通子集. □

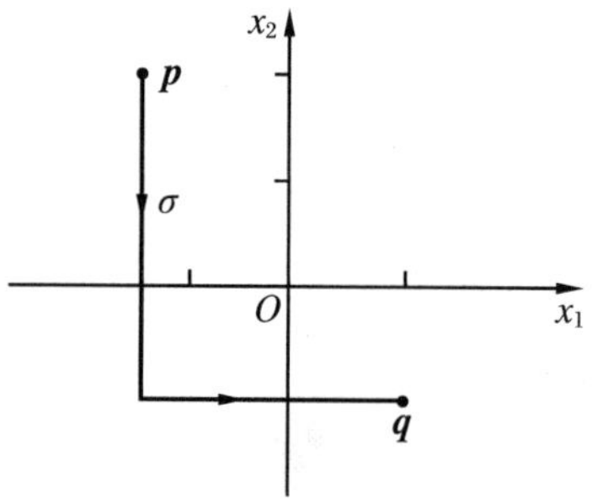

图 1.4.4

例 1.4.6 设 A 为平面$(\mathbf{R}^2,\mathcal{T}_{\rho_0^2})$中的至多可数集,则 $\mathbf{R}^2\setminus A$ 为$(\mathbf{R}^2,\mathcal{T}_{\rho_0^2})$的道路连通子集,因而,也是连通子集.

证明　$\forall p,q\in \mathbf{R}^2\backslash A, p\neq q$. 作线段$\overline{pq}$的垂直平分线 l. 再过 p,q 并以$\overline{pq}$为弦作圆弧，则必有一条圆弧$\widehat{prq}\subset \mathbf{R}^2\backslash A$(图1.4.5，因 A 为至多可数集，而 l 上的点不可数，所以圆弧不可数)，它就是 $\mathbf{R}^2\backslash A$ 中连接 p 到 q 的一条道路，从而，$\mathbf{R}^2\backslash A$ 是道路连通的. 再根据定理1.4.2，$\mathbf{R}^2\backslash A$ 也是连通的. □

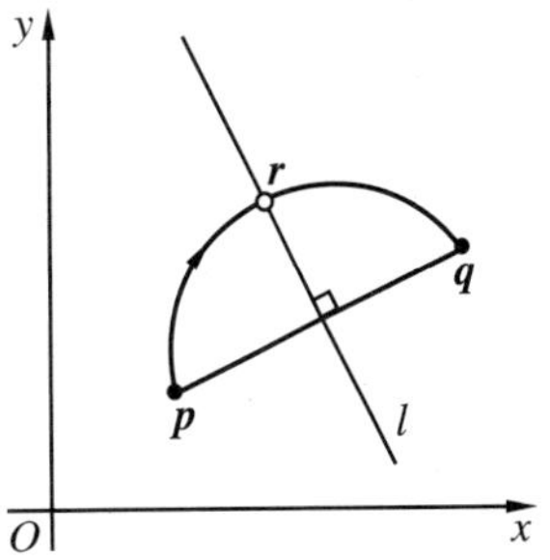

图1.4.5

类似可证 $\mathbf{R}^n\backslash A(n\geqslant 2), S^n(1)\backslash A$ 是道路连通的，其中 A 为至多可数集.

例1.4.7　设 X 为不可数集，则$(X,\mathscr{T}_{余可数})$为连通但非道路连通的拓扑空间.

证明　(证法1)(1) 设 $X\backslash C_1$ 与 $X\backslash C_2$ 为$(X,\mathscr{T}_{余可数})$中的任意两个开集，其中 C_1 与 C_2 都为至多可数集，则 $C_1\cup C_2$ 仍为至多可数集，且

$$(X\backslash C_1)\cap(X\backslash C_2)\xlongequal{\text{de Morgan}}X\backslash(C_1\cup C_2)\neq\varnothing.$$

因此，X 绝不为两个不相交的非空开集的并，从而$(X,\mathscr{T}_{余可数})$为连通的拓扑空间.

(2)(反证)假设$(X,\mathscr{T}_{余可数})$为道路连通的拓扑空间，则 $\forall p,q\in X, p\neq q$，必有一条道路 $\sigma:[0,1]\to X$, s.t. $\sigma(0)=p,\sigma(1)=q$. 下证连续映射 σ 为局部常值映射. 否则 $\exists t_0\in[0,1], t_n\in[0,1], t_n\to t_0(n\to+\infty)$，但 $\sigma(t_n)\neq\sigma(t_0)$. 根据定理1.3.2(7)，$\lim\limits_{n\to+\infty}\sigma(t_n)=\sigma(t_0)$. 再由引理1.2.3(怪性质)，$\exists N\in\mathbf{N}$，当 $n>N$ 时，有 $\sigma(t_n)=\sigma(t_0)$，这与上述 $\sigma(t_n)\neq\sigma(t_0)$相矛盾. 这就证明了 σ 为局部常值映射. 令

$$U=\{t\in[0,1]\mid\sigma(t)=p\},\quad V=\{t\in[0,1]\mid\sigma(t)\neq p\}.$$

由于 σ 局部常值，故 U 与 V 均为$[0,1]$中的开集(或者若 $\sigma(t_0)\neq p$，由 σ 连续，$\exists\delta>0$, s.t. $\sigma|_{(t_0-\delta,t_0+\delta)\cap[0,1]}\neq p$. 于是，$(t_0-\delta,t_0+\delta)\cap[0,1]\subset V$，从而 V 为开集)，又因 $0\in U, 1\in V, [0,1]=U\cup V, U\cap V=\varnothing$，故$[0,1]$不连通. 这与例1.4.3中$[0,1]$连通相矛盾. 由此推得$(X,\mathscr{T}_{余可数})$为非道路连通的拓扑空间.

或者，$\forall t\in[0,1]$，由 σ 局部常值，$\exists\delta(t)>0$, s.t. $\sigma|_{(t-\delta(t),t+\delta(t))\cap[0,1]}=$常值. 由于$[0,1]$紧致(有界闭集)，根据数学分析知识，$[0,1]$的开覆盖必有有限的子覆盖$\{(t_i-\delta(t_i),t_i+\delta(t_i))\mid i=1,\cdots,k\}$. 由此推得 σ 在$[0,1]$上为常值映射. 但是，由$\sigma(0)=p\neq q=\sigma(1)$，故 σ 在$[0,1]$上不为常值映射，矛盾.

(证法2)(1)(反证)假设$(X,\mathscr{T}_{余可数})$为非连通的拓扑空间，根据定理1.4.1(2)，$X=F_1\cup F_2$，其中 F_1,F_2 为两个不相交的非空闭集，则 F_1 与 F_2 必为至多可数集，从而 $F_1\cup F_2=X$ 也为至多可数集，这与 X 不可数相矛盾.

(2)(反证)假设$(X,\mathscr{T}_{余可数})$为道路连通空间，则 $\forall p,q\in X, p\neq q, \exists\sigma:[0,1]\to X$

为连接$\sigma(0)=p$到$\sigma(1)=q$的一条道路.易见,$\sigma^{-1}(X\setminus\{p,q\})\neq\varnothing$(否则,$[0,1]=\sigma^{-1}(\{p,q\})=\sigma^{-1}(\{p\})\cup\sigma^{-1}(\{q\})$为两个不相交的非空闭集之并,即$[0,1]$不连通,这与定理1.4.3的结论$[0,1]$连通相矛盾).于是,可取$a_1\in\sigma^{-1}(X\setminus\{p,q\})$.同理,$\sigma^{-1}(X\setminus\{p,q,\sigma(a_1)\})\neq\varnothing$,从而可取$a_2\in\sigma^{-1}(X\setminus\{p,q,\sigma(a_1)\})$.重复上述过程,可取一串点列$\{a_n\}$,其中$a_n\in[0,1]$且$\sigma(a_n)\neq\sigma(a_i)$,$i=1,2,\cdots,n-1$.因$\{a_n\}\subset[0,1]$,故它有界,从而必存在子列$\{a_{n_k}\}$收敛于$a_0\in[0,1]$.再由$\sigma$连续知,$\lim\limits_{k\to+\infty}\sigma(a_{n_k})=\sigma(a_0)$.根据$(X,\mathscr{T}_{余可数})$的怪性质(引理1.2.3),必有$K\in\mathbf{N}$,当$k>K$时,有$\sigma(a_{n_k})=\sigma(a_0)$.这与上述$\sigma(a_{n_k})\neq\sigma(a_{n_l})$,$k\neq l$,$k,l>K$相矛盾.

(证法3)(1)(反证)假设$(X,\mathscr{T}_{余可数})$为非连通的拓扑空间,根据定理1.4.1(4),$X=A\cup B$,其中A与B为两个非空隔离子集.因为X为不可数集,故A与B中至少有一个为不可数集,不妨设A为不可数集,根据例1.1.18,$A'=X$,从而$\overline{A}=A'\cup A=X\cup A=X$.于是

$$(A\cap\overline{B})\cup(B\cap\overline{A})=(A\cap\overline{B})\cup(B\cap X)=(A\cap\overline{B})\cup B\supset B\neq\varnothing,$$

这与A,B为隔离子集相矛盾.

(2)(反证)假设$(X,\mathscr{T}_{余可数})$是道路连通的拓扑空间,则$\forall p,q\in X$,$p\neq q$,必存在一条道路σ(连续映射):$[0,1]\to X$,s.t.$\sigma(0)=p$,$\sigma(1)=q$.

设$\mathbf{Q}$为有理点集,则$\sigma(\mathbf{Q}\cap[0,1])=C\subset X$,$C$为至多可数集,于是,$A=X\setminus C\in\mathscr{T}_{余可数}$,$\sigma^{-1}(A)$为$[0,1]$中的开集.由于$\mathbf{Q}\cap[0,1]\cap\sigma^{-1}(A)=\varnothing$,故$\sigma^{-1}(A)=\varnothing$,从而,$[0,1]=\sigma^{-1}(C)=\bigcup\limits_{x\in C}\sigma^{-1}(\{x\})$,并且当$x_1\neq x_2$时,$\sigma^{-1}(\{x_1\})$与$\sigma^{-1}(\{x_2\})$为互不相交的闭集.又因$\{p,q\}\subset C$,所以,$C$为至少两点的至多可数集.于是,$[0,1]=\sigma^{-1}(C)$为至少两个至多可数个不相交的闭集的并集.应用反证法与闭区间套原理立即推出矛盾.

(证法4)(1)同证法1(1).

(2)(反证)假设$(X,\mathscr{T}_{余可数})$为道路连通的拓扑空间,则$\forall p,q\in X$,$p\neq q$,必存在一条道路$\sigma:[0,1]\to X$,s.t.$\sigma(0)=p$,$\sigma(1)=q$.于是,$\sigma(\mathbf{Q}\cap[0,1])$为至多可数集,从而它为$(X,\mathscr{T}_{余可数})$中的闭集.由此,应用定理1.3.2(4),有

$$\sigma([0,1])\supset\sigma(\mathbf{Q}\cap[0,1])=\overline{\sigma(\mathbf{Q}\cap[0,1])}\supset\sigma(\overline{\mathbf{Q}\cap[0,1]})=\sigma([0,1]),$$

从而,$\sigma([0,1])=\sigma(\mathbf{Q}\cap[0,1])$.因此,$\sigma([0,1])$为至少两点(如:$p,q$)的至多可数集.

因为$[0,1]$连通,所以由下面的定理1.4.4(1),$\sigma([0,1])$也连通.但是,$(X,\mathscr{T}_{余可数})$中任何至少两点的至多可数集A必为离散拓扑空间,它必不连通($\forall a\in A$,$\{a\}=((X\setminus A)\cup\{a\})\cap A$为子拓扑空间$A$中的开集).由此推出矛盾. □

例1.4.8 设$(\mathbf{N},\mathscr{T}_{\mathbf{N}})$为例1.1.19与例1.2.9中所述的拓扑空间,它是连通非道路连通的拓扑空间.

证明 （证法 1）(1) 设 $\mathbf{N}\backslash C_1$ 与 $\mathbf{N}\backslash C_2$ 为$(\mathbf{N},\mathcal{T}_{\mathbf{N}})$中任意的两个开集，其中 C_1 与 C_2 都为零密度集，则 $C_1\cup C_2$ 仍为零密度集，且

$$(X\backslash C_1)\cap(X\backslash C_2)\xlongequal{\text{de Morgan}}X\backslash(C_1\cup C_2)\neq\varnothing.$$

因此，X 绝不为两个不相交的非空开集的并，从而$(\mathbf{N},\mathcal{T}_{\mathbf{N}})$为连通的拓扑空间.

(2)（反证）假设$(\mathbf{N},\mathcal{T}_{\mathbf{N}})$为道路连通的拓扑空间，则 $\forall\, p,q\in\mathbf{N},p\neq q$，必有一条道路 $\sigma:[0,1]\to\mathbf{N}$, s. t. $\sigma(0)=p,\sigma(1)=q$. 下证连续映射 σ 为局部常值映射. 否则 $\exists\, t_0\in[0,1]$, $t_n\in[0,1]$, $t_n\to t_0(n\to+\infty)$，但 $\sigma(t_n)\neq\sigma(t_0)$. 根据定理 1.3.2(7)，$\lim\limits_{n\to+\infty}\sigma(t_n)=\sigma(t_0)$. 再由例 1.2.9(1)中的怪性质，$\exists\, N\in\mathbf{N}$，当 $n>N$ 时，有 $\sigma(t_n)=\sigma(t_0)$，这与上述 $\sigma(t_n)\neq\sigma(t_0)$相矛盾. 这就证明了 σ 为局部常值映射.

余下的类似例 1.4.7 证法 1(2)中相应部分的证明，推出矛盾，从而证明了$(\mathbf{N},\mathcal{T}_{\mathbf{N}})$为非道路连通的拓扑空间.

（证法 2）(1)（反证）假设$(\mathbf{N},\mathcal{T}_{\mathbf{N}})$为非连通的拓扑空间，根据定理 1.4.1(2)，$X=F_1\cup F_2$，其中 F_1,F_2 为两个不相交的非空闭集，则 F_1 与 F_2 必为零密度集，从而 $F_1\cup F_2=X$ 也为零密度集，这与 X 不为零密度集相矛盾.

(2)（反证）假设$(\mathbf{N},\mathcal{T}_{\mathbf{N}})$为道路连通空间，则 $\forall\, p,q\in\mathbf{N},p\neq q$，$\exists\,\sigma:[0,1]\to\mathbf{N}$ 为连接 $\sigma(0)=p$ 到 $\sigma(1)=q$ 的一条道路，易见，$\sigma^{-1}(\mathbf{N}\backslash\{p,q\})\neq\varnothing$（否则，$[0,1]=\sigma^{-1}(\{p,q\})=\sigma^{-1}(\{p\})\cup\sigma^{-1}(\{q\})$为两个不相交的非空闭集之并，即$[0,1]$不连通，这与例 1.4.3 的结论$[0,1]$连通相矛盾）. 于是，可取 $a_1\in\sigma^{-1}(\mathbf{N}\backslash\{p,q\})$. 同理，$\sigma^{-1}(\mathbf{N}\backslash\{p,q,\sigma(a_1)\})\neq\varnothing$，从而可取 $a_2\in\sigma^{-1}(\mathbf{N}\backslash\{p,q,\sigma(a_1)\})$. 重复上述过程，可取一串点列$\{a_n\}$，其中 $a_n\in[0,1]$ 且 $\sigma(a_n)\neq\sigma(a_i)$, $i=1,\cdots,n-1$. 因$\{a_n\}\subset[0,1]$，故它有界，从而必存在子列$\{a_{n_k}\}$收敛于 $a_0\in[0,1]$，再由 σ 连续知，$\lim\limits_{k\to+\infty}\sigma(a_{n_k})=\sigma(a_0)$. 根据$(\mathbf{N},\mathcal{T}_{\mathbf{N}})$的怪性质（例 1.2.9(1)），必有 $K\in\mathbf{N}$，当 $k>K$ 时，有 $\sigma(a_{n_k})=\sigma(a_0)$，这与上述$\sigma(a_{n_k})\neq\sigma(a_{n_l})$, $k\neq l$, $k,l>K$ 相矛盾.

（证法 3）（反证）假设$(\mathbf{N},\mathcal{T}_{\mathbf{N}})$为非连通的拓扑空间，根据定理 1.4.1(4)，$\mathbf{N}=A\cup B$，其中 A 与 B 为两个非空隔离子集. 因为 $\mathbf{N}$ 为非零密度集，所以 A 与 B 中至少有一个为非零密度集，不妨设 A 为非零密度集. 根据例 1.1.19，$A'=\mathbf{N}$，从而 $\overline{A}=A'\cup A=\mathbf{N}\cup A=\mathbf{N}$. 于是

$$(A\cap\overline{B})\cup(B\cap\overline{A})=(A\cap\overline{B})\cup(B\cap\mathbf{N})=(A\cap\overline{B})\cup B\supset B\neq\varnothing,$$

这与 A,B 为隔离子集相矛盾. □

注 1.4.1 注意，例 1.4.7 中证法 3(2)与证法 4(2)不能沿用到例 1.4.8，这是因为 $\sigma(\mathbf{Q}\cap[0,1])$只是至多可数集，而未必为零密度集.

引理 1.4.1 设$(Z,\mathcal{T}_Z)$为$(X,\mathcal{T})$的子拓扑空间，A 与 B 都为 Z 的子集，则

$$A\text{ 与 }B\text{ 为}(Z,\mathscr{T}_Z)\text{中的隔离子集} \quad\Leftrightarrow\quad A\text{ 与 }B\text{ 为}(X,\mathscr{T})\text{中的隔离子集}.$$

证明 由例 1.1.22,有

$$\begin{aligned}(A\cap \overline{B}_Z)\cup(B\cap \overline{A}_Z)&=(A\cap \overline{B}\cap Z)\cup(B\cap \overline{A}\cap Z)\\&=((A\cap \overline{B})\cup(B\cap \overline{A}))\cap Z\\&=(A\cap \overline{B})\cup(B\cap \overline{A}).\end{aligned}$$

由此推得:A 与 B 为 $(Z,\mathscr{T}_Z)$ 中的隔离子集,即 $(A\cap\overline{B}_Z)\cup(B\cap\overline{A}_Z)=\varnothing\Leftrightarrow(A\cap\overline{B})\cup(B\cap\overline{A})=\varnothing$,即 A 与 B 为 $(X,\mathscr{T})$ 中的隔离子集. □

注 1.4.2 拓扑空间 $(X,\mathscr{T})$ 的子集 Y 是否为连通子集,按照定义 1.4.3,它只与子空间 Y 的拓扑 $\mathscr{T}_Y$ 有关.因此,如果 $Y\subset Z\subset X$,根据例 1.1.21,$\mathscr{T}_Y=(\mathscr{T}_Z)_Y$ 可看出,Y 为 $(X,\mathscr{T})$ 的连通子集$\Leftrightarrow Y$ 为 $(Z,\mathscr{T}_Z)$ 的连通子集.此外,引理 1.4.1 指出,A 与 B 为 $(Z,\mathscr{T}_Z)$ 中的隔离子集$\Leftrightarrow A$ 与 B 为 $(X,\mathscr{T})$ 中的隔离子集.这些都表明 Y 是否为连通空间与它的外围空间 $(Z,\mathscr{T}_Z)$ 还是 $(X,\mathscr{T})$ 无关!这一点要经常用到.

引理 1.4.2 设 $(Y,\mathscr{T}_Y)$ 为 $(X,\mathscr{T})$ 的连通子拓扑空间.如果 $(X,\mathscr{T})$ 中有(1) 不相交的开集 A 与 B;或(2) 不相交的闭集 A 与 B;或(3) 隔离子集 A 与 B,使得 $Y\subset A\cup B$,则 $Y\subset A$ 或者 $Y\subset B$.

证明 (1) 因为 A 与 B 为 $(X,\mathscr{T})$ 中不相交的开集,所以 $Y\cap A$ 与 $Y\cap B$ 为 $(Y,\mathscr{T}_Y)$ 中不相交的开集.又因 $Y\subset A\cup B$,故

$$(Y\cap A)\cup(Y\cap B)=Y\cap(A\cup B)=Y.$$

由于 $(Y,\mathscr{T}_Y)$ 为 $(X,\mathscr{T})$ 中的连通子拓扑空间,所以必有 $Y\cap B=\varnothing$,$Y\subset A$ 或者 $Y\cap A=\varnothing$,$Y\subset B$.

(2) 因为 A 与 B 为 $(X,\mathscr{T})$ 中不相交的闭集,根据例 1.1.20,$Y\cap A$ 与 $Y\cap B$ 为 $(Y,\mathscr{T}_Y)$ 中不相交的闭集.又因 $Y\subset A\cup B$,故

$$(Y\cap A)\cup(Y\cap B)=Y\cap(A\cup B)=Y.$$

由于 $(Y,\mathscr{T}_Y)$ 为 $(X,\mathscr{T})$ 中的连通子拓扑空间,所以必有 $Y\cap B=\varnothing$,$Y\subset A$ 或者 $Y\cap A=\varnothing$,$Y\subset B$.

(3) 因为 A 与 B 为 $(X,\mathscr{T})$ 中的隔离子集,使得 $Y\subset A\cup B$,所以

$$\begin{aligned}&((Y\cap A)\cap\overline{Y\cap B})\cup((Y\cap B)\cap\overline{Y\cap A})\\&\subset(Y\cap A\cap\overline{B})\cup(Y\cap B\cap\overline{A})\\&=Y\cap((A\cap\overline{B})\cup(B\cap\overline{A}))=Y\cap\varnothing=\varnothing.\end{aligned}$$

这说明 $Y\cap A$ 与 $Y\cap B$ 也为 $(X,\mathscr{T})$ 中的隔离子集.根据引理 1.4.1,$Y\cap A$ 与 $Y\cap B$ 为 $(Y,\mathscr{T}_Y)$ 中的隔离子集.此外,由

$$(Y\cap A)\cup(Y\cap B)=Y\cap(A\cup B)=Y$$

及$(Y,\mathscr{T}_Y)$连通推得 $Y\cap A=\varnothing$或者 $Y\cap B=\varnothing$. 如果 $Y\cap B=\varnothing$,由 $Y\subset A\cup B$ 得到 $Y\subset A$;如果 $Y\cap A=\varnothing$,由 $Y\subset A\cup B$ 得到$Y\subset B$. □

定理1.4.3 设$(X,\mathscr{T})$为拓扑空间,Y 为$(X,\mathscr{T})$的连通子集,且 $Y\subset Z\subset\overline{Y}$,则 Z 也为$(X,\mathscr{T})$中的连通子集. 特别地,$\overline{Y}$ 为$(X,\mathscr{T})$的连通子集.

证明 (证法1)(反证)假设 Z 非连通,根据定理1.4.1(2),$Z=A\cup B$,A 与B 为子拓扑空间$(Z,\mathscr{T}_Z)$中不相交的非空闭集. 因为$(X,\mathscr{T})$中的连通子集 $Y=Y\cap Z=Y\cap(A\cup B)=(Y\cap A)\cup(Y\cap B)$,由例1.1.20知,$Y\cap A$ 与$Y\cap B$ 都为$(Y,\mathscr{T}_Y)$中的闭集. 所以,$Y\cap B=\varnothing$,$Y\subset A$,或者 $Y\cap A=\varnothing$,$Y\subset B$. 不妨设 $Y\subset A$.

由于 $Y\subset Z\subset\overline{Y}$,$Z\setminus Y$ 中的每一点都是Y 在$(X,\mathscr{T})$中的聚点. 再由 $Y\subset Z=A\cup B$ 与 $Y\subset A$ 有$B=Z\setminus A\subset Z\setminus Y$,因而非空集 B 中的任一点b 都是Y 在$(X,\mathscr{T})$中的聚点. 进而,由于 $Y\subset A\cup B=Z\subset X$,点 b 还是Y 在$(Z,\mathscr{T}_Z)$中的聚点;由 $Y\subset A$ 推得点b 也是A 在$(Z,\mathscr{T}_Z)$中的聚点. 但这与假设 A 是$(Z,\mathscr{T}_Z)$中的不交 B 的闭集相矛盾.

(证法2)(反证)假设 Z 非连通,根据定义1.4.2,$Z=A\cup B$,A 与B 为子拓扑空间$(Z,\mathscr{T}_Z)$中不相交的非空开集. 因为$(X,\mathscr{T})$中的连通子集

$$Y=Y\cap Z=Y\cap(A\cup B)=(Y\cap A)\cup(Y\cap B),$$

其中 $Y\cap A$ 与$Y\cap B$ 为$(Y,\mathscr{T}_Y)$中的开集,所以 $Y\cap B=\varnothing$,$Y\subset A$,或者 $Y\cap A=\varnothing$,$Y\subset B$. 不妨设 $Y\subset A$. 由于

$$Z\subset\overline{Y}\subset\overline{A},$$

故由例1.1.22,有

$$Z\cap B=\overline{A}\cap B=(\overline{A}\cap Z)\cap B=\overline{A}_Z\cap B=A\cap B=\varnothing$$

(其中 $\overline{A}_Z$ 为A 在$(Z,\mathscr{T}_Z)$中的闭包,因为 A 在$(Z,\mathscr{T}_Z)$中为闭集,所以 $\overline{A}_Z=A$). 由此得到 $B=Z\cap B=\varnothing$,这与假设 B 非空相矛盾.

(证法3)(反证)假设 Z 非连通,根据定理1.4.1(4),$Z=A\cup B$,A 与B 为$(Z,\mathscr{T}_Z)$中的非空隔离子集. 根据引理1.4.1,A 与B 也为$(X,\mathscr{T})$中的非空隔离子集. 于是,再由连通子集 $Y\subset Z=A\cup B$ 及引理1.4.2(3),或者 $Y\subset A$,或者 $Y\subset B$. 如果 $Y\subset A$,由于 $Z\subset\overline{Y}\subset\overline{A}$,所以 $Z\cap B\subset\overline{A}\cap B=\varnothing$. 因此,$B=Z\cap B=\varnothing$;同理,如果 $Y\subset B$,则 $A=\varnothing$. 这两种情形都与假设相矛盾. □

例1.4.9 设 Y 为拓扑空间$(X,\mathscr{T})$的连通子集,$\{Y_\alpha\mid\alpha\in\Gamma\}$为$(X,\mathscr{T})$的连通子集族,使得$\forall\,\alpha\in\Gamma$,有 $Y\cap Y_\alpha\neq\varnothing$,则 $Y\cup\left(\bigcup\limits_{\alpha\in\Gamma}Y_\alpha\right)$为$(X,\mathscr{T}_X)$ 的一个连通子集. 特别当 $X=Y\cup\left(\bigcup\limits_{\alpha\in\Gamma}Y_\alpha\right)$时,$(X,\mathscr{T})$ 为连通空间.

证明 (证法1)(反证)假设 $Z=Y\cup\left(\bigcup\limits_{\alpha\in\Gamma}Y_\alpha\right)$ 非连通,则存在$(Z,\mathscr{T}_Z)$的两个非空

开集 A 与 B，使得 $Z=A\cup B$. 于是，$Y\subset Z=A\cup B$，$Y_\alpha\subset Z=A\cup B$，$\forall\alpha\in\Gamma$. 又因 Y，$Y_\alpha(\alpha\in\Gamma)$都为$(X,\mathscr{T})$中的连通子集，根据引理 1.4.2(1)，$Y\subset A$ 或 $Y\subset B$；$Y_\alpha\subset A$ 或 $Y_\alpha\subset B(\forall\alpha\in\Gamma)$.

不妨设 $Y\subset A$. 因为 $Y\cap Y_\alpha\neq\varnothing(\forall\alpha\in\Gamma)$，所以 $Y_\alpha\subset A(\forall\alpha\in\Gamma)$. 于是，$Z=Y\cup(\bigcup\limits_{\alpha\in\Gamma}Y_\alpha)\subset A$，从而 $B=\varnothing$，这与 B 非空相矛盾.

(证法 2)仿证法 1 并应用引理 1.4.2(2).

(证法 3)仿证法 1 并应用引理 1.4.2(3). □

例 1.4.10 设$\{Y_\alpha\mid\alpha\in\Gamma\}$为$(X,\mathscr{T})$的连通子集的一个非空族，如果

$$\forall\alpha,\beta\in\Gamma,\quad Y_\alpha\cap Y_\beta\neq\varnothing,$$

或

$$\bigcup_{\alpha\in\Gamma}Y_\alpha\neq\varnothing,$$

则 $\bigcup\limits_{\alpha\in\Gamma}Y_\alpha$ 为$(X,\mathscr{T})$的连通子集. 特别当 $X=\bigcup\limits_{\alpha\in\Gamma}Y_\alpha$ 时，$(X,\mathscr{T})$为一个连通空间.

证明 任取定 $\alpha_0\in\Gamma$，令 $Y=Y_{\alpha_0}$，则

$$\forall\alpha\in\Gamma,\quad Y_{\alpha_0}\cap Y_\alpha\neq\varnothing,$$

或

$$\forall\alpha\in\Gamma,\quad Y_{\alpha_0}\cap Y_\alpha\supset\bigcup_{\beta\in\Gamma}Y_\beta\neq\varnothing,$$

故

$$Y_{\alpha_0}\cap Y_\alpha\neq\varnothing,$$

根据例 1.1.9，$\bigcup\limits_{\alpha\in\Gamma}Y_\alpha=Y_{\alpha_0}\cup(\bigcup\limits_{\alpha\in\Gamma}Y_\alpha)$在$(X,\mathscr{T})$中为连通子集.

或者，应用例 1.4.9 中的方法直接证明. □

根据连通与道路连通的定义，立即可看出，连通与道路连通都是拓扑不变性. 进而有：

定理 1.4.4(连通、道路连通是连续不变性) 设$(X,\mathscr{T}_1)$与$(Y,\mathscr{T}_2)$都为拓扑空间，$f:X\to Y$ 为连续映射.

(1) 如果$(X,\mathscr{T}_1)$连通，则 $f(X)$在$(Y,\mathscr{T}_2)$中也连通；

(2) 如果$(X,\mathscr{T}_1)$道路连通，则 $f(X)$在$(Y,\mathscr{T}_2)$中也道路连通.

证明 (1)(反证)假设 $f(X)$非连通，则 $f(X)=A\cup B$，其中 A 与 B 为 $f(X)$中的非空不相交的开子集. 由 f 连续及定理 1.3.2(2)知，$f^{-1}(A)$与 $f^{-1}(B)$也为$(X,\mathscr{T}_1)$的非空不相交的开子集，且 $X=f^{-1}(A)\cup f^{-1}(B)$. 从而$(X,\mathscr{T}_1)$非连通，这与已知$(X,\mathscr{T}_1)$连通相矛盾(读者也可用定理 1.3.2(3)与定理 1.4.1(2)证明).

(2) 设 $p,q\in f(X)$，则 $\exists\,a,b\in X$，s.t. $f(a)=p$，$f(b)=q$. 因为$(X,\mathscr{T}_1)$道路连通，

所以有连续映射 $\eta:[0,1]\to X$,使得 $\eta(0)=a,\eta(1)=b$.于是

$$\sigma = f\circ\eta:[0,1]\to f(X),$$

$$\sigma(0) = f\circ\eta(0) = f(a) = p,\quad \sigma(1) = f\circ\eta(1) = f(b) = q$$

为 $f(X)$中连接 p 到 q 的一条道路(图 1.4.6).因此,$f(X)$在$(Y,\mathscr{T}_2)$中也道路连通. □

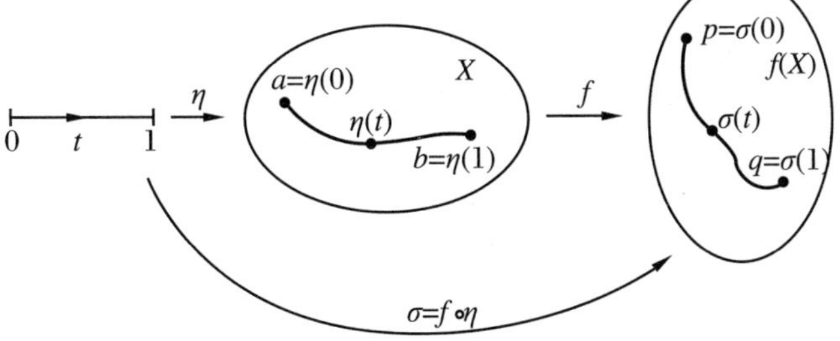

图 1.4.6

从定理 1.4.4 也可看出,连通与道路连通都是拓扑不变性.

例 1.4.11 设 $A=\left\{(x,y)\,\middle|\, y=\sin\dfrac{1}{x},0<x\leqslant\dfrac{2}{\pi}\right\}\subset\mathbf{R}^2$, $B=\{0\}\times[-1,1]=\{(0,y)\mid -1\leqslant y\leqslant 1\}\subset\mathbf{R}^2$.显然,$\overline{A}=A\cup B$.

因为 A 为$\left(0,\dfrac{2}{\pi}\right]$的连续像,根据定理 1.4.4(2),$A$ 是道路连通的,当然也是连通的.再由定理 1.4.3,$\overline{A}$ 是连通的.但是,$\overline{A}$ 不是道路连通的.事实上,设 $\boldsymbol{a}\in A$, $\boldsymbol{b}\in B$, $\sigma:[0,1]\to\overline{A}$为任一映射,使得 $\sigma(0)=\boldsymbol{a}$, $\sigma(1)=\boldsymbol{b}$,则 σ 必不连续(图 1.4.7).

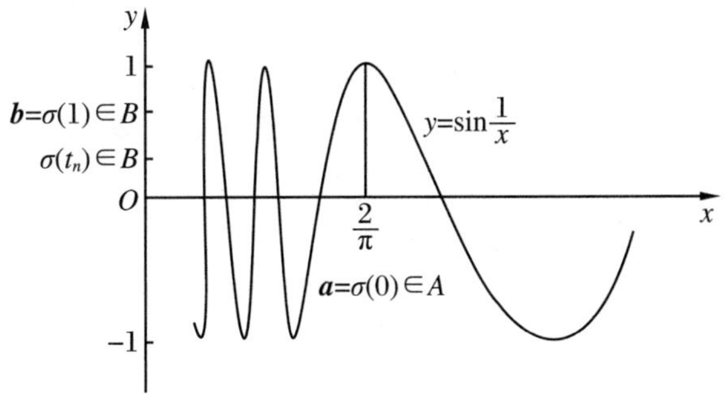

图 1.4.7

(反证)假设 $\sigma(t)=(x(t),y(t))$连续,即 $x(t)$与 $y(t)$均连续.令

$$t_* = \inf\{t\in[0,1]\mid \sigma(t)\in B\}.$$

显然,$0<t_*$.由 t_*的定义,存在 $t_n\to t_*^+(n\to+\infty)$, $\sigma(t_n)\in B$.于是

$$\lim_{t\to t_*} x(t) = x(t_*) = \lim_{n\to+\infty} x(t_n) = \lim_{n\to+\infty} 0 = 0,$$

$$y(t_*) = \lim_{t\to t_*^-} y(t) = \lim_{t\to t_*^-} \sin\frac{1}{x(t)},$$

易见,上式左边 $y(t_*)$为一确定实数,而右边由于 $\lim\limits_{t\to t_*} x(t)=0$ 而无极限,矛盾. □

例 1.4.12 设 $\mathbf{R}_+^2=\{(x,y)\in\mathbf{R}^2\mid y>0\}=(-\infty,+\infty)\times(0,+\infty)$,

$$F_n = [-n,n]\times\left[\frac{1}{n}-\frac{1}{4n(n+1)},\frac{1}{n}+\frac{1}{4n(n+1)}\right],\quad n=1,2,\cdots,$$

则:

(1) $G=\mathbf{R}_+^2\setminus\bigcup\limits_{n=1}^{\infty}F_n$ 为开区域(连通的开集称为开区域);

(2) G 的闭包$\overline{G}$ 为$(\mathbf{R}^2,\mathscr{T}_{\rho_0^2})$的连通子集;

(3) $\overline{G}$ 在$(\mathbf{R}^2,\mathscr{T}_{\rho_0^2})$中不是道路连通的.

证明 (1) $\forall\,\boldsymbol{p}\in G$,显然 $\varepsilon=\rho_0^2(\boldsymbol{p},G^c)=\inf\limits_{q\in G^c}\rho_0^2(\boldsymbol{p},\boldsymbol{q})>0$,则以 $\boldsymbol{p}$ 为中心、ε 为半径的开圆片$B(\boldsymbol{p};\varepsilon)\subset G$.因此,$G$ 为开集.

设 $\boldsymbol{p},\boldsymbol{q}\in G$,$\boldsymbol{p}\neq\boldsymbol{q}$,显然在 G 中存在折线(由平行于坐标轴的直线段组成)将 $\boldsymbol{p}$ 与 $\boldsymbol{q}$ 相连接.因此,G 是折线连通的,当然是道路连通的.根据定理 1.4.2,它也是连通的.这就证明了 G 为连通的开集,即 G 为开区域.

(2) 由定理 1.4.3 推得 $\overline{G}$ 是连通的.

(3) (反证)假设 $\overline{G}$ 是道路连通的,则对$(0,0)\in\overline{G}$,$(0,2)\in\overline{G}$,必有连接$(0,0)$到$(0,2)$的一条道路,即存在连续映射

$$\sigma:[0,1]\to\overline{G},\quad \sigma(t)=(x(t),y(t)),$$
$$\sigma(0)=(0,0),\quad \sigma(1)=(0,2),$$

其中 $x(t)$,$y(t)$均为 t 的连续函数(图 1.4.8).由一元连续函数的最值定理,$\exists\, t_*\in[0,1]$,s.t. $|x(t_*)|=\max\limits_{t\in[0,1]}|x(t)|$.取 $N\in\mathbf{N}$,s.t. $N>|x(t_*)|$.由于 $0<\frac{1}{N}<2$ 和一元连续函数的介值定理,$\exists\, t_{**}\in[0,1]$,s.t. $y(t_{**})=\frac{1}{N}$.所以

$$(x(t_{**}),y(t_{**}))=\left(x(t_{**}),\frac{1}{N}\right)\in\left([-|x(t_*)|,|x(t_*)|]\times\left\{\frac{1}{N}\right\}\right)\cap\overline{G}$$
$$\subset\left((-N,N)\times\left\{\frac{1}{N}\right\}\right)\cap\overline{G}=\varnothing,$$

矛盾.从而 $\overline{G}$ 不是道路连通的. □

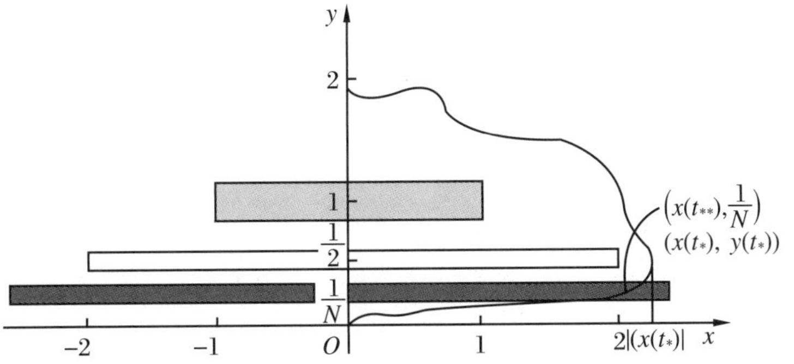

图 1.4.8

定理 1.4.5 设 U 为$(\mathbf{R}^n,\mathscr{T}_{\rho_0^n})$中的开集,则以下结论等价:

(1) U 折线连通;

(2) U 道路连通;

(3) U 连通.

证明 (1)⇒(2).因为折线道路是特殊的道路,所以 U 折线连通必道路连通.

(2)⇒(3).由定理 1.4.2 即得结论.

(3)⇒(1).设 $U_x=\{\boldsymbol{y}\mid \boldsymbol{y}\in U$,存在 U 中连接 $\boldsymbol{x}$ 与 $\boldsymbol{y}$ 的折线$\}$,则 U_x 为$(\mathbf{R}^n,\mathscr{T}_{\rho_0^n})$中的开集.事实上,$\forall\,\boldsymbol{p}\in U_x\subset U$,由 U 为开集,存在 $\boldsymbol{p}$ 的开球邻域$B(\boldsymbol{p};\varepsilon)\subset U$,而$\forall\,\boldsymbol{q}\in B(\boldsymbol{p};\varepsilon)$,有直线段$\overline{\boldsymbol{pq}}$连接$\boldsymbol{p}$ 与$\boldsymbol{q}$.因此,在 U 中有折线将$\boldsymbol{x}$ 与$\boldsymbol{q}$ 相连,即 $\boldsymbol{q}\in U_x$,$B(\boldsymbol{p};\varepsilon)\subset U_x$,故 U_x 为开集(图 1.4.9).

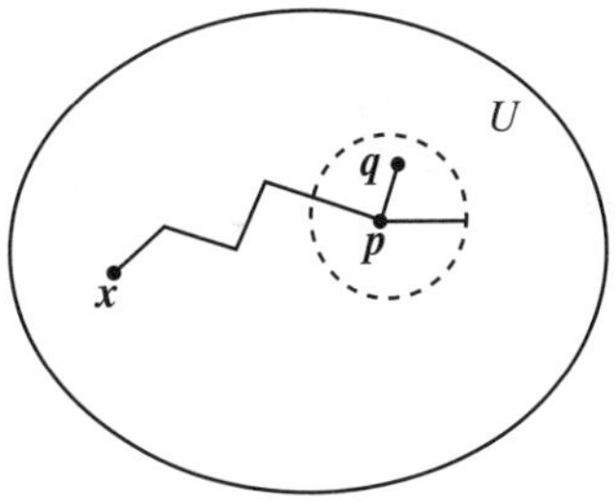

图 1.4.9

易见,U_{x_1} 与 U_{x_2} 或者不相交,或者重合.并且

$$U=U_x\cup\Big(\bigcup_{y\in U\setminus U_x}U_y\Big).$$

由题设 U 连通及U_x 非空(因 $\boldsymbol{x}\in U_x$)可知 $\bigcup\limits_{y\in U\setminus U_x}U_y=\varnothing$,从而 $U=U_x$.明显地,U 是折线连通的. □

定理 1.4.5 阐明了$(\mathbf{R}^n,\mathscr{T}_{\rho_0^n})$中开区域可定义为连通的开集或道路连通的开集或折线连通的开集.这些定义表面上不一样,但实际上是彼此等价的.

下面我们来研究近代数学中非常重要的一类拓扑空间,它就是流形.关于流形,幸运的是连通与道路连通彼此等价.

定义 1.4.4 设$(M,\mathscr{T})$为 T_2(Hausdorff)空间,如果存在局部坐标系族

$$\mathscr{D}^\circ=\{(U_\alpha,\varphi_\alpha),\{u_i^\alpha\mid i=1,2,\cdots,n\}\mid \alpha\in\Gamma\},$$

使得：

(1) $\bigcup\limits_{\alpha\in\Gamma} U_\alpha = M$；

(2) U_α 为 M 中的开集，$\varphi_\alpha: U_\alpha \to \varphi_\alpha(U)$ 为同胚，$\varphi_\alpha(U_\alpha)$ 为 $(\mathbf{R}^n, \mathscr{T}_{\rho_0^n})$ 中的开集（局部欧）.

则称 $(M,\mathscr{T})$ 为 ***n* 维流形**.

用通俗的话讲，流形就是由一些 Euclid 空间中的开集粘起来的图形. 它是 20 世纪数学家们热衷研究的对象.

定理 1.4.6 设 $(M,\mathscr{T})$ 为流形，它的局部坐标系族为 $\mathscr{D}^\circ$，则

$$(M,\mathscr{T})\ \text{道路连通} \iff (M,\mathscr{T})\ \text{连通}.$$

证明 (⇒)见定理 1.4.2.

(⇐)设 $M_x = \{y \mid y\in M, \text{存在 } M \text{ 中连接 } x \text{ 到 } y \text{ 的道路}\}$，则 M_x 为 $(M,\mathscr{T})$ 中的开集. 事实上，$\forall\, p\in M_x \subset M$，由 $(M,\mathscr{T})$ 为流形，故存在 p 的局部坐标系 $(U_\alpha, \varphi_\alpha)$，使得 $\varphi_\alpha: U_\alpha \to \varphi_\alpha(U_\alpha)$ 为同胚，其中 $\varphi_\alpha(U_\alpha)$ 为 $(\mathbf{R}^n, \mathscr{T}_{\rho_0^n})$ 中的开集. 作小开球 $B(\varphi_\alpha(p);\varepsilon) \subset \varphi_\alpha(U_\alpha)$. 因 φ_α 为同胚，故 $\varphi_\alpha^{-1}(B(\varphi_\alpha(p);\varepsilon))$ 为 p 在 M 中的开邻域. 对 $\forall\, q \in \varphi_\alpha^{-1}(B(\varphi_\alpha(p);\varepsilon))$，由于 $\varphi_\alpha(q)\in B(\varphi_\alpha(p);\varepsilon)$，必有线段 $\overline{\varphi_\alpha(p)\varphi_\alpha(q)} \in B(\varphi_\alpha(p);\varepsilon)$. 从而 $\varphi_\alpha^{-1}(\overline{\varphi_\alpha(p)\varphi_\alpha(q)})$ 为 $\varphi_\alpha^{-1}(B(\varphi_\alpha(p);\varepsilon))$ 中连接 p 与 q 的一条道路. 因此，在 M 中必有连接 x 到 q 的一条道路. 这就证明了，$q\in M_x$，$\varphi_\alpha^{-1}(B(\varphi_\alpha(p);\varepsilon)) \subset M_x$，从而 M_x 为 $(M,\mathscr{T})$ 中的开集(图 1.4.10).

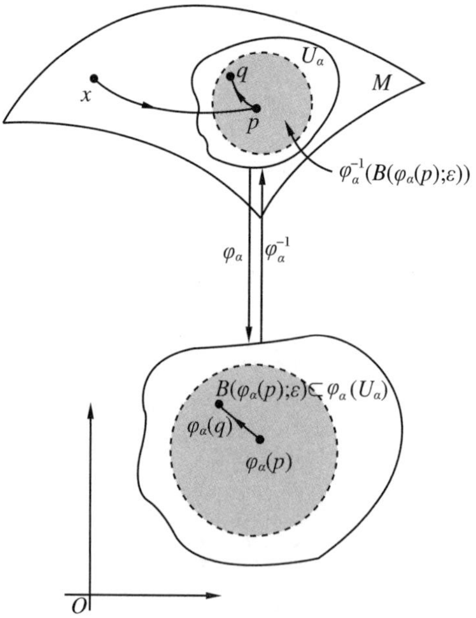

图 1.4.10

易见，M_{x_1} 与 M_{x_2} 或者不相交，或者重合. 并且

$$M = M_x \cup \Big(\bigcup_{y\in M\setminus M_x} M_y\Big).$$

由题设$(M,\mathscr{T})$连通及 M_x 非空(因 $x\in M_x$)可知 $\bigcup_{y\in M\setminus M_x} M_y = \varnothing$，从而 $M = M_x$. 明显地，M 是道路连通的. □

注 1.4.3 定理 1.4.5 证明中的(3)⇒(1)和定理 1.4.6 证明中的充分性的证法惊人的相同，读者应牢记并会熟练地应用它.

作为连通性的连续不变性的重要应用，我们将有界闭区间$[a,b]$上连续函数的零值定理、介值定理推广到 n 维 Euclid 空间$(\mathbf{R}^n,\mathscr{T}_{\rho_0^n})$，以至连通拓扑空间.

定理 1.4.7(介值定理) 设$(X,\mathscr{T})$连通，$(\mathbf{R}^1,\mathscr{T}_{\rho_0^1})$为通常的实直线，$f: X\to\mathbf{R}^1$ 为连续函数，$p,q\in X$，则 f 达到介于$f(p)$与 $f(q)$之间的一切值，即$\exists\,\xi\in X$，s.t. $f(\xi) = r\in[\min\{f(p),f(q)\},\max\{f(p),f(q)\}]$.

证明 由定理 1.4.4(1)，$f(X)$为$(\mathbf{R}^1,\mathscr{T}_{\rho_0^1})$中的连通集，即为实直线上的区间(当 f 为常值函数时缩成一点)，所以 f 达到$f(p)$与 $f(q)$之间的一切值. □

定理 1.4.8(零(根)值定理) 设$(X,\mathscr{T})$连通，$f: X\to\mathbf{R}$ 为连续函数，$p,q\in X$，如果 $f(p)f(q)\leqslant 0$，则$\exists\,\xi\in X$，s.t. $f(\xi)=0$.

证明 因为 $f(p)f(q)\leqslant 0$，所以 $r=0\in[\min\{f(p),f(q)\},\max\{f(p),f(q)\}]$，由定理 1.4.7(介值定理)，$\exists\,\xi\in X$，s.t. $f(\xi)=0$. □

例 1.4.13(Borsuk-Ulam 定理) 设 $S^n = S^n(1) = \left\{(x_1,\cdots,x_{n+1})\,\middle|\,\sum_{i=1}^{n+1} x_i^2 = 1\right\}\subset\mathbf{R}^{n+1}$ 为 $n(\in\mathbf{N})$维单位球面，$f: S^n\to\mathbf{R}^1$ 为连续函数，则$\exists\,\boldsymbol{\xi}\in S^n$，s.t. $f(\boldsymbol{\xi}) = f(-\boldsymbol{\xi})$.

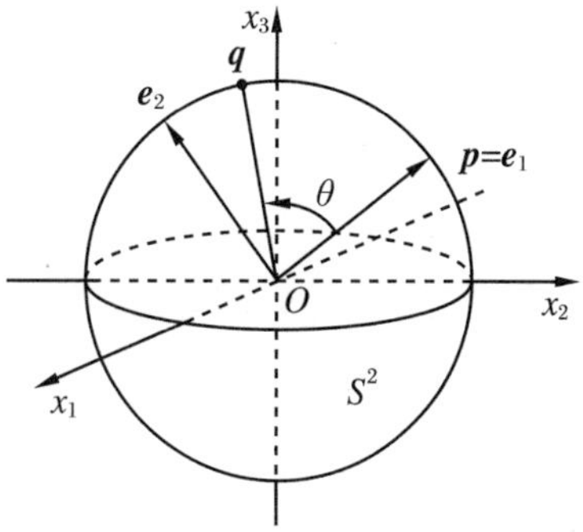

图 1.4.11

证明 $\forall\,\boldsymbol{p},\boldsymbol{q}\in S^n$，取一个过球心的 2 维平面，s.t. $\boldsymbol{e}_1 = \boldsymbol{p}$，$\{\boldsymbol{e}_1,\boldsymbol{e}_2\}$构成该平面的规范正交基，而 $\boldsymbol{q}$ 也在此平面内(图 1.4.11). 于是，$\boldsymbol{q} = \cos\theta_0\,\boldsymbol{e}_1 + \sin\theta_0\,\boldsymbol{e}_2$. 显然，$\sigma(t) = \cos t\theta_0\,\boldsymbol{e}_1 + \sin t\theta_0\,\boldsymbol{e}_2$ 为球面 S^n 上连接 $\boldsymbol{p}$ 到 $\boldsymbol{q}$ 的一条道路. 因此，S^n 是道路连通的，根据定理 1.4.2，S^n 是连通的.

令

$$F(\boldsymbol{x}) = f(\boldsymbol{x}) - f(-\boldsymbol{x}),\quad \boldsymbol{x} = (x_1,x_2,x_3),$$

则

$$F(\boldsymbol{p})F(-\boldsymbol{p}) = (f(\boldsymbol{p}) - f(-\boldsymbol{p}))(f(-\boldsymbol{p}) - f(\boldsymbol{p}))$$

$$= -(f(\boldsymbol{p}) - f(-\boldsymbol{p}))^2 \leqslant 0.$$

根据定理 1.4.8(零值定理)，$\exists \boldsymbol{\xi} \in S^n$，s.t. $0 = F(\boldsymbol{\xi}) = f(\boldsymbol{\xi}) - f(-\boldsymbol{\xi})$，即 $f(\boldsymbol{\xi}) = f(-\boldsymbol{\xi})$. □

根据连通性是拓扑不变性可以区分拓扑空间不同胚.

例 1.4.14 (1) $(\mathbf{R}^n, \mathscr{T}_{\rho_0^n})(n \geqslant 2)$与$(\mathbf{R}^1, \mathscr{T}_{\rho_0^1})$不同胚；

(2) n 维单位球面$S^n(n \geqslant 2)$与单位圆 S^1 不同胚；

(3) 任何道路连通空间与$(\mathbf{N}, \mathscr{T}_{\mathbf{N}})$或$(X, \mathscr{T}_{余可数})$都不同胚，其中 X 为不可数集.

证明 (1) (反证)假设$(\mathbf{R}^n, \mathscr{T}_{\rho_0^n}) \cong (\mathbf{R}^1, \mathscr{T}_{\rho_0^1})$，则存在同胚映射 $f: \mathbf{R}^n \to \mathbf{R}^1$. 自然 $f: \mathbf{R}^n \backslash \{\mathbf{0}\} \to \mathbf{R}^1 \backslash \{f(\mathbf{0})\}$也为同胚. 由于 $\forall \boldsymbol{p}, \boldsymbol{q} \in \mathbf{R}^n \backslash \{\mathbf{0}\}$，$\boldsymbol{p} \neq \boldsymbol{q}$，总有一条由平行坐标轴的折线相连，故 $\mathbf{R}^n \backslash \{\mathbf{0}\}$是道路连通的，当然也是连通的. 但是，$\mathbf{R}^1 \backslash \{f(\mathbf{0})\} = (-\infty, f(\mathbf{0})) \cup (f(\mathbf{0}), +\infty)$不连通. 于是，同胚将一个连通集 $\mathbf{R}^n \backslash \{\mathbf{0}\}$变为一个非连通集 $\mathbf{R}^1 \backslash \{0\}$，矛盾.

(2) (反证)假设 $S^n \cong S^1 (n \geqslant 2)$，则存在同胚映射 $f: S^n \to S^1$. 任取 $\boldsymbol{p}, \boldsymbol{q} \in S^n$，使得 $\boldsymbol{p} \neq \boldsymbol{q}$，类似例 1.4.6，$S^n \backslash \{\boldsymbol{p}, \boldsymbol{q}\}$是道路连通的，当然也是连通的. 但是，$S^1 \backslash \{f(\boldsymbol{p}), f(\boldsymbol{q})\}$不连通. 于是，同胚 $f: S^n \backslash \{\boldsymbol{p}, \boldsymbol{q}\} \to S^1 \backslash \{f(\boldsymbol{p}), f(\boldsymbol{q})\}$将连通空间变为不连通空间，矛盾.

(3) 由例 1.4.7 与例 1.4.8 知，$(\mathbf{N}, \mathscr{T}_{\mathbf{N}})$与$(X, \mathscr{T}_{余可数})$都是非道路连通空间(其中 X 为不可数集). 根据道路连通性是拓扑不变性与反证法立知，任何道路连通空间与$(\mathbf{N}, \mathscr{T}_{\mathbf{N}})$或$(X, \mathscr{T}_{余可数})$都不同胚. □

连通与道路连通这两个重要概念都是讲某种连通性的. 因此，它们有相同的一面. 方法与结论都有相似之处. 可以从连通的结论猜测道路连通相应的结论是否正确，或者反过来，从道路连通的结论猜测连通相应的结论是否正确. 至于证明的方法可以类似，也可从各自的定义出发来论述. 但是，毕竟定义不同，会形成相异之点. 读者在注意相似性质的同时，更要特别看重它们的差别！回顾上述连通的结论，关于道路连通，我们有：

引理 1.4.2′ 设$(Y, \mathscr{T}_Y)$为$(X, \mathscr{T})$的道路连通的子拓扑空间. 如果$(X, \mathscr{T})$中有(1) 不相交的开集；或(2) 不相交的闭集；或(3) 隔离子集 A 与 B，使得 $Y \subset A \cup B$，则 $Y \subset A$ 或者 $Y \subset B$.

证明 因为$(Y, \mathscr{T}_Y)$道路连通，根据定理 1.4.2，$(Y, \mathscr{T}_Y)$是连通的，再根据引理 1.4.2，$Y \subset A$ 或者$Y \subset B$. □

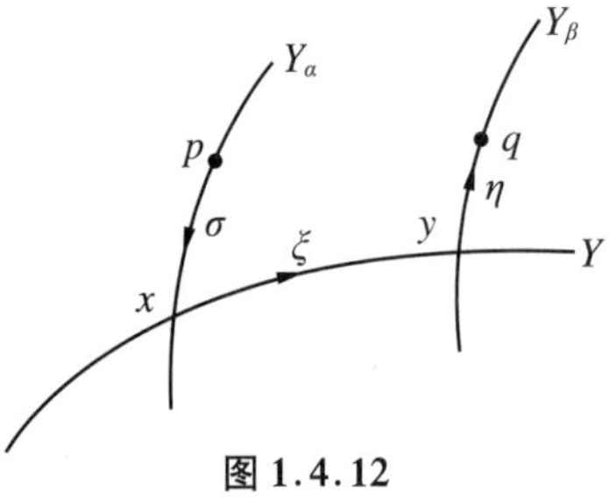

图 1.4.12

例 1.4.9′ 设 Y 为拓扑空间$(X, \mathscr{T})$的道路连通子集，$\{Y_\alpha \mid \alpha \in \Gamma\}$为$(X, \mathscr{T})$的道路连通子集族，使得 $\forall \alpha \in \Gamma$，有 $Y \cap Y_\alpha \neq \varnothing$，则 $Y \cup \left(\bigcup\limits_{\alpha \in \Gamma} Y_\alpha\right)$为$(X, \mathscr{T})$的一个道路连通子集. 特别当 $X = Y \cup \left(\bigcup\limits_{\alpha \in \Gamma} Y_\alpha\right)$时，$(X, \mathscr{T})$ 为道路连通空间(图 1.4.12).

证明 $\forall p,q\in Y\cup(\bigcup_{\alpha\in\Gamma}Y_\alpha)$.

(1) 当 $p\in Y_\alpha,q\in Y_\beta$ 时,由于 $Y\cap Y_\alpha\neq\varnothing,Y\cap Y_\beta\neq\varnothing$,必有 $x\in Y\cap Y_\alpha,y\in Y\cap Y_\beta$.再由 Y_α 与 Y_β 道路连通,在 Y_α 中有一条道路 σ 连接 p 到 x;在 Y_β 中有一条道路 η 连接 y 到 q.此外,因 Y 道路连通,在 Y 中有一条道路 ξ 连接 x 到 y.于是,根据粘接引理,有

$$\sigma*\xi:[0,1]\to Y\cup(\bigcup_{\alpha\in\Gamma}Y_\alpha),$$

$$\sigma*\xi(t)=\begin{cases}\sigma(2t), & 0\leqslant t\leqslant\dfrac{1}{2},\\ \xi(2t-1), & \dfrac{1}{2}<t\leqslant 1\end{cases}$$

为连接 $\sigma*\xi(0)=\sigma(0)=p$ 到 $\sigma*\xi(1)=\xi(1)=y$ 的一条道路.而

$$(\sigma*\xi)*\eta:[0,1]\to Y\cup(\bigcup_{\alpha\in\Gamma}Y_\alpha),$$

$$(\sigma*\xi)*\eta(t)=\begin{cases}(\sigma*\xi)(2t), & 0\leqslant t\leqslant\dfrac{1}{2},\\ \eta(2t-1), & \dfrac{1}{2}<t\leqslant 1\end{cases}$$

$$=\begin{cases}\sigma(4t), & 0\leqslant t\leqslant\dfrac{1}{4},\\ \xi(4t-1), & \dfrac{1}{4}<t\leqslant\dfrac{1}{2},\\ \eta(2t-1), & \dfrac{1}{2}<t\leqslant 1\end{cases}$$

为连接 $((\sigma*\xi)*\eta)(0)=\sigma(0)=p$ 到 $((\sigma*\xi)*\eta)(1)=\eta(1)=q$ 的一条道路.

(2) 当 $p\in Y,q\in Y_\beta$ 或 $p\in Y_\alpha,q\in Y$ 或 $p\in Y,q\in Y$ 时更易看清楚,必有连接 p 到 q 的一条道路.

综上知,$Y\cup(\bigcup_{\alpha\in\Gamma}Y_\alpha)$ 为 $(X,\mathscr{T})$ 的一个道路连通子集. □

例 1.4.10′ 设 $\{Y_\alpha\mid\alpha\in\Gamma\}$ 为 $(X,\mathscr{T})$ 的道路连通子集的一个非空族.如果(1) $\forall\alpha,\beta\in\Gamma,Y_\alpha\cap Y_\beta\neq\varnothing$;或(2) $\bigcap_{\alpha\in\Gamma}Y_\alpha\neq\varnothing$,则 $\bigcup_{\alpha\in\Gamma}Y_\alpha$ 为 $(X,\mathscr{T})$ 的道路连通子集.特别当 $X=\bigcup_{\alpha\in\Gamma}Y_\alpha$ 时,$(X,\mathscr{T})$ 为一个道路连通空间.

证明 完全仿照例 1.4.10 证明. □

最后,应强调的是定理 1.4.3 关于道路连通子集,其结论并不正确.即 Y 为 $(X,\mathscr{T})$ 的道路连通子集,且 $Y\subset Z\subset\overline{Y}$,则 Z 未必为 $(X,\mathscr{T})$ 中的道路连通子集.例 1.4.11 中,A 道路连通,而 $\overline{A}=A\cup B$ 并不道路连通.在例 1.4.12 中,G 道路连通,而 $\overline{G}$ 并不道路

连通.

至此,我们已经感觉到连通与道路连通确实是有区别的,只有尽可能多地了解它们的区别,才能深刻地理解它们.数学上,往往有一些相近的概念、相近的理论,在研究它们的共性的同时,更重要的是要研究它们的异性.

下一节将讨论的连通分支与道路连通分支、局部连通与局部道路连通都是相近的概念,我们就是要按照这样的观念去细致地观察它们,去深刻地研究它们.

1.5 连通分支与道路连通分支、局部连通与局部道路连通

局部连通与局部道路连通是关于连通性的两个重要的局部概念.我们通过一些有关的定理描述了这些局部性质是如何影响连通、连通分支与道路连通、道路连通分支的整体性质的.

定义 1.5.1 设$(X,\mathscr{T})$为拓扑空间,$x,y\in X$,如果 X 中存在同时包含 x 与 y 的连通子集,则称 **x 与 y 是连通的**,记作 $x\overset{连}{\sim}y$.

易证上述连通关系$\overset{连}{\sim}$是一个等价关系,即$\forall\, x,y,z\in X$,有:

(1) 反身(自反)性:x 与 x 连通,即 $x\overset{连}{\sim}x$;

(2) 对称性:x 与 y 连通($x\overset{连}{\sim}y$)蕴涵着 y 与 x 连通($y\overset{连}{\sim}x$);

(3) 传递性:x 与 y 连通($x\overset{连}{\sim}y$),y 与 z 连通($y\overset{连}{\sim}z$)蕴涵着 x 与 z 连通($x\overset{连}{\sim}z$).

证明 (1) x 与 x 同在连通子集$\{x\}$中.

(2) 因为 x 与 y 连通,所以存在同时包含 x 与 y 的连通子集 A,当然连通子集 A 也同时包含 y 与 x,从而 y 与 x 也连通.

(3) 因为 x 与 y 连通,y 与 z 连通,所以有连通子集 A 同时包含 x 与 y,有连通子集 B 同时包含 y 与 z.又因 $y\in A\cap B$,根据例 1.4.10′(2)知,$A\cup B$ 为同时包含 x 与 z 的连通子集,从而 x 与 z 连通. □

定义 1.5.2 设$(X,\mathscr{T})$为拓扑空间,X 中关于点的连通关系$\overset{连}{\sim}$的等价类

$$[x]=\{y\in X\mid y\overset{连}{\sim}x\}$$

称为$(X,\mathscr{T})$的一个**连通分支**.

由定义知,x 与 y 连通($x\overset{连}{\sim}y$)$\Leftrightarrow$$x$ 与 y 属于同一个连通分支.此外,每一个连通分支

非空;不同的连通分支不相交;X 为所有连通分支的并.特别当$(X,\mathscr{T})$连通时,它只有一个等价类,即恰有一个连通分支.

定理 1.5.1 设$(X,\mathscr{T})$为拓扑空间,则 $C\subset X$ 为$(X,\mathscr{T})$的连通分支$\Leftrightarrow C\subset X$ 为$(X,\mathscr{T})$中的最大连通子集,即不存在真包含 C 的连通子集.

此外,连通分支为$(X,\mathscr{T})$中的闭集.

证明 (证法 1)($\Rightarrow$)设 $C=\{y\in X\mid y\overset{连}{\sim}x\}=[x]$,则 $\forall\, y\in C$,存在连通子集 D_y,s.t. $x,y\in D_y$.因此,$D_y\subset C$.于是,$C=\bigcup\limits_{y\in C}\{y\}\subset\bigcup\limits_{y\in C}D_y\subset C$,$C=\bigcup\limits_{y\in C}D_y$.又因 $x\in\bigcap\limits_{y\in C}D_y$,根据例 1.4.10′(2)知,$C$ 为连通子集.

另一方面,如果有连通子集 $\widetilde{C}\supset C$,因 $x\in C\subset\widetilde{C}$,故 $\forall\, y\in\widetilde{C}$,必有 $y\overset{连}{\sim}x$,$y\in[x]=C$.所以,$\widetilde{C}\subset C$,$\widetilde{C}=C$,即 C 为$(X,\mathscr{T})$中的最大连通子集.

($\Leftarrow$)设 C 为$(X,\mathscr{T})$中的最大连通子集,$x\in C$,则必有 $C=[x]$,它为$(X,\mathscr{T})$中的一个连通分支.

事实上,$\forall\, y\in C$,由 C 连通知,$y\in[x]$,故 $C\subset[x]$.反之,$\forall\, y\in[x]$,即 $y\overset{连}{\sim}x$,则存在连通子集 D 含 x 与 y.现证 $y\in C$,从而$[x]\subset C$,$C=[x]$.(反证)假设 $y\notin C$,由例 1.4.10′(2),$D\cup C$ 为含$\{y\}\cup C\supsetneqq C$ 的连通子集,这与 C 的最大性相矛盾.

最后,因 C 为连通子集,根据定理 1.4.3,$\overline{C}\supset C$ 也为连通子集.又因 C 为最大连通子集,故 $\overline{C}=C$.根据定理 1.1.3(3),C 为闭集.

(证法 2)($\Rightarrow$)设 C 为连通分支,则 $\forall\, x,y\in C$,由定义 1.5.1,存在$(X,\mathscr{T})$中的连通子集 Y_{xy},使得 $x,y\in Y_{xy}$.显然,$Y_{xy}\cap C\neq\varnothing$.根据引理 1.5.1,$Y_{xy}\subset C$.再由引理 1.5.2,$C$ 是连通的.

另一方面,如果有连通子集 $\widetilde{C}\supset C$,则 $\widetilde{C}\cap C\neq\varnothing$.根据引理 1.5.1,$\widetilde{C}\subset C$.于是,$\widetilde{C}=C$,即 C 为$(X,\mathscr{T})$中的最大连通子集.

($\Leftarrow$)设 C 为$(X,\mathscr{T})$中的最大连通子集,$x\in C$,则必有 $C=[x]$,它为$(X,\mathscr{T})$中的一个连通分支.

事实上,$\forall\, y\in C$,由 C 连通知,$y\in[x]$,故 $C\subset[x]$.由上面的必要性,$[x]$为连通子集.因为 C 是最大连通子集,所以必有$[x]\subset C$,从而 $C=[x]$.

最后,因 C 为连通集,根据定理 1.4.3,$\overline{C}\supset C$ 也为连通子集.显然,$\overline{C}\cap C=C\neq\varnothing$,所以由引理 1.5.1,$\overline{C}\subset C$,从而 $\overline{C}=C$.再根据定理 1.1.3(3),C 为闭集. □

引理 1.5.1 设$(X,\mathscr{T})$为拓扑空间,C 为$(X,\mathscr{T})$中的一个连通分支,Y 为$(X,\mathscr{T})$中的一个连通子集,且 $Y\cap C\neq\varnothing$,则 $Y\subset C$.

证明 任选 $x\in Y\cap C$,$\forall\, y\in Y$,由于 Y 连通,故 x 与 y 连通,从而 $y\in[x]=C$.这

就证明了 $Y\subset C$. □

引理 1.5.2 设 Y 为拓扑空间$(X,\mathscr{T})$的一个子集.如果 $\forall x,y\in Y$,存在$(X,\mathscr{T})$中的一个连通子集 Y_{xy},使得 $x,y\in Y_{xy}\subset Y$,则 Y 为$(X,\mathscr{T})$中的一个连通子集.

证明 如果 $Y=\varnothing$,显然 Y 是连通的;如果 $Y\neq\varnothing$,任取 $a\in Y$.容易看到 $Y=\bigcup\limits_{y\in Y}Y_{ay}$,且 $a\in\bigcap\limits_{y\in Y}Y_{ay}$.应用例 1.4.10′(2)中的结论,$Y$ 是连通的. □

定义 1.5.3 设$(X,\mathscr{T})$为拓扑空间,$x\in X$.如果 $\forall U\in\mathscr{N}_x^\circ$($x$ 处的开邻域系),$\exists V\in\mathscr{N}_x^\circ$,s.t. V 是连通的,且 $x\in V\subset U$,则称$(X,\mathscr{T})$**在点 x 处是局部连通的**.

如果$(X,\mathscr{T})$在每一点 $x\in X$ 处都是局部连通的,则称$(X,\mathscr{T})$是**局部连通**的.

定义 1.5.4 设$(X,\mathscr{T})$为拓扑空间,$x\in X$.如果 $\forall U\in\mathscr{N}_x$($x$ 处的邻域系),$\exists V\in\mathscr{N}_x$,s.t. V 是连通的,且 $x\in V\subset U$,则称$(X,\mathscr{T})$**在点 x 处是邻域局部连通的**.

如果$(X,\mathscr{T})$在每一点 $x\in X$ 处都是邻域局部连通的,则称$(X,\mathscr{T})$是**邻域局部连通**的.

从定义 1.5.4 立即有:

引理 1.5.3 设$(X,\mathscr{T})$为拓扑空间,则:

(1) $(X,\mathscr{T})$在点 $x\in X$ 处局部连通$\Leftrightarrow x$ 处有一个由连通开邻域构成的局部基;

(2) $(X,\mathscr{T})$为局部连通空间$\Leftrightarrow(X,\mathscr{T})$有一个由连通开集构成的拓扑基.

证明 (1) ($\Rightarrow$)设 $\mathscr{B}_x$ 为 x 处连通开邻域的全体,由$(X,\mathscr{T})$在点 x 处局部连通,故 $\forall U\in\mathscr{N}_x^\circ$,$\exists V\in\mathscr{B}_x$,s.t. $x\in V\subset U$,从而 $\mathscr{B}_x$ 为 x 处的由连通开邻域构成的局部基.

($\Leftarrow$)设 $\mathscr{B}_x$ 为 x 处的连通开邻域构成的局部基,则 $\forall U\in\mathscr{N}_x^\circ$,必有 $V\in\mathscr{B}_x$(此时,V 是连通的),s.t. $x\in V\subset U$.根据定义 1.5.3,$(X,\mathscr{T})$在点 $x\in X$ 处是局部连通的.

(2) ($\Rightarrow$)设$(X,\mathscr{T})$是局部连通的,由(1),$\forall x\in X$,必有 x 处的连通开邻域构成的局部基 $\mathscr{B}_x$.易见,$\mathscr{B}=\{\mathscr{B}_x\mid x\in X\}$为$(X,\mathscr{T})$的一个由连通开集构成的拓扑基.

($\Leftarrow$)设 $\mathscr{B}$ 为$(X,\mathscr{T})$的连通开集构成的拓扑基.$\forall x\in X$,令 $\mathscr{B}_x=\{B\in\mathscr{B}\mid x\in B\}$,显然 $\mathscr{B}_x$ 为 x 处的一个由连通开邻域构成的局部基,所以$(X,\mathscr{T})$在点 $x\in X$ 处局部连通.从而$(X,\mathscr{T})$为局部连通空间. □

关于定义 1.5.4,为给出类似于引理 1.5.3 的引理 1.5.4,我们应先引入下面的概念.

定义 1.5.5 设 $\mathscr{B}_x\subset\mathscr{N}_x$,如果 $\forall U\in\mathscr{N}_x$,必有 $V\in\mathscr{B}_x$,s.t. $x\in V\subset U$,则称 $\mathscr{B}_x$ 为点 x 处的**邻域局部基**.

如果 $\forall x\in X$,都有 x 处的邻域局部基 $\mathscr{B}_x$,则 $\mathscr{B}=\{\mathscr{B}_x\mid x\in X\}$称为$(X,\mathscr{T})$的一个**邻域基**.

特别要注意的是,邻域基与拓扑基不一样.例如:$(X,\mathscr{T})$的邻域未必能表达成邻域基 $\mathscr{B}$ 中若干成员的并.为此,考虑$(\mathbf{R}^1,\mathscr{T}_{\rho_0^1})$,显然 $\mathscr{T}_{\rho_0^1}$ 为它的一个邻域基,而$[0,1]$为$\frac{1}{2}\in\mathbf{R}^1$

的一个邻域，它不能表达成 $\mathscr{T}_{\rho_0^1}$ 中的若干成员的并（否则$[0,1]$就为$(\mathbf{R}^1,\mathscr{T}_{\rho_0^1})$中的开集）.

引理 1.5.4 设$(X,\mathscr{T})$为拓扑空间，则：

(1) $(X,\mathscr{T})$在点 $x\in X$ 处邻域局部连通$\Leftrightarrow x$ 处有一个由连通邻域构成的邻域局部基；

(2) $(X,\mathscr{T})$为邻域局部连通空间$\Leftrightarrow(X,\mathscr{T})$有一个由连通邻域构成的邻域基.

证明 (1) ($\Rightarrow$)设 $\mathscr{B}_x$ 为 x 处连通邻域的全体，因$(X,\mathscr{T})$在点 x 处局部连通，故$\forall U\in\mathscr{N}_x$，$\exists V\in\mathscr{B}_x$，s.t. $x\in V\subset U$，从而 $\mathscr{B}_x$ 为 x 处的由连通邻域构成的邻域局部基.

($\Leftarrow$)设 $\mathscr{B}_x$ 为 x 处的连通邻域构成的邻域局部基，则$\forall U\in\mathscr{N}_x$，必有 $V\in\mathscr{B}_x$（此时，V 是连通的），s.t. $x\in V\subset U$. 根据定义 1.5.4，$(X,\mathscr{T})$在点 $x\in X$ 处是邻域局部连通的.

(2) ($\Rightarrow$)设$(X,\mathscr{T})$是邻域局部连通的，由(1)，$\forall x\in X$，必有 x 处的连通邻域构成的邻域局部基 $\mathscr{B}_x$. 易见，$\mathscr{B}=\bigcup\limits_{x\in X}\mathscr{B}_x$ 为$(X,\mathscr{T})$的一个由连通邻域构成的邻域基.

($\Leftarrow$)设 $\mathscr{B}$ 为$(X,\mathscr{T})$的连通邻域构成的邻域基. $\forall x\in X$，令 $\mathscr{B}_x=\{B\in\mathscr{B}\mid x\in B\}$，易见 $\mathscr{B}_x$ 为 x 处的一个由连通邻域构成的邻域局部基，所以$(X,\mathscr{T})$在点 $x\in X$ 处邻域局部连通，从而$(X,\mathscr{T})$为邻域局部连通空间. □

比较定义 1.5.3 与定义 1.5.4，显然，$(X,\mathscr{T})$在点 $x\in X$ 处局部连通$\Rightarrow(X,\mathscr{T})$在点 $x\in X$处邻域局部连通（对 x 处的任何邻域 U，必有开集 V，使得 $x\in V\subset U$. 再由$(X,\mathscr{T})$在点 $x\in X$ 处局部连通，存在连通开集 W，使 $x\in W\subset V\subset U$，这就证明了$(X,\mathscr{T})$在点 x 处邻域局部连通）. 反之是否成立，并不容易看出！但是，我们有：

定理 1.5.2 设$(X,\mathscr{T})$为拓扑空间，则：

(1) $(X,\mathscr{T})$为局部连通空间；

$\Leftrightarrow$(2) $(X,\mathscr{T})$为邻域局部连通空间；

$\Leftrightarrow$(3) $(X,\mathscr{T})$的任何开集的任一连通分支都为开集；

$\Leftrightarrow$(4) $(X,\mathscr{T})$有一个拓扑基，它的每个元素都是连通的.

证明 (1)$\Rightarrow$(2). 上述已证.

(2)$\Rightarrow$(3). 设 C 为$(X,\mathscr{T})$的开集 U 的一个连通分支. 如果 $x\in C\subset U$，因为 U 为 x 的一个邻域，所以当(2)成立时，有 x 的一个连通邻域 V，使得 $x\in V\subset U$. 又由 $x\in V\cap C$. 所以 $V\cap C\neq\varnothing$，根据引理 1.5.1，$V\subset C$. 因此，C 为点 x 的一个邻域. 这就证明了 C 是属于它的任一点 x 的邻域，所以 C 为开集. 于是(3)成立.

(3)$\Rightarrow$(4). 设(3)成立，则$(X,\mathscr{T})$的所有开集的所有连通分支（它们都为开集）构成了一个开集子族. 显然，X 是这子族中所有元素之并，且构成了$(X,\mathscr{T})$的一个拓扑基.

(4)$\Rightarrow$(1). 设(4)成立，根据引理 1.5.3(2)，$(X,\mathscr{T})$为局部连通空间.

(1)$\Leftarrow$(3). $\forall x\in X$，$U\in\mathscr{N}_x^{\circ}$，设 C 为 U 的含 x 的连通分支，由(3)，C 为连通开集，

且 $x\in C\subset U$. 因此，$(X,\mathscr{T})$是局部连通的. □

推论 1.5.1 局部连通空间$(X,\mathscr{T})$的每一个连通分支都为开集.

证明 根据定理 1.5.2(3)，$(X,\mathscr{T})$中的开集 X 的每一个连通分支都为开集. □

定理 1.5.3 设$(X,\mathscr{T}_1)$为局部连通的拓扑空间，$(Y,\mathscr{T}_2)$为拓扑空间，$f:X\to Y$ 为连续开映射，则$(f(X),(\mathscr{T}_2)_{f(X)})$也为局部连通的拓扑空间.

证明 (证法 1)因为 $f:X\to Y$ 为连续开映射，根据定理 1.3.7(2)，$f:X\to f(X)$也为连续开映射.

对于任何 $y=f(x)\in f(X)$的任何开邻域 V，由 f 连续知$f^{-1}(V)$为 x 在$(X,\mathscr{T}_1)$中的开邻域. 因$(X,\mathscr{T}_1)$局部连通，故存在 x 处的连通开邻域W，使得 $x\in W\subset f^{-1}(V)$. 因 f 为连续开映射，所以 $f(W)$为 $f(x)$处的连通开邻域，且 $f(x)\in f(W)\subset f(f^{-1}(V))=V$. 这就证明了 $f(X)$在 $y=f(x)$处是局部连通的. 由 $y=f(x)$任取推得 $f(X)$为局部连通空间.

(证法 2)根据定理 1.5.2(4)，$(X,\mathscr{T}_1)$有一个拓扑基 $\mathscr{B}$，它的每一个元素都是连通的. 于是，$\forall B\in\mathscr{B}$，由 f 为连续开映射，$f(B)$为 $f(X)$中的连通开集. 下证 $\widetilde{\mathscr{B}}=\{f(B)\mid B\in\mathscr{B}\}$为$(f(X),(\mathscr{T}_2)_{f(X)})$中的一个拓扑基，且为$(f(X),(\mathscr{T}_2)_{f(X)})$中的连通开集构成的族. 根据定理 1.5.2(4)，$(f(X),(\mathscr{T}_2)_{f(X)})$也是局部连通的.

事实上，对 $f(X)$中的任一开集 V，由 f 连续知，$f^{-1}(V)$为$(X,\mathscr{T}_1)$中的一个开集，因此$\exists\,\mathscr{B}_1\subset\mathscr{B}$，s.t. $f^{-1}(V)=\bigcup\limits_{B\in\mathscr{B}_1}B$. 于是

$$V=f(f^{-1}(V))=f\Big(\bigcup_{B\in\mathscr{B}_1}B\Big)=\bigcup_{B\in\mathscr{B}_1}f(B)$$

为 $\widetilde{\mathscr{B}}$ 中若干成员的并. 由此知，$\widetilde{\mathscr{B}}$ 为$(f(X),(\mathscr{T}_2)_{f(X)})$中的一个连通开集构成的拓扑基. □

推论 1.5.2 局部连通性是拓扑不变性.

注 1.5.1 在定理 1.5.3 中：

(1) 用局部连通定义的证法 1 要比证法 2 好，这是因为证法 2 需要应用定理 1.5.2(4)，而定理 1.5.2(4)必须要有一定的篇幅来证明. 另外，用定义的证法 1 是最直接的证明方法.

(2) 读者可仿照证法 1，证明：设$(X,\mathscr{T}_1)$为邻域局部连通的拓扑空间，$(Y,\mathscr{T}_2)$为拓扑空间，f 为连续开映射，则$(f(X),(\mathscr{T}_2)_{f(X)})$也为邻域局部连通空间.

例 1.5.1 连通与局部连通是两个彼此独立的概念.

(1) 局部连通空间不一定是连通空间.

任何离散拓扑空间是局部连通的(因为$\{x\}$为 x 的连通开邻域，所以 x 的任何开邻域 U，必有 $x\in\{x\}\subset U$)，但至少两点的离散空间不是连通的.

$(\mathbf{R}^n,\mathscr{T}_{\rho_0^n})$中两个不相交的非空开集的并是局部连通的($x$ 的任何开邻域 U,必有开球 $B(x;\delta)$,它是 x 的连通开邻域,使得 $x\in B(x;\delta)\subset U$),但它不是连通的.

(2) 连通空间不一定是局部连通空间.

在例 1.4.11 中,

$$A=\left\{\left(x,\sin\frac{1}{x}\right)\middle|\,x\in\left(0,\frac{2}{\pi}\right]\right\},\quad B=\{0\}\times[-1,1],$$

已证 $\overline{A}=A\cup B$ 是连通空间.易见,$\overline{A}$ 不是局部连通的,这是因为 B 中的每一点都有开邻域(图 1.5.1)不包含这一点的任何连通开邻域.

在例 1.4.12 中,$\overline{G}$ 是连通空间,但不是局部连通空间,这是因为 $\overline{G}\setminus G=\{(x,0)\mid x\in\mathbf{R}\}$中的每一点都有开邻域不包含这一点的任何连通开邻域.

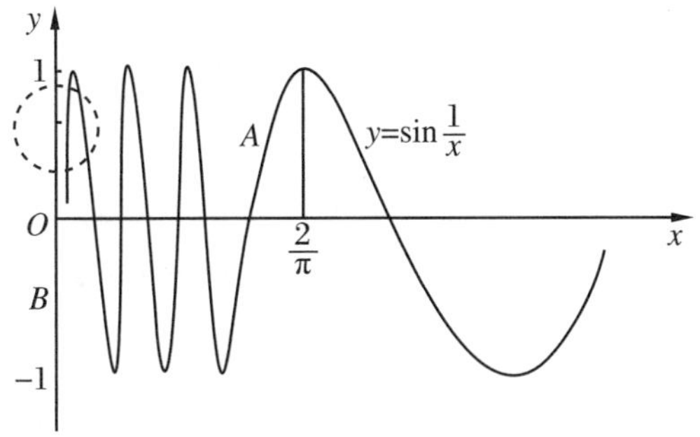

图 1.5.1

现在用连通分支与局部连通对偶地来讨论道路连通分支与局部道路连通.

定义 1.5.1′ 设$(X,\mathscr{T})$为拓扑空间,$x,y\in X$.如果在 X 中存在从 x 到 y 的一条道路,则称 **x 与 y 在$(X,\mathscr{T})$中是道路连通的**或 **x 与 y 是道路连通的**,记作 $x\overset{路}{\sim}y$.

易证道路连通关系$\overset{路}{\sim}$是一个等价关系,即$\forall\, x,y,z\in X$,有:

(1) 反身(自反)性:x 与 x 道路连通,即 $x\overset{路}{\sim}x$;

(2) 对称性:x 与 y 道路连通($x\overset{路}{\sim}y$)蕴涵着 y 与 x 道路连通($y\overset{路}{\sim}x$);

(3) 传递性:x 与 y 道路连通($x\overset{路}{\sim}y$),y 与 z 道路连通($y\overset{路}{\sim}z$)蕴涵着 x 与 z 道路连通($x\overset{路}{\sim}z$).

证明 (1) 取常值道路 $c_x:[0,1]\to X$,$c_x(t)=x$,$\forall\, t\in[0,1]$,它是连接$c_x(0)=x$ 到$c_x(1)=x$ 的一条道路.因此,$x\overset{路}{\sim}x$.

(2) 因为 $x\overset{路}{\sim}y$,所以有一条道路 $\sigma:[0,1]\to X$ 连接$\sigma(0)=x$ 到$\sigma(1)=y$,则其逆道

路 $\sigma^-:[0,1]\to X,\sigma^-(t)=\sigma(1-t)$ 为连接 $\sigma^-(0)=\sigma(1-0)=\sigma(1)=y$ 到 $\sigma^-(1)=\sigma(1-1)=\sigma(0)=x$ 的一条道路，所以 $y\overset{\text{路}}{\sim}x$.

(3) 因为 $x\overset{\text{路}}{\sim}y,y\overset{\text{路}}{\sim}z$，所以存在道路 $\alpha:[0,1]\to X$ 连接 $\alpha(0)=x$ 到 $\alpha(1)=y$；还存在道路 $\beta:[0,1]\to X$ 连接 $\beta(0)=y$ 到 $\beta(1)=z$. 于是，由粘接引理知，$\alpha*\beta:[0,1]\to X$，

$$\alpha*\beta(t)=\begin{cases}\alpha(2t), & t\in\left[0,\dfrac{1}{2}\right],\\ \beta(2t-1), & t\in\left[\dfrac{1}{2},1\right]\end{cases}$$

为连接 $\alpha*\beta(0)=\alpha(0)=x$ 到 $\alpha*\beta(1)=\beta(2\cdot 1-1)=\beta(1)=z$ 的一条道路，即 $x\overset{\text{路}}{\sim}z$(图 1.5.2). □

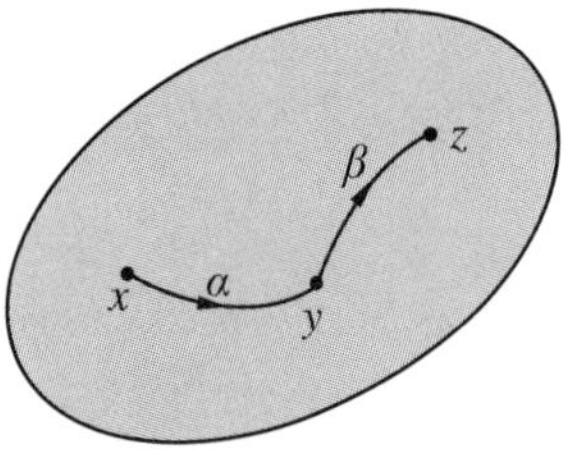

图 1.5.2

定义 1.5.2′ 设$(X,\mathscr{T})$为拓扑空间，它关于点的道路连通关系$\overset{\text{路}}{\sim}$的等价类

$$[x]=\{y\in X\mid y\overset{\text{路}}{\sim}x\}$$

称为$(X,\mathscr{T})$的一个**道路连通分支**或**路连通分支**.

类似连通分支，x 与 y 道路连通$(x\overset{\text{路}}{\sim}y)\Leftrightarrow x$ 与 y 属于同一个道路连通分支. 此外，每个道路连通分支非空；不同的道路连通分支不相交；X 为所有道路连通分支之并. 特别当$(X,\mathscr{T})$道路连通时，它只有一个等价类，即恰有一个道路连通分支.

定理 1.5.1′ 设$(X,\mathscr{T})$为拓扑空间，则

$C\subset X$ 为$(X,\mathscr{T})$的道路连通分支 $\Leftrightarrow$ $C\subset X$ 为$(X,\mathscr{T})$中的最大道路连通子集.

证明 (证法 1)($\Rightarrow$)设 $C=\{y\in X\mid y\overset{\text{路}}{\sim}x\}=[x]$，则 $\forall y,z\in C$，存在连接 x 到 y 的道路 σ_y 与连接 x 到 z 的道路 σ_z. 于是，$\sigma_y^-*\sigma_z$ 为连接 y 到 z 的一条道路. 因此，C 为$(X,\mathscr{T})$中的道路连通子集(图 1.5.3).

另一方面，如果有道路连通子集 $\widetilde{C}\supset C$，因 $x\in C\subset\widetilde{C}$，故 $\forall y\in\widetilde{C}$，必有 $y\overset{\text{路}}{\sim}x,y\in[x]=C$. 所以 $\widetilde{C}\subset C,\widetilde{C}=C$，即 C 为$(X,\mathscr{T})$中的最大道路连通子集.

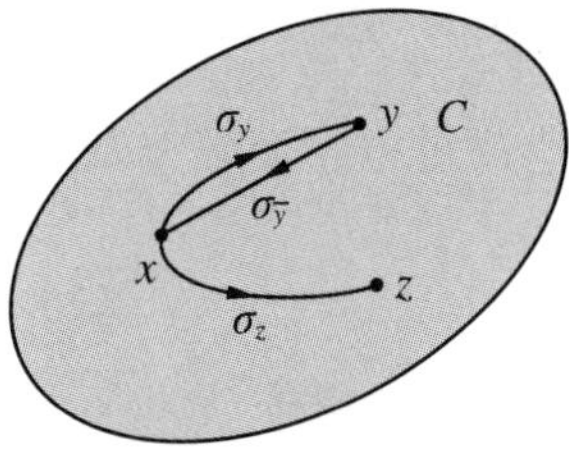

图 1.5.3

($\Leftarrow$)设 C 为$(X,\mathscr{T})$中的最大道路连通子集，$x\in C$，则 $C=[x]$，它为$(X,\mathscr{T})$中的一个道路连通分支.

事实上，$\forall y\in C$，由 C 道路连通知，$y\in[x]$，故 $C\subset[x]$. 另一方面，$\forall y\in[x]$，即 $y\overset{\text{路}}{\sim}x$，则存在连接 x 到 y 的道路 σ. 现证 $y\in C$，从而$[x]\subset C,C=[x]$.(反证)假设 $y\notin$

C,由例 1.4.10′(2),$\sigma([0,1])\cup C$ 为含$\{y\}\cup C\supsetneqq C$ 的道路连通子集,这与 C 的最大性相矛盾.

(证法 2)(⇒)设 C 为道路连通分支,则 $\forall x,y\in C$,存在$(X,\mathscr{T})$中的一条道路 σ_{xy} 连接$\sigma_{xy}(0)=x$ 到$\sigma_{xy}(1)=y$.显然,$\sigma_{xy}([0,1])\cup C\neq\varnothing$.根据引理 1.5.1′,道路连通子集 $\sigma_{xy}([0,1])\subset C$.再根据引理 1.5.2′,$C$ 为道路连通子集.

或者直接证明如下:由于 $\sigma_{xy}(t,t_0)$为连接 $\sigma_{xy}(0)=x$ 到$\sigma_{xy}(t_0)$的一条道路,所以 $\sigma_{xy}([0,1])\subset C$.于是,$\sigma_{xy}$也是在$C$ 中连接x 到y 的一条道路,应用例 1.4.9′中的证法立知 C 是道路连通的.

另一方面,如果有道路连通子集 $\widetilde{C}\supset C$,则 $\widetilde{C}\cap C\neq\varnothing$.根据引理 1.5.1′,$\widetilde{C}\subset C$.于是,$\widetilde{C}=C$,即 C 为$(X,\mathscr{T})$中的最大道路连通子集.

(⇐)设 C 为$(X,\mathscr{T})$中的最大道路连通子集,$x\in C$,则必有 $C=[x]$,它为$(X,\mathscr{T})$中的一个道路连通分支.

事实上,$\forall y\in C$,由 C 道路连通知,$y\in[x]$,故 $C\subset[x]$.由上面的必要性,$[x]$为道路连通子集.因为 C 为最大道路连通子集,所以必有$[x]\subset C$,从而 $C=[x]$. □

引理 1.5.1′ 设$(X,\mathscr{T})$为拓扑空间,C 为$(X,\mathscr{T})$中的一个道路连通分支,Y 为$(X,\mathscr{T})$中的一个道路连通子集,且 $Y\cap C\neq\varnothing$,则 $Y\subset C$.

证明 任选 $x\in Y\cap C$,$\forall y\in Y$,由于 C 道路连通,故在 C 中有道路连接x 到y,从而 $y\in[x]=C$.这就证明了 $Y\subset C$. □

引理 1.5.2′ 设 Y 为拓扑空间$(X,\mathscr{T})$中的一个子集.如果$\forall x,y\in Y$,存在$(X,\mathscr{T})$中的一个道路连通子集 Y_{xy},使得 $x,y\in Y_{xy}\subset Y$,则 Y 为$(X,\mathscr{T})$中的一个道路连通子集.

证明 如果 $Y=\varnothing$,显然 Y 是道路连通的;如果 $Y\neq\varnothing$,任取 $a\in Y$.容易看到 $Y=\bigcup\limits_{y\in Y}Y_{ay}$,且 $a\in\bigcap\limits_{y\in Y}Y_{ay}$.应用例 1.4.10′(2)中的结论,$Y$ 是道路连通的. □

注 1.5.2 根据定理 1.5.1′,每个道路连通分支 C 必为道路连通子集,再根据定理 1.4.2,C 为连通子集.因此,道路连通分支 C 必含于某个连通分支内,并且每个连通分支必为若干道路连通分支之并.由此知,用道路连通$\overset{\text{路}}{\sim}$划分等价类比用连通$\overset{\text{连}}{\sim}$划分等价类更为细致.

注 1.5.3 定理 1.5.1 指出,连通分支必为闭集,但由例 1.5.6 与例 1.5.7 表明道路连通分支未必为闭集.这说明连通分支与道路连通分支有截然不同之处!!

定义 1.5.3′ 设$(X,\mathscr{T})$为拓扑空间,$x\in X$.如果$\forall U\in\mathscr{N}_x^\circ$($x$ 处的开邻域系),$\exists V\in\mathscr{N}_x^\circ$,s.t. V 是道路连通的,且 $x\in V\subset U$,则称$(X,\mathscr{T})$**在点 x 处是局部道路连通的**.

如果$(X,\mathscr{T})$在每一点 $x\in X$ 处都是局部道路连通的,则称$(X,\mathscr{T})$是**局部道路连**

通的.

定义 1.5.4′ 设$(X,\mathscr{T})$为拓扑空间,$x\in X$.如果$\forall U\in\mathscr{N}_x$($x$处的邻域系),$\exists V\in\mathscr{N}_x$,s.t. V是道路连通的,且$x\in V\subset U$,则称$(X,\mathscr{T})$**在点 x 处是邻域局部道路连通的**.

如果$(X,\mathscr{T})$在每一点$x\in X$处都是邻域局部道路连通的,则称$(X,\mathscr{T})$是**邻域局部道路连通的**.

从定义立即有:

引理 1.5.3′ 设$(X,\mathscr{T})$为拓扑空间,则:

(1) $(X,\mathscr{T})$在点$x\in X$处局部道路连通$\Leftrightarrow x$处有一个由道路连通开邻域构成的局部基.

(2) $(X,\mathscr{T})$为局部道路连通空间$\Leftrightarrow(X,\mathscr{T})$有一个由道路连通开集构成的拓扑基.

证明 仿照引理 1.5.3 证明. □

引理 1.5.4′ 设$(X,\mathscr{T})$为拓扑空间,则:

(1) $(X,\mathscr{T})$在点$x\in X$处邻域局部道路连通$\Leftrightarrow x$处有一个由道路连通邻域构成的邻域局部基;

(2) $(X,\mathscr{T})$为邻域局部道路连通空间$\Leftrightarrow(X,\mathscr{T})$有一个由道路连通邻域构成的邻域基.

证明 仿照引理 1.5.4 证明. □

比较定义 1.5.3′与定义 1.5.4′,显然,$(X,\mathscr{T})$在点$x\in X$处局部道路连通$\Rightarrow(X,\mathscr{T})$在点$x\in X$处邻域局部道路连通(仿照$x$处局部连通$\Rightarrow x$处邻域局部连通的论述).反之是否成立,并不容易看出!但是我们有:

定理 1.5.2′ 设$(X,\mathscr{T})$为拓扑空间,则:

(1) $(X,\mathscr{T})$为局部道路连通空间;

$\Leftrightarrow$(2) $(X,\mathscr{T})$为邻域局部道路连通空间;

$\Leftrightarrow$(3) $(X,\mathscr{T})$的任何开集的任一道路连通分支都为开集;

$\Leftrightarrow$(4) $(X,\mathscr{T})$有一个拓扑基,它的每个元素都是道路连通的.

证明 仿照定理 1.5.2 证明. □

推论 1.5.1′ 局部道路连通空间$(X,\mathscr{T})$的每一道路连通分支都为开集.

证明 根据定理 1.5.2′(3),$(X,\mathscr{T})$中的开集X的每一道路连通分支都为开集. □

定理 1.5.3′ 设$(X,\mathscr{T}_1)$为局部道路连通的拓扑空间,$(Y,\mathscr{T}_2)$为拓扑空间,$f:X\to Y$为连续开映射,则$(f(X),(\mathscr{T}_2)_{f(X)})$也为局部道路连通的拓扑空间.

证明 仿照定理 1.5.3 证明. □

推论 1.5.2′ 局部道路连通性是拓扑不变性.

注 1.5.1′ 仿照注 1.5.1 类似描述.

例 1.5.1′ 道路连通与局部道路连通是两个彼此独立的概念.

(1) 局部道路连通空间不一定是道路连通空间.

任何离散拓扑空间是局部道路连通的(因为$\{x\}$是 x 的道路连通开邻域,所以 x 的任何开邻域 U,必有 $x\in\{x\}\subset U$),但至少两点的离散空间不是道路连通的.

$(\mathbf{R}^n,\mathcal{T}_{\rho_0^n})$中两个不相交的非空开集的并是局部道路连通的($\boldsymbol{x}$ 的任何开邻域 U,必有开球 $B(\boldsymbol{x};\delta)$(它是 $\boldsymbol{x}$ 的道路连通开邻域),使得 $\boldsymbol{x}\in B(\boldsymbol{x};\delta)\subset U$),但它不是道路连通的.

(2) 道路连通空间不一定是局部道路连通空间. 反例:$(\mathbf{R}^2,\mathcal{T}_{\rho_0^2})$中的子拓扑空间

$$X=\left\{\left(x,\sin\frac{1}{x}\right)\middle|\,x\in\left(0,\frac{2}{\pi}\right]\right\}\cup\{0\}\times[-1,1]\cup\left[0,\frac{2}{\pi}\right]\times\{0\}$$

是道路连通非局部道路连通的拓扑空间(图 1.5.4).

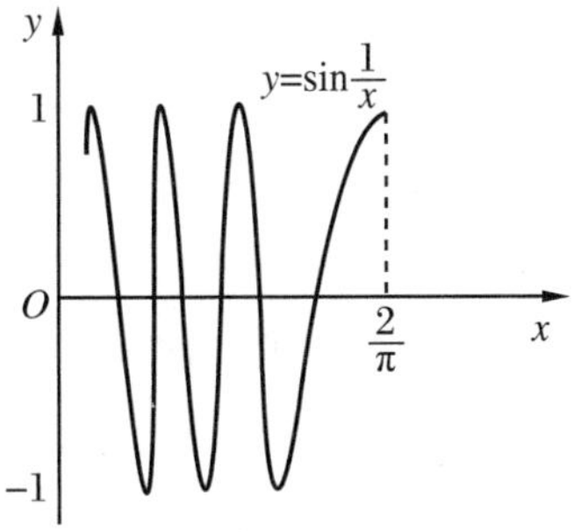

图 1.5.4

根据定义立即可看出,连通分支、道路连通分支、(邻域)局部连通、(邻域)局部道路连通都是拓扑不变性. 但是,它们都不是连续不变性,甚至不是一一连续不变性.

例 1.5.2 设 X 为至少含两个点的集合. 显然,恒同映射

$$\mathrm{Id}_X:(X,\mathcal{T}_{\text{离散}})\to(X,\mathcal{T}_{\text{平庸}})$$

为一一连续映射,$(X,\mathcal{T}_{\text{离散}})$的连通分支与道路连通分支都是独点集;而$(X,\mathcal{T}_{\text{平庸}})$中无不相交的非空开集,故$(X,\mathcal{T}_{\text{平庸}})$连通,它只有一个连通分支 X. 此外,$\forall\, p,q\in X$,令

$$\sigma:([0,1],(\mathcal{T}_{\rho_0^1})_{[0,1]})\to(X,\mathcal{T}_{\text{平庸}}),$$

$$\sigma(t)=\begin{cases}p, & t=0,\\ q, & 0<t\leqslant 1,\end{cases}$$

则 σ 连续,它是连接 $\sigma(0)=p$ 与 $\sigma(1)=q$ 的一条道路,故$(X,\mathcal{T}_{\text{平庸}})$道路连通,因此$(X,\mathcal{T}_{\text{平庸}})$只有一个道路连通分支 X.

显然,一一连续映射并不将连通分支变为连通分支,将道路连通分支变为道路连通分支.

由于$(X,\mathcal{T}_{\text{离散}})$与$(X,\mathcal{T}_{\text{平庸}})$都是局部连通与局部道路连通的,它不能作为局部连通与局部道路连通不是一一连续不变性的反例.

例 1.5.3 考虑例 1.5.1(2)中的 $\overline{A}=A\cup B$,$(\mathcal{T}_{\rho_0^2})_{\overline{A}}$为$(\mathbf{R}^2,\mathcal{T}_{\rho_0^2})$的子拓扑. 显然

$$\mathrm{Id}_{\overline{A}}:(\overline{A},\mathcal{T}_{\text{离散}})\to(\overline{A},(\mathcal{T}_{\rho_0^2})_{\overline{A}})$$

为一一连续映射. $(\overline{A},\mathcal{T}_{\text{离散}})$中的连通分支与道路连通分支都是独点集;而$(\overline{A},(\mathcal{T}_{\rho_0^2})_{\overline{A}})$中

的连通分支仅有一个,即 $\overline{A}$,道路连通分支有两个,即 A 与 B.易见,一一连续映射 Id_X 并不将连通分支变为连通分支,也不将道路连通分支变为道路连通分支.

此外,由于$(\overline{A},\mathscr{T}_{离散})$是局部连通与局部道路连通的,而$(\overline{A},(\mathscr{T}_{\rho_0^2})_{\overline{A}})$既不是局部连通的,也不是局部道路连通的,所以一一连续映射并不一定将局部连通变为局部连通,也并不将局部道路连通变为局部道路连通.

例 1.5.4 设 $X=\bigcup_{n=1}^{\infty}(-n,n)\times\{n\}$ 为$(\mathbf{R}^2,\mathscr{T}_{\rho_0^2})$中的子拓扑空间,考虑投影 P:$X\to\mathbf{R}^1$,$P(x,y)=x$,显然它是连续的开映射(但不是一一的!).由于 X 的连通分支与道路连通分支都为$(-n,n)\times\{n\}$,$n\in\mathbf{N}$,而$(\mathbf{R}^1,\mathscr{T}_{\rho_0^1})$的连通分支与道路连通分支都为 $\mathbf{R}^1$.因此,连续的开映射 P 并不将连通分支变为连通分支,也不将道路连通分支变为道路连通分支.

注 1.5.4 肯定有"聪明"的读者会问,是否一一连续的开映射 $f:(X,\mathscr{T}_1)\to(Y,\mathscr{T}_2)$ 将连通分支变为连通分支,也将道路连通分支变为道路连通分支?这个结论当然是肯定的,实际上这是一个十分愚蠢的问题.因为根据定理 1.3.9(2)或由$(f^{-1})^{-1}(U)=f(U)$,开集 U 在 f^{-1} 下的逆像为开集,即 f^{-1} 连续,从而 f 为同胚.它当然将连通分支变为连通分支,也将道路连通分支变为道路连通分支.

例 1.5.5 考虑有理数集 $\mathbf{Q}$ 作为实数空间$(\mathbf{R}^1,\mathscr{T}_{\rho_0^1})$的子拓扑空间.设 $x,y\in\mathbf{Q}$,$x\neq y$,不失一般性,设 $x<y$.如果 $\mathbf{Q}$ 的一个子集 E 同时包含 x 与 y,则 $E=[(-\infty,r)\cap E]\cup[(r,+\infty)\cap E]$,其中 r 为无理数,且 $x<r<y$.此时,易见 E 为两个不相交的非空开集之并,因此 E 不连通,这说明 $\mathbf{Q}$ 的连通分支只能是独点集.显然,$\mathbf{Q}$ 中的每一个独点集为闭集,而不为开集!

因为每个道路连通分支必道路连通,故必连通,它含于某个连通分支中.由于上述连通分支为独点集,故它的每个道路连通分支也为独点集,它不为开集.或者直接叙述如下:$\forall x,y\in\mathbf{Q}$,$x\neq y$,若有一条道路 $\sigma:[0,1]\to\mathbf{Q}$ 连接 $\sigma(0)=x$ 到 $\sigma(1)=y$,则 $E=\sigma([0,1])$为含 x 与 y 两个不同点的连通集.这与上述结论 E 不连通相矛盾.因此,道路连通等价类$[x]$只含独点集$\{x\}$,即道路连通分支都为独点集.

例 1.5.6 在例 1.4.11 中,

$$A=\left\{\left(x,\sin\frac{1}{x}\right)\middle|\,x\in\left(0,\frac{2}{\pi}\right]\right\},\quad B=\{0\}\times[-1,1].$$

由于 $\overline{A}=A\cup B$ 连通,故 $\overline{A}$ 只有一个连通分支.但它由两个道路连通分支 A 与 B 组成.由此可看出,道路连通等价类比连通等价类划分得更细致.

此外还可看出,道路连通分支 A 为开集,非闭集!而道路连通分支 B 为闭集非开集.因此,道路连通分支可能不为开集,也可能不为闭集(这不同于连通分支)!

读者能否构造一个连通分支，它既不为闭集，又不为开集.

例 1.5.7 设

$$A=\left\{-\frac{2}{\pi}\right\}\times[-1,1],\quad B=\left\{\left(x+\frac{2}{\pi},\sin\frac{1}{x+\frac{2}{\pi}}\right)\middle| x\in\left(-\frac{2}{\pi},-\frac{1}{\pi}\right)\right\},$$

$$C=\left[-\frac{1}{\pi},0\right]\times\{0\},\quad D=\{0\}\times[-1,1],\quad E=\left\{\left(x,\sin\frac{1}{x}\right)\middle| x\in\left(0,\frac{2}{\pi}\right]\right\},$$

则 $X=A\cup B\cup C\cup D\cup E$ 连通，故只有一个连通分支 X，而道路连通分支为 $A,B\cup C\cup D,E$，共3个，其中道路连通分支 $B\cup C\cup D$ 既不为开集，又不为闭集(图1.5.5)！

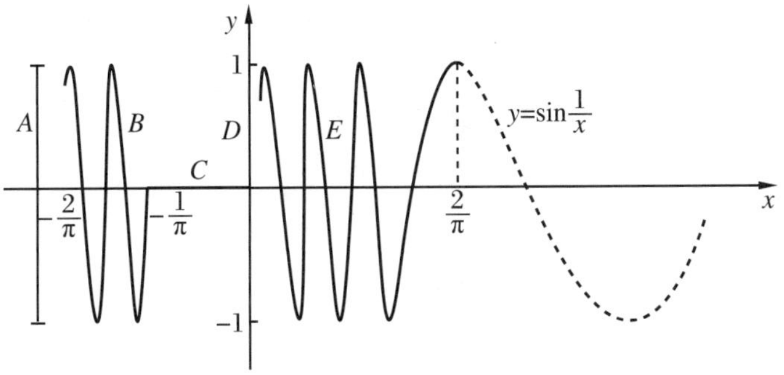

图 1.5.5

但是，如果附加局部连通或局部道路连通就有：

推论 1.5.3 在拓扑空间$(X,\mathscr{T})$中：

(1) 如果它局部连通，则其连通分支必然既开又闭；

(2) 如果它局部道路连通，则其道路连通分支必然既开又闭.

证明 (1) 根据定理1.5.1，连通分支为闭集.再根据推论1.5.1，局部连通空间的每一连通分支都为开集(由此及(2)中方法可证连通分支为闭集).

(2) 根据推论1.5.1′，一方面，局部道路连通空间的每一道路连通分支都为开集；另一方面，任一道路连通分支$[x]$的余集

$$[x]^c=\bigcup_{y\notin[x]}[y]$$

为开集，因而$[x]$为闭集. □

定理 1.5.4 设$(X,\mathscr{T})$为局部道路连通空间，则

$$(X,\mathscr{T})\text{道路连通}\iff(X,\mathscr{T})\text{连通}.$$

证明 (⇒)由定理1.4.2立即得到结论.

(⇐)因为$(X,\mathscr{T})$局部道路连通，$\forall x\in X$，设 C 为$(X,\mathscr{T})$中含 x 的道路连通分支，根

据推论 1.5.3(2)，C 为$(X,\mathscr{T})$中的既开又闭的非空子集，所以由$(X,\mathscr{T})$连通立知 $C=X$，即$(X,\mathscr{T})$是道路连通的. □

例 1.5.8 设 U 为$(\mathbf{R}^n,\mathscr{T}_{\rho_0^n})$中的开集，则：

(1) U 是局部道路连通的；

(2) 在 U 中，道路连通⇔连通.

证明 (证法 1)(1) $\forall\, \boldsymbol{x}\in U$，$V$ 为 $\boldsymbol{x}$ 在 U 中的任一开邻域. 取 $r>0$，s.t. 开球 $B(\boldsymbol{x};r)\subset V\subset U$. 易见，$B(\boldsymbol{x};r)$是道路连通的. 事实上，$\forall\, \boldsymbol{y},\boldsymbol{z}\in B(\boldsymbol{x};r)$，令

$$\sigma:[0,1]\to B(\boldsymbol{x};r),\quad \sigma(t)=(1-t)\boldsymbol{y}+t\boldsymbol{z},$$

则它是 $B(\boldsymbol{x};r)$中连接 $\sigma(0)=\boldsymbol{y}$ 到 $\sigma(1)=\boldsymbol{z}$ 的一条道路(事实上，

$$\begin{aligned}\rho_0^n((1-t)\boldsymbol{y}+t\boldsymbol{z},\boldsymbol{x}) &= \|(1-t)(\boldsymbol{y}-\boldsymbol{x})+t(\boldsymbol{z}-\boldsymbol{x})\|\\ &\leqslant (1-t)\|\boldsymbol{y}-\boldsymbol{x}\|+t\|\boldsymbol{z}-\boldsymbol{x}\|\\ &< (1-t)r+tr=r,\quad (1-t)\boldsymbol{y}+t\boldsymbol{z}\in B(\boldsymbol{x};r)).\end{aligned}$$

这就证明了 U 是局部道路连通的.

(2) 由(1)及定理 1.5.4 立即得到结论.

(证法 2)(1) 同证法 1(1).

(2) 由定理 1.4.5(2)⇔(3)立即得到结论. □

例 1.5.9 设 U 为 n 维流形$(M,\mathscr{T})$中的开集，则：

(1) U 是局部道路连通的；

(2) 在 U 中，道路连通⇔连通.

证明 (证法 1)(1) $\forall\, x\in U$，V 为 x 在 U 中的任一开邻域，因为$(M,\mathscr{T})$为 n 维流形，必有同胚 $\varphi: W\to\varphi(W)=B(\varphi(x);r)\subset\mathbf{R}^n$，其中 W 为$(M,\mathscr{T})$中的开集，且 $x\in W\subset V\subset U$. 由例 1.5.8(1)知，开球 $B(\varphi(x);r)$是道路连通的，从而 W 道路连通. 这就证明了开集 U 是局部道路连通的.

(2) 由(1)及定理 1.5.4 立即得到结论.

(证法 2)(1) 同证法 1(1).

(2) 由定理 1.4.6 立即得到结论. □

注 1.5.5 思考：(1) 定理 1.5.4 表明，如果拓扑空间连通但非道路连通，则它必定不是局部道路连通的.

例 1.4.7、例 1.4.8、例 1.4.11 与例 1.4.12 都是连通非道路连通的例子. 因此，它们都不是局部道路连通的.

但是，它们还是有区别的. 例 1.4.11 与例 1.4.12 都不是局部连通的(参阅例 1.5.1(2)). 而例1.4.7 与例 1.4.8 却都是局部连通的. 事实上，设 X 为不可数集，考虑拓扑空间

$(X,\mathscr{T}_{余可数})$，对取定的 $x\in X$ 及 x 的任一开邻域 $U=X\backslash C$，其中 C 为 X 中的至多可数集，则子拓扑空间 U 仍为一个余可数空间，它是连通(非道路连通)的！因此，$(X,\mathscr{T}_{余可数})$ 确实是局部连通空间(非局部道路连通空间).

(2) 局部道路连通⇒局部连通.但反之不真.

根据定理1.4.2推得局部道路连通必局部连通.但反之不真，上述例1.4.7与例1.4.8就是反例.

(3) 在定理1.5.4中，如果"局部道路连通"改弱为"局部连通"，是否仍有道路连通⇔连通？回答是否定的.上述例1.4.7与例1.4.8就是反例.

至此，局部道路连通与局部连通确实有很大差异，澄清后，水平与能力才有提高.

例1.5.10 $(\mathbf{R}^n,\mathscr{T}_{\rho_0^n})$ 中任何开集 U 的每一个道路连通分支同时也是它的一个连通分支.

更一般地，n 维流形 $(M,\mathscr{T})$ 的任何开集 U 的一个道路连通分支同时也是它的一个连通分支.因此，道路连通分支与连通分支是一致的.

证明 设 $C_{路}$ 为 U 中的一个道路连通分支，$x\in C_{路}$.根据定理1.5.1′，$C_{路}$ 道路连通，再根据定理1.4.2，$C_{路}$ 连通.于是，$C_{路}\subset C$(含 x 的连通分支).

反之，因为 $(M,\mathscr{T})$ 是局部连通的，根据定理1.5.2(3)，$(M,\mathscr{T})$ 的开集 U 的任一连通分支都为开集，所以 C 为开集.从定理1.5.4立知 C 道路连通.因此，$C\subset C_{路}$.从而 $C_{路}=C$. □

例1.5.11 证明：Euclid平面 $(\mathbf{R}^2,\mathscr{T}_{\rho_0^2})$ 的子拓扑空间双纽线

$$X=\{(x,y)\mid (x^2+y^2)^2=x^2-y^2\}$$

(图1.5.6)与单位圆

$$S^1=S^1(1)=\{(x,y)\mid x^2+y^2=1\}$$

不同胚.

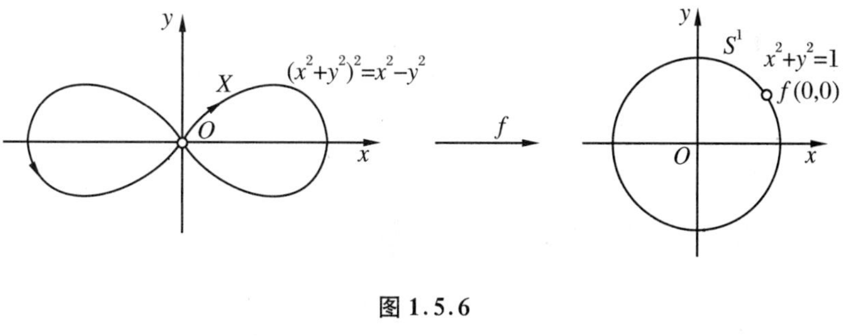

图1.5.6

显然，X 与 S^1 的势(即"数目")相同，且都为 A_2、T_2、道路连通、紧致(有界闭集，参阅1.6节)拓扑空间.因此，用这些拓扑不变性都不足以说明它们不同胚.如何来证明 $X\not\cong$

S^1 呢?

证明 (反证)假设 $X \cong S^1$,则存在同胚映射 $f: X \to S^1$. 自然 $f: X\backslash\{0,0\} \to S^1\backslash\{f(0,0)\}$ 仍为同胚映射. 显然,$X\backslash\{(0,0)\}$恰有两个连通分支,而 $S^1\backslash\{f(0,0)\}$只有一个连通分支(或者,$X\backslash\{(0,0)\}$不连通,而 $S^1\backslash\{f(0,0)\}$连通). 但是,连通分支数(或者,连通性)为拓扑不变量(拓扑不变性),矛盾. □

上述证明中"挖去一点"是一种聪明的小想法,具有一点点创新,读者要看重这种研究能力的培养.

为培养数学研究中的创新能力,还必须做大量的难题.

例 1.5.12 设$(X,\mathscr{T})$为局部连通空间,$A \subset X$. 如果 A 的边界 $A^b = \partial A$ 是局部连通的,则 $\overline{A}$ 也是局部连通的.

证明 设 $x \in A^\circ$,则 A°为 x 在$(X,\mathscr{T})$中的开邻域. 对于 x 在 $\overline{A}$ 中的任何开邻域 U,$A^\circ \cap U$ 为 x 在$(X,\mathscr{T})$中的开邻域,由于$(X,\mathscr{T})$局部连通,存在 x 在$(X,\mathscr{T})$中的连通开邻域 V,使得 $x \in V \subset A^\circ \cap U \subset U$. 由于 V 也为 $\overline{A}$ 中的连通开邻域,故 $\overline{A}$ 在 x 处是局部连通的.

设 $x \in \overline{A}\backslash A^\circ = A^b$. $\forall U \in \mathscr{N}^\circ_{x\overline{A}}$($x$ 在 $\overline{A}$ 中的开邻域系),$\exists \widetilde{U} \in \mathscr{N}^\circ_{xX}$, s. t. $U = \widetilde{U} \cap \overline{A}$. 由于 $\widetilde{U} \cap A^b \in \mathscr{N}^\circ_{xA^b}$和 A^b 局部连通,$\exists P \in \mathscr{N}^\circ_{xA^b}$, s. t. $P = \widetilde{V} \cap A^b$ 为 A^b 中的连通开集,其中 $\widetilde{V} \in \mathscr{N}^\circ_{xX}$. 取 x 在 $\widetilde{U} \cap \widetilde{V}$ 中的连通分支 $\widetilde{W}$,由$(X,\mathscr{T})$局部连通,根据定理 1.5.2(3),$\widetilde{W} \in \mathscr{N}^\circ_{xX}$. 下证 $W = \widetilde{W} \cap \overline{A}$ 连通,从而 $W \in \mathscr{N}^\circ_{x\overline{A}}$,且

$$x \in W = \widetilde{W} \cap \overline{A} \subset (\widetilde{U} \cap \widetilde{V}) \cap \overline{A} \subset \widetilde{U} \cap \overline{A} = U.$$

故 $\overline{A}$ 在点 $x \in \overline{A}\backslash A^\circ = A^b$ 处也是局部连通的. 因此,$\overline{A}$ 是局部连通的.

剩下的要证 $W = \widetilde{W} \cap \overline{A}$ 连通. (反证)假设 W 不连通,则 W 为 W 中也是 $\overline{A}$ 中两个非空开集 T_1 与 T_2 的不交并. 由 P 连通,不妨设 $P \subset T_1$. 由 $T_2 \in \mathscr{F}_W$(W 中的闭集族),$W \in \mathscr{F}_{\widetilde{W}}$,有 $T_2 \in \mathscr{F}_{\widetilde{W}}$;由 $T_2 \in \mathscr{T}_W$, $W \in \mathscr{T}_{\overline{A}}$,有 $T_2 \in \mathscr{T}_{\overline{A}}$. 再由 $T_2 \subset A^\circ$推得 $T_2 \in \mathscr{T}_{A^\circ}$. 从 $A^\circ \in \mathscr{T}_X$得到 $T_2 \in \mathscr{T}_X$, $T_2 \in \mathscr{T}_{\widetilde{W}}$. 所以,$T_2$ 为 $\widetilde{W}$ 中既开又闭的子集. 由 $\widetilde{W}$ 连通,$P \subset T_1$,必有 $T_2 = \varnothing$,矛盾. □

1.6 紧致、可数紧致、列紧、序列紧致

前面介绍的 T_0、T_1、T_2、A_1、A_2、连通、道路连通、连通分支、道路连通分支、局部连通及局部道路连通都是拓扑不变性. 例 1.3.7 表明,T_0、T_1、T_2、A_1、A_2 都不是一一连续不变性,当然也不是连续不变性. 例 1.5.3 表明,连通分支、道路连通分支、局部连通、局部

道路连通都不是一一连续不变性，当然也不是连续不变性. 定理 1.5.3(1.5.3′)表明局部连通与局部道路连通都为连续开映射下的不变性.

这一节将给出另一类重要的拓扑不变性：紧性(紧致、可数紧致、列紧、序列紧致). 其中除列紧外都是连续不变性.

定义 1.6.1 设$(X,\mathscr{T})$为拓扑空间.

(1) 如果 X 的任何开覆盖 $\mathscr{A}\left(\mathscr{A}\text{中元素均为开集，且}\mathscr{A}\text{中元素覆盖}X\text{，即}\bigcup\limits_{U\in\mathscr{A}}U=X\right)$ 必有有限子覆盖 $\mathscr{A}_1\left(\mathscr{A}_1\subset\mathscr{A},\ \bigcup\limits_{U\in\mathscr{A}_1}U=X\text{，其中}\mathscr{A}_1\text{仅含有限个元素}\right)$，则称$(X,\mathscr{T})$为**紧致空间**.

(2) 如果 X 的任何可数开覆盖($\mathscr{A}$ 为 X 的开覆盖，仅含至多可数个元素)必有有限子覆盖 $\mathscr{A}_1$，则称$(X,\mathscr{T})$为**可数紧致空间**.

(3) 如果 X 的任何无限子集 A 必有 A 的聚点 $a\in X$，则称$(X,\mathscr{T})$为**列紧空间**.

(4) 如果 X 的每个点列$\{x_n\}$必有收敛于 $x\in X$ 的子点列$\{x_{n_k}\}$，则称$(X,\mathscr{T})$为**序列紧致空间**.

如果 X 的子集 A 作为$(X,\mathscr{T})$的子拓扑空间是紧致(或可数紧致或列紧或序列紧致)的，则称 A 为$(X,\mathscr{T})$的**紧致**(或**可数紧致**或**列紧**或**序列紧致**)**子集**.

根据定义，列紧子集 A 中任何无限子集 B 必有聚点 $b\in A$(而不是 $b\in X\backslash A$). 例如：$A=(0,1)$中无限子集 $B=\left\{\frac{1}{n}\,\middle|\,n\in\mathbf{N}\right\}$在 A 中无聚点，而在$(\mathbf{R}^1,\mathscr{T}_{\rho_0^1})$中有聚点 0. 因此，$A=(0,1)$不为$(\mathbf{R}^1,\mathscr{T}_{\rho_0^1})$的列紧子集；同样，序列紧致子集 A 中每个点列$\{x_n\}$必有收敛于 $x\in A$ 的子点列$\{x_{n_k}\}$. 例如：$A=(0,1)$中的点列$\left\{\frac{1}{n}\right\}$就没有收敛于 $x\in(0,1)$的子点列，要有的话必为 0，但 $0\notin(0,1)=A$. 因此，$A=(0,1)$不为$(\mathbf{R}^1,\mathscr{T}_{\rho_0^1})$的序列紧致子集.

设 A 为$(X,\mathscr{T})$的紧致子集，根据定义，A 作为子拓扑空间是紧致的，即 A 中任何开(子拓扑空间 A 中的开集!)覆盖 $\mathscr{A}$ 必有有限的子覆盖 $\mathscr{A}_1$. 但是，有时使用起来不太方便. 因此，我们有必要证明：

引理 1.6.1 设$(X,\mathscr{T})$为拓扑空间，则

A 为$(X,\mathscr{T})$的紧致子集

$\Leftrightarrow$ A 在$(X,\mathscr{T})$中的任何开($(X,\mathscr{T})$中的开集!)覆盖 $\widetilde{\mathscr{A}}$ 必有有限的子覆盖 $\widetilde{\mathscr{A}}_1$.

证明 ($\Rightarrow$)设 $\widetilde{\mathscr{A}}$ 为 A 在$(X,\mathscr{T})$中的任何开覆盖，则

$$\mathscr{A}\xlongequal{\text{def}}\widetilde{\mathscr{A}}\cap A=\{\widetilde{U}\cap A\mid\widetilde{U}\in\widetilde{\mathscr{A}}\}$$

为 A 在子拓扑空间$(A,\mathscr{T}_A)$中的开覆盖. 根据 A 为$(X,\mathscr{T})$的紧致子集，$\mathscr{A}$ 必有有限子覆盖

$\mathscr{A}_1$.令 $\widetilde{\mathscr{A}}_1=\{\widetilde{U}\mid\widetilde{U}\cap A\in\mathscr{A}_1\}$,显然 $\widetilde{\mathscr{A}}_1$ 为 $\widetilde{\mathscr{A}}$ 的有限子覆盖,即 $\widetilde{\mathscr{A}}_1\subset\widetilde{\mathscr{A}}$, $\bigcup\limits_{\widetilde{U}\in\widetilde{\mathscr{A}}_1}\widetilde{U}\supset A$.

($\Leftarrow$)设 $\mathscr{A}$ 为子拓扑空间$(A,\mathscr{T}_A)$中的任何开覆盖,令

$$\widetilde{\mathscr{A}}=\{\widetilde{U}\mid\widetilde{U}\cap A\in\mathscr{A}\},$$

根据右边条件,$\widetilde{\mathscr{A}}$ 必有有限子覆盖 $\widetilde{\mathscr{A}}_1$,则 $\mathscr{A}_1=\{\widetilde{U}\cap A\mid\widetilde{U}\in\widetilde{\mathscr{A}}_1\}$必为 $\mathscr{A}$ 的有限子覆盖. □

根据引理1.6.1,紧致子集中的开覆盖,其开集不必顾及是$(X,\mathscr{T})$中的开集还是子拓扑空间$(A,\mathscr{T}_A)$中的开集.但是,表达时稍有区别,前者用 $\bigcup\limits_{\widetilde{U}\in\widetilde{\mathscr{A}}}\widetilde{U}\supset A$, $\bigcup\limits_{\widetilde{U}\in\widetilde{\mathscr{A}}_1}\widetilde{U}\supset A$,而后者用 $\bigcup\limits_{U\in\mathscr{A}}U=\bigcup\limits_{\widetilde{U}\in\widetilde{\mathscr{A}}}(\widetilde{U}\cap A)=A$, $\bigcup\limits_{U\in\mathscr{A}_1}U=\bigcup\limits_{\widetilde{U}\in\widetilde{\mathscr{A}}_1}(\widetilde{U}\cap A)=A$.

下面我们来展开紧性的讨论.

定理 1.6.1(各种紧性的关系) 设$(X,\mathscr{T})$为拓扑空间,则:

(1) 紧致空间;

(2) 可数紧致空间;

(3) 列紧空间;

(4) 序列紧致空间;

(5) 任何递降非空闭集序列$\{F_n\}$必有交,即如果闭集序列$\{F_n\}$,$F_1\supset F_2\supset\cdots\supset F_n\supset F_{n+1}\supset\cdots$,必有 $x\in\bigcap\limits_{n=1}^{\infty}F_n$ 或 $\bigcap\limits_{n=1}^{\infty}F_n\neq\varnothing$.

它们具有如下关系:

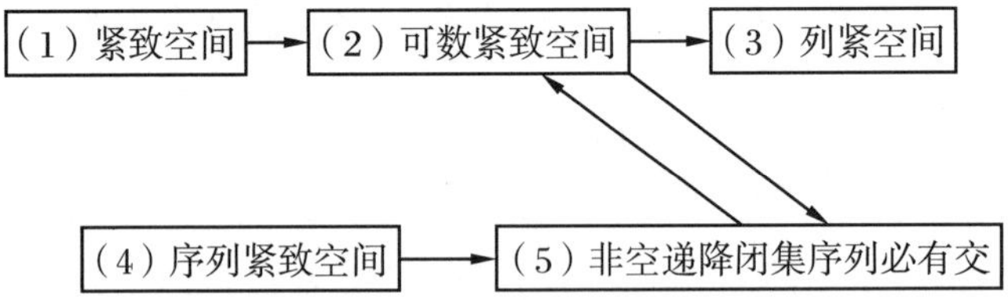

其中列紧是最弱的紧性;可数紧致是次弱的紧性.

证明 (1)$\Rightarrow$(2).显然(因为可数开覆盖是一个特殊的开覆盖).

(2)$\Rightarrow$(3).设 A 为X 的任一无限子集.取 A 的可数子集A_1.下证 A_1 必有聚点(属于X),当然它也是 A 的聚点.(反证)假设 A_1 无聚点,即 $A_1'=\varnothing\subset A_1$,根据定理1.1.3(2),$A_1$为闭集.$\forall x\in A_1$,由于 x 不为 A_1 的聚点,故存在 x 的开邻域 U_x,使

$$U_x\cap(A_1\backslash\{x\})=\varnothing,$$

即

$$U_x\cap A_1=\{x\}.$$

显然，$\{U_x \mid x\in A_1\}\cup\{A_1^c\}$为 X 的可数开覆盖，而$(X,\mathscr{T})$为可数紧致空间，故必存在有限子覆盖$\{U_{x_1},\cdots,U_{x_n},A_1^c\}$. 因为 A_1^c 中无 A_1 的点，所以$\{U_{x_1},\cdots,U_{x_n}\}$覆盖 A_1，从而

$$A_1=\left(\bigcup_{i=1}^{n}U_{x_i}\right)\cap A_1=\bigcup_{i=1}^{n}(U_{x_i}\cap A_1)=\bigcup_{i=1}^{n}\{x_i\}=\{x_1,\cdots,x_n\}$$

为有限集，这与 A_1 为可数集相矛盾.

(2)⇒(5).(反证)假设 $\bigcap_{n=1}^{\infty}F_n=\varnothing$，则有

$$\bigcup_{n=1}^{\infty}F_n^c\xlongequal{\text{de Morgan}}\left(\bigcap_{n=1}^{\infty}F_n\right)^c=\varnothing^c=X.$$

因此，$\{F_n^c \mid n\in\mathbf{N}\}$为 X 的可数开覆盖.由(2)，存在有限子覆盖$\{F_{n_1}^c,\cdots,F_{n_k}^c\}$. 于是，由

$$F_{n_1}^c\cup\cdots\cup F_{n_k}^c=X$$

推出

$$\begin{aligned}\varnothing\neq F_{\max\{n_1,\cdots,n_k\}}&=F_{n_1}\cap\cdots\cap F_{n_k}\xlongequal{\text{de Morgan}}(F_{n_1}^c\cup\cdots\cup F_{n_k}^c)^c\\&=X^c=\varnothing,\end{aligned}$$

矛盾.所以，$\bigcap_{n=1}^{\infty}F_n\neq\varnothing$.

(2)⇐(5). 设$\mathscr{I}=\{U_n \mid n\in\mathbf{N}\}$为 X 的任一可数开覆盖，我们断定$\mathscr{I}$必有有限子覆盖.(反证)假设$\mathscr{I}$无有限子覆盖.令

$$F_n=\left(\bigcup_{i=1}^{n}U_i\right)^c,\quad n\in\mathbf{N},$$

因为 $\bigcup_{i=1}^{n}U_i\neq X$，所以，$F_n=\left(\bigcup_{i=1}^{n}U_i\right)^c\neq X^c=\varnothing$，且

$$F_1\supset F_2\supset\cdots\supset F_n\supset F_{n+1}\supset\cdots.$$

由(5)得到

$$\varnothing\neq\bigcap_{n=1}^{\infty}F_n=\bigcap_{n=1}^{\infty}\left(\bigcup_{i=1}^{n}U_i\right)^c\xlongequal{\text{de Morgan}}\left(\bigcup_{n=1}^{\infty}\left(\bigcup_{i=1}^{n}U_i\right)\right)^c=\left(\bigcup_{n=1}^{\infty}U_n\right)^c=X^c=\varnothing,$$

矛盾.从而$\mathscr{I}$有有限子覆盖，$(X,\mathscr{T})$是可数紧致的.

(4)⇒(5)⇔(2). 设$\{F_n\}$为$(X,\mathscr{T})$中任一递降非空闭集序列，取 $x_n\in F_n$，$n\in\mathbf{N}$. 因为 X 是序列紧致的，故存在$\{x_n\}$的子点列$\{x_{n_k}\}$收敛于 $x\in X$. 因为 $x_{n_j}\in F_{n_j}\subset F_{n_i}$ $(j=i,i+1,\cdots)$以及 F_{n_i} 为闭集，所以 $x\in F_{n_i}\subset F_i$ $(i\in\mathbf{N})$，从而 $x\in\bigcap_{n=1}^{\infty}F_n$，这就证明了 $\bigcap_{n=1}^{\infty}F_n\neq\varnothing$，(5)成立. □

定理 1.6.1 中给出了各种紧性只在拓扑空间范围内而不加任何条件下的相互关系.这是紧性之间最原始的关系.下面的任务之一是，给出(1)⇍(2)，(2)⇍(3)，(2)⇏(4)等的

反例;任务之二是,给出附加的拓扑条件,使得(1)⇐(2),(2)⇐(3),(2)⇒(4)成立.现在先着手研究后者,再给前者以启示.

定义 1.6.2 设$(X,\mathscr{T})$为拓扑空间,如果 X 的每一个开覆盖都有可数子覆盖,则称$(X,\mathscr{T})$为一个 **Lindelöf 空间**(这里"可数"指的是至多可数).

例 1.6.1 (1) 设 X 为有限非空集,则$(X,\mathscr{T})$总是紧致的.这是因为 $\mathscr{T}$ 中只有有限个元素.

一般地,如果 $\mathscr{T}$ 只含有限个元素(如:X 为有限集;$\mathscr{T}\cong\mathscr{T}_{平庸}=\{\varnothing,X\}$),则$(X,\mathscr{T})$是紧致的.

(2) 设$(X,\mathscr{T})$为紧致空间,则 X 的任何开覆盖必有有限子覆盖,它当然是至多可数的子覆盖.因此,$(X,\mathscr{T})$为 Lindelöf 空间.但是,反之未必成立.例如,$(\mathbf{R}^n,\mathscr{T}_{\rho_0^n})$为 A_2 空间(见例 1.2.7),再根据下面的定理 1.6.2 知,$(\mathbf{R}^n,\mathscr{T}_{\rho_0^n})$为 Lindelöf 空间,而它不是紧致空间.事实上,对于 $\mathbf{R}^n$ 的开覆盖$\{B(0;n)\mid n\in\mathbf{N}\}$,它无有限子覆盖,所以$(\mathbf{R}^n,\mathscr{T}_{\rho_0^n})$不为紧致空间.

(3) 考察$(X,\mathscr{T}_{离散})$:

(i) 当 X 为有限集时,由(1)知它为紧致空间;

(ii) 当 X 为可数集时,记 $X=\{x_n\mid n\in\mathbf{N}\}$.对 X 的任何开覆盖 $\mathscr{A}$,取 $U_n\in\mathscr{A}$,s.t. $x_n\in U_n$,则$\{U_n\}$为 X 的至多可数子覆盖.因此,$(X,\mathscr{T}_{离散})$为 Lindelöf 空间.但是,$\{x\mid x\in X\}$为 X 的开覆盖,无有限子覆盖,即$(X,\mathscr{T}_{离散})$不紧致;

(iii) 当 X 为不可数集时,因为 $\mathscr{A}=\{\{x\}\mid x\in X\}$为 X 的一个开覆盖,它就无可数子覆盖,所以$(X,\mathscr{T}_{离散})$不为 Lindelöf 空间,也不为紧致空间.

定理 1.6.2(Lindelöf) 设拓扑空间$(X,\mathscr{T})$为 A_2 空间(即具有可数拓扑基),则$(X,\mathscr{T})$为 Lindelöf 空间(即它的任一开覆盖必有可数子覆盖).但反之不真.

证明 设$(X,\mathscr{T})$为 A_2 空间,则它有可数拓扑基 $\mathscr{B}$.如果 $\mathscr{A}$ 为 X 的任一开覆盖.$\forall A\in\mathscr{A}$,A 为 $\mathscr{B}$ 中若干成员之并,令

$$\widetilde{\mathscr{B}}=\{B\mid B\in\mathscr{B},\exists A\in\mathscr{A},\text{s.t.}\,B\subset A\}.$$

显然,$\widetilde{\mathscr{B}}\subset\mathscr{B}$,且为至多可数集.

对 $\widetilde{B}\in\widetilde{\mathscr{B}}$,则必有 $A\in\mathscr{A}$,s.t. $\widetilde{B}\subset A$.只取这样的**一个** A,并记为 $A(\widetilde{B})$.再令

$$\widetilde{\mathscr{A}}=\{A(\widetilde{B})\mid\widetilde{B}\in\widetilde{\mathscr{B}}\}\subset\mathscr{A}.$$

由 $\widetilde{\mathscr{B}}$ 至多可数知,$\widetilde{\mathscr{A}}$ 也至多可数.现证 $\widetilde{\mathscr{A}}$ 为 $\mathscr{A}$ 关于 X 的子覆盖.事实上,$\forall x\in X$,$\exists A\in\mathscr{A}$,s.t. $x\in A$(因 $\mathscr{A}$ 为 X 的开覆盖!),则 $\exists\widetilde{B}\in\widetilde{\mathscr{B}}$,s.t. $x\in\widetilde{B}\subset A$.从而 $x\in A(\widetilde{B})\in\widetilde{\mathscr{A}}$.所以,$\widetilde{\mathscr{A}}$ 为 $\mathscr{A}$ 关于 X 的可数子覆盖.这就证明了$(X,\mathscr{T})$为 Lindelöf 空间.

但反之不真.反例见例 1.6.3(2)(iii). □

例 1.6.2 在度量空间$(X,\mathscr{T}_\rho)$中,A_2 空间⇔Lindelöf 空间.

证明 (⇒)参阅定理 1.6.2.

(⇐)设$(X,\mathscr{T}_\rho)$为 Lindelöf 的度量空间.对$\forall\, n\in\mathbf{N}$,集族 $\widetilde{\mathscr{B}}_n=\left\{B\left(x;\dfrac{1}{n}\right)\,\middle|\, x\in X\right\}$为 X 的一个开覆盖.由于$(X,\mathscr{T}_\rho)$为 Lindelöf 空间,所以 $\widetilde{\mathscr{B}}$ 有一个可数子覆盖 $\mathscr{B}_n$.从而开集族 $\mathscr{B}=\bigcup\limits_{n\in\mathbf{N}}\mathscr{B}_n$ 为一个可数族.下证 $\mathscr{B}$ 为$(X,\mathscr{T}_\rho)$ 的一个拓扑基,从而$(X,\mathscr{T}_\rho)$ 为 A_2 空间.

事实上,对$\forall\, x\in X$ 与 x 的任何开邻域 U,$\exists\,\varepsilon>0$,s. t. $x\in B(x;\varepsilon)\subset U$.令 $n\in\mathbf{N}$,s. t. $n>\dfrac{2}{\varepsilon}\left(\text{即}\dfrac{1}{n}<\dfrac{\varepsilon}{2}\right)$.由于 $\mathscr{B}_n$ 为$(X,\mathscr{T}_\rho)$的一个开覆盖,所以有某个 $B\left(\dfrac{1}{n}\right)\in\mathscr{B}_n$, s. t. $x\in B\left(\dfrac{1}{n}\right)$.于是,对$\forall\, y\in B\left(\dfrac{1}{n}\right)$,有

$$\rho(x,y)\leqslant\frac{2}{n}<\varepsilon,$$

所以,$B\left(\dfrac{1}{n}\right)\subset B(x;\varepsilon)$.于是

$$x\in B\left(\frac{1}{n}\right)\subset B(x;\varepsilon)\subset U.$$

这就证明了 $\mathscr{B}$ 为$(X,\mathscr{T}_\rho)$的一个拓扑基. □

例 1.6.3 (1) $(X,\mathscr{T}_{余有限})$为紧致空间.因而它也为 Lindelöf 空间.

事实上,对 X 的任何开覆盖 $\mathscr{A}$,取 $U\in\mathscr{A}$,$U\neq\varnothing$,则 $U=X\backslash C$,C 为 X 的有限集,记 $C=\{x_1,\cdots,x_n\}$.再取 $U_i\in\mathscr{A}$,使得 $x_i\in U_i$,$i=1,\cdots,n$.于是,$\{U,U_1,\cdots,U_n\}$为 $\mathscr{A}$ 关于 X 的有限子覆盖.这就证明了$(X,\mathscr{T}_{余有限})$为紧致空间.

当 X 不可数时,$(X,\mathscr{T}_{余有限})$非 A_1(仿照例 1.2.8(2)的证明),当然也非 A_2.

关于紧致、A_2、Lindelöf 之间的关系有下面图表:

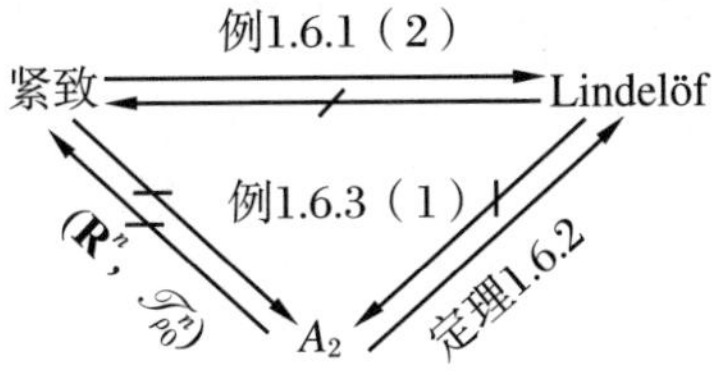

(2) $(X,\mathscr{T}_{余有限})$为 Lindelöf 空间.

对 X 的任何开覆盖 $\mathscr{A}$,取 $U\in\mathscr{A}$,$U\neq\varnothing$,则 $U=X\backslash C$,C 为 X 的至多可数集,记 $C=\{x_1,\cdots,x_n,\cdots\}$.再取 $U_i\in\mathscr{A}$,使得 $x_i\in U_i$,$i=1,\cdots,n,\cdots$.于是,$\{U,U_1,\cdots,U_n,\cdots\}$为 $\mathscr{A}$ 关于 X 的可数子覆盖.

(ⅰ) 当 X 为有限集时,$(X,\mathscr{T}_{余可数})=(X,\mathscr{T}_{离散})$为紧致空间.

(ⅱ) 当 X 为无限集时,$(X,\mathscr{T}_{余可数})$不为紧致空间.这是因为

$$\mathscr{A}=\{X\backslash\{x_n,x_{n+1},\cdots\}\mid n\in\mathbf{N}\}$$

为 X 的一个开覆盖,但它无有限子覆盖.

(ⅲ) 设 X 为不可数集,由(2),$(X,\mathscr{T}_{余可数})$为 Lindelöf 空间,但非 A_1,当然也非 A_2 空间(见例 1.2.8(2)).

(3) 设 X 为不可数集,由例 1.2.5,$(X,\mathscr{T}_{离散})$为 A_1 空间,但它不为 Lindelöf 空间(X 的开覆盖$\{\{x\}\mid x\in X\}$无可数子覆盖).这说明定理 1.6.2 中条件 A_2 改弱为 A_1,$A_1\Rightarrow$ Lindelöf 空间未必成立!

定理 1.6.3(附加条件下各种紧性的关系)　在拓扑空间$(X,\mathscr{T})$中,

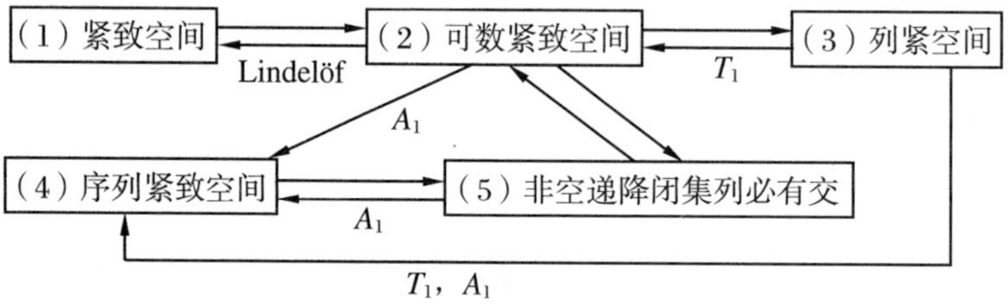

证明　由定理 1.6.1 只需证明:

(1)$\xleftarrow{\text{Lindelöf}}$(2).对$(X,\mathscr{T})$的任何开覆盖 $\mathscr{A}$,由于$(X,\mathscr{T})$为 Lindelöf 空间,故 $\mathscr{A}$ 必有可数子覆盖 $\mathscr{A}_1\subset\mathscr{A}$.再由$(X,\mathscr{T})$是可数紧致的,$\mathscr{A}_1$ 必有有限子覆盖 $\mathscr{A}_2\subset\mathscr{A}_1\subset\mathscr{A}$,它也是 $\mathscr{A}$ 的有限子覆盖.因此,$(X,\mathscr{T})$为紧致空间.

(2)$\Leftrightarrow$(5)$\xleftarrow{T_1}$(3).(反证)假设$(X,\mathscr{T})$不为可数紧致空间,则必有 X 的某个非空闭集递降序列$\{F_n\}$,s.t. $\bigcap\limits_{n=1}^{\infty}F_n=\varnothing$.任取 $x_n\in F_n$,考虑 $A=\{x_n\mid n\in\mathbf{N}\}$.

如果 A 为有限集,则$\exists\, x\in A$,有$\{x_n\}$的无限项 $x_{n_i}=x$,$n_1<n_2<\cdots$.于是,$x=x_{n_i}\in F_{n_i}\subset F_i$(因 $n_i\geqslant i$),所以,$x\in\bigcap\limits_{i=1}^{\infty}F_i=\bigcap\limits_{n=1}^{\infty}F_n=\varnothing$,矛盾.

如果 A 为无限集,由于$(X,\mathscr{T})$为列紧空间,故 A 有聚点 $y\in X$.再由$(X,\mathscr{T})$为 T_1 空间,易见,$\forall\, i\in\mathbf{N}$,y 也为 $A_i=\{x_i,x_{i+1},\cdots\}$的聚点$\Big($因为$(X,\mathscr{T})$为 T_1 空间,故存在 y 的开邻域 V_j,s.t. $x_j\notin V_j$,$j=1,\cdots,i-1$.于是,对 y 的任何开邻域 U,$V=U\cap(\bigcap\limits_{j=1}^{i-1}V_j)$仍为 y 的开邻域,且 $x_j\notin V_j$,$j=1,\cdots,i-1$.由于 y 为 A 的聚点,必有 $x_l\in V\cap(A\backslash\{y\})$,所以 $x_l\in V\cap(A_i\backslash\{y\})\subset U\cap(A_i\backslash\{y\})$,从而 y 也为 A_i 的聚点$\Big)$.但是,$A_i=\{x_i,x_{i+1},\cdots\}\subset F_i$,而 F_i 为闭集,所以 A_i 的聚点 $y\in F_i'\subset F_i$.由此得到 $y\in\bigcap\limits_{i=1}^{\infty}F_i=$

$\varnothing$,矛盾.

(2)$\Leftrightarrow$(5)$\xrightarrow{A_1}$(4).设$(X,\mathscr{T})$为 A_1 的可数紧致空间,$\{x_n\}$为 X 中的任一序列,不妨设$\{x_n\}$为彼此相异的序列,并记 $E_n=\{x_k \mid k\geqslant n\}$,$F_n=\overline{E}_n$,则$\{F_n\}$为$(X,\mathscr{T})$中的非空闭集的下降序列,由(2)$\Leftrightarrow$(5),$\exists\, x\in\bigcap\limits_{n=1}^{\infty}F_n$.

因为$(X,\mathscr{T})$为 A_1 空间,故有 x 的可数局部基$\{V_n \mid n\in\mathbf{N}\}$,s.t. $V_1\supset V_2\supset\cdots\supset V_n\supset V_{n+1}\supset\cdots$.由于

$$x\in F_n=\overline{E}_n,\quad \forall\, n\in\mathbf{N},$$

故对$\forall\, i,j\in\mathbf{N}$,有 $V_j\cap E_i\neq\varnothing$(因 V_j 为 x 的开邻域,$x\in\overline{E}_i$).令

$$N_1=\min\{j\in\mathbf{N} \mid x_j\in V_1\cap E_1\},$$
$$N_i=\min\{j\in\mathbf{N} \mid x_j\in V_i\cap E_{N_{i-1}+1}\},\quad i>1.$$

于是,$N_1<N_2<\cdots<N_i<N_{i+1}<\cdots$,从而$\{x_{N_i}\}$为$\{x_n\}$的子序列,并且 $x_{N_i}\in V_i\cap E_{N_{i-1}+1}\subset V_i$,$\forall\, i\in\mathbf{N}$.根据引理 1.2.2 立知$\{x_{N_i}\}$收敛于 x.这就证明了$(X,\mathscr{T})$是序列紧致的.

(3)$\xrightarrow{T_1,A_1}$(4).设$\{x_n\}$为$(X,\mathscr{T}_\rho)$中任一点列,记 $A=\{x_n \mid n\in\mathbf{N}\}$.

如果 A 为有限集,则$\exists\, x\in A$,$n_1<n_2<\cdots<n_k<\cdots$,s.t. $x_{n_k}=x$.于是

$$\lim_{k\to+\infty}x_{n_k}=x\in X.$$

如果 A 为无限集,不妨设 A 中点彼此相异.由于$(X,\mathscr{T})$为列紧空间,$\exists\, x\in A'$.由于$(X,\mathscr{T})$为 A_1 空间,必有 x 处的标准局部可数基$\{V_n\}$.令 $E_n=\{x_n,x_{n+1},\cdots\}$,由$(X,\mathscr{T})$为 T_1 空间,有

$$N_1=\min\{j\in\mathbf{N} \mid x_j\in V_1\cap E_1\},$$
$$N_i=\min\{j\in\mathbf{N} \mid x_j\in V_i\cap E_{N_{i-1}+1}\},\quad i>1,$$

且 $N_1<N_2<\cdots<N_i<N_{i+1}<\cdots$,从而$\{x_{N_i}\}$为收敛于 x 的$\{x_n\}$的子序列.这就证明了$(X,\mathscr{T})$是序列紧致的. □

定理 1.6.4(度量空间中各种紧性的关系) 在度量空间$(X,\mathscr{T}_\rho)$中,

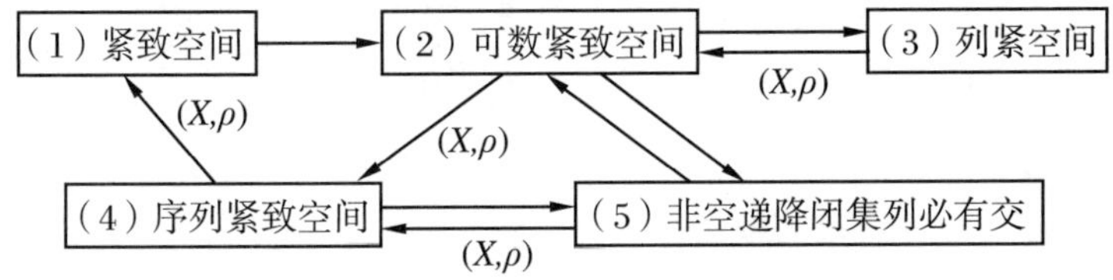

证明 根据例 1.2.6,$(X,\mathscr{T}_\rho)$为 T_2,A_1 空间,再根据定理 1.6.3,只需证明:

(1)$\xleftarrow{(X,\rho)}$(4).设$(X,\mathscr{T}_\rho)$为序列紧致的度量空间,$\mathscr{I}$为 X 的任一开覆盖,根据下面

的 Lebesgue 数定理(定理 1.6.13),有 Lebesgue 数 $\lambda=\lambda(\mathscr{I})>0$.令

$$\widetilde{\mathscr{I}}=\left\{B\left(x;\frac{\lambda}{3}\right)\middle|\, x\in X\right\},$$

则 X 的开覆盖$\widetilde{\mathscr{I}}$有有限子覆盖.(反证)假设$\widetilde{\mathscr{I}}$无有限子覆盖,则$\widetilde{\mathscr{I}}$的任何有限子族都不覆盖 X.任取 $x_1\in X$,因为$\left\{B\left(x_1;\frac{\lambda}{3}\right)\right\}$不是 X 的覆盖,取 $x_2\in X\backslash B\left(x_1;\frac{\lambda}{3}\right)$.假定已定义了 $x_1,\cdots,x_n\in X$ 满足:若 $j>i$,则 $x_j\notin B\left(x_i;\frac{\lambda}{3}\right)\left(即\ \rho(x_i,x_j)\geqslant\frac{\lambda}{3}\right)^*$.由于

$$\left\{B\left(x_1;\frac{\lambda}{3}\right),\cdots,B\left(x_n;\frac{\lambda}{3}\right)\right\}$$

不是 X 的覆盖,故可取

$$x_{n+1}\in X\backslash\bigcup_{i=1}^{n}B\left(x_i;\frac{\lambda}{3}\right).$$

易见,$x_1,\cdots,x_n,x_{n+1}$ 也满足($*$).因此,我们归纳定义了 X 中的一个序列$\{x_n\}$满足($*$).可以断定$\{x_n\}$无收敛子序列$\Big($否则,若有子列$\{x_{n_k}\}$收敛于 x,则必有 $x_{n_1},x_{n_2}\in B\left(x;\frac{\lambda}{6}\right)$,$n_1<n_2$,则$\frac{\lambda}{3}\leqslant\rho(x_{n_1},x_{n_2})\leqslant\rho(x_{n_1},x)+\rho(x_{n_2},x)<\frac{\lambda}{6}+\frac{\lambda}{6}=\frac{\lambda}{3}$,矛盾$\Big)$,这与$(X,\mathscr{T}_\rho)$为序列紧致空间相矛盾.这就证明了$\widetilde{\mathscr{I}}$有有限子覆盖.

设$\widetilde{\mathscr{I}}$的有限子覆盖为$\left\{B\left(y_1;\frac{\lambda}{3}\right),\cdots,B\left(y_n;\frac{\lambda}{3}\right)\right\}$.根据 Lebesgue 数定义,$\forall\, i\in\mathbf{N}$,$\exists\, A_i\in\mathscr{I}$,s.t. $B\left(y_i;\frac{\lambda}{3}\right)\subset A_i$.易见,$\{A_1,\cdots,A_n\}$为$\mathscr{I}$的有限子覆盖.于是证明了$(X,\mathscr{T}_\rho)$为紧致空间. □

定义 1.6.3 设 $\mathscr{A}$ 为一个集族.如果 $\mathscr{A}$ 的每个有限子族都有非空的交(即 $\mathscr{A}_1\subset\mathscr{A}$ 为有限子族,必有 $\bigcap\limits_{A\in\mathscr{A}_1}A\neq\varnothing$),则称 $\mathscr{A}$ 为一个具有**有限交性质的集族**.

定理 1.6.5(紧致的充要条件) 设$(X,\mathscr{T})$为拓扑空间,则:

(1) $(X,\mathscr{T})$为紧致空间;

$\Leftrightarrow$(2) $(X,\mathscr{T})$中每个具有有限交性质的闭集族都有非空的交;

$\Leftrightarrow$(3) $(X,\mathscr{T})$中存在一个拓扑基 $\mathscr{B}$,并且 X 的由 $\mathscr{B}$ 中的元素构成的每一个覆盖有一个有限子覆盖.

证明 (1)$\Rightarrow$(3).显然,只需取 $\mathscr{B}=\mathscr{T}$.

(1)$\Leftarrow$(3).设 $\mathscr{A}$ 为 X 的任一开覆盖.$\forall\, A\in\mathscr{A}$,$\exists\,\mathscr{B}_A\subset\mathscr{B}$,s.t. $A=\bigcup\limits_{B\in\mathscr{B}_A}B$.令 $\widetilde{\mathscr{A}}=\bigcup\limits_{A\in\mathscr{A}}\mathscr{B}_A$.由于

$$\bigcup_{B\in\widetilde{\mathscr{A}}} B = \bigcup_{B\in\bigcup\limits_{A\in\mathscr{A}}\mathscr{B}_A} B = \bigcup_{A\in\mathscr{A}}\left(\bigcup_{B\in\mathscr{B}_A} B\right) = \bigcup_{A\in\mathscr{A}} A = X,$$

故 $\widetilde{\mathscr{A}}$ 是一个由 $\mathscr{B}$ 的元素构成的 X 的开覆盖，由(3)，它有一个有限的子覆盖，设为 $\{B_1,\cdots,B_n\}$. 对每个 $B_i(i=1,\cdots,n)$，由于 $B_i\in\widetilde{\mathscr{A}}$，所以，$\exists A_i\in\mathscr{A}$，s. t. $B_i\in\mathscr{B}_{A_i}$. 因此，$B_i\subset A_i$. 于是，对于 $\mathscr{A}$ 的有限子族 $\{A_1,\cdots,A_n\}$ 有

$$A_1\cup\cdots\cup A_n\supset B_1\cup\cdots\cup B_n = X.$$

这就证明了 $\mathscr{A}$ 有一个有限子覆盖 $\{A_1,\cdots,A_n\}$，从而 $(X,\mathscr{T})$ 为一个紧致空间，即(1)成立.

(1)⇒(2). 设 $(X,\mathscr{T})$ 为紧致空间，$\mathscr{F}_1$ 为 X 的任意具有有限交性质的闭集族. 下证 $\bigcap\limits_{F\in\mathscr{F}_1} F\neq\varnothing$. (反证)假设 $\bigcap\limits_{F\in\mathscr{F}_1} F=\varnothing$，则

$$\bigcup_{F\in\mathscr{F}_1} F^c \xlongequal{\text{de Morgan}} \left(\bigcap_{F\in\mathscr{F}_1} F\right)^c = \varnothing^c = X,$$

即 $\mathscr{F}_1^c \xlongequal{\text{def}} \{F^c\mid F\in\mathscr{F}_1\}$ 为 X 的一个开覆盖. 由于 $(X,\mathscr{T})$ 为紧致空间，$\mathscr{F}_1^c$ 必有有限子覆盖 $\{F_1^c,\cdots,F_n^c\}$. 于是

$$(F_1\cap\cdots\cap F_n)^c \xlongequal{\text{de Morgan}} F_1^c\cup\cdots\cup F_n^c = X,$$

从而 $F_1\cap\cdots\cap F_n=\varnothing$，这与 $\mathscr{T}_1$ 具有有限交性质相矛盾.

(1)⇐(2). (反证)假设 $(X,\mathscr{T})$ 不为紧致空间，则存在 X 的开覆盖 $\mathscr{A}$，s. t. $\mathscr{A}$ 的任何有限子族都不是 X 的覆盖. 令

$$\mathscr{F}_1 = \{A^c\mid A\in\mathscr{A}\},$$

则 $\mathscr{F}_1$ 为具有有限交性质的闭集族，这是因为 $\mathscr{F}_1$ 的任何有限子族 $\{A_1^c,\cdots,A_n^c\}$，有

$$A_1^c\cap\cdots\cap A_n^c \xlongequal{\text{de Morgan}} (A_1\cup\cdots\cup A_n)^c \neq X^c = \varnothing.$$

根据(2)，得到

$$\varnothing\neq\bigcap_{A\in\mathscr{A}} A^c \xlongequal{\text{de Morgan}} \left(\bigcup_{A\in\mathscr{A}} A\right)^c,$$

$$\bigcup_{A\in\mathscr{A}} A\neq X,$$

这与 $\mathscr{A}$ 为 X 的开覆盖相矛盾. □

定理 1.6.6 在度量空间 $(X,\mathscr{T}_\rho)$ 中，如果 $A\subset X$(作为子拓扑空间)序列紧致($\overset{\text{定理1.6.4}}{\Leftrightarrow}$ 紧致⇔可数紧致⇔列紧)，则 A 为 $(X,\mathscr{T})$ 中的有界闭集. 但反之不真.

证明 (证法 1)(反证)假设 A 无界，则 $\exists x_n,x_0\in A$，s. t. $\rho(x_n,x_0)\geqslant n$. 显然，$\{x_n\}$ 无收敛子列，这与 A 序列紧致相矛盾. 因此，A 有界.

(反证)假设 A 不为闭集，则 $\exists x_n\in A$，它收敛于 x，但 $x\notin A$. 当然，$\{x_n\}$ 的一切子列

也收敛于 $x\notin A$.从而 A 不是序列紧致的,这与已知 A 序列紧致相矛盾.这就证明了 A 为闭集.

(证法 2)取一定点 $x\in A$.显然,$\mathscr{T}=\{B(x;n)\mid n\in\mathbf{N}\}$ 为 A 的一个开覆盖.由于 A 紧致,故 $\exists N\in\mathbf{N}$,s.t. $B(x;N)=\bigcup\limits_{n=1}^{N}B(x,n)\supset A$.这就证明了 A 是有界的.

再证 A 为闭集.$\forall p\in A^c$,$\forall q\in A$,取 $0<\delta(q)\leqslant\frac{1}{2}\rho(p,q)$,则

$$B(q;\delta(q))\cap B(p;\delta(q))=\varnothing.$$

于是,$\mathscr{T}=\{B(q;\delta(q))\mid q\in A\}$为紧致集 A 的一个开覆盖,故存在 A 的有限子覆盖

$$\mathscr{I}_1=\{B(q_i;\delta(q_i))\mid i=1,\cdots,K\}.$$

因为

$$B(q_i;\delta(q_i))\cap B(p;\delta(q_i))=\varnothing,\quad i=1,\cdots,K,$$

所以

$$\bigcup_{i=1}^{K}B(q_i;\delta(q_i))\quad 与\quad U=\bigcap_{i=1}^{K}B(p;\delta(q_i))$$

不相交,从而 $A\cap U=\varnothing$,$p\in U\subset A^c$,其中 U 为开集.由此知 A^c 为开集,从而 A 为闭集.

(证法 3)(反证)假设 A 不为闭集,根据定理 1.1.3(2),$A'\not\subset A$,即 $\exists x_0\in A'$,但 $x_0\notin A$.于是,存在相异点组成的集合$\{x_n\mid n\in\mathbf{N}\}$,s.t. $\lim\limits_{n\to+\infty}x_n=x_0$.

显然

$$\left\{B\left(x;\frac{1}{2}\rho(x,x_0)\right)\middle|\, x\in A\right\}$$

为 A 的一个开覆盖,而且它无有限子覆盖,这与 A 紧致相矛盾.由此证明了 A 为闭集.

反之不真.例如:$X=(0,1)$为通常 Euclid 直线$(\mathbf{R}^1,\mathscr{T}_{\rho_0^1})$的子拓扑空间,它是有界闭集.但开区间族$\left\{\left(\frac{1}{n},1\right)\middle|\, n\in\mathbf{N}\right\}$为 $A=(0,1)$的一个可数开覆盖,但它无有限子覆盖.因此,$A=(0,1)$非紧致、非可数紧致,因为 $A=(0,1)$的无限子集$\left\{\frac{1}{n+1}\middle|\, n\in\mathbf{N}\right\}$无聚点属于 A,所以 $A=(0,1)$非列紧.由于 $A=(0,1)$中的点列$\left\{\frac{1}{n+1}\right\}$在 $A=(0,1)$中无任何收敛子序列,故 $A=(0,1)$非序列紧致.

再如:$X=\{x_n\mid n\in\mathbf{N}\}$为可数集,$X$ 上的离散度量为$\rho_{离散}$,即

$$\rho_{离散}(x,y)=\begin{cases}1, & x\neq y,\\ 0, & x=y.\end{cases}$$

于是,任意取定 $x_0\in X$,则 $\rho_{离散}(x_0,x)\leqslant 1$,$\forall x\in X$.因此,$X$ 在$(X,\mathscr{T}_{\rho_{离散}})$中为有界闭

集.但是,由于 X 的可数开覆盖 $\mathscr{I}=\{\{x\}\mid x\in X\}$ 无有限子覆盖,所以,$(X,\mathscr{T}_{\rho_{离散}})$ 非紧致、非可数紧致.此外,因无限子集 $A=X$ 无聚点,故 X 非列紧;因点列 $\{x_n\}$ 无收敛子点列,故 X 非序列紧致. □

定理 1.6.7(闭集套原理) 序列紧致(⇔紧致⇔可数紧致⇔列紧)的度量空间 $(X,\mathscr{T}_\rho)$ 中的递降非空闭集序列 $\{F_n\}$,且 F_n 的直径

$$d(F_n)=\operatorname{diam}F_n=\sup\{\rho(x',x'')\mid x',x''\in F_n\}\to 0\quad(n\to+\infty),$$

则

$$\exists_1 x\in\bigcap_{n=1}^{\infty}F_n.$$

证明 由定理1.6.4,$\exists\, x\in\bigcap\limits_{n=1}^{\infty}F_n$.

再证唯一性.(反证)假设 $\exists\, x_1,x_2\in X$, s.t. $x_1,x_2\in\bigcap\limits_{n=1}^{\infty}F_n$,则

$$0\leqslant\rho(x_1,x_2)\leqslant\operatorname{diam}F_n\to 0\quad(n\to+\infty),$$

从而,$0\leqslant\rho(x_1,x_2)\leqslant 0$,$\rho(x_1,x_2)=0$,$x_1=x_2$.这就证明了 $\exists_1 x\in\bigcap\limits_{n=1}^{\infty}F_n$. □

推论 1.6.1 $(\mathbf{R}^n,\mathscr{T}_{\rho_0^n})$ 中的递降非空 n 维闭区间(即 n 维长方体)$\{I_n\}$,且 $\operatorname{diam}I_n\to 0(n\to+\infty)$,则 $\exists_1 x\in\bigcap\limits_{n=1}^{\infty}I_n$.

证明 在定理1.6.7中,取 $(X,\mathscr{T}_\rho)=(I_1,(\mathscr{T}_{\rho_0^n})_{I_1})$ 即得本推论的结论. □

定义 1.6.4 设 $\{x_n\}$ 为度量空间 (X,ρ) 中的一个点列.如果 $\forall\,\varepsilon>0$,$\exists\, N\in\mathbf{N}$,当 $n,m>N$ 时,有 $\rho(x_n,x_m)<\varepsilon$,则称 $\{x_n\}$ 为 (X,ρ) 中的 **Cauchy 点列或基本点列**.

显然,$\{x_n\}$ 为 Cauchy 点列 ⇔ $\forall\,\varepsilon>0$,$\exists\, N\in\mathbf{N}$,当 $n>N$ 时,有 $\rho(x_n,x_{n+p})<\varepsilon$,$\forall\, p\in\mathbf{N}$.

如果 (X,ρ) 中的任何 Cauchy(基本)点列都收敛(于 X 中的点),则称 (X,ρ) 为**完备度量(距离)空间**.

定理 1.6.8 (1) $(\mathbf{R}^n,\rho_0^n)$ 为完备度量空间;

(2) 序列紧致(⇔紧致⇔可数紧致⇔列紧)度量空间 (X,ρ) 必为完备度量空间.但反之不成立.

证明 (1) 因为

$$|x_i^m-x_i^{m+p}|\leqslant\rho_0^n(\boldsymbol{x}^m,\boldsymbol{x}^{m+p})\leqslant\sqrt{n}\max_{1\leqslant j\leqslant n}|x_j^m-x_j^{m+p}|,\quad i=1,\cdots,n,$$

所以,$\{\boldsymbol{x}^m\}$ 为 $(\mathbf{R}^n,\rho_0^n)$ 中的 Cauchy(基本)点列 ⇔ $\{x_i^m\}(i=1,\cdots,n)$ 在 $(\mathbf{R}^1,\rho_0^1)$ 中均为 Cauchy(基本)数列 ⇔ $\{x_i^m\}(i=1,\cdots,n)$ 在 $(\mathbf{R}^1,\rho_0^1)$ 中均收敛 ⇔ $\{\boldsymbol{x}^m\}$ 在 $(\mathbf{R}^n,\rho_0^n)$ 中收敛.

这就证明了 $(\mathbf{R}^n,\rho_0^n)$ 为完备度量空间.

(2) 设$\{x_n\}$为序列紧致度量空间(X,ρ)的 Cauchy(基本)点列,则$\{x_n\}$必有收敛子列$\{x_{n_k}\}$,记$\lim\limits_{k\to+\infty}x_{n_k}=x_0$.于是,$\forall\ \varepsilon>0$,$\exists\ N\in\mathbf{N}$,当$n,m>N,k>N$时,有

$$\rho(x_n,x_m)<\frac{\varepsilon}{2},\quad \rho(x_{n_k},x_0)<\frac{\varepsilon}{2}.$$

于是

$$\rho(x_n,x_0)\leqslant\rho(x_n,x_{n_k})+\rho(x_{n_k},x_0)<\frac{\varepsilon}{2}+\frac{\varepsilon}{2}=\varepsilon.$$

这就证明了$\{x_n\}$收敛于$x_0\in X$.从而,(X,ρ)为完备度量空间.

但反之不成立.(1)中的$(\mathbf{R}^n,\rho_0^n)$就是反例. □

定理 1.6.9($(\mathbf{R}^n,\mathscr{T}_{\rho_0^n})$中紧致子集的充要条件) 设$A$为$(\mathbf{R}^n,\mathscr{T}_{\rho_0^n})$中的子集,则:

(1) A为紧致子集;

$\Leftrightarrow$(2) A为可数紧致子集;

$\Leftrightarrow$(3) A为列紧子集;

$\Leftrightarrow$(4) A为序列紧致子集;

$\Leftrightarrow$(5) A中非空递降闭集列必有交;

$\Leftrightarrow$(6) A为有界闭集.

证明 根据定理 1.6.4,只需证明:

(1)$\Leftarrow$(6).(Heine-Borel)设n维闭区间(n维闭长方体)$I_1\supset A$.(反证)假设A非紧致,则存在A的开覆盖$\{U_\alpha\mid\alpha\in\Gamma\}$,它无有限子覆盖.将$I_1 2^n$等分,必有一等分$I_2\subset I_1$,使$I_2\cap A$无有限子覆盖.再将$I_1 2^n$等分,必有一等分$I_3\subset I_2$,使$I_3\cap A$无有限子覆盖,于是,得到一串$n$维闭区间的递降序列

$$I_1\supset\cdots\supset I_m\supset I_{m+1}\supset\cdots,$$

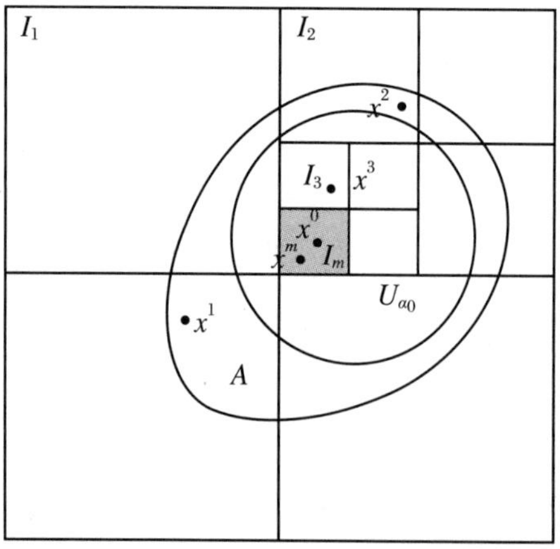

图 1.6.1

且I_m的直径$\mathrm{diam}I_m\to0(m\to+\infty)$.根据闭区间套原理(由数学分析中,应用1元闭区间套原理证得,而不由推论 1.6.1 得到!),$\exists_1 x^0\in I_m$,$\forall\ m\in\mathbf{N}$.取$\boldsymbol{x}^m\in I_m\cap A$,显然,$\{\boldsymbol{x}^m\}$收敛于$\boldsymbol{x}^0$.又因$A$为闭集,故$\boldsymbol{x}^0\in A$.因为$\{U_\alpha\mid\alpha\in\Gamma\}$为$A$的开覆盖,所以,$\exists\ N\in\mathbf{N}$,当$m>N$时,$I_m\in U_{\alpha_0}$,$\alpha_0\in\Gamma$.即$\{U_{\alpha_0}\}$为$I_m\cap A$的有限(实际上,只有一个!)子覆盖,这与上述$I_m\cap A$无有限子覆盖相矛盾(图 1.6.1).这就证明了$A$是紧致的,即(1)成立.

(1)$\Rightarrow$(6).由定理 1.6.6 证法 2、证法 3

推得.

(4)⇒(6). 由定理 1.6.6 证法 1 推得. □

例 1.6.4 $\mathbf{R}^n$ 在$(\mathbf{R}^n,\mathscr{T}_{\rho_0^n})$中非紧致.

证明 (证法 1)因为 $\mathbf{R}^n$ 的开覆盖$\mathscr{I}=\{B(0;n)\mid n\in\mathbf{N}\}$无有限子覆盖,所以,$\mathbf{R}^n$ 在$(\mathbf{R}^n,\mathscr{T}_{\rho_0^n})$中非紧致.

(证法 2)因为无限子集 $A=\{(n,0,\cdots,0)\mid n\in\mathbf{N}\}$无聚点,故 $\mathbf{R}^n$ 在$(\mathbf{R}^n,\mathscr{T}_{\rho_0^n})$中非列紧,根据定理 1.6.4,$\mathbf{R}^n$ 在$(\mathbf{R}^n,\mathscr{T}_{\rho_0^n})$中非紧致.

(证法 3)因为点列$\{(n,0,\cdots,0)\}$无收敛子列,故 $\mathbf{R}^n$ 在$(\mathbf{R}^n,\mathscr{T}_{\rho_0^n})$中非序列紧致,根据定理 1.6.4,$\mathbf{R}^n$ 在$(\mathbf{R}^n,\mathscr{T}_{\rho_0^n})$中非紧致.

(证法 4)因为 $\mathbf{R}^n$ 无界,根据定理 1.6.9,$\mathbf{R}^n$ 在$(\mathbf{R}^n,\mathscr{T}_{\rho_0^n})$中非紧致. □

读者仔细想一下,你最欣赏的是哪一种证法? 应该是证法 1,它只需用到紧致的定义,不需用到其他定理. 它是最直接、最简单的证法!

定理 1.6.10(紧致、可数紧致、序列紧致都是连续不变性) 设$(X,\mathscr{T}_1)$与$(Y,\mathscr{T}_2)$都为拓扑空间,$f:X\to Y$ 为连续映射,则:

(1) 如果$(X,\mathscr{T}_1)$紧致,则 $f(X)$也紧致;

(2) 如果$(X,\mathscr{T}_1)$可数紧致,则 $f(X)$也可数紧致;

(3) 如果$(X_1,\mathscr{T}_1)$序列紧致,则 $f(X)$也序列紧致.

证明 (1) $f(X)$作为$(Y,\mathscr{T}_2)$的子拓扑空间,根据定理 1.3.7(2),$f:X\to f(X)$也连续. 设$\mathscr{I}$为 $f(X)$的任一开覆盖,根据定理 1.3.2(2),$\{f^{-1}(V)\mid V\in\mathscr{I}\}$为 X 的一个开覆盖. 由$(X,\mathscr{T}_1)$紧致,$\{f^{-1}(V)\mid V\in\mathscr{I}\}$有一个有限子覆盖$\{f^{-1}(V_i)\mid V_i\in\mathscr{I},i=1,\cdots,n\}$. 因为 $f(f^{-1}(V_i))=V_i$,所以$\mathscr{I}_1=\{V_i\mid i=1,\cdots,n\}$为 $f(X)$关于$\mathscr{I}$的一个有限子覆盖. 这就证明了 $f(X)$为$(Y,\mathscr{T}_2)$的紧致子集.

(2) 仿(1)证明.

(3) 在 $f(X)$中任取点列$\{y_n\}$,令 $x_n\in X$, s. t. $f(x_n)=y_n$. 因为$(X,\mathscr{T}_1)$序列紧致,故$\{x_n\}$有收敛子列$\{x_{n_k}\}$收敛于 $x_0\in X$. 再由 f 在 x_0 处连续及定理 1.3.2(7),$\{y_{n_k}\}=\{f(x_{n_k})\}$收敛于 $f(x_0)\in f(X)$,即$\{y_n\}$在 $f(X)$中有收敛子列$\{y_{n_k}\}$. 这就证明了 $f(X)$为$(Y,\mathscr{T}_2)$的序列紧致子集. □

推论 1.6.2 设$(X,\mathscr{T}_1)$为 A_1、T_1 空间(特别地,$(X,\mathscr{T}_1)=(X,\mathscr{T}_\rho)$为度量空间),$(Y,\mathscr{T}_2)$为拓扑空间,$f:X\to Y$ 为连续映射. 如果$(X,\mathscr{T}_1)$为列紧(⇔紧致⇔可数紧致⇔序列紧致)空间,则 $f(X)$为$(Y,\mathscr{T}_2)$的列紧、紧致、可数紧致、序列紧致子集.

证明 因为$(X,\mathscr{T}_1)$为 A_1、T_1 的列紧空间,根据定理 1.6.3,$(X,\mathscr{T}_1)$也为紧致、可数紧致、序列紧致空间,再根据定理 1.6.10,$f(X)$是紧致、可数紧致、序列紧致空间. 于是,

由定理 1.6.1 知，$f(X)$为$(Y,\mathscr{T}_2)$中的列紧子集. □

定理 1.6.11 设$(X,\mathscr{T}_1)$为紧致空间，$(Y,\mathscr{T}_2)$为 T_2 空间，$f:X\to Y$ 为一一连续映射，则 f 为同胚.

证明 设 F 为$(X,\mathscr{T}_1)$中任一闭集，因为$(X,\mathscr{T}_1)$为紧致空间，根据引理 1.7.1，闭集 F 也紧致，由 f 为连续映射及定理 1.6.10(1)知，$(f^{-1})^{-1}(F)=f(F)$也是紧致的. 再从引理 1.7.3 可知，T_2 空间$(Y,\mathscr{T}_2)$中的紧致子集 $f(F)$为闭子集. 由定理 1.3.2(3)立即推出 f^{-1}为连续映射，而 f(以及 f^{-1})为同胚. □

例 1.6.5 设 $X=[0,2\pi)$为实直线$(\mathbf{R}^1,\mathscr{T}_{\rho_0^1})$的子拓扑空间. 单位圆 $Y=S^1$ 为平面$(\mathbf{R}^2,\mathscr{T}_{\rho_0^2})$的子拓扑空间. $f:X=[0,2\pi)\to S^1=Y,\theta\mapsto f(\theta)=(\cos\theta,\sin\theta)$. 显然，$f$ 为一一连续映射. 但 f^{-1} 在$(\cos 0,\sin 0)=(1,0)$处不连续，从而 f 不为同胚. 事实上，对 $f^{-1}((1,0))=0$ 的开邻域 $U_0=[0,\pi)$，都不存在$(1,0)$的开邻域 V，使得 $f^{-1}(V)\subset U_0=[0,\pi)$，所以 f^{-1}在$(1,0)$处不连续. 或者，开集$[0,\pi)$在映射 f^{-1}下的逆像$(f^{-1})^{-1}([0,\pi))=f([0,\pi))=\{(\cos\theta,\sin\theta)\mid\theta\in[0,\pi)\}$不为 S^1 中的开集，故 f^{-1}不连续，从而 f 不为同胚(图 1.6.2).

细心的读者会注意到，$X=[0,2\pi)$非紧致，不符合定理 1.6.11 中的条件.

例 1.6.6 设 $X=Y=\{a,b\}$，$a\neq b$. 显然，恒同映射

$$f=\mathrm{Id}_X:(X,\mathscr{T}_{离散})=(\{a,b\},\mathscr{T}_{离散})\to(\{a,b\},\mathscr{T}_{平庸})=(Y,\mathscr{T}_{平庸})$$

为一一连续映射，但 f^{-1}不连续，从而 f 不为同胚. 事实上，$f^{-1}(a)=(\mathrm{Id}_X)^{-1}(a)=a\in X$ 的开邻域$\{a\}$，$a\in Y$ 的开邻域只有 $Y=\{a,b\}$. 显然

$$f^{-1}(Y)=(\mathrm{Id}_X)^{-1}(\{a,b\})=\{a,b\}\not\subset\{a\}.$$

因此，f^{-1}在 a 处不连续. 或者，开集$\{a\}$在 f^{-1}下的逆像

$$(f^{-1})^{-1}(\{a\})=f(\{a\})=\mathrm{Id}_X(\{a\})=\{a\}$$

不为开集，所以 f^{-1}不连续.

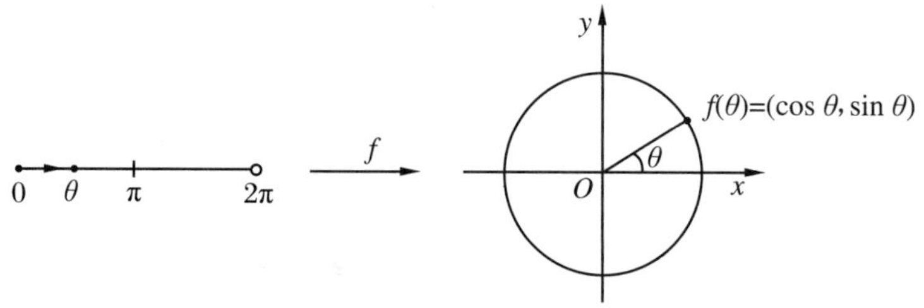

图 1.6.2

$Y=\{a,b\}$，$(Y,\mathscr{T}_{平庸})$非 T_2，不符合定理 1.6.11 中的条件.

例 1.6.7 在 Euclid 空间中，证明：$S^n\not\cong\mathbf{R}^n$.

证明 因为 S^n 为$(\mathbf{R}^{n+1},\mathscr{T}_{\rho_0^{n+1}})$中的有界闭集,根据定理1.6.9(6),它为紧致子集.而由例1.6.4知 $\mathbf{R}^n$ 非紧致.于是,从紧致为拓扑不变性立知,$S^n\not\cong\mathbf{R}^n$. □

例1.6.8 设 X 为不可数集,证明:$(X,\mathscr{T}_{余有限})\not\cong(X,\mathscr{T}_{余可数})$.

证明 由例1.6.3(1)知,$(X,\mathscr{T}_{余有限})$为紧致空间,再由例1.6.3(2)(ii)知,$(X,\mathscr{T}_{余可数})$非紧致.根据紧致为拓扑不变性,$(X,\mathscr{T}_{余有限})\not\cong(X,\mathscr{T}_{余可数})$. □

下面我们将有界闭区间$[a,b]$上连续函数的最值定理推广到紧致(或可数紧致,或序列紧致)空间;将有界闭区间$[a,b]$上的一致连续性定理推广到序列紧致(或紧致,或可数紧致,或列紧)的度量空间.

定理1.6.12(最值定理) 设$(X,\mathscr{T})$为紧致(或可数紧致,或序列紧致)空间,$(\mathbf{R}^1,\mathscr{T}_{\rho_0^1})$为通常的1维Euclid空间,$f:X\to\mathbf{R}^1$ 为连续函数,则 f 在 X 上必达到最大值与最小值.此时,$f(X)=[m,M]$,其中 $m=\min\limits_{x\in X}f(x)$,$M=\max\limits_{x\in X}f(x)$.

证明 由定理1.6.10,$f(X)$为$(\mathbf{R}^1,\mathscr{T}_{\rho_0^1})$中的紧致(或可数紧致,或序列紧致)子集.再由定理1.6.6知,$f(X)$为$(\mathbf{R}^1,\mathscr{T}_{\rho_0^1})$中的有界闭集.因此,$\min\limits_{x\in X}f(x)$,$\max\limits_{x\in X}f(x)$分别为 f 在 X 上的最小值与最大值. □

推论1.6.3 设$(X,\mathscr{T}_\rho)$为列紧(或紧致,或可数紧致,或序列紧致)度量空间,$(\mathbf{R}^1,\mathscr{T}_{\rho_0^1})$为通常的1维Euclid空间,$f:X\to\mathbf{R}^1$ 为连续函数,则 f 在 X 上必达到最大值与最小值.

证明 根据定理1.6.4,列紧度量空间也是紧致(或可数紧致,或序列紧致)空间,再根据定理1.6.12,f 在 X 上必达到最大值与最小值. □

定理1.6.13(Lebesgue数定理) 设$(X,\mathscr{T}_\rho)$为序列紧致(或紧致,或可数紧致,或列紧)度量空间,$\mathscr{I}$为 X 的一个开覆盖(即 $X=\bigcup\limits_{I\in\mathscr{I}}I$,$I$为$(X,\mathscr{T}_\rho)$中的开集),则存在一个正数 $\lambda=\lambda(\mathscr{I})$ 具有性质:如果 $A\subset X$,其直径

$$d(A)=\operatorname{diam}A=\sup\{\rho(x',x'')\mid x',x''\in A\}<\lambda=\lambda(\mathscr{I})$$

时,必有 $I\in\mathscr{I}$,s.t. $A\subset I$.我们称 $\lambda=\lambda(\mathscr{I})$为开覆盖$\mathscr{I}$的一个 **Lebesgue 数**.

证明 (反证)假设结论不成立,则 $\forall\, n\in\mathbf{N}$,$\exists\, A_n\subset X$,它的直径 $\operatorname{diam}(A_n)<\dfrac{1}{n}$,而 $\nexists I\in\mathscr{I}$,s.t. $A_n\subset I$.取 $a_n\in A_n$.由于$(X,\mathscr{T}_\rho)$为序列紧致(从定理1.6.4,它等价于紧致,或可数紧致,或列紧)空间,存在子列$\{a_{n_k}\}$收敛于 $a_0\in X$.因为$\mathscr{I}$为 X 的一个开覆盖,故 $\exists\, I_0\in\mathscr{I}$,s.t. $a_0\in I_0$.因 I_0 为开集,当 $X\setminus I_0\neq\varnothing$时,点 a_0 到集合 $X\setminus I_0$ 的距离

$$d=\rho(a_0,X\setminus I_0)=\inf\{\rho(a_0,x)\mid x\in X\setminus I_0\}>0.$$

由于 $\lim\limits_{k\to+\infty}a_{n_k}=a_0$,所以,$\exists\, n_{k_0}\in\mathbf{N}$,s.t. $n_{k_0}<\dfrac{2}{d}$ 与 $\rho(a_0,a_{n_{k_0}})<\dfrac{d}{2}$.于是,$\forall\, x\in$

$A_{n_{k_0}}$，有

$$\rho(a_0,x)\leqslant\rho(a_0,a_{n_k})+\rho(a_{n_k},x)<\frac{d}{2}+\frac{1}{n_{k_0}}<\frac{d}{2}+\frac{d}{2}=d,$$

因而，$A_{n_{k_0}}\subset I_0\in\mathscr{I}$；当 $X\backslash I_0=\varnothing$时，$A_n\subset X\subset I_0$. 这与不存在 $I\in\mathscr{I}$, s.t. $A_{n_{k_0}}\subset I$ 相矛盾. □

定理 1.6.14（一致连续性定理） 设(X,ρ_1)为序列紧致（或紧致，或可数紧致，或列紧）的度量空间，(Y,ρ_2)为度量空间，$f:X\to Y$ 为连续映射，则 f 在 X 上一致连续，即 $\forall\,\varepsilon>0$，$\exists\,\delta=\delta(\varepsilon)$（只与 ε 有关，而与点 $x\in X$ 无关!），当 $x',x''\in X$，$\rho_1(x',x'')<\delta$ 时，有 $\rho_2(f(x'),f(x''))<\varepsilon$.

证明 （证法 1）根据定理 1.6.4，只需考虑序列紧致情况.

（反证）假设 f 在 X 上不一致连续，则 $\exists\,\varepsilon_0>0$，$\forall\,n\in\mathbf{N}$，必有 $x_n',x_n''\in X$，s.t. $\rho_1(x_n',x_n'')<\dfrac{1}{n}$，但 $\rho_2(f(x_n'),f(x_n''))\geqslant\varepsilon_0$，因$(X,\mathscr{T}_{\rho_1})$序列紧致，故$\{x_n'\}$必有收敛子列 $\{x_{n_k}'\}$，记 $\lim\limits_{k\to+\infty}x_{n_k}'=x_0\in X$. 由于 $\rho_1(x_n',x_n'')<\dfrac{1}{n}$，故

$$\begin{aligned}0&\leqslant\rho_1(x_n'',x_0)\leqslant\rho_1(x_{n_k}'',x_{n_k}')+\rho_1(x_{n_k}',x_0)\\&<\frac{1}{n_k}+\rho_1(x_{n_k}',x_0)\to0\quad(k\to+\infty),\end{aligned}$$

$$\lim_{k\to+\infty}\rho_1(x_{n_k}'',x_0)=0,\qquad\lim_{k\to+\infty}x_{n_k}''=x_0.$$

于是，由 f 为 X 上的连续函数，$\exists\,K\in\mathbf{N}$，当 $k>K$ 时，有

$$\begin{aligned}\varepsilon_0&\leqslant\rho_2(f(x_{n_k}'),f(x_{n_k}''))\\&\leqslant\rho_2(f(x_{n_k}'),f(x_0))+\rho_2(f(x_0),f(x_{n_k}''))\\&<\frac{\varepsilon_0}{2}+\frac{\varepsilon_0}{2}=\varepsilon_0,\end{aligned}$$

矛盾. 所以，f 在 X 上一致连续.

（证法 2）设$(X,\mathscr{T}_{\rho_1})$紧致. $\forall\,\varepsilon>0$，因为 f 在 X 上连续，故对 $x\in X$，$\exists\,\delta(x)>0$, s.t. 当 $x'\in X$，且 $\rho_1(x',x)<\delta(x)$时，有 $\rho_2(f(x'),f(x))<\dfrac{\varepsilon}{2}$.

显然，开球族$\mathscr{I}=\left\{B\left(x;\dfrac{\delta(x)}{2}\right)\,\middle|\,x\in X\right\}$为紧致空间$(X,\mathscr{T}_{\rho_1})$的一个开覆盖，它必有有限的子覆盖$\mathscr{I}_1\left\{B\left(x_i;\dfrac{\delta(x_i)}{2}\right)\,\middle|\,i=1,\cdots,m\right\}$. 令

$$\delta=\min\left\{\frac{\delta(x_i)}{2}\,\middle|\,i=1,\cdots,m\right\},$$

则 $\forall\,x',x''\in X$，当 $\rho_1(x',x'')<\delta$ 时，如果 $x'\in B\left(x_{i_0};\dfrac{\delta(x_{i_0})}{2}\right)$，必有

$$x', x'' \in B(x_{i_0}; \delta(x_{i_0})),$$

从而

$$\rho_2(f(x'), f(x'')) \leqslant \rho_2(f(x'), f(x_{i_0})) + \rho_2(f(x_{i_0}), f(x'')) < \frac{\varepsilon}{2} + \frac{\varepsilon}{2} = \varepsilon,$$

即 f 在 X 上一致连续.

(证法3)设$(X, \mathscr{T}_\rho)$序列紧致. $\forall \varepsilon > 0$,因为 f 在 X 上连续,故对 $x \in X$,$\exists \delta(x) > 0$, s.t. 当 $x' \in X$,且 $\rho_1(x', x) < \delta(x)$时,有 $\rho_2(f(x'), f(x)) < \frac{\varepsilon}{2}$. 显然,开球族$\mathscr{I} = \{B(x; \delta(x)) \mid x \in X\}$为 X 的一个开覆盖. 根据 Lebesgue 数定理(定理 1.6.13),存在 Lebesgue 数 $\lambda = \lambda(\mathscr{I}) > 0$. 于是,对上述的 $\varepsilon > 0$,取 $\delta = \lambda(\mathscr{I})$,则当 $x', x'' \in X$,且

$$\operatorname{diam}\{x', x''\} = \rho(x', x'') < \delta = \lambda(\mathscr{I})$$

时,$\exists B(x_0; \delta(x_0)) \in \mathscr{I}$, s.t. $\{x', x''\} \subset B(x_0; \delta(x_0))$,从而

$$\rho_2(f(x'), f(x'')) \leqslant \rho_2(f(x'), f(x_0)) + \rho_2(f(x_0), f(x'')) < \frac{\varepsilon}{2} + \frac{\varepsilon}{2} = \varepsilon.$$

这就证明了 f 在 X 上是一致连续的. □

定理 1.6.15(延拓定理) 设(X, ρ_1)与(Y, ρ_2)为度量空间,$A \subset X$.

(1) 如果 $\overline{A}$ 为度量空间$(X, \mathscr{T}_{\rho_1})$的序列紧致($\Leftrightarrow$紧致$\Leftrightarrow$可数紧致$\Leftrightarrow$列紧)子集,$f: \overline{A} \to Y$连续,则 f 在$\overline{A}$(当然也在 A)上一致连续;

(2) 如果 $f: A \to Y$ 一致连续,$\overline{f(A)}$为(Y, ρ_2)的完备子度量空间,则存在连续映射 $\tilde{f}: \overline{A} \to Y$,使得 $\tilde{f}|_A = f|_A$,即 $\tilde{f}$ 为f 的连续延拓.

证明 (1) 由定理 1.6.14 推得.

(2) $\forall x_0 \in \overline{A}$, $x_n \in A$, $x_n \to x_0 (n \to +\infty)$,必有 $\lim\limits_{n \to +\infty} f(x_n)$,且 $\lim\limits_{n \to +\infty} f(x_n) \in \overline{f(A)}$. 事实上,$\forall \varepsilon > 0$,由于 f 在 A 上一致连续,所以存在 $\delta > 0$,当 $\rho_1(x', x'') < \delta$ 时,有 $\rho_2(f(x'), f(x'')) < \varepsilon$. 于是,$\exists N \in \mathbf{N}$,当 $n, m > N$ 时,$\rho(x_n, x_m) < \delta$,从而 $\rho_2(f(x_n), f(x_m)) < \varepsilon$. 这意味着$\{f(x_n)\}$为$\overline{f(A)} \subset Y$ 中的 Cauchy(基本)点列. 因为$\overline{f(A)}$为(Y, ρ_2)的完备子度量空间,所以$\{f(x_n)\}$在$\overline{f(A)}$中必收敛,即 $\lim\limits_{n \to +\infty} f(x_n)$存在且属于$\overline{f(A)}$. 再证 $\lim\limits_{n \to +\infty} f(x_n)$与点列$\{x_n\}$,$x_n \to x_0 (n \to +\infty)$的选取无关,如果 $y_n \in A$,$y_n \to x_0 (n \to +\infty)$,则$\{z_n\} = \{x_1, y_1, x_2, y_2, \cdots, \cdots, x_n, y_n, \cdots\}$ 也收敛于 x_0,所以$\{f(z_n)\}$也收敛,且

$$\lim_{n \to +\infty} f(x_n) = \lim_{n \to +\infty} f(z_n) = \lim_{n \to +\infty} f(y_n).$$

由此与归纳原则可知,$\lim\limits_{\substack{x \to x_0 \\ x \in A}} f(x)$存在且属于$\overline{f(A)}$. 我们定义

$$\tilde{f}(x_0) = \lim_{\substack{x \to x_0 \\ x \in A}} f(x).$$

易见，$\widetilde{f}$ 为 $\overline{A}$ 上的连续映射，且 $\widetilde{f}|_A = f|_A$，即 $\widetilde{f}$ 为 f 的连续延拓. □

作为一致连续的应用，我们来考察下面的重要例子.

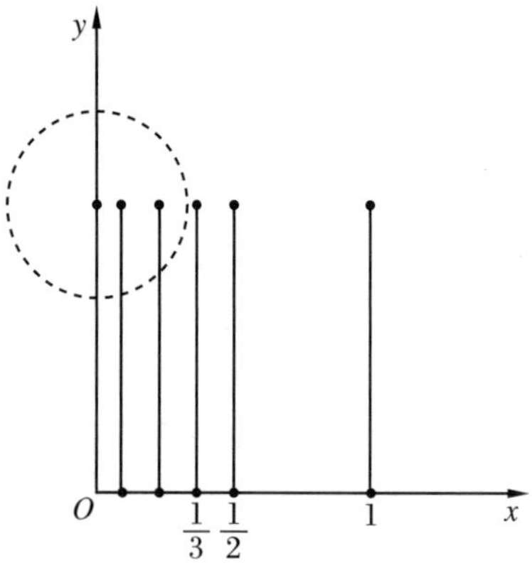

图 1.6.3

例 1.6.9 设 $X = ([0,1]\times\{0\})\cup\left(\left\{0,1,\frac{1}{2},\cdots,\frac{1}{n},\cdots\right\}\times[0,1]\right)\subset\mathbf{R}^2$，称它为**篦式空间**（图 1.6.3），则：

(1) 点 $(0,1)$ 为 X 的**形变收缩核**，即存在连续映射 $F: X\times[0,1]\to X$，使得

$$F((x_1,x_2),0) = (x_1,x_2) = \mathrm{Id}_X(x_1,x_2),$$
$$F((x_1,x_2),1) = (0,1) = C_{(0,1)}(x_1,x_2),$$

其中 $\mathrm{Id}_X: X\to X$ 为 X 上的恒同映射，$C_{(0,1)}$ 为 X 上取值 $(0,1)$ 的常值映射.

(2) 点 $(0,1)$ 不为 X 上的**强形变收缩核**，即不存在连续映射 $G: X\times[0,1]\to X$，使得

$$G((x_1,x_2),0) = (x_1,x_2) = \mathrm{Id}_X(x_1,x_2),$$
$$G((x_1,x_2),1) = (0,1) = C_{(0,1)}(x_1,x_2),$$
$$G((0,1),t) = (0,1),\quad \forall\, t\in[0,1].$$

(3) 点 $(0,0)$ 为 X 上的强形变收缩核（读者自证）.

证明 (1) 令 $F: X\times[0,1]\to X$，

$$F((x_1,x_2),t) = \begin{cases}(x_1,(1-3t)x_2), & 0\leqslant t\leqslant\frac{1}{3},\\ ((2-3t)x_1,0), & \frac{1}{3}<t\leqslant\frac{2}{3},\\ (0,3t-2), & \frac{2}{3}<t\leqslant 1\end{cases}$$

为所需的形变收缩，因此，$(0,1)$ 为 X 的形变收缩核.

(2)（反证）假设 $(0,1)$ 为 X 的强形变收缩核，即存在 (2) 中所述的连续映射 $G: X\times[0,1]\to X$. 因为 $X\times[0,1]$ 为紧致集，故 G 必一致连续. 从而对 $\varepsilon_0=\frac{1}{2}$，$\exists\,\delta>0$，当

$$\|(x_1,x_2,t)-(x_1',x_2',t')\|<\delta$$

时有

$$\|G(x_1,x_2,t)-G(x_1',x_2',t')\|<\varepsilon_0=\frac{1}{2}.$$

因此，当 $\left\|(0,1,t)-\left(\frac{1}{n},1,t\right)\right\|=\left\|\left(\frac{1}{n},0,0\right)\right\|=\frac{1}{n}<\delta$ 时，

$$\left\|(0,1)-G\left(\left(\frac{1}{n},1\right),t\right)\right\|=\left\|G((0,1),t)-G\left(\left(\frac{1}{n},1\right),t\right)\right\|<\varepsilon_0=\frac{1}{2}.$$

由此得到 $G\left(\left(\frac{1}{n},1\right),t\right)\in B\left((0,1);\frac{1}{2}\right)$, $\forall t\in[0,1]$. 于是, $G\left(\left(\frac{1}{n},1\right),t\right)$为开球$B\left((0,1);\frac{1}{2}\right)$中连接 $G\left(\left(\frac{1}{n},1\right),0\right)=\left(\frac{1}{n},1\right)$到 $G\left(\left(\frac{1}{n},1\right),1\right)=(0,1)$的一条道路,这与图1.6.3中明显地在 $B\left((0,1);\frac{1}{2}\right)$中无一条道路连接$\left(\frac{1}{n},1\right)$到$(0,1)$相矛盾. □

最后,我们来举几个定理1.6.1与定理1.6.10中的反例.

例1.6.10 设$\mathbf{N}=\{1,2,\cdots,n,\cdots\}$为自然数集. 令$\mathscr{T}^\circ=\{\{2n-1,2n\}\mid n\in\mathbf{N}\}$,则容易验证

$$\mathscr{T}=\{U\mid U\text{ 为 }\mathscr{T}^\circ\text{ 中若干成员的并}\}$$

为一个拓扑空间,$\mathscr{T}^\circ$为$(\mathbf{N},\mathscr{T})$的拓扑基.

由于$\mathscr{T}^\circ$为可数族,所以$(\mathbf{N},\mathscr{T})$为A_2空间,因为$2n-1$不存在开邻域不含$2n$,而$2n$也不存在开邻域不含$2n-1$,所以$(\mathbf{N},\mathscr{T})$非T_0,当然非T_1非T_2.

$(\mathbf{N},\mathscr{T})$为列紧空间. 事实上,对$\mathbf{N}$的任何非空(包括无限)集合A,如果$2n-1\in A$,则$2n$为A的聚点;如果$2n\in A$,则$2n-1$为A的聚点. 因而,$(\mathbf{N},\mathscr{T})$为列紧空间.

$(\mathbf{N},\mathscr{T})$不为可数紧致空间,根据定理1.6.1(1)⇒(2),它也不为紧致空间. 事实上,对X的可数开覆盖$\mathscr{T}^\circ$无有限子覆盖,从而$(\mathbf{N},\mathscr{T})$不为可数紧致空间.

$(\mathbf{N},\mathscr{T})$不为序列紧致空间. 这是因为序列$\{n\}$无收敛的子序列. (反证)假设$\{n\}$有收敛子序列$\{n_k\}$,它收敛于n_0. 如果$n_0=2l_0-1$,则对$n_0=2l_0-1$的开邻域$U=\{2l_0-1,2l_0\}$, $\exists K\in\mathbf{N}$,当$k>K$时, $n_k\in U=\{2l_0-1,2l_0\}$. 由于$\{n_k\}$中元素彼此相异,矛盾;如果$n_0=2l_0$,同理可推出矛盾.

此例表明:在定理1.6.1中,(2)$\not\Leftarrow$(3),(1)$\not\Leftarrow$(3),(4)$\not\Leftarrow$(3).

注1.6.1 在定理1.6.3中,从(2)$\xleftarrow{T_1}$(3)知,(2)$\not\Leftarrow$(3)的反例必须从非T_1的列紧空间中去寻找!

一般来说,要研究(甲)⇒(乙),先附加条件,甚至很强的条件得到(甲)$\xrightarrow{\text{强条件}}$(乙). 然后将这条件尽可能地减到弱条件,得到(甲)$\xrightarrow{\text{弱条件}}$(乙). 这会有3种结果:(1) 取消弱条件,有办法证明(甲)$\not\Rightarrow$(乙);(2) 从满足(甲)且不满足弱条件的例中找到了(甲)$\not\Rightarrow$(乙)的反例;(3) 既不能证明(甲)⇒(乙),又不能举出(甲)$\not\Rightarrow$(乙)的反例. 这第3种情形对于一位数学研究人员来说是最悲哀的.

例1.6.11 (1) 列紧性虽是拓扑不变性,但不是连续不变性.

根据定理1.6.10与定理1.6.1知,$(X,\mathscr{T}_1)$列紧$\not\Rightarrow$$(f(X),(\mathscr{T}_2)_{f(X)})$列紧的反例,必

须从$(X,\mathscr{T}_1)$为列紧但非紧致、非可数紧致、非序列紧致空间中去找！自然想到例1.6.10.

设 $X=\mathbf{N}$,考虑拓扑基 $\mathscr{T}^\circ=\{\{2n-1,2n\}\mid n\in\mathbf{N}\}$,它唯一确定的拓扑空间为$(N,\mathscr{T})$,由例 1.6.10 知,它是列紧空间,但非紧致、非可数紧致、非序列紧致的空间.令$(Y,\mathscr{T}_2)=(\mathbf{R}^1,\mathscr{T}_{\rho_0^1})$,$\mathbf{N}$ 为$(\mathbf{R}^1,\mathscr{T}_{\rho_0^1})$的子拓扑空间.明显地,它为离散拓扑空间.我们定义

$$f:X=\mathbf{N}\to\mathbf{R}^1,$$

$$f(m)=n,\quad 当\ m=2n-1,\ 2n,\ n\in\mathbf{N}时.$$

易见,$\forall\ V\in\mathscr{T}_{\rho_0^1}$,有

$$f^{-1}(V)=f^{-1}(V\cap\mathbf{N})=\{2n-1,2n\mid n\in V\cap\mathbf{N}\}=\bigcup_{n\in V\cap\mathbf{N}}\{2n-1,2n\}\in\mathscr{T}.$$

根据定理 1.3.2(2)知,f 为连续映射.但是,$f(X)=f(\mathbf{N})=\mathbf{N}$ 不为$(\mathbf{R}^1,\mathscr{T}_{\rho_0^1})$中的列紧子集($f(X)=\mathbf{N}$ 中任何无限子集都无聚点).

(2) 列紧空间上的连续函数未必达到最大值与最小值.

在(1)中,列紧空间$(X,\mathscr{T})=(\mathbf{N},\mathscr{T})$上的连续函数 f 达不到最大值.而 $g=-f$ 就达不到最小值.

如果定义 $h:X=\mathbf{N}\to\mathbf{R}^1$,$h(m)=(-1)^{n-1}n$,当 $m=2n-1,\ 2n,\ n\in\mathbf{N}$ 时,则连续函数既达不到最大值,又达不到最小值.

例 1.6.12 可数紧致但非紧致的拓扑空间,反例参阅文献[7]118 页.

例 1.6.13 紧致(可数紧致)但非序列紧致的拓扑空间,反例参阅例 2.4.3.

1.7 正则、正规、T_3 空间、T_4 空间、局部紧致、仿紧、σ 紧、单点紧化

本节继 $T_i(i=0,1,2)$引入正则、正规、T_3、T_4 等分离性概念,并讨论它们之间的关系,建立了有关的定理,列举了有趣的反例.

然后将紧致性概念从两个方面加以推广:一个是推广为局部紧致空间;另一个是推广为仿紧空间、σ 紧空间.进而研究了有关紧性的定理,以及紧性与分离性之间相互关联、相互影响的重要定理.

仿紧空间与 σ 紧空间是近代数学中两个重要的空间,它们是 n 维 $C^r(r\geqslant 1)$流形上建立单位分解时必须涉及的概念.

单点紧化是在原有拓扑空间$(X,\mathscr{T})$上附加一点得到的紧致空间$(X^*,\mathscr{T}^*)$,且$(X,\mathscr{T})$嵌入到$(X^*,\mathscr{T}^*)$使之成为子拓扑空间.

定义 1.7.1 设$(X,\mathscr{T})$为拓扑空间,如果 X 的任一闭集 A 及任一点 $x\notin A$,必存在 x

的开邻域 U 与 A 的开邻域(包含 A 的开集) V,使得 $U\cap V=\varnothing$,则称 $(X,\mathscr{T})$ 为**正则空间**.

如果 $(X,\mathscr{T})$ 的任意两个不相交的闭集 A 与 B 分别存在开邻域 U 与 V,使得 $U\cap V=\varnothing$,则称 $(X,\mathscr{T})$ 为**正规空间**.

正则的 T_1 空间称为 $\boldsymbol{T_3}$ **空间**;正规的 T_1 空间称为 $\boldsymbol{T_4}$ **空间**.

$T_i(i=0,1,2,3,4)$、正则、正规都为分离性.关于分离性,有:

定理 1.7.1 设 $(X,\mathscr{T})$ 为拓扑空间,则:

(1) $(X,\mathscr{T})$ 为 T_1 空间;

$\Leftrightarrow$(2) $(X,\mathscr{T})$ 的单点集都为闭集;

$\Leftrightarrow$(3) $(X,\mathscr{T})$ 的有限集都为闭集.

证明 (1)$\Rightarrow$(2). $\forall x\in X$,由 $(X,\mathscr{T}_1)$ 为 T_1 空间,$\forall y\in X\backslash\{x\}$ 必有 y 的开邻域 U_y, s.t. $x\notin U_y$.于是,$y\in U_y\in\{x\}^c$,故 $\{x\}^c$ 为开集,从而 $\{x\}$ 为闭集.

或由 $x\notin U_y$,故 $U_y\cap\{x\}=\varnothing$,故 $y\notin\overline{\{x\}}$,从而 $\overline{\{x\}}=\{x\}$.即单点集 $\{x\}$ 为闭集.

(2)$\Rightarrow$(3).由(2)知,单点集都为闭集,因此,根据定理1.1.1(2)与归纳法推得有限集作为有限个闭集之并仍为闭集.

(3)$\Rightarrow$(1). $\forall x,y\in X,x\neq y$,由(3)知,$\{x\}$ 与 $\{y\}$ 都为闭集,故 $U=\{y\}^c$ 为 x 的开邻域而不含 y,$V=\{x\}^c$ 为 y 的开邻域而不含 x.所以,$(X,\mathscr{T})$ 为 T_1 空间. □

定理 1.7.2(正则、正规空间的充要条件) 设 $(X,\mathscr{T})$ 为拓扑空间,则:

(1) $(X,\mathscr{T})$ 为正则空间$\Leftrightarrow\forall x\in X$ 与 $U\in\mathscr{N}_x^\circ$,必 $\exists V\in\mathscr{N}_x^\circ$, s.t. $x\in V\subset\overline{V}\subset U$;

(2) $(X,\mathscr{T})$ 为正规空间$\Leftrightarrow$对 X 的任一闭集 A 及 A 的任一开邻域 U,存在 A 的开邻域 V,使得 $A\subset V\subset\overline{V}\subset U$.

证明 (1) ($\Rightarrow$)设 $(X,\mathscr{T})$ 为正则空间. $x\in X,U\in\mathscr{N}_x^\circ$,则 U^c 为闭集,且 $x\notin U^c$,故分别存在 x 与 U^c 的开邻域 V 与 W,使得 $V\cap W\neq\varnothing$.从而,$V\subset W^c$,所以

$$x\in V\subset\overline{V}\subset\overline{W^c}=W^c\subset(U^c)^c=U.$$

($\Leftarrow$)设 A 为任一闭集,$x\notin A$,则 $U=A^c\in\mathscr{N}_x^\circ$.由右边条件,$\exists V\in\mathscr{N}_x^\circ$, s.t. $x\in V\subset\overline{V}\subset U=A^c$,于是,$V$ 与 $(\overline{V})^c$ 分别为 x 与 A 的开邻域,且 $V\cap(\overline{V})^c=\varnothing$.这就证明了 $(X,\mathscr{T})$ 为正则空间.

(2) ($\Rightarrow$)设 $(X,\mathscr{T})$ 为正规空间.对 X 的任一闭集 A 及 A 的任一开邻域 U,U^c 为闭集,且 $A\cap U^c=\varnothing$,故分别存在 A 与 U^c 的开邻域 V 与 W,使得 $V\cap W=\varnothing$,从而,$V\subset W^c$,所以

$$A\subset V\subset\overline{V}\subset\overline{W^c}=W^c\subset(U^c)^c=U.$$

($\Leftarrow$)设 A 与 B 为任意两个不相交的闭集,则 $U=B^c$ 为 A 的开邻域.由右边的条件,

存在 A 的开邻域 V, s.t. $A\subset V\subset\bar{V}\subset U=B^c$,于是,$V$ 与 $(\bar{V})^c$ 分别为 A 与 B 的开邻域,且 $V\cap(\bar{V})^c=\varnothing$. □

定理 1.7.3 关于拓扑空间 $(X,\mathscr{T})$,$T_4\Rightarrow T_3\Rightarrow T_2\Rightarrow T_1\Rightarrow T_0$.

证明 显然只需证 $T_4\Rightarrow T_3\Rightarrow T_2$.

设 $(X,\mathscr{T})$ 为 T_4 空间,即为正规 T_1 空间.对于 X 中任一闭集 A,任一 $x\notin A$.根据定理 1.7.1(2),$\{x\}$ 为闭集.再由 $(X,\mathscr{T})$ 为正规空间,必有 $\{x\}$ 的开邻域 U 与 A 的开邻域 V,使得 $U\cap V=\varnothing$.这就证得了 $(X,\mathscr{T})$ 为正则空间.又因它是 T_1 空间,从而 $(X,\mathscr{T})$ 为 T_3 空间.

设 $(X,\mathscr{T})$ 为 T_3 空间,即为正则 T_1 空间,对于 X 中任何两个不同的点 x 与 y.根据定理 1.7.1(2),$\{y\}$ 为闭集,且 $x\notin\{y\}$.再由 $(X,\mathscr{T})$ 为正则空间,必有 x 的开邻域 U 与闭集 $\{y\}$ 的开邻域 V,使得 $U\cap V=\varnothing$,这就证明了 $(X,\mathscr{T})$ 为 T_2 空间. □

定理 1.7.4 度量空间 $(X,\mathscr{T}_\rho)$ 为 T_4 空间.

证明 (证法 1)由例 1.2.6,$(X,\mathscr{T}_\rho)$ 为 T_2 空间,当然也为 T_1 空间.为证 $(X,\mathscr{T}_\rho)$ 为 T_4 空间,尚需证 $(X,\mathscr{T}_\rho)$ 为正规空间.

设 A,B 为 $(X,\mathscr{T}_\rho)$ 中不相交的闭集,令

$$\rho(x,A)\xlongequal{\text{def}}\inf\{\rho(x,y)\mid y\in A\},$$
$$U=\{x\in X\mid\rho(x,A)<\rho(x,B)\}\supset A,$$
$$V=\{x\in X\mid\rho(x,A)>\rho(x,B)\}\supset B,$$

则 U 为 A 的开邻域,V 为 B 的开邻域,且 $U\cap V=\varnothing$,这就证明了 $(X,\mathscr{T}_\rho)$ 为正规空间.

(证法 2)$\forall x\in A$,则 $x\notin B$,由于 B 为闭集,故

$$\rho(x,B)=\inf\{\rho(x,y)\mid y\in B\}>0.$$

同理,$\forall y\in B$,$\rho(y,A)>0$.记

$$\delta_1(x)=\frac{1}{2}\rho(x,B),\quad \delta_2(y)=\frac{1}{2}\rho(y,A),$$

并令

$$U=\bigcup_{x\in A}B(x,\delta_1(x)),\quad V=\bigcup_{y\in B}B(y,\delta_2(y)),$$

U 与 V 分别为 A 与 B 的开邻域,下证 $U\cap V=\varnothing$.(反证)假设有 $z\in U\cap V$,则 $\exists x\in A$,$y\in B$,使得

$$z\in B(x,\delta_1(x))\cap B(y,\delta_2(y)).$$

不妨设 $\delta_1(x)\geqslant\delta_2(y)$.于是

$$\rho(x,y)\leqslant\rho(x,z)+\rho(z,y)<\delta_1(x)+\delta_2(y)\leqslant 2\delta_1(x)=\rho(x,B)\leqslant\rho(x,y),$$

矛盾,这就证明了 $(X,\mathscr{T})$ 为正规空间.

（证法3）令 $f:X\to[0,1]$，

$$f(x)=\frac{\rho(x,A)}{\rho(x,A)+\rho(x,B)},$$

显然，f 连续，且

$$f(x)=0,\quad \forall x\in A,$$
$$f(x)=1,\quad \forall x\in B.$$

于是，$U=f^{-1}\left(\left[0,\frac{1}{2}\right)\right)$ 与 $V=f^{-1}\left(\left(\frac{1}{2},1\right]\right)$ 分别为 A 与 B 的开邻域，且 $U\cap V=\varnothing$. 这就证明了 $(X,\mathscr{T})$ 为正规空间. □

例 1.7.1 正则、正规非 T_0 空间的例.

设 $X=\{1,2,3\}$，$\mathscr{T}=\{\varnothing,\{1\},\{2,3\},\{1,2,3\}\}$. 容易从定义 1.7.2 知，$(X,\mathscr{T})$ 为正则、正规空间，但点 2 无开邻域不含点 3，而点 3 也无开邻域不含点 2. 因此，$(X,\mathscr{T})$ 非 T_0.

例 1.7.2 正规而非正则空间的例.

设 $X=\{1,2,3\}$，$\mathscr{T}=\{\varnothing,\{1\},\{2\},\{1,2\},\{1,2,3\}\}$. 易见，$(X,\mathscr{T})$ 为拓扑空间. 它的闭集族为 $\mathscr{T}_1=\{\{1,2,3\},\{2,3\},\{1,3\},\{3\},\varnothing\}$. 由于任何两个非空闭集都相交，所以 $(X,\mathscr{T})$ 自然满足正规定义中的条件，它为正规空间. 但是，点 1 与闭集 $\{2,3\}$ 无不相交的开邻域，因此，$(X,\mathscr{T})$ 非正则空间.

根据定理 1.7.3 可以断言：$(X,\mathscr{T})$ 非 T_1. 事实上，点 3 无开邻域不含点 2，故 $(X,\mathscr{T})$ 非 T_1 空间. 容易从定义验证 $(X,\mathscr{T})$ 为 T_0 空间.

例 1.7.3 T_3 非 T_4，正则非正规的例.

设

$$X=\{(x_1,x_2)\in\mathbf{R}^2\mid x_2\geqslant 0\},$$
$$\mathscr{T}^\circ=\{B(\boldsymbol{x};\varepsilon)\mid \varepsilon\in(0,x_2),\boldsymbol{x}=(x_1,x_2)\in X\}$$
$$\cup\{B(\boldsymbol{x};x_2)\cup\{(x_1,0)\}\mid \boldsymbol{x}=(x_1,x_2)\in X\},$$

则有（读者自证）：

(1) $\mathscr{T}=\{U\mid U$ 为 $\mathscr{T}^\circ$ 中若干成员的并$\}$ 为 X 上的一个拓扑；

(2) $(X,\mathscr{T})$ 为 T_3 空间；

(3) $A=\{(x_1,0)\in X\mid x_1$ 为一个有理数$\}$，$B=\{(x_1,0)\in X\mid x_1$ 为一个无理数$\}$ 为 $(X,\mathscr{T})$ 中两个不相交的闭集，但它们无不相交的开邻域，因而 $(X,\mathscr{T})$ 非正规空间，也非 T_4 空间（参阅例 1.8.1）.

例 1.7.2 与例 1.7.3 表明正则性与正规性之间无必然的蕴涵关系.

例 1.7.4 T_2 非正则非正规的例.

设 $(\mathbf{R}^1,\mathscr{T})=(\mathbf{R}^1,\mathscr{T}_{\rho_0^1})$ 为通常的 Euclid 直线上的拓扑. 令

$$K = \left\{ \frac{1}{n} \middle| n \in \mathbf{N} \right\},$$

$$\mathscr{T}_1 = \{ U \backslash C \mid U \in \mathscr{T}, C \subset K \},$$

则：

(1) $\mathscr{T}_1$ 为 $\mathbf{R}^1$ 上的一个拓扑；

(2) $(\mathbf{R}^1, \mathscr{T}_1)$为 T_2 空间；

(3) $(\mathbf{R}^1, \mathscr{T}_1)$非正则非正规.

证明 (1) $\mathbf{R}^1 = \mathbf{R}^1 \backslash \varnothing$，其中 $\mathbf{R}^1 \in \mathscr{T}$，$\varnothing \subset K$，所以 $\mathbf{R}^1 \in \mathscr{T}_1$. $\varnothing = \varnothing \backslash \varnothing$，其中第 1 个$\varnothing \in \mathscr{T}$，第 2 个$\varnothing \subset K$，所以$\varnothing \in \mathscr{T}_1$. 这就证明了 $\mathscr{T}_1$ 满足拓扑定义 1.1.1(1°).

如果 $A, B \in \mathscr{T}_1$，即 $\exists\, U_1, U_2 \in \mathscr{T}$ 与 $C_1, C_2 \subset K$，s.t. $A = U_1 \backslash C_1$ 与 $B = U_2 \backslash C_2$，则有

$$\begin{aligned} A \cap B &= (U_1 \backslash C_1) \cap (U_2 \backslash C_2) \\ &= (U_1 \cap U_2) \backslash (C_1 \cup C_2). \end{aligned}$$

由于 $U_1 \cap U_2 \in \mathscr{T}$，$C_1 \cup C_2 \subset K$，故 $A \cap B \in \mathscr{T}_1$. 这就证明了 $\mathscr{T}_1$ 满足拓扑定义 1.1.1(2°).

设$\{A_\alpha \mid \alpha \in \Gamma\} \subset \mathscr{T}_1$，则 $\forall\, \alpha \in \Gamma$，$\exists\, U_\alpha \in \mathscr{T}$，$C_\alpha \subset K$，s.t. $A_\alpha = U_\alpha \backslash C_\alpha$. 显然

$$\bigcup_{\alpha \in \Gamma} A_\alpha = \bigcup_{\alpha \in \Gamma} (U_\alpha \backslash C_\alpha) = \left(\bigcup_{\alpha \in \Gamma} U_\alpha \right) \backslash \left(\left(\bigcup_{\alpha \in \Gamma} U_\alpha \right) \backslash \bigcup_{\alpha \in \Gamma} A_\alpha \right) \in \mathscr{T}_1$$

(这是因为 $\bigcup_{\alpha \in \Gamma} U_\alpha \in \mathscr{T}$，而$\left(\bigcup_{\alpha \in \Gamma} U_\alpha \right) \backslash \bigcup_{\alpha \in \Gamma} A_\alpha \subset \bigcup_{\alpha \in \Gamma} (U_\alpha \backslash A_\alpha) \subset K$). 这就证明了 $\mathscr{T}_1$ 满足拓扑定义 1.1.1(3°).

综上知，$\mathscr{T}_1$ 为 $\mathbf{R}^1$ 上的一个拓扑.

(2) 由(1)证明了 $\mathscr{T}_1$ 为 $\mathbf{R}^1$ 上的一个拓扑. 此外易见 $\mathscr{T} \subset \mathscr{T}_1$ ($\forall\, U \in \mathscr{T}$，$U = U \backslash \varnothing \in \mathscr{T}_1$). 由于$(\mathbf{R}^1, \mathscr{T})$为 T_2 空间与 $\mathscr{T} \subset \mathscr{T}_1$，根据 T_2 的定义立知，$(\mathbf{R}^1, \mathscr{T}_1)$为 T_2 空间.

(3) 下证$(\mathbf{R}^1, \mathscr{T}_1)$不为正则空间. 事实上，点 0 与不包含 0 的闭集 K(因 $\mathbf{R} \backslash K \in \mathscr{T}_1$，故 K 为$(\mathbf{R}^1, \mathscr{T}_1)$中的闭集)不满足正则性条件，所以$(\mathbf{R}^1, \mathscr{T}_1)$不为正则空间.(反证)假设点 0 与闭集 K 在$(\mathbf{R}^1, \mathscr{T}_1)$中分别有开邻域 A 与 B，使得 $A \cap B = \varnothing$. 设 $A = U_1 \backslash C_1$，$B = U_2 \backslash C_2$，其中 $U_1, U_2 \in \mathscr{T}$，$C_1, C_2 \in K$. 于是

$$\varnothing = A \cap B = (U_1 \backslash C_1) \cap (U_2 \backslash C_2) = (U_1 \cap U_2) \backslash (C_1 \cup C_2).$$

因为 $C_1 \cup C_2$ 为至多可数集，而 $U_1 \cap U_2 \neq \varnothing$必为一个不可数集(实数空间$(\mathbf{R}^1, \mathscr{T}_{\rho_0^1})$中的开集必然包含一个开区间，而开区间不可数，从而这开集也不可数). 所以

$$\varnothing = (U_1 \cap U_2) \backslash (C_1 \cup C_2) \neq \varnothing,$$

矛盾，由此推得 $U_1 \cap U_2 = \varnothing$，从而 0 与 K 在实数空间$(\mathbf{R}^1, \mathscr{T}_{\rho_0^1})$中各有一个开邻域 U_1 与 U_2，使得 $U_1 \cap U_2 = \varnothing$. 它蕴涵着 0 在$(\mathbf{R}^1, \mathscr{T}_{\rho_0^1})$中不为 K 的聚点，这与 0 显然为 $K = \left\{ \frac{1}{n} \middle| n \in \mathbf{N} \right\}$的聚点相矛盾.

此外，由(2)知$(\mathbf{R}^1,\mathscr{T}_1)$为 T_2 空间，当然也为 T_1 空间，根据定理1.7.1(2)，单点集$\{0\}$为$(\mathbf{R}^1,\mathscr{T}_1)$中的闭集，所以由以上论述知，不相交的闭集$\{0\}$与 K 无不相交的开邻域. 因此，$(X,\mathscr{T}_1)$也不是正规空间. □

定义1.7.2 设$(X,\mathscr{T})$为拓扑空间，$x\in X$，如果存在 x 的紧致邻域F（即 F 为紧致子集，且 $x\in \mathring{F}\subset F$），则称$(X,\mathscr{T})$**在点 x 处是局部紧（致）的**. 如果$(X,\mathscr{T})$在每一点处都是局部紧的，则称$(X,\mathscr{T})$为**局部紧（致）空间**.

例1.7.5 紧致必局部紧致，但反之不成立.

证明 设$(X,\mathscr{T})$为紧致空间，则$\forall x\in X$，令 $F=X$，有 $x\in \mathring{F}=\mathring{X}=X=F$，且 $F=X$ 紧致. 所以，$(X,\mathscr{T})$为局部紧空间.

但反之不成立. 例如：$(\mathbf{R}^n,\mathscr{T}_{\rho_0^n})$是局部紧致的（$\forall \boldsymbol{x}\in\mathbf{R}^n$，取 $r>0$，$\overline{B(\boldsymbol{x};r)}$是紧致的，且 $\boldsymbol{x}\in B(\boldsymbol{x};r)=(\overline{B(\boldsymbol{x};r)})^\circ\subset\overline{B(\boldsymbol{x};r)}$，即$\overline{B(\boldsymbol{x};r)}$为 $\boldsymbol{x}$ 的紧致邻域），但它不是紧致的（见例1.6.3）. □

引理1.7.1 紧致空间中的每个闭子集都是紧致子集.

证明 设 A 为紧致空间$(X,\mathscr{T})$的闭子集，如果 $\mathscr{A}$ 是 A 的一个覆盖，它由$(X,\mathscr{T})$中的开集构成. $\mathscr{B}=\mathscr{A}\cup\{A^c\}$为 X 的一个开覆盖. 由于$(X,\mathscr{T})$紧致，$\mathscr{B}$ 有有限子族 $\mathscr{B}_1$ 覆盖住 X. 因此，$\mathscr{A}_1=\mathscr{B}_1\setminus\{A^c\}$便是 $\mathscr{A}$ 的一个有限子族且覆盖住 A. 这就证明了 A 为$(X,\mathscr{T})$的一个紧致子集. □

例1.7.6 注意，紧致空间的子空间未必仍为紧致空间.

设$\overline{B(\mathbf{0};1)}$为$(\mathbf{R}^n,\mathscr{T}_{\rho_0^n})$中的紧致子集，它是一个紧致空间. 但$\overline{B(\mathbf{0};1)}$的子空间 $B(\mathbf{0};1)$并非紧致.

此例表明，紧致并不具有遗传性（继承性）.

引理1.7.2 设$(X,\mathscr{T})$为 T_2 空间，A 为$(X,\mathscr{T})$的紧致子集，$x\notin A$，则点 x 与紧致子集 A 分别有开邻域U 与 V，使得 $U\cap V=\varnothing$.

证明 因 $x\notin A$，故 $x\in A^c$. 于是，$\forall y\in A$，由于$(X,\mathscr{T})$为 T_2 空间，故存在 x 的开邻域 U_y 与 y 的开邻域 V_y，使得 $U_y\cap V_y=\varnothing$，集族$\{V_y\mid y\in A\}$明显是紧致子集 A 的一个开覆盖，它有一个有限子族，设为$\{V_{y_1},\cdots,V_{y_n}\}$覆盖 A. 令

$$U=\bigcap_{i=1}^n U_{y_i},\quad V=\bigcup_{i=1}^n V_{y_i},$$

它们分别为点 x 与集合 A 的开邻域. 此外，有

$$\begin{aligned}U\cap V&=\left(\bigcap_{j=1}^n U_{y_j}\right)\cap\left(\bigcup_{i=1}^n V_{y_i}\right)=\bigcup_{i=1}^n\left(\left(\bigcap_{j=1}^n U_{y_j}\right)\cap V_{y_i}\right)\\&=\bigcup_{i=1}^n(U_{y_1}\cap\cdots\cap U_{y_i}\cap\cdots\cap U_{y_n})\cap V_{y_i}=\bigcup_{i=1}^n\varnothing=\varnothing.\end{aligned}$$

□

例 1.7.7 引理 1.7.2 中的 T_2 条件删去，结论不一定成立.

(1) 设 X 为至少两点的有限集合，则 $(X,\mathscr{T}_{平庸})$ 非 T_0 空间，当然非 T_2 空间，取 $x\in X$，$A=X\setminus\{x\}$ 为有限集，当然它为紧致子集且 $x\notin A$. 显然，不存在 x 的开邻域 U 与 A 的开邻域 V，使得 $U\cap V=\varnothing$（$\mathscr{T}_{平庸}$ 中非空开集只有一个 X!）.

(2) 引理 1.7.2 中，T_2 减弱为 T_1，结论是否成立？答案是否定的.

反例：设 X 为无限集，根据例 1.6.3(1)，$A=X\setminus\{x\}$ 为 $(X,\mathscr{T}_{余有限})$ 中的紧致集，其中 $x\in X$，$x\notin A$. 但是，不存在 x 的开邻域 U 与 A 的开邻域 V，使得 $U\cap V=\varnothing$.（反证）假设上述 U，V 存在，则 $U=X\setminus C_1$，$V=X\setminus C_2$，C_1 与 C_2 为 X 中的有限集，因为 $C_1\cup C_2$ 也为有限集. 于是

$$\varnothing = U\cap V = (X\setminus C_1)\cap(X\setminus C_2) = X\setminus(C_1\cup C_2)\neq\varnothing,$$

矛盾. 此外，仿例 1.2.8(1) 证明知，$(X,\mathscr{T}_{余有限})$ 为 T_1 非 T_2 空间.

(3) 引理 1.7.2 中，如果 X 为非空有限集，T_2 改为 T_1，结论是否成立？答案是肯定的. 这是因为例 1.1.4 指出：如果 X 为非空有限集，$(X,\mathscr{T})$ 为 T_1 空间，则 $(X,\mathscr{T})$ 必为 T_2 空间.

例 1.7.8 试举例说明紧致子集不必为闭集.

(1) 设 X 为至少两点的有限集合，$x\in X$，则 $A=X\setminus\{x\}$ 为 $(X,\mathscr{T}_{平庸})$ 中的紧致子集，但不为闭集. 注意，$(X,\mathscr{T}_{平庸})$ 是非 T_0 空间.

(2) 设 X 为无限集，$x\in X$，则 $A=X\setminus\{x\}$ 为 $(X,\mathscr{T}_{余有限})$ 中的紧致子集，但它不为闭集（有限集、X 为全部闭集）. 注意，$(X,\mathscr{T}_{余有限})$ 为 T_1 空间.

读者自然会想到加大分离性条件的力度，是否结论会有飞跃？附加 T_2，有：

引理 1.7.3 T_2 空间 $(X,\mathscr{T})$ 中的紧致子集必为闭集.

证明 （证法 1）设 $A\subset X$ 为 T_2 空间 $(X,\mathscr{T})$ 中的紧致子集，则 $\forall x\in X\setminus A=A^c$，根据引理 1.7.2，必有 x 的开邻域 U 与 A 的开邻域 V，使得 $U\cap V=\varnothing$. 此时，x 的开邻域 U 不含 A 的点，从而，$x\notin A'$，$A'\subset A$. 根据定理 1.1.3(2)，A 为闭集.

（证法 2）在证法 1 中，显然

$$x\in U\subset V^c\subset A^c.$$

由于 U 为开集，x 又任取，所以 A^c 为开集，从而 A 为闭集. □

建议读者应用引理 1.7.2 中的方法直接证明引理 1.7.3.

结合引理 1.7.1 与引理 1.7.3，立即有：

定理 1.7.5 设 $(X,\mathscr{T})$ 为拓扑空间，则

紧致空间：闭集 $\Rightarrow$ 紧致子集；

T_2 空间：闭集 $\Leftarrow$ 紧致子集；

紧致 T_2 空间：闭集 $\Leftrightarrow$ 紧致子集.

引理 1.7.4 设$(X,\mathscr{T})$为 T_2 空间，A 与 B 为$(X,\mathscr{T})$中两个不相交的紧致子集，则它们分别有开邻域 U 与 V，使得 $U\cap V=\varnothing$.

证明 设 A 与 B 为两个不相交的紧致子集. $\forall x\in A$，根据引理 1.7.2，点 x 和与之不相交的紧致子集 B 分别有开邻域 U_x 与 V_x，使得 $U_x\cap V_x=\varnothing$. 集族$\{U_x\mid x\in A\}$为紧致子集 A 的一个开覆盖，它有一个有限子覆盖$\{U_{x_1},\cdots,U_{x_n}\}$，覆盖 A. 令

$$U=\bigcup_{i=1}^{n}U_{x_i},\quad V=\bigcap_{i=1}^{n}V_{x_i}.$$

易见，U 与 V 分别为 A 与 B 的开邻域，且

$$\begin{aligned}U\cap V&=\left(\bigcup_{i=1}^{n}U_{x_i}\right)\cap\left(\bigcap_{j=1}^{n}V_{x_j}\right)=\bigcup_{i=1}^{n}\left(U_{x_i}\cap\left(\bigcap_{j=1}^{n}V_{x_j}\right)\right)\\&=\bigcup_{i=1}^{n}\left(U_{x_i}\cap V_{x_1}\cap\cdots\cap V_{x_i}\cap\cdots\cap V_{x_n}\right)=\bigcup_{i=1}^{n}\varnothing=\varnothing\end{aligned}$$

(对照引理 1.7.2 的证明，方法类似). □

定理 1.7.6(Tychonoff) 正则的 Lindelöf 空间$(X,\mathscr{T})$必为正规空间.

证明 设 A 与 B 为$(X,\mathscr{T})$中不相交的闭集. $\forall x\in A$，因 $A\cap B=\varnothing$，故 $x\notin B$. 再由$(X,\mathscr{T})$正则与定理 1.7.2(1)，存在 x 的开邻域 U_x，使得 $x\in U_x\subset\overline{U}_x\subset B^c$. 此时，$\overline{U}_x\cap B=\varnothing$. 显然，$\{U_x\mid x\in A\}$为闭集 A 的一个开覆盖. 由于 Lindelöf 空间的每个闭子空间都仍为 Lindelöf 空间(仿引理 1.7.1 的证明)，故 A 的开覆盖$\{U_x\mid x\in A\}$有一个可数子覆盖$\{U_i\mid i\in\mathbf{N}\}$，它仍覆盖 A. 注意，$\overline{U}_i\cap B=\varnothing$. 同理，集合 B 也有一个可数覆盖$\{V_i\mid i\in\mathbf{N}\}$，使得 $\forall i\in\mathbf{N}$，有 $\overline{V}_i\cap A=\varnothing$.

对 $\forall n\in\mathbf{N}$，令

$$U_n^*=U_n\setminus\bigcup_{i=1}^{n}\overline{V}_i,$$

$$V_n^*=V_n\setminus\bigcup_{i=1}^{n}\overline{U}_i,$$

显然，U_n^* 与 V_n^* 都为开集，因为 $\forall m,n\in\mathbf{N}$，当 $m\leqslant n$ 时，

$$V_m^*\subset V_m=\bigcup_{i=1}^{n}\overline{V}_i,\quad U_n^*\cap V_m^*=\varnothing;$$

当 $m>n$ 时，

$$U_n^*\subset U_n\subset\bigcup_{i=1}^{m}\overline{U}_i,\quad U_n^*\cap V_m^*=\varnothing.$$

令

$$U^*=\bigcup_{n\in\mathbf{N}}U_n^*,\quad V^*=\bigcup_{n\in\mathbf{N}}V_n^*,$$

则 U^* 与 V^* 都为开集,且

$$U^* \cap V^* = \left(\bigcup_{n\in\mathbf{N}} U_n^*\right) \cap \left(\bigcup_{m\in\mathbf{N}} V_m^*\right) = \bigcup_{n,m\in\mathbf{N}} U_n^* \cap V_m^* = \bigcup_{n,m\in\mathbf{N}} \varnothing = \varnothing.$$

剩下的需证 $A\subset U^*$,$B\subset V^*$.

如果 $x\in A$,则 $\exists\, n\in\mathbf{N}$,s.t. $x\in U_n$(因$\{U_n \mid n\in\mathbf{N}\}$为 A 的开覆盖).由 $\overline{V}_i\cap A=\varnothing$,$\forall\, i\in\mathbf{N}$,所以有 $x\notin\overline{V}_i$,$\forall\, i\in\mathbf{N}$.因此,$x\in U_n\setminus\bigcup_{i=1}^{n}\overline{V}_i=U_n^*\subset U^*$,$A\subset U^*$.同理可证 $B\subset V^*$.这就证明了$(X,\mathscr{T})$为正规空间. □

引理 1.7.5 紧致的 T_2 空间为正则空间、T_3 空间.

证明 设 A 为紧致 T_2 空间$(X,\mathscr{T})$的任一闭子集,$x\notin A$.根据引理 1.7.1,闭集 A 为紧致子集.又根据引理 1.7.2,点 x 与紧致子集 A 分别有开邻域 U 与 V,使得 $U\cap V=\varnothing$,这就证明了$(X,\mathscr{T})$为正则空间,又因$(X,\mathscr{T})$为 T_2 空间,故它为 T_3 空间. □

定理 1.7.7 设$(X,\mathscr{T})$紧致,则(1) $(X,\mathscr{T})$为 T_2 空间$\Leftrightarrow$(2) $(X,\mathscr{T})$为 T_3 空间$\Leftrightarrow$(3)$(X,\mathscr{T})$为 T_4 空间.

证明 (证法 1)(1)$\Rightarrow$(3).设 A 与 B 为紧致 T_2 空间$(X,\mathscr{T})$的两个不相交的闭子集,由引理 1.7.1,闭集 A 与 B 都为紧致子集.再由引理 1.7.4,A 与 B 分别有开邻域 U 与 V,使得 $U\cap V=\varnothing$.这就证明了$(X,\mathscr{T})$为正规空间.此外,T_2 空间$(X,\mathscr{T})$当然也是 T_1 空间.这就证明了$(X,\mathscr{T})$为正规的 T_1 空间,即 T_4 空间.

(证法 2)(1)$\Rightarrow$(3).根据引理 1.7.5,紧致的 T_2 空间$(X,\mathscr{T})$必为正则空间,再根据例 1.6.1(2),紧致空间一定是 Lindelöf 空间.于是,由定理 1.7.6,正则的 Lindelöf 空间$(X,\mathscr{T})$为正规空间.又因 T_2 空间当然是 T_1 空间,所以$(X,\mathscr{T})$为 T_4 空间. □

引理 1.7.6 设$(X,\mathscr{T})$为正则空间,A 为$(X,\mathscr{T})$的紧致子集,U 为 A 的一个开邻域,则存在 A 的一个开邻域 V 使得

$$A\subset V\subset\overline{V}\subset U.$$

证明 设 A 为$(X,\mathscr{T})$的紧致子集,U 为 A 的一个开邻域.因$(X,\mathscr{T})$为正则空间,故 $\forall\, x\in A$,点 x 有开邻域 V_x,使得 $x\in V_x\subset\overline{V}_x\subset U$.于是,$\{V_x \mid x\in A\}$为紧致子集 A 的一个开覆盖,它有有限子覆盖$\{V_1,\cdots,V_n\}$,覆盖 A.令 $V=\bigcup_{i=1}^{n}V_i$,它是 A 的一个开邻域,并且

$$A\subset V\subset\overline{V}=\overline{\bigcup_{i=1}^{n}V_i}=\bigcup_{i=1}^{n}\overline{V}_i\subset U.$$ □

推论 1.7.1 紧致的正则空间必为正规空间.

证明 (证法 1)设 A 为紧致正则空间$(X,\mathscr{T})$的闭子集,U 为 A 的开邻域.根据引理 1.7.1,闭集 A 为紧致子集.再根据引理 1.7.6,存在 A 的一个开邻域 V,使得 $A\subset V\subset\overline{V}$

$\subset U$.从定理1.7.2(2)立即推出$(X,\mathscr{T})$为正规空间.

(证法2)由例1.6.1(2),紧致空间$(X,\mathscr{T})$一定是Lindelöf空间.再由定理1.7.6,正则的Lindelöf空间$(X,\mathscr{T})$必为正规空间. □

推论1.7.2(Lindelöf) 正则的A_2空间必为正规空间.

证明 由定理1.6.2,A_2空间必为Lindelöf空间,再由定理1.7.6,正则的A_2空间必为正规空间. □

例1.7.9 紧致的正规空间未必为正则空间.

这样的反例应到正规非正则空间中去找.如果X为有限集,则X上的任何拓扑空间是紧致的.搜索所熟悉的例子,寻找所需的反例.如果找到最好,如果找不到就要费心思去构造了.搜索到的反例就是例1.7.2.

定理1.7.8 设$(X,\mathscr{T}_1)$为紧致空间,$(Y,\mathscr{T}_2)$为T_2空间.

(1) 如果$f:X\to Y$为连续映射,则f为闭映射;

(2) 如果$f:X\to Y$为一一连续映射,则f为同胚(参阅定理1.6.11).

证明 (1) 设F为紧致空间$(X,\mathscr{T}_1)$的任一闭集,根据引理1.7.1,F为紧致子集.再根据定理1.6.10(1),$f(F)$也为$(Y,\mathscr{T}_2)$的紧致子集,又因$(Y,\mathscr{T}_2)$为T_2空间,由引理1.7.3,$f(F)$为闭集,这就证明了f为闭映射.

(2) 因为$(f^{-1})^{-1}(F)=f(F)$及(1),所以闭集F在f^{-1}下的逆像$f(F)$为闭集,从而f^{-1}连续.这就证明了f为同胚. □

如果将引理1.7.5中的紧致减弱为局部紧致,其结论仍是正确的.

引理1.7.7 设$(X,\mathscr{T})$为局部紧的T_2空间,U为$(X,\mathscr{T})$的开集,$x\in U$,则必有开集V,s.t.$\overline{V}$紧致,且

$$x\in V\subset\overline{V}\subset U.$$

由此推得$(X,\mathscr{T})$为正则空间(参阅定理1.7.2(1)).

证明 因$(X,\mathscr{T})$局部紧,故存在紧致子集F,s.t.$x\in\mathring{F}$.又因$(X,\mathscr{T})$为T_2空间,根据引理1.7.3,紧致子集F为$(X,\mathscr{T})$的闭集,因为F作为$(X,\mathscr{T})$的子空间是紧致T_2空间,由引理1.7.5,F为T_3空间.显然,$W=U\cap\mathring{F}$为x在$(X,\mathscr{T})$中的开邻域,当然也为F中的开邻域.从定理1.7.2(1)知,必有F中的开集V,s.t.$x\in V\subset\overline{V}_F\subset W$(其中$\overline{V}_F$是$V$在$F$中的闭包).因为$F$为闭集,根据例1.1.22,$\overline{V}_F=F\cap\overline{V}=\overline{V}$.又$V=V\cap W$为$W$中的开集,而$W$为$(X,\mathscr{T})$中的开集,所以$V$为$(X,\mathscr{T})$中的开集.

最后,$\overline{V}=\overline{V}_F\subset W=U\cap\mathring{F}\subset F$,$F$紧致,从而$\overline{V}$紧致.因此

$$x\in V\subset\overline{V}\subset U\cap\mathring{F}\subset U.$$ □

引理1.7.8 设$(X,\mathscr{T})$为局部紧的正则空间,$x\in X$,则点x的所有紧致邻域构成的

集族是$(X,\mathscr{T})$在点 x 处的一个邻域局部基.

证明 设 U 为 $x\in X$ 的一个开邻域,因为$(X,\mathscr{T})$局部紧,故有 x 的一个紧致邻域 F,而 $U\cap\mathring{F}$ 为 x 的一个开邻域.由于$(X,\mathscr{T})$为正则空间,根据定理 1.7.2(1),必有 x 的开邻域 V,s.t. $x\in V\subset\overline{V}\subset U\cap\mathring{F}$.闭集 $\overline{V}$ 为 x 的一个闭邻域,并且作为紧致空间 F 的闭子集,它是紧致的(见引理 1.7.1).这就证明了 x 的任何开邻域(因而 x 的任何邻域)U 中包含着某个紧致邻域 $\overline{V}$.从而证明了 x 的所有紧致邻域构成的集族是$(X,\mathscr{T})$在点 x 处的一个邻域局部基. □

定理 1.7.9 设$(X,\mathscr{T})$为局部紧致的 T_2 空间,则:

(1) $(X,\mathscr{T})$为正则空间;

(2) $(X,\mathscr{T})$为 T_3 空间;

(3) $\forall x\in X$,则点 x 的所有紧致邻域构成的集族为$(X,\mathscr{T})$在点 x 处的一个邻域局部基.

(4) $(X,\mathscr{T})$必有一个拓扑基 $\mathscr{B}$,s.t. $\forall V\in\mathscr{B}$,$\overline{V}$ 是紧致的.

证明 (1) 由引理 1.7.7,$\forall x\in X$,U 为 x 的开邻域,必有开集 V,s.t. $\overline{V}$ 紧致,且 $x\in V\subset\overline{V}\subset U$.根据定理 1.7.2(1),$(X,\mathscr{T})$为正则空间.

(2) 由(1)得到$(X,\mathscr{T})$为正则空间.又因为$(X,\mathscr{T})$为 T_2 空间,当然它也是 T_1 空间.所以$(X,\mathscr{T})$为 T_3 空间.

(3) 由(1)知,局部紧致的 T_2 空间必为局部紧致的正则空间.再由引理 1.7.8,点 x 的所有紧致邻域构成的集族为$(X,\mathscr{T})$在点 x 处的一个邻域局部基.

(4) 由引理 1.7.7 知,$\mathscr{B}=\{V\mid x\in V\subset\overline{V}\subset U,x\in X,U$ 为 x 的开邻域,V 为 x 的开邻域且 $\overline{V}$ 紧致$\}$为$(X,\mathscr{T})$的一个拓扑基. □

引理 1.7.9(单点紧化) 对任意拓扑空间$(X,\mathscr{T})$,$\infty\notin X$.令

$$X^*=X\cup\{\infty\},\quad \mathscr{T}^*=\mathscr{T}\cup\mathscr{T}_1,$$

其中

$$\mathscr{T}_1=\{X^*\backslash C\mid C\text{ 为}(X,\mathscr{T})\text{ 中的紧致闭集}\}$$

(空集$\varnothing$视作紧致闭集),则:

(1) $\mathscr{T}^*$ 为 X^* 的一个拓扑;

(2) $\mathscr{T}=\mathscr{T}^*|_X$,即$(X,\mathscr{T})$为$(X^*,\mathscr{T}^*)$的开子空间;

(3) $(X^*,\mathscr{T}^*)$紧致;

(4) $(X^*,\mathscr{T}^*)$为 T_2 空间$\Leftrightarrow(X,\mathscr{T})$为局部紧的 T_2 空间.

通常将$(X^*,\mathscr{T}^*)$称为$(X,\mathscr{T})$的**单点紧化**.此时,$(X,\mathscr{T})$嵌入一个紧致空间$(X^*,\mathscr{T}^*)$中作为开子拓扑空间.

证明 (1) 因为$\varnothing\in\mathscr{T}\subset\mathscr{T}^*$，$X^*=X^*\setminus\varnothing\in\mathscr{T}_1\subset\mathscr{T}^*$，所以$\mathscr{T}^*$满足拓扑条件(1°).

如果$U_1,U_2\in\mathscr{T}$，则$U_1\cap U_2\in\mathscr{T}\subset\mathscr{T}^*$；如果$U_i=X^*\setminus C_i\in\mathscr{T}_1$，其中$C_i$为$(X,\mathscr{T})$中的紧致闭集，$i=1,2$，则$C_1\cup C_2$仍为$(X,\mathscr{T})$中的紧致闭集，且

$$U_1\cap U_2=(X^*\setminus C_1)\cap(X^*\setminus C_2)=X^*\setminus(C_1\cup C_2)\in\mathscr{T}_1\subset\mathscr{T}^*.$$

如果$U_1\in\mathscr{T}$，$U_2=X^*\setminus C_2\in\mathscr{T}_1$，其中$C_2$为$(X,\mathscr{T})$中的紧致闭集，则

$$U_1\cap U_2=U_1\cap(X^*\setminus C_2)=U_1\cap(X\setminus C_2)\in\mathscr{T}\subset\mathscr{T}^*.$$

这就证明了$\mathscr{T}^*$满足拓扑条件(2°).

$\forall\,\mathscr{A}\subset\mathscr{T}^*$. 如果$\bigcup\limits_{A\in\mathscr{A}}A=\varnothing$或$X^*$，则$\bigcup\limits_{A\in\mathscr{A}}A\in\mathscr{T}^*$；

如果$\bigcup\limits_{A\in\mathscr{A}}A\neq\varnothing$或$X^*$，我们分三种情况加以讨论：

(a) 当$\mathscr{A}\subset\mathscr{T}$时，显然有$\bigcup\limits_{A\in\mathscr{A}}A\in\mathscr{T}\subset\mathscr{T}^*$；

(b) 当$\mathscr{A}\subset\mathscr{T}_1$时，

$$X^*\setminus\bigcup_{A\in\mathscr{A}}A=\bigcap_{A\in\mathscr{A}}(X^*\setminus A)$$

为$(X,\mathscr{T})$中的一个闭集，并且对$\forall\,A_0\in\mathscr{A}$，有

$$X^*\setminus\bigcup_{A\in\mathscr{A}}A\subset X^*\setminus A_0.$$

因此，由引理1.7.1，$X^*\setminus\bigcup\limits_{A\in\mathscr{A}}A$作为紧致空间$X^*\setminus A_0$中的闭集是紧致的.所以

$$\bigcup_{A\in\mathscr{A}}A\in\mathscr{T}_1\subset\mathscr{T}^*.$$

(c) $\mathscr{A}_1=\mathscr{A}\cap\mathscr{T}\neq\varnothing$，$\mathscr{A}_2=\mathscr{A}\cap\mathscr{T}_1\neq\varnothing$. 根据(a)，(b)，$\bigcup\limits_{A\in\mathscr{A}_1}A\in\mathscr{T}$，$\bigcup\limits_{A\in\mathscr{A}_2}A\in\mathscr{T}_1$，此时

$$\begin{aligned}X^*\setminus\bigcup_{A\in\mathscr{A}}A&=X^*\setminus\Big(\Big(\bigcup_{A\in\mathscr{A}_1}A\Big)\cup\Big(\bigcup_{A\in\mathscr{A}_2}A\Big)\Big)=\Big(X^*\setminus\bigcup_{A\in\mathscr{A}_1}A\Big)\cap\Big(X^*\setminus\bigcup_{A\in\mathscr{A}_2}A\Big)\\&=\Big(X\setminus\bigcup_{A\in\mathscr{A}_1}A\Big)\cap\Big(X^*\setminus\bigcup_{A\in\mathscr{A}_2}A\Big).\end{aligned}$$

$\Big($注意上式第3个等号成立要用到$\infty\notin X^*\setminus\bigcup\limits_{A\in\mathscr{A}_2}A\Big)$，$X^*\setminus\bigcup\limits_{A\in\mathscr{A}}A$为$(X,\mathscr{T})$中紧致空间$X^*\setminus\bigcup\limits_{A\in\mathscr{A}_2}A$中的一个闭集，根据引理1.7.1，它为紧致子集.因此

$$\bigcup_{A\in\mathscr{A}}A\in\mathscr{T}_1\subset\mathscr{T}^*.$$

这就证明了$\mathscr{T}^*$满足拓扑条件(3°).

(2) 显然，$\forall\,X^*\setminus C\in\mathscr{T}_1\subset\mathscr{T}^*$，有$(X^*\setminus C)\cap X=X\setminus C\in\mathscr{T}$. $\forall\,U\in\mathscr{T}\subset\mathscr{T}^*$，有$U\cap X=U\in\mathscr{T}$，故$\mathscr{T}=\mathscr{T}^*|_X$. 又因为$X$为$(X^*,\mathscr{T}^*)$中的一个开集，所以$(X,\mathscr{T})$为$(X^*,\mathscr{T}^*)$的

一个开子空间.

(3) 设 $\mathscr{A}$ 为 $(X^*,\mathscr{T}^*)$ 的任一开覆盖,则 $\exists U_\infty\in\mathscr{A}$, s.t. $\infty\in U_\infty$,根据 $\mathscr{T}^*$ 与 $\mathscr{T}_1$ 的定义知 $X^*\setminus U_\infty$ 为 $(X,\mathscr{T})$ 的紧致闭子集.又因 $\mathscr{A}$ 为紧致集 $X^*\setminus U_\infty$ 的开覆盖,它必有有限子覆盖 $\{U_1,\cdots,U_n\}\subset\mathscr{A}$.于是,$\{U_\infty,U_1,\cdots,U_n\}$ 为 $U_\infty\cup(X^*\setminus U_\infty)=X^*$ 关于 $\mathscr{A}$ 的有限子覆盖.这就证明了 $(X^*,\mathscr{T}^*)$ 为紧致空间.

(4) ($\Leftarrow$)设 $(X,\mathscr{T})$ 为局部紧的 T_2 空间,欲证 $(X^*,\mathscr{T}^*)$ 为 T_2 空间,只需对 $\forall x\in X$,证明 x 与 ∞ 有不相交的开邻域.事实上,因为 $(X,\mathscr{T})$ 局部紧致且为 T_2 空间,根据引理 1.7.7,有 x 的开邻域 V,使得 $\overline{V}$(V 在 $(X,\mathscr{T})$ 中的闭包)紧致.从而

$$U=X^*\setminus\overline{V}\in\mathscr{T}^*,\quad \infty\in U \text{ 且 } U\cap V=\varnothing.$$

($\Rightarrow$)设 $(X^*,\mathscr{T}^*)$ 为 T_2 空间,于是,由(3)知,$(X^*,\mathscr{T}^*)$ 为紧致 T_2 空间,当然 $(X^*,\mathscr{T}^*)$ 为局部紧 T_2 空间.又因 $X\in\mathscr{T}\subset\mathscr{T}^*$,故由引理 1.7.7,$\forall x\in X$,$\exists V\in\mathscr{T}^*$, s.t. $\overline{V}_{\mathscr{T}^*}$($V$ 在 $(X^*,\mathscr{T}^*)$ 中的闭包)紧致,且 $x\in V\subset\overline{V}_{\mathscr{T}^*}\subset X$.根据例 1.1.22,$V$ 在 $(X,\mathscr{T})$ 中的闭包 $\overline{V}=X\cap\overline{V}_{\mathscr{T}^*}=\overline{V}_{\mathscr{T}^*}$.于是,$x\in V\subset\overline{V}\subset X$,$\overline{V}$ 紧致,于是按定义,$(X,\mathscr{T})$ 是局部紧的.此外,由于 $(X^*,\mathscr{T}^*)$ 为 T_2 空间,显然它的子空间 $(X,\mathscr{T})$ 也应为 T_2 空间.这就证明了 $(X,\mathscr{T})$ 为局部紧 T_2 空间. □

于是,任一拓扑空间 $(X,\mathscr{T})$ 总可以嵌入一个紧致空间 $(X^*,\mathscr{T}^*)$ 中作为 $(X^*,\mathscr{T}^*)$ 的子拓扑空间来研究.

例 1.7.10 $(\mathbf{R}^n,\mathscr{T}_{\rho_0^n})$ 的单点紧化 $(\mathbf{R}^{n*},\mathscr{T}^*_{\rho_0^n})$ 同胚于 S^n,即 S^n 是 $(\mathbf{R}^n,\mathscr{T}_{\rho_0^n})$ 的单点紧化,其中 S^n 为 $\mathbf{R}^{n+1}$ 中的 n 维单位球面.

证明 视 $\mathbf{R}^n=\{\boldsymbol{y}=(y_1,\cdots,y_n,0)\in\mathbf{R}^{n+1}\mid y_i\in\mathbf{R},i=1,\cdots,n\}$,如例 1.3.5(2)所述,$P_{\text{北}}:S^n(1)\setminus\{(0,\cdots,0,1)\}=S^n\setminus\{(0,\cdots,0,1)\}\to\mathbf{R}^n$ 为北极投影.再令

$$f:S^n\to\mathbf{R}^{n*}=\mathbf{R}^n\cup\{\infty\},$$

$$f(\boldsymbol{x})=\begin{cases}P_{\text{北}}(\boldsymbol{x}), & \boldsymbol{x}\neq(0,\cdots,0,1),\\ \infty, & \boldsymbol{x}=(0,\cdots,0,1).\end{cases}$$

容易验证:f 将 $S^n\setminus\{(0,\cdots,0,1)\}$ 中的开集与 $\mathbf{R}^n$ 中的开集一一对应;它又将 S^n 中含点 $(0,\cdots,0,1)$ 的开集与 $\mathbf{R}^{n*}$ 的中含 ∞ 的开集一一对应.因此,一一映射 f 为同胚. □

现在,我们转而来研究仿紧空间与 σ 紧空间.

定义 1.7.3 设集族 $\mathscr{A}$ 与 $\mathscr{B}$ 都是集合 X 的覆盖.如果 $\mathscr{A}$ 的每个元素包含于 $\mathscr{B}$ 的某个元素之中,则称 $\mathscr{A}$ 为 $\mathscr{B}$ 的一个**精致**(或**精细**,或**加细**).

显然,如果 $\mathscr{A}$ 为 $\mathscr{B}$ 的一个子覆盖,则 $\forall A\in\mathscr{A}\subset\mathscr{B}$,$A$ 包含于 $\mathscr{B}$ 的元素 A 之中,所以 $\mathscr{A}$ 为 $\mathscr{B}$ 的一个精致.

定义 1.7.4 设 $(X,\mathscr{T})$ 为拓扑空间,$\mathscr{A}$ 是 $A\subset X$ 的一个覆盖.如果 $\forall x\in A$,点 x 有

一个开邻域U只与$\mathscr{A}$中有限个元素有非空的交,即

$$\{A \in \mathscr{A} \mid A \cap U \neq \varnothing\}$$

为有限集,则称$\mathscr{A}$为集合A的一个**局部有限覆盖**.

例 1.7.11 考虑实直线$(\mathbf{R}^1, \mathscr{T}_{\rho_0^1})$,令

$$\mathscr{A} = \{(n-1, n+1) \mid n \in \mathbf{N}\},$$
$$\mathscr{B} = \{(-n, n) \mid n \in \mathbf{N}\}.$$

显然,$\mathscr{A}$与$\mathscr{B}$都为$(\mathbf{R}^1, \mathscr{T}_{\rho_0^1})$的开覆盖,并且$\mathscr{A}$为$\mathscr{B}$的一个精致,而$\mathscr{B}$却不是$\mathscr{A}$的精致(因$(-2,2)\in\mathscr{B}$,但$(-2,2)$不包含于$\mathscr{A}$的某个元素之中).此外,$\mathscr{A}$是局部有限的$\left(\forall x \in \mathbf{R}^1, \left(x-\frac{1}{2}, x+\frac{1}{2}\right)\text{至多与 }\mathscr{A}\text{ 中 3 个元素相交}\right)$.然而,$\mathscr{B}$却不是局部有限的(0的任何开邻域都与$\mathscr{B}$中每个元素$(-n,n)$相交,$n\in\mathbf{N}$).

定义 1.7.5 设$(X,\mathscr{T})$为拓扑空间,如果$(X,\mathscr{T})$的每个开覆盖$\mathscr{A}$都有一个局部有限的开精致$\mathscr{B}$($\mathscr{B}$为$(X,\mathscr{T})$的开覆盖,是$\mathscr{A}$的一个精致,并且还是局部有限的),则称$(X,\mathscr{T})$为**仿紧空间**.

例 1.7.12 (1) 离散空间必为仿紧空间.

(2) 紧致空间必为仿紧空间,但反之未必成立.

证明 (1) 设$\mathscr{A}$为离散空间$(X,\mathscr{T}_{离散})$的任一开覆盖,$\mathscr{B}$为X的所有单点集构成的集族,它是$\mathscr{A}$的局部有限($\forall x\in X$,x的开邻域$\{x\}$只与$\mathscr{B}$中一个元素$\{x\}$相交)的开($\{x\}\in\mathscr{T}_{离散}$)精致($\forall \{x\}\in\mathscr{B}$,由$\mathscr{A}$为$X$的覆盖,必有$A\in\mathscr{A}$, s. t. $\{x\}\subset A$,所以$\mathscr{B}$为$\mathscr{A}$的精致).这就证明了$(X,\mathscr{T}_{离散})$为仿紧空间.

(2) 设$\mathscr{A}$为紧致空间$(X,\mathscr{T})$的任一开覆盖,所以它必有有限子覆盖$\mathscr{B}$.显然,$\mathscr{B}$为$\mathscr{A}$的局部有限的开精致.

但反之未必成立.

反例1:设X为无限集,由(1)知,$(X,\mathscr{T}_{离散})$为仿紧空间,由例1.6.1(3)(ⅱ)知,$(X,\mathscr{T}_{离散})$不为紧致空间.

反例2:由下面的定理1.7.12,$(\mathbf{R}^n, \mathscr{T}_{\rho_0^n})$为仿紧空间.但由例1.6.3,$(\mathbf{R}^n, \mathscr{T}_{\rho_0^n})$不为紧致空间. □

定义 1.7.6 设$(X,\mathscr{T})$为拓扑空间,如果存在X的开集族$\{V_n\}$, s. t. $\overline{V}_n$紧致$(n\in\mathbf{N})$,

$$V_1 \subset \overline{V}_1 \subset V_2 \subset \overline{V}_2 \subset \cdots \subset V_n \subset \overline{V}_n \subset V_{n+1} \subset \overline{V}_{n+1} \subset \cdots,$$

且$\bigcup\limits_{n=1}^{\infty} V_n = X$,则称$(X,\mathscr{T})$为$\boldsymbol{\sigma}$**紧**的拓扑空间.

定理 1.7.10 仿紧的正则空间必为正规空间.

证明 设$(X,\mathscr{T})$为仿紧的正则空间，A 为$(X,\mathscr{T})$中的一个闭集，U 为 A 的一个开邻域. 根据定理 1.7.2(1)，对 $\forall a\in A$，点 a 有一个开邻域 U_a，使得 $a\in U_a\subset\overline{U}_a\subset U$. 从而，集族 $\mathscr{A}=\{U_a\mid a\in A\}\cup\{A^c\}$为仿紧空间$(X,\mathscr{T})$的一个开覆盖，它有一个局部有限的精致 $\mathscr{B}$. 于是，$\mathscr{C}=\{B\in\mathscr{B}\mid B\cap A\neq\varnothing\}$为集合 A 的一个局部有限的开覆盖，于是，$V=\bigcup\limits_{C\in\mathscr{C}}C$ 为 A 的一个开邻域，且 $\overline{V}\subset U$.

事实上，$\forall\, C\in\mathscr{C}$，由于 $\mathscr{C}\subset\mathscr{B}$，且 $\mathscr{B}$ 为 $\mathscr{A}$ 的精致，故 $C\subset U_a$，其中某个 $U_a\in\mathscr{A}$. 所以，$\overline{C}\subset\overline{U}_a\subset U$. 如果 $x\in\overline{V}$，由于 $\mathscr{C}$ 是局部有限的，所以 x 有一个开邻域 W 只与 $\mathscr{C}$ 中有限个元素 $C_1,\cdots,C_n$ 有非空的交. 于是

$$x\in\overline{C_1\cup\cdots\cup C_n}=\overline{C}_1\cup\cdots\cup\overline{C}_n\subset U.$$

这就证明了 $\overline{V}\subset U$，从而 $A\subset V\subset\overline{V}\subset U$. 根据定理 1.7.2，$(X,\mathscr{T})$为正规空间. □

定理 1.7.11 仿紧的 T_2 空间必为正则空间，因而也为正规空间.

证明 设$(X,\mathscr{T})$为仿紧的 T_2 空间. $x\in X$，A 为$(X,\mathscr{T})$中不包含 x 的闭集. 由于$(X,\mathscr{T})$为 T_2 空间，对 $\forall\, a\in A$，存在 x 的开邻域 U_a 与 a 的开邻域 V_a，使得 $U_a\cap V_a=\varnothing$，特别地，$x\notin\overline{V}_a$. 显然集族 $\mathscr{A}=\{V_a\mid a\in A\}\cup\{A^c\}$为 X 的一个开覆盖，由于$(X,\mathscr{T})$仿紧，故它有一个局部有限的精致 $\mathscr{B}$. 令 $\mathscr{C}=\mathscr{B}\setminus\{A^c\}$. 集族 $\mathscr{C}$ 是 A 的一个局部有限的开覆盖. 令 $V=\bigcup\limits_{C\in\mathscr{C}}C$，则 V 为闭集 A 的一个开邻域. 易证 $x\notin\overline{V}$. 因此，$U=V^{-c}$为 x 的一个开邻域，而 V 为 A 的开邻域，且 $U\cap V=V^{-c}\cap V=\varnothing$，从而，$(X,\mathscr{T})$为正则空间. 再根据定理 1.7.10，仿紧的正则空间$(X,\mathscr{T})$为正规空间.

剩下的要证 $x\notin\overline{V}$. 因为 x 有一个开邻域 W 只与 $\mathscr{B}$ 中有限个元素有非空的交. 因此，W 也只与 $\mathscr{C}$ 中有限个元素 $C_1,\cdots,C_n$ 有非空的交.（反证）如果 $x\in\overline{V}$，则

$$x\in\overline{C_1\cup\cdots\cup C_n}=\overline{C}_1\cup\cdots\cup\overline{C}_n.$$

因此，$\exists\, C_i\in\mathscr{C}$，s.t. $x\in\overline{C}_i$. 然而，C_i 包含于某个 V_a 之中，这导致 $x\in\overline{C}_i\subset\overline{V}_a$，这与上述已证 $x\notin\overline{V}_a$ 相矛盾. □

注意，定理 1.7.10 与定理 1.7.11 的证明有类似之处. 因此，在设想定理 1.7.11 的证明时，定理 1.7.10 的证明可以作为借鉴，更重要的是，两个证明不同之处，就是要动脑筋、渡难关的地方.

定理 1.7.12 (1) $(X,\mathscr{T})$为局部紧致的 T_2、A_2 空间；

⇒(2) $(X,\mathscr{T})$为局部紧致的 T_2、Lindelöf 空间；

⇒(3) $(X,\mathscr{T})$为 σ 紧空间；

⇒(4) $(X,\mathscr{T})$为仿紧空间.

证明 (1)⇒(2). 由定理 1.6.2 立即推出结论.

(2)⇒(3). 对 $\forall\, x\in X$，由$(X,\mathscr{T})$局部紧，选 x 的一个紧致邻域 D_x. 由于$(X,\mathscr{T})$是 T_2

空间，根据引理1.7.3，D_x 为闭集. 显然，D_x° 为 x 的一个开邻域，并且由于闭包 $\overline{D_x^\circ}$ 为紧致子空间 D_x 中的闭集，根据引理1.7.1，它是紧致的，因为 $(X,\mathscr{T})$ 为 Lindelöf 空间，所以，X 的开覆盖 $\{D_x^\circ \mid x\in X\}$ 有一个可数子覆盖 $\{W_1,\cdots,W_n,\cdots\}$. 注意，$\forall i\in\mathbf{N}$，闭包 $\overline{W}_i$ 是紧致的.

对 $\forall n\in\mathbf{N}$，令 $U_n=\bigcup\limits_{i=1}^{n} W_i$. 由于

$$\bigcup_{n=1}^{\infty} U_n=\bigcup_{n=1}^{\infty}\left(\bigcup_{i=1}^{n} W_i\right)=\bigcup_{n=1}^{\infty} W_n=X,$$

故 $\{U_n \mid n\in\mathbf{N}\}$ 为 X 的一个开覆盖. 并且对 $\forall n\in\mathbf{N}$，U_n 的闭包

$$\overline{U}_n=\overline{W_1\cup\cdots\cup W_n}=\overline{W}_1\cup\cdots\cup\overline{W}_n$$

作为有限个紧致子集的并是紧致的.

令 $V_1=U_1$. 对于 $n>1$，假设开集 $V_1,\cdots,V_n$ 已经定义，$\overline{V}_i(i=1,\cdots,n)$ 都紧致，并且 $\overline{V}_i\subset V_{i+1}(i=1,\cdots,n-1)$. 此时，由于 $\{U_1,\cdots,U_n,\cdots\}$ 为紧致子集 $\overline{V}_n$ 的一个开覆盖，它有一个有限子覆盖. 由此及 $U_i\subset U_{i+1}$ 可知，$\exists N\in\mathbf{N}$，$N>n+1$，s.t. $\overline{V}_n\subset U_N$，令 $V_{n+1}=U_N$，则 $\overline{V}_n\subset U_N=V_{n+1}$. 于是，得到 $\{V_1,\cdots,V_n,\cdots\}$，且 $U_{n+1}\subset U_N=V_{n+1}$. 由于 $\{U_n\}$ 为 X 的开覆盖，故 $\{V_n\}$ 也为 X 的开覆盖. 综上知，$(X,\mathscr{T})$ 为 σ 紧空间.

(3)⇒(4). 设 $(X,\mathscr{T})$ 为 σ 紧空间. 根据定义1.7.6，必有 X 的一个开覆盖 $\{V_1,\cdots,V_n,\cdots\}$，使得 $\overline{V}_n$ 紧致，且 $\overline{V}_n\subset V_{n+1}$.

对 $\forall n\in\mathbf{N}$，令

$$K_n=\overline{V}_n\backslash V_{n-1},\quad J_n=V_{n+1}\backslash\overline{V}_{n-2},$$

其中 $V_{-1}=V_0=\varnothing$. 根据引理1.7.1，$K_n=\overline{V}_n\backslash V_{n-1}=\overline{V}_n\cap V_{n-1}^{\mathrm{c}}$，作为紧致子集 $\overline{V}_n$ 的闭子集是紧致的. 而 $J_n=V_{n+1}\backslash\overline{V}_{n-2}=V_{n+1}\cap\overline{V}_{n-2}^{\mathrm{c}}$ 为开集以及

$$K_n=\overline{V}_n\backslash V_{n-1}\subset V_{n+1}\backslash\overline{V}_{n-2}=J_n\quad(\forall n\in\mathbf{N});$$

并且，如果 $m,n\in\mathbf{N}$，$|m-n|\geqslant 3$，则 $J_n\cap J_m=\varnothing$，此外，$\{K_n\}$ 为 X 的紧覆盖，$\{J_n\}$ 为 X 的开覆盖.

设 $\mathscr{A}$ 为 X 的任一开覆盖. 对 $\forall n\in\mathbf{N}$，令 $\mathscr{A}_n=\{A\cap J_n \mid A\in\mathscr{A}\}$，则 $\mathscr{A}_n$ 为紧致子集 K_n 的一个开覆盖，因此它有一个有限子覆盖 $\mathscr{B}_n$. 令 $\mathscr{B}=\bigcup\limits_{n=1}^{\infty}\mathscr{B}_n$. 由于 $\mathscr{B}_n$ 覆盖 $K_n(\forall n\in\mathbf{N})$，因此，$\mathscr{B}$ 覆盖 X，并且显然为 $\mathscr{A}$ 的一个精致. $\forall x\in X$，必有 x 的开邻域 $B\in\mathscr{B}=\bigcup\limits_{n=1}^{\infty}\mathscr{B}_n$，所以，$B\in\mathscr{B}_{n_0}$，故当 $|m-n_0|\geqslant 3$ 时，B 与 $\mathscr{B}_m$ 中的任何元素无交点. 从而 B 只与 $\mathscr{B}$ 中有限个元素有非空的交. 这蕴涵着开覆盖 $\mathscr{B}$ 是局部有限的. 综上知，$\mathscr{B}$ 为 $\mathscr{A}$ 的局部有限开精致. 因此，$(X,\mathscr{T})$ 为仿紧空间. □

1.8 完全正则空间、Tychonoff 空间、Urysohn 引理、Tietze 扩张定理、可度量化定理

继正则、正规、$T_i(i=0,1,2,3,4)$空间后，我们再引入完全正则与 Tychonoff 空间两个重要概念，并讨论它们之间相互的关系.

Urysohn 引理与 Tietze 扩张定理是两个著名的定理，我们将会详细地加以论述.在回顾度量空间性质与前面知识的基础上证明了 Urysohn 嵌入定理及可度量化定理.

现在换个角度用连续函数来刻画正规性、正则性，是否会出现一些新的分离性质？答案是肯定的.

定理 1.8.1(Urysohn) 设$(X,\mathscr{T})$为拓扑空间，$a<b$，则$(X,\mathscr{T})$为正规空间$\Leftrightarrow(X,\mathscr{T})$中任意两个不相交的闭集 A 与 B，存在一个连续映射(函数)$f:X\to[a,b]$，使得 $f(x)=a,\forall x\in A$ 与$f(x)=b,\forall x\in B$.

证明 (证法 1)由于闭区间$[a,b]$同胚于闭区间$[0,1]$，所以我们只需对$[a,b]=[0,1]$证明即可.

($\Leftarrow$)设定理右边条件成立，即对$(X,\mathscr{T})$中任意不相交的闭集 A 与 B，必存在连续函数 $f:X\to[0,1]$，使得 $f(x)=0,\forall x\in A$ 与$f(x)=1,\forall x\in B$.由于$\left[0,\frac{1}{2}\right)$与$\left(\frac{1}{2},1\right]$为$[0,1]$中的两个不相交的开集，所以 $U=f^{-1}\left(\left[0,\frac{1}{2}\right)\right)$与 $V=f^{-1}\left(\left(\frac{1}{2},1\right]\right)$为$(X,\mathscr{T})$中的两个不相交的开集，并且易见 $A\subset U,B\subset V$.这就证明了$(X,\mathscr{T})$为一个正规空间.

($\Rightarrow$) (Urysohn 引理)设$(X,\mathscr{T})$为正规空间，A 与 B 为$(X,\mathscr{T})$中的任意两个不相交的闭子集，则 $A\subset X\setminus B$，从而 $V_1=X\setminus B$ 为闭集 A 的一个开邻域.根据定理 1.7.2(2)，存在 A 的开邻域 V_0，使得

$$A\subset V_0\subset\overline{V}_0\subset X\setminus B=V_1.$$

又因 $\overline{V}_0$ 为闭集且 V_1 为 $\overline{V}_0$ 的开邻域，根据定理 1.7.2(2)，存在 $\overline{V}_0$ 的开邻域 $V_{1/2}$，使得

$$A\subset V_0\subset\overline{V}_0\subset V_{1/2}\subset\overline{V}_{1/2}\subset V_1.$$

再根据定理 1.7.2(2)，存在开集 $V_{1/4},V_{3/4}$，使得

$$A\subset V_0\subset\overline{V}_0\subset V_{1/4}\subset\overline{V}_{1/4}\subset V_{1/2}\subset\overline{V}_{1/2}\subset V_{3/4}\subset\overline{V}_{3/4}\subset V_1.$$

应用归纳法可得：对$\forall n\in\mathbf{N},1\leqslant m\leqslant 2^n$，存在$(X,\mathscr{T})$中的开集 $V_{m/2^n}$，使得

$$A\subset V_0\subset\overline{V}_0\subset V_{1/2^n}\subset\overline{V}_{1/2^n}\subset\cdots\subset V_{(2^n-1)/2^n}\subset\overline{V}_{(2^n-1)/2^n}\subset V_1=X\setminus B.$$

令 $P=\{m/2^n\mid 0\leqslant m\leqslant 2^n,n\in\mathbf{N}\}$，则 P 在$[0,1]$中稠密，且对$\forall r\in P$ 都定义了 V_r，当 $r_1<r_2$ 时，有 $\overline{V}_{r_1}\subset V_{r_2}$.如图 1.8.1 所示，实际上是在闭集 A 与 B 之间插入了可数多

个 $V_r(r\in P)$.

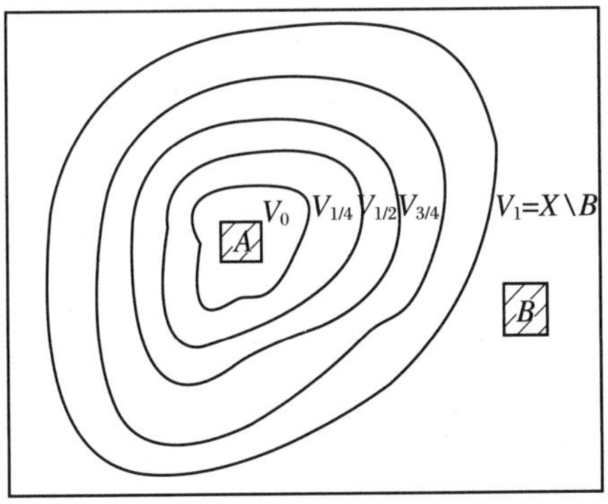

图 1.8.1

定义映射(函数)$f:X\to[0,1]$为

$$f(x)=\begin{cases}\inf\{r\in P\mid x\in V_r\}, & x\in X\setminus B=V_1,\\ 1, & x\in B.\end{cases}$$

由于当 $x\in X\setminus B=V_1$ 时,$\{r\in P\mid x\in V_r\}\neq\varnothing$,从而 f 的定义是确切的,它为一个映射(函数).由 f 的定义知,对 $\forall x\in X, 0\leqslant f(x)\leqslant 1$,且 $f(x)=1, \forall x\in B$;由 $A\subset V_0$ 知,$f(x)=0, \forall x\in A$.

下证 f 连续.

设 $x_0\in X$,且 $0<f(x_0)<1$.对 $\forall \varepsilon\in(0,\min\{f(x_0),1-f(x_0)\})$,取 $\tau,\tau'\in P$,使得

$$0<f(x_0)-\varepsilon<\tau<f(x_0)<\tau'<f(x_0)+\varepsilon<1.$$

于是,$U(x_0)=V_{\tau'}\setminus\overline{V}_\tau$ 为 x_0 的一个开邻域,显然,$\forall x\in U(x_0)=V_{\tau'}\setminus\overline{V}_\tau$,必有 $x\in V_{\tau'}$,$x\notin\overline{V}_\tau$,根据 f 的定义得到

$$f(x_0)-\varepsilon<\tau\leqslant f(x)\leqslant\tau'<f(x_0)+\varepsilon,\quad \forall x\in U(x_0)=V_{\tau'}\setminus\overline{V}_\tau,$$

即 f 在点 x_0 处连续(图 1.8.2).

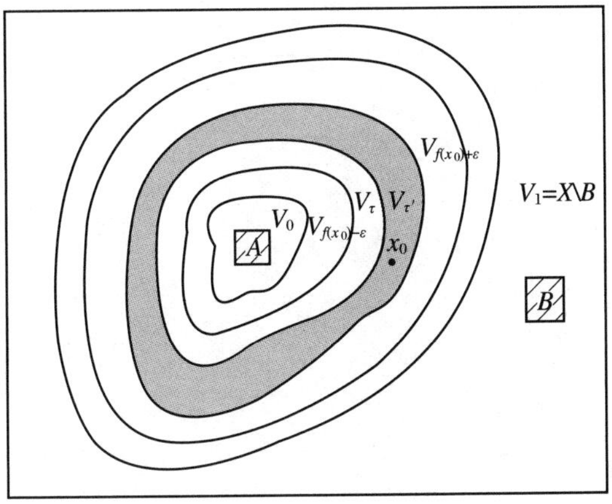

图 1.8.2

设 $x_0\in X, f(x_0)=1$. 对 $\forall\,\varepsilon\in(0,1)$，取 $\tau\in P$，使得

$$0<f(x_0)-\varepsilon=1-\varepsilon<\tau<1=f(x_0).$$

于是，$U(x_0)=X\backslash\overline{V}_\tau$ 为 x_0 的一个开邻域. 显然，$\forall\,x\in U(x_0)=X\backslash\overline{V}_\tau$，必有 $x\in X$，$x\notin\overline{V}_\tau$. 根据 f 的定义得到

$$f(x_0)-\varepsilon=1-\varepsilon<\tau\leqslant f(x)\leqslant 1=f(x_0)<f(x_0)+\varepsilon,$$

$$U(x_0)=X\backslash\overline{V}_\tau.$$

即 f 在点 x_0 处连续(图 1.8.3).

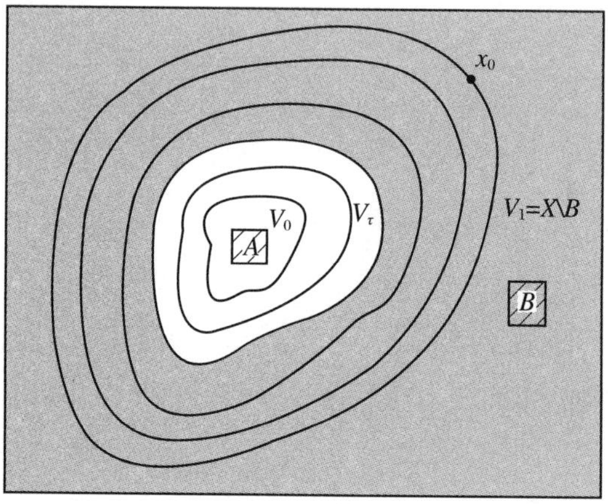

图 1.8.3

设 $x_0\in X, f(x_0)=0$. 对 $\forall\,\varepsilon\in(0,1)$，取 $\tau\in P$，使得

$$f(x_0)=0<\tau<0+\varepsilon=f(x_0)+\varepsilon.$$

于是，$U(x_0)=V_\tau$ 为 x_0 的一个开邻域. 显然，$\forall\,x\in U(x_0)=V_\tau$，根据 f 的定义得到

$$f(x_0)-\varepsilon=0-\varepsilon=-\varepsilon<0\leqslant f(x)\leqslant\tau<f(x_0)+\varepsilon,\quad \forall\,x\in U(x_0)=V_\tau.$$

即 f 在点 x_0 处连续(图 1.8.4).

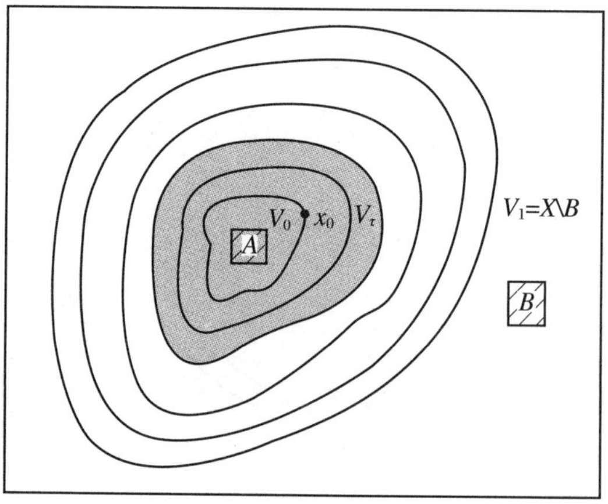

图 1.8.4

(证法2)(⇒)(Urysohn 引理)设$(X,\mathscr{T})$为正规空间,A与B为$(X,\mathscr{T})$中的任意两个不相交的闭子集.

令$\mathbf{Q}_I=\mathbf{Q}\cap[0,1]$是$I=[0,1]$中的全体有理数构成的集合.由于$\mathbf{Q}_I$为可数集,故可将$\mathbf{Q}_I$排列为$\mathbf{Q}_I=\{r_1,r_2,r_3,\cdots\}$.不妨设$r_1=1,r_2=0$.我们欲将每个有理数$r_n\in\mathbf{Q}_I$,对应着$A$的一个开邻域$V_{r_n}$,使得满足:

(1°) $V_{r_n}\subset X\backslash B$;

(2°) 如果$r_n<r_m$,则$\overline{V}_{r_n}\subset V_{r_m}$.

首先令$V_1=V_{r_1}=X\backslash B$.根据定理1.7.2(2),任意选取$V_0=V_{r_2}$为$A$的一个开邻域,使得

$$A\subset V_{r_2}\subset\overline{V}_{r_2}\subset V_{r_1}=V_1=X\backslash B.$$

此时,易见,V_{r_1}与V_{r_2}满足(1°)与(2°).

对于$n>2$,假设A的诸开邻域$V_{r_1},V_{r_2},\cdots,V_{r_{n-1}}$已经定义并且满足上述条件(1°)与(2°).

记

$$s=\max\{r_i<r_n\mid i=1,\cdots,n-1\},\quad 如\ r_2=0<r_n,$$
$$t=\min\{r_i>r_n\mid i=1,\cdots,n-1\},\quad 如\ r_1=1>r_n;$$

根据定理1.7.2(2),可选V_{r_n}为$\overline{V}_s$的一个开邻域,使得

$$\overline{V}_s\subset V_{r_n}\subset\overline{V}_{r_n}\subset V_t.$$

从V_{r_n}的取法可知,A的诸开邻域$V_{r_1},\cdots,V_{r_{n-1}},V_{r_n}$仍然满足条件(1°)与(2°).

根据归纳原则,A的诸开邻域$V_{r_1},\cdots,V_{r_n},\cdots$已经全部定义并满足条件(1°)与(2°).

我们定义映射(函数)$f:X\to[0,1]$为

$$f(x)=\begin{cases}\inf\{r\in\mathbf{Q}_I\mid x\in V_r\}, & x\in X\backslash B=V_1,\\ 1, & x\in B.\end{cases}$$

由于当$x\in X\backslash B=V_1$时,$\{r\in\mathbf{Q}_I\mid x\in V_r\}\neq\varnothing$,从而$f$的定义是确切的,它为一个映射(函数).由$f$的定义知,对$\forall x\in X,0\leqslant f(x)\leqslant 1$,且$f(x)=1,\forall x\in B$;由$A\subset V_0$知,$f(x)=0,\forall x\in A$.

下证f连续.

对$\forall a\in[0,1)$,

$$\begin{aligned}x\in f^{-1}((a,1]) &\Leftrightarrow a<f(x)\leqslant 1\\ &\Leftrightarrow \inf\{r\in\mathbf{Q}_I\mid x\in V_r\}>a\quad 或\quad x\in B\\ &\Leftrightarrow \exists r\in\mathbf{Q}_I,\text{s.t.}\ r>a,x\notin\overline{V}_r(即\ x\in\overline{V}_r^{c})\quad 或\quad x\in B.\end{aligned}$$

因此

$$f^{-1}((a,1]) = \left(\bigcup_{r>a,r\in \mathbf{Q}_I} V_r^{-c}\right)\cup B$$

$$= \bigcup_{r>a,r\in \mathbf{Q}_I} V_r^{-c} \quad (因为 B\subset V_r^{-c}, \forall r\in \mathbf{Q}_I)$$

为$(X,\mathscr{T})$中一族开集之并,所以它为$(X,\mathscr{T})$中的一个开集.

对$\forall b\in(0,1]$,

$$\begin{aligned} x\in f^{-1}([0,b)) &\Leftrightarrow 0\leqslant f(x)<b \\ &\Leftrightarrow \inf\{r\in \mathbf{Q}_I \mid x\in V_r\}<b \\ &\Leftrightarrow \exists r\in \mathbf{Q}_I, \text{s.t. } r<b, x\in V_r. \end{aligned}$$

因此

$$f^{-1}([0,b)) = \bigcup_{r<b,r\in \mathbf{Q}_I} V_r$$

为$(X,\mathscr{T})$中一族开集之并,所以它为$(X,\mathscr{T})$中的一个开集.

令

$$\mathscr{S} = \{(a,1] \mid a\in[0,1)\}\cup\{[0,b) \mid b\in(0,1]\},$$

$$\mathscr{B} = \{S_1\cap\cdots\cap S_n \mid S_i\in\mathscr{S}, i=1,\cdots,n; n\in\mathbf{N}\}.$$

易见,$\mathscr{T} = \left\{\bigcup_{B\in\mathscr{B}_1\subset\mathscr{B}} B\right\}$,即$\mathscr{B}$为$(X,\mathscr{T})$的一个拓扑基,此时$\mathscr{S}$称为$(X,\mathscr{T})$的一个子基,于是

$$f^{-1}\left(\bigcup_{B\in\mathscr{B}_1\subset\mathscr{B}} B\right) = \bigcup_{B\in\mathscr{B}_1\subset\mathscr{B}} f^{-1}(B) = \bigcup_{\substack{B\in\mathscr{B}_1\\ S_i\in\mathscr{S}}} f^{-1}(S_1\cap\cdots\cap S_n)$$

$$= \bigcup_{\substack{B\in\mathscr{B}_1\\ S_i\in\mathscr{S}}} f^{-1}(S_1) \overset{S_i\in\mathscr{T}}{\cap}\cdots\cap f^{-1}(S_n)$$

为$(X,\mathscr{T})$中的开集,再根据定理1.3.2(2)及定理2.1.4(3),f为连续映射. □

注 1.8.1 Urysohn引理采用了两种证法.前半部分,两种证法是类似的,都是反复应用定理1.7.2(2),并归纳地将不相交的闭集A与B分层次地隔离开.所不同的是,一个用$[0,1]$中的可数稠密集$P=\{m/2^n \mid 0\leqslant m\leqslant 2^n, n\in\mathbf{N}\}$;另一个用$[0,1]$中的可数稠密集$\mathbf{Q}_I=\mathbf{Q}\cap[0,1]$.而可数性保证了可使用归纳法.后半部分为证明$f$连续,证法1直接用连续的定义,它既直观,又简单,并不需要运用定理.而证法2要用连续的等价定理1.3.2(2)及定理2.1.4(3),这种运用定理的逻辑性推导也是必需的.但是,证法1更显重要,它体现了读者的一种数学修养与素质,深藏着读者的一种内在的数学功夫.

如果$(X,\mathscr{T})$为度量空间的拓扑,即$\mathscr{T}=\mathscr{T}_\rho$,那么Urysohn引理可简单地得到证明,不必像定理1.8.1中那样大张旗鼓地去论述.例如:在定理1.7.4证法3中,

$$f(x) = \frac{\rho(x,A)}{\rho(x,A)+\rho(x,B)}$$

为连续函数，$0\leqslant f(x)\leqslant 1$，且 $f(x)=0,\forall x\in A$；$f(x)=1,\forall x\in B$. 因此，$f(x)$就是 Urysohn 引理所需的函数.

Urysohn 引理表明：能用连续（实值）函数分离任意两个不相交的闭集是正规空间的一个突出特点.

自然会联想到，对于正则空间，是否会有：$(X,\mathscr{T})$为正则空间$\Leftrightarrow(X,\mathscr{T})$中任意一点 $x\in X$及不含 x 的任意闭集B，存在一个连续函数 $f:X\to[0,1]$，使得 $f(x)=0$，且 $f(y)=1,\forall y\in B$？

仔细观察定理 1.8.1 的证明发现，其充分性是成立的，其证明也类似. 可是，必要性的证明大不相同. 对于取定点 x 与不含 x 的闭集B，根据定理 1.7.2(1)，存在 x 的开邻域 V_0，使得

$$x\in V_0\subset\overline{V}_0\subset X\backslash B=V_1.$$

但是，下一步关于 $\overline{V}_0\subset V_1$ 就进行不下去了，因为 $\overline{V}_0$ 不再是一个点，而是一个闭集，只有$(X,\mathscr{T})$为正规空间才能继续，而正则空间就无能为力了！

转而，我们将上述问题中右边条件引入完全正则这一新概念.

定义 1.8.1 设$(X,\mathscr{T})$为拓扑空间，如果对$\forall x\in X$ 及$(X,\mathscr{T})$中不包含 x 的闭集B 都存在连续函数$f:X\to[0,1]$，使得 $f(x)=0$ 与 $f(y)=1,\forall y\in A$，则称$(X,\mathscr{T})$为**完全正则空间**.

完全正则的 T_1 空间称为 **Tychonoff 空间**或 **$T_{3.5}$空间**.

定理 1.8.2 完全正则空间必为正则空间.

证明 设$(X,\mathscr{T})$为完全正则空间，$x\in X$，B 为$(X,\mathscr{T})$中不包含 x 的一个闭集，则存在连续函数 $f:X\to[0,1]$，使得 $f(x)=0$；$f(y)=1,\forall y\in B$. 于是，$f^{-1}\left(\left[0,\frac{1}{2}\right)\right)$与 $f^{-1}\left(\left(\frac{1}{2},1\right]\right)$分别为点 x 与闭集B 的开邻域，并且它们不相交. 这表明$(X,\mathscr{T})$为一个正则空间. □

定理 1.8.3 正则且正规的空间必为完全正则空间. 但反之不成立.

证明 设$(x,\mathscr{T})$为正则且正规的空间. $x\in X$，B 为$(X,\mathscr{T})$中的一个不包含 x 的闭集. 由于$(X,\mathscr{T})$为正则空间，根据定理 1.7.2(1)，点 x 有一个开邻域 V_0，使得

$$x\in V_0\subset\overline{V}_0\subset X\backslash B\quad(x\text{ 的开邻域}),$$

则 $A=\overline{V}_0$ 与 B 为$(X,\mathscr{T})$中两个不相交的闭集. 由于$(X,\mathscr{T})$为正规空间，应用定理 1.8.1 可见，存在连续函数 $f:X\to[0,1]$，使得 $f(y)=0,\forall y\in A=\overline{V}_0$；$f(y)=1,\forall y\in B$. 由于点 $x\in\overline{V}_0=A$，故 $f(x)=0$. 这就证明了$(X,\mathscr{T})$为完全正则空间.

但反之并不成立. 反例为例 1.8.1. □

定理 1.8.4 关于拓扑空间$(X,\mathscr{T})$：

(1) T_4 空间;⇒(2) $T_{3.5}$空间(Tychonoff 空间)；

↗(3) 完全正则空间;⇒(4) 正则空间；

↘(5) T_3 空间.

证明 (1)⇒(2).设$(X,\mathscr{T})$为 T_4 空间,即 T_1 的正规空间,对于点 $x\in X$ 与不含x 的闭集 B.由于 T_1 空间中,单点集 $A=\{x\}$必为闭集,故根据 Urysohn 引理(定理 1.8.1 的必要性),存在连续函数 $f:X\to[0,1]$,使得 $f(x)=0$;$f(y)=1$,$\forall y\in B$,因此,$(X,\mathscr{T})$为完全正则空间.再由已知$(X,\mathscr{T})$为 T_1 空间,$(X,\mathscr{T})$为 $T_{3.5}$空间,即 Tychonoff 空间.

(2)⇒(3).由 $T_{3.5}$空间(Tychonoff 空间)的定义立即推出.

(3)⇒(4).这就是定理 1.8.2.

(2)⇒(5).设$(X,\mathscr{T})$为 $T_{3.5}$空间(Tychonoff 空间),即它为完全正则的 T_1 空间.再由定理 1.8.2(即(3)⇒(4))知,$(X,\mathscr{T})$为正则空间.这就证明了$(X,\mathscr{T})$为 T_3 空间. □

根据定理 1.7.4、定理 1.7.6 及定理 1.8.4,T_0、T_1、T_2(Hausdorff)、T_3、$T_{3.5}$(Tychonoff)、T_4、正则、正规、完全正则等分离性之间的蕴涵关系列为图 1.8.5.

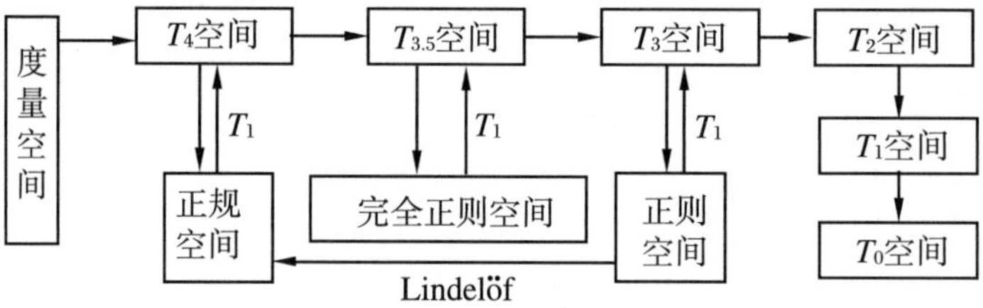

图 1.8.5

定理 1.8.5 (1) 紧致的正则空间；

⇒(2) 局部紧致的正则空间；

⇒(3) 完全正则空间.

证明 (1)⇒(2).由例 1.7.5,紧致必局部紧致.

(2)⇒(3).设$(X,\mathscr{T})$为一个局部紧致的正则空间,$x\in X$ 与 B 为不含 x 的$(X,\mathscr{T})$中的闭集.于是,$X\backslash B$ 为 x 的一个开邻域.根据引理 1.7.8,存在 x 的紧致闭邻域 V,使得 $x\in V\subset X\backslash B$. V 作为$(X,\mathscr{T})$的子空间是紧致的正则空间(V 是正则的是因为它是正则空间的闭子集),根据下面的引理 1.8.1,V 是完全正则的.因此,存在连续映射 $g:V\to[0,1]$,使得 $g(x)=0$ 与 $g(y)=1$,$\forall y\in V\backslash V^{\circ}$.

定义映射(函数)$h:V^{\circ c}\to[0,1]$,使得 $h(z)=1$,$\forall z\in V^{\circ c}$.显然,h 为一个连续映射(函数).

再定义映射(函数)$f:X\to[0,1]$,使得对 $\forall z\in X$,

$$f(z)=\begin{cases}g(z), & z\in V,\\ h(z), & z\in V^{\circ c}.\end{cases}$$

因为 $g(z)=1=h(z)$,$\forall z\in V^{\circ c}\cap V$,所以 f 的定义是确切的,此外,$V^{\circ c}$ 与 V 都为$(X,\mathscr{T})$中的闭集,从而根据粘接引理(定理 1.3.5),f 是连续的.并且显然有 $f(x)=g(x)=0$,以及 $f(z)=h(z)=1$,$\forall z\in B\subset V^{\circ c}$.这就证明了$(X,\mathscr{T})$为完全正则空间. □

引理 1.8.1 紧致的正则空间必为正规空间与完全正则空间.

证明 (证法 1)由推论 1.7.1,紧致的正则空间必为正规空间.再由定理 1.8.3,正则且正规的空间必为完全正则空间.

(证法 2)由例 1.6.1(2),紧致空间必为 Lindelöf 空间,再由定理 1.7.6,正则的 Lindelöf 空间必为正规空间.最后,根据定理 1.8.3,正则且正规的空间必为完全正则空间. □

推论 1.8.1 非空有限集 X 上的任何正则空间必为正规空间与完全正则空间.因此,设 X 为非空有限集,则

$$(X,\mathscr{T})\text{为正则空间}\quad\Leftrightarrow\quad(X,\mathscr{T})\text{为完全正则空间}.$$

证明 由于非空有限集上的任何拓扑空间都是紧致的,再由引理 1.8.1 立即推出结论. □

定理 1.8.4 指出:$T_4\Rightarrow T_{3.5}\Rightarrow T_3$,它表明 $T_{3.5}$是介于 T_3 与 T_4 之间的一个拓扑空间.但是,它是“真正的介于”吗?也就是说,能否举出反例,使 $T_4\not\Leftarrow T_{3.5}$,$T_{3.5}\not\Leftarrow T_3$?

定理 1.8.4 还指出:完全正则⇒正则.能否举出反例,使完全正则⇍正则?

推论 1.8.1 表明,上述要找的反例,肯定不是有限集上的拓扑空间.

例 1.8.1 完全正则非正规(当然正则非正规);$T_{3.5}$非 T_4(当然 T_3 非 T_4).

设 $Y=\{(x_1,x_2)\in\mathbf{R}^2\mid x_2>0\}$,$L=\{(x_1,0)\in\mathbf{R}^2\mid x_1\in\mathbf{R}\}$,

$$\begin{aligned}&X=Y\cup L.\\&\mathscr{T}^\circ=\{B(\boldsymbol{x};\varepsilon)\mid\varepsilon\in(0,x_2),\boldsymbol{x}=(x_1,x_2)\in X\}\\&\qquad\cup\{B(\boldsymbol{x};x_2)\cup\{(x_1,0)\}\mid\boldsymbol{x}=(x_1,x_2)\in X\},\\&\mathscr{T}=\{U\mid U\text{为}\mathscr{T}^\circ\text{中若干成员的并}\},\end{aligned}$$

则拓扑空间$(X,\mathscr{T})$为 T_2、正则、完全正则、T_3、$T_{3.5}$空间,但非正规、非 T_4 空间.

证明 (1) 设 $\boldsymbol{p},\boldsymbol{q}\in X,\boldsymbol{p}\neq\boldsymbol{q}$.

如果 $\boldsymbol{p},\boldsymbol{q}\in Y$,则 $U=B\left(\boldsymbol{p};\frac{1}{2}\rho_0^2(\boldsymbol{p},\boldsymbol{q})\right)$与 $V=B\left(\boldsymbol{q};\frac{1}{2}\rho_0^2(\boldsymbol{p},\boldsymbol{q})\right)$分别为 $\boldsymbol{p}$ 与 $\boldsymbol{q}$ 的两个不相交的开邻域(图 1.8.6(a));

如果 $\boldsymbol{p}=(p_1,0)$ 与 $\boldsymbol{q}=(q_1,q_2)\in Y$，则 $U=B\left(\left(p_1,\frac{1}{3}q_2\right);\frac{1}{3}q_2\right)\cup\{\boldsymbol{p}\}$ 与 $V=B\left(\boldsymbol{q};\frac{1}{3}q_2\right)$分别为 $\boldsymbol{p}$ 与 $\boldsymbol{q}$ 的两个不相交的开邻域(图 1.8.6(b))；

如果 $\boldsymbol{p}=(p_1,0)$ 与 $\boldsymbol{q}=(q_1,0)$，则 $U=B\left(\left(p_1,\frac{1}{2}|q_1-p_1|\right);\frac{1}{2}|q_1-p_1|\right)\cup\{\boldsymbol{q}\}$与 $V=B\left(\left(q_1,\frac{1}{2}|q_1-p_1|\right);\frac{1}{2}|q_1-p_1|\right)\cup\{\boldsymbol{q}\}$分别为 $\boldsymbol{p}$ 与 $\boldsymbol{q}$ 的两个不相交的开邻域(图 1.8.6(c))。

由上知，$(X,\mathscr{T})$为 T_2 空间，当然也为 T_1 空间.

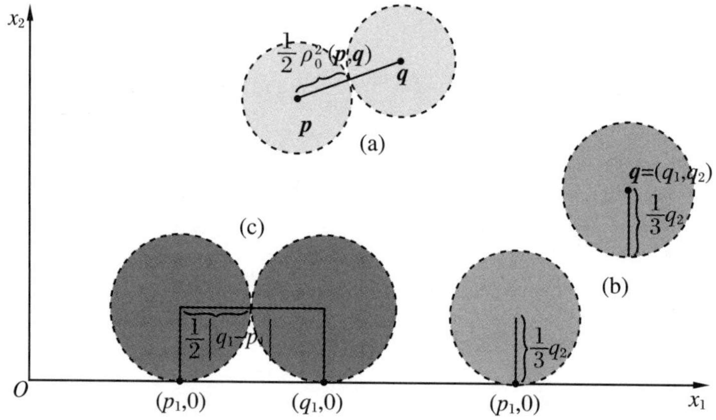

图 1.8.6

(2) 设 $\boldsymbol{p}\in X$，A 为$(X,\mathscr{T})$中不含 $\boldsymbol{p}$ 的闭集.

(ⅰ) 如果 $\boldsymbol{p}\in Y$，则必有 $\boldsymbol{p}$ 在 Y 中的开球 $U=B(\boldsymbol{p};\varepsilon)\subset X\backslash A$. 由于 $X\backslash U$ 为 Euclid 拓扑下的闭集，而 X 在 Euclid 拓扑下是完全正则的，故必有 Euclid 拓扑下的连续映射 $f:X\to[0,1]$，使得 $f(\boldsymbol{p})=0$；$f(\boldsymbol{x})=1$，$\forall\,\boldsymbol{x}\in X\backslash U$. 因为拓扑 $\mathscr{T}$ 强于 Euclid 拓扑(即 Euclid拓扑下 $\boldsymbol{x}$ 点的任何开邻域 $\widetilde{W}$，必有 $\boldsymbol{x}$ 在拓扑 $\mathscr{T}$ 下的开邻域 $W\subset\widetilde{W}$)，所以 f 在拓扑 $\mathscr{T}$ 下也是连续的. 由于 $U\subset X\backslash A$，故 $A\subset X\backslash U$. 从而，$f(\boldsymbol{x})=1$，$\forall\,\boldsymbol{x}\in A$.

(ⅱ) 如果 $\boldsymbol{p}=(p_1,0)\in L$，则必存在切于 L(切点为 $\boldsymbol{p}=(p_1,0)$)的圆盘 D，使 D 与 A 不相交. 设 D 的半径为 $\delta>0$，并定义映射 $f:X\to[0,1]$，

$$f(\boldsymbol{x})=\begin{cases}0, & \boldsymbol{x}=\boldsymbol{p}=(p_1,0),\\((x_1-p_1)^2+x_2^2)/(2\delta x_2), & \boldsymbol{x}=(x_1,x_2)\in D,\\1, & \boldsymbol{x}\notin D\cup\{\boldsymbol{p}\}.\end{cases}$$

因 $f^{-1}([0,a))$就是$(X,\mathscr{T})$中的开集 $D(a)\cup\{\boldsymbol{p}\}$，而 $f^{-1}((a,1])$就是$(X,\mathscr{T})$中的开集

$X\backslash\overline{D(a)}$，其中 $D(a)$ 是半径为 $a\delta$ 且切于 L（切点为 $\boldsymbol{p}=(p_1,0)$）的开圆盘，类似定理 1.8.1 证法 2 知，$f:(X,\mathscr{T})\to[0,1]$ 为连续映射，且 $f(\boldsymbol{p})=0$，$f(\boldsymbol{x})=1$，$\forall\,\boldsymbol{x}\in A$（图 1.8.7）.

由（ⅰ）、（ⅱ）可知，$(X,\mathscr{T})$ 为完全正则空间. 由定理 1.8.2，$(X,\mathscr{T})$ 为正则空间. 再由 (1) 知，$(X,\mathscr{T})$ 为 T_3、$T_{3.5}$ 空间.

(3) $(X,\mathscr{T})$ 不为正规空间，当然也不为 T_4 空间.

设 $A\subset L$，则对 $\forall\,\boldsymbol{x}\in X\backslash A$，由图 1.8.8 知，必有形如 $\mathscr{T}^\circ$ 中元素 U 为 $\boldsymbol{x}$ 的开邻域，且 $\boldsymbol{x}\in U\subset X\backslash A$. 因此，$X\backslash A$ 为 $(X,\mathscr{T})$ 中的开集，从而 A 为 $(X,\mathscr{T})$ 中的闭集.

于是，有理数集 $\mathbf{Q}\subset L$ 与无理数集 $S\subset L$ 为 $(X,\mathscr{T})$ 中两个不相交的闭集.

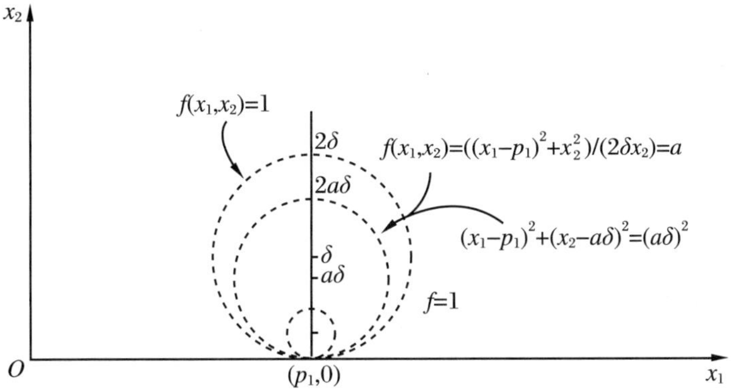

图 1.8.7

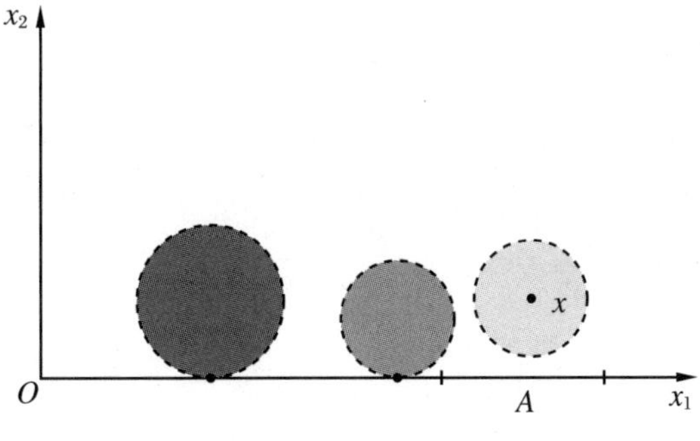

图 1.8.8

下证分别包含 $\mathbf{Q}$ 与 S 的任意两个开集都是相交的，从而 $(X,\mathscr{T})$ 不为正规空间，当然也非 T_4 空间.

任取 $(X,\mathscr{T})$ 中的两个开集 U 与 V，使得 $\mathbf{Q}\subset U$，$S\subset V$. 对 $\forall\,\boldsymbol{x}\in V\cap L$，相应存在以 r_x 为半径且切于 L（切点为 $\boldsymbol{x}$）的圆盘 $D_x\subset V$. 令

$$S_n = \left\{ x \in S \,\middle|\, r_x > \frac{1}{n} \text{ 且 } D_x \subset V \right\},$$

则集族$\{S_n \mid n \in \mathbf{N}\} \cup \{r \mid r \in \mathbf{Q}\}$就构成了 Euclid 直线 L 的一个可数覆盖,显然, $L = (\bigcup_{n=1}^{\infty} S_n) \cup (\bigcup_{r \in \mathbf{Q}} \{r\})$. 由于单点集$\{r\}$为无处稠密集(如果任何非空开集 W,必有非空开集 $W_1 \subset W$,使得 $W_1 \subset A^c = L \backslash A$,则称 A 为 Euclid 直线 L 中的**无处稠密集**),根据下面的引理 1.8.2,必有某个 S_{n_0} 在 Euclid 直线 L 中不是无处稠密集,从而存在开区间(a,b),使$(a,b) \subset \overline{S}_{n_0}$,即 S_{n_0} 在(a,b)中稠密. 于是,任取有理数 $r \in (a,b)$,r 的每个开邻域必与 $\bigcup_{x \in S_{n_0}} D_x$ 相交,从而,U 与 V 相交(图 1.8.9). □

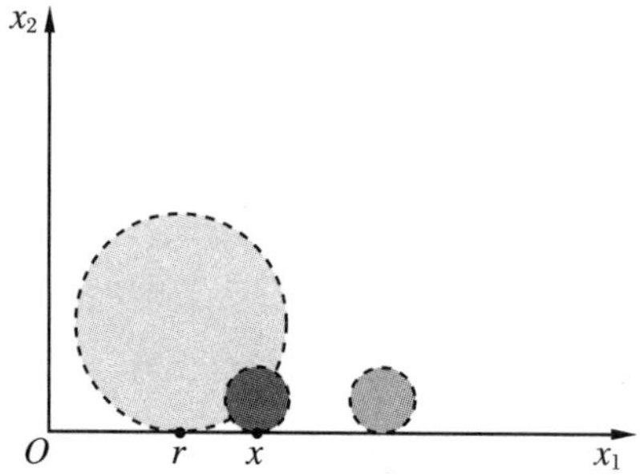

图 1.8.9

引理 1.8.2 在$(\mathbf{R}^1, \mathscr{T}_{\rho_0^1})$中,$\mathbf{R}^1$ 不能表示为至多可数个无处稠密集的并.

证明 (反证)假设 $\mathbf{R}^1 = \bigcup_{n=1}^{\infty} E_n$,其中 $E_n (n \in \mathbf{N})$ 为$(\mathbf{R}^1, \mathscr{T}_{\rho_0^1})$中的无处稠密集. 由于 E_1 为无处稠密集,故必有开区间(a_1, b_1),使$[a_1, b_1] \subset E_1^c = \mathbf{R} \backslash E_1$. 又因 E_2 为无处稠密集,故必有开区间(a_2, b_2),使$[a_2, b_2] \subset E_2^c$. 如此下去,得到一串$\{(a_n, b_n)\}$,使得$[a_n, b_n] \subset E_n^c (n \in \mathbf{N})$. 于是,根据闭区间套原理,

$$\exists\, x \in \bigcap_{n=1}^{\infty} [a_n, b_n] \subset \bigcap_{n=1}^{\infty} E_n^c = \left(\bigcup_{n=1}^{\infty} E_n\right)^c = (\mathbf{R}^1)^c = \varnothing,$$

矛盾. □

此引理可推广到$(\mathbf{R}^n, \mathscr{T}_{\rho_0^n})$.

注 1.8.2 在例 1.8.1 的证明中,先证$(X, \mathscr{T})$为完全正则空间,然后,从定理 1.8.2 知,$(X, \mathscr{T})$为正则空间.

事实上,也可直接证明$(X, \mathscr{T})$为正则空间. 对 $\forall\, x \in X$,A 为不含 x 的$(X, \mathscr{T})$中的闭集. 由于 $A^c = X \backslash A$ 为$(X, \mathscr{T})$中的开集,故存在 $\mathscr{T}^\circ$中的元素 D_x 作为 x 的开邻域,使得 $D_x \subset A^c = X \backslash A$.

（ⅰ）如果 $\boldsymbol{x}\in Y$，令 $D_x=B(\boldsymbol{x};2\varepsilon)$，并取 $U=B(\boldsymbol{x};\varepsilon)$，$V=X\backslash\overline{B(\boldsymbol{x};\varepsilon)}$；

（ⅱ）如果 $\boldsymbol{x}=(x_1,0)\in L$，令 $D_x=B((x_1,2\varepsilon);2\varepsilon)\cup\{\boldsymbol{x}\}$，并取

$$U=B((x_1,\varepsilon);\varepsilon)\cup\{\boldsymbol{x}\},\quad V=X\backslash\overline{B((x_1,\varepsilon);\varepsilon)\cup\{\boldsymbol{x}\}}$$

（注意：这里的闭包符号都表示 Euclid 空间中的闭包，它们是相应的闭球）. 于是，U 与 V 分别为$(X,\mathscr{T})$中点 $\boldsymbol{x}$ 与不含 $\boldsymbol{x}$ 的闭集 A 的开邻域，由此推得$(X,\mathscr{T})$为正则空间.

例 1.8.2 正则非完全正则的拓扑空间（参阅文献[7]60～61 页）.

应该注意的是：不是所有的拓扑空间都能用连续函数来刻画其分离性的. 请观察下例.

例 1.8.3 设 $X=\{1,2,3\}$，$\mathscr{T}=\{\varnothing,\{1\},\{1,2\},\{1,3\},X=\{1,2,3\}\}$，显然，$(X,\mathscr{T})$为拓扑空间. 并且

$$f:(X,\mathscr{T})\to(\mathbf{R}^1,\mathscr{T}_{\rho_0^1})\text{连续}\quad\Leftrightarrow\quad f\text{为常值映射(函数)}.$$

证明 （$\Leftarrow$）显然.

（$\Rightarrow$）设 f 连续. 因 $\mathbf{R}^1\backslash\{f(1)\}\in\mathscr{T}_{\rho_0^1}$，故

$$1\notin f^{-1}(\mathbf{R}^1\backslash\{f(1)\})=X\backslash f^{-1}(\{f(1)\})\in\mathscr{T}.$$

注意到$(X,\mathscr{T})$中不含 1 的开集只能是空集$\varnothing$，即 $f^{-1}(\mathbf{R}^1\backslash\{f(1)\})=\varnothing$. 于是，$f(x)=f(1)$，$\forall x\in X$，即 f 为常值$f(1)$的常值映射（函数）. □

这表明$(X,\mathscr{T})$上的任何连续函数（实际上为常值函数）都不能刻画分离性，即任何两个非空不相交的子集都不能用连续函数分离. 例如：闭集$\{2\}$与闭集$\{3\}$或点 2 与闭集$\{3\}$都不能用连续函数分离，根据 Urysohn 引理，$(X,\mathscr{T})$不为正规空间. 再根据定义 1.8.1，$(X,\mathscr{T})$不为完全正则空间. 此外，因为任何两个非空开集必含点 1，故$(X,\mathscr{T})$不为正规与正则空间.

作为 Urysohn 引理的应用，我们给出下面的例子.

例 1.8.4 正规 T_1 空间$(X,\mathscr{T})$中的任一连通子集 C，如果它包含多于一个点，则 C 必为不可数集.

证明 任选 $x,y\in C$，$x\neq y$. 由于$(X,\mathscr{T})$为 T_1 空间，根据定理 1.7.1(2)知，单点集$\{x\}$与$\{y\}$都为闭集. 再由$(X,\mathscr{T})$为正规空间，根据 Urysohn 引理，存在一个连续映射 $f:X\to[0,1]$，使得 $f(x)=0$ 与 $f(y)=1$. 由 C 为$(X,\mathscr{T})$中一个连通子集，根据定理 1.4.4(1)，$f(C)$也连通. 由于 $0,1\in f(C)$，所以由连续函数的介值定理（定理 1.4.7），$f(C)=[0,1]$. 由于$[0,1]$为不可数集，所以 C 也为不可数集. □

Urysohn 引理是一个非常深刻的定理，它有许多重要的应用. 我们知道，从拓扑空间$(X,\mathscr{T}_1)$到$(Y,\mathscr{T}_2)$的连续映射限制在$(X,\mathscr{T}_1)$的每个子空间 A 上是连续的. 一般说来，定义在子空间上的连续映射未必能扩张（延拓）成整个空间上的连续映射（如 $y=f(x)=$

$\sin\frac{1}{x}, x\in(0,+\infty)$不能扩张到$[0,+\infty)$使之成为连续映射. 这是因为$\lim\limits_{x\to0^+} f(x)=\lim\limits_{x\to0^+}\sin\frac{1}{x}$不存在的缘故). Urysohn 引理说明在正规空间的两个互不相交的闭子集上分别取 0 与 1 的映射可扩张为整个空间上的连续映射. 应用 Urysohn 引理还可以得到更一般的 Tietze 扩张定理. 在证明 Tietze 扩张定理之前先给出一个证明 Tietze 扩张定理起关键作用的引理. 而这个引理需要应用 Urysohn 引理.

引理 1.8.3 设$(X,\mathscr{T})$为正规空间, A 为$(X,\mathscr{T})$中的一个闭子集, 实数 $\lambda>0$, 则对于任何一个连续映射

$$g:A\to[-\lambda,\lambda]$$

存在一个连续映射

$$g^*:A\to\left[-\frac{1}{3}\lambda,\frac{1}{3}\lambda\right],$$

使得

$$|g^*(a)-g(a)|\leqslant\frac{2}{3}\lambda,\quad\forall a\in A.$$

证明 令

$$P=\left[-\lambda,-\frac{1}{3}\lambda\right],\quad Q=\left[\frac{1}{3}\lambda,\lambda\right],$$

由于 $g:A\to[-\lambda,\lambda]$连续, 根据定理 1.3.2(3), $g^{-1}(P)$与 $g^{-1}(Q)$为闭集 A 中的, 从而也为正规空间$(X,\mathscr{T})$中的两个不相交的闭集. 根据 Urysohn 引理, 存在一个连续映射 $g^*:X\to\left[-\frac{1}{3}\lambda,\frac{1}{3}\lambda\right]$, 使得

$$g^*(x)=\begin{cases}-\frac{1}{3}\lambda, & x\in g^{-1}(P),\\ \frac{1}{3}\lambda, & x\in g^{-1}(Q).\end{cases}$$

设 $a\in A$. 如果 $a\in g^{-1}(P)$, 则有 $g(a)\in\left[-\lambda,-\frac{1}{3}\lambda\right]$, $g^*(a)=-\frac{1}{3}\lambda$. 因此

$$0\leqslant g^*(a)-g(a)\leqslant\left(-\frac{1}{3}\lambda\right)-(-\lambda)=\frac{2}{3}\lambda;$$

如果 $a\in g^{-1}(Q)$, 则有 $g(a)\in\left[\frac{1}{3}\lambda,\lambda\right]$, $g^*(a)=\frac{1}{3}\lambda$. 因此

$$0\leqslant g(a)-g^*(a)\leqslant\lambda-\frac{1}{3}\lambda=\frac{2}{3}\lambda;$$

如果 $a\in A\backslash g^{-1}(P)\cup g^{-1}(Q)$, 则有 $g(a), g^*(a)\in\left[-\frac{1}{3}\lambda,\frac{1}{3}\lambda\right]$. 因此

$$|g^*(a)-g(a)|\leqslant\frac{1}{3}\lambda-\left(-\frac{1}{3}\lambda\right)=\frac{2}{3}\lambda.$$

综上所述，有

$$|g^*(a)-g(a)|\leqslant\frac{2}{3}\lambda,\quad \forall a\in A.$$

□

定理 1.8.6（Tietze 扩张定理）

(1) 拓扑空间$(X,\mathscr{T})$为正规空间；

⇔(2) 对$(X,\mathscr{T})$中任意两个不相交的闭集 A 与 B，存在一个连续映射 $f:X\to[a,b]$，使得 $f(x)=a,\forall x\in A$ 与$f(x)=b,\forall x\in B$；

⇔(3) 对$(X,\mathscr{T})$的每个闭子集 M，连续映射 $f:M\to[a,b]$，存在连续映射 $f^*:X\to[a,b]$，使 $f^*|_M=f$，即 f^* 为 f 的一个扩张；

⇔(4) 对$(X,\mathscr{T})$的每个闭子集 M，连续映射 $f:M\to\mathbf{R}^1$，存在连续映射 $f^*:X\to\mathbf{R}^1$，使 $f^*|_M=f$，即 f^* 为 f 的一个扩张.

证明 (3)⇒(4). 设 $f:M\to\mathbf{R}$ 为连续映射（不一定有界），令 $g(x)=\dfrac{2}{\pi}\arctan(f(x))$，$\forall x\in M$，则 $g(M)\subset(-1,1)$. 由(2)，g 有扩张 $g^*:X\to\mathbf{R}^1$，g^* 连续，且 $g^*(X)\subset[-1,1]$. 记 $E=(g^*)^{-1}(\{-1,1\})$，则 E 为$(X,\mathscr{T})$中的闭集，并且 $M\cap E=\varnothing$. 根据(3)，存在$(X,\mathscr{T})$上的连续函数 h，使得 $h(X)\subset[0,1]$，并且 $h(x)=0,\forall x\in E$；$h(x)=1$，$\forall x\in M$. 于是，对$\forall x\in X$，$h(x)g^*(x)\in(-1,1)$. 因此，可规定 $f^*:X\to\mathbf{R}$，

$$f^*(x)=\tan\left(\frac{\pi}{2}h(x)g^*(x)\right),\quad \forall x\in X,$$

则 f^* 连续，并且因为 $h(x)=1,\forall x\in M$，所以

$$\begin{aligned}f^*(x)&=\tan\left(\frac{\pi}{2}g^*(x)\right)=\tan\left(\frac{\pi}{2}\cdot\frac{2}{\pi}\arctan f(x)\right)\\&=\tan(\arctan f(x))=f(x),\quad \forall x\in M.\end{aligned}$$

即 f^* 为 f 的一个扩张.

(4)⇒(1). 设 A 与 B 为$(X,\mathscr{T})$中的两个不相交的闭集，则 $M=A\cup B$ 也为$(X,\mathscr{T})$中的闭集. 定义映射

$$f:M=A\cup B\to[0,1]\subset\mathbf{R}^1,$$

使得 $f(x)=0,\forall x\in A$；$f(x)=1,\forall x\in B$. 由粘接引理，f 为连续映射. 由(4)知，f 有一个连续的扩张$f^*:X\to\mathbf{R}^1$. 显然，$f^*(x)=f(x)=0,\forall x\in A$；$f^*(x)=f(x)=1,\forall x\in B$. 于是，$U=(f^*)^{-1}\left(\left(-\infty,\frac{1}{2}\right)\right)$与 $V=(f^*)^{-1}\left(\left(\frac{1}{2},+\infty\right)\right)$分别为闭集 A 与 B 的两个不相交的开邻域. 这就证明了$(X,\mathscr{T})$为正规空间.

(1)⇒(2). 即 Urysohn 引理.

(2)⇒(3).(Tietze 扩张定理)由于任何一个闭区间$[a,b]$都同胚于$[-1,1]$,不失一般性可以假定$[a,b]=[-1,1]$.

设$(X,\mathscr{T})$满足(2),M 为$(X,\mathscr{T})$中的一个闭集,$f:M\to[-1,1]$为一个连续映射.

令 $A_1=f^{-1}\left(\left[-1,-\frac{1}{3}\right]\right)$,$B_1=f^{-1}\left(\left[\frac{1}{3},1\right]\right)$. 根据定理 1.3.2(3),$A_1$ 与 B_1 为$(X,\mathscr{T})$的闭集 M 的闭子集,从而 A_1 与 B_1 为$(X,\mathscr{T})$的两个不相交的闭子集. 根据 Urysohn引理,存在连续映射 $f_1:X\to\left[-\frac{1}{3},\frac{1}{3}\right]$,使 $f_1(x)=-\frac{1}{3}$,$\forall x\in A_1$;$f_1(x)=\frac{1}{3}$,$\forall x\in B_1$,则

$$|f(x)-f_1(x)|\leqslant\frac{2}{3},\quad \forall x\in M.$$

于是,$g_1=f-f_1:M\to\left[-\frac{2}{3},\frac{2}{3}\right]$为连续映射.

重复上面过程,即将$\left[-\frac{2}{3},\frac{2}{3}\right]$三等分. 令 $A_2=g_1^{-1}\left(\left[-\frac{2}{3},-\frac{2}{9}\right]\right)$,$B_2=g_1^{-1}\left(\left[\frac{2}{9},\frac{2}{3}\right]\right)$. 根据 Urysohn 引理,存在连续映射 $f_2:X\to\left[-\frac{2}{9},\frac{2}{9}\right]$,使 $f_2(x)=-\frac{2}{9}$,$\forall x\in A_2$;$f_2(x)=\frac{2}{9}$,$\forall x\in B_2$,则

$$|f(x)-f_1(x)-f_2(x)|=|g_1(x)-f_2(x)|\leqslant\left(\frac{2}{3}\right)^2.$$

归纳地继续这一过程,可得到$(X,\mathscr{T})$上的一个连续映射序列$\{f_1,f_2,\cdots\}$满足

$$\sup_{x\in X}\{|f_n(x)|\}\leqslant\frac{1}{3}\left(\frac{2}{3}\right)^{n-1},$$

$$\sup_{x\in M}\left|f(x)-\sum_{i=1}^{n}f_i(x)\right|\leqslant\left(\frac{2}{3}\right)^n.$$

定义 $f^*(x)=\sum\limits_{i=1}^{\infty}f_i(x):X\to[-1,1]$,则由 $\lim\limits_{n\to+\infty}\left(\frac{2}{3}\right)^n=0$ 知

$$f(x)=\lim_{n\to+\infty}\sum_{i=1}^{n}f_i(x)=\sum_{i=1}^{\infty}f_i(x)=f^*(x),\quad \forall x\in M,$$

即 f^* 为 f 在 X 上的一个扩张.

设 $x\in X$,$\forall\varepsilon>0$,则 $\exists n_0\in\mathbf{N}$, s.t. $\sum\limits_{i=n_0+1}^{\infty}\left(\frac{2}{3}\right)^i<\frac{\varepsilon}{2}$. 对每个 $1\leqslant i\leqslant n_0$,因 f_i 连续,可取 x 的开邻域U_i,使 $f(U_i)\subset\left(f_i(x)-\frac{\varepsilon}{2n_0},f_i(x)+\frac{\varepsilon}{2n_0}\right)$. 于是 $U=\bigcap\limits_{i=1}^{n_0}U_i$ 为x 的开邻域,且

$$|f^*(y)-f^*(x)|=\left|\sum_{i=1}^{\infty}f_i(y)-\sum_{i=1}^{\infty}f_i(x)\right|$$

$$\leqslant \sum_{i=1}^{n_0} |f_i(y)-f_i(x)| + \sum_{i=n_0+1}^{\infty} |f_i(y)| + \sum_{i=n_0+1}^{\infty} |f_i(x)|$$

$$< n_0 \cdot \frac{\varepsilon}{2n_0} + 2\sum_{i=n_0+1}^{\infty} \frac{1}{3}\left(\frac{2}{3}\right)^{i-1} < \frac{\varepsilon}{2}+\frac{\varepsilon}{2} = \varepsilon, \quad \forall y \in U,$$

即 f^* 在点 x 处连续.由 x 的任意性,f^* 为 X 上的连续映射. □

注意,Tietze 扩张定理中,M 为闭集的条件是不可缺少的.例如:实数空间$(\mathbf{R}^1, \mathscr{T}_{\rho_0^1})$为正规空间.设 $M=(0,+\infty)$,定义映射 $f: M \to \mathbf{R}^1$,$f(x)=\sin\dfrac{1}{x}$,$x\in M$,则 f 连续.但由 $\lim\limits_{x\to 0^+} f(x)=\lim\limits_{x\to 0^+}\sin\dfrac{1}{x}$ 不存在可知,f 没有从 M 到 $\mathbf{R}^1$ 的连续扩张.

注 1.8.3 定理 1.8.6 表明:正规性、Urysohn 引理与 Tietze 扩张定理是彼此等价的.Urysohn 引理与 Tietze 扩张定理从连续函数角度刻画了正规分离性.而 Urysohn 引理实际上是 Tietze 扩张定理的特殊情形.

回忆一下度量空间$(X, \mathscr{T}_\rho)$,例 1.2.6 表明它为 T_2、A_1 空间.定理 1.7.4 指出,$(X, \mathscr{T}_\rho)$还为 T_4 空间.再回忆例 1.1.8 与例 1.1.11,$(X, \mathscr{T}_{\text{离散}})$与$(\mathbf{R}^n, \mathscr{T}_{\rho_0^n})$都是可度量化的空间.

定义 1.8.2 设$(X, \mathscr{T})$为拓扑空间,如果 X 上有一个度量 ρ,它诱导出的拓扑 $\mathscr{T}_\rho = \{U \mid \forall a \in U, \exists \delta_a > 0, \text{s.t. 开球 } B(a,\delta_a) \subset U\}$ 恰为拓扑 $\mathscr{T}$,即 $\mathscr{T}=\mathscr{T}_\rho$,则称$(X, \mathscr{T})$为**可度量化空间**.

从上述可知,A_1 与 T_4 为可度量化的必要条件.为给出可度量化的充分条件,我们先引入可分空间的概念.

定义 1.8.3 设$(X, \mathscr{T})$为拓扑空间,如果$(X, \mathscr{T})$有一个可数稠密子集 A(即 $\overline{A}=X$,且 A 为至多可数集),则称$(X, \mathscr{T})$为**可分空间**.

定理 1.8.7 A_2 空间必为可分空间.但反之未必成立.

证明 设$(X, \mathscr{T})$为 A_2 空间,$\mathscr{B}$ 为它的一个可数拓扑基.$\forall B \in \mathscr{B}$,如果 $B \neq \varnothing$,在 B 中任意选定一个点,记为 $x_B \in B$.令

$$D = \{x_B \mid B \in \mathscr{B}, B \neq \varnothing\}.$$

显然,D 为至多可数集,由于$(X, \mathscr{T})$中任何非空开集 $U = \bigcup\limits_{B \in \mathscr{B}_1 \subset \mathscr{B}} B$,则必有 $B_0 \in \mathscr{B}_1$,s.t. $B_0 \neq \varnothing$.所以,$x_{B_0} \in B_0 \cap D \subset U \cap D$,从而 $U \cap D \neq \varnothing$.这就证明了 D 为$(X, \mathscr{T})$的一个稠密集.于是,$(X, \mathscr{T})$为可分空间.

但反之未必成立,例如:在例 1.1.19 的拓扑空间$(\mathbf{N}, \mathscr{T}_{\mathbf{N}})$中,由于 $\overline{\mathbf{N}}=\mathbf{N}$,故 $\mathbf{N}$ 为$(\mathbf{N}, \mathscr{T}_{\mathbf{N}})$的可数稠密集,从而$(\mathbf{N}, \mathscr{T}_{\mathbf{N}})$为可分空间(实际上,凡至多可数集上的拓扑空间都为可分空间).由例 1.2.9(3)知$(\mathbf{N}, \mathscr{T}_{\mathbf{N}})$不为 A_1 空间,当然也不为 A_2 空间. □

例 1.8.5 (1) A_1 空间与可分空间互不蕴涵.

由定理 1.8.7 的证明知,$(\mathbf{N},\mathscr{T}_{\mathbf{N}})$可分非 A_1.仿例 1.6.3,它是 Lindelöf 空间.

设 X 为不可数集,由例 1.2.5 知,$(X,\mathscr{T}_{离散})$为 A_1(非 A_2)空间,但它不为可分空间.这是因为 X 中任何可数子集 A 的闭包 $\overline{A}=A\neq X$,所以,$(X,\mathscr{T}_{离散})$不为可分空间.

(2) Lindelöf 空间未必为可分空间.设 X 为不可数集,由例 1.6.3(2),$(X,\mathscr{T}_{余可数})$为 Lindelöf 空间.再由例 1.1.18,对任何可数集 A,$A'=\varnothing$,故 $\overline{A}=A\cup A'=A\cup\varnothing=A\neq X$.因此,$(X,\mathscr{T}_{余可数})$不为可分空间.

问题:可分空间必为 Lindelöf 空间吗?

例 1.8.6 $(\mathbf{R}^n,\mathscr{T}_{\rho_0^n})$为可分空间.

证明 (证法 1)因为$\overline{\mathbf{Q}^n}=\mathbf{R}^n$,所以 $\mathbf{Q}^n$ 在$(\mathbf{R}^n,\mathscr{T}_{\rho_0^n})$中为可数稠密集,从而$(\mathbf{R}^n,\mathscr{T}_{\rho_0^n})$为可分空间.

(证法 2)由例 1.2.7 知$(\mathbf{R}^n,\mathscr{T}_{\rho_0^n})$为 A_2 空间,再由定理 1.8.7 推得$(\mathbf{R}^n,\mathscr{T}_{\rho_0^n})$为可分空间. □

例 1.8.7 设 $\boldsymbol{H}=\left\{\boldsymbol{x}=(x_1,\cdots,x_n,\cdots)\mid x_n\in\mathbf{R},n\in\mathbf{N},\sum_{n=1}^{\infty}x_n^2<+\infty\right\}$,定义

$$\rho_H:\boldsymbol{H}\times\boldsymbol{H}\to\boldsymbol{R},$$

$$\rho_H(\boldsymbol{x},\boldsymbol{y})=\sqrt{\sum_{n=1}^{\infty}(x_n-y_n)^2},$$

其中 $\boldsymbol{x}=(x_1,\cdots,x_n,\cdots)$,$\boldsymbol{y}=(y_1,\cdots,y_n,\cdots)$.因为

$$\sum_{n=1}^{\infty}(x_n-y_n)^2\leqslant\sum_{n=1}^{\infty}2(x_n^2+y_n^2)=2\left(\sum_{n=1}^{\infty}x_n^2+\sum_{n=1}^{\infty}y_n^2\right)<+\infty,$$

所以 ρ_H 的定义是合理的.读者容易验证 ρ_H 确实为 $\boldsymbol{H}$ 上的一个度量.$(\boldsymbol{H},\rho_H)$为一个度量空间,并称它为 **Hilbert 空间**.

引理 1.8.4 Hilbert 空间$(\boldsymbol{H},\mathscr{T}_{\rho_H})$为一个可分、$A_2$、Lindelöf 空间.

证明 (1) 设 $\boldsymbol{A}=\{\boldsymbol{z}=(z_1,\cdots,z_n,0,\cdots)\in\boldsymbol{H}\mid z_i\in\mathbf{Q},i=1,\cdots,n,\forall n\in\mathbf{N}\}$,对于 $\forall\boldsymbol{x}\in\boldsymbol{H},\forall\varepsilon>0,\exists N\in\mathbf{N}$,s.t.

$$\sum_{i=N+1}^{\infty}x_i^2<\frac{\varepsilon^2}{2}.$$

对于每个 $i=1,\cdots,N$,有相应的 $z_i\in\mathbf{Q}$,s.t.

$$|z_i-x_i|<\frac{\varepsilon}{\sqrt{2N}}.$$

于是,$\boldsymbol{z}=(z_1,\cdots,z_N,0,\cdots)\in\boldsymbol{A}$,且

$$\rho_H(\boldsymbol{z},\boldsymbol{x})=\sqrt{\sum_{i=1}^{\infty}(z_i-x_i)^2}=\sqrt{\sum_{i=1}^{N}(z_i-x_i)^2+\sum_{i=N+1}^{\infty}x_i^2}$$

$$<\sqrt{\left(\frac{\varepsilon}{\sqrt{2N}}\right)^2 \cdot N + \frac{\varepsilon^2}{2}} = \varepsilon,$$

这就证明了 $\boldsymbol{x}\in\overline{\boldsymbol{A}}$,从而 $\overline{\boldsymbol{A}}=\boldsymbol{H}$.由于 $\overline{\boldsymbol{A}}$ 为可数集,所以$(\boldsymbol{H},\mathscr{T}_{\rho_H})$为可分空间.

(2) 由引理 1.8.5,$(\boldsymbol{H},\mathscr{T}_{\rho_H})$作为可分的度量空间是 A_2 空间. 再由定理 1.6.2,$(\boldsymbol{H},\mathscr{T}_{\rho_H})$为 Lindelöf 空间. □

请读者根据下面的引理 1.8.5 的充分性直接证明$(\boldsymbol{H},\mathscr{T}_{\rho_H})$为 A_2 空间.

引理 1.8.5 设$(X,\mathscr{T}_\rho)$为度量空间,则

$$(X,\mathscr{T}_\rho)\text{为 }A_2\text{ 空间}\quad\Leftrightarrow\quad(X,\mathscr{T}_\rho)\text{为可分空间},$$

结合例 1.6.2,A_2 空间、Lindelöf 空间、可分空间在度量空间中是彼此等价的.

证明 (⇒)由定理 1.8.7 即可得出结论.

(⇐)因为$(X,\mathscr{T}_\rho)$为可分度量空间,所以设 $\boldsymbol{A}$ 为$(X,\mathscr{T}_\rho)$中的一个可数稠密子集.令

$$\mathscr{B}=\left\{B\left(x;\frac{1}{n}\right)\middle| x\in\boldsymbol{A},n\in\mathbf{N}\right\}.$$

易见,$\mathscr{B}$ 为$(X,\mathscr{T}_\rho)$中的一个可数开集族.

另一方面,对 $\forall\, V\in\mathscr{T}_\rho$,$\forall\, y\in V$,$\exists\, k\in\mathbf{N}$,s.t. $B\left(y;\frac{1}{k}\right)\subset V$.由于 $\boldsymbol{A}$ 为$(X,\mathscr{T}_\rho)$中的稠密子集,所以,必有

$$\tilde{y}\in B\left(y;\frac{1}{2k}\right)\cap\boldsymbol{A}.$$

如果 $x\in B\left(\tilde{y};\frac{1}{2k}\right)$,则有 $\rho(x,\tilde{y})<\frac{1}{2k}$,于是

$$\rho(x,y)\leqslant p(x,\tilde{y})+\rho(\tilde{y},y)<\frac{1}{2k}+\frac{1}{2k}=\frac{1}{k},$$

即 $x\in B\left(y;\frac{1}{k}\right)$.因此

$$y\in B\left(\tilde{y};\frac{1}{2k}\right)\subset B\left(y;\frac{1}{k}\right)\subset V.$$

因为 $\tilde{y}\in\boldsymbol{A}$,所以 $B\left(\tilde{y};\frac{1}{2k}\right)\in\mathscr{B}$.这就证明了 $\mathscr{B}$ 为$(X,\mathscr{T}_\rho)$的一个拓扑基.

综上知,$(X,\mathscr{T}_\rho)$为 A_2 空间. □

定理 1.8.8(Urysohn 嵌入定理) A_2、T_3 空间$(X,\mathscr{T})$同胚于 Hilbert 空间$(\boldsymbol{H},\mathscr{T}_{\rho_H})$的某个子空间.

证明 由推论 1.7.2,A_2、正则的空间(从而 A_2、T_3 空间)必为正规空间.

设 $\mathscr{B}$ 为$(X,\mathscr{T})$的不含空集作为它的元素的可数拓扑基(如果一个拓扑基有空集作为它的元素,则删去空集后剩下的部分仍为一个拓扑基).令典型对族

$$\mathscr{A} = \{(U, V) \mid U, V \in \mathscr{B}, \bar{U} \subset V\},$$

易见，$\mathscr{A}$ 为至多可数族，因此，$\mathscr{A}$ 中元素可排列为

$$(U_1, V_1), \quad \cdots, \quad (U_i, V_i), \quad \cdots$$

（当 $\mathscr{A}$ 为有限集时，可无限重复它的任一元素），自然对 $\forall\, i \in \mathbf{N}$，有 $\overline{U}_i \subset V_i$.

对 $\forall\, i \in \mathbf{N}$，由于 $(X, \mathscr{T})$ 为正规空间，根据 Urysohn 引理，我们可以选取连续映射 f_i：$X \to [0,1]$，s. t. $f_i(x) = 0, \forall\, x \in \bar{U}_i$；$f_i(x) = 1, \forall\, x \in X \setminus V_i$. 定义映射 $f: X \to \boldsymbol{H}$，s. t.

$$f(x) = \left(f_1(x), \frac{1}{2}f_2(x), \cdots, \frac{1}{i}f_i(x), \cdots\right), \quad \forall\, x \in X.$$

由于 $0 \leqslant f_i(x) \leqslant 1, \forall\, i \in \mathbf{N}$，所以

$$\sum_{i=1}^{\infty}\left(\frac{1}{i}f_i(x)\right)^2 \leqslant \sum_{i=1}^{\infty}\frac{1}{i^2} < +\infty,$$

从而 $f(x) \in \boldsymbol{H}$. 这说明映射 f 的定义是合理的.

(1) f 为一个单射.

设 $x, y \in X, x \neq y$. 由于 $(X, \mathscr{T})$ 为 T_1 空间，因此，$\exists\, V \in \mathscr{B}$，s. t. $x \in V$ 与 $y \notin V$；由于 $(X, \mathscr{T})$ 为正则空间，故 x 有一个开邻域 W，s. t. $x \in W \subset \overline{W} \subset V$；再由 $\mathscr{B}$ 为 $(X, \mathscr{T})$ 的一个拓扑基，所以，$\exists\, U \in \mathscr{B}$，s. t. $x \in U \subset W$. 因此，$\bar{U} \subset \overline{W} \subset V$. 根据上述所作可见，$(U, V) \in \mathscr{A}$，不妨设 $(U, V) = (U_k, V_k)$. 根据映射 f_k 的定义，有 $f_k(x) = 0$ 与 $f_k(y) = 1$. 这就蕴涵着 $f(x) \neq f(y)$. 从而 f 为一个单射.

(2) f 为连续映射.

设 $x \in X$，对 $\forall\, \varepsilon > 0$，先取 $N \in \mathbf{N}$，s. t.

$$\sum_{i=N+1}^{\infty}\frac{1}{i^2} < \frac{\varepsilon^2}{2}.$$

再对每个 $i = 1, \cdots, N$，由映射 $f_i: X \to [0,1]$ 连续，存在 x 的开邻域形 W_i，s. t.

$$|f_i(y) - f_i(x)| < \frac{\varepsilon}{\sqrt{2N}}, \quad \forall\, y \in W_i.$$

令 $W = \bigcap_{i=1}^{N} W_i$，它为 x 的一个开邻域，且有

$$\begin{aligned}\rho_{\boldsymbol{H}}^2(f(y), f(x)) &= \sum_{i=1}^{N}\frac{(f_i(y) - f_i(x))^2}{i^2} + \sum_{i=N+1}^{\infty}\frac{(f_i(y) - f_i(x))^2}{i^2} \\ &< \left(\frac{\varepsilon}{\sqrt{2N}}\right)^2 \cdot N + \sum_{i=N+1}^{\infty}\frac{1}{i^2} < \frac{\varepsilon^2}{2} + \frac{\varepsilon^2}{2} = \varepsilon^2, \quad \forall\, y \in W.\end{aligned}$$

这就证明了映射 f 在点 x 处连续. 由于 x 任取，所以 f 连续.

(3) $f^{-1}: f(X) \to X$ 连续.

$\forall\, y_0 \in f(X)$，且 $x_0 = f^{-1}(y_0)$. 对 x_0 的任一开邻域 $U(x_0)$，先选定一个典型对

(U_n, V_n),使得 $x_0 \in U_n$, $V_n \subset U(x_0)$. 于是,存在 $f(X) \subset \boldsymbol{H}$ 中的$\frac{1}{n}$-球形开邻域 $B_{f(X)}\left(y_0; \frac{1}{n}\right)$,有 $f^{-1}\left(B_{f(X)}\left(y_0; \frac{1}{n}\right)\right) \subset U(x_0)$,即 $f^{-1}(y) = x \in U(x_0)$, $\forall y \in B_{f(X)}\left(y_0; \frac{1}{n}\right)$. 从而 f^{-1}在 $y_0 \in f(X)$处连续,由 y_0 任取,$f^{-1}: f(X) \to X$ 为连续映射.

(反证)假设 $x \notin U(x_0)$,即 $x \in X \setminus U(x_0) \subset X \setminus V_n$,则有 $f_n(x) = 1$. 又因 $x_0 \in U_n$ 有 $f_n(x_0) = 0$,所以

$$\rho_H(y, y_0) = \rho_H(f(x), f(x_0)) \geqslant \left| \frac{f_n(x)}{n} - \frac{f_n(x_0)}{n} \right| = \left| \frac{1}{n} - \frac{0}{n} \right| = \frac{1}{n},$$

这与 $y \in B_{f(X)}\left(y_0; \frac{1}{n}\right)$相矛盾.

或者另证如下:对于$(X, \mathscr{T})$中每个开集 W, $\forall y \in f(W)$. 取 $x \in X$, s. t. $f(x) = y$. 再取 $V \in \mathscr{B}$, s. t. $x \in V \subset W$ 与 $U \in \mathscr{B}$, s. t. $x \in U \subset \bar{U} \subset V \subset W$. 于是,$(U, V) \in \mathscr{A}$. 设 $(U, V) = (U_n, V_n)$. 此时,有 $x \in U_n \subset \bar{U}_n \subset \bar{V}_n \subset W$. 因此,$f_n(x) = 0$; $f_n(z) = 1$, $\forall z \in X \setminus W \subset X \setminus V_n$. 根据 f 的定义,有

$$\begin{aligned} \rho_H(f(z), y) &= \rho_H(f(z), f(x)) \\ &\geqslant \left| \frac{f_n(z)}{n} - \frac{f_n(x)}{n} \right| = \left| \frac{1}{n} - \frac{0}{n} \right| = \frac{1}{n}. \end{aligned}$$

因此

$$f(X \setminus W) \cap B\left(y; \frac{1}{n}\right) = \varnothing,$$

其中 $B\left(y; \frac{1}{n}\right)$为 Hilbert 空间中以 y 为中心、$\frac{1}{n}$为半径的球形开邻域. 由于(1)中已证 f 为单射,所以

$$f(X \setminus W) = f(X) \setminus f(W).$$

于是

$$\begin{aligned} \left(f(X) \cap B\left(y; \frac{1}{n}\right)\right) \setminus f(W) &= (f(X) \setminus f(W)) \cap B\left(y; \frac{1}{n}\right) \\ &= f(X \setminus W) \cap B\left(y; \frac{1}{n}\right) = \varnothing. \end{aligned}$$

这表明

$$y \in B_{f(X)}\left(y; \frac{1}{n}\right) = f(X) \cap B\left(y; \frac{1}{n}\right) \subset f(W).$$

因此,y 为$f(W)$关于子拓扑空间 $f(X)$的内点. 由于 y 是集合$f(W)$中任意取定的一点,所以 $f(W)$为$(\boldsymbol{H}, \mathscr{T}_{\rho_H})$的子拓扑空间 $f(X)$中的一个开集. 从而,$(f^{-1})^{-1}(W) = f(W)$为 $f(X)$中的开集,$f^{-1}: f(X) \to X$ 为连续映射.

综合(1)、(2)、(3)知，$f: X \to f(X)$为同胚. 因此，$(X,\mathscr{T})$同胚于 Hilbert 空间$(\boldsymbol{H},\mathscr{T}_{\rho_H})$的子空间 $f(X)$. □

定理 1.8.9(Urysohn 可度量化定理) 设$(X,\mathscr{T})$为拓扑空间，则：

(1) $(X,\mathscr{T})$为 A_2、T_3 空间；

⇔(2) $(X,\mathscr{T})$同胚于 Hilbert 空间$(\boldsymbol{H},\mathscr{T}_{\rho_H})$的某一个子空间；

⇔(3) $(X,\mathscr{T})$为可分的可度量化空间；

⇔(4) $(X,\mathscr{T})$为 A_2、T_4 空间.

证明 (4)⇒(1). 由 T_4 蕴涵 T_3 推得.

(1)⇒(2). 由定理 1.8.8 推得.

(2)⇒(3). 由引理 1.8.4，Hilbert 空间$(\boldsymbol{H},\mathscr{T}_H)$为 A_2 空间(可分空间)，而它的任一子空间仍为 A_2 空间. 根据定理 1.8.7，该子空间必为可分空间. 因为可分(A_2)与可度量化都是拓扑不变性，所以$(X,\mathscr{T})$为可分(A_2)的可度量化空间.

(3)⇒(4). 因为$(X,\mathscr{T})$为可分的可度量化空间，根据定理 1.7.4，度量空间必为 T_4 空间. 再根据引理 1.8.5，在度量空间中，可分⇔A_2. 因此，$(X,\mathscr{T})$为 A_2、T_4 空间. □

最后，我们指出，正则、正规、完全正则、T_3、$T_{3.5}$(Tychonoff 空间)、T_4、局部紧致、仿紧、σ 紧、Lindelöf 空间、可分空间以及可度量化都是拓扑不变性.

例 1.8.8 (1) 设$(\mathbf{R}^1,\mathscr{T}_1)$为例 1.7.4 中描述的拓扑空间，它非正则、非正规、非完全正则、非 T_3、非 $T_{3.5}$、非 T_4、不可度量化. 显然

$$\mathrm{Id}_{\mathbf{R}^1}:(\mathbf{R}^1,\mathscr{T}_{\text{离散}}) \to (\mathbf{R}^1,\mathscr{T}_1)$$

为一一连续映射. 根据定义或例 1.1.8($\mathscr{T}_{\text{离散}} = \mathscr{T}_\rho$)与定理 1.7.4 知，$(\mathbf{R}^1,\mathscr{T}_{\text{离散}})$为正则、正规、完全正则、$T_3$、$T_{3.5}$、$T_4$、可度量化空间. 因此，上述拓扑性质都不是一一连续不变性.

(2) 设 X 为不可数集，$x\in X$，U 为 x 在$(X,\mathscr{T}_{\text{余可数}})$中的任一邻域. 易见，$U = X\setminus C$，其中 C 为 X 中的至多可数集，因此，U 作为$(X,\mathscr{T}_{\text{余可数}})$的子拓扑空间，它仍为一个余可数空间. 根据例 1.6.3(2)(ⅱ)知，U 不紧致. 因此，$(X,\mathscr{T}_{\text{余可数}})$不局部紧致，而$\{x\}$为$(X,\mathscr{T}_{\text{离散}})$中 x 的紧致邻域，故$(X,\mathscr{T}_{\text{离散}})$为局部紧致空间. 显然

$$\mathrm{Id}_X:(X,\mathscr{T}_{\text{离散}}) \to (X,\mathscr{T}_{\text{余可数}})$$

为一一连续映射. 因此，局部紧致不是一一连续不变性.

(3) 设 X 为不可数集，因为$\{\{x\}\mid x\in X\}$为$(X,\mathscr{T}_{\text{离散}})$中任何开覆盖的局部有限的开精致，所以$(X,\mathscr{T}_{\text{离散}})$为仿紧空间. 由于$(X,\mathscr{T}_{\text{余可数}})$的开覆盖$\{X\setminus\{x_n, x_{n+1},\cdots\}\mid n\in\mathbf{N}\}$(其中$\{x_n\mid n\in\mathbf{N}\}\subset X$)无局部有限的开精致，故$(X,\mathscr{T}_{\text{余可数}})$不为仿紧空间. 显然

$$\mathrm{Id}_X:(X,\mathscr{T}_{\text{离散}}) \to (X,\mathscr{T}_{\text{余可数}})$$

为一一连续映射. 因此，仿紧不是一一连续不变性.

第 2 章

构造新拓扑空间

在第 1 章已经介绍了一些构造拓扑空间的方法. 定义 1.1.1 是拓扑空间的定义, 只要非空集 X 上的子集族 $\mathscr{T}$ 满足拓扑定义的 3 个条件, $\mathscr{T}$ 就成为 X 上的一个拓扑.

定理 1.1.1 中, X 的子集族 $\mathscr{F}$ 只要满足定理 1.1.1 中的 3 个条件, 则 X 的子集族 $\mathscr{T}=\{U=F^c \mid F\in\mathscr{F}\}$ 就成为 X 上的一个拓扑. 而 $\mathscr{F}$ 为 $(X,\mathscr{T})$ 的闭集全体所成的族.

定理 1.1.9 指出, 非空集合 X 上给了 X 的子集间的一个对应 $\varphi^*: A\mapsto A^*$ 且满足定理 1.1.5 中的 4 个条件, 则它唯一确定了 X 上的一个子集族 $\mathscr{F}=\{F\subset X \mid F^*=F\}$, 而 $\mathscr{T}=\{F^c \mid F\in\mathscr{F}\}$ 就成为 X 上的一个拓扑. 进而, φ^* 就是 $(X,\mathscr{T})$ 的闭包运算, 即 $\varphi^*(A)=A^*=\overline{A}$.

定理 1.1.10 表明, 在非空集合 X 上, 对 $\forall\, x\in X$, 对应子集族 $\mathscr{N}_x^*$ 满足定理 1.1.7 中 $\mathscr{N}_x$ 的 4 条, 则 $\mathscr{T}=\{U\subset X \mid \forall\, x\in U$, 则有 $U\in\mathscr{N}_x^*\}$ 就成为 X 上的一个拓扑, 而 $\mathscr{N}_x^*$ 恰为点 x 在拓扑空间 $(X,\mathscr{T})$ 中的邻域系.

以上是构造拓扑的等价描述.

例 1.1.5 在已知拓扑空间 $(X,\mathscr{T})$ 上, 给 X 的非空子集 Y 以子拓扑

$$\mathscr{T}_Y=\{Y\cap U \mid U\in\mathscr{T}\},$$

使 $(Y,\mathscr{T}_Y)$ 成为 $(X,\mathscr{T})$ 的子拓扑空间或诱导拓扑空间.

例 1.1.6 由度量空间 (X,ρ) 的度量自然诱导的拓扑为

$$\mathscr{T}_\rho=\{U \mid \forall\, a\in U, \exists\,\delta_a>0, \text{s.t. 开球 } B(a;\delta_a)\subset U\},$$

使 $(X,\mathscr{T}_\rho)$ 成为度量空间 (X,ρ) 自然产生的拓扑空间. 如果 $Y\subset X$, 则 $(\mathscr{T}_\rho)_Y=\mathscr{T}_{\rho|Y}$.

从已知拓扑空间 $(X,\mathscr{T})$ 附加一点 $\infty\notin X$ 得到 $X^*=X\cup\{\infty\}$ 与单点紧化空间 $(X^*,\mathscr{T}^*)$ 也是构造拓扑的一种方法.

观察反例 1.6.10, $\mathbf{N}=\{1,2,\cdots,n,\cdots\}$, $\mathscr{T}^\circ=\{\{2n-1,2n\} \mid n\in\mathbf{N}\}$, $\mathscr{T}=\{U \mid U$ 为 $\mathscr{T}^\circ$ 中若干成员的并$\}$ 为 $\mathbf{N}$ 上的一个拓扑, 它由 $\mathscr{T}^\circ$ 生成(所谓生成, 就是 $\mathscr{T}$ 中每个元素都为 $\mathscr{T}^\circ$ 中若干成员的并). 而 $\mathscr{T}^\circ$ 称为 $\mathscr{T}$ 的一个拓扑基. $(\mathbf{N},\mathscr{T})$ 为列紧, 但不为紧致、不为可数紧致、不为序列紧致的一个有趣的反例.

观察反例 1.7.3、反例 1.8.1,

$$X=\{(x_1,x_2)\in\mathbf{R}^2 \mid x_2\geqslant 0\},$$

$$\mathscr{T}^\circ=\{B(\boldsymbol{x};\varepsilon) \mid \varepsilon\in(0,x_2),\quad x=(x_1,x_2)\in X\}$$

$$\cup \{\boldsymbol{B}(\boldsymbol{x};\varepsilon) \cup \{(x_1,0)\} \mid \boldsymbol{x} = (x_1,x_2) \in X\},$$
$$\mathscr{T} = \{U \mid U \text{ 为 } \mathscr{T}^\circ \text{ 中若干成员的并}\}$$

为 X 上的一个拓扑，它由 $\mathscr{T}^\circ$生成，而 $\mathscr{T}^\circ$为 $\mathscr{T}$的一个拓扑基.$(X,\mathscr{T})$为正则非正规，T_3 非 T_4，完全正则非正规，$T_{3.5}$非 T_4 的又一个有趣的反例.

追溯到度量空间$(X,\mathscr{T}_\rho)$与 Euclid 空间$(\mathbf{R}^n,\mathscr{T}_{\rho_0^n})$的拓扑.我们知道，在度量空间$(X,\rho)$中，令

$$\mathscr{T}^\circ = \{B(x;\varepsilon) \mid \varepsilon > 0, x \in X\},$$
$$\mathscr{T}_\rho = \{U \subset X \mid \forall a \in U, \exists \delta_a > 0, \text{s.t. 开球 } B(a;\delta_a) \subset U\}$$

为 X 上的一个拓扑，它由 $\mathscr{T}^\circ$生成，而 $\mathscr{T}^\circ$为 $\mathscr{T}$的一个拓扑基.

综上可看出，由拓扑基生成拓扑，它是一个构造新拓扑空间的简单而重要的方法.问题是，X 的满足什么条件的子集族 $\mathscr{T}^\circ$能生成 X 上的一个拓扑 $\mathscr{T}$？

本章 2.1 节通过基与子基构造拓扑空间；2.2 节研究子拓扑空间与遗传性、有限拓扑积空间与有限可积性；2.3 节讨论商拓扑空间与可商性；2.4 节进一步研究一般乘积空间与可积性；2.5 节在映射空间上引入点式收敛拓扑、一致收敛拓扑与紧致-开拓扑，并讨论了它们之间的关联问题.

还必须特别指出的是，2.1 节中应用拓扑基的方法，对 C^r 流形之间的 C^r 映射空间上引入了强 C^r 拓扑与弱 C^r 拓扑来刻画 C^r 映射之间逼近的程度.这是 20 世纪近代数学中非常重要的概念.尤其是微分拓扑，由于引入了这种强 C^r 拓扑，才能得到著名的光滑化定理、Whitney 嵌入定理、Morse-Sard 定理、Thom 横截性定理.

2.1 基与子基、C^r 映射空间 $C^r(M,N)$上的强 C^r 拓扑与弱 C^r 拓扑

定理 2.1.1 设 $\mathscr{T}^\circ$为拓扑空间$(X,\mathscr{T})$的一个开集族(即 $\mathscr{T}^\circ\subset\mathscr{T}$)，则 $\mathscr{T}^\circ$为$(X,\mathscr{T})$的一个拓扑基$\Leftrightarrow \forall V\in\mathscr{T}$，必有 $\mathscr{T}_1^\circ\subset\mathscr{T}^\circ$，s.t. $V = \bigcup\limits_{U\in\mathscr{T}_1^\circ} U$.

证明 ($\Rightarrow$)设 $\mathscr{T}^\circ$为$(X,\mathscr{T})$的一个拓扑基，则对 $\forall V\in\mathscr{T}$, $\forall x\in V$，必有 $U_x\in\mathscr{T}^\circ$，s.t. $x\in U_x\subset V$.于是

$$V = \bigcup_{x\in V} \{x\} \subset \bigcup_{x\in V} U_x \subset V,$$
$$V = \bigcup_{x\in V} U_x.$$

这就证明了 V 为 $\mathscr{T}^\circ$中若干元素的并.

(⇐)如果定理右边条件成立，对 $\forall V\in\mathscr{T}$，有 $V=\bigcup\limits_{U\in\mathscr{T}_1^\circ\subset\mathscr{T}^\circ}U$. 若 $x\in V$，必有 $U_x\in\mathscr{T}_1^\circ\subset\mathscr{T}^\circ$，s.t. $x\in U_x\subset V$. 因此，$\mathscr{T}^\circ$为$(X,\mathscr{T})$的一个拓扑基. □

是否一个非空集合的每一个子集族都能确定一个拓扑以该子集族为其拓扑基呢？答案是否定的，下面定理 2.1.2 指出，一个非空集合的子集族满足什么条件，才能成为某个拓扑的拓扑基.

定理 2.1.2 设 X 为一个非空集合，$\mathscr{T}^\circ$为 X 的一个子集族. 如果 $\mathscr{T}^\circ$满足：

(1°) $\bigcup\limits_{B\in\mathscr{T}^\circ}B=X$；

(2°) 如果 $B_1,B_2\in\mathscr{T}^\circ$，则对 $\forall x\in B_1\cap B_2$，$\exists B\in\mathscr{T}^\circ$，s.t. $x\in B\subset B_1\cap B_2$.

则 X 的子集族

$$\mathscr{T}=\left\{U\subset X \mid \exists\mathscr{T}_U^\circ\subset\mathscr{T}^\circ,\text{s.t. } U=\bigcup_{B\in\mathscr{T}_U^\circ}B\right\}$$

为 X 上的唯一的一个以 $\mathscr{T}^\circ$为拓扑基的拓扑.

反之，如果 X 的一个子集族 $\mathscr{T}^\circ$为 X 的一个拓扑 $\mathscr{T}$的拓扑基，则 $\mathscr{T}^\circ$一定满足(1°)、(2°).

特别地，如果对 $\forall B_1,B_2\in\mathscr{T}^\circ$，有 $B_1\cap B_2\in\mathscr{T}^\circ$，则 $\mathscr{T}^\circ$必然满足(2°).

证明 (⇒)设 $\mathscr{T}^\circ$满足(1°)、(2°). 我们先验证 $\mathscr{T}$为 X 上的一个拓扑.

(1) 根据(1°)与 $\mathscr{T}$的定义，$X=\bigcup\limits_{B\in\mathscr{T}^\circ}B\in\mathscr{T}$；显然，$\varnothing=\bigcup\limits_{B\in\varnothing\subset\mathscr{T}^\circ}B\in\mathscr{T}$.

(2) 如果 $B_1,B_2\in\mathscr{T}^\circ$，$\forall x\in B_1\cap B_2$，由(2°)，$\exists W_x\in\mathscr{T}^\circ$，s.t. $x\in W_x\subset B_1\cap B_2$. 由于

$$B_1\cap B_2=\bigcup_{x\in B_1\cap B_2}\{x\}\subset\bigcup_{x\in B_1\cap B_2}W_x\subset B_1\cap B_2,$$

故 $B_1\cap B_2=\bigcup\limits_{x\in B_1\cap B_2}W_x\in\mathscr{T}$.

现设 $A_1,A_2\in\mathscr{T}$. 于是，$\exists\mathscr{T}_1^\circ,\mathscr{T}_2^\circ\subset\mathscr{T}^\circ$，s.t. $A_1=\bigcup\limits_{B_1\in\mathscr{T}_1^\circ}B_1$，$A_2=\bigcup\limits_{B_2\in\mathscr{T}_2^\circ}B_2$. 因此

$$A_1\cap A_2=\Big(\bigcup_{B_1\in\mathscr{T}_1^\circ}B_1\Big)\cap\Big(\bigcup_{B_2\in\mathscr{T}_2^\circ}B_2\Big)=\bigcup_{\substack{B_1\in\mathscr{T}_1^\circ\\B_2\in\mathscr{T}_2^\circ}}B_1\cap B_2\overset{\text{由上述}}{\in}\mathscr{T}.$$

(3) 设 $\mathscr{T}_1\subset\mathscr{T}$，则对 $\forall A\in\mathscr{T}_1$，$\exists\mathscr{T}_A^\circ\subset\mathscr{T}^\circ$，s.t. $A=\bigcup\limits_{B\in\mathscr{T}_A^\circ}B$. 于是，有

$$\bigcup_{A\in\mathscr{T}_1}A=\bigcup_{A\in\mathscr{T}_1}\Big(\bigcup_{B\in\mathscr{T}_A^\circ}B\Big)=\bigcup_{B\in\bigcup\limits_{A\in\mathscr{T}_1}\mathscr{T}_A^\circ}B\in\mathscr{T}.$$

综合(1)、(2)、(3)立知，$\mathscr{T}$为 X 上的一个拓扑. 根据 $\mathscr{T}$的定义与定理 2.1.1，$\mathscr{T}^\circ$为 $\mathscr{T}$的一个拓扑基.

设集合 X 上还有一个拓扑 $\widetilde{\mathscr{T}}$以 $\mathscr{T}^\circ$为其一个拓扑基，则

$$A \in \widetilde{\mathscr{T}} \iff \exists \mathscr{T}_1^\circ \subset \mathscr{T}^\circ, \text{s.t.}\, A = \bigcup_{B \in \mathscr{T}_1^\circ} B \iff A \in \mathscr{T},$$

从而，$\widetilde{\mathscr{T}}=\mathscr{T}$. 这就证明了以 $\mathscr{T}^\circ$ 为拓扑基的拓扑是唯一的.

($\Leftarrow$)设 $\mathscr{T}^\circ$ 为 X 的拓扑 $\mathscr{T}$ 的一个拓扑基. 由 $X\in\mathscr{T}$ 可知，$X = \bigcup\limits_{B\in\mathscr{T}_1^\circ\subset\mathscr{T}^\circ} B \subset \bigcup\limits_{B\in\mathscr{T}^\circ} B \subset X$，$X = \bigcup\limits_{B\in\mathscr{T}^\circ} B$. 这就证明了 $\mathscr{T}^\circ$ 满足(1°).

设 $B_1, B_2\in\mathscr{T}^\circ$ 与 $x\in B_1\cap B_2$. 由于 $\mathscr{T}^\circ\subset\mathscr{T}$，故 $B_1, B_2\in\mathscr{T}$. 从而，$x\in B_1\cap B_2\in\mathscr{T}$. 根据定理 2.1.1，$\exists B\in\mathscr{T}^\circ$，s.t. $x\in B\subset B_1\cap B_2$. 这就证明了 $\mathscr{T}^\circ$ 满足(2°). □

第 1 章所定义的拓扑基 $\mathscr{T}^\circ$ 是在已给定拓扑空间$(X,\mathscr{T})$之下，$\mathscr{T}$ 由 $\mathscr{T}^\circ$ 所生成. 而定理 2.1.2 指出，X 的子集族 $\mathscr{T}^\circ$，只要它满足(1°)、(2°)，它自然唯一生成 X 上的一个拓扑 $\mathscr{T}=\left\{U\subset X \,\middle|\, \exists \mathscr{T}_U^\circ\subset\mathscr{T}^\circ, \text{s.t.}\, U=\bigcup\limits_{B\in\mathscr{T}_U^\circ} B\right\}$. 这里，$X$ 只是纯粹为一个集合，其中事先未给拓扑，它是真正由 X 的子集族 $\mathscr{T}^\circ$ 生成的. 定理 2.1.2 还告诉我们，只要 $\mathscr{T}^\circ$ 不满足(1°)或(2°)，则 $\mathscr{T}=\left\{U\subset X \,\middle|\, \exists \mathscr{T}_U^\circ\subset\mathscr{T}^\circ, \text{s.t.}\, U=\bigcup\limits_{B\in\mathscr{T}_U^\circ} B\right\}$ 就不为 X 上的一个拓扑.

为加以区别，已给拓扑 $\mathscr{T}$ 时，生成 $\mathscr{T}$ 的 $\mathscr{T}^\circ$ 称为拓扑空间$(X,\mathscr{T})$的一个拓扑基. 而 X 上未给拓扑满足(1°)、(2°)的子集族 $\mathscr{T}^\circ$ 称为 X 的一个**基**. 由 $\mathscr{T}^\circ$ 生成 $\mathscr{T}$ 使 $\mathscr{T}$ 成为拓扑后，称 $\mathscr{T}^\circ$ 为拓扑空间$(X,\mathscr{T})$的一个拓扑基.

在定义基的过程中只用到了集族的并运算，如果再考虑到集族的有限交运算(注意，拓扑对有限交封闭，所以只考虑有限交)便得到拓扑子基与子基的概念.

定义 2.1.1 设$(X,\mathscr{T})$为一个拓扑空间，$\mathscr{T}_{子}^\circ$ 为 $\mathscr{T}$ 的一个子族，如果 $\mathscr{T}_{子}^\circ$ 的所有非空有限子族之交构成的集族

$$\mathscr{T}^\circ = \{S_1\cap\cdots\cap S_n \mid S_i\in\mathscr{T}_{子}^\circ, i=1,\cdots,n; n\in\mathbf{N}\}$$

为拓扑 $\mathscr{T}$ 的一个拓扑基，则称集族 $\mathscr{T}_{子}^\circ$ 为 $\mathscr{T}$ 的一个**拓扑子基**或拓扑空间$(X,\mathscr{T})$的一个**拓扑子基**.

定理 2.1.3 设 X 为非空集合，$\mathscr{T}_{子}^\circ$ 为 X 的一个子集族. 如果 $X=\bigcup\limits_{S\in\mathscr{T}_{子}^\circ} S$，则 X 上有唯一的一个拓扑 $\mathscr{T}$ 以 $\mathscr{T}_{子}^\circ$ 为其拓扑子基，并且若令

$$\mathscr{T}^\circ = \{S_1\cap\cdots\cap S_n \mid S_i\in\mathscr{T}_{子}^\circ, i=1,\cdots,n; n\in\mathbf{N}\},$$

则

$$\mathscr{T} = \left\{U\subset X \,\middle|\, \exists \mathscr{T}_U^\circ\subset\mathscr{T}^\circ, \text{s.t.}\, U=\bigcup_{B\in\mathscr{T}_U^\circ} B\right\}.$$

证明 在 $S_1\cap\cdots\cap S_n$ 中取 $n=1$，则 $\mathscr{T}_{子}^\circ\subset\mathscr{T}^\circ$. 所以，由 $X=\bigcup\limits_{S\in\mathscr{T}_{子}^\circ} S$ 立知 $X=\bigcup\limits_{S\in\mathscr{T}^\circ} S$. 这就证明了 $\mathscr{T}^\circ$ 满足定理 2.1.2 中的(1°).

如果 $B_1=S_1\cap\cdots\cap S_n\in\mathscr{T}^\circ$，$B_2=\widetilde{S}_1\cap\cdots\cap\widetilde{S}_m\in\mathscr{T}^\circ$，则 $B=B_1\cap B_2=S_1\cap\cdots\cap S_n\cap\widetilde{S}_1\cap\cdots\cap\widetilde{S}_m\in\mathscr{T}^\circ$. 因此，$\mathscr{T}^\circ$满足定理 2.1.2 中的(2°). 根据该定理，$\mathscr{T}^\circ$为 $\mathscr{T}$ 的一个基. $\mathscr{T}$ 为由 $\mathscr{T}^\circ$生成的拓扑，且 $\mathscr{T}^\circ$为其一个拓扑基. 所以，$\mathscr{T}^\circ_{子}$为 $\mathscr{T}$ 的一个拓扑子基.

如果 $\widetilde{\mathscr{T}}$为 X 的一个拓扑，以 $\mathscr{T}^\circ_{子}$为其一个拓扑子基，则根据拓扑子基的定义，$\widetilde{\mathscr{T}}$以 $\mathscr{T}^\circ$为其拓扑基，根据定理 2.1.2 的唯一性，有 $\widetilde{\mathscr{T}}=\mathscr{T}$. □

为加以区别，已给拓扑 $\mathscr{T}$ 时，定义 2.1.1 中的 $\mathscr{T}^\circ_{子}$称为 $\mathscr{T}$ 的一个拓扑子集. 而 X 上未给拓扑时，满足 $X=\bigcup\limits_{S\in\mathscr{T}^\circ_{子}}S$ 的子集族 $\mathscr{T}^\circ_{子}$称为 X 的一个子基. 由 $\mathscr{T}^\circ_{子}$通过有限交运算得到一个基 $\mathscr{T}^\circ$，再由 $\mathscr{T}^\circ$唯一生成一个拓扑 $\mathscr{T}$. 如果不致混淆，我们都一律称为基与子基.

基 $\mathscr{T}^\circ$与子基 $\mathscr{T}^\circ_{子}$的势(或基数或"数目")$\overline{\overline{\mathscr{T}^\circ}}$ 与$\overline{\overline{\mathscr{T}^\circ_{子}}}$都不大于拓扑 $\mathscr{T}$ 的势 $\overline{\overline{\mathscr{T}}}$. 因此，通过基或子基来验证映射的连续性可能会更加方便些.

定理 2.1.4 设$(X,\mathscr{T}_1)$与$(Y,\mathscr{T}_2)$为拓扑空间，$f:X\to Y$ 为映射，则：

(1) f 连续；

⇔(2) 拓扑空间$(Y,\mathscr{T}_2)$有一个拓扑基 $\mathscr{T}^\circ_2$，使得 $\forall B\in\mathscr{T}^\circ_2$，原像 $f^{-1}(B)$为$(X,\mathscr{T}_1)$中的一个开集；

⇔(3) 拓扑空间$(Y,\mathscr{T}_2)$有一个拓扑子基 $\mathscr{T}^\circ_{2子}$，使得 $\forall S\in\mathscr{T}^\circ_{2子}$，原像 $f^{-1}(S)$为$(X,\mathscr{T}_1)$中的一个开集.

证明 (1)⇒(3). 因为 Y 的拓扑 $\mathscr{T}_2$ 本身就是 Y 的一个子基，由(1)，f 连续，根据定理 1.3.2(2)，$\forall S\in\mathscr{T}_2$，原像 $f^{-1}(S)$为$(X,\mathscr{T}_1)$中的一个开集. 于是，(3)成立.

(3)⇒(2). 设 $\mathscr{T}^\circ_{2子}$为 Y 的拓扑 $\mathscr{T}_2$ 的一个子基，它满足(3)中的条件. 根据定义 2.1.1，集族

$$\mathscr{T}^\circ_2=\{S_1\cap\cdots\cap S_n\mid S_i\in\mathscr{T}^\circ_{2子},i=1,\cdots,n;n\in\mathbf{N}\}$$

为$(Y,\mathscr{T}_2)$的一个拓扑基. 对于 $\forall S_i\in\mathscr{T}^\circ_{2子}$，$i=1,\cdots,n$；$n\in\mathbf{N}$，有

$$f^{-1}(S_1\cap\cdots\cap S_n)=f^{-1}(S_1)\cap\cdots\cap f^{-1}(S_n).$$

它是$(X;\mathscr{T}_1)$中 n 个开集之交，因此，它是$(X,\mathscr{T}_1)$中的一个开集. 这就证明了$(Y,\mathscr{T}_2)$有一个拓扑基 $\mathscr{T}^\circ_2$满足(2).

(2)⇒(1). 设$\mathscr{T}^\circ_2$为$(Y,\mathscr{T}_2)$的一个拓扑基，它满足(2)中的条件. 对 $\forall V\in\mathscr{T}_2$，则 $\exists\widetilde{\mathscr{T}}^\circ_2\subset\mathscr{T}^\circ_2$，s.t. $V=\bigcup\limits_{B\in\widetilde{\mathscr{T}}^\circ_2}B$. 于是

$$f^{-1}(V)=f^{-1}\Big(\bigcup_{B\in\widetilde{\mathscr{T}}^\circ_2}B\Big)=\bigcup_{B\in\widetilde{\mathscr{T}}^\circ_2}f^{-1}(B)$$

为$(X,\mathscr{T}_1)$中一族开集之并，所以它为$(X,\mathscr{T}_1)$中的一个开集. 根据定理 1.3.2(2)，f 连续，即(1)成立. □

对于局部情形,为验证映射在一点处的连续性,类似基与子基,我们引入邻域基与邻域子基的概念.

定义 2.1.2 设$(X,\mathscr{T})$为拓扑空间,$x\in X$,$\mathscr{B}_x\subset\mathscr{N}_x$.如果$\forall U\in\mathscr{N}_x$($x$的邻域系),必有$V\in\mathscr{B}_x$,s.t. $x\in V\subset U$,则称$\mathscr{B}_x$为点x处的**邻域局部基**.如果$\mathscr{N}_x$的子族$\mathscr{W}_x$满足:$\mathscr{W}_x$的每个有限非空子集族之交的全体构成的集族

$$\{W_1\cap\cdots\cap W_n \mid W_i\in\mathscr{W}_x,i=1,\cdots,n;n\in\mathbf{N}\}$$

为$\mathscr{N}_x$的一个邻域局部基,则称$\mathscr{W}_x$为点x的一个**邻域局部子基**.

邻域局部基与邻域局部子基的概念可验证映射在一点处的连续性.

定理 2.1.5 设$(X,\mathscr{T}_1)$与$(Y,\mathscr{T}_2)$为拓扑空间,$f:X\to Y$,$x\in X$,则:

(1) f在点x处连续;

$\Leftrightarrow$ (2) $f(x)$有一个邻域局部基$\mathscr{B}_{f(x)}$,s.t. $\forall V\in\mathscr{B}_{f(x)}$,原像$f^{-1}(V)$为$x$的一个邻域;

$\Leftrightarrow$ (3) $f(x)$有一个邻域局部子基$\mathscr{W}_{f(x)}$,s.t. $\forall W\in\mathscr{W}_{f(x)}$,原像$f^{-1}(W)$为$x$的一个邻域.

证明 (1)$\Rightarrow$(3).因为点$f(x)$的邻域系$\mathscr{N}_x$本身便是$f(x)$的一个邻域局部子基.由(1),f在点x处连续,对$\forall W\in\mathscr{N}_x$,存在$x$的开邻域$U$,使得$f(U)\subset W^\circ\subset W$.于是,$x\in U\subset f^{-1}(W^\circ)\subset f^{-1}(W)$.从而,原像$f^{-1}(W)$为$x$的一个邻域.

(3)$\Rightarrow$(2).设$\mathscr{W}_{f(x)}$为$f(x)$的一个邻域局部子基,它满足(3)中的条件.根据定义2.1.2,集族

$$\{W_1\cap\cdots\cap W_n \mid W_i\in\mathscr{W}_{f(x)},i=1,\cdots,n;n\in\mathbf{N}\}$$

为$f(x)$的一个邻域局部基.对$\forall W_i\in\mathscr{W}_{f(x)}$,$i=1,\cdots,n$;$n\in\mathbf{N}$,有

$$f^{-1}(W_1\cap\cdots\cap W_n)=f^{-1}(W_1)\cap\cdots\cap f^{-1}(W_n),$$

它是x的n个邻域之交,因此仍是x的一个邻域.这就证明了上述$f(x)$的邻域局部基满足(2).

(2)$\Rightarrow$(1).设$\mathscr{B}_{f(x)}$为$f(x)$的一个邻域局部基,它满足(2)中的条件.如果V为$f(x)$的任一邻域,则$\exists U\in\mathscr{B}_{f(x)}$,s.t. $f(x)\in U\subset V$.因此,$x\in f^{-1}(U)\subset f^{-1}(V)$,而$f^{-1}(U)$为$x$的一个邻域,所以$f^{-1}(V)$也为$x$的一个邻域.这就证明了$f$在点$x$处连续. □

拓扑基与邻域局部基,拓扑子基与邻域局部子基有以下关联.

定理 2.1.6 设$(X,\mathscr{T})$为拓扑空间,$x\in X$.

(1) 如果$\mathscr{T}^\circ$为$(X,\mathscr{T})$的一个拓扑基,则

$$\mathscr{T}_x^\circ=\{B\in\mathscr{T}^\circ \mid x\in B\}$$

为点x的一个邻域局部基;

(2) 如果 $\mathscr{T}^{\circ}_{子}$ 为 $(X,\mathscr{T})$ 的一个拓扑子基，则

$$\mathscr{T}^{\circ}_{子x} = \{S \in \mathscr{T}^{\circ}_{子} \mid x \in S\}$$

为点 x 的一个邻域局部子基.

证明 (1) $\forall U \in \mathscr{N}_x$，必有 $x \in \mathring{U} \subset U$. 因 $\mathscr{T}^{\circ}$ 为 $(X,\mathscr{T})$ 的拓扑基，故 $\exists V \in \mathscr{T}^{\circ}$，s.t. $x \in V \subset \mathring{U} \subset U$. 此时，$V \in \mathscr{T}^{\circ}_x$. 这就证明了 $\mathscr{T}^{\circ}_x$ 为点 x 处的一个邻域局部基.

(2) 设 $\mathscr{T}^{\circ}_{子}$ 为 $(X,\mathscr{T})$ 的一个拓扑子基. 根据定义 2.1.1，集族

$$\mathscr{T}^{\circ} = \{S_1 \cap \cdots \cap S_n \mid S_i \in \mathscr{T}^{\circ}_{子}, i = 1,\cdots,n; n \in \mathbf{N}\}$$

为 $(X,\mathscr{T})$ 的一个拓扑基. 令 $\mathscr{T}^{\circ}_{子x} = \{S \in \mathscr{T}^{\circ}_{子} \mid x \in S\}$，则

$$\begin{aligned}
&\{S_1 \cap \cdots \cap S_n \mid S_i \in \mathscr{T}^{\circ}_{子x}, i = 1,\cdots,n; n \in \mathbf{N}\} \\
&= \{S_1 \cap \cdots \cap S_n \mid S_i \in \mathscr{T}^{\circ}_{子}, x \in S_i, i = 1,\cdots,n; n \in \mathbf{N}\} \\
&= \{S_1 \cap \cdots \cap S_n \in \mathscr{T}^{\circ} \mid x \in S_1 \cap \cdots \cap S_n; n \in \mathbf{N}\} \\
&= \mathscr{T}^{\circ}_x,
\end{aligned}$$

由(1)，$\mathscr{T}^{\circ}_x$ 为 x 的一个邻域局部基，从而 $\mathscr{T}^{\circ}_{子x}$ 为点 x 的一个邻域局部子基. □

例 2.1.1 考察实数空间 $\mathbf{R}^1$. 令

$$\begin{aligned}
\mathscr{T}^{\circ}_{子} &= \{(-\infty, b) \mid b \in \mathbf{R}\} \cup \{(a, +\infty) \mid a \in \mathbf{R}\}, \\
\mathscr{T}^{\circ} &= \{S_1 \cap \cdots \cap S_n \mid S_i \in \mathscr{T}^{\circ}_{子}, i = 1,\cdots,n; n \in \mathbf{N}\} \\
&= \{(a,b) \mid a,b \in \mathbf{R}, a < b\} \cup \{\varnothing\} \cup \mathscr{T}^{\circ}_{子}.
\end{aligned}$$

显然，$\mathscr{T}^{\circ}$ 为 $(\mathbf{R}^1, \mathscr{T}_{\rho_0^1})$ 的一个拓扑基. 因此，$\mathscr{T}^{\circ}_{子}$ 为 $(X, \mathscr{T}_{\rho_0^1})$ 的一个拓扑子基.

例 2.1.2 实数下限拓扑空间.

考虑实数集合 $\mathbf{R}$. 令

$$\mathscr{T}^{\circ} = \{[a,b) \mid a,b \in \mathbf{R}, a < b\}.$$

显然，$\mathbf{R} = \bigcup\limits_{n=1}^{\infty} [-n, n)$，故 $\mathbf{R} = \bigcup\limits_{B \in \mathscr{T}^{\circ}} B$，即 $\mathscr{T}^{\circ}$ 满足定理 2.1.2 中的(1°)；如果

$$x \in [a_1, b_1) \cap [a_2, b_2),$$

则

$$x \in [\max\{a_1, a_2\}, \min\{b_1, b_2\}) = [a_1, b_1) \cap [a_2, b_2),$$

从而 $\mathscr{T}^{\circ}$ 满足定理 2.1.2 中的(2°). 因此，$\mathscr{T}^{\circ}$ 为 $\mathbf{R}$ 上的某个拓扑 $\mathscr{T}_l$ 的基. 实数集合 $\mathbf{R}$ 的这个拓扑 $\mathscr{T}_l$ 称为实数的**下限拓扑**，拓扑空间 $(\mathbf{R}, \mathscr{T}_l)$ 称为**实数下限拓扑空间**.

(1) $\mathscr{T}_{\rho_0^1} \subsetneqq \mathscr{T}_l$；

(2) $\mathscr{T}^{\circ}_{子} = \{(-\infty, b) \mid b \in \mathbf{R}\} \cup \{[a, +\infty) \mid a \in \mathbf{R}\}$ 为 $(\mathbf{R}, \mathscr{T}_l)$ 的一个拓扑子基；

(3) $(\mathbf{R}, \mathscr{T}_l)$ 非连通、非道路连通；

(4) $(\mathbf{R}, \mathscr{T}_l)$ 非列紧、非序列紧致、非可数紧致、非紧致；

(5) $(\mathbf{R},\mathcal{T}_l)$为可分、Lindelöf、$A_1$ 空间，非 A_2 空间；

(6) $(\mathbf{R},\mathcal{T}_l)$为 T_2、正则、正规、T_4 空间；

(7) $(\mathbf{R},\mathcal{T}_l)$不可度量化.

证明 (1) 对$\forall a,b\in\mathbf{R},a<b$，有

$$(a,b)=\bigcup_{\frac{1}{n}<b-a}\left[a+\frac{1}{n},b\right)\in\mathcal{T}_l.$$

因此，$\mathcal{T}_{\rho_0^1}\subset\mathcal{T}_l$. 此外，由$[0,1)\in\mathcal{T}^\circ\subset\mathcal{T}_l$，但$[0,1)\notin\mathcal{T}_{\rho_0^1}$，所以，$\mathcal{T}_{\rho_0^1}\not\supset\mathcal{T}_l$. 从而，$\mathcal{T}_{\rho_0^1}\subsetneqq\mathcal{T}_l$.

(2) 令 $\mathcal{T}^\circ_{子}=\{(-\infty,b)\mid b\in\mathbf{R}\}\cup\{[a,+\infty)\mid a\in\mathbf{R}\}$，则

$$\mathbf{R}=\bigcup_{n=1}^{\infty}(-\infty,n)=\bigcup_{B\in\mathcal{T}^\circ_{子}}B,$$

$$\begin{aligned}&\{S_1\cap\cdots\cap S_n\mid S_i\in\mathcal{T}^\circ_{子},i=1,\cdots,n;n\in\mathbf{N}\}\\&=\{[a,b)\mid a,b\in\mathbf{R},a<b\}\cup\{\varnothing\}\cup\mathcal{T}^\circ_{子},\end{aligned}$$

它为$(\mathbf{R},\mathcal{T}_l)$的一个拓扑基，从而 $\mathcal{T}^\circ_{子}$为$(\mathbf{R},\mathcal{T}_l)$的一个拓扑子基.

(3) 因为当 $a,b\in\mathbf{R},a<b$ 时，$[a,b)\in\mathcal{T}_l$，所以$[a,b)$为$(\mathbf{R},\mathcal{T}_l)$中的开集. 另一方面，由于

$$\begin{aligned}\mathbf{R}\backslash[a,b)&=(-\infty,a)\cup[b,+\infty)\\&=\left(\bigcup_{n=1}^{\infty}[a-n,a-n+1)\right)\cup\left(\bigcup_{n=1}^{\infty}[b+(n-1),b+n)\right)\in\mathcal{T}_l,\end{aligned}$$

所以，$[a,b)$又为$(\mathbf{R},\mathcal{T}_l)$中的闭集. 从$[a,b)$为$(\mathbf{R},\mathcal{T}_l)$中既开又闭的非空真子集立即推得$(\mathbf{R},\mathcal{T}_l)$非连通，当然也非道路连通.

(4) 因为 $A=\{n\mid n\in\mathbf{N}\}$无聚点，所以$(\mathbf{R},\mathcal{T}_l)$非列紧. 由定理 1.6.3 图表所示知，$(\mathbf{R},\mathcal{T}_l)$非可数紧致、非紧致、非序列紧致. 或者，由$(\mathbf{R},\mathcal{T}_l)$的开覆盖$\{[n,n+1)\mid n\in\mathbf{Z}$(整数集)$\}$无有限子覆盖知，$(\mathbf{R},\mathcal{T}_l)$非可数紧致、非紧致.

由$\{n\}$无收敛子序列知，$(\mathbf{R},\mathcal{T}_l)$非序列紧致.

(5) $\forall x\in X$，对 x 的任何开邻域U，必有 $\varepsilon>0$，使$[x,x+\varepsilon)\in\mathcal{T}^\circ$，且 $x\in[x,x+\varepsilon)\subset U$. 显然，必$\exists r\in[x,x+\varepsilon)\cap\mathbf{Q}\subset U$ 且$r\neq x$. 所以，$x\in\mathbf{Q}'$. 由 x 任取，$\mathbf{Q}'=X,\overline{\mathbf{Q}}=X$. 即 $\mathbf{Q}$ 为$(\mathbf{R},\mathcal{T}_l)$的可数稠密子集. 这就证明了$(\mathbf{R},\mathcal{T}_l)$为可分空间.

对$\forall x\in X$，显然$\left\{\left[x,x+\frac{1}{n}\right)\middle| n\in\mathbf{N}\right\}$为$(\mathbf{R},\mathcal{T}_l)$在点 x 处的可数局部基. 因此，$(\mathbf{R},\mathcal{T}_l)$为 A_1 空间.

再证$(\mathbf{R},\mathcal{T}_l)$为 Lindelöf 空间. 先证如果$(\mathbf{R},\mathcal{T}_l)$的拓扑基

$$\mathcal{T}^\circ=\{[a,b)\mid a,b\in\mathbf{R},a<b\}$$

的任何覆盖 $\mathbf{R}$ 的子族 $\mathscr{U}\subset\mathcal{T}^\circ$必有可数子族$\mathscr{U}_{可}\subset\mathscr{U}$覆盖 $\mathbf{R}$.

事实上,对 $\forall x, y \in \mathbf{R}$,如果存在 $\mathscr{U}$ 中有限个元素将 x 与 y 首尾相连接,即存在 $[a_1, b_1), \cdots, [a_n, b_n) \in \mathscr{U}$,使得 $(a_i, b_i) \cap (a_{i+1}, b_{i+1}) \neq \varnothing$, $i = 1, \cdots, n-1$,且 $x \in [a_1, b_1)$, $y \in [a_n, b_n)$,则称 x 与 y 关于 $\mathscr{U}$ 等价,记作 $x \sim y$.显然,它满足反身(自反)性、对称性与传递性,即它确是一种等价关系.于是,这种等价关系将 $\mathbf{R}$ 划分成若干等价类.每个等价类中的元素彼此等价,不同等价类的元素彼此不等价.含 x 的等价类

$$[x] = \{y \in \mathbf{R} \mid y \sim x\}$$

作为 $\mathbf{R}$ 的一个子集,它为一个区间(开的或半闭半开的).易见,这个区间可表示为 $\mathscr{U}$ 中含于$[x] = \{y \in \mathbf{R} \mid y \sim x\}$的至多可数个元素的并(设这个区间的左端点为 α,右端点为 β.(ⅰ)若 $\alpha \in [x]$,则有$[\alpha, r) \in \mathscr{U}$, $[\alpha, r) \subset [x]$.取$[a_i, b_i) \in \mathscr{U}$, $[a_i, b_i) \subset [x]$,且 b_i 单调增趋于$\beta(i \to +\infty)$.于是,对 $\forall i \in \mathbf{N}$,必有 $\mathscr{U}$ 中含于$[x]$中的有限个元素将$[\alpha, r)$与$[a_i, b_i)$相连接.(ⅱ)若 $\alpha \notin [x]$,则还有$[\tilde{a}_i, \tilde{b}_i) \in \mathscr{U}$, $[\tilde{a}_i, \tilde{b}_i) \subset [x]$,且 $\tilde{a}_i$ 单调减趋于 $\alpha(i \to +\infty)$.此时,$\alpha = -\infty$.于是,对 $\forall i \in \mathbf{N}$,必有 $\mathscr{U}$ 中含于$[x]$中的有限个元素将$[\tilde{a}_i, \tilde{b}_i)$与$[a_i, b_i)$相连接).这种等价类对应的区间彼此不相交,其并为 $\mathbf{R}$.在这种等价类的区间中任取一个有理数.显然,不同的区间取的有理数不同,所以至多有可数个区间.综合上述知,$\mathscr{U}$ 必有可数子族 $\mathscr{U}_{可} \subset \mathscr{U}$ 覆盖 $\mathbf{R}$.

其次,对$(\mathbf{R}, \mathscr{T}_l)$的任何开覆盖 $\mathscr{A}$,由于 $\mathscr{T}^\circ$ 为$(\mathbf{R}, \mathscr{T}_l)$的拓扑基,对 $\forall U \in \mathscr{A}$,必有 $\mathscr{T}_U^\circ \subset \mathscr{T}^\circ$,使得 $U = \bigcup\limits_{B \in \mathscr{T}_U^\circ} B$.于是,$\mathscr{U} = \bigcup\limits_{U \in \mathscr{A}} \mathscr{T}_U^\circ$ 为覆盖 $\mathbf{R}$ 的子族 $\mathscr{U} \subset \mathscr{T}^\circ$.由上述讨论知,必有可数子族 $\mathscr{U}_{可} \subset \mathscr{U} = \bigcup\limits_{U \in \mathscr{A}} \mathscr{T}_U^\circ \subset \mathscr{T}^\circ$ 仍覆盖 $\mathbf{R}$.对每个 $B \in \mathscr{U}_{可}$,选一个 $U_B \in \mathscr{A}$,使 $B \subset U_B$.于是$\{U_B \mid B \in \mathscr{U}_{可}\}$为 $\mathscr{A}$ 的可数子族,它覆盖 $\mathbf{R}$.这就证明了$(\mathbf{R}, \mathscr{T}_l)$为 Lindelöf 空间.

再证$(\mathbf{R}, \mathscr{T}_l)$为非 A_2 空间.(反证)假设$(\mathbf{R}, \mathscr{T}_l)$为 A_2 空间,根据定理 2.2.14,积空间$(\mathbf{R} \times \mathbf{R}, \mathscr{T}_l \times \mathscr{T}_l)$也为 A_2 空间.再根据定理 1.6.2,积空间$(\mathbf{R} \times \mathbf{R}, \mathscr{T}_l \times \mathscr{T}_l)$为 Lindelöf 空间.这与定理 2.2.14 中的结论:$(\mathbf{R} \times \mathbf{R}, \mathscr{T}_l \times \mathscr{T}_l)$不为 Lindelöf 空间相矛盾.

另一证法也是很有趣的.(反证)假设$(\mathbf{R}, \mathscr{T}_l)$为 A_2 空间,根据引理 2.1.1,它的拓扑基 $\mathscr{T}^\circ = \{[a, b) \mid a, b \in \mathbf{R}, a < b\}$必有可数族 $\mathscr{T}_1^\circ \subset \mathscr{T}^\circ$,使 $\mathscr{T}_1^\circ$ 也为$(\mathbf{R}, \mathscr{T}_l)$的拓扑基.于是,$\forall [a, b) \in \mathscr{T}^\circ$, $[a, b)$为 $\mathscr{T}_1^\circ$ 中若干成员的并,从而必有$[a, b_1) \in \mathscr{T}_1^\circ$,使$[a, b_1) \subset [a, b)$.因此,$\mathscr{T}_1^\circ$ 必为不可数族,这与 $\mathscr{T}_1^\circ$ 为可数族相矛盾.

(6) $\forall p, q \in \mathbf{R}$, $p \neq q$.不妨设 $p < q$,则$[p, q)$与$[q, q+1)$分别为 p 与 q 的两个不相交的开邻域,从而$(\mathbf{R}, \mathscr{T}_l)$为 T_2 空间.

$\forall x \in \mathbf{R}$, A 为不含 x 的$(\mathbf{R}, \mathscr{T}_l)$的任一闭集.由于 A^c 为 x 的开邻域,故 $\exists [x, y) \subset A^c$.根据(3)的证明知,$[x, y)$为$(\mathbf{R}, \mathscr{T}_l)$中既开又闭的非空真子集.因此,$[x, y)$与 $X \backslash [x, y)$分别为 x 与闭集 A 的两个不相交的开邻域,从而$(\mathbf{R}, \mathscr{T}_l)$为正则空间.

根据定理 1.7.6,正则的 Lindelöf 空间$(\mathbf{R},\mathscr{T}_l)$必为正规空间.由上述讨论知,$(\mathbf{R},\mathscr{T}_l)$为 T_2 空间,当然也为 T_1 空间,所以,$(\mathbf{R},\mathscr{T}_l)$为 T_3、T_4 空间,自然也为 $T_{3.5}$(Tychonoff)空间、完全正则空间.

(7) $(\mathbf{R},\mathscr{T}_l)$不可度量化.(反证)假设$(\mathbf{R},\mathscr{T}_l)$可度量化,根据引理 1.8.5 与例 1.6.2 知,可分空间$\Leftrightarrow A_2$ 空间$\Leftrightarrow$Lindelöf 空间.但是,由(5)得到$(\mathbf{R},\mathscr{T}_l)$为可分、Lindelöf 空间,非 A_2 空间.这就推出了矛盾. □

引理 2.1.1 满足 A_2 的拓扑空间$(X,\mathscr{T})$的每个拓扑基中都包含着这个空间的一个可数拓扑基.

证明 因为$(X,\mathscr{T})$为 A_2 空间,所以它有可数拓扑基 $\mathscr{B}=\{B_1,\cdots,B_n,\cdots\}$.设 $\mathscr{B}^*$ 为$(X,\mathscr{T})$的任一拓扑基,$\forall B_i\in\mathscr{B}\subset\mathscr{T}$,$\exists\mathscr{B}_i^*\subset\mathscr{B}^*$,s.t. $B_i=\bigcup\limits_{B\in\mathscr{B}_i^*}B$,则 $\mathscr{B}_i^*$ 为 B_i 的一个开覆盖.由于 A_2 空间$(X,\mathscr{T})$的子拓扑空间 B_i 也为 A_2 空间,因而 B_i 为 Lindelöf 空间.B_i 的开覆盖 $\mathscr{B}_i^*$ 必有可数子覆盖$\widetilde{\mathscr{B}}_i^*\subset\mathscr{B}_i^*\subset\mathscr{B}^*$.于是

$$\widetilde{\mathscr{B}}^*=\bigcup_{i=1}^{\infty}\widetilde{\mathscr{B}}_i^*$$

为 $\mathscr{B}^*$ 的可数子族.

此外,$\forall U\in\mathscr{T}$,$\forall x\in U$,$\exists B_i\in\mathscr{B}$,s.t. $x\in B_i\subset U$,而 $B_i=\bigcup\limits_{B\in\widetilde{\mathscr{B}}_i^*\subset\widetilde{\mathscr{B}}^*}B$,故$\exists\widetilde{B}\subset\widetilde{\mathscr{B}}^*$,s.t. $x\in\widetilde{B}\subset U$.所以,$\widetilde{\mathscr{B}}^*\subset\mathscr{B}^*$为$(X,\mathscr{T})$的一个可数拓扑基. □

在定义 1.4.4 中已给出了 n 维流形的概念.现在,我们进一步给出 C^r 流形的概念,并描述从 C^r 流形 M 到 C^r 流形 N 之间的 C^r 映射全体形成的空间 $C^r(M,N)$.为刻画 C^r 映射之间逼近的程度,在 $C^r(M,N)$上引入 C^r 强拓扑.

定义 2.1.3 设$(M,\mathscr{T})$为 T_2(Hausdorff)、A_2(具有可数拓扑基)的空间.如果对$\forall p\in M$,都存在 p 在 M 中的开邻域 U 和同胚 $\varphi:U\to\varphi(U)$,其中 $\varphi(U)\subset\mathbf{R}^n$ 为开集(局部欧),则称$(M,\mathscr{T})$为 **n 维拓扑流形或 C^0 流形**.

(U,φ)称为**局部坐标系**,U 称为**局部坐标邻域**,φ 称为**局部坐标映射**,$x^i(p)=(\varphi(p))^i(1\leqslant i\leqslant n)$称为 $p\in U$ 的**局部坐标**,简记为$\{x^i\}$,有时也称它为局部坐标系.如果记 $\mathscr{D}^0$ 为局部坐标系的全体,那么,拓扑流形就是由 $\mathscr{D}^0$ 中的元素(图片)粘贴成的图册.如果 $p\in U$,则称(U,φ)为 **p 点的局部坐标系**.

常记$(M,\mathscr{D}^0)$为 n 维拓扑流形.如果 $\mathscr{D}=\{(U_\alpha,\varphi_\alpha)\mid\alpha\in\Gamma$(指标集)$\}\subset\mathscr{D}^0$满足:

(1°) $\bigcup\limits_{\alpha\in\Gamma}U_\alpha=M$;

(2°) C^r 相容性:如果$(U_\alpha,\varphi_\alpha)$,$(U_\beta,\varphi_\beta)\in\mathscr{D}$,$U_\alpha\cap U_\beta\neq\varnothing$,则

$$\varphi_\beta\circ\varphi_\alpha^{-1}:\varphi_\alpha(U_\alpha\cap U_\beta)\to\varphi_\beta(U_\alpha\cap U_\beta)$$

是 $C^r(r\in\{1,2,\cdots,\infty;\omega\})$类的(由对称性,当然 $\varphi_\alpha\circ\varphi_\beta^{-1}$ 也是C^r 类的),即

$$\begin{cases} y^1 = (\varphi_\beta\circ\varphi_\alpha^{-1})_1(x^1,\cdots,x^n), \\ \cdots, \\ y^n = (\varphi_\beta\circ\varphi_\alpha^{-1})_n(x^1,\cdots,x^n) \end{cases}$$

是 C^r 类的(当 $r\in\mathbf{N}$ 时,$(\varphi_\beta\circ\varphi_\alpha^{-1})_i$ $(1\leqslant i\leqslant n)$都有 C^r 连续偏导数;当 $r=\infty$ 时,$(\varphi_\beta\circ\varphi_\alpha^{-1})_i$ $(1\leqslant i\leqslant n)$都有各阶连续偏导数;当 $r=\omega$ 时,$(\varphi_\beta\circ\varphi_\alpha^{-1})(x^1,\cdots,x^n)$在每一点的某个开邻域中可展开为收敛的幂级数,即是实解析的);

(3°) 最大性:$\mathscr{D}$ 关于(2°)是最大的,也就是说,如果$(U,\varphi)\in\mathscr{D}^\circ$,且它与任何$(U_\alpha,\varphi_\alpha)\in\mathscr{D}$是 C^r 相容的,则$(U,\varphi)\in\mathscr{D}$.它等价于,如果$(U,\varphi)\notin\mathscr{D}$,则$(U,\varphi)$必与某个$(U_\alpha,\varphi_\alpha)\in\mathscr{D}$不是 C^r 相容的.

我们称 $\mathscr{D}$ 为 M 上的**C^r 微分构造**或**C^r 构造**,$(M,\mathscr{D})$为 M 上的**C^r 微分流形**或**C^r 流形**.当 $r=\omega$ 时,称$(M,\mathscr{D})$为**实解析流形**(图 2.1.1).

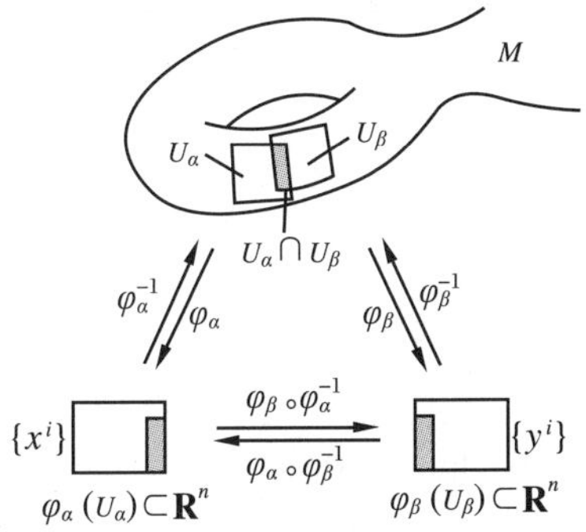

图 2.1.1

类似于拓扑流形,$C^r(r\geqslant 1)$微分流形就是由 $\mathscr{D}$ 中图片 C^r 光滑地粘成的图册.

如果$(U_\alpha,\varphi_\alpha)$,$\{x^i\}\in\mathscr{D}$与$(U_\beta,\varphi_\beta)$,$\{y^i\}\in\mathscr{D}$为点 p 的两个局部坐标系,$U_\alpha\cap U_\beta\neq\varnothing$,则由 Jacobi 行列式的等式

$$1=\frac{\partial(y^1,\cdots,y^n)}{\partial(y^1,\cdots,y^n)}=\frac{\partial(y^1,\cdots,y^n)}{\partial(x^1,\cdots,x^n)}\cdot\frac{\partial(x^1,\cdots,x^n)}{\partial(y^1,\cdots,y^n)}$$

可知,在 $\varphi_\alpha(U_\alpha\cap U_\beta)$中,

$$\frac{\partial(y^1,\cdots,y^n)}{\partial(x^1,\cdots,x^n)}\neq 0.$$

一般说来,要得到 $\mathscr{D}$ 中所有的图片是困难的.下面定理指出,只要得到满足定义 2.1.3 中(1°)与(2°)的 $\mathscr{D}'$就可唯一确定 $\mathscr{D}$ 了.因此,我们称 $\mathscr{D}'$为 C^r 微分构造的一个基.这就具体给出了构造(生成)C^r 微分流形的方法.它与线性代数中由基生成向量空间以及点集

拓扑中由拓扑基生成拓扑的想法是相似的.

定理 2.1.7 若 $\mathscr{D}'\subset\mathscr{D}^\circ$ 满足定义 2.1.3 中的条件(1°)与(2°),则它唯一确定了一个 $C^r(r\geqslant 1)$ 微分构造

$$\mathscr{D}=\{(U,\varphi)\in\mathscr{D}^\circ\mid(U,\varphi)\text{与}\mathscr{D}'\text{中每个元素都 }C^r\text{ 相容(称}(U,\varphi)\text{与}\mathscr{D}'\,C^r\text{ 相容)}\}.$$

证明 由条件(2°)与 $\mathscr{D}$ 的定义,$\mathscr{D}'\subset\mathscr{D}$,故 $\mathscr{D}$ 满足条件(1°).设 $(U,\varphi),(V,\psi)\in\mathscr{D}$.若 $p\in U\cap V$,则存在 p 点的局部坐标系 $(W,\theta)\in\mathscr{D}'$,使在 $U\cap V\cap W$ 中,

$$\psi\circ\varphi^{-1}=(\psi\circ\theta^{-1})\circ(\theta\circ\varphi^{-1})$$

是 C^r 类的.因此,$\mathscr{D}$ 满足条件(2°).设 (U,φ) 与 $\mathscr{D}\,C^r$ 相容,由 $\mathscr{D}'\subset\mathscr{D}$ 可知,(U,φ) 与 $\mathscr{D}'\,C^r$ 相容,从而 $(U,\varphi)\in\mathscr{D}$.因此,$\mathscr{D}$ 满足条件(3°).这就证明了 $\mathscr{D}$ 为 C^r 微分构造. □

有了上述定理,我们就可以构造各种各样的流形了(参阅文献[4]7～20 页例 1～例 7).

定义 2.1.4 设 $(M_i,\mathscr{D}_i)$ 为 $n_i(i=1,2)$ 维 $C^r(r\in\{0,1,\cdots,\infty,\omega\},k\leqslant r)$ 流形.如果映射 $f:M_1\to M_2$,对任意 $p\in M_1$ 与 $q=f(p)$ 的任意局部坐标系 (V,ψ),必有 p 的局部坐标系 (U,φ),使 $f(U)\subset V$(等价于 f 是连续的),且 $\psi\circ f\circ\varphi^{-1}:\varphi(U)\to\psi(V)$ 是 C^k 类的,即

$$\begin{cases}y^1=(\psi\circ f\circ\varphi^{-1})_1(x^1,\cdots,x^{n_1}),\\ \cdots,\\ y^{n_2}=(\psi\circ f\circ\varphi^{-1})_{n_2}(x^1,\cdots,x^{n_1})\end{cases}$$

是 C^k 类的,则称 f 为从 M_1 到 M_2 的 **C^k 映射**,记作 $f\in C^k(M_1,M_2)$,其中 $C^k(M_1,M_2)$ 为从 M_1 到 M_2 的 C^k 映射的全体(图 2.1.2).

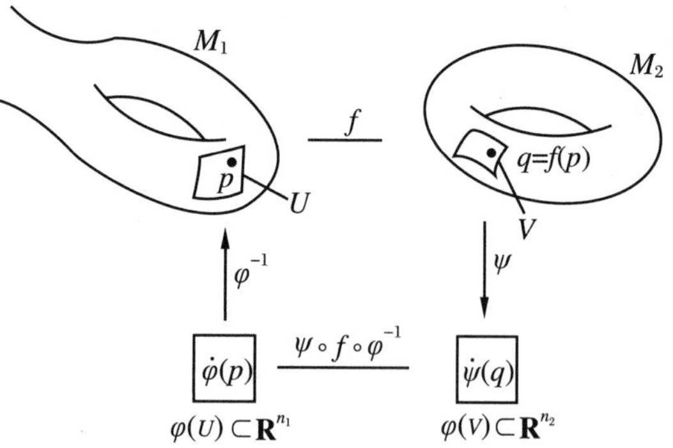

图 2.1.2

回忆一下度量(距离)空间中点的逼近是用距离或球形邻域刻画的.拓扑空间中点的逼近用开邻域刻画.因此,如果要刻画 C^r 流形之间的 C^r 映射的逼近,就应该在 C^r 映射

空间 $C^r(M,N)$ 中引入度量(距离),或者至少要引入一种拓扑. 下面先举几个泛函分析中常见的例子.

例 2.1.3 设 $f,g\in C^0([a,b],\mathbf{R})$,令 f 与 g 的内积为

$$\langle f,g\rangle = \int_a^b f(x)g(x)\mathrm{d}x$$

(请读者验证 $\langle\,,\rangle$ 确为一个内积),则 f 的模为

$$\| f \| = \sqrt{\langle f,f\rangle} = \sqrt{\int_a^b f^2(x)^2\mathrm{d}x},$$

f 与 g 之间的距离应为

$$\rho(f,g) = \| f-g \| = \sqrt{\int_a^b (f(x)-g(x))^2\mathrm{d}x}.$$

于是,由距离 ρ 诱导出 $C^0([a,b],\mathbf{R})$ 上的一个拓扑

$$\mathscr{T}_\rho = \{U\subset C^0([a,b],\mathbf{R}) \mid \forall f\in U,\text{必有 }\varepsilon>0,\text{使 }B(f;\varepsilon)\subset U\},$$

而 $(C^0([a,b],\mathbf{R}),\mathscr{T}_\rho)$ 成为一个拓扑空间. 其中 f 的 ε 球形邻域为

$$B(f;\varepsilon) = \left\{g\in C^0([a,b],\mathbf{R})\,\middle|\,\rho(f,g) = \sqrt{\int_a^b (f(x)-g(x))^2\mathrm{d}x}<\varepsilon\right\}.$$

如果 $g\in B(f;\varepsilon)$,则称 g 为 f 的 ε 逼近.

更一般地,如果 $D\subset\mathbf{R}^n$ 为开区域,$\bar{D}$ 为 n 维带边紧致流形($\bar{D}$ 紧致,且 ∂D 为空集或 $n-1$ 维流形). 对 $f,g\in C^0(\bar{D},\mathbf{R})$,令 f 与 g 的内积为

$$\langle f,g\rangle = \int\underset{\bar{D}}{\cdots}\int f(x_1,\cdots,x_n)g(x_1,\cdots,x_n)\mathrm{d}x_1\cdots\mathrm{d}x_n.$$

类似上述论述有

$$\| f \| = \sqrt{\langle f,f\rangle},$$

$$\rho(f,g) = \| f-g \| = \sqrt{\int\underset{\bar{D}}{\cdots}\int (f(x_1,\cdots,x_n)-g(x_1,\cdots,x_n))^2\mathrm{d}x_1\cdots\mathrm{d}x_n},$$

$$B(f;\varepsilon) = \left\{g\in C^0(\bar{D},\mathbf{R})\,\middle|\,\rho(f,g) = \sqrt{\int\underset{\bar{D}}{\cdots}\int (f(x_1,\cdots,x_n)-g(x_1,\cdots,x_n))^2\mathrm{d}x_1\cdots\mathrm{d}x_n}<\varepsilon\right\},$$

$$\mathscr{T}_\rho = \{U\subset C^0(\bar{D},\mathbf{R}) \mid \forall f\in U,\text{必有 }\varepsilon>0,\text{使 }B(f;\varepsilon)\subset U\},$$

则 $(C^0(\bar{D},\mathbf{R}),\mathscr{T}_\rho)$ 成为 $C^0(\bar{D},\mathbf{R})$ 上的一个拓扑空间. 如果 $g\in B(f;\varepsilon)$,则称 g 为 f 的 ε 逼近.

例 2.1.4 考虑 $C^r(\mathbf{R}^n,\mathbf{R}^m)$,$r$ 为 0 或自然数. 令

$$\mathscr{N}_U^r(f;\varepsilon) = \{g\in C^r(\mathbf{R}^n,\mathbf{R}^m) \mid \sup_{x\in\mathbf{R}^n}\| D^kg(x)-D^kf(x)\|<\varepsilon,k=0,1,\cdots,r\},\varepsilon>0.$$

其中 $D^kf(x)$ 为 f 在点 x 处的所有 k 阶偏导数组成的向量,而 $\| D^kg(x)-D^kf(x)\|$ 表示

g 与 f 在点 x 处所有 k 阶偏导数(共有限个)差的绝对值的最大值($D^0g(x)-D^0f(x)=g(x)-f(x)$).

(1°) 因为 $f\in\mathscr{N}_{\mathrm{U}}^r(f;1)$,所以 $\bigcup\limits_{f\in C^r(\mathbf{R}^n,\mathbf{R}^m)}\mathscr{N}_{\mathrm{U}}^r(f;1)=C^r(\mathbf{R}^n,\mathbf{R}^m)$;

(2°) $\forall g\in\mathscr{N}_{\mathrm{U}}^r(f_1;\varepsilon_1)\cap\mathscr{N}_{\mathrm{U}}^r(f_2;\varepsilon_2)$,则

$$\mathscr{N}_{\mathrm{U}}^r(g;\varepsilon)\subset\mathscr{N}_{\mathrm{U}}^r(f_1;\varepsilon_1)\cap\mathscr{N}_{\mathrm{U}}^r(f_2;\varepsilon_2),$$

其中

$$\varepsilon=\min_{i=1,2}\{\varepsilon_i-\sup_{\substack{x\in\mathbf{R}^n\\0\leqslant k\leqslant r}}\|D^kg(x)-D^kf_i(x)\|\}.$$

根据定理 2.1.2,

$$\{\mathscr{N}_{\mathrm{U}}^r(f;\varepsilon)\mid f\in C^r(\mathbf{R}^n,\mathbf{R}^m),\varepsilon>0\}$$

为 $C^r(\mathbf{R}^n,\mathbf{R}^m)$上的一个拓扑基,它唯一确定了 $C^r(\mathbf{R}^n,\mathbf{R}^m)$上的一个拓扑,称为**一致 C^r 拓扑**,记作 $C_{\mathrm{U}}^r(\mathbf{R}^n,\mathbf{R}^m)$. 上述 $\mathscr{N}_{\mathrm{U}}^r$,$C_{\mathrm{U}}^r$ 中右下标 U 是 uniform(一致的)的缩写.

例 2.1.5 再考虑 $C^r(\mathbf{R}^n,\mathbf{R}^m)$. 设 $\varepsilon(x)$为 $\mathbf{R}^n$ 上的正连续函数,令

$$\mathscr{N}^r(f;\varepsilon(x))=\{g\in C^r(\mathbf{R}^n,\mathbf{R}^m)\mid\|D^kg(x)-D^kf(x)\|<\varepsilon(x),\ \forall x\in\mathbf{R}^n,k=0,1,\cdots,r\}.$$

(1°) 因为 $f\in\mathscr{N}^r(f;1)$,所以 $\bigcup\limits_{f\in C^r(\mathbf{R}^n,\mathbf{R}^m)}\mathscr{N}^r(f;1)=C^r(\mathbf{R}^n,\mathbf{R}^m)$;

(2°) $\forall g\in\mathscr{N}^r(f_1;\varepsilon_1(x))\cap\mathscr{N}^r(f_2;\varepsilon_2(x))$,则

$$\mathscr{N}^r(g;\varepsilon(x))\subset\mathscr{N}^r(f_1;\varepsilon_1(x))\cap\mathscr{N}^r(f_2;\varepsilon_2(x)),$$

其中

$$\varepsilon(x)=\min_{i=1,2}\{\varepsilon_i(x)-\max_{0\leqslant k\leqslant r}\|D^kg(x)-D^kf_i(x)\|\}$$

为 $\mathbf{R}^n$ 上的正连续函数. 根据定理 2.1.2,

$$\{\mathscr{N}^r(f;\varepsilon(x))\mid f\in C^r(\mathbf{R}^n,\mathbf{R}^m),\varepsilon(x)\text{ 为 }\mathbf{R}^n\text{ 上的正连续函数}\}$$

是 $C^r(\mathbf{R}^n,\mathbf{R}^m)$的一个拓扑基,它唯一确定了 $C^r(\mathbf{R}^n,\mathbf{R}^m)$上的一个拓扑. 由于

$$\{\mathscr{N}_{\mathrm{U}}^r(f;\varepsilon)\}\subset\{\mathscr{N}^r(f;\varepsilon(x))\},$$

所以此拓扑细于一致 C^r 拓扑. 进而,可验证它严格细于一致 C^r 拓扑. (反证)假设它不严格细于一致 C^r 拓扑,则$\{\mathscr{N}_{\mathrm{U}}^r(f;\varepsilon)\}$与$\{\mathscr{N}^r(f;\varepsilon(x))\}$生成的拓扑完全相同. 由于 $f\in\mathscr{N}^r(f;\varepsilon(x))$,故有 $\mathscr{N}_{\mathrm{U}}^r(g;\eta)$,使得 $f\in\mathscr{N}_{\mathrm{U}}^r(g;\eta)\subset\mathscr{N}^r(f;\varepsilon(x))$. 令

$$\delta=\eta-\sup_{\substack{x\in\mathbf{R}^n\\0\leqslant k\leqslant r}}\|D^kg(x)-D^kf(x)\|,$$

则

$$f+\frac{\delta}{2}\in\mathscr{N}_{\mathrm{U}}^r(f;\delta)\subset\mathscr{N}_{\mathrm{U}}^r(g;\eta)\subset\mathscr{N}^r(f;\varepsilon(x)),$$

$$0 < \left\| \left(f + \frac{\delta}{2}\right) - f \right\| = \frac{\delta}{2} < \varepsilon(x), \quad \forall x \in \mathbf{R}^n.$$

如果选 $\varepsilon(x) = e^{-(x_1^2 + \cdots + x_n^2)}$，令 $\|x\| = \sqrt{x_1^2 + \cdots + x_n^2} \to +\infty$ 得到 $\delta = 0$，这显然与 $\delta > 0$ 相矛盾.

还可验证它就是下面将引入的强 C^r 拓扑.

上面三个例子中，M、N 都有整体坐标，对一般情形，在 $C^r(M,N)$ 上如何引入拓扑呢？首先必须采用局部坐标，其次还需满足一些其他条件. 这就是下面在 $C^r(M,N)$ 上将要引入的强与弱 $C^r(r = 0,1,2,\cdots,\infty)$ 拓扑.

定义 2.1.5 设 M 与 N 为 C^r 流形，$r \in \{0\} \cup \mathbf{N}$，$C^r(M,N) = \{f: M \to N$ 为 C^r 映射$\}$. 又设 $\mathscr{I} = \{1,\cdots,l\}$，$\Phi = \{(U_i,\varphi_i) \mid i \in \mathscr{I}\}$，$\Psi = \{(V_i,\psi_i) \mid i \in \mathscr{I}\}$ 分别为 M 与 N 上的局部坐标系族，$\mathscr{K} = \{K_i \mid i \in \mathscr{I}\}$ 为 M 上的一族紧致子集，且 $K_i \subset U_i$，$\mathscr{E} = \{\varepsilon_i \mid i \in \mathscr{I}\}$ 为一族正数. 如果 $f \in C^r(M,N)$，使 $f(K_i) \subset V_i$，$i \in \mathscr{I}$，则称

$$\begin{aligned} N_{\mathrm{W}}^r(f;\Phi,\Psi,\mathscr{K},\mathscr{E}) = \{g \in C^r(M,N) \mid\ & g(K_i) \subset V_i, \\ & \| D^k(\psi_i \circ g \circ \varphi_i^{-1})(x) - D^k(\psi_i \circ f \circ \varphi_i^{-1})(x) \| < \varepsilon_i, \\ & \forall x \in \varphi_i(K), i \in \mathscr{I}, k = 0,1,\cdots,r\} \end{aligned}$$

为**弱 C^r 基本邻域**，其中 $D^k(\psi_i \circ f \circ \varphi_i^{-1})(x)$ 为 $\psi_i \circ f \circ \varphi_i^{-1}(x)$ 的分量的 k 阶偏导数的集，而模 $\| D^k(\psi_i \circ f \circ \varphi_i^{-1})(x) \|$ 为 $D^k(\psi_i \circ f \circ \varphi_i^{-1})(x)$ 的元素的绝对值的最大者，称 $g \in \mathscr{N}_{\mathrm{W}}^r(f;\Phi,\Psi,\mathscr{K},\mathscr{E})$ 为 f 的**弱 C^r-$\mathscr{N}_{\mathrm{W}}^r(f;\boldsymbol{\Phi},\boldsymbol{\Psi},\mathscr{K},\mathscr{E})$**（或简称为 $\mathscr{E}$）**逼近**. 类似下面的引理 2.1.2 可验证弱 C^r 基本邻域的集合形成 $C^r(M,N)$ 上的一个拓扑基. 根据定理 2.1.2，它唯一诱导了 $C^r(M,N)$ 上的一个拓扑，称为 $C^r(M,N)$ 上的**弱 C^r 拓扑**或**紧致开 C^r 拓扑**，也称为**粗糙 C^r 拓扑**，记作 $C_{\mathrm{W}}^r(M,N)$，有时也理解为相应的拓扑空间. 上述 $\mathscr{N}_{\mathrm{W}}^r$ 与 $C_{\mathrm{W}}^r(M,N)$ 中右下角的 W 是 weak(弱的)的缩写.

如果 M 不紧致，则弱拓扑不能很好地控制映射在"远处"甚至"无穷远处"的性质. 为此，引入强 C^r 拓扑.

定义 2.1.6 设 M 与 N 为 C^r 流形，$r \in \{0\} \cup \mathbf{N}$，$C^r(M,N) = \{f: M \to N$ 为 C^r 映射$\}$，又设 $\Phi = \{(U_i,\varphi_i) \mid i \in \mathscr{I}$(指标集)$\}$，$\Psi = \{(V_i,\psi_i) \mid i \in \mathscr{I}\}$ 分别为 M 与 N 上的局部坐标系族，$\mathscr{K} = \{K_i \mid i \in \mathscr{I}\}$ 为 M 上的局部有限的紧($K_i \subset U_i$ 为紧致子集)覆盖，$\mathscr{E} = \{\varepsilon_i \mid i \in \mathscr{I}\}$ 为一族正数. 如果 $f \in C^r(M,N)$ 使 $f(K_i) \subset V_i$，$i \in \mathscr{I}$，则称

$$\begin{aligned} \mathscr{N}_{\mathrm{S}}^r(f;\Phi,\Psi,\mathscr{K},\mathscr{E}) = \{g \in C^r(M,N) \mid\ & g(K_i) \subset V_i, \\ & \| D^k(\psi_i \circ g \circ \varphi_i^{-1})(x) - D^k(\psi_i \circ f \circ \varphi_i^{-1})(x) \| < \varepsilon_i, \\ & \forall x \in \varphi_i(K_i), i \in \mathscr{I}, k = 0,1,\cdots,r\} \end{aligned}$$

为**强 C^r 基本邻域**，称 $g \in \mathscr{N}_{\mathrm{S}}^r(f;\Phi,\Psi,\mathscr{K},\mathscr{E})$ 为 f 的**强 C^r-$\mathscr{N}_{\mathrm{S}}^r(f;\boldsymbol{\Phi},\boldsymbol{\Psi},\mathscr{K},\mathscr{E})$**（或简

称为$\mathscr{E}$)**逼近**.由下面的引理2.1.2知,所有强C^r基本邻域的集合形成$C^r(M,N)$的一个拓扑基.根据定理2.1.2,它唯一诱导了$C^r(M,N)$上的一个拓扑,称为$C^r(M,N)$上的**强C^r拓扑**或**Whitney C^r拓扑**,也称为**精细C^r拓扑**,记作$C_S^r(M,N)$,有时也理解为相应的拓扑空间.上述$\mathscr{N}_S^r$与$C_S^r(M,N)$中右下角的S是strong(强的)的缩写.

引理2.1.2 集族$\{\mathscr{N}_S^r(f;\Phi,\Psi,\mathscr{K},\mathscr{E})\}$形成$C^r(M,N)$上的一个拓扑基.

证明 因为$f\in\mathscr{N}_S^r(f;\Phi,\Psi,\mathscr{K},\mathscr{E})\subset C^r(M,N)$,所以

$$C^r(M,N)=\bigcup_{f\in C^r(M,N)}\{f\}\subset\bigcup_{f\in C^r(M,N)}\mathscr{N}_S^r(f;\Phi,\Psi,\mathscr{K},\mathscr{E})\subset C^r(M,N),$$

$$C^r(M,N)=\bigcup_{f\in C^r(M,N)}\mathscr{N}_S^r(f;\Phi,\Psi,\mathscr{K},\mathscr{E}).$$

这就证明了$\{\mathscr{N}_S^r(f;\Phi,\Psi,\mathscr{K},\mathscr{E})\}$满足定理2.1.2中的条件(1°).

$$\begin{aligned}\forall g\in\ &\mathscr{N}_S^r(f_1;\{(U_i,\varphi_i)\mid i\in\mathscr{I}\},\{(V_i,\psi_i)\mid i\in\mathscr{I}\},\{K_i\mid i\in\mathscr{I}\},\\&\quad\{\varepsilon_i\mid i\in\mathscr{I}\})\\&\cap\mathscr{N}_S^r(f_2;\{(U_j,\varphi_j)\mid j\in\mathscr{J}\},\{(V_j,\psi_j)\mid j\in\mathscr{J}\},\{K_j\mid j\in\mathscr{J}\},\\&\quad\{\varepsilon_j\mid j\in\mathscr{J}\}),\end{aligned}$$

由于K_i紧致,令

$$\begin{aligned}\eta_{ik}&=\sup_{x\in\varphi_i(K_i)}\|D^k(\psi_i\circ g\circ\varphi_i^{-1})(x)-D^k(\psi_i\circ f_1\circ\varphi_i^{-1})(x)\|\\&=\|D^k(\psi_i\circ g\circ\varphi_i^{-1})(x_0)-D^k(\psi_i\circ f_1\circ\varphi_i^{-1})(x_0)\|<\varepsilon_i,\\\sigma_i&=\min_{0\leqslant k\leqslant r}\{\varepsilon_i-\eta_{ik}\},\quad i\in\mathscr{I}.\end{aligned}$$

同理令$\sigma_j=\min\limits_{0\leqslant k\leqslant r}\{\varepsilon_j-\eta_{jk}\},j\in\mathscr{J}$.易见

$$\begin{aligned}&\mathscr{N}_S^r(g;\{(U_l,\varphi_l)\mid l\in\mathscr{I}\cup\mathscr{J}\},\{(V_l,\psi_l)\mid l\in\mathscr{I}\cup\mathscr{J}\},\\&\qquad\{K_l\mid l\in\mathscr{I}\cup\mathscr{J}\},\{\sigma_l\mid l\in\mathscr{I}\cup J\})\\&\subset\mathscr{N}_S^r(f_1;\{(U_i,\varphi_i)\mid i\in\mathscr{I}\},\{(V_i,\psi_i)\mid i\in\mathscr{I}\},\\&\qquad\{K_i\mid i\in\mathscr{I}\},\{\varepsilon_i\mid i\in\mathscr{I}\})\\&\cap\mathscr{N}_S^r(f_2;\{(U_j,\varphi_j)\mid j\in\mathscr{J}\},\{(V_j,\psi_j)\mid j\in\mathscr{J}\},\\&\qquad\{K_j\mid j\in\mathscr{J}\},\{\varepsilon_j\mid j\in\mathscr{J}\}).\end{aligned}$$

因此,根据定理2.1.2,集族$\{\mathscr{N}_S^r(f;\Phi,\Psi,\mathscr{K},\mathscr{E})\}$形成了$C^r(M,N)$上的一个拓扑基.□

现在来研究弱C^r拓扑与强C^r拓扑之间的关系.

定理2.1.8 $C_W^r(M,N)\subset C_S^r(M,N)$,即$C_W^r(M,N)$粗于$C_S^r(M,N)$(后者开集更多).

证明 $\forall g\in\mathscr{N}_W^r(f;\{(U_i,\varphi_i)\mid i=1,\cdots,l\},\{(V_i,\psi_i)\mid i=1,\cdots,l\},\{K_i\mid i=1,\cdots,l\},\{\varepsilon_i\mid i=1,\cdots,l\})\in C_W^r(M,N)$.令

$$\eta_i = \varepsilon_i - \max_{0\leqslant k\leqslant r} \sup_{x\in\varphi_i(K_i)} \| D^k(\psi_i \circ g \circ \varphi_i^{-1})(x) - D^k(\psi_i \circ f \circ \varphi_i^{-1})(x) \|, i = 1,\cdots,l.$$

将上述各项延拓为

$$\Phi = \{(U_i,\varphi_i) \mid i \in \mathbf{N}\}, \quad \Psi = \{(V_i,\psi_i) \mid i \in \mathbf{N}\},$$

它们分别是 M 与 N 上的局部坐标系的集合，$\mathscr{K}=\{K_i \mid i\in\mathbf{N}\}$ 为 M 上的局部有限的紧覆盖，且 $K_i\subset U_i, g(K_i)\subset V_i, i\in\mathbf{N}, \eta=\{\eta_i \mid i\in\mathbf{N}\}$ 为一族正数. 于是

$$\begin{aligned}\mathscr{N}_{\mathrm{S}}^r(g;\Phi,\Psi,\mathscr{K},\eta) &\subset \mathscr{N}_{\mathrm{W}}^r(g;\{(U_i,\varphi_i) \mid i = 1,\cdots,l\},\{(V_i,\psi_i) \mid i = 1,\cdots,l\},\\ &\qquad \{K_i \mid i = 1,\cdots,l\},\{\eta_i \mid i = 1,\cdots,l\})\\ &\subset \mathscr{N}_{\mathrm{W}}^r(f_i;\{U_i,\varphi_i) \mid i = 1,\cdots,l\},\{(V_i,\psi_i) \mid i = 1,\cdots,l\},\\ &\qquad \{K_i \mid i = 1,\cdots,l\},\{\varepsilon_i \mid i = 1,\cdots,l\}).\end{aligned}$$

从而

$\mathscr{N}_{\mathrm{W}}^r(f;\{(U_i,\varphi_i) \mid i=1,\cdots,l\},\{(V_i,\psi_i) \mid i=1,\cdots,l\},\{K_i \mid i=1,\cdots,l\},\{\varepsilon_i \mid i=1,\cdots,l\})\in C_{\mathrm{S}}^r(M,N)$,

$C_{\mathrm{W}}^r(M,N)\subset C_{\mathrm{S}}^r(M,N)$. □

定理 2.1.9 (1) 如果 M 紧致，则 $C_{\mathrm{W}}^r(M,N) = C_{\mathrm{S}}^r(M,N)$;

(2) 如果 M 非紧致，$\dim N\geqslant 1$，则 $C_{\mathrm{W}}^r(M,N)\subsetneqq C_{\mathrm{S}}^r(M,N)$.

证明 (1) 由定理 2.1.8 知，$C_{\mathrm{W}}^r(M,N)\subset C_{\mathrm{S}}^r(M,N)$. 另一方面，对

$$\forall\, \mathscr{N}_{\mathrm{S}}^r(f;\Phi,\Psi,\mathscr{K},\mathscr{E}) \in C_{\mathrm{S}}^r(M,N),$$

因 M 紧致与 $\mathscr{K}$ 局部有限，故 $\mathscr{K}$ 为有限集，从而

$$\mathscr{N}_{\mathrm{S}}^r(f;\Phi,\Psi,\mathscr{K},\mathscr{E}) \in C_{\mathrm{W}}^r(M,N),$$

即

$$C_{\mathrm{S}}^r(M,N) \subset C_{\mathrm{W}}^r(M,N).$$

于是

$$C_{\mathrm{W}}^r(M,N) = C_{\mathrm{S}}^r(M,N).$$

(2)（反证）假设 $C_{\mathrm{W}}^r(M,N)\supset C_{\mathrm{S}}^r(M,N)$，则对 $\mathscr{N}_{\mathrm{S}}^r(f;\Phi,\Psi,\mathscr{K},\mathscr{E}), f|_M\equiv q\in N$，$\exists\, \mathscr{N}_{\mathrm{W}}^r(f;\widetilde{\Phi},\widetilde{\Psi},\widetilde{\mathscr{K}},\widetilde{\mathscr{E}})\subset \mathscr{N}_{\mathrm{S}}^r(f;\Phi,\Psi,\mathscr{K},\mathscr{E})$，其中 $\widetilde{\mathscr{K}}=\{\widetilde{K}_i \mid i=1,\cdots,l\}$. 因为 $\bigcup_{i=1}^{l} \widetilde{K}_i$ 紧致，而 M 非紧致，故必有 $p\in M\Big\backslash \bigcup_{i=1}^{l} \widetilde{K}_i$. 选取 p 的局部坐标系 $(U_t,\varphi_t)\in\Phi$，构造 C^r 映射 $g:M\to N$，使

$$\| \psi_t \circ g \circ \varphi_t^{-1}(\varphi_t(p)) - \psi_t \circ f \circ \varphi_t^{-1}(\varphi_t(p)) \| \geqslant \varepsilon_t \quad (\text{由于} \dim N \geqslant 1),$$

$$g \,|_{M\setminus\varphi_t^{-1}(C^m(\varphi_t(p),\delta))} \equiv q,$$

其中 $C^m(\varphi_t(p),\delta)$ 为 $\mathbf{R}^m(m=\dim M)$ 中以 $\varphi_t(p)$ 为中心、2δ 为边长的开方体. 显然，$g\in \mathscr{N}_{\mathrm{W}}^r(f;\widetilde{\Phi},\widetilde{\Psi},\widetilde{\mathscr{K}},\widetilde{\mathscr{E}})$，但 $g\notin \mathscr{N}_{\mathrm{S}}^r(f;\Phi,\Psi,\mathscr{K},\mathscr{E})$，这与 $\mathscr{N}_{\mathrm{W}}^r(f;\widetilde{\Phi},\widetilde{\Psi},\widetilde{\mathscr{K}},\widetilde{\mathscr{E}})\subset \mathscr{N}_{\mathrm{S}}^r(f;\Phi,\Psi,\mathscr{K},\mathscr{E})$ 相矛盾. 从而

$$C_S^r(M,N) \not\subset C_W^r(M,N),$$
$$C_W^r(M,N) \neq C_S^r(M,N).$$

再由定理 2.1.8 知，$C_W^r(M,N) \subsetneq C_S^r(M,N)$. □

例 2.1.6 继例 2.1.5，可证由$\{\mathscr{N}^r(f;\varepsilon(x))\}$为拓扑基所诱导的拓扑就是 $C^r(\mathbf{R}^n,\mathbf{R}^m)$ 上的强 C^r 拓扑 $C_S^r(\mathbf{R}^n,\mathbf{R}^m)$.

证明 $\forall \mathscr{N}_S^r(f;\Phi,\Psi,\mathscr{K},\mathscr{E})$，其中 $\Phi=\{(U_i,\varphi_i)\mid i\in\mathbf{N}\}$，$\Psi=\{(V_i,\psi_i)\mid i\in\mathbf{N}\}$，$\mathscr{K}=\{K_i\mid i\in\mathbf{N}\}$，$\mathscr{E}=\{\varepsilon_i\mid i\in\mathbf{N}\}$. 其中 $\varphi_i=\mathrm{Id}_{\mathbf{R}^n}$，$\psi_i=\mathrm{Id}_{\mathbf{R}^m}$. 根据下面的引理 2.1.3，必有 $M=\mathbf{R}^n$ 上的正 C^r 函数 $\varepsilon(x)$，使得 $\varepsilon(x)<\varepsilon_i$，$\forall p\in K_i$，$\forall i\in\mathbf{N}$. 于是，对 $\forall g\in \mathscr{N}^r(f;\varepsilon(x))$，有

$$\begin{aligned}&\|D^k(\mathrm{Id}_{\mathbf{R}^m}\circ g\circ \mathrm{Id}_{\mathbf{R}^n}{}^{-1}(x))-D^k(\mathrm{Id}_{\mathbf{R}^m}\circ f\circ \mathrm{Id}_{\mathbf{R}^n}{}^{-1}(x))\|\\ &\quad=\|D^kg(x)-D^kf(x)\|<\varepsilon(x)<\varepsilon_i,\quad \forall x\in\varphi_i(K_i),\quad \forall i\in\mathbf{N},\end{aligned}$$

故 $g\in\mathscr{N}_S^r(f;\Phi,\Psi,\mathscr{K},\mathscr{E})$，从而

$$\mathscr{N}^r(f;\varepsilon(x))\subset\mathscr{N}_S^r(f;\Phi,\Psi,\mathscr{K},\mathscr{E}).$$

反之，对 $M=\mathbf{R}^n$ 上的任何正连续函数 $\varepsilon(x)$，令 $\varepsilon_i=\min\limits_{x\in K_i}\varepsilon(x)$. 于是

$$\forall g\in\mathscr{N}_S^r(f;\Phi,\Psi,\mathscr{K},\mathscr{E}),$$

有

$$\begin{aligned}\|D^kg(x)-D^kf(x)\|&=\|D^k(\mathrm{Id}_{\mathbf{R}^m}\circ g\circ \mathrm{Id}_{\mathbf{R}^n}{}^{-1}(x))-D^k(\mathrm{Id}_{\mathbf{R}^m}\circ f\circ \mathrm{Id}_{\mathbf{R}^n}{}^{-1}(x))\|\\ &<\varepsilon_i=\min_{x\in K_i}\varepsilon(x)\leqslant\varepsilon(x).\end{aligned}$$

因此，$g\in\mathscr{N}^r(f;\varepsilon(x))$，$\mathscr{N}_S^r(f;\Phi,\Psi,\mathscr{K},\mathscr{E})\subset\mathscr{N}^r(f;\varepsilon(x))$.

综上知，$\{\mathscr{N}^r(f;\varepsilon(x))\}$与$\{\mathscr{N}_S^r(f;\Phi,\Psi,\mathscr{K},\mathscr{E})\}$是 $C^r(\mathbf{R}^n,\mathbf{R}^m)$上的两个等价拓扑基. 从而，它们诱导出相同的拓扑. □

引理 2.1.3 设$\{K_i\}$为 $C^r(0\leqslant r\leqslant+\infty)$流形 M 上的局部有限的覆盖，$\{\varepsilon_i\}$为一族正数，则 M 上存在正 C^r 函数 $\varepsilon(p)$，使得 $\varepsilon(p)<\varepsilon_i$，$\forall p\in K_i$，$\forall i\in\mathbf{N}$.

证明 因$\{K_i\}$为 C^r 流形 M 上的局部有限的覆盖，故可作局部有限的坐标邻域的开覆盖$\{U_\alpha\}$，使 $\bar{U}_\alpha$ 紧致且每个 U_α 至多与有限个 K_i 相交. 设$\{\rho_\alpha\}$为从属于$\{U_\alpha\}$的 C^r 单位分解(参阅文献[4]41页定理 3(1)). 令

$$0<\varepsilon_\alpha=\min\left\{\frac{\varepsilon_i}{2}\,\middle|\,K_i\cap U_\alpha\neq\varnothing\right\},$$

则

$$\varepsilon(p)=\sum_\alpha\rho_\alpha(p)\varepsilon_\alpha$$

为 M 上的 C^r 函数. $\forall p\in M$，$\exists\alpha_0$ 使 $p\in U_{\alpha_0}$，且 $\rho_{\alpha_0}(p)>0$，从而 $\varepsilon(p)>0$. 如果 $p\in K_i$，则

$$\varepsilon(p)=\sum_\alpha \rho_\alpha(p)\varepsilon_\alpha\leqslant\left(\sum_\alpha \rho_\alpha(p)\right)\frac{\varepsilon_i}{2}=\frac{\varepsilon_i}{2}<\varepsilon_i,$$

所以，$\varepsilon(p)$即为所求的 C^r 正函数. □

在 $C^r(M,N)$上已引入了强 C^r 拓扑与弱 C^r 拓扑. 为了在 $C^\infty(M,N)$上引入强 C^∞ 拓扑，最自然的想法是将定义 2.1.6 中直到 r 的不等式成立的条件改为对任意 r 成立. 但仔细考虑发现了障碍，这就是无法保证这族邻域形成拓扑基. 如引理 2.1.2 的证明中，$\sigma_i=\min\limits_{0\leqslant k\leqslant r}\{\varepsilon_i-\eta_{ik}\}$应改为$\inf\limits_{0\leqslant k<+\infty}\{\varepsilon_i-\eta_{ik}\}$且后者可能为 0(在 $C^\infty(M,N)$上引入弱 C^∞ 拓扑有类似的问题，关于它的讨论读者自行完成).

称由 $C^r(M,N)$上的强 C^r 拓扑限制到$C^\infty(M,N)\subset C^r(M,N)$上而得到的子拓扑 $\mathscr{T}_r$ 为$C^\infty(M,N)$上的强 $C^r(r=0,1,2,\cdots)$拓扑. 显然，$\mathscr{T}_0\subset\mathscr{T}_1\subset\mathscr{T}_2\subset\cdots$.

定理 2.1.10 $\mathscr{T}_\infty=\left\{W=\bigcup\limits_r W_r\,\middle|\, W_r\subset C^\infty(M,N)\subset C^r(M,N),W_r\in\mathscr{T}_r,r=0,1,2,\cdots\right\}$形成 $C^\infty(M,N)$上的一个拓扑，称为 $C^\infty(M,N)$上的**强 C^∞ 拓扑**，记此拓扑空间为 $C^\infty_S(M,N)$.

证明 一方面，设 $W^\alpha=\bigcup\limits_r W^\alpha_r\in\mathscr{T}_\infty$，则 $\bigcup\limits_\alpha W^\alpha_r\in\mathscr{T}_r$，且

$$\bigcup_\alpha W^\alpha=\bigcup_\alpha\left(\bigcup_r W^\alpha_r\right)=\bigcup_r\left(\bigcup_\alpha W^\alpha_r\right)\in\mathscr{T}_\infty.$$

另一方面，$\forall\, W^i=\bigcup\limits_{r_i} W^i_{r_i}(i=1,2)$. 由 $W^1_{r_1}\cap W^2_{r_2}$为强 $C^{\max\{r_1,r_2\}}$拓扑下的开集，故

$$W^1\cap W^2=\left(\bigcup_{r_1}W^1_{r_1}\right)\cap\left(\bigcup_{r_2}W^2_{r_2}\right)=\bigcup_{r_1,r_2}\left(W^1_{r_1}\cap W^2_{r_2}\right)\in\mathscr{T}_\infty.$$

此外，显然有 $\varnothing=\bigcup\limits_r\varnothing_r\in\mathscr{T}_\infty$，$C^\infty(M,N)=\bigcup\limits_{W\in\mathscr{T}_\infty}W$. 因此，$\mathscr{T}_\infty$ 为 $C^\infty(M,N)$上的一个拓扑. □

定义 2.1.7 $\forall f\in C^\infty(M,N)$，$\Phi=\{(U_i,\varphi_i)\mid i\in\mathscr{I}\}$，$\Psi=\{(V_i,\psi_i)\mid i\in\mathscr{I}\}$分别为 M 与 N 上的局部坐标系族，$\mathscr{K}=\{K_i\mid i\in\mathscr{I}\}$为 M 上的局部有限的紧($K_i\subset U_i$ 为紧致子集)覆盖，$f(K_i)\subset V_i$，$\{\varepsilon_{ik}\mid i\in\mathscr{I},k\in\{0\}\cup\mathbf{N}\}$为一族正数. 令

$$\begin{aligned}\mathscr{N}^\infty(f;\Phi,\Psi,\mathscr{K},\{\varepsilon_{ik}\})=\{g\in C^\infty(M,N)\mid g(K_i)\subset V_i,\\ \|D^k(\psi_i\circ g\circ\varphi_i^{-1})(x)-D^k(\psi_i\circ f\circ\varphi_i^{-1})(x)\|\\ <\varepsilon_{ik},\forall\, x\in\varphi_i(K_i),i\in\mathscr{I},k=0,1,\cdots\}.\end{aligned}$$

仿照引理 2.1.2 的证明，只需用 $\sigma_{ik}=\varepsilon_{ik}-\eta_{ik}$代替$\sigma_i$，$\sigma_{jk}=\varepsilon_{jk}-\eta_{jk}$代替$\sigma_j$，立即可推出$\{\mathscr{N}^\infty(f;\Phi,\Psi,\mathscr{K},\{\varepsilon_{ik}\})\}$形成了 $C^\infty(M,N)$上的一个拓扑基.

定理 2.1.11 定义 2.1.7 生成的拓扑严格细于强 C^∞ 拓扑.

证明 任取强 C^∞ 拓扑下包含 f 的开集 $W=\bigcup_r W_r$，则 $\exists\, r$, s.t. W_r 为含 f 的强 C^r 拓扑下的开集，于是 $\exists\, \mathscr{E}=\{\varepsilon_i \mid i\in\mathscr{I}\}$, s.t.

$$f\in \mathscr{N}_S^r(f;\Phi,\Psi,\mathscr{K},\mathscr{E})\cap C^\infty(M,N)\subset W_r\subset W.$$

取 $\varepsilon_{ik}=\varepsilon_i$, $\forall\, k\in\{0\}\cup\mathbf{N}$，则易见

$$\mathscr{N}^\infty(f;\Phi,\Psi,\mathscr{K},\{\varepsilon_{ik}\})\subset \mathscr{N}_S^r(f;\Phi,\Psi,\mathscr{K},\mathscr{E})\cap C^\infty(M,N)\subset W_r\subset W,$$

从而这种拓扑不粗于强 C^∞ 拓扑.

反之，对 $\forall\,\mathscr{N}^\infty(f;\Phi,\Psi,\mathscr{K},\{\varepsilon_{ik}\})$，如果存在强 C^∞ 拓扑下含 f 的开集 $W=\bigcup_r W_r \subset \mathscr{N}^\infty(f;\Phi,\Psi,\mathscr{K},\{\varepsilon_{ik}\})$，则必有 $W_r\ni f$，从而 $\exists\,\mathscr{N}_S^r(f;\widetilde{\Phi},\widetilde{\Psi},\widetilde{\mathscr{K}},\widetilde{\mathscr{E}})\subset W_r$，且 $\mathscr{N}_S^r(f;\widetilde{\Phi},\widetilde{\Psi},\widetilde{\mathscr{K}},\widetilde{\mathscr{E}})$ 中的元素满足 $r+1$ 个不等式. 再由下面的引理 2.1.4，存在 C^∞ 函数，其前 r 阶导数满足相应的不等式，而 $r+1$ 阶导数可任意大. 从而，不可能满足可数个由 $\{\varepsilon_{ik}\}$ 确定的不等式，矛盾. 这就证明了由定义 2.1.7 生成的拓扑严格细于强 C^∞ 拓扑. □

注 2.1.1 由定理 2.1.10 知，$C^\infty(M,N)$ 上比每个 C^r 拓扑 $\mathscr{T}_r$ 都细的拓扑中以强 C^r 拓扑 $\mathscr{T}_\infty$ 为最粗.

注 2.1.2 类似定理 2.1.10，在 $C^\infty(M,N)$ 上可定义弱 C^∞ 拓扑.

引理 2.1.4 任给正连续函数 $\varepsilon(x)$ 与正数 a，则存在 $\mathbf{R}^1$ 上的 C^∞ 函数 $g(x)$，使得 g 的**支集** $\operatorname{supp} g=\{x\in\mathbf{R}^1 \mid g(x)\neq 0\}$ 紧致，且

$$|g(x)|,\ |g'(x)|,\cdots,\ |g^{(r)}(x)|<\varepsilon(x),\qquad \forall\, x\in\mathbf{R}^1,$$

但 $g^{r+1}(0)>a$.

证明 设

$$h_1(x)=\frac{2a}{(r+1)!}x^{r+1},$$

$$h_2(x)\begin{cases}=1, & |x|\leqslant \dfrac{1}{2},\\ >0, & \dfrac{1}{2}<|x|<1,\\ =0, & |x|\geqslant 1\end{cases}$$

为 C^∞ 鼓包函数，$h(x)=h_1(x)h_2(x)$，记

$$E=\max_{x\in(-\infty,+\infty)}\{1,\ |h(x)|,\ |h'(x)|,\cdots,\ |h^{(r)}(x)|\}.$$

取 $s>\dfrac{E}{\varepsilon_1}\geqslant 1$，其中 $0<\varepsilon_1<\min\limits_{x\in[-1,1]}\varepsilon(x)$. 令

$$g(x)=\frac{1}{s^{r+1}}h(sx),$$

则

$$|g^{(k)}(x)| = \begin{cases} \left|\left(\dfrac{1}{s^{r+1}}h(sx)\right)^{(k)}\right| = \dfrac{1}{s^{r-k+1}}\,|h^{(k)}(sx)| \leqslant \dfrac{E}{s} < \varepsilon_1 < \varepsilon(x), & x \in [-1,1], \\ 0, & x \notin [-1,1] \end{cases}$$

$$< \varepsilon(x), \quad k = 0,1,\cdots,r,$$

$$g^{(r+1)}(0) = |h^{(r+1)}(0)| = |h_1^{(r+1)}(0)| = 2a > a.$$ □

2.2 子拓扑空间与遗传性(继承性)、有限拓扑积空间与有限可积性

设 $Y \subset X$,$(X,\mathscr{T})$为拓扑空间,例 1.1.5 中已验证了

$$\mathscr{T}_Y = \{ Y \cap U \mid U \in \mathscr{T} \}$$

为 Y 上的一个拓扑,使$(Y,\mathscr{T}_Y)$成为$(X,\mathscr{T})$的子拓扑空间.这是从已知拓扑空间$(X,\mathscr{T})$构造新拓扑空间的一种方法.

定义 2.2.1 对于具有某种拓扑性质(拓扑映射下保持不变的性质)的拓扑空间$(X,\mathscr{T})$,如果它的任何子空间$(Y,\mathscr{T}_Y)$仍具有这种拓扑性质,则称该性质为**遗传性**或**继承性**.

例 2.2.1 连通、道路连通、局部连通、局部道路连通都不具有遗传性.

例如:$(X,\mathscr{T}) = (\mathbf{R}^2,\mathscr{T}_{\rho_0^2})$连通、道路连通、局部连通、局部道路连通.但是,它的闭子拓扑空间$(Y,\mathscr{T}_Y)$却非连通、非道路连通、非局部连通、非局部道路连通.其中

$$Y = \{(-1,0)\} \cup (\{0\} \times [-1,1]) \cup \left\{ \left(x, \sin\frac{1}{x}\right) \middle| \, 0 < x \leqslant \frac{2}{\pi} \right\}.$$

例 2.2.2 紧致、可数紧致、序列紧致、列紧、局部紧致、仿紧都不具有遗传性.

(1) $(X,\mathscr{T}) = \overline{B(0;1)} = \{ \boldsymbol{x} = (x_1,x_2) \mid x_1^2 + x_2^2 \leqslant 1\}$作为$(\mathbf{R}^2,\mathscr{T}_{\rho_0^2})$的子拓扑空间是紧致、可数紧致、序列紧致、列紧的拓扑空间.但是,它的子拓扑空间$(Y,\mathscr{T}_Y)$却是非紧致、非可数紧致、非序列紧致、非列紧的拓扑空间.其中

$$Y = B(0;1) = \{ \boldsymbol{x} = (x_1,x_2) \mid x_1^2 + x_2^2 < 1\}.$$

(2) $(\mathbf{R}^1,\mathscr{T}_{\rho_0^1})$是局部紧致的,但其子空间$(\mathbf{Q},(\mathscr{T}_{\rho_0^1})_{\mathbf{Q}})$不是局部紧致的.

(3) 文献[7]141 页 45.它是仿紧不具有遗传性的反例.

如果子拓扑空间$(Y,\mathscr{T}_Y)$为$(X,\mathscr{T})$中的闭集,则以上各紧性都具有遗传性.

定理 2.2.1 设$(X,\mathscr{T})$紧致(可数紧致、序列紧致、列紧、局部紧致、仿紧),且 Y 为$(X,\mathscr{T})$的闭集,则$(Y,\mathscr{T}_Y)$也紧致(可数紧致、序列紧致、列紧、局部紧致、仿紧).

证明 (1) 当$(X,\mathscr{T})$紧致,Y 为$(X,\mathscr{T})$的闭集时,由引理 1.7.1 知$(Y,\mathscr{T}_Y)$也紧致.

(2) 设 Y 为可数紧致空间$(X,\mathscr{T})$的闭子集.如果 $\mathscr{A}$ 为 Y 的一个可数覆盖,它由$(X,\mathscr{T})$中的开集构成,则 $\mathscr{B}=\mathscr{A}\cup\{Y^c\}$为 X 的一个可数开覆盖.由于$(X,\mathscr{T})$可数紧致,$\mathscr{B}$有有限子族 $\mathscr{B}_1$ 覆盖住 X.因此,$\mathscr{A}_1=\mathscr{B}_1\setminus\{Y^c\}$便是 $\mathscr{A}$ 的一个有限子族且覆盖住 Y.这就证明了$(Y,\mathscr{T}_Y)$也可数紧致.

(3) 设 Y 为序列紧致空间$(X,\mathscr{T})$的闭子集.$\{x_n\}\subset Y$,则必有收敛子列$\{x_{n_k}\}$,使$\lim\limits_{k\to+\infty}x_{n_k}=x_0\in X$.由于 Y 为闭子集,故 $x_0\in Y$,从而证明了$(Y,\mathscr{T}_Y)$也序列紧致.

(4) 设 Y 为列紧空间$(X,\mathscr{T})$的闭子集.对于 Y 的任何无限子集A,它在$(X,\mathscr{T})$中必有聚点 $a\in X$.显然,a 也是Y 在$(X,\mathscr{T})$中的聚点.由于 Y 为$(X,\mathscr{T})$的闭子集,故 $a\in Y$.因此,a 为A 在$(Y,\mathscr{T}_Y)$中的聚点.这就证明了$(Y,\mathscr{T}_Y)$为列紧空间.

(5) 设 Y 为局部紧致空间$(X,\mathscr{T})$的闭子集.$\forall\, y\in Y$,存在 y 在$(X,\mathscr{T})$中的紧致邻域 A.显然,$Y\cap A$ 为y 在$(Y,\mathscr{T}_Y)$中的邻域.由于 $Y\cap A$ 为紧致子空间A 中的闭集,它也是紧致的.于是,$Y\cap A$ 为 y 在$(Y,\mathscr{T}_Y)$中的紧致邻域,这就证明了$(Y,\mathscr{T}_Y)$为局部紧致空间.

(6) 设 Y 为仿紧空间$(X,\mathscr{T})$的闭子集,又设 $\mathscr{A}$ 为$(Y,\mathscr{T}_Y)$的任何开覆盖,则 $\widetilde{\mathscr{A}}=\{U\mid U\cap Y\in\mathscr{A},U\in\mathscr{T}\}\cup\{Y^c\}$为$(X,\mathscr{T})$的一个开覆盖.由于$(X,\mathscr{T})$仿紧,$\widetilde{\mathscr{A}}$有局部有限的开精致 $\widetilde{\mathscr{B}}$.于是,$\mathscr{B}=\{U\cap Y\mid U\in\widetilde{\mathscr{B}}\}$为 $\mathscr{A}$ 的局部有限的开精致,这就证明了$(Y,\mathscr{T}_Y)$为仿紧空间. □

转而我们来考察可数性是否具有遗传性.

定理 2.2.2 设$(X,\mathscr{T})$为 $A_i(i=1,2)$空间,则它的任何子拓扑空间$(Y,\mathscr{T}_Y)$仍为 A_i $(i=1,2)$空间.

证明 (1) 设$(X,\mathscr{T})$为 A_1 空间.对$\forall\, y\in Y$,必有 y 在$(X,\mathscr{T})$中的可数局部基 $\mathscr{T}_y\subset\mathscr{T}$.于是,$\{Y\cap U\mid U\in\mathscr{T}_y\}$为 y 在$(Y,\mathscr{T}_Y)$中的可数局部基.因此,$(Y,\mathscr{T}_Y)$为 A_1 空间.

(2) 设$(X,\mathscr{T})$为 A_2 空间,$\mathscr{T}^\circ\subset\mathscr{T}$为其可数拓扑基.于是,$\{Y\cap U\mid U\in\mathscr{T}^\circ\}$为$(Y,\mathscr{T}_Y)$的可数拓扑基.因此,$(Y,\mathscr{T}_Y)$为 A_2 空间. □

回顾 A_2、可分、Lindelöf 空间,我们已经知道:

$$\text{可分空间}\leftrightarrows A_2\text{ 空间}\rightleftarrows \text{Lindelöf 空间}.$$

还知道:在度量空间$(X,\mathscr{T}_\rho)$中,有

$$\text{可分空间}\overset{\text{引理1.8.5}}{\Leftrightarrow}A_2\text{ 空间}\overset{\text{例1.6.2}}{\Leftrightarrow}\text{Lindelöf 空间}.$$

推论 2.2.1 A_2 空间$(X,\mathscr{T})$的每一个子空间$(Y,\mathscr{T}_Y)$都为 Lindelöf 空间与可分空间.

证明 由定理 2.2.2,A_2 空间$(X,\mathscr{T})$的每一子空间$(Y,\mathscr{T}_Y)$都为 A_2 空间.再由定理 1.6.2 知,$(Y,\mathscr{T}_Y)$为 Lindelöf 空间;由引理 1.8.5 知,$(Y,\mathscr{T}_Y)$为可分空间. □

推论 2.2.2 在度量空间$(X,\mathscr{T}_\rho)$中，A_2 或 Lindelöf，或可分空间的每个子空间分别都为 A_2 或 Lindelöf 或可分空间.

证明 由定理 2.2.2 与度量空间$(X,\mathscr{T}_\rho)$，可分空间$\Leftrightarrow A_2$ 空间$\Leftrightarrow$Lindelöf 空间立即推出结论. □

例 2.2.3 每个子空间$(Y,\mathscr{T}_Y)$都为 Lindelöf 空间的拓扑空间$(X,\mathscr{T})$，未必为 A_2 空间.

设 X 为不可数集，由例 1.2.8(2)，$(X,\mathscr{T}_{余可数})$非 A_1，当然也非 A_2. 因为

$$\begin{aligned}\mathscr{T}_Y &= \{Y\cap(X\setminus C)\mid C\text{ 为 }X\text{ 中的至多可数集}\}\\ &= \{Y\setminus(Y\cap C)\mid Y\cap C\text{ 为 }Y\text{ 中的至多可数集}\},\end{aligned}$$

它为 Y 的余可数拓扑空间，根据例 1.6.3(2)，$(Y,\mathscr{T}_Y)$为 Lindelöf 空间.

例 2.2.4 每个子空间$(Y,\mathscr{T}_Y)$都为可分空间的拓扑空间$(X,\mathscr{T})$未必为 A_2 空间.

例 1.1.19 的拓扑空间$(\mathbf{N},\mathscr{T}_{\mathbf{N}})$的任何子集 $Y\subset\mathbf{N}$ 都为至多可数集，因此，在$(Y,(\mathscr{T}_{\mathbf{N}})_Y)$中，$\overline{Y}=Y$. 这表明$(Y,(\mathscr{T}_{\mathbf{N}})_Y)$是可分的. 但根据例 1.2.9(3)知$(\mathbf{N},\mathscr{T}_{\mathbf{N}})$不为 A_1 空间，当然也不为 A_2 空间.

类似引理 1.7.1 或定理 2.2.1 有：

定理 2.2.3 Lindelöf 空间$(X,\mathscr{T})$的每个闭子空间$(Y,\mathscr{T}_Y)$都为 Lindelöf 空间.

证明 设 $\mathscr{A}$ 为子空间 Y 的一个开覆盖，则对于每个 $A\in\mathscr{A}$，都存在 X 中的一个开集 U_A，使得 $Y\cap U_A=A$. 于是，$\{U_A\mid A\in\mathscr{A}\}\cup\{Y^c\}$为 X 的一个开覆盖. 因为$(X,\mathscr{T})$为 Lindelöf 空间，故它有一个可数子覆盖，设为$\{U_{A_1},U_{A_2},\cdots\}\cup\{Y^c\}$（即使找到一个子覆盖不含 Y^c，但添上一个 Y^c 仍为可数子覆盖）. 此时，易见，$\{A_1,A_2,\cdots\}$便是 $\mathscr{A}$ 的一个关于子空间$(Y,\mathscr{T}_Y)$的可数子覆盖（其中 $A_i=Y\cap U_{A_i}$）. 这就证明了$(Y,\mathscr{T}_Y)$为 Lindelöf 空间. □

例 2.2.5 设$(X,\mathscr{T})$的任何子空间都为 Lindelöf 空间. 如果 $A\subset X$ 为一个不可数集，则 A 中必定包含 A 的某一个聚点，即 $A\cap A'\neq\varnothing$.

特别当$(X,\mathscr{T})$为 A_2 空间时（此时，由推论 2.2.1，它的任何子空间都为 Lindelöf 空间），X 的每个不可数集 A 中都包含着 A 的某个聚点.

证明 （反证）假设 A 中无 A 的聚点，则对每个 $a\in A$，都存在 a 在$(X,\mathscr{T})$中的一个开邻域 U_a，使得 $A\cap U_a=\{a\}$. 这表明单点集$\{a\}$为子空间$(A,\mathscr{T}_A)$中的一个开集，从而子空间$(A,\mathscr{T}_A)$便是一个包含着不可数个点的离散空间，根据例 1.6.1(3)(ⅲ)，它必然不是一个 Lindelöf 空间，这与$(X,\mathscr{T})$的任何子空间都为 Lindelöf 空间相矛盾. □

例 2.2.6 Lindelöf 空间的子空间可以不是 Lindelöf 空间.

(1) 设 X 为不可数集，$z\in X$，$Y=X\setminus\{z\}$，

$$\mathscr{T} = 2^Y \cup \{U \subset X \mid z \in U, U^c \text{ 为 } X \text{ 的至多可数集}\},$$

其中 2^Y 表示 Y 的所有子集构成的集族.容易验证 $\mathscr{T}$ 为 X 上的一个拓扑(留作习题).

设 $\mathscr{A}$ 为 $(X,\mathscr{T})$ 的任一开覆盖,则 $\exists A \in \mathscr{A}$, s.t. $z \in A$.于是 A^c 为 X 中的一个至多可数集.对于 $\forall x \in A^c$,选 $A_x \in \mathscr{A}$, s.t. $x \in A_x$.易见,$\{A\} \cup \{A_x \mid x \in A^c\}$ 为 $\mathscr{A}$ 的一个可数子覆盖.这就证明了 $(X,\mathscr{T})$ 为一个 Lindelöf 空间.

此外,易见 $\mathscr{T}|_Y = 2^Y$,即 $(Y,\mathscr{T}_Y)$ 作为 $(X,\mathscr{T})$ 的子空间是一个包含着不可数个点的离散空间,根据例 1.6.1(3)(ⅲ),$(Y,\mathscr{T}_Y)$ 不是一个 Lindelöf 空间.

此反例是联想到例 1.6.1(3)(ⅲ)与例 1.6.3(2)(ⅲ)所构成的.

(2) 设 $X = \mathbf{R} \cup \{\infty\}$,$\infty \notin \mathbf{R}$,$\mathscr{T} = \{U \mid U \subset \mathbf{R}\} \cup \{\mathbf{R} \cup \{\infty\}\}$.因为 $(X,\mathscr{T})$ 的任何开覆盖 $\mathscr{A}$,必有 $A \in \mathscr{A}$,使 $\infty \in A$,故 $A = \mathbf{R} \cup \{\infty\}$,$\{A\}$ 为 $\mathscr{A}$ 的有限子覆盖,从而 $(X,\mathscr{T})$ 为 Lindelöf 空间,但子空间 $(\mathbf{R},\mathscr{T}_{\mathbf{R}}) = (\mathbf{R},\mathscr{T}_{\text{离散}})$ 不为 Lindelöf 空间.

例 2.2.7 设 $(X,\mathscr{T})$ 为拓扑空间,$\infty \notin X$.令

$$X^* = X \cup \{\infty\}, \quad \mathscr{T}^* = \{A \cup \{\infty\} \mid A \in \mathscr{T}\} \cup \{\varnothing\}.$$

容易验证 $(X^*,\mathscr{T}^*)$ 为一个拓扑空间,且 $(X,\mathscr{T})$ 为 $(X^*,\mathscr{T}^*)$ 的一个子拓扑空间(因 $\mathscr{T}^* \mid X = \mathscr{T}$).我们依次给出以下 4 个论断:

(1) $(X^*,\mathscr{T}^*)$ 为可分空间.

因为 ∞ 属于 $(X^*,\mathscr{T}^*)$ 中的每一个非空开集,所以,单点集 $\{\infty\}$ 的导集

$$\{\infty\}' = X^* \backslash \{\infty\} = X.$$

于是

$$\overline{\{\infty\}} = \{\infty\} \cup \{\infty\}' = \{\infty\} \cup X = X^*,$$

即 $\{\infty\}$ 为 $(X^*,\mathscr{T}^*)$ 中的一个稠密子集.这就证明了 $(X^*,\mathscr{T}^*)$ 为可分空间.

(2) $(X^*,\mathscr{T}^*)$ 为 A_2 空间 $\Leftrightarrow (X,\mathscr{T})$ 为 A_2 空间.

事实上,$\mathscr{B}$ 为 $(X,\mathscr{T})$ 的一个拓扑基 $\Leftrightarrow \mathscr{B}^* = \{B \cup \{\infty\} \mid B \in \mathscr{B}\}$ 为 $(X^*,\mathscr{T}^*)$ 的一个拓扑基;

$\mathscr{B}$ 可数 $\Leftrightarrow \mathscr{B}^*$ 可数.

由此推得

$$(X,\mathscr{T}) \text{ 为 } A_2 \text{ 空间} \quad \Leftrightarrow \quad (X^*,\mathscr{T}^*) \text{ 为 } A_2 \text{ 空间}.$$

(3) 可分空间未必为 A_2 空间.

如果选取一个非 A_2 空间 $(X,\mathscr{T})$(如不可数集 X 上的离散拓扑空间 $(X,\mathscr{T}_{\text{离散}})$),根据上述便能得到一个非 A_2 的可分空间 $(X^*,\mathscr{T}^*)$.

定理 1.8.7 的证明中,$(\mathbf{N},\mathscr{T}_{\mathbf{N}})$ 可分但非 A_1,当然也非 A_2.这是另一个反例.

(4) 可分空间的闭子空间可以不是可分空间.

如果选取$(X,\mathscr{T})$非可分(不可数集 X 上的离散拓扑空间),根据上述讨论便能得到一个可分空间$(X^*,\mathscr{T}^*)$以非可分空间$(X,\mathscr{T})$为它的闭子空间($\infty=\varnothing\cup\{\infty\}\in\mathscr{T}^*$,$X=X^*\setminus\{\infty\}$为$(X^*,\mathscr{T}^*)$的闭集).

注 2.2.1 定理 1.7.9 中单点紧化,例 2.2.6 中加一点 Lindelöf 化以及例 2.2.7 中加一点可分化的构思是完全相通的.这是构造子空间不具有某种遗传性的重要方法,应该要熟练使用.

综上知,A_1 与 A_2 具有遗传性,而 Lindelöf、可分不具有遗传性.

Lindelöf 对闭子集具有遗传性,而可分对闭子集却不具有遗传性.

连通、道路连通、局部连通、局部道路连通都不具有遗传性,甚至对闭子集也不具有遗传性.

紧致、可数紧致、序列紧致、列紧、局部紧致、仿紧都不具有遗传性,但对闭子集却具有遗传性.

下面我们将指出:T_0、T_1、T_2(即 Hausdorff)、T_3、$T_{3.5}$(即 Tychonoff)以及正则、完全正则都是可遗传的性质,而正规、T_4 却不是遗传的.但正规与 T_4 对闭子集是遗传的.现在来详细讨论.

定理 2.2.4 正则空间的每一个子空间都是正则空间.

证明 设$(X,\mathscr{T})$为正则空间,$(Y,\mathscr{T}_Y)$为$(X,\mathscr{T})$的一个子空间.又设 $y\in Y$ 与 B 为$(Y,\mathscr{T}_Y)$的一个闭集,且 $y\notin B$.显然,在$(X,\mathscr{T})$中有一个闭集 $\widetilde{B}$,使得 $B=Y\cap\widetilde{B}$.因此,$y\notin\widetilde{B}$(否则 $y\in\widetilde{B}$,$y\in Y$,$y\in Y\cap\widetilde{B}=B$ 与 $y\notin B$ 相矛盾).由于$(X,\mathscr{T})$为一个正则空间,所以 y 与 $\widetilde{B}$ 分别在$(X,\mathscr{T})$中有开邻域 $\widetilde{U}$ 与 $\widetilde{V}$,使得 $\widetilde{U}\cap\widetilde{V}=\varnothing$,令 $U=Y\cap\widetilde{U}$ 与 $V=Y\cap\widetilde{V}$,它们分别是 y 与 B 在子空间$(Y,\mathscr{T}_Y)$中的开邻域.易见

$$U\cap V=(Y\cap\widetilde{U})\cap(Y\cap\widetilde{V})=Y\cap(\widetilde{U}\cap\widetilde{V})=Y\cap\varnothing=\varnothing.$$

这就证明了$(Y,\mathscr{T}_Y)$为正则空间. □

定理 2.2.5 完全正则空间的每一个子空间都是完全正则空间.

证明 设$(X,\mathscr{T})$为完全正则空间,$(Y,\mathscr{T}_Y)$为$(X,\mathscr{T})$的一个子空间.又设 $y\in Y$ 与 B 为$(Y,\mathscr{T}_Y)$的一个闭集,且 $y\notin B$.显然,在$(X,\mathscr{T})$中有一个闭集 $\widetilde{B}$,使得 $B=Y\cap\widetilde{B}$.因此,$y\notin\widetilde{B}$.由于$(X,\mathscr{T})$为完全正则空间,所以存在连续函数 $\widetilde{f}:X\to[0,1]$,使得 $\widetilde{f}(y)=0$ 与 $\widetilde{f}(z)=1,\forall z\in\widetilde{B}$.令 $f=\widetilde{f}|_Y:Y\to[0,1]$.根据定理 1.3.7(3)知,$f$ 也连续,且 $f(y)=\widetilde{f}(y)=0$ 与 $f(z)=\widetilde{f}(z)=1,\forall z\in B=Y\cap\widetilde{B}$.这就证明了$(Y,\mathscr{T}_Y)$为完全正则空间. □

定理 2.2.6 正则、完全正则、T_0、T_1、T_2(即 Hausdorff)、T_3、$T_{3.5}$(即 Tychonoff)都是可遗传的.

证明 定理 2.2.4 与定理 2.2.5 已经分别证明了正则与完全正则是可遗传的.

设$(X,\mathscr{T})$为 T_1 空间. 对 $\forall\, p,q\in Y\subset X,p\neq q$,必有 p 与 q 分别在$(X,\mathscr{T})$中的开邻域 $\tilde{U}$ 与 $\tilde{V}$,使得 $q\notin \tilde{U},p\notin \tilde{V}$. 于是 $U=Y\cap \tilde{U}$ 与 $V=Y\cap \tilde{V}$ 分别为 p 与 q 在$(Y,\mathscr{T})$中的开邻域,使得 $q\notin U,p\notin V$. 因此,$(Y,\mathscr{T}_Y)$为 T_1 空间,从而 T_1 具有可遗传性.

类似 T_1 的证法知,T_0、T_2 都具有可遗传性(读者自证).

由于 T_1、正则、完全正则都具有可遗传性,故 T_3(正则的 T_1)与 $T_{3.5}$(完全正则的 T_1)都具有可遗传性. □

例 2.2.8 正规、T_4 不可遗传.

反例参阅文献[7]81 页 18.

定理 2.2.7 正规、T_4 对闭子集可遗传.

证明 设$(X,\mathscr{T})$为正规空间,$(Y,\mathscr{T}_Y)$为$(X,\mathscr{T})$的闭子空间,A 与 B 为$(Y,\mathscr{T}_Y)$中的两个不相交的非空闭子集. 根据例 1.1.23(4),A 与 B 也为$(X,\mathscr{T})$中的两个不相交的闭集. 由于$(X,\mathscr{T})$为正规空间,故 A 与 B 有不相交的开邻域 $\tilde{U}$ 与 $\tilde{V}$. 于是,A 与 B 在$(Y,\mathscr{T}_Y)$中有不相交的开邻域 $U=Y\cap \tilde{U}$ 与 $V=Y\cap \tilde{V}$. 这就证明了$(Y,\mathscr{T}_Y)$为正规空间,从而正规对闭子集可遗传.

因为 T_4 是正规的 T_1 空间,由上述讨论知正规对闭子集可遗传,再由定理 2.2.6,T_1 也可遗传,所以 T_4 对闭子集是可遗传的. □

给定 n 个拓扑空间,首先可得到一个**积集合**(称为**笛卡儿积**)

$$X=X_1\times\cdots\times X_n=\{x=(x_1,\cdots,x_n)\mid x_i\in X_i,i=1,\cdots,n\},$$

其中 x_i 称为点 $x\in X$ 的**第 i 个分量**. 然后,我们将按照某种自然的方式给定这个笛卡儿积一个拓扑,使之成为拓扑空间.

定义 2.2.2 设$(X_1,\mathscr{T}_1),\cdots,(X_n,\mathscr{T}_n)$为 $n(\geqslant 1)$个拓扑空间,则 $X=X_1\times\cdots\times X_n$ 的以子集族

$$\mathscr{T}^\circ=\{U_1\times\cdots\times U_n\mid U_i\in\mathscr{T}_i,i=1,\cdots,n\}$$

为它的一个基(由引理 2.2.1),由此基唯一确定的拓扑 $\mathscr{T}=\mathscr{T}_1\times\cdots\times\mathscr{T}_n$ 称为拓扑 $\mathscr{T}_1,\cdots,\mathscr{T}_n$ 的**有限积拓扑**,拓扑空间$(X,\mathscr{T})=(X_1\times\cdots\times X_n,\mathscr{T}_1\times\cdots\times\mathscr{T}_n)$称为拓扑空间$(X_1,\mathscr{T}_1),\cdots,(X_n,\mathscr{T}_n)$的**有限(拓扑)积空间**.

引理 2.2.1 设$(X_1,\mathscr{T}_1),\cdots,(X_n,\mathscr{T}_n)(n\geqslant 1)$为拓扑空间,则 $X=X_1\times\cdots\times X_n$ 上有唯一的一个拓扑 $\mathscr{T}=\mathscr{T}_1\times\cdots\times\mathscr{T}_n$ 以 X 的子集族

$$\mathscr{T}^\circ=\{U_1\times\cdots\times U_n\mid U_i\in\mathscr{T}_i,i=1,\cdots,n\}$$

为它的一个基.

证明 显然:

(1) 由于 $X=X_1\times\cdots\times X_n\in\mathscr{T}^\circ$，故 $\bigcup_{B\in\mathscr{T}^\circ} B = X$；

(2) 如果 $U_1\times\cdots\times U_n\in\mathscr{T}^\circ$，$V_1\times\cdots\times V_n\in\mathscr{T}^\circ$，其中 $U_i, V_i\in\mathscr{T}_i(i=1,\cdots,n)$，则

$$(U_1\times\cdots\times U_n)\cap(V_1\times\cdots\times V_n)=(U_1\cap V_1)\times\cdots\times(U_n\cap V_n)\in\mathscr{T}^\circ.$$

所以 $\mathscr{T}^\circ$ 为 X 上的一个基. □

例 2.2.9 设 $(X_1,\rho_1),\cdots,(X_n,\rho_n)$ 为 $n(\geqslant 1)$ 个度量空间，则笛卡儿积 $X=X_1\times\cdots\times X_n$ 可以有两种方式得到它的拓扑：

一是先用每个 (X_i,ρ_i) 的度量 ρ_i 诱导出 X_i 的拓扑 $\mathscr{T}_{\rho_i}$，然后按定义 2.2.2 再将 X 考虑作为诸拓扑空间 $(X_i,\mathscr{T}_{\rho_i})$ 的拓扑积空间 $(X,\mathscr{T})=(X_1\times\cdots\times X_n,\mathscr{T}_{\rho_1}\times\cdots\times\mathscr{T}_{\rho_n})$；

二是先将 $X=X_1\times\cdots\times X_n$ 作为度量积空间，为此定义

$$\rho: X\times X\to\mathbf{R}$$

使得对 $\forall x=(x_1,\cdots,x_n), y=(y_1,\cdots,y_n)\in X$，

$$\rho(x,y)=\sqrt{\sum_{i=1}^{n}(\rho_i(x_i,y_i))^2}=\sqrt{\sum_{i=1}^{n}\rho_i^2(x_i,y_i)}.$$

容易验证 $\rho=\rho_1\times\cdots\times\rho_n$ 为 $X=X_1\times\cdots\times X_n$ 上的一个度量(注意验证中要用到 Cauchy-Schwarz 不等式)，并有

$$\sum_{i=1}^{n}\rho_i(x_i,y_i)\rho_i(y_i,z_i)\leqslant\sum_{i=1}^{n}\rho_i^2(x_i,y_i)\sum_{i=1}^{n}\rho_i^2(y_i,z_i).$$

我们称 $\rho=\rho_1\times\cdots\times\rho_n$ 为笛卡儿积 $X=X_1\times\cdots\times X_n$ 上的**积度量**；称

$$(X,\rho)=(X_1\times\cdots\times X_n,\rho_1\times\cdots\times\rho_n)$$

为 n 个度量空间 $(X_1,\rho_1),\cdots,(X_n,\rho_n)$ 的**度量积空间**. 由度量 ρ 诱导出 X 上的拓扑为 $\mathscr{T}_\rho$. 下证：

引理 2.2.2 $\mathscr{T}=\mathscr{T}_{\rho_1}\times\cdots\times\mathscr{T}_{\rho_n}=\mathscr{T}_{\rho_1\times\cdots\times\rho_n}=\mathscr{T}_\rho$.

证明 $\forall U_1\times\cdots\times U_n\in\mathscr{T}^\circ$，其中 U_i 为 $(X_i,\mathscr{T}_{\rho_i})$ 中的开集，即 $U_i\in\mathscr{T}_{\rho_i}(i=1,\cdots,n)$. 如果 $x=(x_1,\cdots,x_n)\in U_1\times\cdots\times U_n$，则 $\exists B_i(x_i;\varepsilon_i)\subset U_i(i=1,\cdots,n)$(其中 $B_i(x_i;\varepsilon_i)$ 是 (X_i,ρ_i) 中以 x_i 为中心、$\varepsilon_i>0$ 为半径的开球). 于是

$$B(x;\varepsilon)\subset B_1(x_1;\varepsilon)\times\cdots\times B_n(x_n;\varepsilon)\subset B_1(x_1;\varepsilon_1)\times\cdots\times B_n(x_n;\varepsilon_n)\subset U_1\times\cdots\times U_n,$$

其中 $\varepsilon=\min\{\varepsilon_1,\cdots,\varepsilon_n\}$. 这证明了 $U_1\times\cdots\times U_n\in\mathscr{T}_\rho$，$\mathscr{T}^\circ\subset\mathscr{T}_\rho$. 由于 $\mathscr{T}_\rho$ 为拓扑，故 $\mathscr{T}\subset\mathscr{T}_\rho$.

反之，$\forall U\in\mathscr{T}_\rho$，对 $\forall x\in U$，$\exists\varepsilon_x>0$，s.t. $B(x;\varepsilon_x)\subset U$，从而

$$B_1\left(x_1;\frac{\varepsilon_x}{\sqrt{n}}\right)\times\cdots\times B_n\left(x_n;\frac{\varepsilon_x}{\sqrt{n}}\right)\subset B(x;\varepsilon_x)\subset U.$$

由此可见

$$U=\bigcup_{x=(x_1,\cdots,x_n)\in U}B_1\left(x_1;\frac{\varepsilon_x}{\sqrt{n}}\right)\times\cdots\times B_n\left(x_n;\frac{\varepsilon_x}{\sqrt{n}}\right)\in\mathscr{T}.$$

因此，$\mathscr{T}_\rho \subset \mathscr{T}$，故 $\mathscr{T} = \mathscr{T}_\rho$. □

特别地，n 维 Euclid 空间

$$(\mathbf{R}^n, \mathscr{T}_{\rho_0^n}) = (\mathbf{R}^n, \mathscr{T}_{\underbrace{\rho_0^1 \times \cdots \times \rho_0^1}_{n个}}) = (\underbrace{\mathbf{R}^1 \times \cdots \times \mathbf{R}^1}_{n个}, \underbrace{\mathscr{T}_{\rho_0^1} \times \cdots \times \mathscr{T}_{\rho_0^1}}_{n个})$$

便是 n 个实数空间$(\mathbf{R}^1, \mathscr{T}_{\rho_0^1})$的有限(拓扑)积空间.

定理 2.2.8 设$(X, \mathscr{T}) = (X_1 \times \cdots \times X_n, \mathscr{T}_1 \times \cdots \times \mathscr{T}_n)$为 $n(\geqslant 1)$个拓扑空间$(X_1, \mathscr{T}_1), \cdots, (X_n, \mathscr{T}_n)$的有限(拓扑)积空间；对于 $\forall\, i = 1, \cdots, n$，拓扑空间$(X_i, \mathscr{T}_i)$有一个拓扑基 $\widetilde{\mathscr{T}}_i^\circ$. 则 X 的子集族

$$\widetilde{\mathscr{T}}^\circ = \{B_1 \times \cdots \times B_n \mid B_i \in \widetilde{\mathscr{T}}_i^\circ, i = 1, \cdots, n\}$$

为有限(拓扑)积空间$(X, \mathscr{T})$的一个拓扑基.

证明 设 $\mathscr{T}^\circ = \{U_1 \times \cdots \times U_n \mid U_i \in \mathscr{T}_i, i = 1, \cdots, n\}$，$U_1 \times \cdots \times U_n \in \mathscr{T}^\circ$，其中 $U_i \in \mathscr{T}_i$，$i = 1, \cdots, n$. 由于 $\widetilde{\mathscr{T}}_i^\circ$为$(X_i, \mathscr{T}_i)$的一个拓扑基，故 $\exists\, \mathscr{D}_i \subset \widetilde{\mathscr{T}}_i^\circ$，s.t. $U_i = \bigcup\limits_{B_i \in \mathscr{D}_i} B_i$，$i = 1, \cdots, n$. 于是

$$\begin{aligned} U_1 \times \cdots \times U_n &= \Big(\bigcup_{B_1 \in \mathscr{D}_1} B_1\Big) \times \cdots \times \Big(\bigcup_{B_n \in \mathscr{D}_n} B_n\Big) \\ &= \bigcup_{\substack{B_1 \in \mathscr{D}_1, \cdots, \\ B_n \in \mathscr{D}_n}} B_1 \times \cdots \times B_n = \bigcup_{B_1 \times \cdots \times B_n \in \mathscr{D}} B_1 \times \cdots \times B_n, \end{aligned}$$

其中

$$\mathscr{D} = \{B_1 \times \cdots \times B_n \mid B_i \in \mathscr{D}_i, i = 1, \cdots, n\} \subset \widetilde{\mathscr{T}}^\circ.$$

又因 $\mathscr{T}$的任一元素为拓扑基 $\mathscr{T}^\circ$中若干元素的并，所以 $\mathscr{T}$ 中任一元素为 $\widetilde{\mathscr{T}}^\circ$中若干元素的并. 这就证明了 $\widetilde{\mathscr{T}}^\circ$为$(X, \mathscr{T})$的一个拓扑基. □

例 2.2.10 因为$\{(a, b) \mid a, b \in \mathbf{R}, a < b\}$为$(\mathbf{R}^1, \mathscr{T}_{\rho_0^1})$的一个拓扑基，所以

$$\{(a_1, b_1) \times \cdots \times (a_n, b_n) \mid a_i, b_i \in \mathbf{R}, a_i < b_i, i = 1, \cdots, n\}$$

构成了

$$(\mathbf{R}^n, \mathscr{T}_{\rho_0^n}) = (\underbrace{\mathbf{R}^1 \times \cdots \times \mathbf{R}^1}_{n个}, \underbrace{\mathscr{T}_{\rho_0^1} \times \cdots \times \mathscr{T}_{\rho_0^1}}_{n个})$$

的一个拓扑基.

定理 2.2.9 设$(X, \mathscr{T}) = (X_1, \cdots, X_n, \mathscr{T}_1 \times \cdots \times \mathscr{T}_n)$为 $n(\geqslant 1)$个拓扑空间$(X_1, \mathscr{T}_1), \cdots, (X_n, \mathscr{T}_n)$的有限(拓扑)积空间，则 X 以它的子集族

$$\mathscr{T}_{子}^\circ = \{p_i^{-1}(U_i) \mid U_i \in \mathscr{T}_i\}$$

为它的一个子基. 其中映射 $p_i: X = X_1 \times \cdots \times X_n \to X_i$，$x = (x_1, \cdots, x_n) \mapsto p_i(x) = x_i$ 称为笛卡儿积 $X = X_1 \times \cdots \times X_n$ 到它的第 i 个坐标集 X_i 的**投射**(**投影**)，$i = 1, \cdots, n$.

证明 根据(拓扑)积空间的定义，知

$$\mathscr{T}^\circ = \{U_1 \times \cdots \times U_n \mid U_i \in \mathscr{T}_i, i = 1,\cdots,n\}$$

为$(X,\mathscr{T})$的一个拓扑基,令$\widetilde{\mathscr{T}}^\circ$为$\mathscr{T}^\circ_{子}$的每一个有限非空子族之交的全体构成的集族,即

$$\widetilde{\mathscr{T}}^\circ = \{S_1 \cap \cdots \cap S_l \mid S_i \in \mathscr{T}^\circ_{子}, i = 1,\cdots,l, l \in \mathbf{N}\}.$$

对$\forall A_1 \subset X_1,\cdots,A_n \subset X_n$,有

$$p_1^{-1}(A_1) = A_1 \times X_2 \times \cdots \times X_n, \quad p_2^{-1}(A_2) = X_1 \times A_2 \times X_3 \times \cdots \times X_n,$$
$$\cdots, \quad p_n^{-1}(A_n) = X_1 \times \cdots \times X_{n-1} \times A_n.$$

于是,显然有$\mathscr{T}^\circ_{子} \subset \mathscr{T}^\circ$.所以$\widetilde{\mathscr{T}}^\circ \subset \mathscr{T}$.另一方面,根据

$$\begin{aligned} U_1 \times \cdots \times U_n &= (U_1 \times X_2 \times \cdots \times X_n) \cap (X_1 \times U_2 \times X_3 \times \cdots \times X_n) \\ &\quad \cap \cdots \cap (X_1 \times \cdots \times X_{n-1} \times U_n), \end{aligned}$$

可见,$\mathscr{T}^\circ \subset \widetilde{\mathscr{T}}^\circ$.综合上述,有$\mathscr{T}^\circ \subset \widetilde{\mathscr{T}}^\circ \subset \mathscr{T}$.由此立即可看出$\widetilde{\mathscr{T}}^\circ$为$(X,\mathscr{T})$的一个拓扑基.因此,$\mathscr{T}^\circ_{子}$为$(X,\mathscr{T})$的一个子基. □

定理 2.2.10 设$(X,\mathscr{T}) = (X_1 \times \cdots \times X_n, \mathscr{T}_1 \times \cdots \times \mathscr{T}_n)$为$n(\geqslant 1)$个拓扑空间$(X_1,\mathscr{T}_1),\cdots,(X_n,\mathscr{T}_n)$的有限(拓扑)积空间,则:

(1) 投射$p_i: X = X_1 \times \cdots \times X_n \to X_i(i=1,\cdots,n)$为满的连续开映射;

(2) 如果$(Y,\mathscr{T}_Y)$也为拓扑空间,则映射$f: Y \to X$连续$\Leftrightarrow p_i \circ f: Y \to X_i(i=1,\cdots,n)$连续.

证明 (1) 显然p_i为满射.

对于$(X_i,\mathscr{T}_i)$中任一开集U_i,由于

$$p_i^{-1}(U_i) = X_1 \times \cdots \times X_{i-1} \times U_i \times X_{i+1} \times \cdots \times X_n$$

是

$$(X,\mathscr{T}) = (X_1 \times \cdots \times X_n, \mathscr{T}_1 \times \cdots \times \mathscr{T}_n)$$

的子基$\mathscr{T}^\circ_{子}$(见定理 2.2.9 的证明)中的元素,所以它必定为$(X,\mathscr{T})$中的开集.根据定理 1.3.2(2),p_i为连续映射.

此外,对$\forall U \in \mathscr{T}$,则$U = \bigcup\limits_{U_1 \times \cdots \times U_n \in \widetilde{\mathscr{T}}^\circ \subset \mathscr{T}^\circ} U_1 \times \cdots \times U_n$,其中$\mathscr{T}^\circ$为定义 2.2.2 中生成有限积拓扑的那个拓扑基.于是

$$\begin{aligned} p_i(U) &= p_i\Big(\bigcup_{U_1 \times \cdots \times U_n \in \widetilde{\mathscr{T}}^\circ} U_1 \times \cdots \times U_n\Big) = \bigcup_{U_1 \times \cdots \times U_n \in \widetilde{\mathscr{T}}^\circ} p_i(U_1 \times \cdots \times U_n) \\ &= \bigcup_{U_1 \times \cdots \times U_n \in \widetilde{\mathscr{T}}^\circ} U_i \in \mathscr{T}_i, \end{aligned}$$

即$p_i(U)$为$(X_i,\mathscr{T}_i)$中的开集,从而p_i为开映射.

(2) ($\Rightarrow$)根据(1),每个p_i连续,所以当f连续时,每个$p_i \circ f$连续.

($\Leftarrow$)设$p_i \circ f: Y \to X_i(i=1,\cdots,n)$都连续,则对$(X_i,\mathscr{T}_i)$中的开集$U_i$,

$$f^{-1}(p_i^{-1}(U_i)) = (p_i \circ f)^{-1}(U_i)$$

为$(Y,\mathscr{T}_Y)$中的开集.而 $p_i^{-1}(U_i)$为$(X,\mathscr{T})$的子基 $\mathscr{T}_{子}^{\circ}$中的元素,根据定理 2.1.4(3),f 为连续映射. □

例 2.2.11 有限积空间到它的坐标空间的投射可以不为闭映射.

反例:$p_1:(\mathbf{R}^1\times\mathbf{R}^1,\mathscr{T}_{\rho_0^1}\times\mathscr{T}_{\rho_0^1})\to(\mathbf{R}^1,\mathscr{T}_{\rho_0^1}),p_1(x_1,x_2)=x_1$;易见,集合

$$A = \{(x_1,x_2)\in\mathbf{R}^1\times\mathbf{R}^1 \mid x_1x_2 = 1\}$$

为$(\mathbf{R}^1\times\mathbf{R}^1,\mathscr{T}_{\rho_0^1}\times\mathscr{T}_{\rho_0^1})$中的闭集,然而 $p_1(A)=\mathbf{R}^1\setminus\{0\}$却不为$(\mathbf{R}^1,\mathscr{T}_{\rho_0^1})$中的闭集.

定理 2.2.11 设$(X,\mathscr{T})=(X_1\times\cdots\times X_n,\mathscr{T}_1\times\cdots\times\mathscr{T}_n)$为 $n(\geqslant 1)$个拓扑空间$(X_1,\mathscr{T}_1),\cdots,(X_n,\mathscr{T}_n)$的有限(拓扑)积空间,又设$\widetilde{\mathscr{T}}$为 X 的另一个拓扑,满足:对 X 的拓扑$\widetilde{\mathscr{T}}$而言,投射 $p_i:X=X_1\times\cdots\times X_n\to X_i(i=1,\cdots,n)$为连续映射,则$\widetilde{\mathscr{T}}\supset\mathscr{T}$.

换言之,有限积拓扑是使从积空间到每个坐标空间的投射 $p_i(i=1,\cdots,n)$都连续的最小拓扑.

证明 由于 X 的拓扑$\widetilde{\mathscr{T}}$使得对于每个投射 $p_i(i=1,\cdots,n)$都连续,所以对任何 $i=1,\cdots,n$ 与X_i 的任何开集U_i,有 $p_i^{-1}(U_i)\in\widetilde{\mathscr{T}}$.于是,$X$ 的积拓扑 $\mathscr{T}=\mathscr{T}_1\times\cdots\times\mathscr{T}_n$ 的子基$\mathscr{T}_{子}^{\circ}=\{p_i^{-1}(U_i)\mid U_i\in\mathscr{T}_i,i=1,\cdots,n\}\subset\widetilde{\mathscr{T}}$,从而 $\mathscr{T}\subset\widetilde{\mathscr{T}}$. □

定理 2.2.12 设$(X_1,\mathscr{T}_1),\cdots,(X_n,\mathscr{T}_n)$为 $n(\geqslant 2)$个拓扑空间,则有限积空间

$$(X_1\times\cdots\times X_n,\mathscr{T}_1\times\cdots\times\mathscr{T}_n)$$

同胚于有限积空间

$$((X_1\times\cdots\times X_{n-1})\times X_n,(\mathscr{T}_1\times\cdots\times\mathscr{T}_{n-1})\times\mathscr{T}_n).$$

证明 记 $X_1\times\cdots\times X_n$ 到第i 个坐标空间X_i 的投射为p_i;将 $X_1\times\cdots\times X_{n-1}$到第 j 个坐标空间的投射记作 q_j;将$(X_1\times\cdots\times X_{n-1})\times X_n$ 到它的坐标空间$X_1\times\cdots\times X_{n-1}$与$X_n$ 的两个投射分别记作r_1 与 r_2.根据定理 2.2.10(1),所有这些投射都是连续的.

定义映射

$$k:X_1\times\cdots\times X_n\to(X_1\times\cdots\times X_{n-1})\times X_n,$$
$$(x_1,\cdots,x_n)\mapsto k(x_1,\cdots,x_n) = ((x_1,\cdots,x_{n-1}),x_n),$$

显然,k 为一一映射.

因为对每个 $j=1,\cdots,n-1$,

$$q_j\circ r_1\circ k:X_1\times\cdots\times X_n\to X_j$$

有

$$\begin{aligned}q_j\circ r_1\circ k(x_1,\cdots,x_n) &= q_j\circ r_1((x_1,\cdots,x_{n-1}),x_n)\\ &= q_j(x_1,\cdots,x_{n-1}) = x_j = p_j(x_1,\cdots,x_n),\end{aligned}$$

$q_j \circ r_1 \circ k = p_j$ 连续,根据定理 2.2.10(1),

$$r_1 \circ k : X_1 \times \cdots \times X_n \to X_1 \times \cdots \times X_{n-1}$$

连续;此外,$r_2 \circ k = p_n$ 也连续.再根据定理 2.2.10(2),映射 k 连续.

再证 k^{-1}也连续,从而 k 为同胚.为此,考察

$$k^{-1} : (X_1 \times \cdots \times X_{n-1}) \times X_n \to X_1 \times \cdots \times X_n,$$

$$((x_1, \cdots, x_{n-1}), x_n) \mapsto k^{-1}((x_1, \cdots, x_{n-1}), x_n) = (x_1, \cdots, x_n).$$

易见,$p_n \circ k^{-1} = r_2$ 连续;而 $p_i \circ k^{-1} = p_i \circ r_1 (i = 1, \cdots, n-1)$也连续,根据定理 2.2.10(2),$k^{-1}$连续. □

此定理表明,假如我们对同胚的空间不予区别,有限个拓扑空间的有限积空间可以通过归纳的方式予以定义.

定义 2.2.3 如果任意 $n(\geqslant 1)$个拓扑空间$(X_1, \mathscr{T}_1), \cdots, (X_n, \mathscr{T}_n)$都具有性质 P,蕴涵着有限拓扑积空间$(X, \mathscr{T}) = (X_1 \times \cdots \times X_n, \mathscr{T}_1 \times \cdots \times \mathscr{T}_n)$也具有性质 P,则称性质 P 为**有限可积性**.

定理 2.2.13 道路连通、局部道路连通、连通、局部连通都具有有限可积性.

证明 (1) 设$(X_i, \mathscr{T}_i)(i = 1, \cdots, n)$都是道路连通的拓扑空间,

$$(X_1 \times \cdots \times X_n, \mathscr{T}_1 \times \cdots \times \mathscr{T}_n)$$

为其有限拓扑积空间.

$$\forall\, p = (p_1, \cdots, p_n), \quad q = (q_1, \cdots, q_n) \in X = X_1 \times \cdots \times X_n,$$

存在连续映射

$$\sigma_i : [0,1] \to X_i,$$

使得 $\sigma_i(0) = p_i, \sigma_i(1) = q_i (i = 1, \cdots, n)$.令

$$\sigma : [0,1] \to X = X_1 \times \cdots \times X_n,$$

$\sigma = (\sigma_1, \cdots, \sigma_n)$,即 $t \mapsto \sigma(t) = (\sigma_1(t), \cdots, \sigma_n(t))$,则

$$\sigma(0) = (\sigma_1(0), \cdots, \sigma_n(0)) = (p_1, \cdots, p_n) = p,$$

$$\sigma(1) = (\sigma_1(1), \cdots, \sigma_n(1)) = (q_1, \cdots, q_n) = q.$$

此外,由 $p_i \circ \sigma(t) = \sigma_i(t)$立知 $p_i \circ \sigma = \sigma_i$ 连续.根据定理 2.2.10(2),σ 为连续映射,从而它是$(X_1 \times \cdots \times X_n, \mathscr{T}_1 \times \cdots \times \mathscr{T}_n)$中连接 p 与 q 的一条道路.这就证明了拓扑积空间$(X_1 \times \cdots \times X_n, \mathscr{T}_1 \times \cdots \times \mathscr{T}_n)$为道路连通空间.因此,道路连通具有有限可积性.

(2) 设$(X_i, \mathscr{T}_i)(i = 1, \cdots, n)$都是局部道路连通的拓扑空间.对 $\forall\, x = (x_1, \cdots, x_n) \in X_1 \times \cdots \times X_n$,$U$ 为 x 在拓扑积空间$(X_1 \times \cdots \times X_n, \mathscr{T}_1 \times \cdots \times \mathscr{T}_n)$中的任何开邻域,根据拓扑积空间定义 2.2.2,$\exists\, U_i \in \mathscr{T}_i$,s.t. $x \in U_1 \times \cdots \times U_n \subset U$.因为$(X_i, \mathscr{T}_i)$局部道路连通,所以,存在道路连通开集 $V_i \in \mathscr{T}_i$,使得 $x_i \in V_i \subset U_i$,从而

$$x \in V_1 \times \cdots \times V_n \subset U_1 \times \cdots \times U_n \subset U.$$

由(1)知,$V_1\times\cdots\times V_n$ 在拓扑积空间$(X_1\times\cdots\times X_n,\mathscr{T}_1\times\cdots\times\mathscr{T}_n)$中道路连通.这就证明了拓扑积空间$(X_1\times\cdots\times X_n,\mathscr{T}_1\times\cdots\times\mathscr{T}_n)$是局部道路连通的.因此,局部道路连通具有有限可积性.

(3) 设$(X_i,\mathscr{T}_i)(i=1,\cdots,n)$都为连通的拓扑空间.

当 $n=2$ 时,如果 $x=(x_1,x_2),y=(y_1,y_2)\in X_1\times X_2$ 两个点有一个坐标相同.不失一般性,设 $x_1=y_1$.定义映射 $k:X_2\to X_1\times X_2$,使得对于 $\forall z_2\in X_2$,有 $k(z_2)=(x_1,z_2)$.由于 $p_1\circ k:X_2\to X_1$ 为取常值 x_1 的映射,$p_2\circ k:X_2\to X_2$ 为恒同映射,它们都为连续映射,其中 p_1 与 p_2 分别为 $X_1\times X_2$ 到第1与第2个坐标空间的投射.根据定理2.2.10(2),k 为一个连续映射.再根据定理1.4.4(1),$k(X_2)$是连通的.此外,易见$k(X_2)=\{x_1\}\times X_2$.因此,它同时包含 x 与 y,即 $x\overset{连}{\sim}y$.

$\forall x=(x_1,x_2),y=(y_1,y_2)\in X_1\times X_2$,根据上述知,有 $X_1\times X_2$ 的一个连通子集 Y_1 同时包含 $x=(x_1,x_2)$与 $z=(x_1,y_2)$;也有 $X_1\times X_2$ 的一个连通子集 Y_2 同时包含 $z=(x_1,y_2)$与 $y=(y_1,y_2)$.由于 $z\in Y_1\cap Y_2$,所以根据例1.4.10,$Y_1\cup Y_2$ 是连通的,它同时包含 x 与 y,即 $x\overset{连}{\sim}y$.

于是应用定理1.5.1可见,有限拓扑积空间$(X_1\times X_2,\mathscr{T}_1\times\mathscr{T}_2)$为连通空间.再根据定理2.2.12与数学归纳法以及上述关于 $n=2$ 的结论立知,$(X_1\times\cdots\times X_n,\mathscr{T}_1\times\cdots\times\mathscr{T}_n)$为连通空间.因此,连通具有有限可积性.

(4) 由(3)与(2)的证明方法得到局部连通也具有有限可积性.

或者根据定理1.5.2(4),可设 $\mathscr{B}_i(i=1,\cdots,n)$分别为 X_i 的拓扑基,它们由$(X_i,\mathscr{T}_i)$的连通开集组成再根据定理2.2.8,$\mathscr{B}=\{B_1\times\cdots\times B_n\mid B_i\in\mathscr{B}_i,i=1,\cdots,n\}$为有限拓扑积空间$(X_1\times\cdots\times X_n,\mathscr{T}_1\times\cdots\times\mathscr{T}_n)$的一个拓扑基.由(3)知,$\mathscr{B}$ 的每个元素 $B_1\times\cdots\times B_n$ 都为该有限拓扑积空间的连通开集.还应用定理1.5.2(4),立即推得有限拓扑积空间是局部连通的. □

定理2.2.14 A_1、A_2 可分都具有有限可积性;但Lindelöf不具有有限可积性.

证明 (1) 设$(X_i,\mathscr{T}_i),i=1,\cdots,n$ 都为A_2 空间,$\mathscr{B}_1,\cdots,\mathscr{B}_n$ 分别是它们的可数拓扑基,根据定理2.2.8,集族

$$\widetilde{\mathscr{B}}=\{B_1\times\cdots\times B_n\mid B_i\in\mathscr{B}_i,i=1,\cdots,n\}$$

为有限拓扑积空间$(X_1\times\cdots\times X_n,\mathscr{T}_1\times\cdots\times\mathscr{T}_n)$的一个拓扑基,且明显是一个可数族.这就证明了有限拓扑积空间$(X_1\times\cdots\times X_n,\mathscr{T}_1\times\cdots\times\mathscr{T}_n)$为 A_2 空间,从而 A_2 具有有限可积性.

(2) 设$(X_i,\mathscr{T}_i),i=1,\cdots,n$ 都为A_1 空间.对$\forall x=(x_1,\cdots,x_n)\in X_1\times\cdots\times X_n$,都有 x_i 的可数局部基 $\mathscr{B}_{ix},i=1,\cdots,n$.显然,集族

$$\widetilde{\mathscr{B}}_x=\{B_1\times\cdots\times B_n\mid B_i\in\mathscr{B}_{ix},i=1,\cdots,n\}$$

为有限拓扑积空间$(X_1\times\cdots\times X_n,\mathscr{T}_1\times\cdots\times\mathscr{T}_n)$在点 $x=(x_1,\cdots,x_n)$处的可数局部基.这就证明了有限拓扑积空间$(X_1\times\cdots\times X_n,\mathscr{T}_1\times\cdots\times\mathscr{T}_n)$为 A_1 空间,从而 A_1 具有有限可积性.

(3) 设$(X_i,\mathscr{T}_i)$,$i=1,\cdots,n$ 都为可分空间,故对 $\forall\, i=1,\cdots,n$,必有$(X_i,\mathscr{T}_i)$的可数稠密子集 A_i,即 A_i 为可数集且$\overline{A}_i=X_i$.易见,$A_1\times\cdots\times A_n$ 为拓扑积空间

$$(X_1\times\cdots\times X_n,\mathscr{T}_1\times\cdots\times\mathscr{T}_n)$$

的可数稠密子集,从而该拓扑积空间为可分空间.因此,可分具有有限可积性.

(4) 两个实数下限拓扑空间$(\mathbf{R},\mathscr{T}_l)$的有限拓扑积空间$(\mathbf{R}\times\mathbf{R},\mathscr{T}_l\times\mathscr{T}_l)$不是 Lindelöf 空间(注意:例2.1.2(5)表明$(\mathbf{R},\mathscr{T}_l)$为 Lindelöf 空间).因此,Lindelöf 不具有有限可积性.

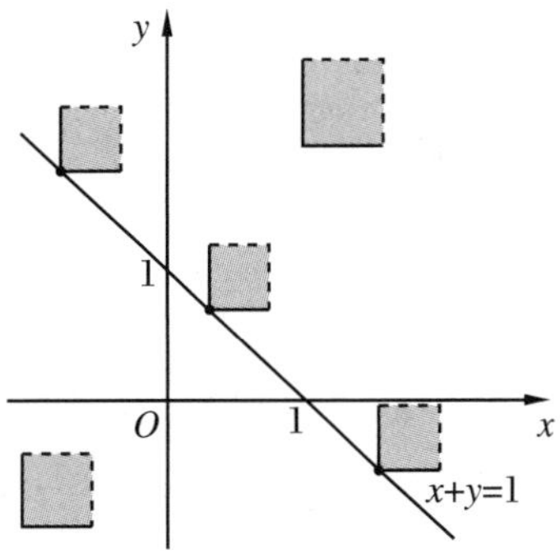

图 2.2.1

事实上,$\mathbf{R}\times\mathbf{R}$ 的子集 $A=\{(x,y)\in\mathbf{R}\times\mathbf{R}\mid x+y=1\}$为拓扑积空间$(\mathbf{R}\times\mathbf{R},\mathscr{T}_l\times\mathscr{T}_l)$中的闭集.如图 2.2.1 所示,构造$(\mathbf{R}\times\mathbf{R},\mathscr{T}_l\times\mathscr{T}_l)$的一个开覆盖 $\mathscr{A}$,它由形如$[a,b)\times[c,d)$的开集组成.这些半闭半开的长方形或者完全在 $\mathbf{R}\times\mathbf{R}\setminus A$ 中,或者它的左下角顶点在 A 上.显然,$\mathscr{A}$ 无可数子覆盖(若 $\mathscr{A}$ 有子覆盖 $\mathscr{A}_1$,则它必含左下角顶点在 A 上的半闭半开的长方形,这种长方形与 A 只交于一点,而 A 为不可数集,故这种长方形不可数).这就证明了$(\mathbf{R}\times\mathbf{R},\mathscr{T}_l\times\mathscr{T}_l)$不为 Lindelöf 空间,从而 Lindelöf 不具有有限可积性. □

定理 2.2.15 正则、完全正则、T_0、T_1、T_2、T_3、$T_{3.5}$都具有有限可积性,但正规、T_4 不具有有限可积性.

证明 (1) 设$(X_i,\mathscr{T}_i)$,$i=1,\cdots,n$ 都为正则空间,$x=(x_1,\cdots,x_n)\in X_1\times\cdots\times X_n$,$U$ 是x 在有限拓扑积空间$(X_1\times\cdots\times X_n,\mathscr{T}_1\times\cdots\times\mathscr{T}_n)$中的开邻域,则有 x_i 在$(X_i,\mathscr{T}_i)$中的开邻域 U_i,使得 $x=(x_1,\cdots,x_n)\in U_1\times\cdots\times U_n\subset U$.由于$(X_i,\mathscr{T}_i)$,$i=1,\cdots,n$ 都为正则空间,故 x_i 在$(X_i,\mathscr{T}_i)$中有一开邻域 V_i,使得 $\overline{V}_i\subset U_i$,$i=1,\cdots,n$.于是,$V_1\times\cdots\times V_n$ 是$x=(x_1,\cdots,x_n)$在拓扑积空间$(X_1\times\cdots\times X_n,\mathscr{T}_1\times\cdots\times\mathscr{T}_n)$的开邻域,并且

$$\begin{aligned}x=(x_1,\cdots,x_n)&\in V_1\times\cdots\times V_n\subset\overline{V_1\times\cdots\times V_n}\\&=\overline{V}_1\times\cdots\times\overline{V}_n\subset U_1\times\cdots\times U_n\subset U.\end{aligned}$$

这就证明了有限拓扑积空间$(X_1\times\cdots\times X_n,\mathscr{T}_1\times\cdots\times\mathscr{T}_n)$为正则空间.因此,正则具有有限可积性.

(2) 设$(X_i,\mathscr{T}_i)$,$i=1,\cdots,n$ 都为完全正则空间.$x=(x_1,\cdots,x_n)\in X_1\times\cdots\times X_n$,$B$ 为有限拓扑积空间$(X_1\times\cdots\times X_n,\mathscr{T}_1\times\cdots\times\mathscr{T}_n)$中不包含 x 的闭集,则存在 x_i 在$(X_i,\mathscr{T}_i)$

中的一个开邻域 U_i，使得

$$x=(x_1,\cdots,x_n)\in U_1\times\cdots\times U_n\subset X_1\times\cdots\times X_n\backslash B.$$

由于$(X_i,\mathscr{T}_i)$，$i=1,\cdots,n$ 都为完全正则空间，所以对 $\forall\, i=1,\cdots,n$，都有连续映射 $f_i:X_i\to[0,1]$，使得 $f_i(x_i)=0$，并且对 $\forall\, y_i\in X_i\backslash U_i$，有 $f_i(y_i)=1$.

定义映射 $\widetilde{f}=f_1\times\cdots\times f_n:X_1\times\cdots\times X_n\to[0,1]^n$，

$$y=(y_1,\cdots,y_n)\mapsto\widetilde{f}(y)=f_1(y)\times\cdots\times f_n(y)=(f_1(y_1),\cdots,f_n(y_n)).$$

由于 $\widetilde{p}_i\circ\widetilde{f}=\widetilde{p}_i\circ(f_1\times\cdots\times f_n)=f_i\circ p_i$（其中 p_i 为 $X_1\times\cdots\times X_n$ 的第 i 个投射，而 $\widetilde{p}_i$ 为 $[0,1]^n$ 的第 i 个投射）与 $f_i\circ p_i$ 连续知，$\widetilde{p}_i\circ\widetilde{f}=\widetilde{p}_i\circ(f_1\times\cdots\times f_n)$，$i=1,\cdots,n$ 也都连续，根据定理 2.2.10(2)，$\widetilde{f}=f_1\times\cdots\times f_n$ 为连续映射.

令

$$\begin{aligned}&f:X_1\times\cdots\times X_n\to[0,1],\\&y=(y_1,\cdots,y_n)\mapsto f(y)=m\circ\widetilde{f}(y)=m\circ(f_1\times\cdots\times f_n)(y)\\&\quad=\max\{f_1(y),\cdots,f_n(y)\},\end{aligned}$$

其中

$$m:[0,1]^n\to[0,1],\quad t=(t_1,\cdots,t_n)\mapsto m(t)=\max\{t_1,\cdots,t_n\}$$

（读者自证 m 为连续映射）. 由于它是两个连续映射的复合，所以 $f=m\circ\widetilde{f}$ 连续. 此外，有

$$f(x)=m\circ(f_1\times\cdots\times f_n)(x)=\max\{f_1(x_1),\cdots,f_n(x_n)\}=\max\{0,\cdots,0\}=0.$$

并且如果 $y=(y_1,\cdots,y_n)\in X_1\times\cdots\times X_n\backslash U_1\times\cdots\times U_n$，必有 $i\in\{1,\cdots,n\}$，使得 $y_i\notin U_i$，因而 $f_i(y_i)=1$，从而有

$$f(y)=m\circ(f_1\times\cdots\times f_n)(y)=\max\{f_1(y_1),\cdots,f_n(y_n)\}=1.$$

这就证明了有限拓扑积空间$(X_1\times\cdots\times X_n,\mathscr{T}_1\times\cdots\times\mathscr{T}_n)$为完全正则空间，从而完全正则具有有限可积性.

(3) 设$(X_i,\mathscr{T}_i)$，$i=1,\cdots,n$ 都为 T_1 空间. 若

$$\forall\, p=(p_1,\cdots,p_n),q=(q_1,\cdots,q_n)\in X_1\times\cdots\times X_n,\quad p\neq q,$$

则必有 $i\in\{1,\cdots,n\}$，使 $p_i\neq q_i$. 为方便，不妨设 $p_1\neq q_1$. 由于$(X_1,\mathscr{T}_1)$为 T_1 空间，故必有 p_1 在$(X_1,\mathscr{T}_1)$中的开邻域 U_1 不含 q_1，q_1 的开邻域 V_1 不含 p_1. 于是，在拓扑积空间$(X_1\times\cdots\times X_n,\mathscr{T}_1\times\cdots\times\mathscr{T}_n)$中，必有 p 的开邻域 $U_1\times X_2\times\cdots\times X_n$ 不含 q，q 的开邻域 $V_1\times X_2\times\cdots\times X_n$ 不含 p. 因此，有限拓扑积空间$(X_1\times\cdots\times X_n,\mathscr{T}_1\times\cdots\times\mathscr{T}_n)$也为 T_1 空间，从而 T_1 具有有限可积性.

类似可证 T_0、T_2 都具有有限可积性.

由于 T_1、正则、完全正则具有有限可积性，故 T_3、$T_{3.5}$都具有有限可积性.

(4) 根据例 2.1.12，实数下限拓扑空间$(\mathbf{R},\mathscr{T}_l)$为正规、$T_4$ 空间. 但是，两个实数下限

拓扑空间的拓扑积空间$(\mathbf{R}\times\mathbf{R},\mathscr{T}_l\times\mathscr{T}_l)$却不为正规空间,当然也不为 T_4 空间.

为此,考察 $\mathbf{R}\times\mathbf{R}$ 的两个子集

$$A=\{(x,y)\in\mathbf{R}\times\mathbf{R}\mid x+y=1,x\ \text{为有理数}\}$$

与

$$B=\{(x,y)\in\mathbf{R}\times\mathbf{R}\mid x+y=1,x\ \text{为无理数}\},$$

它们为$(\mathbf{R}_l\times\mathbf{R}_l,\mathscr{T}_l\times\mathscr{T}_l)$中的两个不相交的闭集($\mathbf{R}\times\mathbf{R}\backslash A$ 与 $\mathbf{R}\times\mathbf{R}\backslash B$ 都为开集). 记 $L=A\cup B,A=\{a_n\mid n\in\mathbf{N}\}$. 并设 U 与 V 分别为 A 与 B 在$(\mathbf{R}\times\mathbf{R},\mathscr{T}_l\times\mathscr{T}_l)$中的开邻域. 对 B 中每一点 b 作边长为 r_b 的半闭半开的正方形$[\alpha_b,\beta_b)\times[\gamma_b,\delta_b)\subset V$.

类似例 1.8.1(3)的证法,令

$$B_n=\left\{b\in B\,\middle|\,\gamma_b>\frac{1}{n}\ \text{且}[\alpha_b,\beta_b)\times[\gamma_b,\delta_b)\subset V\right\},$$

则集族$\{B_n\mid n\in\mathbf{N}\}\cup\{a_n\mid n\in\mathbf{N}\}$就构成了 L 的一个可数覆盖. 显然,

$$L=\left(\bigcup_{n=1}^{\infty}B_n\right)\cup\left(\bigcup_{n=1}^{\infty}\{a_n\}\right).$$

由于单点集$\{a_n\}$为无处稠密集. 根据引理 1.8.2,必有某个 B_{n_0} 在 Euclid 直线 L 中不是无处稠密集,从而存在开区间 l,使 $l\subset\overline{B}_{n_0}$,即 B_{n_0} 在 l 中稠密. 于是,任取定 $a_n\in l\cap A$,a_n 在$(\mathbf{R}\times\mathbf{R},\mathscr{T}_l\times\mathscr{T}_l)$中的每个开邻域必与 $\bigcup\limits_{b\in B_{n_0}}[\alpha_b,\beta_b)\times[\gamma_b,\delta_b)$ 相交(图 2.2.2),从而 U 与 V 相交. 这蕴涵着$(\mathbf{R}\times\mathbf{R},\mathscr{T}_l\times\mathscr{T}_l)$不为正规空间,从而也不为 T_4 空间. 因此,正规、T_4 都不具有有限可积性. □

定理 2.2.16 序列紧致、紧致都具有有限可积性,但可数紧致、列紧却不具有有限可积性.

证明 (1) 设$(X_i,\mathscr{T}_i)$,$i=1,\cdots,n$ 都为序列紧致空间,$(X_1\times\cdots\times X_n,\mathscr{T}_1\times\cdots\times\mathscr{T}_n)$为其有限拓扑积空间. 又设$\{p^m=(p_1^m,\cdots,p_n^m)\mid m=1,2,\cdots\}$为该有限拓扑积空间中的一个无穷点列,则对$(X_1,\mathscr{T}_1)$中的序列$\{p_1^m\mid m=1,2,\cdots\}$必有收敛子序列$\{p_1^{m_i}\mid i=1,2,\cdots\}$,它收敛到 $p_1^0\in X_1$. 又因为$(X_2,\mathscr{T}_2)$为序列紧致空间,$\{p_2^{m_i}\mid i=1,2,\cdots\}$也有一个收敛子序列,仍记为$\{p_2^{m_i}\mid i=1,2,\cdots\}$,它收敛到 $p_2^0\in X_2$. 依次得到$\{p^m\mid m=1,2,\cdots\}$的一个子点列$\{p^{m_i}\mid i=1,2,\cdots\}$,它收敛于点 $p^0=(p_1^0,\cdots,p_n^0)\in X_1\times\cdots\times X_n$. 这就证明了有限拓扑

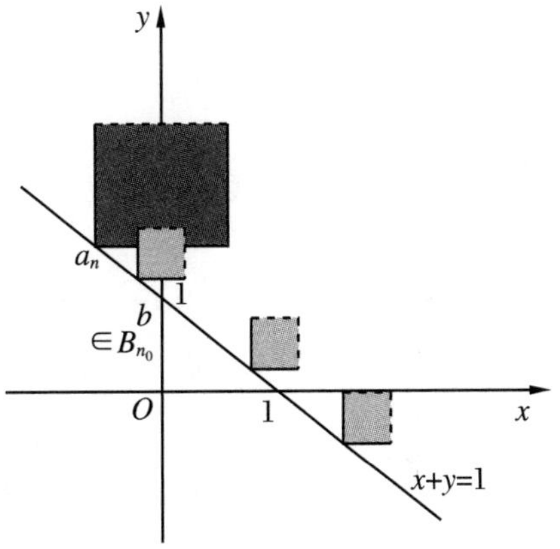

图 2.2.2

积空间$(X_1\times\cdots\times X_n,\mathscr{T}_1\times\cdots\times\mathscr{T}_n)$为序列紧致空间.因此,序列紧致具有有限可积性.

(2) 设$(X_i,\mathscr{T}_i)$,$i=1,2,\cdots$都为紧致空间,$(X_1\times\cdots\times X_n,\mathscr{T}_1\times\cdots\times\mathscr{T}_n)$为其有限拓扑积空间,则它也为紧致空间.

根据定理 2.2.12 及数学归纳法,我们只需对 $n=2$ 时证明$(X_1\times X_2,\mathscr{T}_1\times\mathscr{T}_2)$为紧致空间.

根据有限拓扑积空间的定义,集族

$$\mathscr{T}^\circ=\{U\times V\mid U\text{ 与 }V\text{ 分别为}(X_1,\mathscr{T}_1)\text{ 与}(X_2,\mathscr{T}_2)\text{ 的开集}\}$$

为有限拓扑积空间$(X_1\times X_2,\mathscr{T}_1\times\mathscr{T}_2)$的一个拓扑基.

首先,设 $\mathscr{A}$ 为由 $\mathscr{T}^\circ$中的元素构成$(X_1\times X_2,\mathscr{T}_1\times\mathscr{T}_2)$的一个开覆盖.对于$\forall x\in X_1$,$(X_1\times X_2,\mathscr{T}_1\times\mathscr{T}_2)$的子空间$\{x\}\times X_2$ 同胚于 X_2,所以它为$(X_1\times X_2,\mathscr{T}_1\times\mathscr{T}_2)$中的一个紧致子集.$\mathscr{A}$ 为紧致子集$\{x\}\times X_2$ 的一个开覆盖,因而有一个有限子覆盖

$$\mathscr{A}_x=\{U_{x1}\times V_{x1},\cdots,U_{xn(x)}\times V_{xn(x)}\}.$$

不妨假定 $\mathscr{A}_x$ 中的每一个元素都与$\{x\}\times X_2$ 有非空的交(否则可删去 $\mathscr{A}_x$ 与$\{x\}\times X_2$ 无交的元素,剩下的元素仍为$\{x\}\times X_2$ 的开覆盖).记

$$M_x=U_{x1}\cap\cdots\cap U_{xn(x)}.$$

它为$(X_1,\mathscr{T}_1)$中的一个包含点 x 的开集,根据

$$\begin{aligned}&U_{x1}\times V_{x1}\cup\cdots\cup U_{xn(x)}\times V_{xn(x)}\\ \supset\ &M_x\times V_{x1}\cup\cdots\cup M_x\times V_{xn(x)}\\ =\ &M_x\times(V_{x1}\cup\cdots\cup V_{xn(x)})=M_x\times X_2,\end{aligned}$$

可见,$\mathscr{A}_x$ 为集合$M_x\times X_2$ 的一个覆盖.此外,集族$\{M_x\mid x\in X_1\}$为紧致空间$(X_1,\mathscr{T}_1)$的一个开覆盖,所以它有一个有限子覆盖$\{M_{x_1},\cdots,M_{x_m}\}$.令

$$\widetilde{\mathscr{A}}=\mathscr{A}_{x_1}\cup\cdots\cup\mathscr{A}_{x_m},$$

则有

$$\begin{aligned}\bigcup_{A\in\widetilde{\mathscr{A}}}A&=\Big(\bigcup_{A\in\mathscr{A}_{x_1}}A\Big)\cup\cdots\cup\Big(\bigcup_{A\in\mathscr{A}_{x_m}}A\Big)\\ &\supset(M_{x_1}\cup\cdots\cup M_{x_m})\times X_2=X_1\times X_2.\end{aligned}$$

这就证明了 $\widetilde{\mathscr{A}}$ 为 $\mathscr{A}$ 关于$X_1\times X_2$ 的有限子覆盖.

再根据下面的引理 2.2.3 知,$(X_1\times X_2,\mathscr{T}_1\times\mathscr{T}_2)$为紧致空间.

(3) 可数紧致、列紧不具有有限可积性的反例可参阅文献[7]126 页 22. □

引理 2.2.3 设 $\mathscr{B}$ 为拓扑空间$(X,\mathscr{T})$的一个拓扑基,并且 X 的由 $\mathscr{B}$ 的元素构成的每一个开覆盖都有一个有限子覆盖,则$(X,\mathscr{T})$为一个紧致空间(参阅例 2.1.2(5)中的证法).

证明 设 $\mathscr{A}$ 为 $(X,\mathscr{T})$ 的任一开覆盖.对于 $\forall A\in\mathscr{A}$, $\exists\,\mathscr{B}_A\subset\mathscr{B}$, s.t. $A=\bigcup\limits_{B\in\mathscr{B}_A}B$. 令 $\widetilde{\mathscr{A}}=\bigcup\limits_{A\in\mathscr{A}}\mathscr{B}_A$. 由于

$$\bigcup_{B\in\widetilde{\mathscr{A}}}B=\bigcup_{\substack{B\in\bigcup\mathscr{B}_A\\A\in\mathscr{A}}}B=\bigcup_{A\in\mathscr{A}}\Big(\bigcup_{B\in\mathscr{B}_A}B\Big)=\bigcup_{A\in\mathscr{A}}A=X,$$

故 $\widetilde{\mathscr{A}}$ 是一个由 $\mathscr{B}$ 的元素构成的 $(X,\mathscr{T})$ 的开覆盖,所以它有一个有限子覆盖 $\{B_1,\cdots,B_n\}$. 对于 $\forall B_i$, $i=1,\cdots,n$,由于 $B_i\in\widetilde{\mathscr{A}}$,故 $\exists A_i\in\mathscr{A}$, s.t. $B_i\in\mathscr{B}_{A_i}$. 因此, $B_i\subset A_i$. 于是,有

$$A_1\cup\cdots\cup A_n\supset B_1\cup\cdots\cup B_n=X,$$

也就是说, $\mathscr{A}$ 有一个有限子覆盖 $\{A_1,\cdots,A_n\}$. 这就证明了 $(X,\mathscr{T})$ 为一个紧致空间. □

注 2.2.2 引理 2.2.3 与定理 2.2.16(2)证明了紧致具有有限可积性.而此法并不能用来证明可数紧致具有有限可积性,因为 $\mathscr{B}$, $\widetilde{\mathscr{A}}=\bigcup\limits_{A\in\mathscr{A}}\mathscr{B}_A$, $\{M_x\mid x\in X_1\}$ 都未必可数.事实上,从定理 2.2.16(3)知,可数紧致不具有有限可积性.

定理 2.2.17 局部紧致具有有限可积性.

证明 设 $(X_i,\mathscr{T}_i)$, $i=1,\cdots,n$ 为局部紧致空间.对

$$\forall x=(x_1,\cdots,x_n)\in X_1\times\cdots\times X_n,$$

x_i 必有一个紧致邻域 $A_i\subset X_i$, $i=1,\cdots,n$. 根据定理 2.2.16, $A_1\times\cdots\times A_n$ 为 $x=(x_1,\cdots,x_n)$ 在 $(X_1\times\cdots\times X_n,\mathscr{T}_1\times\cdots\times\mathscr{T}_n)$ 中的紧致邻域,从而 $(X_1\times\cdots\times X_n,\mathscr{T}_1\times\cdots\times\mathscr{T}_n)$ 为局部紧致空间.因此,局部紧致具有有限可积性. □

例 2.2.12 仿紧不具有有限可积性.

反例参阅文献[7]140 页 44.

概括一下,道路连通、局部道路连通、连通、局部连通、A_1、A_2、可分、正则、完全正则、T_i $(i=0,1,2,3,3.5)$、序列紧致、紧致、局部紧致都具有有限可积性,但是,Lindelöf、正规、T_4、可数紧致、列紧、仿紧都不具有有限可积性.

2.3 商拓扑空间与可商性

商拓扑空间的概念给出了从已知拓扑空间构造新拓扑空间的又一种重要方法.它来源于几何学中以切割与粘贴来构造几何图形的思想.例如:将一条橡皮筋的两端"粘"起来便得到一个橡皮圈;将一块正方形的橡皮块一对对边上的点按同样的方向两两"粘"起来便得到一个橡皮管;再将这个橡皮管两端的两个圆圈上的点按同样的方向两两"粘"起来又得到一个橡皮轮胎(救生圈,学名称为 2 维环面).这种从一个给定图形构造出一个

新图形的方法可以一般化.

定义 2.3.1 设$(X,\mathscr{T})$为一个拓扑空间,$\sim$为 X 上的一个等价关系.对$\forall x\in X$,记$[x]=\{y\in X\mid y\sim x\}$为 x 关于$\sim$的等价类.

$$X/\sim=\{[x]\mid x\in X\}$$

为 X 关于等价关系$\sim$的商集合.

$$p:X\to X/\sim,$$
$$x\mapsto p(x)=[x]$$

为自然投影,根据下面的引理 2.3.1,商集合 $X/\sim$的子集族

$$\mathscr{T}_\sim=\{U\subset X/\sim\mid p^{-1}(U)\in\mathscr{T}\}$$

为 $X/\sim$上的一个拓扑,称为**商拓扑**;而$(X/\sim,\mathscr{T}_\sim)$称为$(X,\mathscr{T}_\sim)$关于等价关系$\sim$的**商(拓扑)空间**.

引理 2.3.1 定义 2.3.1 中的 $\mathscr{T}_\sim$为 $X/\sim$上的一个拓扑.

证明 因为

$$p^{-1}(\varnothing)=\varnothing\in\mathscr{T},$$

所以$\varnothing\in\mathscr{T}_\sim$;又因

$$p^{-1}(X/\sim)=X\in\mathscr{T},$$

故 $X/\sim\in\mathscr{T}_\sim$.这就证明了 $\mathscr{T}_\sim$满足拓扑定义中的(1°).

设 $U_1,U_2\in\mathscr{T}_\sim$,则 $p^{-1}(U_i)\in\mathscr{T},i=1,2$.因而

$$p^{-1}(U_1\cap U_2)=p^{-1}(U_1)\cap p^{-1}(U_2)\in\mathscr{T},$$
$$U_1\cap U_2\in\mathscr{T}_\sim.$$

这就证明了 $\mathscr{T}_\sim$满足拓扑定义中的(2°).

设 $U_\alpha\in\mathscr{T}_\sim,\alpha\in\Gamma$,则 $p^{-1}(U_\alpha)\in\mathscr{T},\alpha\in\Gamma$.因而

$$p^{-1}\Big(\bigcup_{\alpha\in\Gamma}U_\alpha\Big)=\bigcup_{\alpha\in\Gamma}p^{-1}(U_\alpha)\in\mathscr{T},$$
$$\bigcup_{\alpha\in\Gamma}U_\alpha\in\mathscr{T}_\sim.$$

这就证明了 $\mathscr{T}_\sim$满足拓扑定义中的(3°).

综上知,$\mathscr{T}_\sim$为 $X/\sim$上的一个拓扑. □

定理 2.3.1 设$(X/\sim,\mathscr{T}_\sim)$为拓扑空间$(X,\mathscr{T})$的商拓扑空间.

(1) 自然投影 $p:X\to X/\sim$为连续的满射;

(2) 商拓扑 $\mathscr{T}_\sim$是使 p 连续的最细(即开集最多)的拓扑;

(3) 设$(Z,\mathscr{T}_Z)$为拓扑空间,则

映射 $g:(X/\sim,\mathscr{T}_\sim)\to(Z,\mathscr{T}_Z)$连续 $\Leftrightarrow$ $g\circ p:(X,\mathscr{T})\to(Z,\mathscr{T}_Z)$连续.

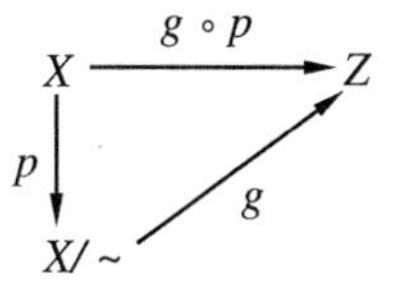

证明 (1) 因为$\forall [x]\in X/\sim$,必有 $p(x)=[x]$,故 p 为满射.由商拓扑 $\mathscr{T}_\sim$ 的定义,$\forall U\in\mathscr{T}_\sim$,有 $p^{-1}(U)\in\mathscr{T}$,根据定理 1.3.2(2),p 为连续映射.

(2) 设 $\widetilde{\mathscr{T}}_\sim$ 是 $X/\sim$上使 $p:X\to X/\sim$连续的拓扑,则对$\forall U\in\widetilde{\mathscr{T}}_\sim$,$p^{-1}(U)\in\mathscr{T}$.根据商拓扑的定义,$U\in\mathscr{T}_\sim$,因此,$\widetilde{\mathscr{T}}_\sim\subset\mathscr{T}_\sim$,从而 $\mathscr{T}_\sim$ 是使 p 连续的最细(即开集最多)的拓扑.

(3) (⇒)由 g 与 p 连续可知,复合映射 $g\circ p$ 也连续.

(⇐)设 $V\in\mathscr{T}_Z$,由 $g\circ p$ 连续,有

$$p^{-1}(g^{-1}(V)) = (g\circ p)^{-1}(V)\in\mathscr{T}.$$

再由商拓扑的定义,$g^{-1}(V)\in\mathscr{T}_\sim$,根据定理 1.3.2(2),$g$ 连续. □

我们换一个角度来研究商拓扑.

定义 2.3.1′ 设$(X,\mathscr{T})$为一个拓扑空间,Y 为一个集合,$f:X\to Y$ 为满射.根据下面的引理 2.3.1′,Y 的子集族

$$\mathscr{T}_f = \{U\subset Y \mid f^{-1}(U)\in\mathscr{T}\}$$

为 Y 上的一个拓扑.我们称 $\mathscr{T}_f$ 为 Y 的(**相对于满射 f 而言的**)**商拓扑**,而$(Y,\mathscr{T}_f)$称为**商拓扑空间**.

引理 2.3.1′ $\mathscr{T}_f$ 为 Y 上的一个拓扑.

证明 因为 $f^{-1}(\varnothing)=\varnothing\in\mathscr{T}$,所以$\varnothing\in\mathscr{T}_f$;又因 $f^{-1}(Y)=X\in\mathscr{T}$,故 $Y\in\mathscr{T}_f$.这就证明了 $\mathscr{T}_f$ 满足拓扑定义中的(1°).

设 $U_1,U_2\in\mathscr{T}_f$,则 $f^{-1}(U_i)\in\mathscr{T}$,$i=1,2$.因而

$$f^{-1}(U_1\cap U_2) = f^{-1}(U_1)\cap f^{-1}(U_2)\in\mathscr{T},$$
$$U_1\cap U_2\in\mathscr{T}_f.$$

这就证明了 $\mathscr{T}_f$ 满足拓扑定义中的(2°).

设 $U_\alpha\in\mathscr{T}_f$,$\alpha\in\Gamma$,则 $f^{-1}(U_\alpha)\in\mathscr{T}$,$\alpha\in\Gamma$.因而

$$f^{-1}\Big(\bigcup_{\alpha\in\Gamma}U_\alpha\Big)=\bigcup_{\alpha\in\Gamma}f^{-1}(U_\alpha)\in\mathscr{T},$$
$$\bigcup_{\alpha\in\Gamma}U_\alpha\in\mathscr{T}_f.$$

这就证明了 $\mathscr{T}_f$ 满足拓扑定义中的(3°).

综上知,$\mathscr{T}_f$ 为 Y 上的一个拓扑. □

定理 2.3.1′ 设$(X,\mathscr{T})$为一个拓扑空间，Y 为一个集合，$f:X\to Y$ 为满射.

(1) 如果 $\mathscr{T}_f$ 为 Y 在 f 下的商拓扑，则 $f:(X,\mathscr{T})\to(Y,\mathscr{T}_f)$为连续映射；

(2) 商拓扑 $\mathscr{T}_f$ 是使 f 连续的最细(即开集最多)的拓扑；

(3) 设$(Z,\mathscr{T}_Z)$为拓扑空间，则

$$\text{映射 } g:(Y,\mathscr{T}_f)\to(Z,\mathscr{T}_Z)\text{连续} \quad\Leftrightarrow\quad g\circ f:(X,\mathscr{T})\to(Z,\mathscr{T}_Z)\text{连续}.$$

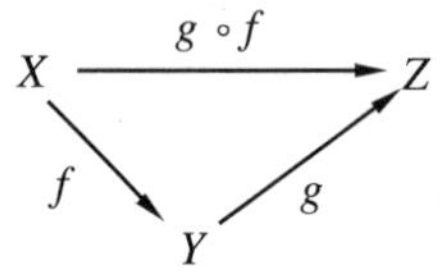

证明 (1) 由商拓扑 $\mathscr{T}_f$ 的定义，$\forall U\in\mathscr{T}_f$，有 $f^{-1}(U)\in\mathscr{T}$，根据定理 1.3.2(2)，f 为连续映射.

(2) 设 $\widetilde{\mathscr{T}}_f$ 是 Y 上使 $f:X\to Y$ 连续的拓扑，则对 $\forall U\in\widetilde{\mathscr{T}}_f$，$f^{-1}(U)\in\mathscr{T}$. 根据商拓扑的定义，$U\in\mathscr{T}_f$. 因此，$\widetilde{\mathscr{T}}_f\subset\mathscr{T}_f$，从而 $\mathscr{T}_f$ 是使 f 连续的最细(即开集最多)的拓扑.

(3) (⇒)由 g 与 f 连续，复合映射 $g\circ f$ 也连续.

(⇐)设 $V\in\mathscr{T}_Z$，由 $g\circ f$ 连续，有

$$f^{-1}(g^{-1}(V)) = (g\circ f)^{-1}(V)\in\mathscr{T}.$$

再由商拓扑的定义，$g^{-1}(V)\in\mathscr{T}_f$. 根据定理 1.3.2(2)，$g$ 连续. □

引理 2.3.2 设 $f:X\to Y$ 为满射，由 f 可以定义 X 上的等价关系$\overset{f}{\sim}$如下：$x_1,x_2\in X$，$x_1\overset{f}{\sim}x_2\Leftrightarrow f(x_1)=f(x_2)$. 定义 $f^*:X/\underset{\sim}{f}\to Y$，$f^*([x])=f(x)$，其中$[x]$为 x 在$\overset{f}{\sim}$下所属的等价类. 于是，有 $f=f^*\circ p$. 且 $f^*:(X/\underset{\sim}{f},\mathscr{T}_{\underset{\sim}{f}})\to(Y,\mathscr{T}_f)$，$[x]\mapsto f^*([x])=f(x)$为同胚.

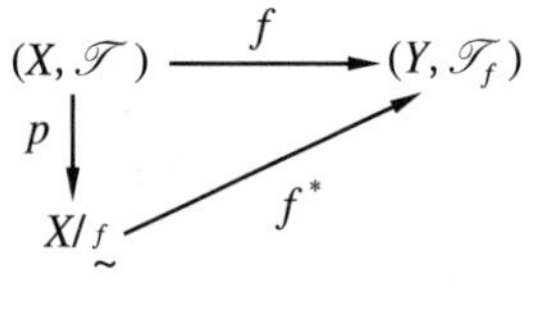

证明 因为 $f^*\circ p(x)=f^*([x])=f(x)$，所以 $f^*\circ p=f$.

$\forall y\in Y$，由 f 为满射知，$\exists x\in X$，s.t. $y=f(x)=f^*([x])$，故 f^* 为满射. 另一方面，若 $f^*([x_1])=f^*([x_2])$，则

$$f(x_1) = f^*([x_1]) = f^*([x_2]) = f(x_2),$$

$$x_1\overset{f}{\sim}x_2 \quad\Leftrightarrow\quad [x_1]=[x_2].$$

因此，f^* 为单射，从而 f^* 为双射或一一映射，即

$$X/\underset{\sim}{f} \to Y,$$

$$[x] \leftrightarrow f(x) = y$$

为一一映射.

由图表

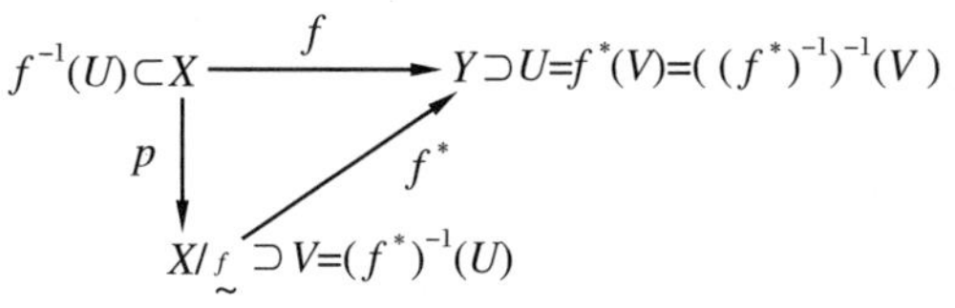

知

$$p^{-1}(V) = p^{-1}((f^*)^{-1}(U)) = (f^* \circ p)^{-1}(U) = f^{-1}(U).$$

由此推得，U 为开集$\Leftrightarrow f^{-1}(U)$为开集$\Leftrightarrow p^{-1}(V)$为开集$\Leftrightarrow V$ 为开集. 因此，f^* 与$(f^*)^{-1}$都为连续映射，从而 f^* 为同胚. □

注 2.3.1 引理 2.3.2 表明，定义 2.3.1′在不计同胚 f^* 下，就是定义 2.3.1.

反之，在定义 2.3.1 中，由于 $f=p:X\to X/\sim = Y$ 为满射，且

$$\mathscr{T}_f = \{U \subset Y = X/\sim \mid f^{-1}(U) \in \mathscr{T}\} = \{U \subset X/\sim = Y \mid p^{-1}(U) \in \mathscr{T}\} = \mathscr{T}_\sim.$$

因此，它就是定义 2.3.1′.

定义 2.3.2 设$(X,\mathscr{T}_1)$与$(Y,\mathscr{T}_2)$为两个拓扑空间，$f:X\to Y$ 为连续满映射，且 $\mathscr{T}_2 = \mathscr{T}_f$(对于映射 f 而言的商拓扑)，则称映射 f 为一个**商映射**.

定理 2.3.2 设 $f:(X,\mathscr{T}_1)\to(Y,\mathscr{T}_2)$为连续的满射，则由 $f^*([x])=f(x)$定义的双射(见引理 2.3.2 的证明)$f^*:(X/\underset{\sim}{f},\mathscr{T}_{\underset{\sim}{f}})\to(Y,\mathscr{T}_2)$为连续映射；且当 f 为开(闭)映射时，f^* 为同胚，而 $\mathscr{T}_2=\mathscr{T}_f$(即 Y 的拓扑 $\mathscr{T}_2$ 便是相对于满射 f 的商拓扑)，f 为商映射.

证明 (1) 因 $f^*\circ p = f$ 连续($p:X\to X/\underset{\sim}{f}$ 为投影)，故对 $\forall\, U\in\mathscr{T}_2$，

$$p^{-1}((f^*)^{-1}(U)) = (f^* \circ p)^{-1}(U) = f^{-1}(U) \in \mathscr{T}_1,$$

从而$(f^*)^{-1}(U)\in\mathscr{T}_{\underset{\sim}{f}}$. 因此，$f^*$ 为连续映射.

(2) 设 A 为$(X/\underset{\sim}{f},\mathscr{T}_{\underset{\sim}{f}})$的开(闭)集，则 $p^{-1}(A)$为$(X,\mathscr{T}_1)$中的开(闭)集，于是，由 f 为开(闭)映射知

$$((f^*)^{-1})^{-1}(A) = f^*(A) = f(p^{-1}(A))$$

为$(Y,\mathscr{T}_2)$中的开(闭)集. 根据定理 1.3.2(2)((3))推得$(f^*)^{-1}$为连续映射.

综上所述推得 f^* 为同胚.

(3) 设 f 为开(闭)映射. 如果 V 为$(Y,\mathscr{T}_2)$中的一个开(闭)集，由于映射 f 连续，所以 $f^{-1}(V)$为$(X,\mathscr{T}_1)$中的一个开(闭)集. 因此，V 是 Y 中相对于商拓扑 $\mathscr{T}_f$ 而言的一个开

(闭)集.

另一方面,如果 V 是 Y 中相对于商拓扑 $\mathscr{T}_f$ 而言的一个开(闭)集,则 $f^{-1}(V)$ 为 $(X,\mathscr{T}_1)$ 中的一个开(闭)集.由于 f 为开(闭)的满射,所以 $f(f^{-1}(V))=V$ 为 $(Y,\mathscr{T}_2)$ 中的一个开(闭)集.这就证明了 $\mathscr{T}_2=\mathscr{T}_f$ 与 f 为商映射. □

更一般地,有:

定义 2.3.3 设 $(X,\mathscr{T})$ 为拓扑空间,$\sim$或 R 为 X 中的一个等价关系($x\sim x$;若 $x\sim y$,则 $y\sim x$;若 $x\sim y$,$y\sim z$,则 $x\sim z$.或者 xRx;xRy 蕴涵着 yRx;xRy 且 yRz 蕴涵着 xRz).也可用积集合 $X\times X$ 中满足下面 3 个条件的子集 R 来表达这种等价关系:$R\subset X\times X$,$(x,y)\in R\Leftrightarrow x\sim y$.且:

(1) $(x,x)\in R$;

(2) $(x,y)\in R$ 蕴涵着 $(y,x)\in R$;

(3) $(x,y)\in R$,$(y,z)\in R$ 蕴涵着 $(x,z)\in R$.

$$[x]=\{y\in X\mid y\sim x \text{ 或 } yRx \text{ 或} (y,x)\in R\subset X\times X\}$$

为 x 的等价类.

$$X/R=X/\sim=\{[x]\mid x\in X\}$$

为 X 关于$\sim$或 R 的等价类组成的商集合.

$$p:X\to X/R=X/\sim,\quad x\mapsto p(x)=[x]$$

为自然投影,则称 $(X/R,\mathscr{T}_p)$ 为 X(关于$\sim$或 R)的**商拓扑空间**.此时,U 为 $(X/R,\mathscr{T}_p)$ 中的开集$\Leftrightarrow p^{-1}(U)$ 为 $(X,\mathscr{T})$ 中的开集.自然投影 p 显然为商映射.

进而,对任一映射 $f:X\to Y$,容易验证

$$R(f)=\{(x,y)\in X\times X\mid f(x)=f(y)\}\subset X\times X$$

为 X 中的一个等价关系,称这种等价关系为 f 在 X 上**生成的等价关系**.若 $R\subset R(f)$,则按 $f^*([x])=f(x)$(因为 $x_1,x_2\in[x]$,必有 $f(x_1)=f(x_2)$,所以 f^* 的定义是确切的)定义的映射

$$f^*:X/R\to Y$$

是唯一满足 $f^*\circ p=f$ 的映射,f^* 称为 f 在**商空间 X/R 上的诱导映射**.

注意:如果取 $R=R(f)$,它就是引理 2.3.2 中所述的 $X/_{\underset{\sim}{f}}(=X/R(f))$ 与 f^*.

定理 2.3.3 设 $(X/R,\mathscr{T}_R)$ 为商拓扑空间,$p:X\to X/R$ 为自然投影,$f^*:(X/R,\mathscr{T}_R)\to(Y,\mathscr{T}')$ 为 $f:(X,\mathscr{T})\to(Y,\mathscr{T}')$ 的诱导映射,则:

(1) f^* 为单射$\Leftrightarrow R=R(f)$;

(2) f^* 为满射$\Leftrightarrow f$ 为满射;

(3) f^* 连续$\Leftrightarrow f$ 连续;

(4) f^* 为商映射$\Leftrightarrow f$ 为商映射.

证明 (1) f^* 为单射$\Leftrightarrow f(x)=f^*([x])=f^*([y])=f(y)$必有$[x]=[y]\Leftrightarrow(x,y)\in R(f)$必有$(x,y)\in R\Leftrightarrow R(f)\subset R\Leftrightarrow R=R(f)$(因已知 $R\subset R(f)$).

(2) f^* 为满射$\Leftrightarrow\forall\, y\in Y,\exists\,[x]\in X/R$, s.t. $f^*([x])=y\Leftrightarrow\forall\, y\in Y,\exists\, x\in X$, s.t. $f(x)=f^*([x])=y\Leftrightarrow f$ 为满射.

(3) 因为 p 为商映射,故由定理 2.3.1(3),

$$f^*\text{ 连续}\quad\Leftrightarrow\quad f^*\circ p=f\text{ 连续}.$$

(4) $\forall\, V\subset Y$,因为 p 为商映射,故

$$p^{-1}((f^*)^{-1}(V))=(f^*\circ p)^{-1}(V)=f^{-1}(V)\text{ 为}(X,\mathscr{T})\text{ 中的开集}$$
$$\Leftrightarrow\quad (f^*)^{-1}(V)\text{ 为}(X/R,\mathscr{T}_R)=(X/R,\mathscr{T}_p)\text{ 中的开集}.$$

因此

$$\mathscr{T}_f=\{V\subset Y\mid f^{-1}(V)\in\mathscr{T}\}=\{V\subset Y\mid (f^*)^{-1}(V)\in\mathscr{T}_p\}=(\mathscr{T}_p)_{f^*}.$$

于是

$$f:(X,\mathscr{T})\to(Y,\mathscr{T}')\text{ 为商映射}$$
$$\Leftrightarrow\quad f\text{ 为满的连续映射,且 }\mathscr{T}'=\mathscr{T}_f$$
$$\overset{(2)、(3)}{\Leftrightarrow}\quad f^*\text{ 为满的连续映射,且 }\mathscr{T}'=(\mathscr{T}_p)_{f^*}$$
$$\Leftrightarrow\quad f^*:(X/R,\mathscr{T}_R)=(X/R,\mathscr{T}_p)\to(Y,\mathscr{T}')\text{ 为商映射}.$$

□

定理 2.3.4 $f:(X,\mathscr{T})\to(Y,\mathscr{T}')$为商映射$\Leftrightarrow f^*:(X/R(f),\mathscr{T}_p)\to(Y,\mathscr{T}')$为同胚. 其中 $p:X\to X/R(f)$为自然投影,$R=R(f)$($\Leftrightarrow f^*$ 为单射).

证明 f^* 为同胚$\Leftrightarrow f^*$ 为单射、满射、连续、$(f^*)^{-1}$ 连续$\Leftrightarrow f^*$ 为单射、满射、$V=f^*((f^*)^{-1}(V))\in\mathscr{T}'\Leftrightarrow(f^*)^{-1}(V)\in\mathscr{T}_p\Leftrightarrow f^*$ 为单射、满射、连续,$\mathscr{T}'=\{V\subset Y\mid V\in\mathscr{T}'\}=\{V\subset Y\mid(f^*)^{-1}(V)\in\mathscr{T}_p\}\Leftrightarrow f^*$ 为单射、商映射 $\overset{\text{定理2.3.3(4)}}{\Leftrightarrow}$ $R=R(f)$(已知),f 为商映射.

□

注 2.3.2 定理 2.3.4 的必要性证明也可参阅引理 2.3.2 的证明.

通过在一个已知拓扑空间中给定等价关系的办法(见定义 2.3.1)与引入商映射的办法(见定义 2.3.2)来得到商空间是构造新拓扑空间的一种重要方法. 下面列举一些有用的例子.

例 2.3.1 在实数空间$(\mathbf{R},\mathscr{T}_{\rho_0^1})$中给定一个等价关系

$$R=\{(x,y)\in\mathbf{R}\times\mathbf{R}\mid\text{或者 }x,y\in\mathbf{Q};\text{或者 }x,y\notin\mathbf{Q}\}$$

所得到的商集合为(记等价关系为～,如 $5\sim6$,$\sqrt{2}\sim\sqrt{3}$)

$$\mathbf{R}/\sim=\mathbf{R}/R=\{[x]\mid x\in\mathbf{R}\}$$
$$=\{[0],[\sqrt{2}]\}.$$

自然投影 $p:\mathbf{R}\to\mathbf{R}/\sim=\mathbf{R}/R$，

$$x\mapsto p(x)=[x]=\begin{cases}[0], & x\in\mathbf{Q},\\ [\sqrt{2}], & x\in\mathbf{R}/\mathbf{Q}.\end{cases}$$

$$\mathscr{T}_\sim=\mathscr{T}_R=\{U\subset\mathbf{R}/\sim\mid p^{-1}(U)\in\mathscr{T}_{\rho_0^1}\}=\{\varnothing,\{[0],[\sqrt{2}]\}\}.$$

它是由两个点$[0]$,$[\sqrt{2}]$组成的平庸拓扑.这是用定义 2.3.1 刻画的商空间.

如果用定义 2.3.2 或定义 2.3.1′刻画，令 $Y=\{a,b\}$,$a\neq b$. $f:\mathbf{R}\to Y$，

$$f(x)=\begin{cases}a, & x\in\mathbf{Q},\\ b, & x\in\mathbf{R}/\mathbf{Q}.\end{cases}$$

$$\mathscr{T}_f=\{U\subset Y\mid f^{-1}(U)\in\mathscr{T}_{\rho_0^1}\}=\{\varnothing,\{a,b\}\}.$$

$\mathscr{T}_f$ 为 Y 上的平庸拓扑，$(Y,\mathscr{T}_f)$为关于满射 f 的商拓扑空间，而 f 为商映射.

要明确地写出上面那个等价关系 R 或商映射f 有时很麻烦.我们通常采用一种较为通俗的简便说法.将这个商空间$(\mathbf{R}/R,\mathscr{T}_R)$或$(Y,\mathscr{T}_f)$说成是“在实数空间$(\mathbf{R},\mathscr{T}_{\rho_0^1})$中将所有有理点与所有无理点分别黏合(或等同)为一点所得到的商空间”.

但是，上述只是一种直观的描述，不能作为推理的依据，经不起严格的推敲.细心的读者自然会问:你粘成的两点的商空间，到底是离散拓扑空间还是平庸拓扑空间? 因为 $p^{-1}([0])=\mathbf{Q}$, $p^{-1}([\sqrt{2}])=\mathbf{R}/\mathbf{Q}\notin\mathscr{T}_{\rho_0^1}$，所以商空间肯定不是离散拓扑空间.

例 2.3.2 在单位闭区间 $I=[0,1]$中给定一个等价关系

$$R=\{(x,y)\in I\times I=[0,1]\times[0,1]\mid \text{或者 } x=y;\text{或者 } x,y\in\{0,1\}\}$$

所得的等价类为(记等价关系为$\sim$，如 $0\sim1$)

$$[0]=\{0,1\}=[1],$$
$$[x]=\{x\},\quad \forall x\in(0,1).$$

而商集合为

$$I/\sim=I/R=\{[x]\mid x\in I=[0,1]\}$$
$$=\{[0]=[1],[x]\mid \forall x\in(0,1)\}.$$

自然投影 $p:I=[0,1]\to I/\sim=I/R$，

$$x\mapsto p(x)=\begin{cases}[0]=[1], & x=0,1,\\ [x], & x\in(0,1).\end{cases}$$

$$\mathscr{T}_\sim=\mathscr{T}_R=\{U\subset I/\sim\mid p^{-1}(U)\in(\mathscr{T}_{\rho_0^1})_I\}.$$

例如:$U=\{[x]\mid x\in[0,\delta)\cup(1-\delta,1]\}$，$0<\delta<1$ 为 $\mathscr{T}_\sim$ 中的元素，这是因为

$$p^{-1}(U)=[0,\delta)\cup(1-\delta,1]\in(\mathscr{T}_{\rho_0^1})_I \quad (\text{图 } 2.3.1).$$

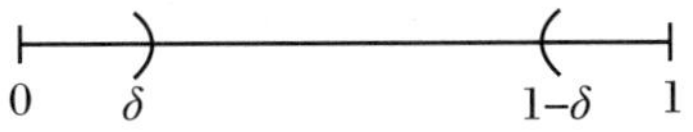

图 2.3.1

换个方式来描述.令

$f: I=[0,1]\to S^1$(平面上的单位圆),

$$t\mapsto f(t)=(\cos 2\pi t,\sin 2\pi t)\in S^1.$$

显然,$f(0)=f(1)$;当 $t\neq s$ 且 t,s 不取 0,1 时,$f(t)\neq f(s)$.于是

$$R(f)=\{(t,s)\in I\times I\mid f(t)=f(s)\}=R.$$

显然,f 为连续满射.下证 f 为商映射,只需证 S^1(作为平面$(\mathbf{R}^2,\mathscr{T}_{\rho_0^2})$的子拓扑空间)的拓扑就是 $\mathscr{T}_f$.已知所有开圆弧构成了 S^1 的一个拓扑基,现只需证它也是 $\mathscr{T}_f$ 的一个拓扑基即可.

任一开圆弧 $U\subset S^1$,因 f 连续,故 $f^{-1}(U)$ 为 I 的开集,所以 $U\in\mathscr{T}_f$.另一方面,$\forall V\in\mathscr{T}_f$,则必有 $f^{-1}(V)$为 I 中的开集.$\forall p\in V$,当 $p\neq(1,0)$时,$\exists_1 t\in I$,s.t. $f(t)=p$ 及 $\exists\varepsilon>0$,s.t. $(t-\varepsilon,t+\varepsilon)\subset f^{-1}(V)$,所以

$$p=f(t)\in f((t-\varepsilon,t+\varepsilon))\subset V,$$

且 $f((t-\varepsilon,t+\varepsilon))$为开圆弧;当 $p=(1,0)$时,有 $f(0)=f(1)=p=(1,0)$.于是,$\exists\delta>0$,s.t. $[0,\delta)\cup(1-\delta,1]\subset f^{-1}(V)$,故

$$p=f(0)=f(1)\in f([0,\delta)\cup(1-\delta,1])\subset V,$$

且 $f([0,\delta)\cup(1-\delta,1])$为含 $p=f(0)=f(1)$的开圆弧.因此,所有开圆弧构成了 $\mathscr{T}_f$ 的一个拓扑基(图 2.3.2).

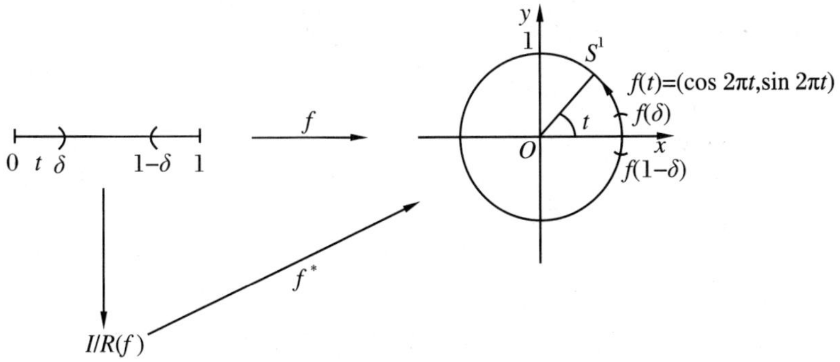

图 2.3.2

因为 f 为商映射，根据引理 2.3.2 或定理 2.3.4，f^* 为同胚. 所以习惯上也将这个商空间说成是“单位闭区间 I 中黏合两个端点得到的商拓扑空间”. 事实上这个商拓扑空间与通常的单位圆周 S^1 同胚.

类似地，我们还可以构造出许多读者熟悉或不熟悉的商拓扑空间. 有些是近代数学(如：近代微分几何、微分拓扑、代数拓扑)中必须知道的典型例子.

例 2.3.3 在单位正方形 $I^2=[0,1]^2=[0,1]\times[0,1]$ 中给定一个等价关系

$$R=\{(x,y)\in I^2\times I^2 \mid \text{或者 } x=y;\text{或者 } x_1,y_1\in\{0,1\},\text{而 } x_2=y_2,\\ \text{其中 } x=(x_1,x_2),y=(y_1,y_2)\}.$$

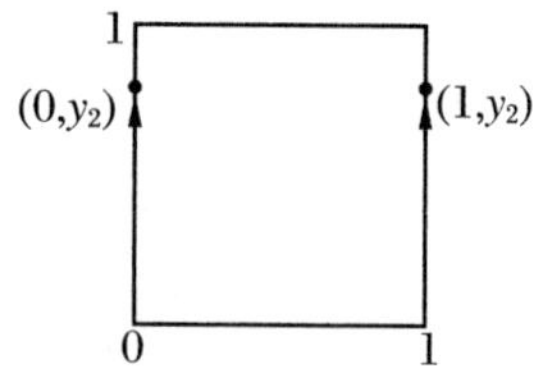

图 2.3.3

我们便得到了一个商拓扑空间 $(I^2/\sim,\mathscr{T}_\sim)=(I^2/R,\mathscr{T}_R)$，其中 $\mathscr{T}=(\mathscr{T}_{\rho_0^2})_{I^2}$. 我们简单地将这个商拓扑空间说成是将 I^2 的一对竖直的对边上的每一对有相同第 2 个坐标的点 $(0,y_2)$ 与 $(1,y_2)$ 黏合而得到的商拓扑空间(图 2.3.3).

考虑映射 $f:I^2=[0,1]^2\to S^1\times I\subset \mathbf{R}^3$,

$$(t,s)\mapsto f(t,s)=(\cos 2\pi t,\sin 2\pi t,s),$$

它是一个连续的满射. 类似例 2.3.2 中第 2 种描述方式，$\mathscr{T}_f=(\mathscr{T}_{\rho_0^3})_{S^1\times I}$，即 $\mathscr{T}_f$ 就是 $S^1\times I$ 作为在 $(\mathbf{R}^3,\mathscr{T}_{\rho_0^3})$ 中的子拓扑. 因此 f 为商映射，从而

$$f^*:I^2/R(f)\to S^1\times I$$

为同胚. 于是，这个商拓扑空间同胚于一截“管子”，即**圆柱面** $S^1\times I$(图 2.3.4(b)).

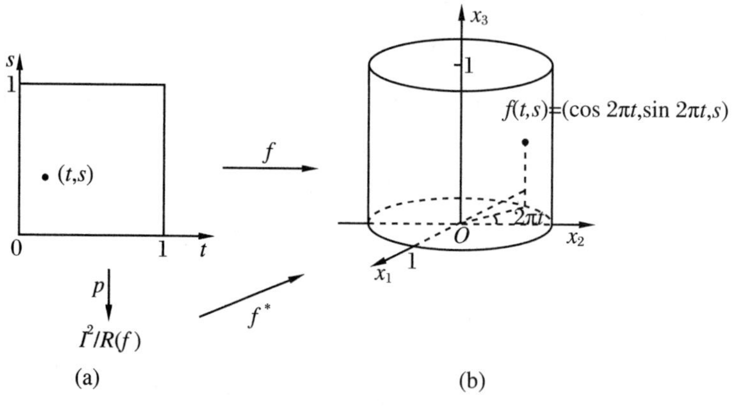

图 2.3.4

例 2.3.4 将单位正方形 $I^2=[0,1]^2$ 的一对竖直的对边上的每一对点 $(0,y)$ 和 $(1,1-y)$ 黏合得到的商拓扑空间(图 2.3.5(a))与称为 **Möbius 带**的空间(图 2.3.5(b))同胚. 相应的商映射 $f:I^2\to Y=f(I^2)\subset\mathbf{R}^3$ 可参阅文献[10]325 页例 11.2.5.

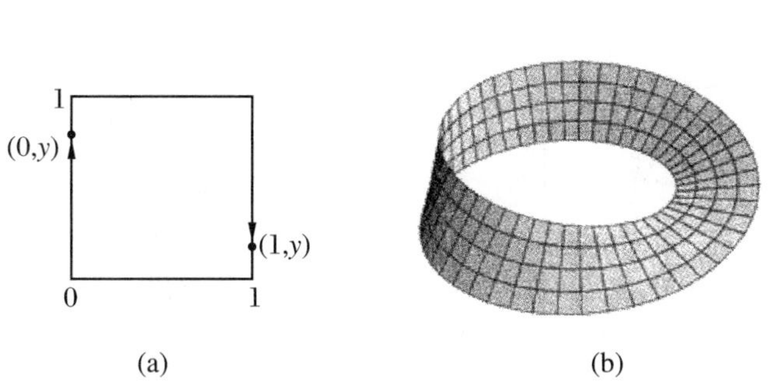

图 2.3.5

顺便说一下,这 Möbius 带并不同胚于例 2.3.4 中的圆柱面.(反证)假设它们同胚,应用 Brouwer 区域不变性定理,必定在同胚下边界变为边界,而 Möbius 带的边界连通,圆柱面的边界却不连通,这与连通为同胚不变性相矛盾.

例 2.3.5 在单位正方形 $I^2=[0,1]^2$ 中将它的一对竖直的对边上的每一对具有相同的第 2 个坐标的点 $(0,y)$ 与 $(1,y)$ 黏合;同时又将它的一对水平对边具有相同的第 1 坐标的点 $(x,0)$ 与 $(x,1)$ 黏合,得到的商拓扑空间(图 2.3.6(a))与**环面**(图 2.3.6(b))同胚.相应的商映射为 $f: I^2\to Y=f(I^2)\subset\mathbf{R}^3,(\theta,\varphi)\mapsto f(\theta,\varphi)=((b+a\cos 2\pi\theta)\cos 2\pi\varphi,(b+a\cos 2\pi\theta)\sin 2\pi\varphi,a\sin 2\pi\theta)$,$0<a<b$.$f^*:I^2/R(f)\to Y=f(I^2)$ 为同胚.易见,它同胚于 $S^1\times S^1$.

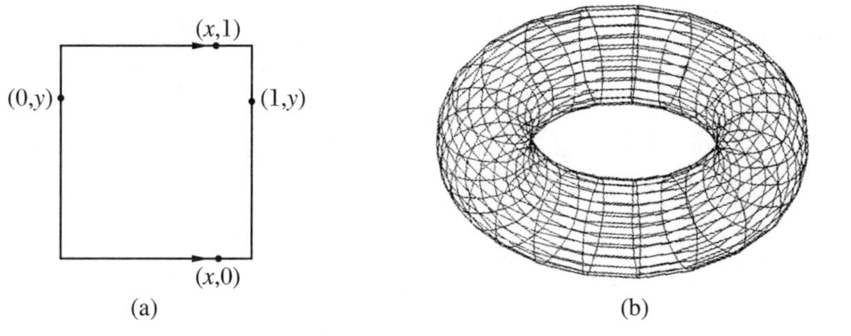

图 2.3.6

例 2.3.6 在单位正方形 $I^2=[0,1]^2$ 中将它的一对水平的对边具有相同的第 1 个坐标的点 $(x,0)$ 与 $(x,1)$ 黏合;同时又将它的一对竖直的对边上的每一对点 $(0,y)$ 与 $(1,1-y)$ 黏合,得到的商空间(图 2.3.7(a))与称为 **Klein 瓶**的图形(图 2.3.7(b))同胚.要注意的是右边的那个图形只是虚拟地画在 3 维 Euclid 空间中,仅仅为了帮助你想象而已.真正要给出商映射 $f: I^2\to Y=f(I^2)\subset\mathbf{R}^n$,$n$ 至少要为 4.也就是说这个商拓扑空间不能与 $\mathbf{R}^3$ 中的某个图形同胚,或者不能在 $\mathbf{R}^3$ 中几何实现.

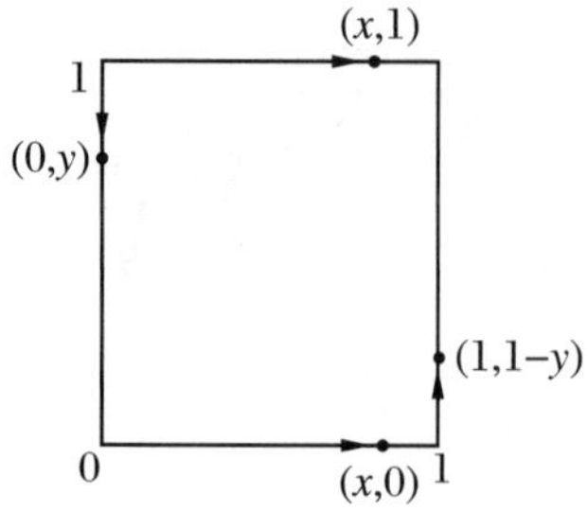

(a)

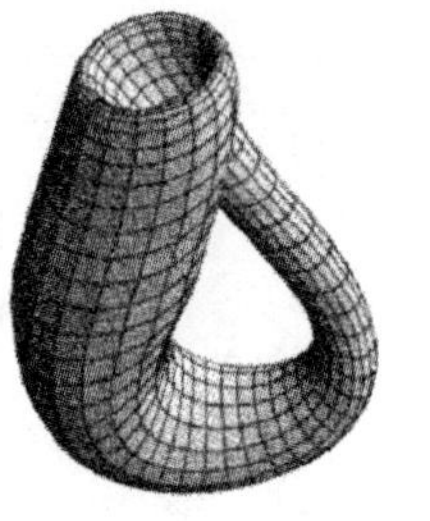

(b)

图 2.3.7

例 2.3.7　n 维实射(投)影空间 $P^n(\mathbf{R})$.

设 $\boldsymbol{x}=(x_1,\cdots,x_{n+1}),\boldsymbol{y}=(y_1,\cdots,y_n)\in\mathbf{R}^{n+1}\backslash\{\mathbf{0}\},\boldsymbol{x}\sim\boldsymbol{y}\Leftrightarrow\boldsymbol{x}=\lambda\boldsymbol{y},\lambda\in\mathbf{R},\lambda\neq0$. $\boldsymbol{x}\in\mathbf{R}^{n+1}\backslash\{\mathbf{0}\}$的等价类$[\boldsymbol{x}]=\{\boldsymbol{y}\in\mathbf{R}^{n+1}\backslash\{\mathbf{0}\}\mid\boldsymbol{y}\sim\boldsymbol{x}\}$,等价类的全体为

$$P^n(\mathbf{R})=(\mathbf{R}^{n+1}\backslash\{\mathbf{0}\})/\sim=\{[\boldsymbol{x}]\mid\boldsymbol{x}\in\mathbf{R}^{n+1}\backslash\{\mathbf{0}\}\}.$$

投影 $p:\mathbf{R}^{n+1}\backslash\{\mathbf{0}\}\to P^n(\mathbf{R})=(\mathbf{R}^{n+1}\backslash\{\mathbf{0}\})/\sim,p(\boldsymbol{x})=[\boldsymbol{x}]$. 设 $\mathbf{R}^{n+1}\backslash\{\mathbf{0}\}$的拓扑为 $\mathscr{T}$. 由引理2.3.1知,$\mathscr{T}_p=\{U\subset P^n(\mathbf{R})\mid p^{-1}(U)\in\mathscr{T}\}$为 $P^n(\mathbf{R})$上的一个拓扑. 它是 $\mathbf{R}^{n+1}\backslash\{\mathbf{0}\}$在$\sim$下的商拓扑,称$(P^n(\mathbf{R}),\mathscr{T}_p)=((\mathbf{R}^{n+1}\backslash\{\mathbf{0}\})/\sim,\mathscr{T}_p)$为 **$n$ 维实射(投)影空间**.

$\forall[\boldsymbol{x}],[\boldsymbol{y}]\in P^n(\mathbf{R}),[\boldsymbol{x}]\neq[\boldsymbol{y}]$,则存在含 $p^{-1}([\boldsymbol{x}])$的以原点为心的去心开锥体 V_x 与含 $p^{-1}([\boldsymbol{y}])$的以原点为心的去心开锥体 V_y,使得 $V_x\cap V_y=\varnothing$. 因而,$p(V_x)$与 $p(V_y)$分别是含$[\boldsymbol{x}]$与$[\boldsymbol{y}]$的不相交的开集,故$(P^n(\mathbf{R}),\mathscr{T}_p)$为 T_2 空间.

令

$$U_k=\{[\boldsymbol{x}]\in P^n(\mathbf{R})\mid\boldsymbol{x}=(x_1,\cdots,x_{n+1}),x_k\neq0\},$$
$$\varphi_k:U_k\to\mathbf{R}^n,$$
$$\varphi_k([\boldsymbol{x}])=\left(\frac{x_1}{x_k},\cdots,\frac{x_{k-1}}{x_k},\frac{x_{k+1}}{x_k},\cdots,\frac{x_{n+1}}{x_k}\right)$$
$$=({}_k\xi^1,\cdots,{}_k\xi^{k-1},{}_k\xi^{k+1},\cdots,{}_k\xi^{n+1}).$$

我们称$\{x_1,\cdots,x_{n+1}\}$为$[\boldsymbol{x}]$的齐次坐标,$({}_k\xi^1,\cdots,{}_k\xi^{k-1},{}_k\xi^{k+1},\cdots,{}_k\xi^{n+1})$为$[\boldsymbol{x}]$关于 U_k 的非齐次坐标.

显然,$\bigcup\limits_{k=1}^{n+1}U_k=P^n(\mathbf{R})$;且当 $U_k\cap U_l\neq\varnothing,k\neq l$ 时,

$$\varphi_l\circ\varphi_k^{-1}:\varphi_k(U_k\cap U_l)\to\varphi_l(U_k\cap U_l),$$
$$\varphi_l\circ\varphi_k^{-1}({}_k\xi^1,\cdots,{}_k\xi^{k-1},{}_k\xi^{k+1},\cdots,{}_k\xi^{n+1})$$
$$=\varphi_l([x])=({}_l\xi^1,\cdots,{}_l\xi^{l-1},{}_l\xi^{l+1},\cdots,{}_l\xi^{n+1}).$$

其中

$$\begin{cases} {}_l\xi^h = \dfrac{x_h}{x^l} = \dfrac{\dfrac{x_h}{x_k}}{\dfrac{x_l}{x_k}} = \dfrac{{}_k\xi^h}{{}_k\xi^l}, \quad h \neq l,k, \\ {}_l\xi^k = \dfrac{x_k}{x_l} = \dfrac{1}{\dfrac{x_l}{x_k}} = \dfrac{1}{{}_k\xi^l} \end{cases}$$

都为有理函数,因而它是 C^ω 函数.由此知,$\mathscr{D}'=\{(U_k,\varphi_k)\mid k=1,\cdots,n+1\}$为 $P^n(\mathbf{R})$上的一个 C^ω 微分构造的基.根据定理2.1.7,$\mathscr{D}'$唯一确定了 $P^n(\mathbf{R})$上的一个 C^ω 微分构造 $\mathscr{D}$,使($P^n(\mathbf{R}),\mathscr{D}$)成为 C^ω 流形.

我们也可用另一个观点来研究 $P^n(\mathbf{R})$.设 $\boldsymbol{x}=(x_1,\cdots,x_{n+1})$,$\boldsymbol{y}=(y_1,\cdots,y_{n+1})\in S^n$,$\boldsymbol{x}\sim\boldsymbol{y}\Leftrightarrow\boldsymbol{x}=-\boldsymbol{y}$,$[\boldsymbol{x}]=\{\boldsymbol{x},-\boldsymbol{x}\}$,

$$P^n(\mathbf{R}) = S^n/\sim = \{[\boldsymbol{x}] \mid \boldsymbol{x}\in S^n\}.$$

令

$$U_k = \{[\boldsymbol{x}]\in P^n(\mathbf{R}) \mid x_k\neq 0\},$$

$$\varphi_k: U_k \to \left\{\xi^k = (\xi_1^k,\cdots,\xi_n^k) \,\middle|\, \sum_{j=1}^n (\xi_j^k)^2 < 1\right\},$$

$$\begin{aligned}\varphi_k([x]) &= x_k\mid x_k\mid^{-1}(x_1,\cdots,x_{k-1},x_{k+1},\cdots,x_{n+1}) \\ &= (\xi_1^k,\cdots,\xi_n^k) = \xi^k.\end{aligned}$$

容易验证 $\mathscr{D}'=\{(U_k,\varphi_k)\mid k=1,\cdots,n+1\}$满足 C^ω 微分构造基的两个条件,从而它唯一确定了 $P^n(\mathbf{R})$上的一个 C^ω 微分构造 $\mathscr{D}$,使得($P^n(\mathbf{R}),\mathscr{D}$)成为一个 n 维 C^ω 流形.

当 $n=2$ 时,$P^2(\mathbf{R})$称为**实射(投)影平面**.图2.3.8为它的示意图.

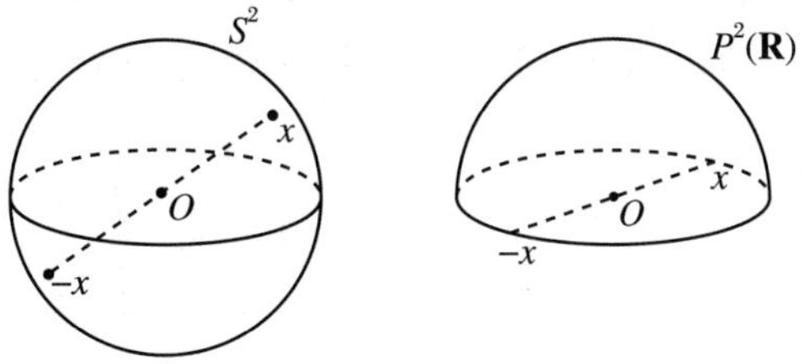

图2.3.8

类似可定义 n 维复射(投)影空间($P^n(\mathbf{C}),\mathscr{D}$),它是 n 维复解析流形(参阅文献[4]14页).

例2.3.8 设 $T(m,n)=\{\boldsymbol{X}\mid\boldsymbol{X}$ 为 $m\times n$ 实矩阵$\}=\mathbf{R}^{mn}$(矩阵 $\boldsymbol{X}=(x_{ij})$中元素按($x_{11},\cdots,x_{1n},x_{21},\cdots,x_{2n},\cdots,x_{m1},\cdots,x_{mn}$)排列,视它为 $\mathbf{R}^{mn}$ 中的一点),则它自然确定为一个 mn 维 C^ω 流形(当然是一个拓扑空间).考察

$$T(m,n;m)=\{\boldsymbol{X}\in T(m,n)\mid \mathrm{rank}\boldsymbol{X}=m\},$$

它为 $T(m,n)$中的开子空间,自然是一个 mn 维的 C^ω 开子流形.

设 G_{km} 为 $\mathbf{R}^{m+k}$ 中通过原点的所有 m 维向量子空间组成的集合(每个过原点的 m 维向量子空间视作 G_{km} 中的一个点).

考虑 $T(m,m+k;m)$. 如果 $\boldsymbol{A},\boldsymbol{B}\in T(m,m+k;m)$,我们定义:$\boldsymbol{A}\sim\boldsymbol{B}\Leftrightarrow$矩阵 $\boldsymbol{A}$ 与 $\boldsymbol{B}$ 的行向量在 $\mathbf{R}^{mn}$ 中所张成的 m 维子空间相同. 显然,$\boldsymbol{A}\sim\boldsymbol{B}\Leftrightarrow\boldsymbol{A}=\boldsymbol{C}\boldsymbol{B}$,其中 $\boldsymbol{C}$ 为 $m\times m$非异矩阵. 记等价类

$$[\boldsymbol{A}]=\{\boldsymbol{B}\in T(m,m+k;m)\mid \boldsymbol{B}\sim\boldsymbol{A}\}.$$

于是

$$G_{km}=T(m,m+k;m)/\sim=\{[\boldsymbol{A}]\mid \boldsymbol{A}\in T(m,m+k;m)\}$$

为 $T(m,m+k;m)$在等价关系$\sim$下的商集合.

$$p:T(m,m+k;m)\to G_{km}=T(m,m+k;m)/\sim,$$
$$\boldsymbol{A}\mapsto p(\boldsymbol{A})=[\boldsymbol{A}]$$

为自然投影. 记 $\mathbf{R}^{m(m+k)}$ 中的拓扑为 $\mathscr{T}_{\rho_0^{m(m+k)}}$,开子空间 $T(m,m+k;m)$的诱导拓扑为 $\mathscr{T}$. 于是,$(G_{km},\mathscr{T}_\sim)=(T(m,m+k;m)/\sim,\mathscr{T}_\sim)$为 $T(m,m+k;m)$在等价关系$\sim$下的商拓扑空间.

文献[4]16~20 页还进一步证明了 G_{km}是局部欧、T_2、A_2、紧致的 C^ω 流形. 我们称它为 **Grassmann 流形**. 它是目前遇到的最复杂的商拓扑空间、最复杂的流形.

例 2.3.9 文献[4]中给出的向量丛、切丛、张量丛、外形式丛的底流形都是商空间.

例 2.3.10 (1) 定理 3.4.1(2)证明了覆叠空间的底空间是商空间.

(2) 定义 3.5.1 中的轨道空间 $X/G=X/\sim$是 X 在G 或$\sim$下的商空间.

现在转而讨论原有给定的拓扑空间具有的拓扑性质,商拓扑空间是否仍具有这种拓扑性质?

定义 2.3.4 设 P 为给定拓扑空间$(X,\mathscr{T})$具有的拓扑性质,如果在等价关系$\sim$下的商拓扑空间$(X/\sim,\mathscr{T}_\sim)$仍具有拓扑性质 P,则称 P 具有**可商性**.

定理 2.3.5 紧致、可数紧致、序列紧致都具有可商性,但是列紧不具有可商性.

证明 (1) 设$(X,\mathscr{T})$为紧致(可数紧致或序列紧致)空间. 由于自然投影 $p:X\to X/\sim$为连续映射,根据定理 1.6.10,$(X/\sim,\mathscr{T}_\sim)=(p(X),\mathscr{T}_\sim)$也为紧致(可数紧致或序列紧致)空间. 因此,紧致(可数紧致或序列紧致)具有可商性.

(2) 设 $X=\mathbf{N}$,$\mathscr{T}^\circ=\{\{2n-1,n\}\mid n\in\mathbf{N}\}$为 $X=\mathbf{N}$ 上的一个拓扑基,它唯一生成的拓扑记为 $\mathscr{T}$. 由例 1.6.10 知,$(X,\mathscr{T})$为列紧空间. 在 X 上引入一个等价关系:$2n-1\sim2n$,$\forall\, n\in\mathbf{N}$. 显然,$X/\sim=\{[2n-1]\mid n\in\mathbf{N}\}$,$\mathscr{T}_\sim=\mathscr{T}_{离散}$,即$(X/\sim,\mathscr{T}_\sim)=(X/\sim,\mathscr{T}_{离散})$为离

散拓扑空间. 显然, $X/\sim$ 中的无限子集 $\{[2n-1] \mid n\in\mathbf{N}\}$ 无聚点, 从而 $(X/\sim,\mathscr{T}_\sim)$ 不是列紧空间. 因此, 列紧不具有可商性. □

定理 2.3.6 连通、道路连通都具有可商性.

证明 设 $(X,\mathscr{T})$ 为连通(或道路连通)空间. 由于自然投影 $p:X\to X/\sim$ 为连续映射, 根据定理 1.4.4, $(X/\sim,\mathscr{T}_\sim)=(p(X),\mathscr{T}_\sim)$ 也连通(或道路连通). 因此, 连通(或道路连通)具有可商性. □

例 2.3.11 所有的分离性都不具有可商性.

(1) 例 2.3.1 中给出的实数空间的那个商拓扑空间是包含着两个点的平庸拓扑空间. 当然它不是 T_0 空间, 也不是 $T_i(i=1,2,3,3.5,4)$ 空间. 但它既是正则空间, 也是正规空间(因为它无一点 x 与不含 x 的非空闭集; 无两个不相交的非空闭集). 由于实数空间 $(\mathbf{R}^1,\mathscr{T}_{\rho_0^1})$ 具有一切分离性, 所以 $T_i(i=0,1,2,3,3.5,4)$ 都不具有可商性质.

(2) 在实数空间 $(\mathbf{R}^1,\mathscr{T}_{\rho_0^1})$ 中给出一个等价关系 $\sim$: $x,y\in\mathbf{R}^1$, $x\sim y\Leftrightarrow x,y\in(-\infty,0]$; 或者 $x,y\in(0,1)$; 或者 $x,y\in[1,+\infty)$. 于是, 等价类恰有 3 个:

$$A=[0]=(-\infty,0],\quad B=\left[\frac{1}{2}\right]=(0,1),\quad C=[1]=[1,+\infty).$$

$$\mathbf{R}^1/\sim=\{A,B,C\}.$$

易见, $\mathbf{R}^1/\sim$ 上的商拓扑为

$$\mathscr{T}_\sim=\{\varnothing,\{A,B\},B,\{B,C\},\{A,B,C\}\}.$$

考察点 A 与点 B 可见 $(\mathbf{R}^1/\sim,\mathscr{T}_\sim)$ 不为 T_1 空间, 因此也不为 $T_i(i=2,3,3.5,4)$ 空间. 此外, 考察单点闭集 $\{A\}$ 与 $\{C\}$ 可见, $(\mathbf{R}^1/\sim,\mathscr{T}_\sim)$ 既不是正则空间, 也不是正规空间, 当然也不是完全正则空间(可验证它是一个 T_0 空间). 由于 $(\mathbf{R}^1,\mathscr{T}_{\rho_0^1})$ 具有一切分离性, 所以 $T_i(i=1,2,3,3.5,4)$、正则、完全正则、正规都不具有可商性质.

(3) 设 $X=\mathbf{R}^1\times\{0\}\cup\mathbf{R}^1\times\{1\}$, 记 $\mathscr{T}$ 为 X 上关于 $(\mathbf{R}^2,\mathscr{T}_{\rho_0^2})$ 的子拓扑. 在 X 上引入等价关系 $\sim$:

$(x,0)\sim(y,0)\Leftrightarrow x,y\in\mathbf{Q}$ 或 $x,y\in\mathbf{R}^1/\mathbf{Q}$.

$(x,1)\sim(y,1)\Leftrightarrow x,y\in(-\infty,0]$; 或者 $x,y\in(0,1)$; 或者 $x,y\in[1,+\infty)$.

于是, 等价类恰有 5 个:

$$[(0,0)],\quad [(\sqrt{2},0)],\quad A=[(0,1)]=(-\infty,0]\times\{1\},$$

$$B=\left[\left(\frac{1}{2},1\right)\right]=(0,1)\times\{1\},\quad C=[(1,1)]=[1,+\infty)\times\{1\}.$$

$$X/\sim=\{[(0,1)],[(\sqrt{2},0)],A,B,C\},$$

$$\mathscr{T}^\circ_\sim=\{\{[(0,1)],[(\sqrt{2},0)]\},\{A,B\},\{B\},\{B,C\},\{A,B,C\}\}$$

为 $X/\sim$ 上的一个拓扑基, 它生成的拓扑就是 $X/\sim$ 在等价关系下的商拓扑 $\mathscr{T}_\sim$. 根据(1)、

(2), $(X/\sim,\mathscr{T}_\sim)$不是 $T_i(i=0,1,2,3,3.5,4)$空间,不是正则、正规、完全正则空间. 而 $(X,\mathscr{T})$具有一切分离性. 因此,此例表明一切分离性都不具有可商性. □

定理 2.3.7 Lindelöf 与可分都具有可商性.

证明 (证法 1)(1) 设$(X,\mathscr{T})$为 Lindelöf 空间, $p:X\to X/\sim$为自然投影, $\{V_\alpha\mid\alpha\in\Gamma\}$为商拓扑空间$(X/\sim,\mathscr{T}_\sim)$上的任一开覆盖,则$\{p^{-1}(V_\alpha)\mid\alpha\in\Gamma\}$为$(X,\mathscr{T})$上的一个开覆盖. 由于$(X,\mathscr{T})$为 Lindelöf 空间, $\{p^{-1}(V_\alpha)\mid\alpha\in\Gamma\}$必有可数子覆盖

$$\{p^{-1}(V_{\alpha_i})\mid\alpha_i\in\Gamma,i=1,2,\cdots\}.$$

于是, $\{V_{\alpha_i}=p(p^{-1}(V_{\alpha_i}))\mid\alpha_i\in\Gamma,i=1,2,\cdots\}$为$\{V_\alpha\mid\alpha\in\Gamma\}$的可数子覆盖,从而$(X/\sim,\mathscr{T}_\sim)$为 Lindelöf空间. 这就证明了 Lindelöf 具有可商性.

(2) 设$(X,\mathscr{T})$为可分空间, $A\subset X$ 为其可数稠密子集,即 A 至多可数,且 $\overline{A}=X$. 又设 $p:X\to X/\sim$为自然投影,下证 $p(A)\subset X/\sim$为商拓扑空间$(X/\sim,\mathscr{T}_\sim)$中的可数稠密子集,从而$(X/\sim,\mathscr{T}_\sim)$为可分空间. 因此,可分具有可商性. 事实上,由 A 至多可数知 $p(A)$至多可数. 此外,对$\forall y\in X/\sim$,必有 $x\in X$,使得 $y=[x]=p(x)$. 对 y 的任何开邻域 V, $p^{-1}(V)$为 x 的开邻域. 由 A 稠密必有 $a\in A\cap p^{-1}(V)$,使 $p(a)\in p(A)\cap V$,即 $y\in\overline{p(A)}$,从而 $X/\sim\subset\overline{p(A)}$, $X/\sim=\overline{p(A)}$. 这就证明了 $p(A)$为商拓扑空间$(X/\sim,\mathscr{T}_\sim)$中的可数稠密子集.

(证法 2)设$(X,\mathscr{T})$为可分空间, $A\subset X$ 为其可数稠密子集. 由 A 至多可数知$p(A)$至多可数. 此外,因 p 为连续满映射,故 $X/\sim=p(X)=p(\overline{A})\subset\overline{p(A)}\subset X/\sim$(其中 $p(\overline{A})\subset\overline{p(A)}$是定理 1.3.2(4)推得的). 从而, $\overline{p(A)}=X/\sim$,即 $p(A)$为$(X/\sim,\mathscr{T}_\sim)$中的可数稠密集. 这就证明了$(X/\sim,\mathscr{T}_\sim)$为可分空间. 因此,可分具有可商性. □

例 2.3.12 A_1 与 A_2 都不具有可商性.

由例 1.2.7, $(\mathbf{R}^1,\mathscr{T}_{\rho_0^1})$为 A_2(当然也为 A_1)空间. 在 $\mathbf{R}^1$ 上引入等价关系$\sim$:

$\forall x,y\in\mathbf{Z},x\sim y$; $\forall x\notin\mathbf{Z}$,当 $y\sim x$ 必有 $y=x$. 于是,它的等价类有$[0]=\mathbf{Z}$, $[x]=\{x\}$(单点集), $\forall x\notin\mathbf{Z}$,商集合为

$$\mathbf{R}^1/\sim=\{[x]\mid x\in\mathbf{R}\}=\{[0],[x]\mid\forall x\notin\mathbf{Z}\}=\{\mathbf{Z},[x]\mid\forall x\notin\mathbf{Z}\}.$$

下证$(\mathbf{R}^1/\sim,\mathscr{T}_\sim)$不为 A_1 空间(当然也不为 A_2 空间).

考察商拓扑空间$(\mathbf{R}^1/\sim,\mathscr{T}_\sim)$中的特殊点$[0]$,对于$[0]$点处的可数开邻域$\{V_n\mid n\in\mathbf{Z}\}$. 对$\forall m\in\mathbf{Z}$,取 $\varepsilon_m^n>0$,使得$(m-\varepsilon_m^n,m+\varepsilon_m^n)\subset p^{-1}(V_n)$, $n\in\mathbf{Z}$. 令 $V\subset\mathbf{R}^1/\sim$,使 $p^{-1}(V)=\bigcup\limits_{m\in\mathbf{Z}}\left(m-\frac{\varepsilon_m^m}{2},m+\frac{\varepsilon_m^m}{2}\right)$. 显然, $p^{-1}(V)$为$(\mathbf{R}^1,\mathscr{T}_{\rho_0^1})$中的开集. 根据商拓扑的定义 2.3.1, V 为$(\mathbf{R}^1/\sim,\mathscr{T}_\sim)$中的开集. 但是,由于

$$(m-\varepsilon_m^m,m+\varepsilon_m^m)\not\subset\left(m-\frac{\varepsilon_m^m}{2},m+\frac{\varepsilon_m^m}{2}\right),$$

必有 $V_n \not\subset V, \forall m \in \mathbf{Z}$. 因此, $\{V_n \mid n \in \mathbf{Z}\}$不为[0]处的局部基,即[0]点处无可数局部基,所以$(\mathbf{R}^1/\sim, \mathscr{T}_\sim)$不为 A_1 空间. 此例表明 A_1 与 A_2 都不具有可商性(图 2.3.9).

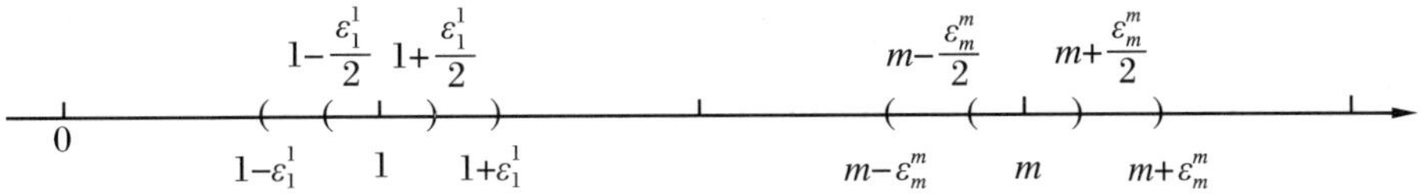

图 2.3.9

概括上面的讨论,紧致、可数紧致、序列紧致、可分、Lindelöf、连通、道路连通都具有可商性; A_1、A_2、列紧、分离性质都不具有可商性.

开问题:局部紧致、仿紧、局部连通、局部道路连通具有可商性吗?

2.4 一般乘积空间与可积性

这一节的主要任务是将有限个拓扑空间的有限积拓扑理论推广到任意一个拓扑空间的一般积拓扑理论.

定义 2.4.1 集族$\{X_\gamma \mid \gamma \in \Gamma\}$的**笛卡儿积** $\prod_{\gamma \in \Gamma} X_\gamma$,定义为集合

$$\prod_{\gamma \in \Gamma} X_\gamma = \{x = (x_\gamma)_{\gamma \in \Gamma} \mid x_\gamma \in X_\gamma, \gamma \in \Gamma\}$$
$$= \left\{x : \Gamma \to \bigcup_{\gamma \in \Gamma} X_\gamma \,\middle|\, x_\gamma = x(\gamma), \forall \gamma \in \Gamma\right\}.$$

我们称集合 X_γ 为笛卡儿积 $\prod_{\gamma \in \Gamma} X_\gamma$ 的第 γ 个坐标集,而 $x_\gamma = x(\gamma)$为 x 的**第 $\boldsymbol{\gamma}$ 个坐标**.

映射

$$p_\alpha : \prod_{\gamma \in \Gamma} X_\gamma \to X_\alpha,$$
$$x = (x_\gamma)_{\gamma \in \Gamma} \mapsto p_\alpha(x) = x_\alpha = x(\alpha)$$

称为笛卡儿积 $\prod_{\gamma \in \Gamma} X_\gamma$ 的**第 $\boldsymbol{\alpha}$ 个投射**或**投影**.

当 $\Gamma = \{1, \cdots, n\}$时,也记为

$$X_1 \times \cdots \times X_n = \prod_{\gamma=1}^{n} X_\gamma = \{x = (x_1, \cdots, x_n) \mid x_\gamma \in X_\gamma, \gamma = 1, \cdots, n\}.$$

当 $\Gamma = \mathbf{N}$ 时,也记为

$$X_1 \times \cdots \times X_\gamma \times \cdots = \prod_{\gamma=1}^{\infty} X_\gamma = \{x = (x_1, \cdots, x_\gamma, \cdots) = (x_\gamma)_{\gamma \in \mathbf{N}} \mid x_\gamma \in X_\gamma, \gamma \in \mathbf{N}\}.$$

如果 $X_\gamma = X, \forall \gamma \in \Gamma$,则记

$$\prod_{\gamma\in\Gamma} X_\gamma = \left\{ x: \Gamma \to \bigcup_{\gamma\in\Gamma} X_\gamma \,\middle|\, x_\gamma = x(\gamma) \in X_\gamma, \forall \gamma \in \Gamma \right\}$$
$$= \{x: \Gamma \to X \mid x_\gamma = x(\gamma) \in X\} = X^\Gamma,$$

X^Γ 是从集合 Γ 到集合 X 的所有映射构成的集合.

定义 2.4.2 设 $\{(X_\gamma, \mathscr{T}_\gamma) \mid \gamma \in \Gamma\}$ 为一个拓扑空间族.类似拓扑有限积,容易验证笛卡儿积 $\prod_{\gamma\in\Gamma} X_\alpha$ 的子集族

$$\mathscr{T}_{子}^\circ = \{p_\gamma^{-1}(U_\gamma) \mid U_\gamma \text{ 为}(X_\gamma, \mathscr{T}_\gamma)\text{ 中的开集}, \gamma \in \Gamma\}$$

为它的某个拓扑 $\mathscr{T}$ 的一个子基.由子基 $\mathscr{T}_{子}^\circ$ 生成拓扑基

$$\mathscr{T}^\circ = \{P_{\gamma_1}^{-1}(U_{\gamma_1}) \cap \cdots \cap P_{\gamma_l}^{-1}(U_{\gamma_l}) \mid P^{-1}U_{\gamma_i} \in \mathscr{T}_{子}^\circ, i = 1, \cdots, l\},$$

再由拓扑基 $\mathscr{T}^\circ$ 生成拓扑 $\mathscr{T} = \prod_{\gamma\in\Gamma} \mathscr{T}_\gamma$.拓扑 $\mathscr{T} = \prod_{\gamma\in\Gamma} \mathscr{T}_\gamma$ 称为笛卡儿积 $\prod_{\gamma\in\Gamma} X_\gamma$ 的**积拓扑**,拓扑空间

$$\left(\prod_{\gamma\in\Gamma} X_\gamma, \mathscr{T}\right) = \left(\prod_{\gamma\in\Gamma} X_\gamma, \prod_{\gamma\in\Gamma} \mathscr{T}_\gamma\right)$$

称为拓扑空间族

$$\{(X_\gamma, \mathscr{T}_\gamma) \mid \gamma \in \Gamma\}$$

的**拓扑积空间**.对每个 $\gamma \in \Gamma$,拓扑空间 $(X_\gamma, \mathscr{T}_\gamma)$ 称为拓扑积空间 $\left(\prod_{\gamma\in\Gamma} X_\gamma, \prod_{\gamma\in\Gamma} \mathscr{T}_\gamma\right)$ 的**第 γ 个坐标空间**.

易见,有限个拓扑空间的拓扑积空间恰是一族拓扑空间的拓扑积空间的一个特殊情形.现将有关有限个拓扑空间的有限拓扑积空间的几个重要定理推广到一族拓扑空间的拓扑积空间.相应定理的证明实质是相似的.

定理 2.4.1 设 $\{(X_\gamma, \mathscr{T}_\gamma) \mid \gamma \in \Gamma\}$ 为一族拓扑空间,则对 $\forall \alpha \in \Gamma$,拓扑积空间 $\left(\prod_{\gamma\in\Gamma} X_\gamma, \prod_{\gamma\in\Gamma} \mathscr{T}_\gamma\right)$ 的第 α 个投射 $p_\alpha: \prod_{\gamma\in\Gamma} X_\gamma \to X_\alpha$ 为一个满的连续开映射.

证明 设 $\mathscr{T}_{子}^\circ = \{p_\gamma^{-1}(U_\gamma) \mid U_\gamma$ 为 $(X_\gamma, \mathscr{T}_\gamma)$ 的开集,$\gamma \in \Gamma\}$ 为积拓扑定义中的那个子基.对 $(X_\alpha, \mathscr{T}_\alpha)$ 中的每一个开集 U_α,由于 $p_\alpha^{-1}(U_\alpha) \in \mathscr{T}_{子}^\circ \subset \prod_{\gamma\in\Gamma} \mathscr{T}_\gamma = \mathscr{T}$,即它是拓扑积空间中的一个开集.因此,$p_\alpha$ 是连续的.此外,p_α 为满射是显然的.

设 $\mathscr{T}^\circ$ 为 $\mathscr{T}_{子}^\circ$ 的每一个有限非空子族之交的全体构成的集族,根据子基的定义,$\mathscr{T}^\circ$ 为积拓扑 $\mathscr{T} = \prod_{\gamma\in\Gamma} \mathscr{T}_\gamma$ 的一个拓扑基.令 U 为 $\mathscr{T}^\circ$ 中的一个元素,则 U 可表示为

$$U = p_{\alpha_1}^{-1}(U_{\alpha_1}) \cap p_{\alpha_2}^{-1}(U_{\alpha_2}) \cap \cdots \cap p_{\alpha_n}^{-1}(U_{\alpha_n}), \quad n \geqslant 1,$$

并且每个 U_{α_i} 为 $(X_{\alpha_i}, \mathscr{T}_{\alpha_i})$ 中的一个开集.我们不妨设 $\alpha_1, \cdots, \alpha_n$ 是 Γ 中彼此不同的 n 个元素(否则作同类项合并,即如果 $\alpha_i = \alpha_j$,则有

$$p_{\alpha_i}^{-1}(U_{\alpha_i}) \cap p_{\alpha_j}^{-1}(U_{\alpha_j}) = p_{\alpha_i}^{-1}(U_{\alpha_i} \cap U_{\alpha_j}).$$

因此可以在 U 的以上表示式中消去下标相同的项).

如果 $U=\varnothing$,则 $p_\alpha(U)=p_\alpha(\varnothing)=\varnothing$为$(X_\alpha,\mathscr{T}_\alpha)$中的一个开集;

如果 $U\neq\varnothing$,则

$$\begin{aligned} p_\alpha(U) &= p_\alpha(p_{\alpha_1}^{-1}(U_{\alpha_1}) \cap p_{\alpha_2}^{-1}(U_{\alpha_2}) \cap \cdots \cap p_{\alpha_n}^{-1}(U_{\alpha_n})) \\ &= \begin{cases} X_\alpha, & \forall\, i = 1,\cdots,n, \alpha \neq \alpha_i, \\ U_{\alpha_i}, & \text{某个 } i = 1,\cdots,n, \alpha = \alpha_i, \end{cases} \end{aligned}$$

它都为$(X_\alpha,\mathscr{T}_\alpha)$中的一个开集.再由积拓扑 $\mathscr{T}=\prod\limits_{\gamma\in\Gamma}\mathscr{T}_\gamma$ 中的每一个元素都是 $\mathscr{T}^\circ$中若干元素的并.因而 p_α 为一个开映射. □

定理 2.4.2 设$\{(X_\gamma,\mathscr{T}_\gamma)\mid\gamma\in\Gamma\}$为一族拓扑空间,$\left(\prod\limits_{\gamma\in\Gamma}X_\gamma,\prod\limits_{\gamma\in\Gamma}\mathscr{T}_\gamma\right)$为拓扑积空间.又设$(Y,\mathscr{T}_Y)$为一个拓扑空间,则

映射 $f:(Y,\mathscr{T}_Y)\to\left(\prod\limits_{\gamma\in\Gamma}X_\gamma,\prod\limits_{\gamma\in\Gamma}\mathscr{T}_\gamma\right)$为一个连续映射$\Leftrightarrow p_\alpha\circ f:(Y,\mathscr{T}_Y)\to(X_\alpha,\mathscr{T}_\alpha)$,$\forall\,\alpha\in\Gamma$都为连续映射,其中 $p_\alpha:\left(\prod\limits_{\gamma\in\Gamma}X_\gamma,\prod\limits_{\gamma\in\Gamma}\mathscr{T}_\gamma\right)\to(X_\alpha,\mathscr{T}_\alpha)$为第 α 个投射.

证明 ($\Rightarrow$)设 f 连续,又由定理 2.4.1 知,$p_\alpha(\alpha\in\Gamma)$都连续,因此,$p_\alpha\circ f$ 也连续,$\alpha\in\Gamma$.

($\Leftarrow$)设 $p_\alpha\circ f(\alpha\in\Gamma)$都连续,如果 U 是积拓扑的子基 $\mathscr{T}^\circ_{子}$中的一个元素,则 $U=p_\alpha^{-1}(U_\alpha)$,其中 $\alpha\in\Gamma$,U_α 为$(X_\alpha,\mathscr{T}_\alpha)$中的一个开集.因此

$$f^{-1}(U) = f^{-1}(p_\alpha^{-1}(U_\alpha)) = (p_\alpha \circ f)^{-1}(U_\alpha)$$

为$(Y,\mathscr{T}_Y)$中的一个开集.根据定理 2.1.4(3),f 为一个连续映射. □

定理 2.4.3 设$\{(X_\gamma,\mathscr{T}_\gamma)\mid\gamma\in\Gamma\}$为一族拓扑空间,$\mathscr{T}=\prod\limits_{\gamma\in\Gamma}\mathscr{T}_\gamma$ 为 $\prod\limits_{\gamma\in\Gamma}X_\gamma$ 的积拓扑.如果 $\tilde{\mathscr{T}}$是笛卡儿积 $\prod\limits_{\gamma\in\Gamma}X_\gamma$ 的一个拓扑,使得对于 $\forall\,\alpha\in\Gamma$,$\prod\limits_{\gamma\in\Gamma}X_\gamma$ 的第 α 个投射 p_α:$\prod\limits_{\gamma\in\Gamma}X_\gamma\to X_\alpha$ 都是连续的,则 $\mathscr{T}\subset\tilde{\mathscr{T}}$.

换言之,积拓扑是使所有投射都连续的最小粗拓扑.

证明 设 $\mathscr{T}^\circ_{子}$为 $\prod\limits_{\gamma\in\Gamma}X_\gamma$ 的积拓扑 $\mathscr{T}=\prod\limits_{\gamma\in\Gamma}X_\gamma$ 的定义中的那个子基,则 $\forall\,U_\gamma\in\mathscr{T}_\gamma,\gamma\in\Gamma$,由 p_γ 关于 $\tilde{\mathscr{T}}$连续,根据定理 1.3.2(2),$p_\gamma^{-1}(U_\gamma)\in\tilde{\mathscr{T}}$.因为由 $\mathscr{T}^\circ_{子}$生成的拓扑基 $\mathscr{T}^\circ$中元素必为有限个形如 $p_\gamma^{-1}(U_\gamma),\gamma\in\Gamma$ 的交,所以拓扑 $\tilde{\mathscr{T}}\supset\mathscr{T}^\circ$,从而 $\tilde{\mathscr{T}}\supset\mathscr{T}$. □

定理 2.4.4 设$\{(X_\gamma,\mathscr{T}_\gamma)\mid\gamma\in\Gamma\}$为一族拓扑空间,则拓扑积空间

$$\left(\prod_{\gamma\in\Gamma}X_\gamma,\mathscr{T}\right) = \left(\prod_{\gamma\in\Gamma}X_\gamma,\prod_{\gamma\in\Gamma}\mathscr{T}_\gamma\right)$$

中的点列$\{x^{(i)} \mid i\in\mathbf{N}\}$收敛于点$x\in\prod_{\gamma\in\Gamma}X_\gamma\Leftrightarrow$对$\forall\alpha\in\Gamma$,拓扑空间$(X_\alpha,\mathcal{T}_\alpha)$中的点列$\{p_\alpha(x^{(i)}) \mid i\in\mathbf{N}\}$收敛于$p_\alpha(x)\in X_\alpha$.

证明 ($\Rightarrow$)由定理2.4.1与定理1.3.2(7)立即推得.

($\Leftarrow$)设$x\in\prod_{\gamma\in\Gamma}X_\gamma$,$\{x^{(i)} \mid i\in\mathbf{N}\}$为拓扑积空间$\left(\prod_{\gamma\in\Gamma}X_\gamma,\mathcal{T}\right)=\left(\prod_{\gamma\in\Gamma}X_\gamma,\prod_{\gamma\in\Gamma}\mathcal{T}_\gamma\right)$中的一个点列,且对$\forall\alpha\in\Gamma$,第$\alpha$个坐标空间$(X_\alpha,\mathcal{T}_\alpha)$中的点列$\{p_\alpha(x^{(i)}) \mid i\in\mathbf{N}\}$收敛于$p_\alpha(x)\in X_\alpha$.

设U为点$x\in\prod_{\gamma\in\Gamma}X_\gamma$的任一开邻域,根据积拓扑$\mathcal{T}=\prod_{\gamma\in\Gamma}\mathcal{T}_\gamma$是由拓扑基

$$\mathcal{T}^\circ=\{p_{\gamma_1}^{-1}(U_{\gamma_1})\cap\cdots\cap p_{\gamma_n}^{-1}(U_{\gamma_n}) \mid \gamma_1,\cdots,\gamma_n\in\Gamma,n\in\mathbf{N}\}$$

生成,而$\mathcal{T}^\circ$是由子基$\mathcal{T}^\circ_{子}=\{p_\gamma^{-1}(U_\gamma) \mid U_\gamma$为$(X_\gamma,\mathcal{T}_\gamma)$中的开集,$\gamma\in\Gamma\}$中有限族之交产生的,因此,存在$n(\geqslant 1)$个$\alpha_1,\cdots,\alpha_n\in\Gamma$与$U_{\alpha_1},\cdots,U_{\alpha_n}$分别为$(X_{\alpha_1},\mathcal{T}_{\alpha_1}),\cdots,(X_{\alpha_n},\mathcal{T}_{\alpha_n})$中的开集,使得

$$x\in p_{\alpha_1}^{-1}(U_{\alpha_1})\cap\cdots\cap p_{\alpha_n}^{-1}(U_{\alpha_n})\subset U.$$

于是,对$\forall j=1,\cdots,n$有$p_{\alpha_j}(x)\in U_{\alpha_j}$.由于右边条件,每个点列$\{p_{\alpha_j}(x^{(i)}) \mid i\in\mathbf{N}\}$都收敛于$p_{\alpha_j}(x)$,故$\exists N_j\in\mathbf{N}$,s.t.当$i>N_j$时,有$p_{\alpha_j}(x^{(i)})\in U_{\alpha_j}$,即$x^{(i)}\in p_{\alpha_j}^{-1}(U_{\alpha_j})$.令

$$N=\max\{N_j \mid j=1,\cdots,n\},$$

则当$i>N$时,$x^{(i)}\in p_{\alpha_j}^{-1}(U_{\alpha_j})$,$\forall j=1,\cdots,n$,即

$$x^{(i)}\in p_{\alpha_1}^{-1}(U_{\alpha_1})\cap\cdots\cap p_{\alpha_n}^{-1}(U_{\alpha_n})\subset U.$$

这就证明了点列$\{x^{(i)} \mid i\in\mathbf{N}\}$在拓扑积空间$\left(\prod_{\gamma\in\Gamma}X_\gamma,\prod_{\gamma\in\Gamma}\mathcal{T}_\gamma\right)$中收敛于点$x\in\prod_{\gamma\in\Gamma}X_\gamma$.

□

注2.4.1 由定理2.4.4的结果,我们常称积拓扑$\mathcal{T}=\prod_{\gamma\in\Gamma}\mathcal{T}_\gamma$为**坐标式收敛拓扑**或**点式收敛拓扑**.

定义2.4.3 如果每一个坐标空间$(X_\gamma,\mathcal{T}_\gamma)$都具有的拓扑性质$P$,拓扑积空间$\left(\prod_{\gamma\in\Gamma}X_\gamma,\prod_{\gamma\in\Gamma}\mathcal{T}_\gamma\right)$也具有,则称$P$具有**可积性**.

因为有限个拓扑空间$(X_\gamma,\mathcal{T}_\gamma)$,$\gamma=1,\cdots,n$的有限拓扑积空间$(X_\gamma,\mathcal{T}_\gamma)$是一族拓扑空间$(X_\gamma,\mathcal{T}_\gamma)$,$\gamma\in\Gamma$的拓扑积空间$\left(\prod_{\gamma\in\Gamma}X_\gamma,\prod_{\gamma\in\Gamma}\mathcal{T}_\gamma\right)$的特殊情形,所以凡具有可积性一定具有有限可积性.凡不具有有限可积性也一定不具有可积性.而具有有限可积性可能具有可积性,也可能不具有可积性.

从2.3节的结果知道,Lindelöf、正规、T_4、可数紧致、列紧、仿紧都不具有有限可积性,所以它们也都不具有可积性.

定理2.4.5 任何一族完全正则空间的拓扑积空间都是完全正则空间,即完全正则

具有可积性.

证明　设$\{(X_\gamma,\mathscr{T}_\gamma)\mid\gamma\in\Gamma\}$为一族完全正则空间. 设$x\in\prod_{\gamma\in\Gamma}X_\gamma$, A为$\left(\prod_{\gamma\in\Gamma}X_\gamma,\prod_{\gamma\in\Gamma}\mathscr{T}_\gamma\right)$中不包含$x$的一个闭集. 因此,$V=\left(\prod_{\gamma\in\Gamma}X_\gamma\right)\backslash A$为$x$的一个开邻域,从而存在$\alpha_1,\cdots,\alpha_n\in\Gamma$两两不相同与$X_{\alpha_i}$中的开集$U_{\alpha_i}$,使得

$$x\in U=p_{\alpha_1}^{-1}(U_{\alpha_1})\cap\cdots\cap p_{\alpha_n}^{-1}(U_{\alpha_n})\subset V,\quad n\geqslant 1,$$

其中p_{α_i}为积空间$\prod_{\gamma\in\Gamma}X_\gamma$的第$\alpha_i$个投射.

定义映射

$$\psi:\prod_{\gamma\in\Gamma}X_\gamma\to X_{\alpha_1}\times\cdots\times X_{\alpha_n},$$

使得$\forall z\in\prod_{\gamma\in\Gamma}X_\gamma$,

$$\psi(z)=(z(\alpha_1),\cdots,z(\alpha_n)).$$

因为对于$X_{\alpha_1}\times\cdots\times X_{\alpha_n}$的第$i$个投射$q_i$,复合映射$q_i\circ\psi=p_{\alpha_i}$是连续的. 根据定理2.2.10(2),$\psi$为一个连续映射. 此外容易验证

$$\psi(U)=U_{\alpha_1}\times\cdots\times U_{\alpha_n},$$

它是$X_{\alpha_1}\times\cdots\times X_{\alpha_n}$中的一个开集.

由定理2.2.15知,有限拓扑积空间$(X_{\alpha_1}\times\cdots\times X_{\alpha_n},\mathscr{T}_{\alpha_1}\times\cdots\times\mathscr{T}_{\alpha_n})$为一个完全正则空间,所以存在连续映射

$$g:X_{\alpha_1}\times\cdots\times X_{\alpha_n}\to[0,1],$$

使得$g(\psi(x))=0$,且对$\forall y\in(X_{\alpha_1}\times\cdots\times X_{\alpha_n})\backslash(U_{\alpha_1}\times\cdots\times U_{\alpha_n})$有$g(y)=1$. 令$f=g\circ\psi:\prod_{\gamma\in\Gamma}X_\gamma\to[0,1]$, 则$f(x)=g\circ\psi(x)=g(\psi(x))=0$,且由$A\subset\left(\prod_{\gamma\in\Gamma}X_\gamma\right)\backslash U$可见,对$\forall y\in A$,有$f(y)=1$. 这就证明了拓扑积空间$\left(\prod_{\gamma\in\Gamma}X_\gamma,\prod_{\gamma\in\Gamma}\mathscr{T}_\gamma\right)$为一个完全正则空间. □

定理2.4.6　任何一族正则空间的拓扑积空间都是正则空间,即正则具有可积性.

证明　设$\{(X_\gamma,\mathscr{T}_\gamma)\mid\gamma\in\Gamma\}$为一族正则空间,$x\in\prod_{\gamma\in\Gamma}X_\gamma$, V拓扑积空间$\left(\prod_{\gamma\in\Gamma}X_\gamma,\prod_{\gamma\in\Gamma}\mathscr{T}_\gamma\right)$中含$x$的开邻域,从而存在$\alpha_1,\cdots,\alpha_n\in\Gamma$两两不相同与$X_{\alpha_i}$中的开集$U_{\alpha_i}$,使得

$$x\in p_{\alpha_1}^{-1}(U_{\alpha_1})\cap\cdots\cap p_{\alpha_n}^{-1}(U_{\alpha_n})\subset V,\quad n\geqslant 1,$$

其中p_{α_i}是积空间$\prod_{\gamma\in\Gamma}X_\gamma$的第$\alpha_i$个投射. 因为$(X_\gamma,\mathscr{T}_\gamma)$为正则空间,$x_{\alpha_i}=p_{\alpha_i}(x)\in U_{\alpha_i}$,故$\exists V_{\alpha_i}\in\mathscr{T}_{\alpha_i}$, s.t. $x_{\alpha_i}\in V_{\alpha_i}\subset\overline{V}_{\alpha_i}\subset U_{\alpha_i}$. 所以

$$x\in p_{\alpha_1}^{-1}(V_{\alpha_1})\cap\cdots\cap p_{\alpha_n}^{-1}(V_{\alpha_n})\subset\overline{p_{\alpha_1}^{-1}(V_{\alpha_1})\cap\cdots\cap p_{\alpha_n}^{-1}(V_{\alpha_n})}$$

$$\subset p_{\alpha_1}^{-1}(\overline{V}_{\alpha_1}) \cap \cdots \cap p_{\alpha_n}^{-1}(\overline{V}_{\alpha_n}) \subset p_{\alpha_1}^{-1}(U_{\alpha_1}) \cap \cdots \cap p_{\alpha_n}^{-1}(U_{\alpha_n}) \subset V.$$

这表明 $\left(\prod\limits_{\gamma\in\Gamma} X_\gamma, \prod\limits_{\gamma\in\Gamma} \mathscr{T}_\gamma\right)$ 为正则空间,从而正则具有可积性. □

定理 2.4.7 任一族 T_i 空间的拓扑积空间是 $T_i(i=0,1,2,3,3.5)$空间,即 $T_i(i=0,1,2,3,3.5)$具有可积性.

证明 (1) 设$\{(X_\gamma,\mathscr{T}_\gamma)\mid\gamma\in\Gamma\}$为一族 T_2(Hausdorff)空间.如果 $x,y\in\prod\limits_{\gamma\in\Gamma}X_\gamma$,$x\neq y$,则$\exists\,\alpha\in\Gamma$,s.t. $x_\alpha=x(\alpha)\neq y(\alpha)=y_\alpha$. $x_\alpha=x(\alpha)$与 $y_\alpha=y(\alpha)$为 T_2(Hausdorff)空间$(X_\alpha,\mathscr{T}_\alpha)$中不同的两个点.它们分别在$(X_\alpha,\mathscr{T}_\alpha)$中有开邻域 U_α 与 V_α,使得 $U_\alpha\cap V_\alpha=\varnothing$.于是,$p_\alpha^{-1}(U_\alpha)$与 $p_\alpha^{-1}(V_\alpha)$分别为 x 与 y 在拓扑积空间 $\left(\prod\limits_{\gamma\in\Gamma} X_\gamma, \prod\limits_{\gamma\in\Gamma} \mathscr{T}_\gamma\right)$ 中的两个开邻域,并且它们显然无交.这就证明了拓扑积空间 $\left(\prod\limits_{\gamma\in\Gamma} X_\gamma, \prod\limits_{\gamma\in\Gamma} \mathscr{T}_\gamma\right)$ 为一个 T_2(Hausdorff)空间.从而,T_2 具有可积性.

完全类似可证:T_0,T_1 具有可积性.

(2) 由 T_1 具有可积性与正则具有可积性(定理 2.4.6)推得 T_3 具有可积性,再由完全正则具有可积性(定理 2.4.5)推得 $T_{3.5}$具有可积性. □

定理 2.4.8 任何一族道路连通空间的拓扑积空间都是道路连通的拓扑空间,即道路连通具有可积性.

证明 设$\{(X_\gamma,\mathscr{T}_\gamma)\mid\gamma\in\Gamma\}$为一族道路连通的拓扑空间,$\left(\prod\limits_{\gamma\in\Gamma} X_\gamma, \prod\limits_{\gamma\in\Gamma} \mathscr{T}_\gamma\right)$ 为其拓扑积空间. $\forall\, x^0,x^1\in\prod\limits_{\gamma\in\Gamma}X_\gamma$,$x^0=(x_\gamma^0)_{\gamma\in\Gamma}$,$x^1=(x_\gamma^1)_{\gamma\in\Gamma}$.因为$\forall\,\gamma\in\Gamma$,$(X_\gamma,\mathscr{T}_\gamma)$道路连通,所以存在道路 $\sigma_\gamma:[0,1]\to X_\gamma$,$t\mapsto\sigma_\gamma(t)=x_\gamma(t)$,使得 $\sigma_\gamma(0)=x_\gamma(0)=x_\gamma^0$,$\sigma_\gamma(1)=x_\gamma(1)=x_\gamma^1$.这里道路 σ_γ 是连续映射.令映射

$$\sigma:[0,1]\to\prod_{\gamma\in\Gamma}X_\gamma,$$

使得 $p_\gamma\circ\sigma(t)=p_\gamma(\sigma(t))=\sigma_\gamma(t)$,$p_\gamma\circ\sigma=\sigma_\gamma$ 连续.根据定理 2.4.2,σ 为连续映射,且 $\sigma(0)=x^0$,$\sigma(1)=x^1$,即 σ 为拓扑积空间中连接 x^0 与 x^1 的一条道路.因此,$\left(\prod\limits_{\gamma\in\Gamma} X_\gamma, \prod\limits_{\gamma\in\Gamma} \mathscr{T}_\gamma\right)$ 是道路连通的拓扑空间,从而道路连通具有可积性. □

定理 2.4.9 任何一族连通空间的拓扑积空间都是连通空间,即连通具有可积性.

证明 如果 $x,y\in\prod\limits_{\gamma\in\Gamma}X_\gamma$ 只差有限个坐标,即集合$\{\gamma\in\Gamma\mid x(\gamma)\neq y(\gamma)\}$是一个有限集,则 x 与 y 连通.

当 $x=y$ 时,结论显然.

当 $x\neq y$ 时,设

$$\{\gamma\in\Gamma\mid x(\gamma)\neq y(\gamma)\}=\{\alpha_1,\cdots,\alpha_n\}\subset\Gamma,\quad n\geqslant 1.$$

定义映射

$$p: X_{\alpha_1} \times \cdots \times X_{\alpha_n} \to \prod_{\gamma \in \Gamma} X_\gamma,$$

$$(z_{\alpha_1}, \cdots, z_{\alpha_n}) \mapsto p(z_{\alpha_1}, \cdots, z_{\alpha_n}) = z \in \prod_{\gamma \in \Gamma} X_\gamma,$$

其中

$$z(\gamma) = \begin{cases} x(\gamma) = y(\gamma), & \gamma \neq \alpha_i, \forall i = 1, \cdots, n, \\ z_{\alpha_i}, & \gamma = \alpha_i, 某个\ i = 1, \cdots, n. \end{cases}$$

根据定理2.2.13,有限拓扑积空间$(X_{\alpha_1} \times \cdots \times X_{\alpha_n}, \mathscr{T}_{\alpha_1} \times \cdots \times \mathscr{T}_{\alpha_n})$是一个连通空间.

因为对$\forall \alpha \in \Gamma$,如果$\alpha \neq \alpha_i, i = 1, \cdots, n$,则映射

$$p_\alpha \circ p: X_{\alpha_1} \times \cdots \times X_{\alpha_n} \to X_\alpha$$

为取常值$x(\alpha)$的映射,它是连续的;如果$\alpha = \alpha_i$,某个$i = 1, \cdots, n$,则映射

$$p_{\alpha_i} \circ p: X_{\alpha_1} \times \cdots \times X_{\alpha_n} \to X_{\alpha_i}$$

恰是$X_{\alpha_1} \times \cdots \times X_{\alpha_n}$的第$i$个投射,也是连续的.因此,根据定理2.4.2,$p$为一个连续映射,再根据定理1.4.4(1),$p(X_{\alpha_1} \times \cdots \times X_{\alpha_n})$为拓扑积空间$\left(\prod_{\gamma \in \Gamma} X_\gamma, \prod_{\gamma \in \Gamma} \mathscr{T}_\gamma\right)$的一个连通子集,易见,$x, y \in p(X_{\alpha_1} \times \cdots \times X_{\alpha_n})$,所以$x$与$y$连通.

由于$\prod_{\gamma \in \Gamma} X_\gamma \neq \varnothing$,任选$x \in \prod_{\gamma \in \Gamma} X_\gamma$,并且设$C$为拓扑积空间$\left(\prod_{\gamma \in \Gamma} X_\gamma, \prod_{\gamma \in \Gamma} \mathscr{T}_\gamma\right)$的包含$x$的那个连通分支.设$\mathscr{T}^\circ_子$为拓扑积空间$\left(\prod_{\gamma \in \Gamma} X_\gamma, \prod_{\gamma \in \Gamma} \mathscr{T}_\gamma\right)$的积拓扑$\mathscr{T} = \prod_{\gamma \in \Gamma} \mathscr{T}_\gamma$的定义中的那个子基.$\mathscr{T}^\circ$是由$\mathscr{T}^\circ_子$每一个非空有限子族的交的全体构成的集族.根据子基的定义,$\mathscr{T}^\circ$为$\mathscr{T} = \prod_{\gamma \in \Gamma} \mathscr{T}_\gamma$的一个基.如果$U \in \mathscr{T}^\circ$,且$U \neq \varnothing$,则

$$U = p_{\alpha_1}^{-1}(U_{\alpha_1}) \cap \cdots \cap p_{\alpha_n}^{-1}(U_{\alpha_n}), \quad n \geqslant 1,$$

其中诸α_i两两不同,并且每一个U_{α_i}是坐标空间$(X_{\alpha_i}, \mathscr{T}_{\alpha_i})$中的非空开集.

令$u \in \prod_{\gamma \in \Gamma} X_\gamma$,它满足

$$u(\gamma) = \begin{cases} x(\gamma), & \gamma \neq \alpha_i, \ \forall i = 1, \cdots, n, \\ x_{\alpha_i}, & \gamma = \alpha_i, 某个\ i = 1, \cdots, n, \end{cases}$$

其中每一个x_{α_i}是在U_{α_i}中任意取定的一个点.可见x与u只差有限个坐标,根据上述讨论,$u \in C$.此外,由u的定义,$u \in U$.这表明$u \in C \cap U$.因此,$C \cap U \neq \varnothing$.

由于C与拓扑积空间$\left(\prod_{\gamma \in \Gamma} X_\gamma, \prod_{\gamma \in \Gamma} \mathscr{T}_\gamma\right)$的拓扑$\prod_{\gamma \in \Gamma} \mathscr{T}_\gamma = \mathscr{T}$的拓扑基$\mathscr{T}^\circ$中的每一个非空元素都有非空的交,所以$\overline{C} = \prod_{\gamma \in \Gamma} X_\gamma$.然而,$C$为一个闭集(定理1.5.1),因此,$C = \overline{C} = \prod_{\gamma \in \Gamma} X_\gamma$,从而拓扑积空间$\left(\prod_{\gamma \in \Gamma} X_\gamma, \prod_{\gamma \in \Gamma} \mathscr{T}_\gamma\right)$是一个连通空间.这就证明了连通具有可

积性. □

例 2.4.1 局部连通与局部道路连通都不具有可积性.

设 C 为区间$[0,1]$中的 Cantor 三分集(参阅文献[9]89 页例 1.6.3),并在 C 上取通常拓扑($(\mathbf{R}^1,\mathscr{T}_{\rho_0^1})$的子拓扑).再设 $X_n=\{0,2\}$,$n=1,2,\cdots$,并在 X_n 上取离散拓扑 $\mathscr{T}_{离散}$,使$(X_n,\mathscr{T}_{离散})$成为一个离散拓扑空间.令

$$X=\prod_{n=1}^{\infty}X_n=\prod_{n\in\mathbf{N}}X_n=\prod_{n\in\mathbf{N}}\{0,2\},$$

并在 $X=\prod\limits_{n=1}^{\infty}X_n$ 上取乘积拓扑.

现证拓扑积空间$(X,\mathscr{T})=\left(\prod\limits_{n=1}^{\infty}X_n,\prod\limits_{n=1}^{\infty}\mathscr{T}_{离散}\right)$同胚于拓扑空间$(C,(\mathscr{T}_{\rho_0^1})_C)$.定义映射

$$f:\prod_{n=1}^{\infty}X_n\to C,\quad \{a_i\}=(a_1,a_2,\cdots)\mapsto f(\{a_i\})=0.a_1a_2\cdots.$$

显然,f 为一一映射,且在映射 f 下,

$$\{a_1^0\}\times\cdots\times\{a_n^0\}\times X_{n+1}\times\cdots\quad 与\quad \{0.a_1^0\cdots a_n^0a_{n+1}\cdots\mid a_i=0\text{或}2,i\geqslant n+1\}$$

相对应.由此及连续的定义立知,f 与 f^{-1}都为连续映射,从而 f 为同胚.

易见,C 不是局部连通空间,当然也不是局部道路连通空间,因而,与 C 同胚的拓扑积空间$\left(\prod\limits_{n=1}^{\infty}X_n,\prod\limits_{n=1}^{\infty}\mathscr{T}_{离散}\right)$也不是局部连通空间与局部道路连通空间.但它是可数个局部连通(也是局部道路连通)空间的拓扑积空间.由此知,局部连通与局部道路连通都不具有可积性.

定理 2.4.10 设$\{(X_\gamma,\mathscr{T}_\gamma)\mid\gamma\in\Gamma\}$为一个拓扑空间族,则拓扑积空间$\left(\prod\limits_{\gamma\in\Gamma}X_\gamma,\prod\limits_{\gamma\in\Gamma}\mathscr{T}_\gamma\right)$为$A_2$空间$\Leftrightarrow$指标集 Γ 中有一个至多可数子集 Γ_1 使得当 $\alpha\in\Gamma_1$ 时,$(X_\alpha,\mathscr{T}_\alpha)$为 A_2 空间;当 $\alpha\in\Gamma\backslash\Gamma_1$ 时,$(X_\alpha,\mathscr{T}_\alpha)$为平庸空间(它为特殊的 A_2 空间).

证明 ($\Leftarrow$)设定理右边条件成立,则对 $\forall\alpha\in\Gamma_1$,集族$\mathscr{I}_\alpha$为A_2空间$(X_\alpha,\mathscr{T}_\alpha)$的一个可数拓扑基;当 $\alpha\in\Gamma\backslash\Gamma_1$ 时,由于$(X_\alpha,\mathscr{T}_\alpha)$为平庸空间,我们取$\mathscr{I}_\alpha=\{X_\alpha\}$(仅含一个元素).此时集族

$$\widetilde{\mathscr{I}}=\{p_\alpha^{-1}(U_\alpha)\mid U_\alpha\in\varphi_\alpha,\alpha\in\Gamma\}$$

为拓扑积空间$\left(\prod\limits_{\gamma\in\Gamma}X_\gamma,\prod\limits_{\gamma\in\Gamma}\mathscr{T}_\gamma\right)$的一个子基.$\widetilde{\mathscr{I}}$明显地为一个可数族(注意到 $p_\alpha^{-1}(X_\alpha)=\prod\limits_{\gamma\in\Gamma}X_\gamma$).有可数子基的拓扑空间必定有可数拓扑基.因此,拓扑积空间$\left(\prod\limits_{\gamma\in\Gamma}X_\gamma,\prod\limits_{\gamma\in\Gamma}\mathscr{T}_\gamma\right)$为$A_2$空间.

(⇒) 设拓扑积空间 $\left(\prod_{\gamma\in\Gamma}X_\gamma,\prod_{\gamma\in\Gamma}\mathscr{T}_\gamma\right)$ 为 A_2 空间.根据定理2.4.1,对于 $\forall\alpha\in\Gamma$,投射 $p_\alpha:\prod_{\gamma\in\Gamma}X_\gamma\to X_\alpha$ 为一个满的连续开映射.再根据下面的引理2.4.1,$(X_\alpha,\mathscr{T}_\alpha)$ 为 A_2 空间.

设 $\mathscr{T}^\circ$ 为积拓扑 $\mathscr{T}=\prod_{\gamma\in\Gamma}\mathscr{T}_\gamma$ 的定义中的子基 $\mathscr{T}^\circ_{子}$ 的每一个有限子族的交的全体构成的集族,它是积拓扑 $\mathscr{T}=\prod_{\gamma\in\Gamma}\mathscr{T}_\gamma$ 的一个拓扑基.设 $U\in\mathscr{T}^\circ$,则

$$U=p_{\alpha_1}^{-1}(U_{\alpha_1})\cap\cdots\cap p_{\alpha_n}^{-1}(U_{\alpha_n}),$$

其中 $\alpha_1,\cdots,\alpha_n\in\Gamma$ 两两不相同,并且每一个 U_{α_i} 为 $(X_{\alpha_i},\mathscr{T}_{\alpha_i})$ 中的一个开集,进而有

$$p_\alpha(U)=\begin{cases}X_\alpha, & \alpha\neq\alpha_i,\forall i=1,\cdots,n,\\ U_{\alpha_i}, & \alpha=\alpha_i,\text{某个 } i=1,\cdots,n,\end{cases}$$

其中 p_α 为积空间 $\prod_{\gamma\in\Gamma}X_\gamma$ 的第 α 个投射.因此,对任何 $U\in\mathscr{T}^\circ$,存在 Γ 中的一个有限子集 Γ_U,使得当 $\alpha\in\Gamma\backslash\Gamma_U$ 时,$p_\alpha(U)=X_\alpha$.

由于拓扑积空间 $\left(\prod_{\gamma\in\Gamma}X_\gamma,\prod_{\gamma\in\Gamma}\mathscr{T}_\gamma\right)$ 为 A_2 空间,根据引理2.1.1,积拓扑有一个可数拓扑基 $\mathscr{T}_1^\circ\subset\mathscr{T}^\circ$,令

$$\Gamma_1=\bigcup_{U\in\mathscr{T}_1^\circ}\Gamma_U,$$

则 Γ_1 为可数个有限集之并,它为一个至多可数集.

以下证明:当 $\alpha\in\Gamma\backslash\Gamma_1$ 时,$(X_\alpha,\mathscr{T}_\alpha)$ 为平庸空间.(反证)假设 $(X_\alpha,\mathscr{T}_\alpha)$ 不为平庸空间,则 X_α 有一个非空真子集 $V_\alpha\in\mathscr{T}_\alpha$,由 p_α 连续,必有

$$p_\alpha^{-1}(V_\alpha)\in\mathscr{T}=\prod_{\gamma\in\Gamma}\mathscr{T}_\gamma,$$

故 $\exists\mathscr{T}_2^\circ\subset\mathscr{T}_1^\circ$, s.t.

$$p_\alpha^{-1}(V_\alpha)=\bigcup_{U\in\mathscr{T}_2^\circ}U.$$

但是,由于 $\alpha\in\Gamma\backslash\Gamma_1$,所以对于每个 $U\in\mathscr{T}_1^\circ$,都有 $\alpha\in\Gamma\backslash\Gamma_U$,从而,$p_\alpha(U)=X_\alpha$.于是

$$V_\alpha=p_\alpha(p_\alpha^{-1}(V_\alpha))=p_\alpha\left(\bigcup_{U\in\mathscr{T}_2^\circ}U\right)=\bigcup_{U\in\mathscr{T}_2^\circ}p_\alpha(U)=\bigcup_{U\in\mathscr{T}_2^\circ}X_\alpha=X_\alpha,$$

这与假定 V_α 为 X_α 的一个真子集相矛盾.这就证明了当 $\alpha\in\Gamma\backslash\Gamma_1$ 时,$(X_\alpha,\mathscr{T}_\alpha)$ 为一个平庸空间. □

引理2.4.1 设 $(X,\mathscr{T}_1)$ 与 $(Y,\mathscr{T}_2)$ 为拓扑空间,$f:X\to Y$ 为满的连续开映射.如果 $(X,\mathscr{T}_1)$ 为 $A_2(A_1)$ 空间,则 $(Y,\mathscr{T}_2)$ 也为 $A_2(A_1)$ 空间.

证明 (1) 设 $(X,\mathscr{T}_1)$ 为 A_2 空间,$\mathscr{B}$ 为它的一个可数拓扑基.由于 f 为开映射,$\widetilde{\mathscr{B}}=\{f(B)\mid B\in\mathscr{B}\}$ 为 $(Y,\mathscr{T}_2)$ 中开集构成的一个可数族.

对于 $\forall V\in\mathscr{T}_2$，由 f^{-1} 连续，$f^{-1}(V)\in\mathscr{T}_1$. 因此，$\exists\mathscr{B}_1\subset\mathscr{B}$，s.t. $f^{-1}(V)=\bigcup_{\mathscr{B}\in\mathscr{B}_1}B$. 由 f 为满射，有

$$V=f(f^{-1}(V))=f(\bigcup_{\mathscr{B}\in\mathscr{B}_1}B)=\bigcup_{\mathscr{B}\in\mathscr{B}_1}f(B),$$

即 V 为 $\widetilde{\mathscr{B}}$ 中某些元素的并. 从而 $\widetilde{\mathscr{B}}$ 为 $(Y,\mathscr{T}_2)$ 的一个拓扑基. 结合上面的结论，$\widetilde{\mathscr{B}}$ 为 $(Y,\mathscr{T}_2)$ 的一个可数拓扑基. 这就证明了 $(Y,\mathscr{T}_2)$ 为 A_2 空间.

(2) 设 $(X,\mathscr{T}_1)$ 为 A_1 空间. 对 $\forall y\in Y$，由 f 为满射知，$\exists x\in X$，s.t. $f(x)=y$. 于是，在 $(X,\mathscr{T}_1)$ 中存在点 x 处的可数局部基 $\mathscr{B}_x\subset\mathscr{T}_1$. 设 V 为 $y=f(x)$ 处的任何开邻域，则 $f^{-1}(V)$ 为 x 处的开邻域. 故必有 $B\in\mathscr{B}_x\subset\mathscr{T}_1$，使 $x\in B\subset f^{-1}(V)$. 因此，$y=f(x)\in f(B)\subset f(f^{-1}(V))=V$（因 f 为满射）. 又因 f 为开映射，故 $f(B)$ 为 $(Y,\mathscr{T}_2)$ 中的开集. 而 $\{f(B)\mid B\in\mathscr{B}_x\}$ 为 $(Y,\mathscr{T}_2)$ 在 $y=f(x)$ 处的可数局部基. 这就证明了 $(Y,\mathscr{T}_2)$ 为 A_1 空间. □

定理 2.4.11 设 $\{(X_\gamma,\mathscr{T}_\gamma)\mid\gamma\in\Gamma\}$ 为一个拓扑空间族，则拓扑积空间 $(\prod_{\gamma\in\Gamma}X_\gamma,\prod_{\gamma\in\Gamma}\mathscr{T}_\gamma)$ 为 A_1 空间 $\Leftrightarrow$ 指标集 Γ 中有一个至多可数子集 Γ_1，使得当 $\alpha\in\Gamma_1$ 时，$(X_\alpha,\mathscr{T}_\alpha)$ 为 A_1 空间；当 $\alpha\in\Gamma\backslash\Gamma_1$ 时，$(X_\alpha,\mathscr{T}_\alpha)$ 为平庸空间（它为特殊的 A_1 空间）.

证明 ($\Leftarrow$) 设定理右边条件成立. 则对 $\forall\alpha\in\Gamma_1$，集族 $\mathscr{S}_{x_\alpha}$ 为 A_1 空间 $(X_\alpha,\mathscr{S}_\alpha)$ 在 x_α 处的一个可数局部基；当 $\alpha\in\Gamma_1$ 时，由于 $(X_\alpha,\mathscr{T}_\alpha)$ 为平庸空间，我们取 $\mathscr{S}_{x_\alpha}=\{X_\alpha\}$（仅含一个元素）. 此时集族

$$\widetilde{\varphi}_x=\{p_\alpha^{-1}(U_\alpha)\mid U_\alpha\in\mathscr{S}_{x_\alpha},\alpha\in\Gamma\}$$

为拓扑积空间 $(\prod_{\gamma\in\Gamma}X_\gamma,\prod_{\gamma\in\Gamma}\mathscr{T}_\gamma)$ 在点 $x=(x_\gamma)_{\gamma\in\Gamma}$ 处的可数局部基（注意到 $p_\alpha^{-1}(X_\alpha)=\prod_{\gamma\in\Gamma}X_\gamma$，$\widetilde{\mathscr{S}}_x$ 可数是显然的）. 此外，在拓扑积空间 $(\prod_{\gamma\in\Gamma}X_\gamma,\prod_{\gamma\in\Gamma}\mathscr{T}_\gamma)$ 中，x 的任何开邻域 W，必有 $x\in p_{\alpha_1}^{-1}(V_{\alpha_1})\cap\cdots\cap p_{\alpha_n}^{-1}(V_{\alpha_n})\subset W$，其中 $V_{\alpha_i}\in\mathscr{T}_{\alpha_i}$，$i=1,\cdots,n$. 于是，有 $U_{\alpha_i}\in\mathscr{S}_{x_{\alpha_i}}$ 使 $x_{\alpha_i}\in U_{\alpha_i}\subset V_{\alpha_i}$，$i=1,\cdots,n$，从而

$$x\in p_{\alpha_1}^{-1}(U_{\alpha_1})\cap\cdots\cap p_{\alpha_n}^{-1}(U_{\alpha_n})\subset p_{\alpha_1}^{-1}(V_{\alpha_1})\cap\cdots\cap p_{\alpha_n}^{-1}(V_{\alpha_n})\subset W.$$

这就证明了 $\widetilde{\mathscr{S}}_x$ 为 x 在拓扑积空间中的可数局部基. 从而拓扑积空间 $(\prod_{\gamma\in\Gamma}X_\gamma,\prod_{\gamma\in\Gamma}\mathscr{T}_\gamma)$ 为 A_1 空间.

($\Rightarrow$) 设拓扑积空间 $(\prod_{\gamma\in\Gamma}X_\gamma,\prod_{\gamma\in\Gamma}\mathscr{T}_\gamma)$ 为 A_1 空间. 根据定理 2.4.1，对于 $\forall\alpha\in\Gamma$，投射 $p_\alpha:\prod_{\gamma\in\Gamma}X_\gamma\to X_\alpha$ 为一个满的连续开映射. 再根据引理 2.4.1，$(X_\alpha,\mathscr{T}_\alpha)$ 为 A_1 空间.

设 $\mathscr{T}^\circ$ 为积拓扑 $\mathscr{T}=\prod_{\gamma\in\Gamma}\mathscr{T}_\gamma$ 的定义中的子基 $\mathscr{T}^\circ_子$ 的每一个有限子族的交的全体构成的集族，它是 $\mathscr{T}$ 的一个拓扑基. 设 $U\in\mathscr{T}^\circ$，则

$$U = p_\alpha^{-1}(U_{\alpha_1}) \cap \cdots \cap p_\alpha^{-1}(U_{\alpha_n}),$$

其中 $\alpha_1,\cdots,\alpha_n\in\Gamma$ 两两不相同,并且每一个 U_{α_i} 为 $(X_{\alpha_i},\mathscr{T}_{\alpha_i})$ 中的一个开集,进而有

$$p_\alpha(U) = \begin{cases} X_\alpha, & \alpha \neq \alpha_i, \forall\, i = 1,\cdots,n, \\ U_{\alpha_i}, & \alpha = \alpha_i, \text{某个 } i = 1,\cdots,n, \end{cases}$$

其中 p_α 为积空间 $\prod\limits_{\gamma\in\Gamma}X_\gamma$ 的第 α 个投射.因此,对任何 $U\in\mathscr{T}^\circ$,存在 Γ 中的一个有限子集 Γ_U,使得当 $\alpha\in\Gamma\setminus\Gamma_U$ 时,$p_\alpha(U)=X_\alpha$.

由于拓扑积空间 $(\prod\limits_{\gamma\in\Gamma}X_\gamma,\prod\limits_{\gamma\in\Gamma}\mathscr{T}_\gamma)$ 为 A_1 空间,对 $\forall\, x\in\prod\limits_{\gamma\in\Gamma}X_\gamma$,积拓扑 $\mathscr{T}$ 在点 x 处有一个可数局部基 $\mathscr{T}_{x_1}^\circ\subset\mathscr{T}^\circ\subset\mathscr{T}$.令

$$\Gamma_1 = \bigcup_{U\in\mathscr{T}_{x_1}^\circ}\Gamma_U,$$

则 Γ_1 为可数个有限集之并,它为一个至多可数集.

以下证明:当 $\alpha\in\Gamma\setminus\Gamma_1$ 时,$(X_\alpha,\mathscr{T}_\alpha)$ 为平庸空间.(反证)假设 $(X_\alpha,\mathscr{T}_\alpha)$ 不为平庸空间,则 X_α 有一个非空真子集 $V_\alpha\in\mathscr{T}_\alpha$.由 p_α 连续,必有 $p_\alpha^{-1}(V_\alpha)\in\mathscr{T}=\prod\limits_{\gamma\in\Gamma}\mathscr{T}_\gamma$.令 $x=(x_\gamma)_{\gamma\in\Gamma}\in p_\alpha^{-1}(V_\alpha)$,有 $U\in\mathscr{T}_1^\circ$,使得

$$x \in U \subset p_\alpha^{-1}(V_\alpha).$$

但是,由于 $\alpha\in\Gamma\setminus\Gamma_1$,所以对每个 $U\in\mathscr{T}_{x_1}^\circ$,都有 $\alpha\in\Gamma\setminus\Gamma_U$,从而,$p_\alpha(U)=X_\alpha$.于是

$$X_\alpha \supset V_\alpha = p_\alpha(p_\alpha^{-1}(V_\alpha)) \supset p_\alpha(U) = X_\alpha,$$
$$V_\alpha = X_\alpha,$$

这与假定 V_α 为 X_α 的一个真子集相矛盾.这就证明了当 $\alpha\in\Gamma\setminus\Gamma_1$ 时,$(X_\alpha,\mathscr{T}_\alpha)$ 为平庸空间. □

例 2.4.2 从定理 2.4.10 与定理 2.4.11 可看出,当 $(X_\gamma,\mathscr{T}_\gamma)=(\mathbf{R},\mathscr{T}_{\rho_0^1})$ 时,它们都为 A_2 空间,当然也为 A_1 空间.它们都不是平庸空间.取指标集 Γ 为不可数集,则 $(\prod\limits_{\gamma\in\Gamma}X_\gamma,\prod\limits_{\gamma\in\Gamma}\mathscr{T}_\gamma)$ 不满足定理 2.4.10 与定理 2.4.11 中右边的条件,因此,它不为 A_2 空间,也不为 A_1 空间.这就是 A_1,A_2 都不具有可积性的反例.

定理 2.4.12(Tychonoff 乘积定理) 任何一族紧致空间的拓扑积空间都是紧致空间,即紧致具有可积性.

证明 设 $\{(X_\gamma,\mathscr{T}_\gamma)\mid\gamma\in\Gamma\}$ 为一族紧致空间.$\mathscr{T}_{子}^\circ$ 为拓扑积空间 $(\prod\limits_{\gamma\in\Gamma}X_\gamma,\prod\limits_{\gamma\in\Gamma}\mathscr{T}_\gamma)$ 定义中的那个子基.

设 $\mathscr{A}$ 为拓扑积空间 $(X,\mathscr{T})=(\prod\limits_{\gamma\in\Gamma}X_\gamma,\prod\limits_{\gamma\in\Gamma}\mathscr{T}_\gamma)$ 的一个开覆盖,它由 $\mathscr{T}_{子}^\circ$ 的元素构成.对 $\forall\,\gamma\in\Gamma$,令

$$\mathscr{E}_\gamma = \{U_\gamma \mid p_\gamma^{-1}(U_\gamma) \in \mathscr{A}\}.$$

则 $\exists\, \gamma_0 \in \Gamma$，s.t. $\mathscr{E}_{\gamma_0}$ 为 $(X_{\gamma_0}, \mathscr{T}_{\gamma_0})$ 的一个开覆盖.（反证）若不然，对 $\forall\, \gamma \in \Gamma$，$\mathscr{E}_\gamma$ 不为 $(X_\gamma, \mathscr{T}_\gamma)$ 的开覆盖，则 $\exists\, x_\gamma \in X_r \setminus \bigcup\limits_{C \in \mathscr{E}_\gamma} C$. 令 $x = (x_\gamma)_{\gamma \in \Gamma} = (x(\gamma))_{\gamma \in \Gamma} \in \prod\limits_{\gamma \in \Gamma} X_\gamma = X$，则

$$x \notin \bigcup_{A \in \mathscr{A}} A,$$

这表明 $\mathscr{A}$ 不为 $(X, \mathscr{T})$ 的开覆盖，它与关于 $\mathscr{A}$ 的假设相矛盾.

由此得到紧致集 $(X_{\gamma_0}, \mathscr{T}_{\gamma_0})$ 的一个开覆盖 $\mathscr{E}_{\gamma_0}$，它必有有限子覆盖 $\mathscr{D}_{\gamma_0}$，覆盖 X_{γ_0}. 于是

$$\{p_{\gamma_0}^{-1}(D) \mid D \in \mathscr{D}_{\gamma_0}\}$$

便为 $\mathscr{A}$ 的一个有限子覆盖.

根据下面的定理 2.4.13 立即推得 $(X, \mathscr{T}) = \left(\prod\limits_{\gamma \in \Gamma} X_\gamma, \prod\limits_{\gamma \in \Gamma} \mathscr{T}_\gamma\right)$ 为紧致空间. □

定理 2.4.13（Alexander 子基定理） 设 $(X, \mathscr{T})$ 为拓扑空间，$\mathscr{T}^{\circ}_{子}$ 为它的一个子基. 如果由子基 $\mathscr{T}^{\circ}_{子}$ 的元素构成的 $(X, \mathscr{T})$ 的每一个开覆盖都有一个有限子覆盖，则 $(X, \mathscr{T})$ 为紧致空间.

证明 参阅文献[8]第三版 288 页定理 2.4.1. □

例 2.4.3 (1) 序列紧致不具有可积性；

(2) 存在紧致而不序列紧致的拓扑空间；

(3) 存在可数紧致而不序列紧致的拓扑空间.

解 设 $I = [0,1]$ 为单位闭区间，并在 I 上取通常的拓扑 $(\mathscr{T}_{\rho_0^1})_I$.

$$X = \prod_{\gamma \in I} X_\gamma = \prod_{\gamma \in I} I = I^I = \{x : I \to I \mid x_\gamma = x(\gamma) \in I\}$$

为乘积空间，其积拓扑 $\mathscr{T} = \prod\limits_{\gamma \in I} \mathscr{T}_\gamma = \prod\limits_{\gamma \in I} (\mathscr{T}_{\rho_0^1})_I$. 据 Tychonoff 定理，由 $(I, (\mathscr{T}_{\rho_0^1})_I)$ 紧致得到

$$(X, \mathscr{T}) = \left(\prod_{\gamma \in I} X_\gamma, \prod_{\gamma \in I} (\mathscr{T}_{\rho_0^1})_I\right) = \left(\prod_{\gamma \in I} I, \prod_{\gamma \in I} (\mathscr{T}_{\rho_0^1})_I\right) = \left(I^I, \prod_{\gamma \in I} (\mathscr{T}_{\rho_0^1})_I\right)$$

紧致.

现证 $(X, \mathscr{T})$ 不是序列紧致的. 为此，定义函数序列 $\alpha_n \in X = I^I$，$\alpha_n : I \to I$，$n = 1, 2, \cdots$ 如下：$\alpha_n(x)$ 代表 $x \in I$ 的二进位表示式中的第 n 个数字. 现证 $\{\alpha_n\}$ 中不存在收敛子点列.（反证）假设 $\{\alpha_n\}$ 有子点列 $\{\alpha_{n_k}\}$ 收敛于 $\alpha \in X = I^I$. 因乘积空间中的收敛性等价于依坐标收敛，故对于 $\forall\, x \in I$，$\alpha_{n_k}(x)$ 在 I 中收敛于 $\alpha(x)$. 取 $x \in I$，使得

$$\alpha_{n_k}(x) = \begin{cases} 0, & \text{当 } k \text{ 为奇数时}, \\ 1, & \text{当 } k \text{ 为偶数时}. \end{cases}$$

也就是说，$\{\alpha_{n_k}(x)\}$为 0,1,0,1,⋯，它并不收敛，矛盾. 这就证明了$\{\alpha_n\}$中不存在收敛子点列，从而$(X,\mathscr{T})$不是序列紧致的.

此反例表明：

(1) 由$(I,(\mathscr{T}_{\rho_0^1})_I)$序列紧致，而拓扑积空间 $\left(\prod\limits_{\gamma\in I} I,\prod\limits_{\gamma\in I}(\mathscr{T}_{\rho_0^1})_I\right)$ 不序列紧致推得序列紧致不具有可积性.

(2) $\left(\prod\limits_{\gamma\in I} I,\prod\limits_{\gamma\in I}(\mathscr{T}_{\rho_0^1})_I\right)$ 紧致但非序列紧致.

(3) 由(2)，$\left(\prod\limits_{\gamma\in I} I,\prod\limits_{\gamma\in I}(\mathscr{T}_{\rho_0^1})_I\right)$ 可数紧致但非序列紧致. □

定理 2.4.14 设$\{(X_i,\rho_i)\mid i\in\mathbf{N}\}$为可度量化空间的可数族，则拓扑积空间 $\left(\prod\limits_{i\in\mathbf{N}} X_i,\prod\limits_{i\in\mathbf{N}}\mathscr{T}_{\rho_i}\right)$ 为一个可度量化空间.

证明 对每个度量 $\rho_i: X_i\times X_i\to\mathbf{R}$，定义 $\widetilde{\rho}_i: X_i\times X_i\to\mathbf{R}$，s.t. 对$\forall x_i,y_i\in X_i$，有

$$\widetilde{\rho}_i(x_i,y_i)=\min\{\rho_i(x_i,y_i),1\}.$$

容易验证 $\widetilde{\rho}_i$ 为 X_i 上的一个与 ρ_i 等价的度量（即 $\widetilde{\rho}_i$ 也诱导出 X_i 的拓扑，此时 $\mathscr{T}_{\widetilde{\rho}_i}=\mathscr{T}_{\rho_i}$）. $\widetilde{\rho}_i$ 满足：$\widetilde{\rho}_i(x_i,y_i)\leqslant 1$，$\forall x_i,y_i\in X_i$.

令 $X=\prod\limits_{i\in\mathbf{N}} X_i$，并定义 $\rho: X\times X=\left(\prod\limits_{i\in\mathbf{N}} X_i\right)\times\left(\prod\limits_{i\in\mathbf{N}} X_i\right)\to\mathbf{R}$，s.t.

$$\rho(x,y)=\sum_{i=1}^{\infty}\frac{1}{2^i}\widetilde{\rho}_i(x(i),y(i)),\quad \forall x,y\in X.$$

由于 $\widetilde{\rho}_i(x(i),y(i))\leqslant 1$，上式右边总是一个收敛级数，因此，$\rho$ 的定义是合理的. 读者可直接验证 ρ 为 $X=\prod\limits_{i\in\mathbf{N}} X_i$ 上的一个度量. 记 $\mathscr{T}_\rho$ 为 $X=\prod\limits_{i\in\mathbf{N}} X_i$ 由度量ρ 诱导出来的拓扑，而 $\mathscr{T}_子^\circ$为积拓扑 $\mathscr{T}=\prod\limits_{i\in\mathbf{N}}\mathscr{T}_{\rho_i}$ 的定义中的那个子基.

记 $p_j: X=\prod\limits_{i\in\mathbf{N}} X_i\to X_j$ 为第j 个投射. 设 $p_j^{-1}(U_j)\in\mathscr{T}_子^\circ$，其中 U_j 为X_j 中的开集. 对于$\forall x\in p_j^{-1}(U_j)$，即 $p_j(x)\in U_j$，$\exists\,\varepsilon>0$，s.t. 球形邻域 $B(x(j);\varepsilon)\subset U_j$.

因为$\forall y\in B\left(x;\frac{1}{2^j}\varepsilon\right)$，有

$$\rho(x,y)=\sum_{i=1}^{\infty}\frac{1}{2^i}\widetilde{\rho}_i(x(i),y(i))<\frac{1}{2^j}\varepsilon,$$

$$\widetilde{\rho}_j(x(j),y(j))\leqslant 2^j\rho(x,y)<\varepsilon,$$

$$p_j(y)=y(j)\in B(x(j);\varepsilon)\subset U_j,$$

$$y\in p_j^{-1}(U_j).$$

这就证明了 $B\left(x;\frac{1}{2^j}\varepsilon\right)\subset p_j^{-1}(U_j)$，从而 $p_j^{-1}(U_j)$对 $\mathscr{T}_\rho$ 而言为一个开集. 因此，$\mathscr{T}_子^\circ\subset\mathscr{T}_\rho$，

$\mathscr{T}\subset\mathscr{T}_\rho$.

另一方面,设 $B(x;\varepsilon)$为$(X,\mathscr{T}_\rho)=(\prod_{i\in\mathbf{N}}X_i,\mathscr{T}_\rho)$中的任一球形邻域.对$\forall y\in B(x;\varepsilon)$.根据度量空间的性质,$\exists\delta>0$,s.t. $B(y;\delta)\subset B(x;\varepsilon)$.显然,$\exists N\in\mathbf{N}$,s.t. $\sum_{i=N+1}^{\infty}\frac{1}{2^i}<\frac{\delta}{2}$. 易于验证

$$y\in W=p_1^{-1}\left(B\left(y(1);\frac{\delta}{N}\right)\right)\cap p_2^{-1}\left(B\left(y(2);\frac{2\delta}{N}\right)\right)\cap\cdots$$
$$\cap\, p_N^{-1}\left(B\left(y(N);\frac{2^{N-1}\delta}{N}\right)\right)\subset B(y;\delta)\subset B(x_j;\varepsilon).$$

因 $W\in\mathscr{T}$,故 $B(x;\varepsilon)\in\mathscr{T}$.再由 $X=\prod_{i\in\mathbf{N}}X_i$ 中所有球形邻域的集族

$$\{B(x;\varepsilon)\mid x\in X,\varepsilon>0\}$$

构成了拓扑 $\mathscr{T}_\rho$ 的一个拓扑基,所以 $\mathscr{T}_\rho\subset\mathscr{T}$.

综合以上两个方面,有 $\mathscr{T}_\rho=\mathscr{T}$.也就是说,$X=\prod_{i\in\mathbf{N}}X_i$ 的度量ρ 诱导出 $X=\prod_{i\in\mathbf{N}}X_i$ 的积拓扑.于是,$(X,\mathscr{T})=(\prod_{i\in\mathbf{N}}X_i,\prod_{i\in\mathbf{N}}\mathscr{T}_{\rho_i})$是可度量化的. □

例 2.4.4 作为思考题证明:可度量化、局部连通、局部紧致都不具有可积性.

总结上面的讨论知道:Lindelöf、正规、T_4、可数紧致、列紧、仿紧、序列紧致、A_1、A_2、局部连通、可度量化都不具有可积性;正则、完全正则、$T_i(i=0,1,2,3,3.5)$、道路连通、连通、紧致都具有可积性.

2.5 映射空间的点式收敛拓扑、一致收敛拓扑、紧致-开拓扑

在2.1节中,为了刻画 C^γ 流形M 与N 之间的C^γ 映射的逼近,就应该在 C^γ 映射空间$C^\gamma(M,N)$中引入度量(距离),或者至少引入一种拓扑(如强 C^γ 拓扑与弱C^γ 拓扑).这一节我们介绍映射集合的点式收敛拓扑、一致收敛拓扑与紧致-开拓扑,它们是映射集合上常见的3种拓扑构造的方式.

定义 2.5.1 设 X 为一个集合,$(Y,\mathscr{T}_Y)$为一个拓扑空间.从 X 到 Y 的所有映射构成的集合记作

$$Y^X=\{f\mid f:X\to Y\text{ 为映射}\}.$$

实际上，它就是以 X 为指标集的笛卡儿积 $\prod_{x\in X} Y$.

对 $\forall x\in X$，令 $e_x: Y^X\to Y$ 为 Y^X 的第 x 个投射，则对 $\forall f\in Y^X$，$e_x(f)=f(x)$ 恰为映射 f 在点 x 处的像. 因此，我们将投射 e_x 改称为 Y^X 在点 $x\in X$ 处的**赋值映射**.

Y^X 的积拓扑 $\mathscr{T}$ 便是以

$$\mathscr{S} = \{e_x^{-1}(U) \mid U \text{ 为 } Y \text{ 中的开集}, x \in X\}$$

为子基的拓扑，并称 $\mathscr{T}$ 为 Y^X 的**点式收敛拓扑**，而 $(Y^X,\mathscr{T})$ 称为从集合 X 到拓扑空间 $(Y,\mathscr{T}_Y)$ 的**映射空间（点式收敛拓扑）**.

由于映射空间（点式收敛拓扑）是一类特殊的拓扑积空间. 因此，关于拓扑积空间的一般理论全部适用于它，无须另行证明.

定理 2.5.1 设 X 为一个集合，$(Y,\mathscr{T}_Y)$ 为一个拓扑空间，则映射空间 Y^X（点式收敛拓扑）为 $A_2(A_1)$ 空间 $\Leftrightarrow Y$ 为平庸拓扑空间，或者 X 为至多可数集并且 Y 为 $A_2(A_1)$ 空间.

定理 2.5.2 设 X 为任一集合，Y 为一个拓扑空间，则映射空间 Y^X（点式收敛拓扑）为 T_0（T_1、T_2、T_3、$T_{3.5}$、正则、完全正则、连通、道路连通、紧致）空间 $\Leftrightarrow Y$ 为 T_0（T_1、T_2、T_3、$T_{3.5}$、正则、完全正则、连通、道路连通、紧致）空间.

证明 （$\Leftarrow$）参阅 2.4 节相应的论述.

（$\Rightarrow$）取 X 为单点集，Y^X 同胚于 Y. □

对于连续映射，我们引入：

定义 2.5.2 设 $(X,\mathscr{T}_1)$ 与 $(Y,\mathscr{T}_2)$ 为两个拓扑空间，$C^0(X,Y)=C(X,Y)$ 为从 $(X,\mathscr{T}_1)$ 到 $(Y,\mathscr{T}_1)$ 的所有连续映射构成的集合，则

$$C^0(X,Y) = C(X,Y) \subset Y^X.$$

$C(X,Y)$ 作为映射空间 Y^X（点式收敛拓扑）的子拓扑空间称为从拓扑空间 $(X,\mathscr{T}_1)$ 到拓扑空间 $(Y,\mathscr{T}_2)$ 的**连续映射空间（点式收敛拓扑）**，并且 $C(X,Y)$ 的拓扑也称为**点式收敛拓扑**.

$C(X,Y)$ 作为 Y^X 的子拓扑空间，自然可以继承 Y^X 的许多拓扑性质. 例如，当 Y 为 T_0（T_1、T_2、T_3、$T_{3.5}$、正则、完全正则、连通、道路连通、紧致）时，由可积性知，映射空间 Y^X（点式收敛拓扑）为 T_0（T_1、T_2、T_3、$T_{3.5}$、正则、完全正则、连通、道路连通、紧致）空间. 再根据遗传性，连续映射空间 $C(X,Y)$（点式收敛拓扑）也为 T_0（T_1、T_2、T_3、$T_{3.5}$、正则、完全正则、连通、道路连通、紧致）空间.

考察从一个拓扑空间到一个度量空间之间的所有连续映射构成的集合. 给它一个度量，并刻画连续映射间的逼近.

定义 2.5.3 设 X 为一个集合，(Y,ρ) 为一个度量空间. 记 Y^X 为从 X 到 Y 的所有

映射构成的集合.定义

$$\widetilde{\rho}: Y^X \times Y^X \to \mathbf{R},$$

对 $\forall f, g \in Y^X$,

$$\widetilde{\rho}(f,g) = \begin{cases} 1, & \exists x, \text{s.t.}\ \rho(f(x),g(x)) \geqslant 1, \\ \sup\{\rho(f(x),g(x)) \mid x \in X\}, & \text{其他情形}. \end{cases}$$

容易验证 $\widetilde{\rho}$ 为 Y^X 的一个度量,称它为 Y^X 的**一致收敛度量**.度量空间$(Y^X, \widetilde{\rho})$称为**映射空间(一致收敛度量)**.由一致收敛度量 $\widetilde{\rho}$ 诱导出来的拓扑 $\mathscr{T}_{\widetilde{\rho}}$ 称为 Y^X 的**一致收敛拓扑**.拓扑空间$(Y^X, \mathscr{T}_{\widetilde{\rho}})$称为**映射空间(一致收敛拓扑)**.

当$(X, \mathscr{T}_1)$为一个拓扑空间时,从$(X, \mathscr{T}_1)$到$(Y, \mathscr{T}_\rho)$的所有连续映射构成的集合 $C^0(X,Y) = C(X,Y)$作为度量空间$(Y^X, \mathscr{T}_{\widetilde{\rho}})$的子度量空间,称为**连续映射空间(一致收敛度量)**,此时它的度量也称为**一致收敛度量**;它作为拓扑空间$(Y^X, \mathscr{T}_{\widetilde{\rho}})$的子拓扑空间称为**连续映射空间(一致收敛拓扑)**,此时它的拓扑也称为**一致收敛拓扑**.

定理 2.5.3 设 X 为集合,(Y,ρ)为一个度量空间.在度量空间$(Y^X, \widetilde{\rho})$(一致收敛度量)中的一个序列$\{f_i \mid i \in \mathbf{N}\}$收敛于 $f \in Y^X \Leftrightarrow$ 序列$\{f_i \mid i \in \mathbf{N}\}$一致收敛于 $f \in Y^X$,即 $\forall \varepsilon > 0, \exists N \in \mathbf{N}$,当 $i > N$ 时,

$$\rho(f_i(x), f(x)) < \varepsilon, \quad \forall x \in X.$$

证明 当 $0 < \varepsilon < 1$ 时,

$\{f_i \mid i \in \mathbf{N}\}$一致收敛于 $f \in Y^X$

$\Leftrightarrow$ $\forall \varepsilon \in (0,1), \exists N \in \mathbf{N}$,当 $i > N$ 时,

$$\rho(f_i(x), f(x)) < \varepsilon, \quad \forall x \in X$$

$\Leftrightarrow$ $\forall \varepsilon \in (0,1), \exists N \in \mathbf{N}$,当 $i > N$ 时,

$$\widetilde{\rho}(f_i, f) < \varepsilon,$$

$\Leftrightarrow$ 序列$\{f_i \mid i \in \mathbf{N}\}$相对于 Y^X 的一致收敛度量而言收敛于$f \in Y^X$. □

在 Y 上有度量 ρ 才能在 Y^X 上引入度量 $\widetilde{\rho}$.为了使得

$$\widetilde{\rho}(f_i, f) < \varepsilon \quad \Leftrightarrow \quad \sup\{\rho(f_i(x), f(x))\} < \varepsilon, \forall x \in X,$$

即 $f_i(x) \rightrightarrows f(x), x \in X (i \to +\infty)$(一致收敛).我们用

$$\sup\{\rho(f(x), g(x)) \mid x \in X\}$$

来定义 $\widetilde{\rho}(f,g)$.但是,为了克服 $\sup\{\rho(f(x),g(x)) \mid x \in X\} = +\infty$,当$\rho(f(x),g(x)) \geqslant 1, \exists x \in X$ 时,令 $\widetilde{\rho}(f,g) = 1$. Y^X 上采用的度量 $\widetilde{\rho}$ 称为一致收敛度量正是因为$\{f_i\}$在$(Y^X, \mathscr{T}_{\widetilde{\rho}})$下收敛等价于$\{f_i(x)\}$在 X 上一致收敛的缘故.

定理 2.5.4 设 X 为一个集合,(Y,ρ)为一个完备度量空间,映射空间(一致收敛度量)$(Y^X, \widetilde{\rho})$也为一个完备度量空间.

证明 设$\{f_i \mid i\in\mathbf{N}\}$为$(Y^X,\tilde{\rho})$中(相对于一致收敛度量)的一个 Cauchy(基本)序列.不失一般性,对$\forall\, i,j\in\mathbf{N}$,设$\tilde{\rho}(f_i,f_j)<1$(否则$\exists\, N\in\mathbf{N}$,当$i,j>N$时,$\tilde{\rho}(f_i,f_j)<1$.我们用$\{f_{N+1},f_{N+2},\cdots\}$来代替原来的序列$\{f_i\}$).由于$\forall\, x\in X$,有

$$\rho(f_i(x),f_j(x))\leqslant\tilde{\rho}(f_i,f_j).$$

因此,序列$\{f_i(x)\mid i\in\mathbf{N}\}$为$(Y,\rho)$中的一个 Cauchy(基本)序列.它有唯一的一个极限$f(x)$.它定义了一个映射$f:X\to Y$.

现在证明在$(Y^X,\tilde{\rho})$中$\lim\limits_{i\to+\infty}f_i=f$,从而$(Y^X,\tilde{\rho})$为一个完备度量空间.

$\forall\,\varepsilon\in(0,1)$,选取$N\in\mathbf{N}$,s.t. $\forall\, i,j>N$,有$\tilde{\rho}(f_i,f_j)<\frac{\varepsilon}{3}$.因此,根据$\tilde{\rho}$的定义,有$\rho(f_i(x),f_j(x))<\frac{\varepsilon}{3}$,$\forall\, x\in X$.对$\forall\, x\in X$,选$N_x\in\mathbf{N}$,s.t.当$j=N_x$时,有

$$\rho(f_j(x),f(x))\leqslant\frac{\varepsilon}{3};$$

因此,当$i>N$时,有

$$\rho(f_i(x),f(x))\leqslant\rho(f_i(x),f_{N_x}(x))+\rho(f_{N_x}(x),f(x))<\frac{\varepsilon}{3}+\frac{\varepsilon}{3}=\frac{2}{3}\varepsilon.$$

从而当$i>N$时有$\tilde{\rho}(f_i,f)\leqslant\frac{2}{3}\varepsilon<\varepsilon$.这就证明了$\lim\limits_{i\to+\infty}f_i=f$. □

定理 2.5.5 设$(X,\mathscr{T})$为一个拓扑空间,(Y,ρ)为一个度量空间,则从$(X,\mathscr{T})$到$(Y,\mathscr{T}_\rho)$的所有连续映射构成的集合$C^0(X,Y)=C(X,Y)$为映射空间(一致收敛拓扑)中的一个闭集.因此,度量空间$C(X,Y)$(一致收敛度量)也是一个完备度量空间.

证明 设$C(X,Y)$中的一个序列$\{f_i\mid i\in\mathbf{N}\}$收敛于$f\in Y^X$.

对$\forall\, x\in X$,U为$f(x)$在$(Y,\mathscr{T}_\rho)$中的一个开邻域.选取一个球形邻域$B(f(x);\varepsilon)\subset U$.根据定理 2.5.3,$\exists\, N\in\mathbf{N}$,s.t.当$i>N$时,$\rho(f_i(y),f(y))<\frac{\varepsilon}{4}$,$\forall\, y\in X$,由于$f_{N+1}\in C(X,Y)$,故存在$x$的一个开邻域$V$,使得$f_{N+1}(V)\subset B\left(f_{N+1}(x);\frac{\varepsilon}{2}\right)$,则有

$$\begin{aligned}\rho(f(y),f(x))&\leqslant\rho(f(y),f_{N+1}(y))+\rho(f_{N+1}(y),f_{N+1}(x))+\rho(f_{N+1}(x),f(x))\\&<\frac{\varepsilon}{4}+\frac{\varepsilon}{2}+\frac{\varepsilon}{4}=\varepsilon,\quad\forall\, y\in V.\end{aligned}$$

因此,$f(V)\subset B(f(x);\varepsilon)\subset U$.这就证明了$f$在点$x$处连续.由于$x$为$X$中任取的点,所以$f$连续,即$f\in C(X,Y)\subset Y^X$.

由于映射空间Y^X(一致收敛度量)为一个度量空间,根据定理 1.2.3,$C(X,Y)$为Y^X(一致收敛度量)中的闭集. □

接着我们关心的是如何在两个拓扑空间之间的所有映射构成的集合Y^X中引入一

个新拓扑来刻画映射之间的逼近.这个重要的拓扑被称为紧致-开拓扑.

因为 Y 中只有拓扑,而无度量,Y^X 上要引入新拓扑,一般来说,这引入的拓扑不可度量化.这个新拓扑的定义必须依赖于 X 与 Y 的拓扑.为此,先给出一个记号.设 X 与 Y 为两个集合.对于 $\forall E\subset X,B\subset Y$,记

$$W(E,B)=\{f\in Y^X \mid f(E)\subset B\}\subset Y^X.$$

定义 2.5.4 设 X 为一个集合,Y 为一个拓扑空间,$\mathscr{E}$ 为 X 的一个子集族,则 Y^X 的子集族

$$\mathscr{S}_{\mathscr{E}}=\{W(E,U)\subset Y^X \mid E\in\mathscr{E},U\text{ 为 }Y\text{ 中的开集}\}$$

的并(即$\mathscr{S}_{\mathscr{E}}$中所有元素的并)便是 Y^X(因为 $\forall E\in\mathscr{E}$,总有 $W(E,Y)=Y^X$).因此,Y^X 有唯一的一个拓扑 $\mathscr{T}_{\mathscr{E}}$,以 $\varphi_{\mathscr{E}}$ 为它的子基.称 $\mathscr{T}_{\mathscr{E}}$ 为 Y^X 的 $\mathscr{E}$-**开拓扑**.$(Y^X,\mathscr{T}_{\mathscr{E}})$称为**映射空间**(**$\mathscr{E}$-开拓扑**).

如果 $\mathscr{P}$ 为 X 中所有单点子集构成的族,则

$$\begin{aligned}\mathscr{S}&=\{e_x^{-1}(U)\subset Y^X \mid U\text{ 为 }Y\text{ 中的一个开集},x\in X\}\\&=\{\{f\mid f(x)=e_x(f)\in U\}\subset Y^X \mid U\text{ 为 }Y\text{ 中的一个开集},x\in X\}\\&=\{W(\{x\},U)\subset Y^X \mid \{x\}\in\mathscr{P},U\text{ 为 }Y\text{ 中的开集}\}=\mathscr{S}_{\mathscr{P}}.\end{aligned}$$

因此,以$\mathscr{S}$为子基的拓扑 $\mathscr{T}$ 正好是以$\mathscr{S}_{\mathscr{P}}$为子基的拓扑 $\mathscr{T}_{\mathscr{P}}$,即 $\mathscr{T}=\mathscr{T}_{\mathscr{P}}$.基于这个理由,点式收敛拓扑也称为**点-开拓扑**.

从定义 2.5.4 可见,如果 $\mathscr{E}_1$ 与 $\mathscr{E}_2$ 都为 X 的子集族,且 $\mathscr{E}_1\subset\mathscr{E}_2$,则$\mathscr{S}_{\mathscr{E}_1}\subset\mathscr{S}_{\mathscr{E}_2}$,从而 $\mathscr{T}_{\mathscr{E}_1}\subset\mathscr{T}_{\mathscr{E}_2}$.

此外,因为

$$f,g\in W(\{x\},U)\quad\Leftrightarrow\quad f(x),g(x)\in U,$$
$$f,g\in W(E,U)\quad\Leftrightarrow\quad f(E),g(E)\subset U,\text{其中 }E\in\mathscr{E},$$

所以,点式收敛拓扑(点-开拓扑)便是刻画映射在点处"逼近"的拓扑;而 $\mathscr{E}$-开拓扑是映射在集族 $\mathscr{E}$ 的元素上的"逼近"的拓扑.无论哪一种,它们都是用 Y 的开集 U 来刻画逼近的.至此,X 上并未有拓扑的介入.

所有 $\mathscr{E}$-开拓扑中,X 的拓扑的介入得到了一种最为重要的紧致-开拓扑.顾名思义,"紧致"指的是 $\mathscr{E}$ 取拓扑空间 X 中的紧致集为元素,"开"指的是定义 2.5.4 中 U 取拓扑空间 Y 中的开集.

定义 2.5.5 设 X 与 Y 为两个拓扑空间,$\mathscr{C}$ 为 X 的全体紧致子集构成的集族,则从 X 到 Y 的全体映射构成的集合 Y^X 的 $\mathscr{C}$-开拓扑 $\mathscr{T}_{\mathscr{C}}$ 称为 Y^X 的**紧致-开拓扑**.拓扑空间 $(Y^X,\mathscr{T}_{\mathscr{C}})$称为**映射空间**(**紧致-开拓扑**).

从 X 到 Y 的全体连续映射构成的集合 $C(X,Y)$ 作为映射空间 Y^X(紧致-开拓扑)的

子拓扑空间称为**连续映射空间(紧致-开拓扑)**;并且 Y^X 的紧致-开拓扑 $\mathscr{T}_{\mathscr{C}}$ 在 $C(X,Y)$ 上的限制$(\mathscr{T}_{\mathscr{C}})_{C(X,Y)}$也称为 $C(X,Y)$的**紧致-开拓扑**.

定理 2.5.6 设 X 与 Y 为两个拓扑空间,$\mathscr{T}_{\mathscr{P}}$ 与 $\mathscr{T}_{\mathscr{C}}$ 分别为从 X 到 Y 的全体映射构成的集合 Y^X 的点式收敛拓扑与紧致-开拓扑,则 $\mathscr{T}_{\mathscr{P}}\subset\mathscr{T}_{\mathscr{C}}$.

进而,对 $\forall x\in X$,赋值映射 $e_x:Y^X\to Y$ 关于 Y^X 的点式收敛拓扑与紧致-开拓扑而言都是连续的.

证明 因为 $\mathscr{P}\subset\mathscr{E}$,所以 $\mathscr{S}_{\mathscr{P}}\subset\mathscr{S}_{\mathscr{C}}$.从而,$\mathscr{S}_{\mathscr{P}}\subset\mathscr{S}_{\mathscr{C}}$.

对 Y 中的任何开集 U,由于 $e_x^{-1}(U)\in\mathscr{S}=\mathscr{S}_{\mathscr{P}}\subset\mathscr{T}_{\mathscr{P}}\subset\mathscr{T}_{\mathscr{C}}$,故 e_x 关于 Y^X 的点式收敛拓扑与紧致-开拓扑都是连续的. □

定理 2.5.7 设 X 与 Y 为两个拓扑空间,如果 Y 为 T_0(T_1、T_2)空间,则映射空间 Y^X(紧致-开拓扑)以及连续映射空间 $C(X,Y)$(紧致-开拓扑)也为 T_0(T_1、T_2)空间.

证明 由定理 2.5.2 知,映射空间 Y^X(点式收敛拓扑)以及连续映射空间 $C(X,Y)$(点式收敛拓扑)为 T_0(T_1、T_2)空间.

于是,对 $\forall f,g\in Y^X$,必有 f 的开邻域 $W_f\in\mathscr{T}_{\mathscr{P}}$,它不含 g,或者有 g 的开邻域 $W_g\in\mathscr{T}_{\mathscr{P}}$,它不含 f.由于 $\mathscr{T}_{\mathscr{P}}\subset\mathscr{T}_{\mathscr{C}}$,故 $W_f\in\mathscr{T}_{\mathscr{C}}$,$W_g\in\mathscr{T}_{\mathscr{C}}$.由此知 W_f 或 W_g 都为 Y^X(紧致-开拓扑)中的开集.所以,映射空间 Y^X(紧致-开拓扑)为 T_0 空间(关于 T_1、T_2 类似证明).

因为 T_0(T_1、T_2)具有遗传性,$C(X,Y)$(紧致-开拓扑)也为 T_0(T_1、T_2)空间. □

最后,我们来论述一致收敛拓扑与紧致-开拓扑之间的关联.

定理 2.5.8 设 X 为紧致空间,(Y,ρ)为一个度量空间,则连续映射空间 $C(X,Y)$ 的一致收敛拓扑与紧致-开拓扑相同.

证明 分别记 $\mathscr{T}$ 与 $\tilde{\mathscr{T}}$ 为 $C(X,Y)$的一致收敛拓扑与紧致-开拓扑,并且记 $\tilde{\rho}$ 为 $C(X,Y)$的一致收敛拓扑定义中诱导这个拓扑的度量.

设 $f\in W(K,U)\cap C(X,Y)$,其中 K 为 X 的一个紧致子集,U 为 Y 的一个开集.

如果 $K=\varnothing$或 $U=Y$,则 $W(K,U)=C(X,Y)$,$f\in B(f;\delta)\subset W(K,U)$,其中 $B(f;\delta)$是相对于度量$\tilde{\rho}$而言的球形邻域;如果 $K\neq\varnothing$与 $U\neq Y$,由于 f 为连续映射,故 $f(K)$是包含于开集 U 中的一个非空紧致子集,并且$Y\backslash U$ 为 Y 的一个非空闭集.因此,$\rho(f(K),Y\backslash U)>0$.取 δ,s.t. $0<\delta<\rho(f(K),Y\backslash U)$.于是,$f\in B(f;\delta)\subset W(K,U)$.这是因为,如果,$g\in B(f;\delta)$,则对 $\forall x\in X$,必有 $\rho(g(x),f(x))<\delta$.因此,当 $x\in K$ 时,$g(x)\in U$.于是,$g(K)\subset U$,即 $g\in W(K,U)$.这就证明了 $B(f;\delta)\subset W(K,U)$.综上有 $f\in B(f;\delta)\cap C(X,Y)\subset W(K,U)\cap C(X,Y)$.由此推得 $\tilde{\mathscr{T}}\subset\mathscr{T}$.

相反地,$f\in C(X,Y)$的相对于度量 $\tilde{\rho}$ 的每一个球形邻域 $B(f;\varepsilon)$.因为 f 连续与 X 紧致,故 $f(X)$为 Y 的一个紧致子集,集族$\left\{B\left(f(x);\frac{\varepsilon}{4}\right)\middle| x\in X\right\}$为紧子集$f(X)$的一个

开覆盖,所以它有有限子覆盖

$$\left\{B\left(f(x_1);\frac{\varepsilon}{4}\right),\cdots,B\left(f(x_n);\frac{\varepsilon}{4}\right)\right\}.$$

对于 $\forall\, i=1,\cdots,n$,令

$$K_i = f^{-1}\left(\overline{B\left(f(x_i);\frac{\varepsilon}{4}\right)}\right),$$

$$U_i = B\left(f(x_i);\frac{2}{4}\varepsilon\right).$$

于是,由 f 连续及定理 1.3.2(3),K_i 为紧致空间 X 中的闭集,所以也为紧致子集,U_i 为 Y 中的开集,此时,有

$$X = K_1 \cup \cdots \cup K_n,$$

$$f(K_i) \subset \overline{B\left(f(x_i);\frac{\varepsilon}{4}\right)} \subset B\left(f(x_i);\frac{2}{4}\varepsilon\right) = U_i,\quad i = 1,\cdots,n.$$

$$f \in \bigcap_{i=1}^{n} (W(K_i,U_i) \cap C(X,Y)).$$

如果 $g \in \bigcap_{i=1}^{n} (W(K_i,U_i) \cap C(X,Y))$,则对 $\forall\, x \in X$, $\exists\, i_0 \in \{1,\cdots,n\}$, s. t. $x \in K_{i_0}$. 于是,由 $g \in W(K_{i_0},U_{i_0})$知 $g(x) \in U_{i_0}$,即 $\rho(g(x),f(x_{i_0})) < \frac{2}{4}\varepsilon$. 此外,$f(x) \in f(K_{i_0}) \subset \overline{B\left(f(x_{i_0});\frac{\varepsilon}{4}\right)}$,即 $\rho(f(x),f(x_{i_0})) \leqslant \frac{\varepsilon}{4}$. 从而

$$\begin{aligned}\rho(g(x),f(x)) &\leqslant \rho(g(x),f(x_{i_0})) + \rho(f(x_{i_0}),f(x))\\ &< \frac{2}{4}\varepsilon + \frac{\varepsilon}{4} = \frac{3}{4}\varepsilon,\end{aligned}$$

即 $g \in B(f;\varepsilon)$. 因此,$f \in \bigcap_{i=1}^{n} (W(K_i,U_i) \cap C(X,Y)) \subset B(f;\varepsilon)$. 由此立即得到 $\mathcal{T} \subset \widetilde{\mathcal{T}}$.

综上所述,有 $\mathcal{T} = \widetilde{\mathcal{T}}$. □

第 3 章

基本群及其各种计算方法

拓扑学的中心问题是将拓扑空间按照同胚（即拓扑映射）（或同伦等价）进行分类，凡同一类的空间彼此同胚（同伦等价或伦型相同）；凡不同类的空间彼此不同胚（不同伦等价或伦型不相同）.要证明两个拓扑空间 X 与 Y 同胚（同伦等价），通常要作出它们之间的一个同胚映射（同伦等价映射）.但是，要证明 X 与 Y 不同胚（不同伦等价），常用的方法是找出拓扑（同胚）不变量（同伦或伦型不变量），它为一个空间具有而不为另一个空间所具有.前两章讨论的分离性、可数性、连通性与紧性都是拓扑不变性.用两个拓扑空间 X 与 Y 的这种拓扑性质的不同来区分 X 与 Y 不同胚（或不同伦等价）是比较有效的.但如果两个拓扑空间上述性质都相同（如球面 S^2 与环面 $S^1\times S^1$），要区分它们光用这些知识就不够了.例 3.5.5 与例 3.5.4 指出，它们的基本群分别为 $\pi_1(S^2)=0$ 与 $\pi_1(S^1\times S^1)\cong\mathbf{Z}\oplus\mathbf{Z}$，所以 $\pi_1(S^2)\not\cong\pi_1(S^1\times S^1)$.由于基本群（第 1 同伦群）既是拓扑不变量，又是同伦不变量，故 S^2 与 $S^1\times S^1$ 既不同胚，又不同伦等价.如果应用另一同胚与同伦不变量——同调群（参阅文献[1]），则从 $H_1(S^2,G)\cong 0\not\cong G\oplus G\cong H_1(S^1\times S^1,G)$ 也能区分 S^2 与 $S^1\times S^1$ 既不同胚，又不同伦等价.

上述例子表明，分离性、可数性、连通性与紧性还是一些较初等的拓扑不变量，很多场合不够用.这就激励我们去寻找新的、更高等的拓扑不变量与同伦不变量.代数拓扑（同调群 $H_n(X,G)$ 与同伦群 $\pi_n(X,x_0)$）就是为了这种需要而不断发展起来的.

这一章介绍的基本群 $\pi_1(X,x_0)$ 就是第 1 同伦群.一方面，基本群很重要，比一般的同伦群 $\pi_n(X,x_0)$ 要简单（闭道路的同伦类组成的群），又很基本，而且当前我们对它了解甚多，大量的拓扑空间已有办法计算它们的基本群（当然也有大量的拓扑空间还无法计算它们的基本群）.另一方面，同调群与同伦群既依赖于点集拓扑，又依赖于代数，它们是点集拓扑与代数的结合，如果说 19 世纪的当代数学是微积分的话，那么拓扑（点集拓扑、微分拓扑、代数拓扑）就应该是 20 世纪的当代数学了.作为第 1 同伦群的基本群相对于代数来说更依赖于点集拓扑.要有高深的点集拓扑知识与功夫才能深刻理解基本群，才能熟练掌握它、应用它.可以说，基本群是读者从点集拓扑通往代数拓扑的一座桥.这一章选择基本群作为它的主要内容是为了突出基本群的研究是点集拓扑的重要应用，也是它的一个延伸.基本群的重要性还在于它已有广泛的应用，它渗透到微分几何等各个领域.目前，国内外在曲率与拓扑不变量的相关联问题的研究上取得了大量的成果，基本群起到了十分关键的作用.

本章先引入同伦、相对同伦、道路同伦、基本群、覆盖空间等重要概念，证明了基本群的同胚不变性与同伦不变性定理、道路与道路同伦的提升定理以及更一般的映射提升定理. 应用覆叠空间理论给出了计算基本群的一种重要且有效的方法. 反之，由底空间基本群的共轭类得到了覆叠空间的分类定理，研究了万有覆叠空间的存在性与唯一性定理，并论述了万有覆叠空间的自同构群与底空间的基本群的同构定理. 我们还将该同构定理推广到正则覆叠空间的情形，得到了 $A(E,B,p)\cong\pi_1(B,p)/p_*(\pi_1(E,e))$. 全章共介绍了 8 种计算基本群的重要方法，并列举了大量典型实例（如：圆、球面、环面、实射影空间、8 字形、n 叶玫瑰线、Klein 瓶、透镜空间等）的基本群.

3.1 同伦、相对同伦、道路类乘法

设 X,Y,Z 为拓扑空间，$C(X,Y)$ 为从 X 到 Y 的连续映射的全体. 现在给出拓扑学中重要的同伦概念.

定义 3.1.1（映射同伦） 设 $f,g\in C(X,Y)$，如果 $\exists F\in C(X\times[0,1],Y)$，s. t.

$$F(\cdot,0)=f,\quad F(\cdot,1)=g,$$

则称 **f 与 g 同伦**，记作 $F:f\simeq g$ 或 $f\overset{F}{\simeq}g$. F 称为**同伦或伦移**.

形象地说，f 通过 F 连续地变到 g，并通过图 3.1.1，$f(X)$ 连续形变到 $g(X)$.

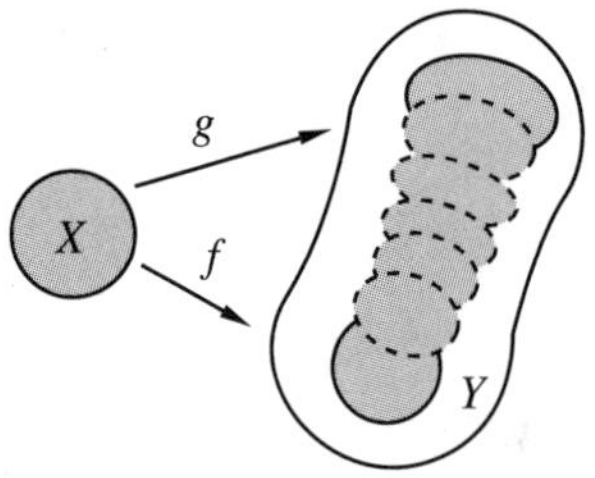

图 3.1.1

定义 3.1.2（映射相对同伦） 设 $f,g\in C(X,Y)$，$A\subset X$，$f|_A=g|_A$. 如果 $\exists F\in C(X\times[0,1],Y)$，s. t. $F:f\simeq g$，且 $F(a,t)=f(a)=g(a)$，$\forall a\in A$，$\forall t\in[0,1]$，则称 **f 与 g 相对于 A 是同伦的**，记作 $F:f\simeq g(\mathrm{rel}A)$ 或 $f\overset{F}{\simeq}g(\mathrm{rel}A)$.

引理 3.1.1 (1) 同伦关系为等价关系；

(2) 相对同伦关系为等价关系.

证明 (1) 自反性:令 $F(x,t)=f(x)$, $\forall x\in X$, $\forall t\in[0,1]$,则 $F:f\simeq f$.

对称性:设 $F:f\simeq g$,则 $G:g\simeq f$,其中 $G(x,t)=F(x,1-t)$.

传递性:设 $F:f\simeq g$, $G:g\simeq h$,令

$$K(x,t)=\begin{cases}F(x,2t), & 0\leqslant t\leqslant \dfrac{1}{2},\\ G(x,2t-1), & \dfrac{1}{2}\leqslant t\leqslant 1,\end{cases}$$

当 $t=\dfrac{1}{2}$时,$F(x,1)=g(x)=G(x,0)$.根据粘接引理,K 连续,即 $K\in C(X\times[0,1],Y)$.因此,$K:f\simeq h$.

(2) 类似(1)的证明. □

引理 3.1.2 设 $f_0\simeq f_1:X\to Y$, $g_0\simeq g_1:Y\to Z$,则 $g_0\circ f_0\simeq g_1\circ f_1:X\to Z$.

证明 设 $F:f_0\simeq f_1$, $G:g_0\simeq g_1$, $K(x,t)=G(F(x,t),t)$,则 $K:g_0\circ f_0\simeq g_1\circ f_1$.

□

定义 3.1.3 称 $\alpha\in C([0,1],X)$为拓扑空间 X 中连接点$\alpha(0)$与 $\alpha(1)$的一条**道路**,$\alpha(0)$与 $\alpha(1)$分别称为该道路的**起点**与**终点**,如果 $\alpha(0)=\alpha(1)$,称此道路为**闭(道)路**,且 $\alpha(0)=\alpha(1)$称为 α 的**基点**.记以 $x_0\in X$ 为基点的闭道路的全体为$\Omega(X,x_0)$.值得注意的是:道路指的是连续映射 $\alpha:[0,1]\to X$,而不是它的像 $\alpha([0,1])$.但是,有时考虑其像会帮助读者理解问题与思考问题.令 $\alpha^-(s)=\alpha(1-s)$,并称 α^- 为 α 的**逆道路**.

自然我们有**道路同伦**的概念.特别称 $\alpha\simeq\beta$, $\mathrm{rel}\,\partial[0,1]$为**定端道路同伦**,记作 $\alpha\simeq_{\mathrm{p}}\beta$ (p 表示 path,即道路),其中 $\partial[0,1]=\{0,1\}$为$[0,1]$的边界.$C([0,1],X)$在定端道路同伦关系下的等价类称为**道路类**,记$[\alpha]$为含 α 的道路类,即

$$[\alpha]=\{\beta\mid\alpha\simeq_{\mathrm{p}}\beta\}$$

(见图 3.1.2).

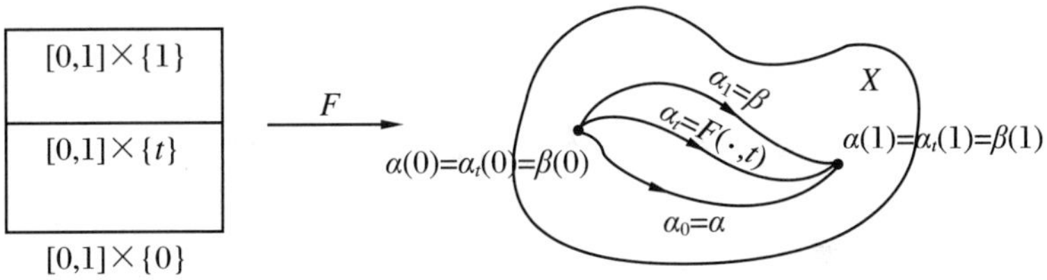

图 3.1.2

定义 3.1.4 设 $\alpha,\beta\in C([0,1],X)$, $\alpha(1)=\beta(0)$,令

$$\alpha * \beta(t) = \begin{cases} \alpha(2s), & s \in \left[0,\frac{1}{2}\right], \\ \beta(2s-1), & s \in \left[\frac{1}{2},1\right], \end{cases}$$

则由 $\alpha\left(2\cdot\frac{1}{2}\right)=\alpha(1)=\beta(0)=\beta\left(2\cdot\frac{1}{2}-1\right)$及粘接引理知,$\alpha * \beta \in C([0,1],X)$.我们称 $\alpha * \beta$ 为α 与β 的**道路积**(图 3.1.3).

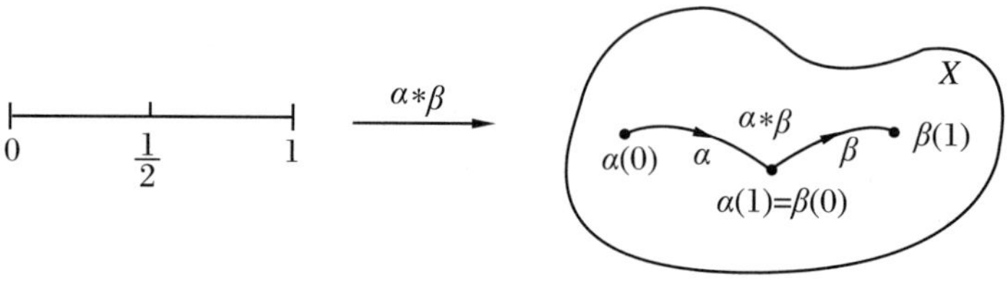

图 3.1.3

引理 3.1.3 (1) 若 $\alpha \simeq_p \beta$,则 $\alpha^- \simeq_p \beta^-$;

(2) 若 $\alpha_0 \simeq_p \beta_0$,$\alpha_1 \simeq_p \beta_1$,$\alpha_0 * \alpha_1$ 有意义,则 $\beta_0 * \beta_1$ 也有意义,且 $\alpha_0 * \alpha_1 \simeq_p \beta_0 * \beta_1$.

证明 (1) 设 $F: \alpha \simeq_p \beta$,令 $G(s,t)=F(1-s,t)$,则 $G: \alpha^- \simeq_p \beta^-$.

(2) 设 $F_0: \alpha_0 \simeq_p \beta_0$,$F_1: \alpha_1 \simeq_p \beta_1$,令

$$G(s,t) = \begin{cases} F_0(2s,t), & s \in \left[0,\frac{1}{2}\right], \\ F_1(2s-1,t), & s \in \left[\frac{1}{2},1\right]. \end{cases}$$

根据粘接引理,G 连续,且 $G: \alpha_0 * \alpha_1 \simeq_p \beta_0 * \beta_1$. □

由此引理可给出道路类的乘法.

定义 3.1.5 称$[\alpha]*[\beta]=[\alpha * \beta]$为道路类$[\alpha]$与$[\beta]$的**乘积**,而 $*$ 称为道路类的**乘法**.

根据引理 3.1.3,$[\alpha * \beta]$与$[\alpha]$,$[\beta]$中选取的代表元无关,即如果 $\alpha_1 \in [\alpha]$,$\beta_1 \in [\beta]$,则 $\alpha_1 * \beta_1 \simeq_p \alpha * \beta$.因此,乘积的定义是合理的.

定理 3.1.1 (1) 道路类乘法是结合的.

(2) 设道路类$[\alpha]$,有 $\alpha(0)=x_0$,$\alpha(1)=x_1$. c_{x_0},c_{x_1} 分别为点 x_0,x_1 处的常值道路,则:

(a) $[\alpha]*[\alpha^-]=[c_{x_0}]$,$[\alpha^-]*[\alpha]=[c_{x_1}]$;

(b) $[c_{x_0}]*[\alpha]=[\alpha]=[\alpha]*[c_{x_1}]$.

注意:道路类在该乘法下并不构成群!

证明 (1) 设 α,β,γ 为道路,且可乘,则由乘法 $*$ 的定义,有

$$(\alpha * \beta) * \gamma(s) = \begin{cases} (\alpha * \beta)(2s), & s \in \left[0, \frac{1}{2}\right], \\ r(2s-1), & s \in \left[\frac{1}{2}, 1\right] \end{cases}$$

$$= \begin{cases} \alpha(2(2s)), & 2s \in \left[0, \frac{1}{2}\right] \text{或 } s \in \left[0, \frac{1}{4}\right], \\ \beta(2(2s)-1), & 2s \in \left[\frac{1}{2}, 1\right] \text{或 } s \in \left[\frac{1}{4}, \frac{1}{2}\right], \\ \gamma(2s-1), & s \in \left[\frac{1}{2}, 1\right] \end{cases}$$

$$= \begin{cases} \alpha(4s), & s \in \left[0, \frac{1}{4}\right], \\ \beta(4s-1), & s \in \left[\frac{1}{4}, \frac{1}{2}\right], \\ r(2s-1), & s \in \left[\frac{1}{2}, 1\right], \end{cases}$$

$$\alpha * (\beta * \gamma)(s) = \begin{cases} \alpha(2s), & s \in \left[0, \frac{1}{2}\right], \\ (\beta * \gamma)(2s-1), & s \in \left[\frac{1}{2}, 1\right] \end{cases}$$

$$= \begin{cases} \alpha(2s), & s \in \left[0, \frac{1}{2}\right], \\ \beta(2(2s-1)), & 2s-1 \in \left[0, \frac{1}{2}\right] \text{或 } s \in \left[\frac{1}{2}, \frac{3}{4}\right], \\ \gamma(2(2s-1)-1), & 2s-1 \in \left[\frac{1}{2}, 1\right] \text{或 } s \in \left[\frac{3}{4}, 1\right] \end{cases}$$

$$= \begin{cases} \alpha(2s), & s \in \left[0, \frac{1}{2}\right], \\ \beta(4s-2), & s \in \left[\frac{1}{2}, \frac{3}{4}\right], \\ \gamma(4s-3), & s \in \left[\frac{3}{4}, 1\right]. \end{cases}$$

令

$$F(s,t) = \begin{cases} \alpha\left(\frac{4s}{1+t}\right), & s \in \left[0, \frac{1+t}{4}\right], \\ \beta(4s-1-t), & s \in \left[\frac{1+t}{4}, \frac{2+t}{4}\right], \\ \gamma\left(\frac{4s-2-t}{2-t}\right), & s \in \left[\frac{2+t}{4}, 1\right]. \end{cases}$$

由粘接引理知，F 连续. 易证

$$F:(\alpha*\beta)*\gamma\simeq_{\mathrm{p}}\alpha*(\beta*\gamma).$$

事实上，当 $s\in\left[0,\frac{1+t}{4}\right]$时，$\frac{4s}{1+t}\in[0,1]$；

当 $s\in\left[\frac{1+t}{4},\frac{2+t}{4}\right]$时，$4s-1-t\in[0,1]$；

当 $s\in\left[\frac{2+t}{4},1\right]$时，$\frac{4s-2-t}{2-t}\in[0,1]$.

因此，以上定义 F 所用的公式有意义，也易证 F 是完全确定的（在各部分交点处 F 的值相同）. 根据粘接引理，F 是连续的，此外，

$$(\alpha*(\beta*\gamma))(s)=\begin{cases}\alpha(2s), & s\in\left[0,\frac{1}{2}\right],\\ \beta(4s-2), & s\in\left[\frac{1}{2},\frac{3}{4}\right],\\ \gamma(4s-3), & s\in\left[\frac{3}{4},1\right]\end{cases}=F(s,1).$$

类似地，$(\alpha*\beta)*\gamma(s)=F(s,0)$. 因此，$F:(\alpha*\beta)*\gamma\simeq_{\mathrm{p}}\alpha*(\beta*\gamma)$，从而

$$\begin{aligned}([\alpha]*[\beta])*[\gamma]&=[\alpha*\beta]*[\gamma]=[(\alpha*\beta)*\gamma]\\&=[\alpha*(\beta*\gamma)]=[\alpha]*[\beta*\gamma]=[\alpha]*([\beta]*[\gamma]),\end{aligned}$$

即道路类乘法是结合的.

(2) (a) 由

$$\alpha*\alpha^{-}(s)=\begin{cases}\alpha(2s), & s\in\left[0,\frac{1}{2}\right],\\ \alpha^{-}(2s-1), & s\in\left[\frac{1}{2},1\right]\end{cases}=\begin{cases}\alpha(2s), & s\in\left[0,\frac{1}{2}\right],\\ \alpha(2(1-s)), & s\in\left[\frac{1}{2},1\right].\end{cases}$$

令（见图 3.1.4）

$$G(s,t)=\begin{cases}\alpha(2ts), & s\in\left[0,\frac{1}{2}\right],\\ \alpha(2t(1-s)), & s\in\left[\frac{1}{2},1\right],\end{cases}$$

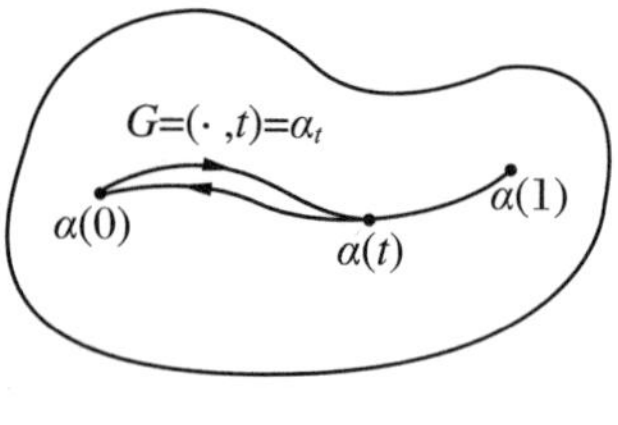

图 3.1.4

则当 $s\in\left[0,\frac{1}{2}\right]$时，$2ts\in[0,1]$；当 $s\in\left[\frac{1}{2},1\right]$时，$2t(1-s)\in[0,1]$，所以定义 G 用的公式有意义. 也易证 G 是完全确定的$\left(\text{在 } s=\frac{1}{2}\text{ 处各部分的值相同}\right)$. 根据粘接引理，$G$ 是连续的. 因此

$$G:c_{x_0}\simeq_{\mathrm{p}}\alpha*\alpha^{-},$$

从而

$$[c_{x_0}]=[\alpha*\alpha^{-}]=[\alpha]*[\alpha^{-}].$$

类似可证$[\alpha^-]*[\alpha]=[c_{x_1}]$或$[\alpha^-]*[\alpha]=[\alpha^-]*[(\alpha^-)^-]=[c_{x_1}]$.

(b) 令

$$K(s,t)=\begin{cases}\alpha\left(\dfrac{2s}{2-t}\right), & s\in\left[0,\dfrac{2-t}{2}\right],\\ x_1, & s\in\left[\dfrac{2-t}{2},1\right].\end{cases}$$

易证 K 是完全确定的$\left(在\ s=\dfrac{2-t}{2}处\ K\ 各部分的值相同\right)$.根据粘接引理,$K$ 是连续的,并且 $K:\alpha\simeq_{\mathrm{p}}\alpha*c_{x_1}$.于是

$$[\alpha]=[\alpha*c_{x_1}]=[\alpha]*[c_{x_1}].$$

类似地,有$[c_{x_0}]*[\alpha]=[\alpha]$. □

定理3.1.1的证明主要应用粘接引理验证 F,G,K 都为连续映射,并且为所求的同伦.读者一定感到很简单,验证也轻松.但是,勤于思考的读者自然会想到:这些同伦是如何构造出来的?关键是通过画一张正方形$[0,1]^2$的图实现的.

例3.1.1 (1) 先画正方形$[0,1]^2$.当同伦参数 s 为曲线参数 $t=0$ 时,由 $F(s,0)=(\alpha*\beta)*\gamma(s)$,对 α,β,γ 的曲线参数 s 各占$\dfrac{1}{4}$,$\dfrac{1}{4}$,$\dfrac{1}{2}$(见图3.1.5中下底表示);当 $t=1$ 时,$F(s,1)=\alpha*(\beta*\gamma)(s)$,对 α,β,γ 的曲线参数各占$\dfrac{1}{2}$,$\dfrac{1}{4}$,$\dfrac{1}{4}$(见图3.1.5中上底表示).连接平面上点$\left(\dfrac{1}{4},0\right)$与$\left(\dfrac{1}{2},1\right)$,点$\left(\dfrac{1}{2},0\right)$与$\left(\dfrac{3}{4},1\right)$得两连线.以纵坐标为 t 画一条平行于 x 轴的直线分别交上述两连线于点(s_1,t)与(s_2,t).

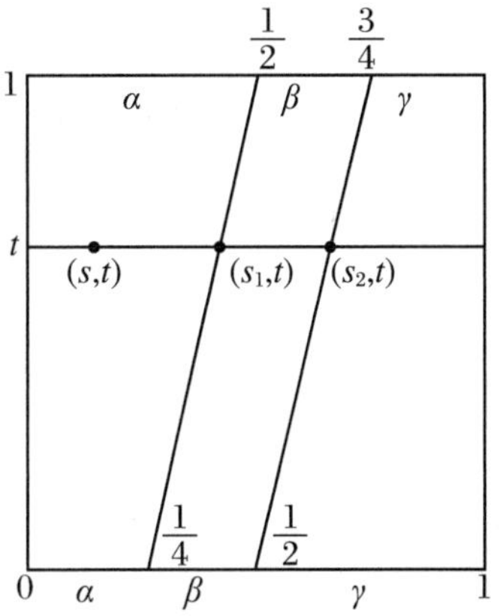

图3.1.5

根据两点式,第1条连线方程为

$$\frac{t-0}{s_1-\dfrac{1}{4}}=\frac{1-0}{\dfrac{1}{2}-\dfrac{1}{4}}=4\Rightarrow t=4s_1-1,$$

故

$$s_1=\frac{1+t}{4}.$$

因此,当 $s\in[0,s_1]=\left[0,\dfrac{1+t}{4}\right]$时,有

$$\frac{s}{l_1}=\frac{s_1}{1}\Rightarrow l_1=\frac{s}{s_1}=\frac{s}{\dfrac{1+t}{4}}=\frac{4s}{1+t}.$$

再根据两点式,第2条连线方程为

$$\frac{t-0}{s_2-\frac{1}{2}}=\frac{1-0}{\frac{3}{4}-\frac{1}{2}}=4\Rightarrow t=4s_2-2,$$

故

$$s_2=\frac{2+t}{4}.$$

因此，当$\frac{1+t}{4}\leqslant s\leqslant\frac{2+t}{4}$时，有

$$\frac{s-s_1}{l_2-0}=\frac{s_2-s_1}{1}\Rightarrow l_2=\frac{s-s_1}{s_2-s_1}=\frac{s-\frac{1+t}{4}}{\frac{2+t}{4}-\frac{1+t}{4}}=4s-1-t;$$

当$\frac{2+t}{4}\leqslant s\leqslant 1$时，有

$$\frac{s-s_2}{l_3-0}=\frac{1-s_2}{1}\Rightarrow l_3=\frac{s-s_2}{1-s_2}=\frac{s-\frac{2+t}{4}}{1-\frac{2+t}{4}}=\frac{4s-2-t}{2-t}.$$

由此得到所求同伦 F 为

$$F(s,t)=\begin{cases}\alpha\left(\frac{4s}{1+t}\right), & s\in\left[0,\frac{1+t}{4}\right],\\ \beta(4s-1-t), & s\in\left[\frac{1+t}{4},\frac{2+t}{4}\right],\\ \gamma\left(\frac{4s-2-t}{2-t}\right), & s\in\left[\frac{2+t}{4},1\right].\end{cases}$$

于是，$(\alpha*\beta)*\gamma\overset{F}{\simeq}_{\mathrm{p}}\alpha*(\beta*\gamma)$.

(2) 画正方形$[0,1]^2$，连点$(1,0)$与$\left(\frac{1}{2},1\right)$得一连线，以纵坐标为 t 画一条平行于 x 轴的直线交上述连线于点(s_1,t)(图 3.1.6).

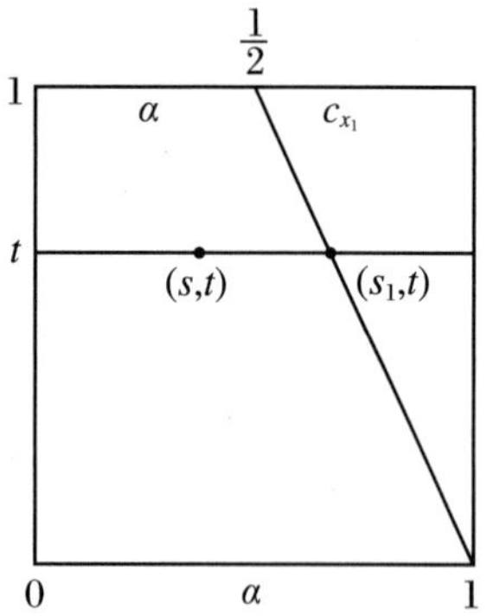

图 3.1.6

根据两点式，该连线方程为

$$\frac{t-0}{s_1-1}=\frac{1-0}{\frac{1}{2}-1}=-2\Rightarrow t=-2s_1+2,$$

故

$$s_1=\frac{2-t}{2}.$$

因此，当 $s\in[0,s_1]=\left[0,\frac{2-t}{2}\right]$时，有

$$\frac{s}{l_1}=\frac{s_1}{1}\Rightarrow l_1=\frac{s}{s_1}=\frac{s}{\frac{2-t}{2}}=\frac{2s}{2-t}.$$

由此得到所求同伦 K 为

$$K(s,t)=\begin{cases}\alpha\left(\dfrac{2s}{2-t}\right), & s\in\left[0,\dfrac{2-t}{2}\right],\\ x_1, & s\in\left[\dfrac{2-t}{2},1\right].\end{cases}$$

于是，$\alpha\overset{K}{\simeq}\alpha*c_{x_1}$.

(3) 由图 3.1.7，根据两点式，有

$$\frac{t-0}{s_1-\frac{1}{2}}=\frac{1-0}{0-\frac{1}{2}}=-2\Rightarrow t=-2s_1+1,$$

故

$$s_1=\frac{1-t}{2}.$$

因此，当 $s\in\left[\frac{1-t}{2},1\right]$时，有

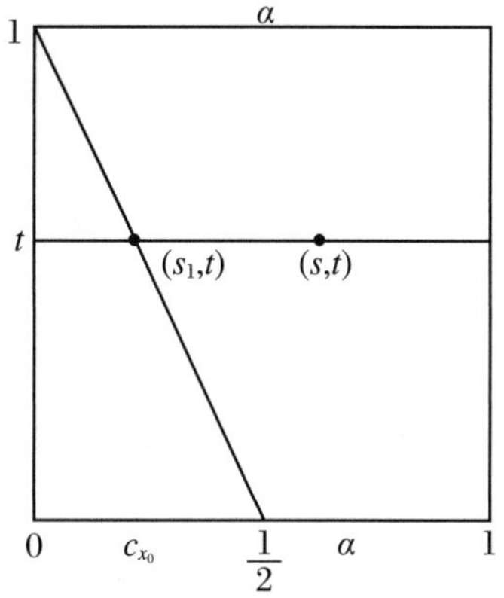

图 3.1.7

$$\frac{s-s_1}{l_1}=\frac{1-s_1}{1}\Rightarrow l_1=\frac{s-s_1}{1-s_1}=\frac{s-\frac{1-t}{2}}{1-\frac{1-t}{2}}=\frac{2s-1+t}{1+t}.$$

由此得到所求同伦 H 为

$$H(s,t)=\begin{cases}x_0, & s\in\left[0,\dfrac{1-t}{2}\right],\\ \alpha\left(\dfrac{2s-1+t}{1+t}\right), & s\in\left[\dfrac{1-t}{2},1\right].\end{cases}$$

于是，$c_{x_0}*\alpha\overset{F}{\simeq}_{\mathrm{p}}\alpha$，$[c_{x_0}]*[\alpha]=[\alpha]$.

3.2 基本群

拓扑空间 X 中所有道路同伦类的集合对于运算 $*$ 而言并不是一个群，而仅是一个广群. 但仅考虑以 x_0 为起点同时也以 x_0 为终点的闭道路集 $\Omega(X,x_0)$ 及其同伦类的集合 $\pi_1(X,x_0)$，我们有：

定义 3.2.1 设 $x_0\in X$，根据定理 3.1.1，以 x_0 为基点（既是道路的起点，又是道路的终点）的所有闭道路类的集合 $\pi_1(X,x_0)$ 对于运算 $*$ 而言形成一个群，它以$[c_{x_0}]$为单

位元,以$[\alpha^-]$为$[\alpha]$的逆元.称这个群为 X 的以x_0 为基点的**基本群**,也称其为 X 的以x_0 为基点的第1同伦群.在代数拓扑中,引入了更一般的 X 的以x_0 为基点的第 n 个同伦群 $\pi_n(X,x_0)$, $n\in\mathbf{N}$.

下面定理表明,在研究基本群时,总可假定 X 为道路连通空间.

定理 3.2.1 设 $x_0\in X$, Y 为含x_0 的道路连通分支,则 $\pi_1(Y,x_0)\cong\pi_1(X,x_0)$($\cong$为群的同构).

证明 设 $i:Y\to X$ 为包含映射,则 $i_*:\pi_1(Y,x_0)\to\pi_1(X,x_0)$, $i_*([\alpha])=[i\circ\alpha]$为一个同态.事实上,

$$\begin{aligned} i_*([\alpha]*[\beta]) &= i_*([\alpha*\beta]) = [i\circ(\alpha*\beta)] = [(i\circ\alpha)*(i\circ\beta)] \\ &= [i\circ\alpha]*[i\circ\beta] = i_*([\alpha])*i_*([\beta]). \end{aligned}$$

再证 i_* 为单射.我们记 Y 中常值x_0 的道路为 $\tilde{c}_{x_0}$, X 中常值x_0 的道路为 c_{x_0}.对于$\forall[\alpha]\in\pi_1(Y,x_0)$,且$[i\circ\alpha]=i_*([\alpha])=[c_{x_0}]$,则有同伦 $F:i\circ\alpha\simeq_{\mathrm{p}}c_{x_0}$.于是,由

$$F(0,1) = x_0 \in Y,\quad F([0,1]\times[0,1])$$

道路连通,Y 为含x_0 的道路连通分支,必有

$$F([0,1]\times[0,1]) \subset Y.$$

定义

$$\widetilde{F}:[0,1]\times[0,1]\to Y,\quad (s,t)\mapsto F(s,t),$$

则

$$\widetilde{F}(s,t) = F(s,t),\quad \widetilde{F}:\alpha\simeq_{\mathrm{p}}\tilde{c}_{x_0},$$

即

$$[\alpha] = [\tilde{c}_{x_0}] \in \pi_1(Y,x_0).$$

从而 i_* 为单射.

进而证 i_* 为满射.对$\forall[\beta]\in\pi_1(X,x_0)$, $\beta:[0,1]\to X$,且

$$\beta(0) = \beta(1) = x_0 \in Y \subset X.$$

由 $\beta([0,1])$道路连通知 $\beta([0,1])\subset Y$.令 $\tilde{\beta}:[0,1]\to Y$, $\tilde{\beta}(s)=\beta(s)$,则 $i\circ\tilde{\beta}=\beta$,从而 $i_*([\tilde{\beta}])=[i\circ\tilde{\beta}]=[\beta]$.这就证明了 i_* 为满射.

综上所述,$i_*:\pi_1(Y,x_0)\to\pi_1(X,x_0)$为同构. □

下面定理表明,基本群与基点的选取无关.

定理 3.2.2(同构意义下基本群与基点的选取无关) 设 X 为道路连通的拓扑空间,$x_0,x_1\in X$,则 $\pi_1(X,x_0)\cong\pi_1(X,x_1)$.

证明 设 $\sigma:[0,1]\to X$ 为连接x_0 与 x_1 的一条道路,令

$$\begin{aligned} &\sigma_\#:\pi_1(X,x_0)\to\pi_1(X,x_1), \\ &[\alpha]\mapsto\sigma_\#([\alpha]) = [\sigma^-*\alpha*\sigma] = [\sigma^-]*[\alpha]*[\sigma] \end{aligned}$$

(图3.2.1),由 $*$ 的广群性质(定理3.1.1),有

$$\begin{aligned}\sigma_{\#}([\alpha]*[\beta]) &= [\sigma^{-}]*([\alpha]*[\beta])*[\sigma] \\ &= ([\sigma^{-}]*[\alpha]*[\sigma])*([\sigma^{-}]*[\beta]*[\sigma]) \\ &= \sigma_{\#}([\alpha])*\sigma_{\#}([\beta]),\end{aligned}$$

故 $\sigma_{\#}$ 为一个同态.

考虑 σ 的逆道路 σ^{-},则 $\forall\beta\in\pi_1(X,x_1)$,有

$$(\sigma^{-})_{\#}([\beta]) = [(\sigma^{-})^{-}]*[\beta]*[\sigma^{-}] = [\sigma]*[\beta]*[\sigma^{-}],$$

$$\sigma_{\#}((\sigma^{-})_{\#}([\beta])) = [\sigma^{-}]*([\sigma]*[\beta]*[\sigma^{-}])*[\sigma] = [\beta].$$

同理,有 $(\sigma^{-})_{\#}(\sigma_{\#}([\alpha]))=[\alpha]$.因此,$\sigma_{\#}$ 与 $(\sigma^{-})_{\#}$ 互为逆.这就证明了

$$\sigma_{\#}:\pi_1(X,x_0)\to\pi_1(X,x_1)$$

为同构. □

注 3.2.1 在定理3.2.2的证明中,如果 $\sigma\simeq_{p}\eta:[0,1]\to X$,即 σ 与 η 为连接 x_0 与 x_1 的两条定端同伦的道路.根据引理3.1.3立知,$\sigma_{\#}=\eta_{\#}$.由此得到同一道路类中元素诱导出相同的同构,记作 $[\sigma]_{\#}$.不同的道路类可能诱导出不同的同构,如果不计较是什么样的同构,则可将群 $\pi_1(X,x_0)$ 与 $\pi_1(X,x_1)$ 视作同一个抽象的群.这时就无须突出基点,从而可记作 $\pi_1(X)$.并且将这个抽象的群称为 X 的基本群.

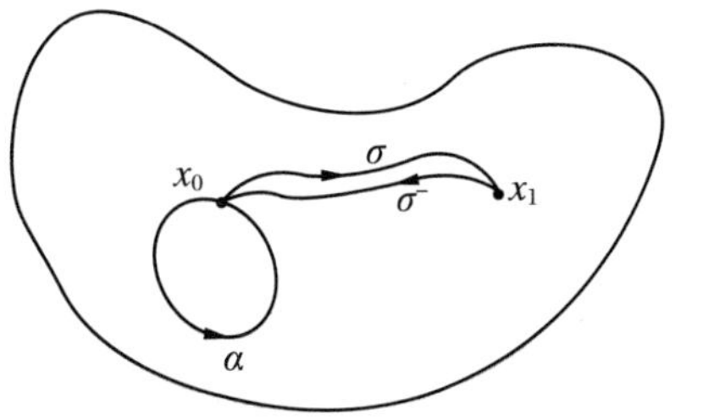

图 3.2.1

定理 3.2.3 设 x_0,x_1 为路连通空间 X 中的两个固定点,则对连接 x_0,x_1 的任意两条道路 σ,η 恒有 $\sigma_{\#}=\eta_{\#}\Leftrightarrow\pi_1(X,x_0)$ 为交换群.

证明 (证法1)($\Leftarrow$)设 $\pi_1(X,x_0)$ 为交换群,则对 $\forall[\alpha]\in\pi_1(X,x_0)$,有

$$\begin{aligned}\sigma_{\#}([\alpha]) &= \eta_{\#}\circ(\eta^{-})_{\#}\circ\sigma_{\#}([\alpha]) = \eta_{\#}((\eta^{-})_{\#}\circ\sigma_{\#}([\alpha])) \\ &= \eta_{\#}((\sigma*\eta^{-})_{\#}([\alpha])) = \eta_{\#}([(\sigma*\eta^{-})^{-}*\alpha*(\sigma*\eta^{-})]) \\ &= \eta_{\#}([(\sigma*\eta^{-})^{-}]*[\alpha]*[\sigma*\eta^{-}]) \\ &= \eta_{\#}([\alpha]*[(\sigma*\eta^{-})^{-}*(\sigma*\eta^{-})]) = \eta_{\#}([\alpha]).\end{aligned}$$

因此,$\sigma_{\#}=\eta_{\#}$.

($\Rightarrow$)设 σ,η 为连接 x_0 与 x_1 的任意两条道路,且有 $\sigma_{\#}=\eta_{\#}$,则对 $\forall\alpha,\beta\in\pi_1(X,x_0)$,有

$$\begin{aligned}[\alpha]^{-1}*[\beta]*[\alpha] &= [\alpha^{-}]*[\beta]*[\alpha] = \alpha_{\#}([\beta]) \\ &= (\alpha*\sigma*\sigma^{-})_{\#}([\beta]) = (\sigma^{-})_{\#}\circ(\alpha*\sigma)_{\#}([\beta]) \\ &\xlongequal{(\alpha*\sigma)_{\#}=\sigma_{\#}} (\sigma^{-})_{\#}\circ\sigma_{\#}([\beta]) = [\beta],\end{aligned}$$

即 $[\beta]*[\alpha]=[\alpha]*[\beta]$,故 $\pi_1(X,x_0)$ 是可交换的.

(证法 2)($\Leftarrow$)

$$\begin{aligned}\sigma_\#([\alpha]) &= [\sigma^-]*[\alpha]*[\sigma]\\ &= [\eta^-]*[\eta]*([\sigma^-]*[\alpha]*[\sigma])*[\eta^-]*[\eta]\\ &= [\eta^-]*([\eta*\sigma^-]*[\alpha]*[\sigma*\eta^-])*[\eta]\\ &= [\eta^-]*([\alpha]*[\eta*\sigma^-]*[\sigma*\eta^-])*[\eta]\\ &= [\eta^-]*([\alpha]*[\eta*(\sigma^- *\sigma)*\eta^-])*[\eta]\\ &= [\eta^-]*[\alpha]*[\eta] = \eta_\#([\alpha]),\end{aligned}$$

则有 $\sigma_\# = \eta_\#$.

($\Rightarrow$)对 $\forall\alpha,\beta\in\pi_1(X,x_0)$,有

$$\begin{aligned}[\beta]*[\alpha] &= [\alpha]*[\alpha^-]*[\beta]*[\alpha]\\ &= [\alpha]*[\sigma]*[\sigma^-]*[\alpha^-]*[\beta]*[\alpha]*[\sigma]*[\sigma^-]\\ &= [\alpha]*[\sigma]*([(\alpha*\sigma)^-]*[\beta]*[\alpha*\sigma])*[\sigma^-]\\ &= [\alpha]*[\sigma]*(\alpha*\sigma)_\#([\beta])*[\sigma^-]\\ &\xlongequal{(\alpha*\sigma)_\# = \sigma_\#} [\alpha]*[\sigma]*\sigma_\#([\beta])*[\sigma^-]\\ &= [\alpha]*[\sigma]*[\sigma^-]*[\beta]*[\sigma]*[\sigma^-]\\ &= [\alpha]*[\beta],\end{aligned}$$

即 $\pi_1(X,x_0)$是可交换的. □

定义 3.2.2 设 X 为道路连通空间.如果对 $\forall x_0,x_1\in X$,以及从 x_0 到 x_1 的任意道路 α,同构

$$\alpha_\#:\pi_1(X,x_0)\to\pi_1(X,x_1)$$

是唯一确定的,则称 X 为**1-单式的**.

由定理 3.2.3 与定理 3.2.2 知

道路连通空间 X 是 1-单式的 $\Leftrightarrow$ $\pi_1(X)$是交换群(即 Abel 群).

定理 3.2.4 (1) $[\sigma*\eta]_\# = [\eta]_\#\circ[\sigma]_\#$;

(2) $[\sigma^-]_\#\circ[\sigma]_\# = [\sigma*\sigma^-]_\# = [c_{x_0}]_\# = \mathrm{Id}_{\pi_1(X,x_0)}$(恒同构),$[\sigma]_\#\circ[\sigma^-]_\# = [\sigma^- *\sigma]_\# = [c_{x_1}]_\# = \mathrm{Id}_{\pi_1(X,x_1)}$.

证明 (1)

$$\begin{aligned}[\sigma*\eta]_\#([\alpha]) &= [(\sigma*\eta)^-]*[\alpha]*[\sigma*\eta] = [\eta^- *\sigma^- *\alpha*\sigma*\eta]\\ &= [\eta]_\#([\sigma^- *\alpha*\sigma]) = [\eta]_\#\circ[\sigma]_\#([\alpha]),\end{aligned}$$

即$[\sigma*\eta]_\# = [\eta]_\#\circ[\sigma]_\#$.

(2) 因为

$$[c_{x_0}]_\#([\alpha]) = [c_{x_0}^- *\alpha*c_{x_0}] = [\alpha] = \mathrm{Id}_{\pi_1(X,x_0)}([x]),$$

所以$[c_{x_0}]_\# = \mathrm{Id}_{\pi_1(X,x_0)}$.

同理有$[c_{x_1}]_\# = \mathrm{Id}_{\pi_1(X,x_1)}$. □

定义 3.2.3 设 X 为道路连通空间，且对某个 $x_0\in X$，$\pi_1(X,x_0)$为平凡群(即它只含一个元素，$\pi(X,x_0)=\{[c_{x_0}]\}$，简记为 $\pi_1(X,x_0)=0$. 当然它是交换群(Abel 群)，根据定理 3.2.2，对$\forall x_1\in X$，$\pi_1(X,x_1)$也为平凡群)，则称 X 是**单连通**的. 由于 X 道路连通，根据定理 3.2.2，$\pi_1(X,x_0)=0\Leftrightarrow\pi_1(X,x)=0$. 因此，单连通定义与基点选取无关.

换言之，所有以 x_0 为基点的闭道路是彼此道路同伦的. 特别是所有闭道路都与常值道路 c_{x_0} 道路同伦.

定理 3.2.5(单连通的等价性)

X 单连通 $\Leftrightarrow$ X 中任何两条起点与终点分别相同的道路都是道路同伦的.

证明 (证法 1)($\Leftarrow$)取起点与终点都为 x_0，根据右边条件，以 x_0 为基点的所有闭道路都是道路同伦的. 因此，X 是单连通的.

($\Rightarrow$)设 α，β 为两条从x_0 到 x_1 的道路，于是，$\alpha*\beta^-$ 为 X 中以x_0 为基点的一条闭道路. 由于 X 是单连通的，故$[\alpha*\beta^-]=[c_{x_0}]$. 应用 $*$ 的广群性质(定理 3.1.1)，有

$$[\beta]=[c_{x_0}*\beta]=[\alpha*\beta^-*\beta]=[\alpha*(\beta^-*\beta)]=[\alpha*c_{x_1}]=[\alpha],$$

$$\alpha\simeq_{\mathrm{p}}\beta,$$

即 α 与β 是道路同伦的.

(证法 2)($\Leftarrow$)取起点与终点相同，都为 x_0，则以 x_0 为基点(即以 x_0 为起点，x_0 为终点)的任何闭道路都道路同伦. 因此，右边条件成立蕴涵着 X 单连通.

($\Rightarrow$)设 X 单连通，即 $\pi_1(X,x_0)=0$，再根据定理 3.2.2，

$$\pi_1(X,x)\cong\pi_1(X,x_0)=0,\quad \forall x\in X.$$

$\forall x,y\in X$，任何连接 x 到y 的两条道路γ_0 与 γ_1，$\gamma_0\gamma_1^-$ 是以 x 为基点的闭曲线. 由 $\pi_1(X,x)=0$，$\gamma_0\gamma_1^-\simeq_{\mathrm{p}}c_x$，即存在连续映射

$$F:[0,1]\times[0,1]\to X,$$

满足

$$\begin{cases}F(s,0)=\gamma_0\gamma_1^-(s)\\ F(s,1)=c_x=x, & \forall s\in[0,1],\\ F(0,t)=x=F(1,t), & \forall t\in[0,1],\\ F\left(\frac{1}{2},0\right)=y.\end{cases}$$

于是，由

$$G(s,t)=\begin{cases}F(s,t), & s\in\left[0,\frac{1}{2}\right],\\ F\left(\frac{1}{2},2t(1-s)\right), & s\in\left[\frac{1}{2},1\right],\end{cases}$$

立即推得

$$\gamma_0 \simeq_p \gamma_0 * c_y = G(\cdot,0) \simeq_p G(\cdot,1).$$

同理，$G(\cdot,1) \simeq_p c_x * \gamma_1 \simeq_p \gamma_1$. 所以，$\gamma_0 \simeq_p \gamma_1$，其中 c_x 与 c_y 都为常值道路(图 3.2.2). □

注 3.2.2 在单连通空间 X 中，根据定理 3.2.3 或定理 3.2.4，$\pi_1(X,x_0) \cong \pi_1(X,x_1)$ 中的同构与从 x_0 到 x_1 的道路的选取无关，也就是对从 x_0 到 x_1 的任何两条道路 σ 与 η，必有 $\sigma_\# = \eta_\#$.

注 3.2.3 从定理 3.2.3 可看出，只要两个特定点 x_0, x_1，同构 $\pi_1(X,x_0) \cong \pi_1(X,x_1)$ 与从 x_0 到 x_1 的道路选取无关，因而 $\pi_1(X,x_0)$ 为交换群. 再根据定理 3.2.3，对任何其他两点 $\tilde{x}_0, \tilde{x}_1 \in X$，同构 $\pi_1(X,\tilde{x}_0) \cong \pi_1(X,\tilde{x}_1)$ 与从 $\tilde{x}_0$ 到 $\tilde{x}_1$ 的道路选取无关.

注 3.2.4 满足定理 3.2.3 中左边条件的拓扑空间 X 未必是单连通的. 例如 S^1(单位圆)，由例 3.5.1 知 $\pi_1(S^1,(1,0)) \cong \mathbf{Z} \neq 0$，它不是单连通的. 但由于 S^1 的基本群为 $\mathbf{Z}$，它是交换群. 它满足定理 3.2.3 中左边的条件.

例 3.2.1 设 $(Y, \|\cdot\|)$ 为线性赋范空间(或模空间)(如通常的 Euclid 空间 $\mathbf{R}^n$)，X 为任意拓扑空间，$f, g: X \to Y$ 为映射，则 $F: X \times [0,1] \to Y$，$F(x,t) = (1-t)f(x) + tg(x)$ 为连接 f 与 g 的**直线同伦**.

如果 $A \subset Y$ 为**凸集**(即 $\forall a_1, a_2 \in A$，$\forall t \in [0,1]$，必有 a_1 与 a_2 的连线

$$\{(1-t)a_1 + ta_2 \mid t \in [0,1]\} \subset A.$$

如：独点集、实心开(或闭)的球体等). 同上理由，$f, g: X \to A$ 是直线同伦的.

当 $\alpha, \beta: [0,1] \to A$ 都为从 x_0 到 x_1 的道路时，

$$F(s,t) = (1-t)\alpha(s) + t\beta(s)$$

为 α 与 β 的道路同伦，即 $\alpha \simeq_p \beta$(图 3.2.3).

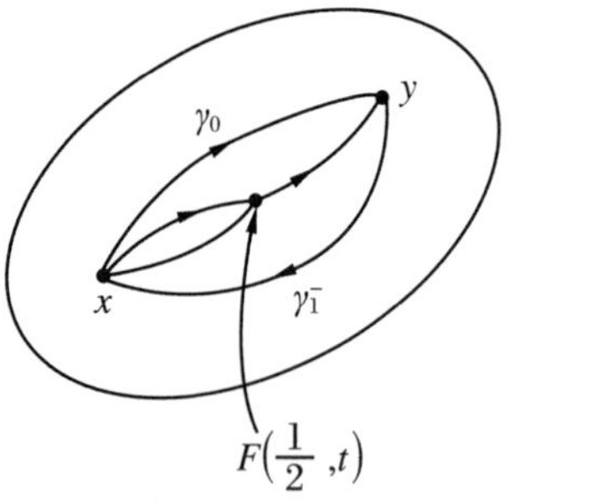

图 3.2.2

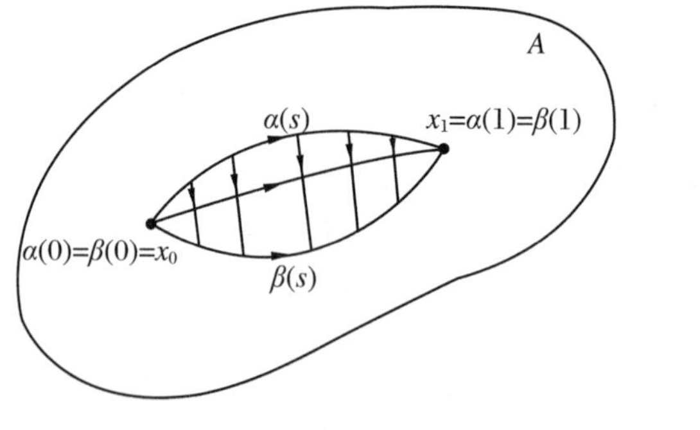

图 3.2.3

如果 $\alpha \in \pi_1(A,x_0)$，令

$$F(s,t) = (1-t)\alpha(s) + tc_{x_0} = (1-t)\alpha(s) + tx_0,$$

则 $F: \alpha \simeq_p c_{x_0}$，从而 $\pi_1(A,x_0) = \{[c_{x_0}]\}$ 或 $\pi_1(A,x_0) = 0$. 即 A 是单连通的(图 3.2.4).

例 3.2.2 设 $\mathbf{R}^2\backslash\{0\}$ 为穿孔平面，$\alpha,\beta,\gamma:[0,1]\to\mathbf{R}^2\backslash\{0\}$ 为从 $(1,0)$ 到 $(-1,0)$ 的三条不同的道路，其中

$$\alpha(s)=(\cos\pi s,\sin\pi s),$$
$$\beta(s)=(\cos\pi s,2\sin\pi s),$$
$$\gamma(s)=(\cos\pi s,-\sin\pi s).$$

易见，α 与 β 是直线道路同伦的；而 α 与 γ 不是直线道路同伦的（注意原点 O 被挖掉了）（图 3.2.5）. 事实上，$\mathbf{R}^2\backslash\{0\}$ 中根本不存在 α 与 γ 之间的定端道路同伦. 这一结论并不出人意料，直观上是显而易见的. 当然不能将 α 移过原点 O 处的洞而不被破坏其连续性，但严格证明并不是一件轻而易举的事. 这个事实表明 $\pi_1(\mathbf{R}^2\backslash\{0\})\neq 0$，即 $\mathbf{R}^2\backslash\{0\}$ 不是单连通的（参阅例 3.5.2）.

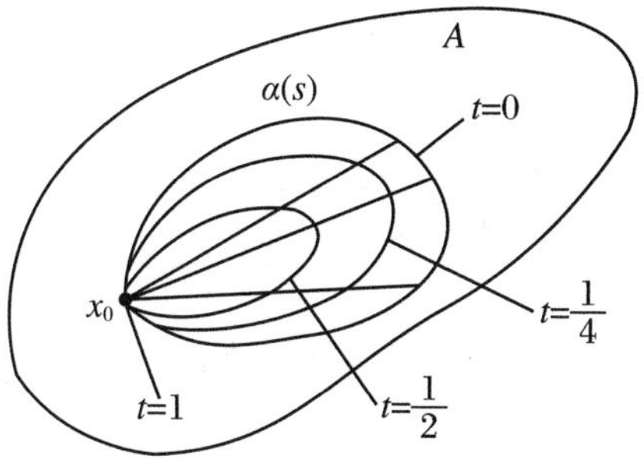

图 3.2.4

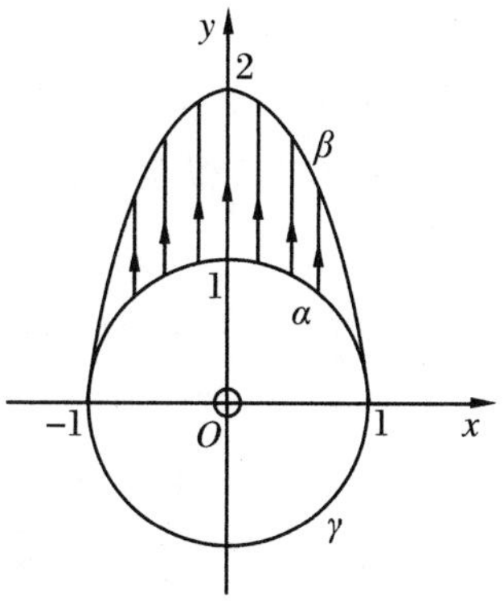

图 3.2.5

3.3 空间的同伦等价、可缩空间、基本群的同伦不变性定理

定义 3.3.1 设 X 与 Y 为拓扑空间，$f:X\to Y$ 为连续映射. 如果存在连续映射 $g:Y\to X$，使得 $g\circ f\simeq 1_X:X\to X$ 与 $f\circ g\simeq 1_Y:Y\to Y$（其中 1_X 与 1_Y 分别为 X 与 Y 到自身的恒同映射），则称 f 为**同伦等价**，称 g 为 f 的**同伦逆**. 此时，称拓扑空间 X **与** Y **是同伦等价的**，或称 X 与 Y 有**相同的伦型**，记作 $X\simeq Y$.

引理 3.3.1 空间的同伦等价是一种等价关系.

证明 因为 $1_X\circ 1_X=1_X\simeq 1_X:X\to X$，所以 $X\simeq X$.

如果 $X\simeq Y$，则存在连续映射 $f:X\to Y$，$g:Y\to X$，使得 $g\circ f\simeq 1_X$，$f\circ g\simeq 1_Y$. 它也表示 g 为同伦等价，而 f 为其同伦逆，所以 $Y\simeq X$.

如果 $X\simeq Y$，f 为同伦等价，g 为同伦逆；$Y\simeq Z$，h 为同伦等价，k 为同伦逆，则 $X\simeq Z$. 事实上，

$$(g\circ k)\circ(h\circ f)=g\circ(k\circ h)\circ f\simeq g\circ(1_Y)\circ f=g\circ f\simeq 1_X,$$

$$(h\circ f)\circ(g\circ k)=h\circ(f\circ g)\circ k\simeq h\circ(1_Y)\circ k=h\circ k\simeq 1_Z,$$

故 $h\circ f:X\to Z$ 为同伦等价，$g\circ k$ 为其同伦逆.

综上知，空间的同伦等价是一种等价关系. □

空间的同伦等价是一种等价关系，因此它给出了拓扑空间的一种分类，凡同伦等价的拓扑空间归同一类；不同类的拓扑空间彼此不同伦等价. 自然同一同伦类的拓扑空间有相同的伦型.

设 $f:X\to Y$ 为同胚，$g=f^{-1}:Y\to X$ 为其同胚逆. 由于 $g\circ f=f^{-1}\circ f=1_X\simeq 1_X:X\to X$，$f\circ g=f\circ f^{-1}=1_Y:Y\to Y$，故 $X\simeq Y$，f 为同伦等价，$g=f^{-1}$ 为其同伦逆. 因此，同胚的空间必为同伦等价的空间. 用同胚关系划分的等价类比用同伦关系划分的等价类更细致. 下面的例 3.3.1 说明它是严格的细致.

例 3.3.1

$$X=\{(x,y)\in\mathbf{R}^2\mid 1\leqslant x^2+y^2\leqslant 4\}\subset\mathbf{R}^2$$

为圆环，

$$Y=\{(x,y)\in\mathbf{R}^2\mid x^2+y^2=1\}\subset\mathbf{R}^2$$

为单位圆.

令

$$f:X\to Y,\quad f(x,y)=\left(\frac{x}{\sqrt{x^2+y^2}},\frac{y}{\sqrt{x^2+y^2}}\right),$$

$g=i:Y\to X$ 为包含映射，则

$$f\circ g=1_Y\simeq 1_Y:Y\to Y,$$

$$g\circ f=i\circ f\simeq 1_X:X\to X$$

$\Bigg($其同伦为 $F((x,y),t)=(1-t)$

$$\left(\left(\frac{x}{\sqrt{x^2+y^2}},\frac{y}{\sqrt{x^2+y^2}}\right)+t(x,y)\right).$$

于是，$X\simeq Y$，f 为同伦等价，$g=i$ 为其同伦逆(图 3.3.1).

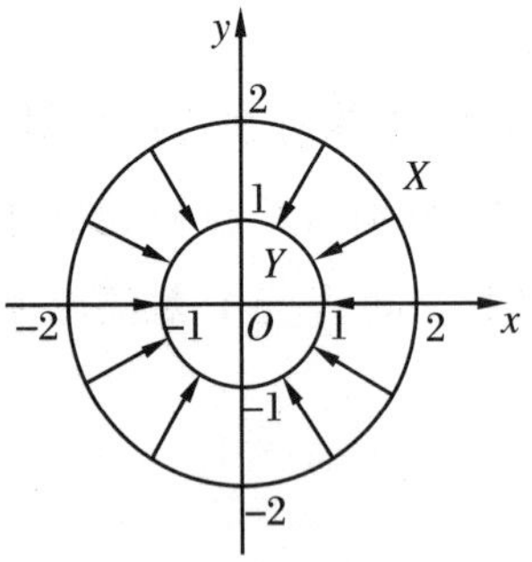

图 3.3.1

但是，$X\not\cong Y$，即 X 与 Y 不同胚.(反证)假设 $X\cong Y$，$h:X\to Y$ 为其同胚，则

$$h:X\backslash\{h^{-1}((-1,0)),\quad h^{-1}((1,0))\}\to Y\backslash\{(-1,0),(1,0)\}$$

也为同胚，而左边的空间道路连通，右边的空间非道路连

通,这与道路连通性为同胚不变性相矛盾.

此例表明有相同伦型的空间并不一定同胚.

现在讨论最简单的伦型,即与单点空间有相同伦型的空间.

定义 3.3.2 与单点空间有相同伦型的空间称为**可缩空间**.

例 3.3.2 凸集为可缩空间.

设 X 为凸集,$x_0\in X$,令 $i:\{x_0\}\to X$ 为包含映射,$r:X\to\{x_0\}$ 为常值映射(值 $r(x)\equiv x_0$),则 $r\circ i=1_{\{x_0\}}\simeq 1_{\{x_0\}}:\{x_0\}\to\{x_0\}$;$i\circ r=c_{x_0}\simeq 1_X:X\to X$(应用直线同伦).因此,$r$ 为同伦等价,i 为其同伦逆,从而凸集都为可缩空间.

形象地说凸集可以通过直线同伦连续地缩(形变)为一个点.

例 3.3.3 设 $n\in\mathbf{N}$,则 $\mathbf{R}^n\backslash\{\mathbf{0}\}\simeq S^{n-1}$($n-1$ 维单位球面).

证明 令 $i:S^{n-1}\to\mathbf{R}^n\backslash\{\mathbf{0}\}$ 为包含映射,$r:\mathbf{R}^n\backslash\{\mathbf{0}\}\to S^{n-1}$ 与 $F:(\mathbf{R}^n\backslash\{\mathbf{0}\})\times[0,1]\to\mathbf{R}^n\backslash\{\mathbf{0}\}$ 分别为

$$r(\boldsymbol{x})=\frac{\boldsymbol{x}}{\|\boldsymbol{x}\|},\quad \boldsymbol{x}\in\mathbf{R}^n\backslash\{\mathbf{0}\},$$

$$F(\boldsymbol{x},t)=(1-t)\frac{\boldsymbol{x}}{\|\boldsymbol{x}\|}+t\boldsymbol{x},\quad (\boldsymbol{x},t)\in(\mathbf{R}^n\backslash\{\mathbf{0}\})\times[0,1].$$

易见

$$r\circ i=1_{S^{n-1}}\simeq 1_{S^{n-1}},\quad i\circ r\overset{F}{\simeq}1_{\mathbf{R}^n\backslash\{\mathbf{0}\}}.$$

由此推得 $\mathbf{R}^n\backslash\{\mathbf{0}\}\overset{F}{\simeq}S^{n-1}$(图 3.3.2). □

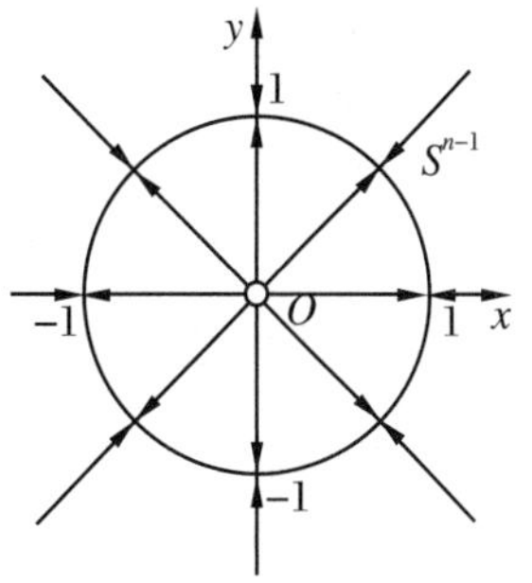

图 3.3.2

定义 3.3.3 设 A 为拓扑空间 X 的子拓扑空间,$i:A\to X$ 为包含映射.如果存在连续映射 $r:X\to A$,使得 $r\circ i=1_A$(即 $r|_A=1_A$),则称 r 为 X 到 A 的**保核收缩(映射)**,A 称为 X 的**收缩核**.

如果除上述定义以外还有同伦 $i\circ r\overset{F}{\simeq}1_X$,则称 F 为从 X 到 A 的一个**形变收缩(映射)**,A 称为 X 的**形变收缩核**.

如果上述同伦 F 还满足

$$F(a,t)=a,\quad \forall(a,t)\in A\times[0,1],$$

则称 F 为 X 到 A 的一个**强形变收缩(映射)**,A 称为 X 的**强形变收缩核**.

易见,强形变收缩核必为形变收缩核,形变收缩核必为收缩核,但反之并不成立(见例 3.3.7).

定理 3.3.1 设 A 为 X 的形变收缩核,则 A 与 X 有相同的伦型.

证明 设 $i:A\to X$ 为包含映射,$r:X\to A$ 使得 $r\circ i=1_A$ 为保核收缩,则 $r\circ i=1_A\simeq 1_A$;再由 A 为 X 的形变收缩核,故 $i\circ r\overset{F}{\simeq}1_X$.所以 $i:A\to X$ 为同伦等价,r 为其同伦逆.于是,$A\simeq X$. □

例 3.3.4 (1) 凸集 X 的任一点 x_0 为其强形变收缩核(例 3.3.2);

(2) S^{n-1} 为 $\mathbf{R}^n\backslash\{\mathbf{0}\}(n\geqslant 1)$ 的强形变收缩核(例 3.3.3);

(3) 对 $\forall\, t\in[0,1]$,圆周 $S^1\times\{t\}$ 为圆柱面 $S^1\times[0,1]$ 的强形变收缩核;

(4) 圆周 $\{(x,y)\mid x^2+y^2=1\}$ 为圆环 $\{(x,y)\mid 1\leqslant x^2+y^2\leqslant 4\}$ 的强形变收缩核;

(5) Möbius 带的中心线(同胚于圆周)为 Möbius 带 M 的强形变收缩核(图 3.3.3);

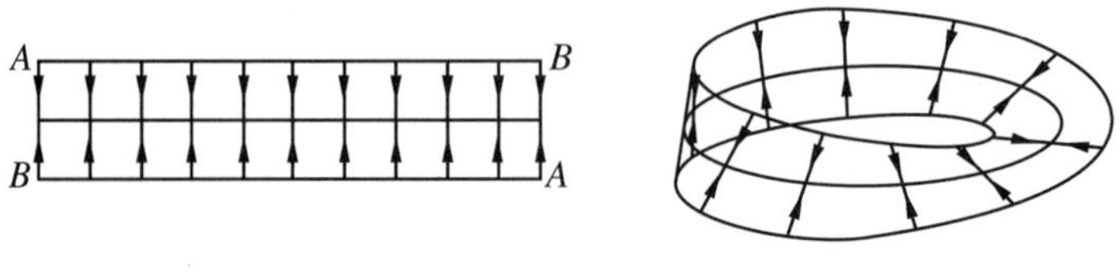

图 3.3.3

(6) 对任意拓扑空间 X,锥形 $CX=(X\times[0,1])/(X\times\{1\})$ 为一个商拓扑空间,对应 $x\mapsto[(x,0)]$ 将 X 嵌入为锥形 CX 的闭子空间,称它为锥形的**底**,$X\times\{1\}$ 的黏合像称为 CX 的**顶**,记为 a,则顶点 a 为锥形 CX 的强形变收缩核;

(7) 设 X 为线性赋范空间 $(Y,\|\cdot\|)$ 中的**星形凸集**,即 $\exists\, x_0\in X$,对 $\forall\, x\in X$,使连接 x 与 x_0 的线段都含在 X 中,则顶点 x_0 为 X 的强形变收缩核.

证明 (1)~(5) 显然.

(6) 令 $i:\{a\}\to CX$ 为包含映射,$r:CX\to\{a\}$ 为常值映射,则 $r\circ i=1_{\{a\}}$,即 r 为保核收缩.现定义 $q:(X\times[0,1])\times[0,1]\to X\times[0,1]$ 为

$$q(x,s,t)=(x,(1-t)\cdot 1+ts)=(x,1-t(1-s)).$$

显然,q 为连续映射,从而 q 与黏合(商映射) $p:X\times[0,1]\to CX,(x,s)\mapsto[(x,s)]$ 的复合映射 $p\circ q$ 是连续映射.$p\circ q$ 将 $(X\times\{1\})\times\{t\}$ 映成 CX 的顶点 $a(\forall\, t\in[0,1])$.显然,$p\times 1_{[0,1]}$ 也为黏合映射.而映射 $p\circ q$ 诱导出映射 $F:CX\times[0,1]\to CX$,其中

$$F([(x,s)],t)=[(x,1-t(1-s))]$$

满足交换图表:

$$\begin{array}{ccc}(X\times[0,1])\times[0,1] & \xrightarrow{\ q\ } & X\times[0,1]\\ \downarrow{\scriptstyle p\times 1_{[0,1]}} & & \downarrow{\scriptstyle p}\\ CX\times[0,1] & \xrightarrow{\ F\ } & CX\end{array}$$

易证 $i\circ r\overset{F}{\simeq}1_{CX}:CX\to CX,F(a,t)=a,\forall\, t\in[0,1]$.

(7) 令 $i:\{x_0\}\to X$ 为包含映射,$r:X\to\{x_0\}$ 为常值 x_0 的映射,则 $r\circ i=1_{\{x_0\}}$,即 r 为保核收缩.现定义 $F:X\times[0,1]\to X$,

$$F(x,t)=(1-t)x+tx_0,$$

则 $F(\cdot,0)=i\circ r,F(\cdot,1)=1_X,F(x_0,t)=x_0,\forall\, t\in[0,1]$,从而顶点 x_0 为 X 的强形

变收缩核. □

定理 3.3.2　设 $f: X \to Y$ 为连续映射,则

$$f \text{ 零伦(即 } f \simeq c_{y_0}, y_0 \in Y) \quad \Leftrightarrow \quad f \text{ 可连续扩张到锥形 } CX \text{ 上}.$$

证明　($\Leftarrow$)设 f 可扩张为连续映射 $g: CX \to Y$, $p: X \times [0,1] \to CX$ 为黏合映射,考虑复合映射 $F = g \circ p: X \times [0,1] \to Y$,

$$F(x,0) = f(x), \quad F(x,1) = y_0.$$

由 g, p 的连续性知,复合映射 $F = g \circ p$ 也连续. 故 F 为连接 f 到常值映射 c_{y_0} 的同伦,从而 f 零伦(图 3.3.4)

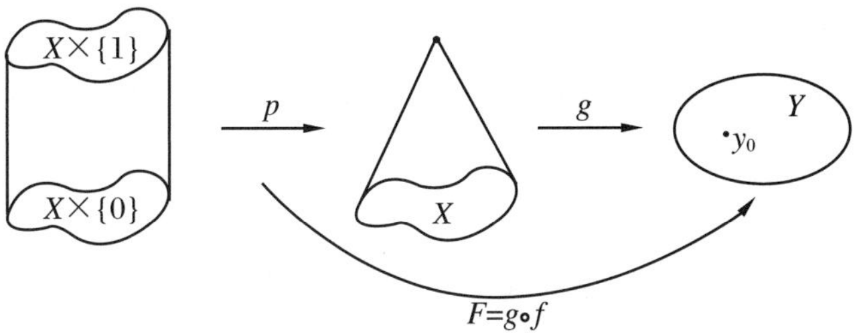

图 3.3.4

($\Rightarrow$)设 f 零伦,即 $\exists F$, s.t. $f \overset{F}{\simeq} c_{y_0}: X \to Y$,则 $F: X \times [0,1] \to Y$ 诱导出映射 $g: CX \to Y$, s.t.

$$g([(x,s)]) = F(x,s), \quad (x,s) \in X \times [0,1],$$

且满足交换图表

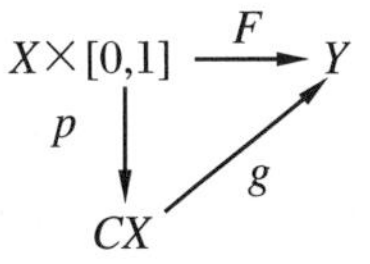

对 Y 的任一开集 V,由 F 连续知

$$p^{-1}(g^{-1}(V)) = (g \circ p)^{-1}(V) = F^{-1}(V)$$

为 $X \times [0,1]$ 中的开集. 根据商拓扑的定义, $g^{-1}(V)$ 为 CX 的开集,从而 g 连续, g 为 f 的连续扩张. □

定理 3.3.3(可缩空间的等价条件)　设 X 为拓扑空间,则:

(1) X 可缩;

(2) 1_X 零伦;

(3) 对任意拓扑空间 Y 及连续映射 $f: X \to Y$, f 必零伦;

(4) 对任意拓扑空间 Z 及连续映射 $g: Z \to X$, g 必零伦;

(5) X 为锥形 CX 的收缩核.

证明 (1)⇒(2). 设 X 可缩，则 $X\simeq\{x_0\}$（单点空间），即有连续映射 $f:X\to\{x_0\}$，$g:\{x_0\}\to X$，使得 $g\circ f\simeq 1_X$ 且 $f\circ g\simeq 1_{\{x_0\}}$. 显然，$g\circ f$ 为常值映射，从而 1_X 零伦.

(2)⇒(3). 设 1_X 零伦，即 $1_X\simeq c_{x_0}$（常值映射），根据引理 3.1.2，$f=f\circ 1_X\simeq f\circ c_{x_0}$（常值映射），即 f 零伦.

(3)⇒(4). 由(3)，特别有 $1_X\simeq c_{x_0}$，故 $g=1_X\circ g\simeq c_{x_0}\circ g$（常值映射），即 g 零伦.

(4)⇒(5). 由(4)，有 $1_X\simeq c_{x_0}$，根据定理 3.3.2，1_X 可连续扩张为连续映射 $r:CX\to X$，则 r 为保核收缩，从而 X 为锥形 CX 的收缩核.

(5)⇒(1). 设 X 为锥形 CX 的收缩核，$r:CX\to X$ 为保核收缩，$p:X\times[0,1]\to CX$ 为黏合映射，则 $r\circ p(X\times\{1\})$ 为单点集，记为 $P=\{x_0\}$. 令 $i:P\to X$ 为包含映射，$c_{x_0}:X\to P$ 为常值映射，则 $r\circ p:X\times[0,1]\to X$ 为 1_X 到 $i\circ c_{x_0}$（常值映射）的同伦. 因此，X 是可缩的. □

由定理 3.3.3(2) 立即有：

推论 3.3.1 X 可缩⇔X 以单点集 $\{x_0\}\subset X$ 为其形变收缩核（但不是强形变收缩核，见例 3.3.7）.

证明 设 $r=f:X\to\{x_0\}$ 为常值 x_0 的常值映射，$i=g:\{x_0\}\to X$ 为包含映射. 于是

$$
\begin{aligned}
X\text{ 可缩} &\Leftrightarrow \exists f,g,\text{s.t. } g\circ f\overset{F}{\simeq}1_X,\ f\circ g=1_{\{x_0\}}\\
&\Leftrightarrow \exists r:X\to\{x_0\},\text{s.t. } i\circ r\overset{F}{\simeq}1_X,\ r\circ i=1_{\{x_0\}}\\
&\Leftrightarrow \{x_0\}\text{ 为 } X \text{ 的形变收缩核.}
\end{aligned}
$$
□

为了证明基本群的同胚不变性与同伦（伦型）不变性，我们先引入诱导同态的概念.

定理 3.3.4 设 $f:X\to Y$ 为连续映射，$x_0\in X$，$y_0=f(x_0)\in Y$，简记为 $f:(X,x_0)\to(Y,y_0)$. 令

$$
\begin{aligned}
&f_*:\pi_1(X,x_0)\to\pi_1(Y,y_0),\\
&[\alpha]\mapsto f_*([\alpha])=[f\circ\alpha],
\end{aligned}
$$

则 f_* 为一个同态，称为 f（相对于基点 x_0）的**诱导同态**.

证明 对于 X 中以 x_0 为基点的任意闭道路 $\alpha:([0,1],\partial[0,1])\to(X,x_0)$，连续映射

$$f\circ\alpha:([0,1],\partial[0,1])\to(Y,y_0)$$

为 Y 中以 y_0 为基点的闭道路. 易证当 $\alpha,\beta\in\Omega(X,x_0)$，$[\alpha]=[\beta]$（即 $\alpha\overset{F}{\simeq}_{\mathrm{p}}\beta$）时，$f\circ\alpha\overset{f\circ F}{\simeq}_{\mathrm{p}}f\circ\beta$，故 $[f\circ\alpha]=[f\circ\beta]$，从而 $f_*([\alpha])=[f\circ\alpha]$ 与代表元 α 的选取无关.

此外，对 $\forall\,\alpha,\beta\in\pi_1(X,x_0)$，有

$$
\begin{aligned}
f_*([\alpha]*[\beta])=f_*([\alpha*\beta])&=[f\circ(\alpha*\beta)]=[(f\circ\alpha)*(f\circ\beta)]\\
&=[f\circ\alpha]*[f\circ\beta]=f_*([\alpha])*f_*([\beta]),
\end{aligned}
$$

即 f_* 为一个同态. □

注 3.3.1 应注意的是,诱导同态 f_* 不仅依赖于映射 $f:X\to Y$,而且也依赖于基点 x_0 的选取.因此,当考虑 X 中两个不同基点 x_0 与 x_1 时,常采用如下记号:

$$(f_{x_0})_*:\pi_1(X,x_0)\to\pi_1(Y,f(x_0)),$$

$$(f_{x_1})_*:\pi_1(X,x_1)\to\pi_1(Y,f(x_1)).$$

如果只考虑一个基点,可简单记为 f_*.

定理 3.3.5(函子性质) (1) $(1_X)_*=1_{\pi_1(X,x_0)}:\pi_1(X,x_0)\to\pi_1(X,x_0)$.

(2) 设 $f:(X,x_0)\to(Y,y_0)$, $g:(Y,y_0)\to(Z,z_0)$ 为连续映射,则

$$(g\circ f)_*=g_*\circ f_*:\pi_1(X,x_0)\to\pi_1(Z,z_0).$$

证明 (1) 因为

$$(1_X)_*([\alpha])=[1_X\circ\alpha]=[\alpha]=1_{\pi_1(X,x_0)}([\alpha]),$$

所以,$(1_X)_*=1_{\pi_1(X,x_0)}$.

(2) 因为

$$\begin{aligned}(g\circ f)_*([\alpha])&=[(g\circ f)\circ\alpha]=[g\circ(f\circ\alpha)]\\&=g_*([f\circ\alpha])=g_*\circ f_*([\alpha]),\end{aligned}$$

所以,$(g\circ f)_*=g_*\circ f_*$. □

例 3.3.5 S^1 不是 $\overline{B(\mathbf{0};1)}=\{\boldsymbol{x}\in\mathbf{R}^2\mid\|\boldsymbol{x}\|\leqslant1\}$ 的收缩核.

证明 (证法 1)因为 $\overline{B(\mathbf{0};1)}$ 为 $\mathbf{R}^2$ 中的凸子集,故 $\forall\,\boldsymbol{x}\in S^1$,有

$$\pi_1(\overline{B(\mathbf{0};1)},\boldsymbol{x})=0.$$

再由例 3.5.1, $\pi_1(S^1,\boldsymbol{x})\cong\mathbf{Z}$.设 $i:S^1\to\overline{B(\mathbf{0};1)}$ 为包含映射.(反证)假设 S^1 为 $\overline{B(\mathbf{0};1)}$ 的收缩核,则有保核收缩 $r:\overline{B(\mathbf{0};1)}\to S^1$, $r\circ i=1_{S^1}$,则

$$r_*\circ i_*=(r\circ i)_*=(1_{S^1})_*=1_{\pi_1(S^1,\boldsymbol{x})}.$$

由此推得 $i_*:\mathbf{Z}=\pi_1(S^1,\boldsymbol{x})\to\pi_1(\overline{B(\mathbf{0};1)},\boldsymbol{x})=0$ 为单同态($i_*([\alpha])=i_*([\beta])$ 蕴涵着 $[\alpha]=1_{\pi_1(S^1,\boldsymbol{x})}([\alpha])=r_*\circ i_*([\alpha])=r_*\circ i_*([\beta])=1_{\pi_1(S^1,\boldsymbol{x})}([\beta])=[\beta]$),这显然是不可能的,矛盾.

(证法 2)(反证)从证法 1 可看出

$$\begin{aligned}\mathbf{Z}\cong\pi_1(S^1,\boldsymbol{x})&=1_{\pi_1(S^1,\boldsymbol{x})}(\pi_1(S^1,\boldsymbol{x}))=r_*\circ i_*(\pi_1(S^1,\boldsymbol{x}))\\&=r_*(0)=0,\end{aligned}$$

矛盾. □

定理 3.3.6(基本群的拓扑不变性) 设 $f:(X,x_0)\to(Y,y_0)$ 为同胚, $y_0=f(x_0)$,则 $f_*:\pi_1(X,x_0)\to\pi_1(Y,y_0)$ 为同构.

证明 由定理 3.3.5,有

$$(f^{-1})_* \circ f_* = (f^{-1} \circ f)_* = (1_X)_* = 1_{\pi_1(X,x_0)},$$

$$f_* \circ (f^{-1})_* = (f \circ f^{-1})_* = (1_Y)_* = 1_{\pi_1(Y,y_0)}.$$

因此，$f_*:\pi_1(X,x_0)\to\pi_1(Y,y_0)$为同构. □

基本群的同伦(伦型)不变性要比拓扑不变性的证明复杂，需先证下面的引理.

引理 3.3.2 设 $f\overset{F}{\simeq}g:X\to Y, x_0\in X, y_0=f(x_0), y_1=g(x_0)$，令 $\sigma:([0,1],0,1)\to(Y,y_0,y_1)$为 $\sigma(t)=F(x_0,t)$(σ 为连接$\sigma(0)=F(x_0,0)=f(x_0)$与 $\sigma(1)=F(x_0,1)=g(x_0)$的道路)，则

$$\sigma_\# \circ f_* = g_*:\pi_1(X,x_0)\to\pi_1(Y,g(x_0)),$$

即图表

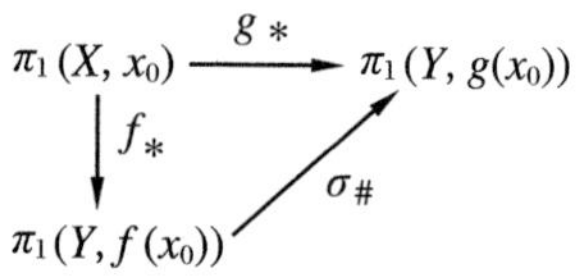

可交换. 特别地，当 $f\simeq g:X\to Y(\mathrm{rel}\{x_0\})$时，$f_*=g_*$.

证明 显然，

$$\sigma_\# \circ f_* = g_*$$

$\Leftrightarrow\forall[\alpha]\in\pi_1(X,x_0)$有

$$[g\circ\alpha]=g_*([\alpha])=\sigma_\#\circ f_*([\alpha])=\sigma_\#([f\circ\alpha])=[\sigma^-*(f\circ\alpha)*\sigma]$$

$\Leftrightarrow\sigma^- *(f\circ\sigma)*\sigma\simeq_{\mathrm{p}} g\circ\alpha,\quad\forall\alpha\in\pi_1(X,x_0)$

$\Leftrightarrow c_{f(x_0)}*(f\circ\sigma)*c_{f(x_0)}\simeq_{\mathrm{p}}\sigma*(g\circ\alpha)*\sigma^-,\quad\forall\alpha\in\pi_1(X,x_0).$

为此作出它们的定端同伦 G 如下：令 σ_t, F_t, G_t 分别为

$$\sigma_t(s)=\sigma(ts),$$

$$F_t(s)=F(s,t),$$

$$G_t(s)=(\sigma_t*F_t\circ\alpha)*\sigma_t^-(s),\quad(s,t)\in[0,1]\times[0,1],$$

则 $G(s,t)=G_t(s)$给出了所求的定端同伦(图 3.3.5).

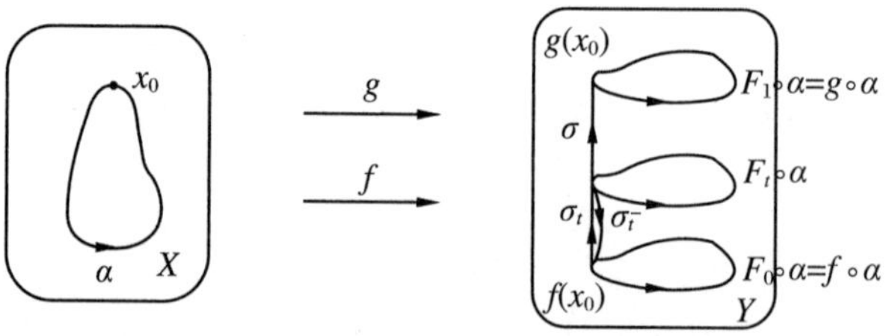

图 3.3.5

当 $f \simeq g: X \to Y(\mathrm{rel}\{x_0\})$时，$\sigma = c_{f(x_0)}$为常值 $f(x_0)$的闭道路.因此

$$f_* = 1_{\pi_1(X,x_0)} \circ f_* = \sigma_\# \circ f_* = g_*. \qquad \square$$

推论 3.3.2 零伦(自由同伦于常值映射)的诱导同态为平凡同态，即零同态.

证明 设 f 为零伦映射，则 $f \overset{F}{\simeq} c_{y_0}: X \to Y$，由引理 3.3.2，$\sigma_\# \circ f_* = (c_{y_0})_* = 0$ 为零同态.再由 $\sigma_\#$ 为同构，$f_* = \sigma_\#^{-1} \circ (c_{y_0})_* = 0$ 为零同态. □

由引理 3.3.2 可推得基本群的同伦(伦型)不变性定理，它是基本群的拓扑不变性定理的推广.

定理 3.3.7(基本群的同伦(伦型)不变性定理) 设 $f: X \to Y$ 为同伦等价，则 $(f_{x_0})_*: \pi_1(X,x_0) \to \pi_1(Y,f(x_0))$为同构.

证明 设 g 为f 的同伦逆，$y_0 = f(x_0)$，$x_1 = g(y_0)$，$y_1 = f(x_1)$.对 $1_X \overset{F}{\simeq} g \circ f$ 应用引理 3.3.2 知，存在从 x_0 到 x_1 的道路 $\sigma(t) = F(x_0,t)$，使得

$$g_* \circ (f_{x_0})_* = (g \circ f)_* = \sigma_\# \circ (1_X)_* = \sigma_\#,$$

其中$(f_{x_0})_*$强调与基点 x_0 有关，但 $\sigma_\#$ 为同构，从而 g_* 为满同态.同理，对 $1_Y \overset{G}{\simeq} f \circ g$ 应用引理 3.3.2 知，存在从 y_0 到 y_1 的道路 $\eta = G(y_0,t)$，使得

$$(f_{x_1})_* \circ g_* = (f \circ g)_* = \eta_\# \circ (1_Y)_* = \eta_\#,$$

但 $\eta_\#$ 为同构，从而 g_* 为单同态.综上知，g_* 为同构.

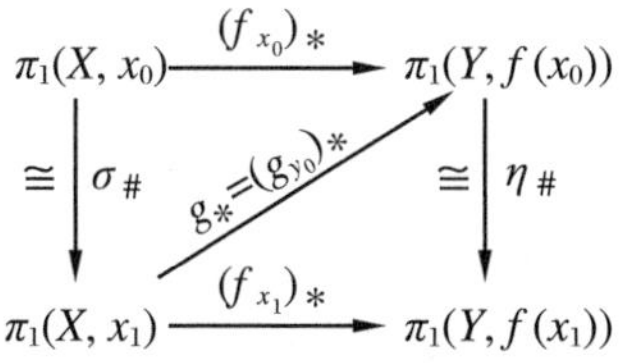

因此

$$(f_{x_0})_* = g_*^{-1} \circ \sigma_\#: \pi_1(X,x_0) \to \pi_1(Y,y_0) = \pi_1(Y,f(x_0))$$

也为同构. □

例 3.3.6 可缩空间 X 的基本群为平凡群，即零群.换言之，可缩空间为单连通空间，但反之未必成立.

证明 因为 $X \simeq \{x_0\}$，由定理 3.3.7 得到 $\pi_1(X) \cong \pi_1(\{x_0\}) = 0$ 为平凡群.

反之未必成立.由例 3.5.5，$\pi_1(S^n)(n \geqslant 2)$为平凡群，即 $S^n(n \geqslant 2)$为单连通空间.但 S^n 不可缩.(反证)假设 S^n 可缩，则 $S^n \simeq \{x_0\}(x_0 \in S^n)$，根据文献[1]167 页定理 6.5，有

$$0 \neq \mathbf{Z} \cong H_n(S^n;\mathbf{Z}) \cong H_n(\{x_0\};\mathbf{Z}) = 0 \quad (\text{其中 } x_0 \in S^n),$$

矛盾.或者根据文献[2]，有

$$0 \neq \mathbf{Z} \cong \pi_n(S^n) \cong \pi_n(\{x_0\}) = 0 \quad (\text{其中 } x_0 \in S^n),$$

矛盾. □

注 3.3.2 例 3.3.6 中用到的一些结果已超出本书范围，但为阐明问题，我们只是借用它，并无逻辑颠倒的问题. 这种借用其他知识来思考问题、研究问题的能力也是读者要具备的一种能力.

例 3.3.7 (1) 收缩核未必为形变收缩核；

(2) 形变收缩核未必为强形变收缩核.

解 (1) 令 $r: S^1 \to \{(1,0)\}$, $i: \{(1,0)\} \to S^1$ 为包含映射，则 $r \circ i = 1_{\{(1,0)\}}$，从而 $\{(1,0)\}$ 为 S^1 的收缩核.

再证 $\{(1,0)\}$ 不为 S^1 的形变收缩核.（反证）假设 $\{(1,0)\}$ 为 S^1 的形变收缩核，根据定理 3.3.1，$\{(1,0)\}$ 与 S^1 有相同的伦型，再根据定理 3.3.7，有

$$\mathbf{Z} \cong \pi_1(S^1,(1,0)) \cong \pi_1(\{(1,0)\},\{1,0\}) = 0,$$

矛盾.

(2) 设

$$X = ([0,1] \times \{0\}) \cup \left(\left\{0,1,\frac{1}{2},\cdots,\frac{1}{n},\cdots\right\} \times [0,1]\right) \subset \mathbf{R}^2,$$

称它为**篦式空间**. 例 1.6.9 中已证 $(0,1)$ 为 X 的形变收缩核，但它不为强形变收缩核. □

奇怪的是 $\{\mathbf{0}\} = \{(0,0)\}$ 为 X 的强形变收缩核（读者验证）！

关于强形变收缩核，我们可以不应用基本群的伦型不变性定理直接证明下面的定理.

定理 3.3.8 设 A 为 X 的一个强形变收缩核，$a_0 \in A$，则包含映射 $i:(A,a_0) \to (X,a_0)$ 诱导出基本群之间的同构

$$i_*: \pi_1(A,a_0) \to \pi_1(X,a_0).$$

证明 因为 A 为 X 的一个强形变收缩核，其收缩映射为 r，则 $r \circ i = 1_A$，且存在同伦 $F: X \times [0,1] \to X$，使 $F(\cdot,0) = i \circ r$，$F(\cdot,1) = 1_X$，$F(a,t) = a$，$\forall (a,t) \in A \times [0,1]$，即 $i \circ r \overset{F}{\simeq} 1_X$.

对 $\forall [\alpha] \in \pi_1(X,a_0)$，令 $G:[0,1] \times [0,1] \to X$，

$$G(s,t) = F(\alpha(s),t).$$

显然

$$G(s,0) = F(\alpha(s),0) = i \circ r \circ \alpha(s),$$
$$G(s,1) = F(\alpha(s),1) = 1_X(\alpha(s)) = \alpha(s),$$
$$G(j,t) = F(\alpha(j),t) = F(a_0,t) = a_0, \quad \forall j = 0,1, t \in [0,1],$$

所以，$i \circ r \circ \alpha \overset{G}{\simeq}_{\mathrm{p}} \alpha$，

$$i_* \circ r_*([\alpha]) = [i \circ r \circ \alpha] = [\alpha] = 1_{\pi_1(X,a_0)}([\alpha]),$$
$$i_* \circ r_* = 1_{\pi_1(X,a_0)}.$$

再由 $r\circ i=1_A$ 知，$r_*\circ i_*=(r\circ i)_*=(1_A)_*=1_{\pi_1(A,a_0)}$.

综上所述，i_* 为同构，r_* 为其同构逆. □

注 3.3.3 如果“强形变收缩核”改为“形变收缩核”，上述证明中，$G(j,t)=a_0$，$\forall j=0,1$，$\forall t\in[0,1]$未必成立. 因此，不能推得 $i\circ r\circ\alpha\overset{G}{\simeq}_{\mathrm{p}}\alpha$.

目前已有两种计算基本群的方法：

一是应用基本群的定义. 如：凸集的基本群为平凡群，即 $\pi_1(X)=0$ 或 X 是单连通的.

二是应用基本群的伦型不变性. 由此可将复杂的空间化为简单的相同伦型的空间的基本群的计算.

可缩空间(如：凸集、锥形、星形凸集都以单点集为其强形变收缩核；可缩空间以单点集为其形变收缩核)与单点集有相同的伦型，它们的基本群都为平凡群，即零群.

定理 3.3.1 表明，X 与它的形变收缩核有相同的伦型. 定理 3.3.7 表明，伦型相同的空间的基本群同构. 再由例 3.3.4，Möbius 带、圆环都与圆 S^1 有相同的伦型，因此，它们的基本群同构；$\mathbf{R}^n\setminus\{0\}(n\geqslant 1)$ 与 S^{n-1} 有相同的伦型，故它们的基本群同构.

例 3.3.8 直接用基本群的定义证明星形凸集 X 的基本群为零群.

证明 设 x_0 为星形凸集 X 的顶点，对 $\forall[\alpha]\in\pi_1(X,x_0)$，令 $F:[0,1]\times[0,1]\to X$，

$$F(s,t)=(1-t)\alpha(s)+tx_0,$$

则

$$F(s,0)=\alpha(s),\quad F(s,1)=x_0=c_{x_0},$$

$$F(0,t)=(1-t)\alpha(0)+tx_0=(1-t)x_0+tx_0=x_0,$$

$$F(1,t)=(1-t)\alpha(1)+tx_0=(1-t)x_0+tx_0=x_0.$$

于是，$\alpha\overset{F}{\simeq}_{\mathrm{p}}c_{x_0}$，故 $\pi_1(X,x_0)$ 为平凡群，即零群(图 3.3.6). □

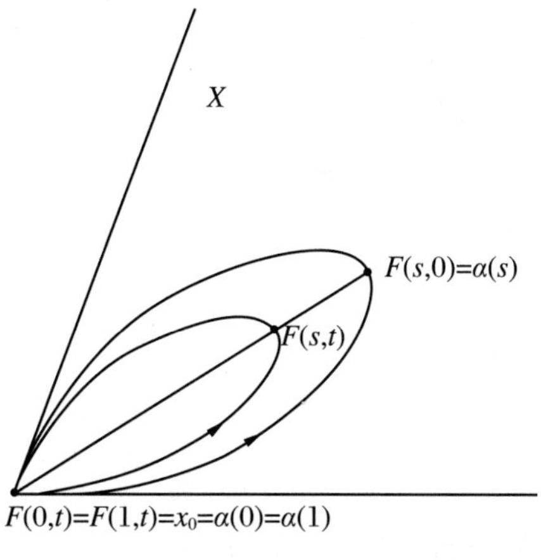

图 3.3.6

至今看到,即使像 S^1,$S^n(n\geqslant 2)$这样简单的空间,它们的基本群也不是显而易见、随手可得的.

为证明 $\pi_1(S^1)\cong\mathbf{Z}$,我们必须引入覆叠空间的概念;为证明 $\pi_1(S^n)=0,\forall n\geqslant 2$,我们需证明 Van Kampen 定理,并给出一系列计算基本群的方法.

3.4 覆叠空间与基本群、万有覆叠空间、基本群与覆叠空间的分类

这一节将介绍覆叠空间的理论:一方面,应用覆叠空间的性质进一步研究基本群,它是计算基本群的强有力的工具;另一方面,用基本群可解决覆叠空间的分类与不变量等问题.覆叠空间理论不仅对拓扑学本身,而且对微分几何、复变函数(如 Riemann 面)等都是极其重要的.

定义 3.4.1 设 E,B 为拓扑空间,$p:E\to B$ 为一个连续映射,如果对 $\forall b\in B$,都有 b 的一个开邻域 V,使得 V 被 p 均衡地覆叠着(即 $p^{-1}(V)$能表示为 E 中一些互不相交的开集 U_k 的并,记作 $p^{-1}(V)=\coprod\limits_{k\in K}U_k$($\coprod$表示不交并),且对每个 k,$p|_{U_k}:U_k\to V$ 为同胚,$\{U_k\mid k\in K\}$称为 $p^{-1}(V)$的**片状结构**),则称 p 为**覆叠投影**,E 称为**覆叠空间**,B 称为**底空间**,V 称为 B 的**基本邻域**或**容许开集**,$p^{-1}(b)$称为点 b 处的**纤维**.我们也称(E,B,p)为**覆叠空间**或称(E,p)为 B 上的**覆叠空间**.

$p^{-1}(V)$由一族离散的开集组成,其中每个 U_k 都在p 下与 V 同胚,就像由 $p^{-1}(b)$为"棒"串起来的一串离散的"薄饼"(图 3.4.1).

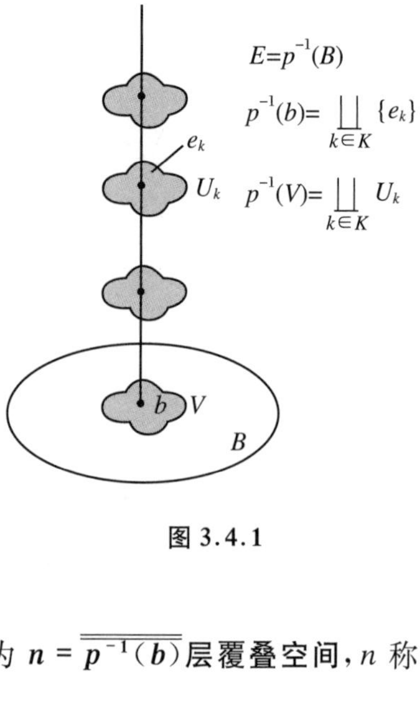

图 3.4.1

定理 3.4.1 设(E,B,p)为覆叠空间,则:

(1) p 为局部同胚;

(2) p 既为满射,又为开映射,从而 B 为由 E 与 p 决定的商拓扑空间;

(3) $\forall b\in B,p^{-1}(b)=\{e\in E\mid p(e)=b\}$为离散拓扑空间;

(4) B 中所有基本邻域之族构成了 B 的一个拓扑基;

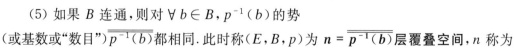

(5) 如果 B 连通,则对 $\forall b\in B$,$p^{-1}(b)$的势(或基数或"数目")$\overline{\overline{p^{-1}(b)}}$都相同.此时称$(E,B,p)$为 $\boldsymbol{n=\overline{\overline{p^{-1}(b)}}}$**层覆叠空间**,$n$ 称为

覆叠空间的**层数**. 如果 n 为自然数,则(E,B,p)为**有限层覆叠空间**;如果 n 为无限集的势,则(E,B,p)为**无限层覆叠空间**.

证明 (1) $\forall e\in E$,令 $b=p(e)$,由定义 3.4.1,有 b 的一个开邻域 V(基本邻域),使 $p^{-1}(V)=\coprod_{k\in K}U_k$,$p|_{U_k}:U_k\to V$为同胚,故 $\exists\, U_{k_0}(k_0\in K)$,$e\in U_{k_0}$,$p|_{U_{k_0}}:U_{k_0}\to V$为同胚. 这就说明了$p$ 为局部同胚.

(2) $\forall b\in B$,由定义 3.4.1,存在 b 的开邻域 V,使 $p^{-1}(V)=\coprod_{k\in K}U_k$,且 $p|_{U_k}:U_k\to V$为同胚. 因此,$\exists\, e\in p^{-1}(V)$,$e\in U_{k_0}$,s.t. $p(e)=b$,即 p 为满射.

设 U 为E 中任一开集,$\forall x\in p(U)$,有 $e\in U$,s.t. $p(e)=x$. 又设 V 为x 的基本邻域,$x\in V$,$p^{-1}(V)=\coprod_{k\in K}U_k$. 于是,$e\in p^{-1}(V)$,$e\in U_{k_0}$,$k_0\in K$,$p|_{U_{k_0}}:U_{k_0}\to V$ 为同胚. 显然,$e\in U_{k_0}\cap U$,$x=p(e)\in p(U_{k_0}\cap U)\subset p(U)$,并且 $p(U_{k_0}\cap U)$为 V 中因而也为 B 中的开集. 这就证明了 $p(U)$为开集,从而 p 为开映射.

设 V 为B 中的开集,由 p 为连续映射知,$p^{-1}(V)$为 E 中的开集. 根据商拓扑的定义,V 也为商拓扑的开集;反之,设 V 为商拓扑中的开集,则 $p^{-1}(V)$为 E 中的开集. 由 p 为满的开映射知,$V=p(p^{-1}(V))$为 B 中的开集. 因此,B 的拓扑就是由E 与p 决定的商拓扑.

(3) 设 $b\in B$,$\forall e\in p^{-1}(b)$,则有片状结构$\{U_k\mid k\in K\}$,使 $e\in U_{k_0}$(E 中开集). 再由 $p|_{U_{k_0}}:U_{k_0}\to V$ 为同胚(其中 $b=p(e)\in V$)知,单点集 $U_{k_0}\cap p^{-1}(b)=\{e\}$为$p^{-1}(b)$中的开集. 这就证明了 $p^{-1}(b)$为离散拓扑空间.

(4) 设 W 为B 中的任一开集,$\forall b\in W$,由定义 3.4.1,有 b 的基本邻域 V. 显然,$p^{-1}(W\cap V)=p^{-1}(W)\cap p^{-1}(V)=p^{-1}(W)\cap\left(\coprod_{k\in K}U_k\right)=\coprod_{k\in K}(p^{-1}(W)\cap U_k)$,故 $W\cap V$也为含b 的基本邻域,且 $b\in W\cap V\subset W$. 由此推得 B 中所有基本邻域之族构成了B 的一个拓扑基.

(5) 设$\overline{\overline{p^{-1}(x)}}$为 $p^{-1}(x)$的势. 由定义 3.4.1 知,$\overline{\overline{p^{-1}(x)}}$为局部常值“函数”. 令 $b_0\in B$ 为一个固定点,$V_1=\{x\in B\mid \overline{\overline{p^{-1}(x)}}=\overline{\overline{p^{-1}(b_0)}}\}$,$V_2=\{x\in B\mid \overline{\overline{p^{-1}(x)}}\neq\overline{\overline{p^{-1}(b_0)}}\}$均为 V 中的开集. 从 $b_0\in V_1$ 推得 $V_1\neq\varnothing$,而 $V_1\cap V_2=\varnothing$,$B=V_1\cup V_2$ 及 B 连通,必有 $V_2=\varnothing$,从而 $B=V_1$,$\overline{\overline{p^{-1}(x)}}$为常值,即$\overline{\overline{p^{-1}(x)}}$对任何 $x\in B$ 都相同. □

定义 3.4.2 设(E,B,p)为覆叠空间,如果 E 是单连通的,则称(E,B,p)或(E,p)为 B 上的**万有覆叠空间**.

例 3.4.1 设 X 为拓扑空间,则$(X,X,1_X)$或$(X,1_X)$为 X 的1层覆叠空间.

例 3.4.2 设 $p:\mathbf{R}\to S^1$(单位圆),$p(t)=\mathrm{e}^{2\pi t\mathrm{i}}$为指数映射($\mathrm{i}^2=-1$)(或 $p(t)=(\cos 2\pi t,\sin 2\pi t)$),则$(\mathbf{R},S^1,p)$或$(\mathbf{R},p)$为 S^1 的可数层覆叠空间. 由于 $\mathbf{R}$ 单连通,它

为 S^1 的万有覆叠空间.

因为对 $\forall z\in S^1$，S^1 上含 z 的开圆弧(不是整个圆周!)都为 S^1 的基本邻域.例如：$1\in S^1$，取 V 为右半开圆，则(图 3.4.2)

$$p^{-1}(V)=\coprod_{n\in\mathbf{Z}}\left(n-\frac{1}{4},n+\frac{1}{4}\right),$$

$$p\Big|_{\left(n-\frac{1}{4},n+\frac{1}{4}\right)}:\left(n-\frac{1}{4},n+\frac{1}{4}\right)\to V$$

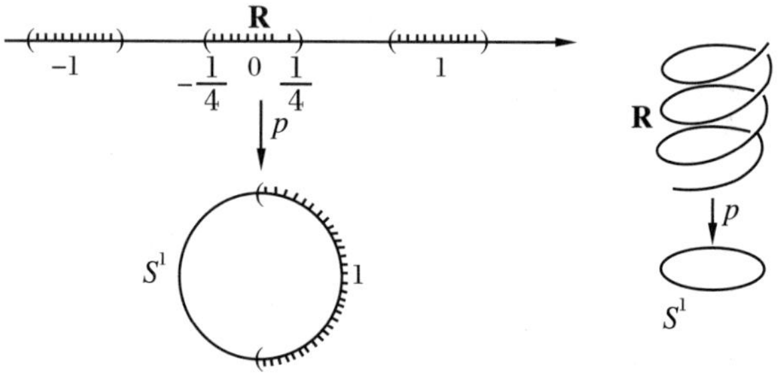

图 3.4.2

为同胚.

例 3.4.3 设 $p\times p:\mathbf{R}^2=\mathbf{R}\times\mathbf{R}\to S^1\times S^1$,

$$p\times p(t_1,t_2)=(\mathrm{e}^{2\pi t_1\mathrm{i}},\mathrm{e}^{2\pi t_2\mathrm{i}}),$$

则$(\mathbf{R}^2,S^1\times S^1,p\times p)=(\mathbf{R}\times\mathbf{R},S^1\times S^1,p\times p)$或$(\mathbf{R}^2,p\times p)=(\mathbf{R}\times\mathbf{R},p\times p)$为环面 $S^1\times S^1$ 的万有覆叠空间(因 $\mathbf{R}^2$ 单连通)，它是可数层覆叠空间(图 3.4.3).

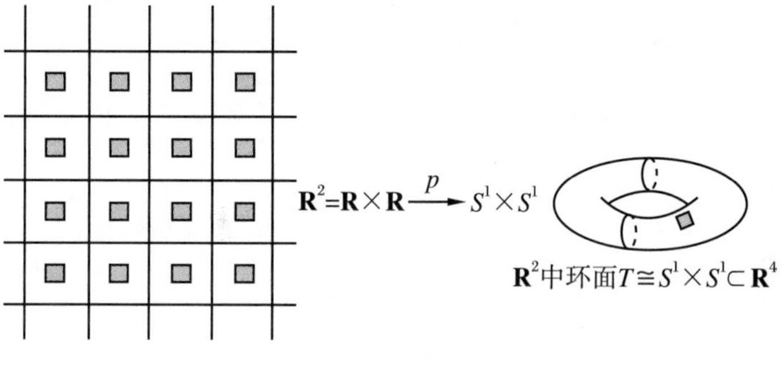

图 3.4.3

例 3.4.4 设 $n\in\mathbf{N}$ 为自然数，令 $p_n:S^1\to S^1$，$p_n(z)=z^n$ 为幂函数，则(S^1,S^1,p_n)或(S^1,p_n)为 S^1 的 n 层覆叠空间.

事实上，对 $\forall w\in S^1$，设 V 为 $B=S^1$ 上含 w 的张角为 $\theta\in(0,2\pi)$ 的开圆弧，则 $p_n^{-1}(V)$由 n 个张角为$\dfrac{\theta}{n}$的开圆弧组成，每个开圆弧恰包含 z 的一个 n 次根($w=\mathrm{e}^{\theta\mathrm{i}}$,

$p_n^{-1}(w)=\{e^{\frac{\theta+2k\pi i}{n}}\mid k=0,1,\cdots,n-1\}$，$p_n$ 将这些开圆弧分别同胚地映成 V. 因此，V 为 $B=S^1$ 的基本邻域(图 3.4.4).

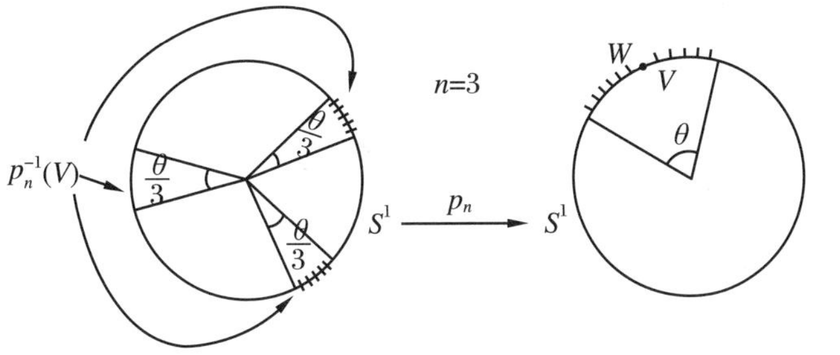

图 3.4.4

例 3.4.5 设 $p:S^n\to P^n(\mathbf{R})$，$\boldsymbol{x}\mapsto p(\boldsymbol{x})=[\boldsymbol{x}]=\{-\boldsymbol{x},\boldsymbol{x}\}$ 为自然投影，则 $(S^n,P^n(\mathbf{R}),p)$ 或 (S^n,p) 为 S^2 的 2 层覆叠空间.

事实上，对 $\forall[\boldsymbol{x}]\in P^n(\mathbf{R})$，则 $[\boldsymbol{x}]=\{-\boldsymbol{x},\boldsymbol{x}\}$，过 S^n 中心 O 作与 $-\boldsymbol{x}$ 和 $\boldsymbol{x}$ 的连线垂直的 $n-1$ 维超平面将 S^n 分成两个不相交的开半球 U 与 U^-，则 $V=p(U)=p(U^-)$ 为含 $[\boldsymbol{x}]$ 的基本邻域. 此时，$p|_U:U\to V=p(U)$ 为同胚，$p|_{U^-}:U^-\to V=p(U^-)$ 也为同胚.

例 3.4.6 图 3.4.5 中的曲面 S 称为**双环面**. 如图 3.4.5 所示，S 可看成是带边曲面 M 将边界圆周 C_1' 与 C_1''，C_2' 与 C_2'' 分别粘贴得到的. 设同胚 $h_i:C_i'\to C_i''(i=1,2)$ 给出了这个粘贴，即 $x\in C_i'$ 与 $h_i(x)\in C_i''(i=1,2)$ 粘成一点.

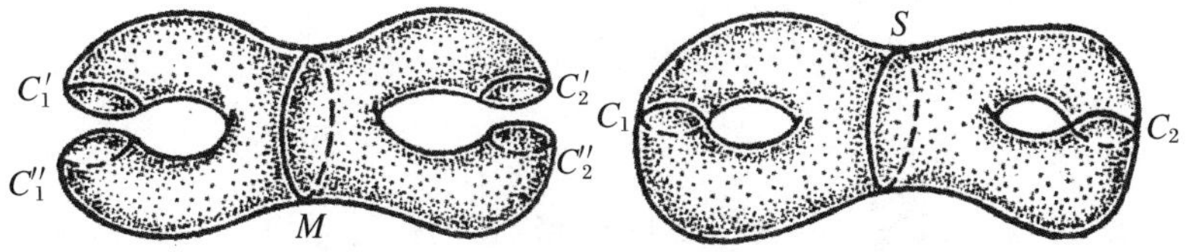

图 3.4.5

用上述方法，我们将构造 S 的一大类覆叠空间. 令 $D=\{1,\cdots,n\}$，取离散拓扑，$q:M\times D\to M$，$(x,i)\mapsto q(x,i)=x$ 为投影.

将圆周 $C_i'\times\{j\}$ 与 $C_i''\times\{k\}$ 利用 h_i 来粘贴，其中 $i=1,2,1\leqslant j,k\leqslant n$ 使得 $M\times D$ 中的边界圆周成对粘贴所得的商拓扑空间 $\widetilde{S}$ 仍连通.

例如，对于 $n=3$，可按以下方式粘贴：

$$C_1'\times\{1\}\text{ 与 }C_1''\times\{2\},\quad C_2'\times\{1\}\text{ 与 }C_2''\times\{2\},$$
$$C_1'\times\{2\}\text{ 与 }C_1''\times\{3\},\quad C_2'\times\{2\}\text{ 与 }C_2''\times\{1\},$$
$$C_1'\times\{3\}\text{ 与 }C_1''\times\{1\},\quad C_2'\times\{3\}\text{ 与 }C_2''\times\{3\}.$$

易见，$\widetilde{S}$ 为紧致曲面，且 q 导出连续映射 $p:\widetilde{S}\to S$，使图表

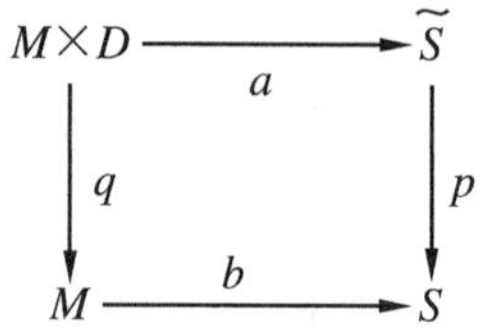

可交换，即 $b\circ q = p\circ a$. 因此，$(\widetilde{S},S,p)$ 或 $(\widetilde{S},p)$ 为 S 的 n 层覆叠空间. 按边界圆周配对方式的不同，可得到不同的覆叠空间.

注 3.4.1 (1) $p:E\to B$ 非满射，则 B 中必有点无基本邻域，故 (E,B,p) 不为覆叠空间.

(2) 设 $E=\{(\cos 2\pi t,\sin 2\pi t,t)\mid 0\leqslant t<2\}$ 为有限长的圆柱螺线，$p:E\to S^1$ 为正投影，$p(\cos 2\pi t,\sin 2\pi t,t)=(\cos 2\pi t,\sin 2\pi t,0)$. 显然，$p$ 为连续的满映射，但在点 $(1,0,0)\in S^1$ 处无基本邻域. (E,S^1,p) 不为 S^1 的覆叠空间，但 B 是 E 在 p 下的商拓扑空间.

当 p 为覆叠投影时，我们引入"提升"的概念，并证明提升的存在性，它对于研究覆叠空间与基本群都是十分重要的.

定义 3.4.3 设 $p:E\to B$ 与 $f:X\to B$ 都为映射. 如果存在映射 $\widetilde{f}:X\to E$，使得 $p\circ\widetilde{f}=f$，即图表

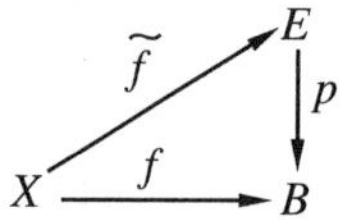

可交换，则称 $\widetilde{f}$ 为 f 的一个**提升**.

例 3.4.7 设 $p:\mathbf{R}\to S^1$，$p(t)=(\cos 2\pi t,\sin 2\pi t)$ 为例 3.4.2 中的覆叠投影.

$$f:[0,1]\to S^1,\quad f(s)=(\cos \pi s,\sin \pi s)$$

是以 $b_0=(1,0)$ 为起点、$(-1,0)$ 为终点的道路，它的提升是以 0 为起点、$\frac{1}{2}$ 为终点的 $\mathbf{R}$ 中的道路 $\widetilde{f}:[0,1]\to\mathbf{R}$，$\widetilde{f}(s)=\frac{s}{2}$（图 3.4.6）.

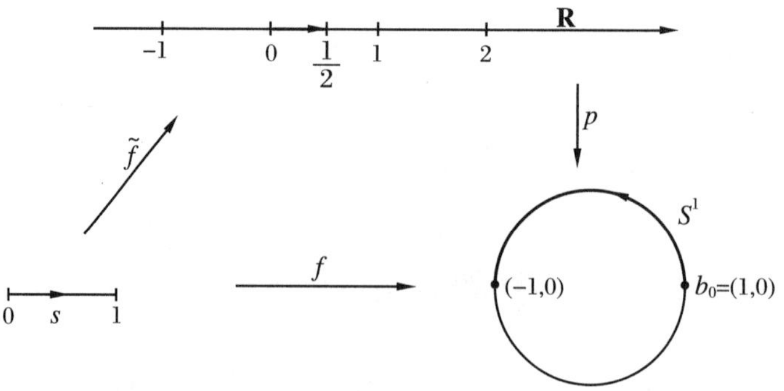

图 3.4.6

$$g:[0,1]\to S^1,\quad g(s)=(\cos\pi s,-\sin\pi s)$$

是以 $b_0=(1,0)$为起点、$(-1,0)$为终点的道路,它的提升是以 0 为起点、$-\frac{1}{2}$为终点的 **R** 中的道路 $\widetilde{g}:[0,1]\to\mathbf{R}$,$\widetilde{g}(s)=-\frac{s}{2}$(图 3.4.7).

$$h:[0,1]\to S^1,\quad h(s)=(\cos 4\pi s,\sin 4\pi s)$$

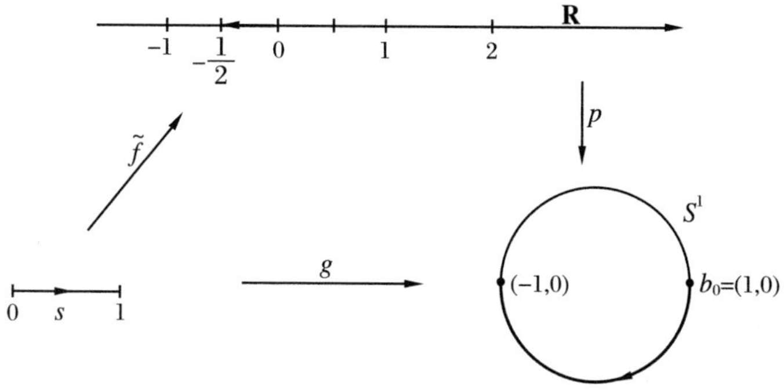

图 3.4.7

是以 $b_0=(1,0)$为起点、$(1,0)$为终点的道路(h 将$[0,1]$绕着圆周 S^1 转两次),它的提升是以 0 为起点、2 为终点的 **R** 中的道路 $\widetilde{h}:[0,1]\to\mathbf{R}$,$\widetilde{h}(s)=2s$(图 3.4.8).

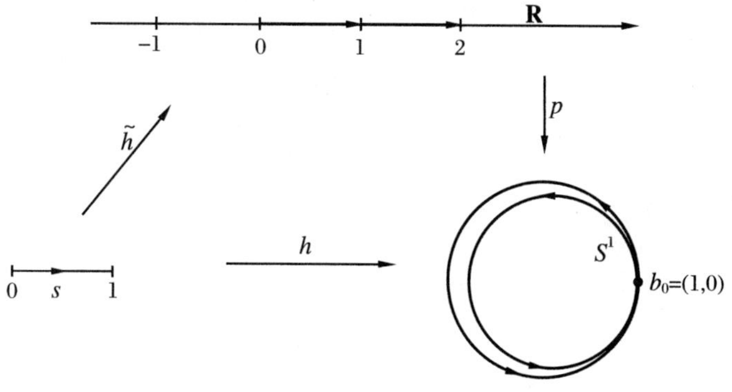

图 3.4.8

定理 3.4.2(映射提升的唯一性) 设 $p:E\to B$ 为覆叠投影,X 连通,连续映射 $\widetilde{f}_1,\widetilde{f}_2:X\to E$都是连续映射 $f:X\to B$ 的提升,且有 $x_0\in X$,使得 $\widetilde{f}_1(x_0)=\widetilde{f}_2(x_0)$,则 $\widetilde{f}_1=\widetilde{f}_2$.

证明 设 $W_1=\{x\in X\mid\widetilde{f}_1(x)=\widetilde{f}_2(x)\}$,$W_2=\{x\in X\mid\widetilde{f}_1(x)\neq\widetilde{f}_2(x)\}$. 显然,$x_0\in W_1$,故 $W_1\neq\varnothing$. 又 $X=W_1\coprod W_2$,$W_1\cap W_2=\varnothing$. 如果能证明 W_1,W_2 均为开集,由 X

连通立知，$W_2=\varnothing$，从而 $X=W_1$，且 $\tilde{f}_1=\tilde{f}_2$.

对 $\forall x\in X$，取含 $f(x)$ 的基本邻域 V. 设 U_1 与 U_2 分别为 $p^{-1}(V)$ 的包含 $\tilde{f}_1(x)$ 与 $\tilde{f}_2(x)$ 的片状结构中的开集. 令 $W=\tilde{f}^{-1}(U_1)\cap\tilde{f}_2(U_2)$，则 $x\in W$，且 W 为开集.

当 $x\in W_1$ 时，由 $\tilde{f}_1(x)=\tilde{f}_2(x)$ 知 $U_1=U_2$. $\forall y\in W$，$\tilde{f}_1(y)$ 与 $\tilde{f}_2(y)$ 都在 $U_1=U_2$ 中. 但 $p|_{U_1}=p|_{U_2}:U_1=U_2\to V$ 为同胚，而 $p\circ\tilde{f}_1(y)=f(y)=p\circ\tilde{f}_2(y)$，所以，$\tilde{f}_1(y)=\tilde{f}_2(y)$，即 $y\in W_1$，从而 $x\in W\subset W_1$，W_1 为开集.

当 $x\in W_2$ 时，由 $\tilde{f}_1(x)\neq\tilde{f}_2(x)$ 与 $\tilde{f}_1(x),\tilde{f}_2(x)\in p^{-1}(f(x))$ 知 $U_1\cap U_2=\varnothing$. 故 $\forall y\in W$，$\tilde{f}_1(y)\neq\tilde{f}_2(y)$，即 $y\in W_2$，从而 $x\in W\subset W_2$，于是 W_2 为开集. □

定理 3.4.3（道路提升存在、唯一性定理） 设 $p:E\to B$ 为覆叠投影，$p(e_0)=b_0$，则任何一条以 b_0 为起点的道路 $f:[0,1]\to B$ 都有 E 中以 e_0 为起点的唯一的道路 $\tilde{f}$ 作为它的提升.

证明 选 $\{V_r\}$ 为 B 的一个开覆盖，使得每个 V_r 都被 p 均衡地覆叠着，即它具有片状结构. 显然，$\{f^{-1}(V_r)\}$ 为紧致度量空间 $[0,1]$ 的一个开覆盖，故存在 Lebesgue 数 $\eta>0$. 取 $[0,1]$ 的一个分割：$0=s_0<s_1<\cdots<s_n=1$，使得 $\max\limits_{0\leqslant i\leqslant n-1}\{s_{i+1}-s_i\}<\eta$，对每个 i，集合 $[s_i,s_{i+1}]$ 都包含在某个 $f^{-1}(V_{r_0})$ 中，即 $f([s_i,s_{i+1}])$ 包含在某个 V_{r_0} 中.

现在逐步地来构造提升 $\tilde{f}$. 首先定义 $\tilde{f}(0)=e_0$. 然后，设当 $0\leqslant s\leqslant s_i$ 时，$\tilde{f}(s)$ 已经定义好了. 我们在 $[s_i,s_{i+1}]$ 上定义 $\tilde{f}$ 如下：集合 $f([s_i,s_{i+1}])$ 包含在某个开集 V_{r_0} 中，而 V_{r_0} 被 p 均衡地覆叠着. 令 $\{U_{r_0k}\}$ 为 $p^{-1}(V_{r_0})$ 的片状结构，而 $p|_{U_{r_0k}}:U_{r_0k}\to V_{r_0}$ 为同胚，$\tilde{f}(s_i)$ 包含在某个 $U_{r_0k_0}$ 中，当 $s\in[s_i,s_{i+1}]$ 时，用

$$\tilde{f}(s)=(p|_{U_{r_0k_0}})^{-1}(f(s))$$

来定义 $\tilde{f}(s)$. 由于 $p|_{U_{r_0k_0}}:U_{r_0k_0}\to V_{r_0}$ 为同胚，所以 $\tilde{f}$ 在 $[s_i,s_{i+1}]$ 上是连续的.

用上述方式继续下去，我们便在整个 $[0,1]$ 上定义了 $\tilde{f}$. $\tilde{f}$ 的连续性根据粘接引理得到. $p\circ\tilde{f}=f$ 则从 $\tilde{f}$ 的定义直接推得.

应用定理 3.4.2，立即得到 $\tilde{f}$ 的唯一性. 但为了使读者更深刻了解上述证明，我们宁可直接证明它. 设 $\tilde{\tilde{f}}$ 为另一个 f 的以 e_0 为起点的提升，则 $\tilde{f}(0)=e_0=\tilde{\tilde{f}}(0)$. 假设对 $\forall s\in[0,s_i]$，有 $\tilde{\tilde{f}}(s)=\tilde{f}(s)$，并设 $U_{r_0k_0}$ 如前. 由于 $\tilde{\tilde{f}}$ 为 f 的提升，它必将区间 $[s_i,s_{i+1}]$ 映到

$$p^{-1}(f([s_i,s_{i+1}]))\subset p^{-1}(V_{r_0})=\coprod_k U_{r_0k},$$

$U_{r_0 k}$都为开集,并且两两不相交;因为 $\widetilde{\widetilde{f}}([s_i, s_{i+1}])$连通,它应当完全包含在 $U_{r_0 k_0}$ 中.从而,当 $s \in [s_i, s_{i+1}]$时,$\widetilde{\widetilde{f}}(s)$必等于 $U_{r_0 k_0} \cap p^{-1}(f(s))$中的某一点 y.但这种 y 只有一个,即$(p|_{U_{r_0 k_0}})^{-1}(f(s))$(图 3.4.9).

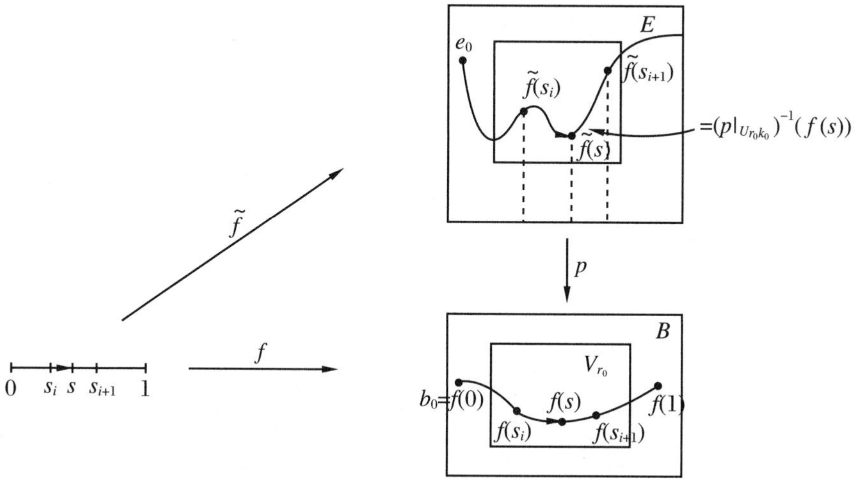

图 3.4.9

所以,当 $s \in [s_i, s_{i+1}]$时,$\widetilde{\widetilde{f}}(s) = \widetilde{f}(s)$.这就证明了 $\widetilde{\widetilde{f}}(s) = \widetilde{f}(s)$, $\forall s \in [0,1]$,即 $\widetilde{\widetilde{f}} = \widetilde{f}$. □

定理 3.4.4(道路同伦提升定理) 设 $p: E \to B$ 为覆叠投影,$p(e_0) = b_0$,又设映射 $F: [0,1] \times [0,1] \to B$ 连续,$F(0,0) = b_0$,则存在一个连续映射

$$\widetilde{F}: [0,1] \times [0,1] \to E,$$

$\widetilde{F}(0,0) = e_0$,它是 F 的提升,且当 F 为道路同伦时,$\widetilde{F}$ 也是一个道路同伦.特别地,$\widetilde{F}(\{i\} \times [0,1])$, $i = 0,1$ 都为单点集.

此外,提升 $\widetilde{F}$ 是唯一的(类似定理 3.4.3 的证明).

证明 对于给定的 F,首先定义 $\widetilde{F}(0,0) = e_0$.然后,应用定理 3.4.3,将 $\widetilde{F}$ 连续地延拓(扩张)到$[0,1] \times [0,1]$的左边$\{0\} \times [0,1]$和底边$[0,1] \times \{0\}$上.

现将 $\widetilde{F}$ 连续地延拓到整个$[0,1] \times [0,1]$上.为此,选$[0,1]$的足够细的分割:

$$0 = s_0 < s_1 < \cdots < s_m = 1,$$
$$0 = t_0 < t_1 < \cdots < t_n = 1,$$

使得每个矩形$[s_{i-1}, s_i] \times [t_{j-1}, t_j]$都被 F 映到某个基本邻域中(用到 Lebesgue 数定理).下面逐步定义 $\widetilde{F}$.首先从矩形$[s_0, s_1] \times [t_0, t_1]$开始,然后是“底行”的其他矩形$[s_{i-1}, s_i] \times [t_0, t_1]$,再然后是上面一行的矩形$[s_{i-1}, s_i] \times [t_1, t_2]$,等等.

对于给定的 i_0 与 j_0. 假定 $\widetilde{F}$ 在集合 $\{0\}\times[0,1]$,$[0,1]\times\{0\}$ 以及所有"先于" $[s_{i_0-1},s_{i_0}]\times[t_{j_0-1},t_{j_0}]$ 的矩形的并集 A 上已经定义(当 $j<j_0$ 或者 $j=j_0$ 但 $i<i_0$ 时,称矩形 $[s_{i-1},s_i]\times[t_{j-1},t_j]$ 先于 $[s_{i_0-1},s_{i_0}]\times[t_{j_0-1},t_{j_0}]$). 还假定 $\widetilde{F}$ 是 $F|_A$ 的连续的提升.

现在着手在 $[s_{i_0-1},s_{i_0}]\times[t_{j_0-1},t_{j_0}]$ 上定义 $\widetilde{F}$. 在 B 中选取一个包含 $F([s_{i_0-1},s_{i_0}]\times[t_{j_0-1},t_{j_0}])$ 的基本邻域 V. 设 $\{U_k\}$ 为 $p^{-1}(V)$ 的一个片状结构,且对 $\forall k$, $p|_{U_k}:U_k\to V$ 为同胚. $\widetilde{F}$ 在集合 $C=A\cap([s_{i_0-1},s_{i_0}]\times[t_{j_0-1},t_{j_0}])$(恰为 $[s_{i_0-1},s_{i_0}]\times[t_{j_0-1},t_{j_0}]$ 的左边与底边的并)上已有定义. 因为 C 连通与 $\widetilde{F}$ 在 C 上连续,故 $\widetilde{F}(C)$ 是连通的,所以它应当包含在某个 U_{k_0} 中(图 3.4.10).

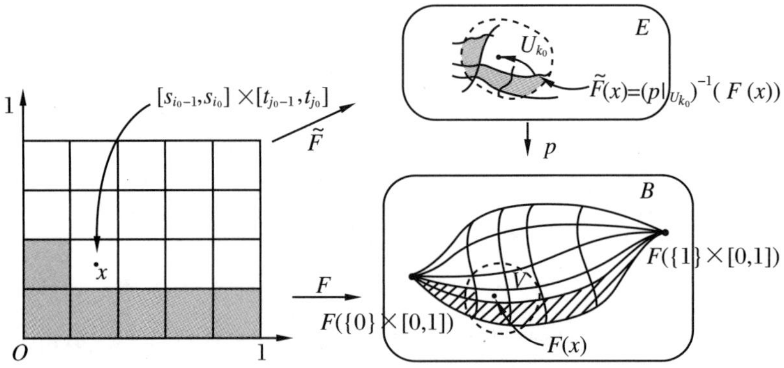

图 3.4.10

因为 $\widetilde{F}|_A$ 是 $F|_A$ 的一个提升,所以当 $x\in C$ 时,

$$p|_{U_{k_0}}(\widetilde{F}(x))=p(\widetilde{F}(x))=F(x),$$

从而, $\widetilde{F}(x)=(p|_{U_{k_0}})^{-1}(F(x))$. 于是,我们定义

$$\widetilde{F}(x)=(p|_{U_{k_0}})^{-1}(F(x)),\quad \forall x\in[s_{i_0-1},s_{i_0}]\times[t_{j_0-1},t_{j_0}].$$

这样,便将 $\widetilde{F}$ 连续地延拓到了 $[s_{i_0-1},s_{i_0}]\times[t_{j_0-1},t_{j_0}]$. 根据粘接引理,延拓以后的映射是连续的.

按照这种方式继续下去,我们便在整个 $[0,1]\times[0,1]$ 上定义了 $\widetilde{F}$.

现设 F 是一个道路同伦,则 F 将 $[0,1]\times[0,1]$ 的左边 $\{0\}\times[0,1]$ 映为 B 中一点 b_0. 由于 $\widetilde{F}$ 为 F 的提升,所以 $\widetilde{F}(\{0\}\times[0,1])\subset p^{-1}(b_0)$. 但 $p^{-1}(b_0)$ 作为 E 的子拓扑空间是离散的. 由于 $\{0\}\times[0,1]$ 连通, $\widetilde{F}$ 连续,所以 $\widetilde{F}(\{0\}\times[0,1])$ 也连通. 由此,它应当为单点集. 类似地, $\widetilde{F}(\{1\}\times[0,1])$ 也为单点集,从而 $\widetilde{F}$ 为一个道路同伦(图 3.4.10). □

为了建立覆叠空间与基本群之间的重要联系,我们将定理3.4.4换一种方式重新叙述如下:

定理3.4.4′ 设 $p:E\to B$ 为一个覆叠投影,$p(e_0)=b_0$.又设 α,β 为B 中从 b_0 到 b_1 的道路,$\tilde{\alpha},\tilde{\beta}$ 分别为 α,β 在E 中以 e_0 为起点的提升.

如果 α,β 是道路同伦的,则 $\tilde{\alpha},\tilde{\beta}$ 也是道路同伦的,且它们以同一点 $e_1\in E$ 为终点,即 $\tilde{\alpha}(1)=\tilde{\beta}(1)=e_1$.

进而,如果 α,β 是以 b_0 为基点的闭道路,则 $\tilde{\alpha}(0)=\tilde{\beta}(0)=e_0\in p^{-1}(b_0)$,$\tilde{\alpha}(1)$,$\tilde{\beta}(1)\in p^{-1}(b_0)$;当 $\alpha\simeq_{\mathrm{p}}\beta$ 时,也有 $\tilde{\alpha}\simeq_{\mathrm{p}}\tilde{\beta}$,且 $\tilde{\alpha}(1)=\tilde{\beta}(1)=e_1\in p^{-1}(b_0)$.

注3.4.2 在定理3.4.4′中,当 $\alpha\simeq_{\mathrm{p}}\beta$ 时,必有 $\tilde{\alpha}\simeq_{\mathrm{p}}\tilde{\beta}$,且 $\tilde{\alpha}(1)=\tilde{\beta}(1)$.

反之,当 $\tilde{\alpha}\simeq_{\mathrm{p}}\tilde{\beta}$ 时,$\alpha=p\circ\tilde{\alpha}\simeq_{\mathrm{p}}p\circ\tilde{\beta}=\beta$.

如果 E 单连通,则 $\alpha\simeq_{\mathrm{p}}\beta\Leftrightarrow\tilde{\alpha}(1)=\tilde{\beta}(1)$(由 $\tilde{\alpha}(1)=\tilde{\beta}(1)$及 E 单连通知,$\tilde{\alpha}\simeq_{\mathrm{p}}\tilde{\beta}$,从而 $\alpha=p\circ\tilde{\alpha}\simeq_{\mathrm{p}}p\circ\tilde{\beta}=\beta$).

注意,一般情形,从 $\tilde{\alpha}(1)=\tilde{\beta}(1)$未必能推出 $\alpha\simeq_{\mathrm{p}}\beta$.

例如:$E=B=X=\{(x,y)\mid 1\leqslant x^2+y^2\leqslant 4\}$,$e_0=b_0=(1,0)$,$(E,B,p)=(X,X,1_X)$为1层覆叠空间,$\alpha$ 是以 b_0 为基点按逆时针方向绕单位圆走一圈的闭道路,β 是以 b_0 为基点的常值道路,则 $\tilde{\alpha}=\alpha$,$\tilde{\beta}=\beta$,$\tilde{\alpha}(1)=\tilde{\beta}(1)=e_0=(1,0)$.但是,$\alpha\not\simeq_{\mathrm{p}}\beta$!

能肯定的是,定理3.4.4或定理3.4.4′表明:$\tilde{\alpha}(1)\neq\tilde{\beta}(1)$必有 $\alpha\not\simeq_{\mathrm{p}}\beta$! 用提升的终点的不同来判定 B 中原道路的不道路同伦.

在研究基本群时,读者经常会困惑,两条起点相同、终点相同的道路,或者看不清它们是否同伦,或者能看清它们同伦(不同伦),就是难以证明清楚.但是,定理3.4.4或定理3.4.4′使读者在底空间 B 中难以判定道路同伦的问题,提升到覆叠空间中看就清楚多了.道路同伦的两条道路,提升后的两条道路,其终点必相同;如果终点不相同,则底空间 B 中原来的两条道路必不同伦.这正是我们能用覆叠空间理论研究基本群的关键所在.

注3.4.3 我们将在定理3.5.1中介绍覆叠空间与基本群之间关系的有关知识.该定理指出:

设 $p:(E,e_0)\to(B,b_0)$为覆叠投影.如果 E 道路连通,则存在着满射

$$\phi:\pi_1(B,b_0)\to p^{-1}(b_0).$$

如果 E 单连通,则ϕ为双射.进而,若 E 中有加法运算,它导致 $p^{-1}(b_0)$中有加法运算,ϕ为同构.

3.5 节中我们用覆叠空间作为计算基本群的强有力的工具.现在,反过来用基本群作为研究覆叠空间的工具.这是用几何、拓扑研究代数结构,并用代数研究几何、拓扑问题的典型实例.

下面我们用空间 B 的基本群的子群的共轭类给出了 B 的覆叠空间的分类定理与存在性定理,还给出了 B 具有万有覆叠空间的条件以及如果存在万有覆叠空间,在同构意义下是唯一的.

定义 3.4.4 设 $H_1,H_2\subset G$ 为群 G 的两个子群.如果对 G 的某个元素 g,$H_2=g\cdot H_1\cdot g^{-1}$,则称 H_1 与 H_2 为**共轭子群**.

换言之,如果元素 $g\in G$,同构 $G\rightarrow G$,$x\mapsto g\cdot x\cdot g^{-1}$将子群 H_1 变为子群 H_2,则称 H_1 与 H_2 **共轭**.

容易验证,共轭是 G 的子群全体构成的族上的一个等价关系,G 的子群 H 的等价类

$$[H]=\{g\cdot H\cdot g^{-1}\mid \forall g\in G\}$$

称为 H 的**共轭类**.显然,$H=e\cdot H\cdot e^{-1}\in[H]$,其中 e 为 G 的单位元.

此外,当 G 为 Abel 群(即交换群)时,

$$[H]=\{gHg^{-1}=Hgg^{-1}=H\mid \forall g\in G\}=\{H\}.$$

定义 3.4.5 设 $p:E\rightarrow B$ 与 $p':E'\rightarrow B$ 都为覆叠投影.

如果连续映射 $h:E'\rightarrow E$,使得 $p\circ h=p'$,即图表

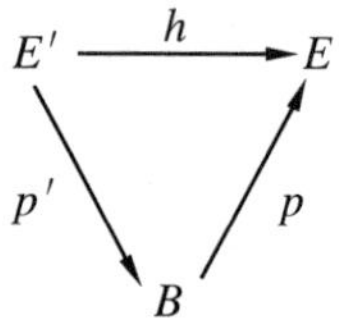

可交换,则称 h 为从覆叠空间(E',B,p')到(E,B,p)的一个**同态**.如果 h 还是同胚,则称 h 为覆叠空间(E',B,p')与(E,B,p)(或 p'与 p)之间的一个**同构**.

显然,覆叠空间的同态 $h:E'\rightarrow E$ 即是 $p':E'\rightarrow B$ 沿 p 的提升.此外,h 将 E'的纤维 $p'^{-1}(b)$映到 E 的纤维 $p^{-1}(b)$($e'\in p'^{-1}(b)$,则 $p(h(e'))=p'(e')=b,h(e')\in p^{-1}(b)$).

容易看到,对 B 的任一覆叠空间(E,B,p),恒同映射 $1_E:(E,B,p)\rightarrow(E,B,p)$为同构;覆叠空间同态的复合仍是覆叠空间的同态(由下面图表:

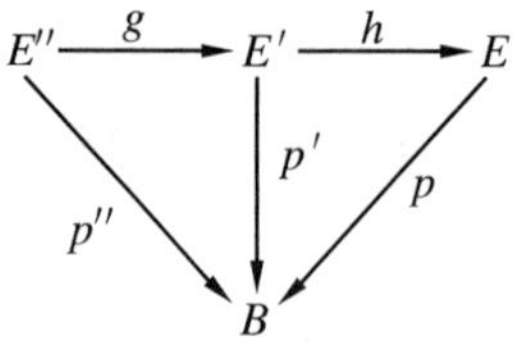

立即推出,$p\circ(h\circ g)=(p\circ h)\circ g=p'\circ g=p''$,所以 $h\circ g$ 仍为同态).如果 g,h 为同胚,则

$h\circ g$ 也为同胚,因此,覆叠空间的同构的复合仍为同构;覆叠空间的同构的逆仍为覆叠空间的同构(由 $p\circ h=p'$ 与 h 为同胚推得

$$p'\circ h^{-1}=(p\circ h)\circ h^{-1}=p\circ(h\circ h^{-1})=p\circ 1_E=p$$

与 h^{-1} 为同胚).因此,覆叠空间之间的同构关系是同一底空间 B 上的所有覆叠空间之集上的一个等价关系.于是,对 B 上的所有覆叠空间可按同构进行分类.

定理 3.4.5 设 $p:E\to B$ 为覆叠投影,其中 E 与 B 都是道路连通空间.又设 $b_0\in B$,当 e 遍取 $p^{-1}(b_0)$ 中点时,$p_*(\pi_1(E,e))$ 恰好遍取 $\pi_1(B,b_0)$ 的子群 $H_0=p_*(\pi_1(E,e_0))$ 的一个共轭类,其中 $e_0\in p^{-1}(b_0)$ 为一个固定点.

证明 给定 $e_0,e_1\in p^{-1}(b_0)$,令

$$H_0=p_*(\pi_1(E,e_0)),\quad H_1=p_*(\pi_1(E,e_1)).$$

(1) 若 $\tilde{\alpha}$ 为 E 中从 e_0 到 e_1 的一条道路(因 E 道路连通),则 $\alpha=p\circ\tilde{\alpha}$ 为 B 中以 b_0 为基点的一条闭道路.

再设 $[h]\in H_1$,则 $\exists[\tilde{h}]\in\pi_1(E,e_1)$,使 $[h]=p_*([\tilde{h}])=[p\circ\tilde{h}]$.令 $\tilde{k}=(\tilde{\alpha}*\tilde{h})*\tilde{\alpha}^-$,则 $\tilde{k}$ 是以 e_0 为基点的一条闭道路,并且

$$\begin{aligned}[\alpha]*[h]*[\alpha]^{-1}&=[\alpha]*[h]*[\alpha^-]=[(\alpha*h)*\alpha^-]\\&=[(p\circ\tilde{\alpha})*(p\circ\tilde{h})*(p\circ\tilde{\alpha}^-)]=[p\circ(\tilde{\alpha}*\tilde{h}*\tilde{\alpha}^-)]\\&=p_*([(\tilde{\alpha}*\tilde{h})*\tilde{\alpha}^-])=p_*([\tilde{k}])\in H_0,\end{aligned}$$

所以

$$[\alpha]*H_1*[\alpha]^{-1}\subset H_0.$$

(2) 若 $\tilde{\alpha}$ 为 E 中从 e_0 到 e_1 的一条道路,$\alpha=p\circ\tilde{\alpha}$,则 $\tilde{\alpha}^-$ 为从 e_1 到 e_0 的一条道路,并且 $\alpha^-=p\circ\tilde{\alpha}^-$.应用上面结论两次有

$$[\alpha]*H_1*[\alpha]^{-1}\subset H_0,$$

$$[\alpha^-]*H_0*[\alpha^-]^{-1}\subset H_1,$$

即 $H_0\subset[\alpha^-]^{-1}*H_1*[\alpha^-]=[\alpha]*H_1*[\alpha]^{-1}$.因此

$$H_0=[\alpha]*[H_1]*[\alpha]^{-1},$$

即 H_1 与 H_0 为共轭子群.

(3) 给定 $e_0\in p^{-1}(b_0)$ 及 $\pi_1(B,b_0)$ 的一个共轭于 $H_0=p_*(\pi_1(E,e_0))$ 的子群 H.根据共轭的定义,$\exists[\alpha]\in\pi_1(B,b_0)$,使得 $H_0=[\alpha]*H*[\alpha]^{-1}$.设 E 中以 e_0 为起点的一条道路 $\tilde{\alpha}$ 为 α 的提升.又设 $e_1=\tilde{\alpha}(1)$,令 $H_1=p_*(\pi_1(E,e_1))$,由(2)知

$$H_0=[\alpha]*H_1*[\alpha]^{-1}.$$

所以

$$H=[\alpha]^{-1}*H_0*[\alpha]=H_1=p_*(\pi_1(E,e)).\qquad\square$$

道路与道路同伦都有提升定理.自然要问：一般的映射是否也有提升定理？这不是一个显而易见的简单问题.关于它我们有：

定理 3.4.6(映射提升定理)　设 $p:E\to B$ 为覆叠投影，E,B 都为道路连通空间，$p(e_0)=b_0\in B$.又设 $f:X\to B$ 为连续映射，$f(x_0)=b_0$，其中 X 为一个道路连通且局部道路连通空间(由定理 1.5.4，它等价于 X 为连通且局部道路连通空间)，则

$$\begin{aligned}&\text{映射 } f \text{ 能提升为满足条件 } \tilde{f}(x_0)=e_0 \text{ 的映射 } \tilde{f}:X\to E\\ \Leftrightarrow\quad & f_*(\pi_1(X,x_0))\subset p_*(\pi_1(E,e_0)).\end{aligned}$$

并且，如果存在这种提升 $\tilde{f}$，使图表：

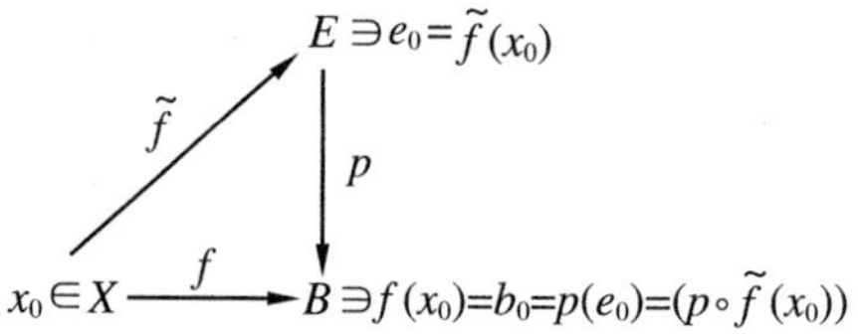

可交换，即 $p\circ\tilde{f}=f$，则它是唯一的.

证明　($\Rightarrow$)如果提升 $\tilde{f}$ 存在，则

$$\begin{aligned}f_*(\pi_1(X,x_0))&=(p\circ\tilde{f})_*(\pi_1(X,x_0))=p_*\circ\tilde{f}_*(\pi_1(X,x_0))\\&\subset p_*(\pi_1(E,e_0)).\end{aligned}$$

因为 X 道路连通故必连通，根据映射提升的唯一性定理 3.4.2，f 的提升是唯一的.我们也可应用道路提升的唯一性来证明本定理中映射 f 的提升的唯一性.事实上，对 $\forall x_1\in X$，在道路连通空间 X 中选一条从 x_0 到 x_1 的道路 α.将 B 中的道路 $f\circ\alpha$ 提升为 E 中以 e_0 为起点的道路必为 $\tilde{f}\circ\alpha$(由 $p\circ(\tilde{f}\circ\alpha)=(p\circ\tilde{f})\circ\alpha=f\circ\alpha$ 及道路提升的唯一性定理 3.4.3).如果还存在 f 的提升 $\tilde{\tilde{f}}$，满足 $\tilde{\tilde{f}}(x_0)=e_0$，则 $\tilde{\tilde{f}}\circ\alpha=\tilde{f}\circ\alpha$($f\circ\alpha$ 提升的唯一性).于是

$$\tilde{\tilde{f}}(x_1)=\tilde{\tilde{f}}(\alpha(1))=\tilde{\tilde{f}}\circ\alpha(1)=\tilde{f}\circ\alpha(1)=\tilde{f}(x_1),\quad\forall x_1\in X.$$

因此，$\tilde{\tilde{f}}=\tilde{f}$.

($\Leftarrow$)唯一性的证明给了我们进行充分性证明的线索.取定 $x_1\in X$，因 X 道路连通，可选 X 中 x_0 到 x_1 的一条道路 α，将道路提升为 E 中以 e_0 为起点的道路 γ，然后定义 $\tilde{f}(x_1)=\gamma(1)$.

为了证明 $\tilde{f}$ 是完全确定的，需证 $\tilde{f}(x_1)$ 与道路 α 的选取无关，在 X 中取定两条从 x_0 到 x_1 的道路 α 与 β，它们的像 $f\circ\alpha$ 与 $f\circ\beta$ 为 B 中的道路.设 γ 与 δ 分别是 $f\circ\alpha$ 与 $f\circ\beta$ 在 E

中的以 e_0 为起点的提升. 需证 $\gamma(1)=\delta(1)$(图 3.4.11).

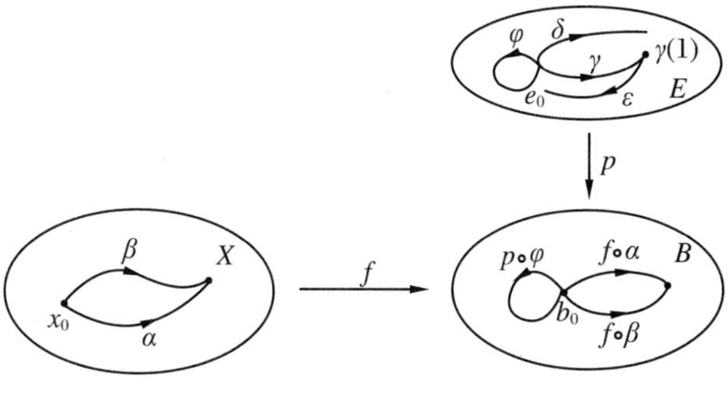

图 3.4.11

若 ε 为 $f\circ\beta^-$ 在 E 中以 $\gamma(1)$ 为起点的提升, 则 $\gamma*\varepsilon$ 有定义且是 B 中的闭道路 $(f\circ\alpha)*(f\circ\beta^-)$ 在 E 中的提升(图 3.4.11). 这个闭道路的同伦类是

$$[(f\circ\alpha)*(f\circ\beta^-)]=[f\circ(\alpha*\beta^-)]=f_*([\alpha*\beta^-]).$$

据定理右边条件,

$$f_*([\alpha*\beta^-])\in f_*(\pi_1(X,x_0))\overset{\text{右边条件}}{\subset}p_*(\pi_1(E,e_0)).$$

从而存在一条 E 中的以 e_0 为基点的闭道路 φ, 使得

$$[(f\circ\alpha)*(f\circ\beta^-)]=f_*([\alpha*\beta])=p_*([\varphi])=[p\circ\varphi],$$

即 $p\circ\varphi\simeq_{\mathrm{p}}(f\circ\alpha)*(f\circ\beta^-)$(道路同伦). 根据定理 3.4.3′, 它们的提升 φ 与 $\gamma*\varepsilon$ 应当有相同的终点. 因此, $\gamma*\varepsilon$ 的终点也应为 $e_0=\varphi(1)$, 所以 ε 的终点为 e_0.

由上知, ε 是 $f\circ\beta^-$ 的一个提升, 其起点为 $\gamma(1)$, 而终点为 e_0. 因而, ε^- 为 $f\circ\beta$ 的一个提升, 其起点为 e_0, 而终点为 $\gamma(1)$; 道路 δ 则是另一个这样的提升. 据道路提升的唯一性, $\varepsilon^-=\delta$. 特别地, $\gamma(1)=\varepsilon(0)=\varepsilon^-(1)=\delta(1)$.

最后, 我们来证明 $\tilde{f}$ 是连续的. 任何 $x_1\in X$ 及 $\tilde{f}(x_1)$ 的任何开邻域 N. 我们取 $f(x_1)$ 的一个开邻域 V, 它被 p 均衡地覆叠着. 令 U_0 为 $p^{-1}(V)$ 的包含着 $\tilde{f}(x_1)$ 的一片, 并且可选 $U_0\subset N$. 因 X 局部道路连通, 再选 x_1 的一个道路连通开邻域 W, 使得 $W\subset f^{-1}(V)$. 我们断定 $\tilde{f}(W)\subset U_0$, 因而 $\tilde{f}$ 在点 x_1 处连续, 由 x_1 任取, 故 $\tilde{f}$ 是连续的(图 3.4.12).

因为对任何 $x\in W$, 由 W 道路连通, 在 W 中有从 x_1 到 x 的一条道路 β. 考虑道路 $f\circ\beta$, 并将它提升为 E 中以 $\tilde{f}(x_1)$ 为起点的道路 $\delta=(p|_{U_0})^{-1}\circ f\circ\beta$, 则 $\gamma*\delta$ 有定义, 它是 $f\circ(\alpha*\beta)$ 的一个提升, 以 e_0 为起点. 据定义, $\tilde{f}(x)$ 为 $\gamma*\delta$ 的终点, 属于 U_0. 这就证明了 $\tilde{f}(W)\subset U_0\subset N$. □

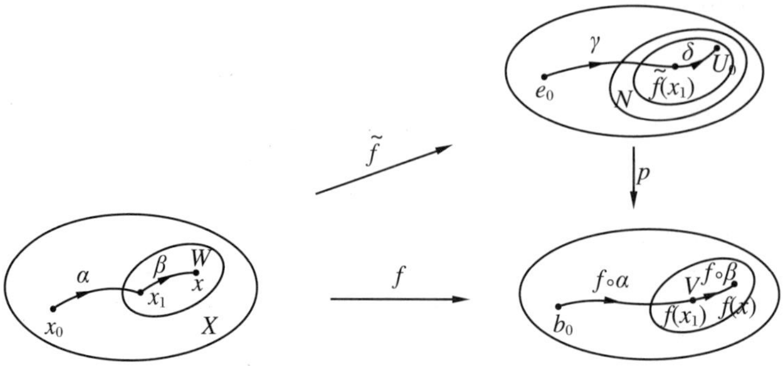

图 3.4.12

推论 3.4.1 设 $p:E\to B$ 为一个覆叠投影，E,B 为道路连通空间，$p(e_0)=b_0\in B$；又设 $f:X\to B$ 为连续映射，$f(x_0)=b_0$，其中 X 为一个单连通且局部道路连通空间，则 $f:X\to B$ 必有提升 $\tilde{f}:X\to E$.

证明 因为

$$f_*(\pi_1(X,x_0))=f_*(0)=0\subset p_*(\pi_1(E,e_0)),$$

所以根据映射提升定理 3.4.6，$f:X\to B$ 必有提升 $\tilde{f}:X\to E$. □

注 3.4.4 道路提升定理 3.4.3 中 $X=[0,1]$ 与道路同伦提升定理 3.4.4 中 $X=[0,1]\times[0,1]$ 都是单连通且局部道路连通的，但并未要求 E 与 B 为道路连通空间. 在较弱的条件下证明了它们的提升的存在性.

定理 3.4.7（覆叠空间的分类定理） 设 B 是道路连通与局部道路连通的空间，$p:E\to B$ 与 $p':E'\to B$ 都为 B 的道路连通的覆叠空间，且 $p(e_0)=b_0$，$p'(e_0')=b_0$，则

$$\begin{aligned}&p \text{ 与 } p' \text{ 为同构的覆叠投影}\\ \Leftrightarrow\quad &p_*(\pi_1(E,e_0)) \text{ 与 } p'_*(\pi_1(E',e_0')) \text{ 为 } \pi_1(B,b_0) \text{ 的共轭子群.}\end{aligned}$$

证明 (⇒)设覆叠投影 p 与 p' 是同构的，即有 $h:E'\to E$ 为满足 $p'=p\circ h$ 的一个同胚，记 $h(e_0')=e_1$. 于是

$$p(e_1)=p\circ h(e_0')=p'(e_0')=b_0=p(e_0),$$
$$h_*(\pi_1(E',e_0'))=\pi_1(E,e_1).$$

将 p_* 作用于上式两边，有

$$\begin{aligned}p'_*(\pi_1(E',e_0'))&=(p\circ h)_*(\pi_1(E',e_0'))\\&=p_*(h_*(\pi_1(E',e_0')))=p_*(\pi_1(E,e_1)).\end{aligned}$$

根据定理 3.4.5，$p_*(\pi_1(E,e_0))$ 与 $p_*(\pi_1(E,e_1))=p'_*(\pi_1(E',e_0'))$ 共轭.

(⇐)设 $\pi_1(B,b_0)$ 的子群 $p_*(\pi_1(E,e_0))$ 与 $p'_*(\pi_1(E',e_0'))$ 是共轭的. 根据定理

3.4.5,不妨设这两个子群相等(否则在 E' 中选一个适当的新基点).

考虑图表

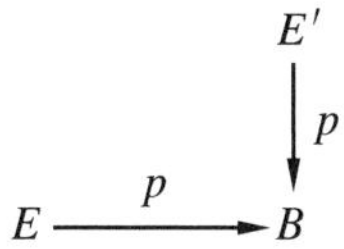

其中 p 与 p' 都为覆叠投影,覆叠空间 E 与 E' 都是道路连通的.因为 E 局部同胚于 B,且 B 是局部道路连通的,故 E 也是局部道路连通的,并且

$$p_*(\pi_1(E,e_0)) \subset p'_*(\pi_1(E',e'_0))$$

(事实上,这两个子群是相等的).根据映射提升定理(定理 3.4.6),能将映射 $p:E\to B$ 提升为一个连续映射 $h:E\to E'$ 满足 $h(e_0)=e'_0$,且 $p'\circ h=p$,即图表

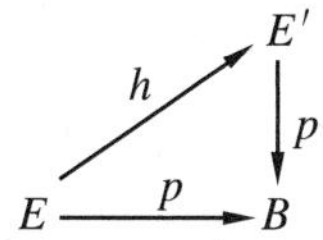

可交换.

在上述论证中互换 E 与 E' 的位置,可将映射 $p':E'\to B$ 提升为连续映射 $k:E'\to E$ 满足 $k(e'_0)=e_0$,且 $p\circ k=p'$,即图表

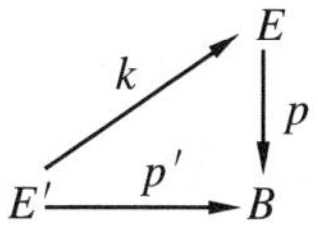

可交换.

为了证明 h 与 k 互逆,考虑图表

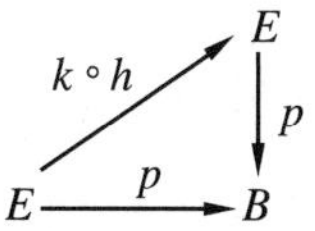

注意,$k\circ h:E\to E$ 为映射 $p:E\to B$ 在 E 中的一个提升(这是因为 $p\circ(k\circ h)=(p\circ k)\circ h=p'\circ h=p$),且满足

$$(k\circ h)(e_0)=k(h(e_0))=k(e'_0)=e_0.$$

而恒同映射 $1_E:E\to E$ 是另一个这样的提升.根据映射提升的唯一性,有 $k\circ h=1_E$.同理,有 $h\circ k=1_{E'}$.所以,$h:E\to E'$,$k:E'\to E$ 都为同胚,而 p 与 p' 为同构的覆叠投影. □

此定理表明,覆叠空间的分类问题可转化为对 $\pi_1(B)$ 的子群按共轭分类这一代数问题来解决.这种数学思路是研究几何拓扑在方法上的一个重大进展.

例 3.4.8 考虑单位圆 $B=S^1$ 上的覆叠空间,例 3.5.1 指出 $\pi_1(B,b_0)=\pi_1(S^1,b_0)\cong\mathbf{Z}$ 为交换群,所以由定义 3.4.4 后面所述,$\pi_1(B,b_0)$ 的两个子群 H_1 与 H_2 共轭 $\Leftrightarrow H_1$

$=H_2$.因此

$B=S^1$ 的两个覆叠投影 p 与 p' 同构 $\Leftrightarrow$ $p_*(\pi_1(E,e_0))=p'_*(\pi_1(E',e'_0))$.

因为 $\pi_1(B,b_0)=\pi_1(S^1,b_0)\cong\mathbf{Z}$,而整数加群 $\mathbf{Z}$ 的任一非平凡子群 H 应当由某个 $n\in\mathbf{N}$ 的所有整倍数组成的群,即 $H=n\mathbf{Z}=\{nl\mid l\in\mathbf{Z}\}$.事实上,令

$$n=\min\{m\mid m\in H\backslash\{0\},m>0\},$$

则对 $\forall\, k\in H,k=nl+r,0\leqslant r<n$.于是,$r=k-nl\in H$.假设 $r\neq 0$,这与 n 的最小性相矛盾.由此推得 $r=0$.从而 $k=nl,H=n\mathbf{Z}$.

例 3.4.2 中,我们已经研究过圆周 S^1 的一个覆叠投影 $p:\mathbf{R}\to S^1,p(t)=\mathrm{e}^{2\pi ti}$.由于 $\mathbf{R}$ 单连通,$p_*(\pi_1(\mathbf{R},0))=p_*(0)=0$ 对应着 $\pi_1(S^1,b_0)$的平凡子群.

例 3.4.4 中,还考虑了覆叠投影 $p_n:S^1\to S^1,p_n(z)=z^n$($z$ 为复数).此时,映射 p_{n*} 将 $\pi_1(S^1,b_0)$的一个生成元(相当于同构于 $\pi_1(S^1,b_0)$的整数加群 $\mathbf{Z}$ 中的 1 或 -1)映成它自己的 n 倍.因此,在 $\pi_1(S^1,b_0)$的标准同构下,群 $p_{n*}(\pi_1(S^1,b_0))$对应着 $\mathbf{Z}$ 的子群 $n\mathbf{Z}$.

从定理 3.4.7 可知,S^1 的每个道路连通的覆叠空间等价(同构)于上面所谈到的那些覆叠空间的某一个,而$(\mathbf{R},S^1,p)$为 S^1 的万有覆叠空间.

例 3.4.9 在例 3.5.7(2)中得到了 $\pi_1(P^n(\mathbf{R}))\cong\mathbf{Z}_2(n\geqslant 2)$,它是交换群,因而子群共轭类为$\{0\},\{\mathbf{Z}_2\}$.相应的覆叠空间由自然投影 $p:S^n\to P^n(\mathbf{R}),x\mapsto[x]=\{x,-x\}$与恒同映射 $1_{P^n(\mathbf{R})}:P^n(\mathbf{R})\to P^n(\mathbf{R})$给出.$(S^n,P^n(\mathbf{R}),p)$与$(P^n(\mathbf{R}),P^n(\mathbf{R}),1_{P^n(\mathbf{R})})$是 $P^n(\mathbf{R})$上所有(同构意义下)的覆叠空间,而$(S^n,P^n(\mathbf{R}),p)$为 $P^n(\mathbf{R})(n\geqslant 2)$上的万有覆叠空间(当 $n\geqslant 2$ 时,由例 3.5.5,$\pi_1(S^n)=0$).

现在我们来研究覆叠空间的存在性,但必须在底空间 B 上附加一个条件"半局部单连通".为此,先引入:

定义 3.4.6 设 B 为拓扑空间.如果对 $\forall\, b\in B$,都有点 b 的一个开邻域 V,使得由包含映射 $i^V:V\to B$ 诱导出来的诱导同态 $i^V_*:\pi_1(V,b)\to\pi_1(B,b)$是平凡的,即 i^V_* 为零同态,则称 B 为**半局部单连通空间**.

例 3.4.10 设 B 是单连通的,取 $V=B$,则

$$i^V_*:V=B\to B,\quad i^V_*(\pi_1(V,b))=i^V_*(\pi_1(B,b))=i^V_*(0)=0,$$

故 B 是半局部单连通的.

如果对 $\forall\, b\in B$,都有点 b 的一个单连通的开邻域 V,即 $\pi_1(V,b)=0$,同上理由,i^V_* 是平凡的(i^V_* 为零同态),从而 B 为半局部单连通空间.例如,$n(\geqslant 0)$维拓扑流形具有上述性质(当 $n=0$ 时,取 V 为单点集;当 $n\geqslant 1$ 时,取 V 为 n 维球体),故它是半局部单连通的.

但是,半局部单连通空间并不一定是单连通的空间,如 S^1.

定理 3.4.8(覆叠空间的存在性定理) 设 B 道路连通、局部道路连通、半局部单连

通，$b_0\in B$，则对于任一给定的 $\pi_1(B,b_0)$ 的子群 H，存在一个道路连通的覆叠空间 (E,B,p)，$p:E\to B$，以及一点 $e_0\in p^{-1}(b_0)$，使得

$$p_*(\pi_1(E,e_0)) = H.$$

证明 (1)（构造 E）设 $\mathscr{P}$ 为 B 中以 b_0 为起点的全体道路的集合，在 $\mathscr{P}$ 中定义一个等价关系如下：如果道路 $\alpha,\beta\in\mathscr{P}$，以 B 中同一点作为终点，并且 $[\alpha*\beta^-]\in H$（已给的 $\pi_1(B,b_0)$ 的子群），则称 $\alpha\sim\beta$. 易见上述关系是一个等价关系（$[\alpha*\alpha^-]=[b_0]\in H$；$[\alpha*\beta^-]\in H$ 蕴涵着 $[\beta*\alpha^-]=[(\alpha*\beta^-)^-]\in H$；$[\alpha*\beta^-]\in H$，$[\beta*\gamma^-]\in H$ 蕴涵着 $[\alpha*\gamma^-]=[\alpha*\beta^-*\beta*\gamma^-]=[\alpha*\beta^-]*[\beta*\gamma^-]\in H$）.

令 $E=\mathscr{P}/\sim$ 为等价类的集合，并记道路 α 的等价类为 $\alpha^\#$. 再定义映射 $p:E\to B$，$p(\alpha^\#)=\alpha(1)$（由 $\sim$ 的定义，$p(\alpha^\#)=\alpha(1)$ 与 $\alpha^\#$ 中的代表元的选取无关）. 由于 B 道路连通，故 p 为满射.

(a) 先注意：若 $\alpha\simeq_p\beta$，则 $\alpha^\#=\beta^\#$.

因为 $\alpha\simeq_p\beta$，故 $[\alpha*\beta^-]=[\alpha*\alpha^-]$ 为 $\pi_1(B,b_0)$ 中的单位元，它当然属于 $\pi_1(B,b_0)$ 的子群 H，所以 $\alpha^\#=\beta^\#$.

(b) 若 $\alpha^\#=\beta^\#$，则对于 B 中任意以 $\alpha(1)$ 为起点的道路 δ，有

$$(\alpha*\delta)^\# = (\beta*\delta)^\#.$$

因为 $\alpha*\delta$ 与 $\beta*\delta$ 以同一点 $\alpha*\delta(1)=\beta*\delta(1)$ 为终点，且

$$[(\alpha*\delta)*(\beta*\delta)^-] = [(\alpha*\delta)*(\delta^- * \beta^-)] = [\alpha*\beta^-] \in H,$$

由定义知 $\alpha*\delta\sim\beta*\delta$，即 $(\alpha*\delta)^\#=(\beta*\delta)^\#$.

(2) 在 E 中定义拓扑如下：

设 $\alpha\in\mathscr{P}$，V 为 $\alpha(1)$ 的任一道路连通的开邻域（因为 B 局部道路连通，故这样的 V 是存在的），定义

$$B(V,\alpha) = \{(\alpha*\delta)^\# \mid \delta \text{ 为 } V \text{ 中以 } \alpha(1) \text{ 为起点的道路}\}.$$

易见，$\alpha^\#=(\alpha*e_{\alpha(1)})^\#\in B(V,\alpha)$，其中 $e_{\alpha(1)}$ 为常值 $\alpha(1)$ 的道路.

下证所有集合 $\{B(V,\alpha)\}$ 形成了 E 的一个拓扑基，由此拓扑基生成了 E 上的一个拓扑. 事实上：

(a) 因 B 为底空间 B 中点 b_0 的一个开邻域，故

$$B(B,c_{b_0}) = \{(c_{b_0}*\delta)^\# \mid \delta \text{ 为 } B \text{ 中以 } c_{b_0}(1) = b_0 \text{ 为起点的道路}\} = E.$$

(b) 若 $\beta^\#\in B(V_1,\alpha_1)\cap B(V_2,\alpha_2)$，则 $\beta(1)\in V_1\cap V_2$. 由 B 局部道路连通知，可选 $\beta(1)$ 的一个道路连通的开邻域 $V\subset V_1\cap V_2$. 根据定义，有

$$\beta^\# \in B(V,\beta) \subset B(V_1,\beta) \cap B(V_2,\beta) \subset B(V_1,\alpha_1) \cap B(V_2,\alpha_2).$$

根据(a)、(b)推得 $\{B(V,\alpha)\}$ 形成了 E 的一个拓扑基.

需说明的是，上式最后一个等式成立是由于下面的结论：

如果 $\beta^{\#}\in B(V,\alpha)$，则 $B(V,\beta)=B(V,\alpha)$.

事实上，若 $\beta^{\#}\in B(V,\alpha)$，则有 V 中以 $\alpha(1)$ 为起点的一条道路 δ，使 $\beta^{\#}=(\alpha*\delta)^{\#}$. $B(V,\beta)$中任一元素均形如$(\beta*\gamma)^{\#}$，其中 γ 为 V 中某一道路. 根据(1)(b)，有

$$(\beta*\gamma)^{\#}=((\alpha*\delta)*\gamma)^{\#}=(\alpha*(\delta*\gamma))^{\#}\in B(V,\alpha).$$

因此，$B(V,\beta)\subset B(V,\alpha)$.

反之，$B(V,\alpha)$中的任一元素均形如$(\alpha*\varepsilon)^{\#}$，其中 ε 为 V 中某一道路. 由(1)(a)及 $B(V,\beta)$的定义得到

$$\begin{aligned}(\alpha*\varepsilon)^{\#}&=((\alpha*\delta)*(\delta^{-}*\varepsilon))^{\#}\\&=(\beta*(\delta^{-}*\varepsilon))^{\#}\in B(V,\beta).\end{aligned}$$

因此，$B(V,\alpha)\subset B(V,\beta)$.

综上所述得到 $B(V,\beta)=B(V,\alpha)$.

(3) 映射 p 为连续开映射.

设 $B(V,\alpha)$为拓扑基中的元素，则 V 为$\alpha(1)$的道路连通的开邻域. 对 $\forall x\in V$，选 V 中从$\alpha(1)$到 x 的一条道路δ，则$(\alpha*\delta)^{\#}\in B(V,\alpha)$，且 $p((\alpha*\delta)^{\#})=(\alpha*\delta)(1)=x$. 所以，$p(B(V,\alpha))=V$，从而 p 为开映射.

为了证明 p 是连续的，对 $\forall\alpha^{\#}\in E$ 及 $p(\alpha^{\#})=\alpha(1)$的任一开邻域 W，选点 $p(\alpha^{\#})=\alpha(1)$在 W 中的一个道路连通的开邻域 V. 因 $\alpha^{\#}\in B(V,\alpha)$，故 $B(V,\alpha)$为 $\alpha^{\#}$ 的开邻域，并且

$$p(B(V,\alpha))=V\subset W.$$

从而，p 在点$\alpha^{\#}$处是连续的. 由 $\alpha^{\#}$ 的任意性，p 是连续的.

(4) 映射 p 为覆叠投影.

取定 $b_1\in B$，因为 B 是半局部单连通的，故存在 b_1 的开邻域 W，使得 $i_*^W:\pi_1(W,b_1)\to\pi_1(B,b_1)$是平凡的，即 $i_*^W=0$. 再由 B 是局部道路连通的，故对 b_1 的开邻域 W，存在 b_1 的道路连通的开邻域 $V\subset W$. 显然，由 $i_*^W=0$ 立知

$$i_*^V=(i^W\circ i^{VW})_*=i_*^W\circ i_*^{VW}=0,$$

其中 i^{VW},i^W,i^V 都是相应的包含映射. 它们之间的关系见下面图表：

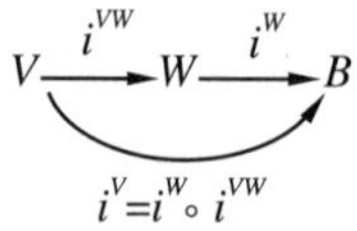

现证 V 被 p 均衡地覆叠着.

首先，设 $\mathscr{P}_1$ 为 B 中从 b_0 到 b_1 的所有道路的集合. 在(3)中，有 $p(B(V,\alpha))=V(\alpha\in\mathscr{P}_1)$，所以，$B(V,\alpha)\subset p^{-1}(V)$，

$$\bigcup_{\alpha\in\mathscr{P}_1} B(V,\alpha)\subset p^{-1}(V).$$

反之,若 $\beta^{\#}\in p^{-1}(V)$,则 $\beta(1)=p(\beta^{\#})\in V$.因 V 道路连通,故可取 V 中从 $\beta(1)$ 到 b_1 的一条道路 δ,令 $\alpha=\beta*\delta$,它是 B 中从 b_0 到 b_1 的道路,则

$$\beta\simeq_{\mathrm{p}}(\beta*\delta)*\delta^{-}=\alpha*\delta^{-}.$$

因此,由(1)(a),有

$$\beta^{\#}=(\alpha*\delta^{-})^{\#}\in B(V,\alpha),$$

$$p^{-1}(V)\subset\bigcup_{\alpha\in\mathscr{P}_1} B(V,\alpha).$$

综上得到

$$p^{-1}(V)=\bigcup_{\alpha\in\mathscr{P}_1} B(V,\alpha).$$

其次,对同一个 V,不同的集合 $B(V,\alpha)$是互不相交的.(反证)假设 $\exists\,\alpha_1,\alpha_2,\alpha_1\neq\alpha_2$,有 $\beta^{\#}\in B(V,\alpha_1)\cap B(V,\alpha_2)$.根据(2),$B(V,\alpha_1)=B(V,\beta)=B(V,\alpha_2)$,矛盾.

再次,下证 p 确定了一个从 $B(V,\alpha)$到 V 之间的双射.根据(3),$p|_{B(V,\alpha)}$ 为连续的开双射,故 $p|_{B(V,\alpha)}$ 为同胚($(p^{-1})^{-1}$(开集)$=p$(开集)$=$开集,故 p^{-1}连续).

从 $p(B(V,\alpha))=V$ 推得 $p|_{B(V,\alpha)}$ 为满射.余下证 $p|_{B(V,\alpha)}$ 为单射.为此,设

$$p((\alpha*\delta_1)^{\#})=p((\alpha*\delta_2)^{\#}),$$

其中 δ_1 与 δ_2 为 V 中的道路,于是

$$(\alpha*\delta_1)(1)=p((\alpha*\delta_1)^{\#})=p((\alpha*\delta_2)^{\#})=(\alpha*\delta_2)(1),$$

$$\delta_1(1)=\delta_2(1).$$

因为 $i_{V*}:\pi_1(V,b_1)\to\pi_1(B,b_1)$是平凡的,即 $i_{V*}=0$,因此在 B 中,

$$[\delta_1*\delta_2^{-}]=i_{V*}([\delta_1*\delta_2^{-}]_V)=0,$$

从而,$\delta_1*\delta_2^{-}$ 在 B 中(注意:它未必在 V 中)同伦于常值闭道路,则 $\delta_1*\delta_2^{-}\simeq_{\mathrm{p}}c_{\alpha(1)}$,

$$\delta_1\simeq_{\mathrm{p}}(\delta_1*\delta_2^{-})*\delta_2\simeq_{\mathrm{p}}c_{\alpha(1)}*\delta_2\simeq_{\mathrm{p}}\delta_2.$$

由此推得 $\alpha*\delta_1\simeq_{\mathrm{p}}\alpha*\delta_2$.所以,从(1)(a)得到$(\alpha*\delta_1)^{\#}=(\alpha*\delta_2)^{\#}$.这就证明了 p 为单射.

(5) 空间 E 是道路连通的,并且子群 $H=p_*(\pi_1(E,e_0))$,其中 $e_0\in p^{-1}(b_0)$.

设 α 为B 中以b_0 为起点的一条道路.给定 $t\in[0,1]$,令 $\alpha_t:[0,1]\to B$ 表示道路α 在点 b_0 到点 $\alpha(t)$的那一"部分",它的定义是对 $\forall\, s\in[0,1]$,

$$\alpha_t(s)=\alpha(ts).$$

然后,用等式

$$\tilde{\alpha}(t)=(\alpha_t)^{\#}$$

来定义 $\tilde{\alpha}:[0,1]\to E$.

易见,$\tilde{\alpha}$ 是以

$$\widetilde{\alpha}(0)=(\alpha_0)^{\#}=(c_{\alpha(0)})^{\#}=(c_{b_0})^{\#}=e_0$$

为起点、$\widetilde{\alpha}(1)=(\alpha_1)^{\#}=\alpha^{\#}$ 为终点的 E 中的道路. 因为

$$p\circ\widetilde{\alpha}(t)=p(\widetilde{\alpha}(t))=p((\alpha_t)^{\#})=\alpha_t(1)=\alpha(t\cdot 1)=\alpha(t),$$

$$p\circ\widetilde{\alpha}=\alpha,$$

所以,如果证明了 $\widetilde{\alpha}$ 是连续的(难证!),则 $\widetilde{\alpha}$ 为 α 的提升.

对 $\forall\alpha^{\#}\in E$,则 α 是 B 中以 b_0 为起点的一条道路,并且它的提升 $\widetilde{\alpha}$(参看上面 $\widetilde{\alpha}$ 的定义)是 E 中以 e_0 为起点、$\alpha^{\#}$ 为终点的一条道路. 这就证明了 E 是道路连通的.

现在来证 $p_*(\pi_1(E,e_0))=H$. 设 $[\alpha]\in H$,$\widetilde{\alpha}$ 为 α 在 E 中以 $e_0=(c_{b_0})^{\#}$ 为起点的提升,则 $\widetilde{\alpha}$ 以 $\alpha^{\#}$ 为终点. 由于

$$[\alpha*\bar{c}_{b_0}]=[\alpha]\in H,$$

故从 $\sim$ 的定义有 $\alpha\sim c_{b_0}$(常值 b_0 的道路),所以 $\alpha^{\#}=(c_{b_0})^{\#}$. 从而 $\widetilde{\alpha}$ 是 E 中以 $e_0=(c_{b_0})^{\#}$ 为起点、$\alpha^{\#}=(c_{b_0})^{\#}=e_0$ 为终点的一条道路,即以 e_0 为基点的一条闭道路. 由此可知,

$$[\alpha]=p_*([\widetilde{\alpha}])\in p_*(\pi_1(E,e_0)).$$

从而,$H\subset p_*(\pi_1(E,e_0))$. 相反地,设 $[\widetilde{\alpha}]\in\pi_1(E,e_0)$,令 $\alpha=p\circ\widetilde{\alpha}$. 注意,上面已证 (E,B,p) 为道路连通的覆叠空间,故 $\widetilde{\alpha}$ 是 α 在 E 中以 e_0 为起点的唯一提升. 因此,$\widetilde{\alpha}$ 以 $\alpha^{\#}$ 为终点. 因为 $\widetilde{\alpha}$ 为 E 中的一条闭道路,故

$$\alpha^{\#}=\widetilde{\alpha}(1)=e_0=(c_{b_0})^{\#},$$

即 $\alpha\sim c_{b_0}$. 由此得到

$$p_*([\widetilde{\alpha}])=[p\circ\widetilde{\alpha}]=[\alpha]=[\alpha*\bar{c}_{b_0}]\in H,$$

$$p_*(\pi_1(E,e_0))\subset H.$$

综上得到 $p_*(\pi_1(E,e_0))=H$.

最后,我们来补证 $\widetilde{\alpha}$ 是连续的. 对 $\forall t_0\in[0,1]$,点 $\widetilde{\alpha}(t_0)=(\alpha_{t_0})^{\#}$ 在 E 中的任何一个开邻域 $B(V,\alpha_{t_0})$. 因为 α 连续,可选取 η 充分小,使得当 $|t_1-t_0|<\eta$ 时,有 $\alpha(t_1)\in V$. 由此,当 $|t_1-t_0|<\eta$ 时,有 $\alpha_{t_1}\simeq_{p}\alpha_{t_0}*\delta$,其中 δ 为 V 中 α 从 t_0 到 t_1 的一段道路(图 3.4.13). 因而

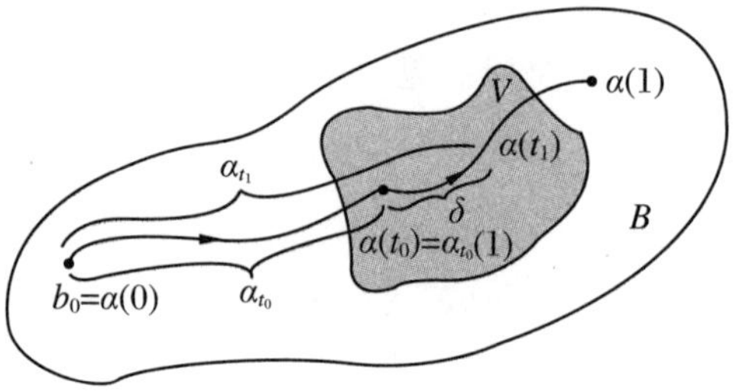

图 3.4.13

$$\tilde{\alpha}(t_1) = (\alpha_{t_1})^{\#} \xlongequal{\text{由(1)(a)}} (\alpha_{t_0} * \delta)^{\#} \in B(V, \alpha_{t_0}).$$

这就证明了 $\tilde{\alpha}$ 在 t_0 是连续的.再由 t_0 的任取性,$\tilde{\alpha}$ 是连续的. □

引理 3.4.1 设(E,B,p)为覆叠空间,$b_0 \in B$,$e_0 \in p^{-1}(b_0)$,则

$$p_*: \pi_1(E, e_0) \to \pi_1(B, b_0)$$

为单同态.

证明 如果 $p_*([\tilde{\alpha}]) = p_*([\tilde{\beta}])$,则$[p\circ\tilde{\alpha}] = [p\circ\tilde{\beta}]$,即 $p\circ\tilde{\alpha} \simeq_p p\circ\tilde{\beta}$.根据道路同伦提升定理(定理3.4.4),有 $\tilde{\alpha} \simeq_p \tilde{\beta}$,即$[\tilde{\alpha}] = [\tilde{\beta}]$,从而 p_* 为单射. □

定理 3.4.9(万有覆叠空间的存在性与唯一性) 设 B 为道路连通且局部道路连通空间,则:

(1) 如果 B 有一个万有覆叠空间,则这个万有覆叠空间在不区分同构的前提下是唯一确定的.

(2) 如果 B 还是半局部单连通的,则 B 有一个万有覆叠空间.

证明 (1) 设 $p:E \to B$ 与 $p':E' \to B$ 都为万有覆叠空间,则

$$p_*(\pi_1(E, e_0)) = p_*(\{0\}) = \{0\} = p'_*(\{0\}) = p'_*(\pi_1(E', e'_0)).$$

根据覆叠空间的分类定理(定理3.4.7),(E',B,p')与(E,B,p)为同构的万有覆叠空间.

(2) 应用覆叠空间的存在性定理(定理3.4.8),可构造一个道路连通的覆叠空间(E,B,P),$p:E \to B$,使得 $p_*(\pi_1(E,e_0)) = 0$,即它为 $\pi_1(B,b_0)$的平凡子群.根据引理3.4.1,p_* 为单同态,故 $\pi_1(E,e_0)$也为平凡群,即 E 是单连通的.因此,(E,B,p)为一个万有覆叠空间. □

3.5 基本群的各种计算方法

在3.1节与3.3节中已给出了两种计算基本群的方法:

1. 应用基本群的定义.

2. 应用基本群的伦型不变性.

这一节将介绍其他6种基本群的计算方法.

3. 应用覆叠空间理论.

例 3.5.1 圆周 S^1 的基本群为无限循环群,即 $\pi_1(S^1, b_0) \cong \mathbf{Z}$,其中 $b_0 = (1,0) \in S^1$.

证明 设 $b_0 = (1,0) \in S^1$ 为基点,考虑覆叠投影 $p: \mathbf{R} \to S^1$,$p(t) = e^{2\pi t i}$ 或

$(\cos 2\pi t, \sin 2\pi t)$. 对$\forall[\alpha]\in\pi(S^1,b_0)$,即$\alpha$是以$b_0$为基点的任一闭道路,令$\tilde{\alpha}$为$\alpha$在覆叠空间$\mathbf{R}$中以$0\in p^{-1}(b_0)$为起点的一个提升,则$\tilde{\alpha}(1)\in p^{-1}(b_0)$,即$\tilde{\alpha}(1)=n\in\mathbf{Z}$. 由定理3.4.4知,这个整数只依赖于$\alpha$的道路同伦类. 因此,我们可以定义

$$\phi: \pi_1(S^1,b_0)\to\mathbf{Z},$$
$$\phi([\alpha]) = \tilde{\alpha}(1) = n.$$

下证ϕ为一个群同构,从而$\pi_1(S^1,b_0)\cong\mathbf{Z}$. 记$\phi=\deg$,$\phi([\alpha])=\deg([\alpha])$称为$[\alpha]$的**度数**. 它是$S^1$的闭道路绕$S^1$的圈数.

映射ϕ为满射. 对$\forall\, n\in p^{-1}(b_0)$,由于$\mathbf{R}$是道路连通的,选取$\mathbf{R}$中从0到$n$的一条道路$\tilde{\alpha}:[0,1]\to\mathbf{R}$,定义$\alpha=p\circ\tilde{\alpha}$,则$[\alpha]\in\pi_1(S^1,b_0)$为$S^1$中以$b_0$为基点的一条闭道路,并且$\tilde{\alpha}$为$\alpha$在$\mathbf{R}$中以0为起点的一个提升. 根据$\phi$的定义,$\phi([\alpha])=\tilde{\alpha}(1)=n$. 这就证明了$\phi$为满射.

映射ϕ为单射. 设$\phi([\alpha])=n=\phi([\beta])$,$\tilde{\alpha}$与$\tilde{\beta}$分别为$\alpha$与$\beta$在$\mathbf{R}$中以0为起点的提升. 由假设,$\tilde{\alpha}$与$\tilde{\beta}$的终点都为$n$. 因为$\mathbf{R}$是单连通的或$\mathbf{R}$为凸集,故$\tilde{\alpha}$与$\tilde{\beta}$是道路同伦的,即$\tilde{\alpha}\overset{\tilde{F}}{\simeq}_{\mathrm{p}}\tilde{\beta}$,则$F=p\circ\tilde{F}$是$\alpha$与$\beta$之间的一个道路同伦,即$\alpha\overset{F}{\simeq}_{\mathrm{p}}\beta$或$[\alpha]=[\beta]$. 这就证明了$\phi$为单射.

映射ϕ为同态. 设α,β为S^1中以b_0为基点的两条闭道路. $\tilde{\alpha},\tilde{\beta}$分别为$\alpha,\beta$在$\mathbf{R}$中的以0为起点的提升(图3.5.1). 在$\mathbf{R}$中定义一条以0为起点的道路$\tilde{\gamma}$,使得

$$\tilde{\gamma}(s)=\begin{cases}\tilde{\alpha}(2s), & s\in\left[0,\dfrac{1}{2}\right],\\[2ex] \tilde{\alpha}(1)+\tilde{\beta}(2s-1), & s\in\left[\dfrac{1}{2},1\right].\end{cases}$$

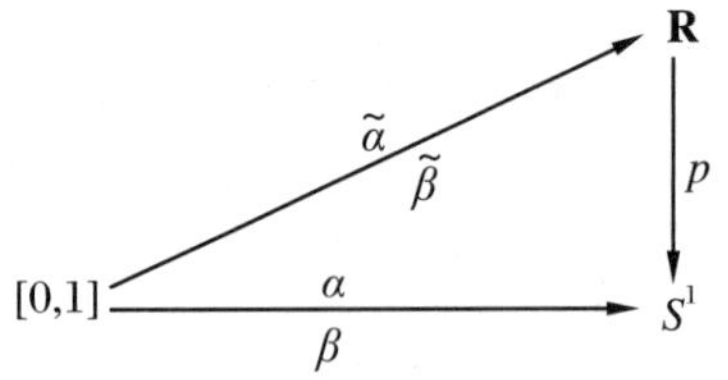

图 3.5.1

容易看出$\tilde{\gamma}$是在$\mathbf{R}$中以0为起点的道路. 下面证明$\tilde{\gamma}$为$\alpha*\beta$在$\mathbf{R}$中的提升. 因为

$$p\circ\tilde{\gamma}(s)=p(\tilde{\gamma}(s))=\begin{cases}p(\tilde{\alpha}(2s)), & s\in\left[0,\dfrac{1}{2}\right],\\[2ex] p(\tilde{\alpha}(1)+\tilde{\beta}(2s-1)), & s\in\left[\dfrac{1}{2},1\right]\end{cases}$$

$$= \begin{cases} \alpha(2s), & s \in \left[0, \frac{1}{2}\right], \\ p(\widetilde{\beta}(2s-1)), & s \in \left[\frac{1}{2}, 1\right] \end{cases}$$

$$= \begin{cases} \alpha(2s), & s \in \left[0, \frac{1}{2}\right], \\ \beta(2s-1), & s \in \left[\frac{1}{2}, 1\right] \end{cases}$$

$$= \alpha * \beta(s),$$

所以，$p \circ \widetilde{\gamma} = \alpha * \beta$，即 $\widetilde{\gamma}$ 为 $\alpha * \beta$ 在 $\mathbf{R}$ 中以 0 为起点的提升.

根据定义(图 3.5.2)，有

$$\phi([\alpha] * [\beta]) = \phi([\alpha * \beta]) = \widetilde{\gamma}(1) = \widetilde{\alpha}(1) + \widetilde{\beta}(1) = \phi([\alpha]) + \phi([\beta]),$$

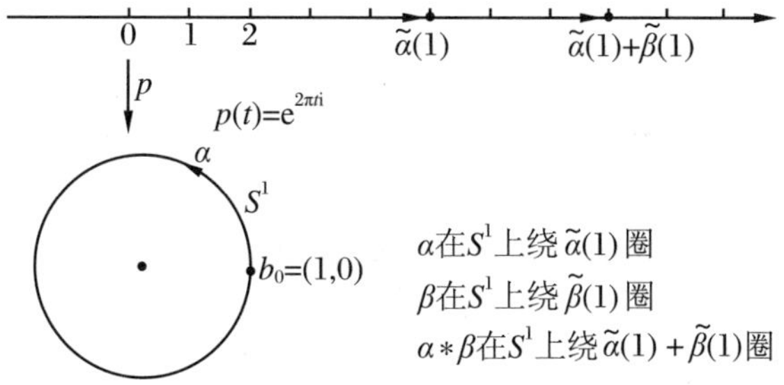

图 3.5.2

即ϕ为同态.

综上所述，ϕ为同构. □

例 3.5.2 因为 $\mathbf{R}^2-\{0\}$、圆环、Möbius 带都与 S^1 有相同的伦型，根据基本群的同伦不变性定理(定理 3.3.7)，这些拓扑空间的基本群都同构整数加群 $\mathbf{Z}$. 因此，它们都不是单连通的.

例 3.5.1 的证明的大部分可以推广到单连通覆叠空间(万有覆叠空间). 特殊之处在于，对覆叠投影 $p:\mathbf{R}\to S^1$ 而言，$\mathbf{R}$ 中存在着加法运算. 这个加法运算使我们能够证明 $\phi=\deg$为一个同态. 在一般的覆叠空间中未必有方便的加法运算. 但是，我们还能够获得有关基本群的许多信息.

定理 3.5.1 设 $p:(E,e_0)\to(B,b_0)$为一个覆叠投影，E 道路连通，则存在着满射

$$\phi:\pi_1(B,b_0)\to p^{-1}(b_0).$$

如果 E 是单连通的，则ϕ为双射(既是满射，又是单射).

证明 (类似例 3.5.1 的证明)设 $b_0\in B$ 为基点，对$\forall[\alpha]\in\pi_1(B,b_0)$，即 α 是以 b_0

为基点的任一条闭道路，令 $\widetilde{\alpha}$ 是 α 在覆叠空间 E 中的以 $e_0\in p^{-1}(b_0)$ 为起点的一个提升，则 $\widetilde{\alpha}(1)\in p^{-1}(b_0)$. 由定理 3.4.4 知，$\widetilde{\alpha}(1)$ 只依赖于 α 的道路同伦类. 因此，我们可以定义

$$\phi:\pi_1(B,b_0)\to p^{-1}(b_0),$$
$$\phi([\alpha])=\widetilde{\alpha}(1).$$

映射 ϕ 为满射，对 $\forall\, e\in p^{-1}(b_0)\subset E$，由 E 是道路连通的，选 E 中从 $e_0\in p^{-1}(b_0)$（e_0 为 E 中取定的一点）到 $e\in p^{-1}(b_0)$ 的一条道路 $\widetilde{\alpha}:[0,1]\to E$. 定义 $\alpha=p\circ\widetilde{\alpha}$，则 $[\alpha]\in\pi_1(B,b_0)$，即 α 是 B 中以 b_0 为基点的一条闭道路，并且 $\widetilde{\alpha}$ 是 α 在 E 中以 e_0 为起点的提升. 根据 ϕ 的定义，$\phi([\alpha])=\widetilde{\alpha}(1)=e$. 因此，$\phi$ 为满射.

如果 E 是单连通的，并且 $\phi([\alpha])=e=\phi([\beta])$，$\widetilde{\alpha},\widetilde{\beta}$ 分别是 α,β 在 E 中以 e_0 为起点的提升. 由假设，$\widetilde{\alpha},\widetilde{\beta}$ 的终点都为 e，因此，$\widetilde{\alpha}$ 与 $\widetilde{\beta}$ 是道路同伦的，即 $\widetilde{\alpha}\overset{\widetilde{F}}{\simeq}_{\mathrm{p}}\widetilde{\beta}$. 由此推得 $F=p\circ\widetilde{F}$ 是 α 与 β 之间的一个道路同伦，即 $\alpha\overset{F}{\simeq}_{\mathrm{p}}\beta$，或 $[\alpha]=[\beta]$. 这就证明了 ϕ 为单射. □

注 3.5.1 应用覆叠空间研究基本群主要在于底空间 B 中以 b_0 为基点的闭道路 α 与 β 是否同伦难以看得清楚！而将它们提升为覆叠空间 E 中以 $e_0\in p^{-1}(b_0)$ 为起点的道路 $\widetilde{\alpha}$ 与 $\widetilde{\beta}$，则 $\alpha\simeq_{\mathrm{p}}\beta$ 蕴涵着 $\widetilde{\alpha}(1)=\widetilde{\beta}(1)\in p^{-1}(b_0)$. 用提升道路 $\widetilde{\alpha}$ 在末端 $s=1$ 的值 $\widetilde{\alpha}(1)$ 来区分 $\pi_1(B,b_0)$ 中的同伦类，显示了覆叠空间理论的强大威力.

特别当 E 单连通时，ϕ 为双射，即

$$\alpha\simeq_{\mathrm{p}}\beta\quad\Leftrightarrow\quad[\alpha]=[\beta]\quad\Leftrightarrow\quad\widetilde{\alpha}(1)=\widetilde{\beta}(1).$$

例 3.5.3 n 维实射影空间 $P^n(\mathbf{R})(n\geqslant 2)$ 的基本群 $\pi_1(P^n(\mathbf{R}))\cong\mathbf{Z}_2$.

证明 设 $p:S^n\to P^n(\mathbf{R})$，$p(\boldsymbol{x})=[\boldsymbol{x}]=\{\boldsymbol{x},-\boldsymbol{x}\}$ 为覆叠投影，而 $p^{-1}(p(\boldsymbol{x}))=p^{-1}([\boldsymbol{x}])=\{\boldsymbol{x},-\boldsymbol{x}\}$. 由于 $S^n(n\geqslant 2)$ 单连通（见例 3.5.5），故 $(S^n,P^n(\mathbf{R}),p)$ 为 $P^n(\mathbf{R})$ 的万有覆叠空间. 从层数为 2 及定理 3.5.1 知，$\pi_1(P^n(\mathbf{R}))$ 恰有两个元素. 从而，$\pi_1(P^n(\mathbf{R}))$ 为 2 阶循环群，即 $\pi_1(P^n(\mathbf{R}))\cong\mathbf{Z}_2$（设 $\pi_1(P^n(\mathbf{R}))$ 的两个元素为 $[c_{x_0}]$ 与 $[\alpha]\neq[c_{x_0}]$，必有 $[\alpha]^2\neq[\alpha]$，故 $[\alpha]^2=[c_{x_0}]$）. 由此看出，$\pi_1(P^n(\mathbf{R}))$ 为交换群.

从 $\pi_1(P^n(\mathbf{R}))\cong\mathbf{Z}_2$ 知，$P^n(\mathbf{R})$ 不为单连通空间. □

4. 应用乘积空间基本群的直积表示：$\pi_1(X\times Y,(x_0,y_0))\cong\pi_1(X,x_0)\times\pi_1(Y,y_0)$.

定理 3.5.2 设 X 与 Y 为道路连通空间，$x_0\in X$，$y_0\in Y$，则

$$\pi_1(X\times Y,(x_0,y_0))\cong\pi_1(X,x_0)\times\pi_1(Y,y_0).$$

证明 令

$$p:X\times Y\to X,\quad p(x,y)=x,$$

$$q: X \times Y \to Y, \quad q(x,y) = y$$

为自然投影,它们诱导出两个同态:

$$p_*: \pi_1(X \times Y, (x_0, y_0)) \to \pi_1(X, x_0),$$
$$q_*: \pi_1(X \times Y, (x_0, y_0)) \to \pi_1(Y, y_0).$$

注意到 $\gamma \in \Omega(X \times Y, (x_0, y_0)) \Leftrightarrow \gamma = (\alpha, \beta)$,其中 $\alpha \in \Omega(X, x_0)$,$\beta \in \Omega(Y, y_0)$. 于是,$p_*$ 与 q_* 可定义一个同态

$$(p_*, q_*): \pi_1(X \times Y, (x_0, y_0)) \to \pi_1(X, x_0) \times \pi_1(Y, y_0),$$
$$(p_*, q_*)([(\alpha, \beta)]) = (p_*([(\alpha, \beta)]), q_*([(\alpha, \beta)]))$$
$$= ([p \circ (\alpha, \beta)], [q \circ (\alpha, \beta)]) = ([\alpha], [\beta]).$$

此外,还可以定义映射$\phi: \pi_1(X, x_0) \times \pi_1(Y, y_0) \to \pi_1(X \times Y, (x_0, y_0))$,

$$\phi(([\alpha], [\beta])) = [(\alpha, \beta)]$$

(ϕ与$[\alpha]$,$[\beta]$中的代表元的选取无关). 由此得到(p_*, q_*)与ϕ是互逆的,从而(p_*, q_*)为同构. □

类似有:

定理 3.5.2′ 设 $X_1, \cdots, X_n$ 为道路连通空间,$x = (x_1, \cdots, x_n) \in \prod_{i=1}^{n} X_i$(积拓扑空间),则

$$\pi_1\left(\prod_{i=1}^{n} X_i, x\right) \cong \pi_1(X_1, x_1) \times \cdots \times \pi_n(X_n, x_n).$$

应用定理 3.5.2 立即有:

例 3.5.4 2 维环面 $T^2 = S^1 \times S^1$ 的基本群为

$$\pi_1(T^2) = \pi_1(S^1 \times S^1) \cong \pi_1(S^1) \times \pi_1(S^1) \cong \mathbf{Z} \times \mathbf{Z}.$$

由于 $\mathbf{Z}$ 可交换,故 $\mathbf{Z} \times \mathbf{Z}$ 也可交换. 因此,将它记为直和

$$\pi_1(T^2) = \pi_1(S^1 \times S^1) \cong \mathbf{Z} \oplus \mathbf{Z}.$$

类似地,n 维环面 $T^n = \underbrace{S^1 \times \cdots \times S^1}_{n个}$的基本群为

$$\pi_1(T^n) = \pi_1(\underbrace{S^1 \times \cdots \times S^1}_{n个}) \cong \underbrace{\mathbf{Z} \oplus \cdots \oplus \mathbf{Z}}_{n个}.$$

5. 应用 Van Kampen 定理.

定理 3.5.3(Van Kampen 定理) 设 U 与 V 为拓扑空间 X 中的两个单连通的开子集,$X = U \cup V$,$U \cap V \neq \varnothing$且道路连通,则 X 为单连通空间.

证明 (证法 1)因 U 与 V 道路连通,$U \cap V \neq \varnothing$,故 $X = U \cup V$ 也道路连通. 取 $x_0 \in U \cap V$,$\forall [\alpha] \in \pi_1(X, x_0)$. 设 $\lambda > 0$ 为紧致度量空间$[0,1]$的开覆盖$\{\alpha^{-1}(U), \alpha^{-1}(V)\}$的 Lebesgue 数. 对$[0,1]$的分割:$0 = s_0 < s_1 < \cdots < s_n = 1$,只要 $\max\limits_{0 \leqslant i \leqslant n-1}(s_{i+1} - s_i) < \lambda$,必

有$[s_i,s_{i+1}]\subset\alpha^{-1}(U)$或$\alpha^{-1}(V)$，即$\alpha([s_i,s_{i+1}])\subset U$或$V$. 在$[0,1]$的所有这种分割中，选取一个使得自然数$n$为最小. 因此，对于每个$i$，点$\alpha(s_i)\in U\cap V$.（反证）假设$\alpha(s_i)\notin U\cap V$，则$\alpha(s_i)\notin U$或$\alpha(s_i)\notin V$. 不妨设$\alpha(s_i)\notin U$，则$0<i<n$（因$\alpha(s_0)=\alpha(s_n)=x_0\in U\cap V$），且$\alpha([s_{i-1},s_i])$与$\alpha([s_i,s_{i+1}])$都不会全在$U$中，因此，这两个集合都全在$V$中，从这分割中除去$s_i$又形成了$[0,1]$的一个分割，并且对于这个新分割而言，每个小区间在$\alpha$下的像全在$U$中或$V$中. 这与关于$n$是最小的这一假定相矛盾.

令$\alpha_i:[0,1]\to U\cup V=X$，$\alpha_i(t)=\alpha((1-t)s_i+ts_{i+1})$.

下证α_i同伦于一条完全包含在U中的道路.

自然，如果$\alpha_i([0,1])\subset U$，则$F_i(s,t)=\alpha_i(s)$为α_i到自身的平凡的道路同伦.

如果$\alpha_i([0,1])$不全在U中，则它应当全在V中，由$U\cap V$道路连通知，在$U\cap V$中选取从基点x_0分别到点$\alpha_i(0)$与$\alpha_i(1)$的道路β与γ（见图3.5.3）. 考虑$(\beta*\alpha_i)*\gamma^-$，它是$V$中以$x_0$为基点的一条闭道路，再由$V$单连通，它在包含映射$i^V:V\to X$下，$i^V_*:\pi_1(V,x_0)\to\pi_1(X,x_0)$为零同态，故

$$0=i^V_*([(\beta*\alpha_i)*\gamma^-])=[(\beta*\alpha_i)*\gamma^-],$$

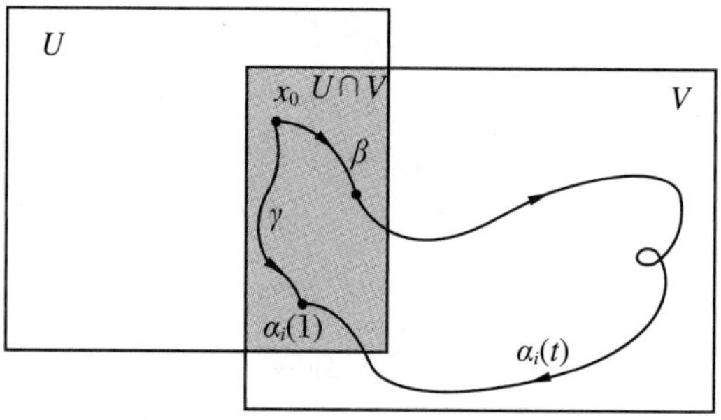

图 3.5.3

即在X中，$(\beta*\alpha_i)*\gamma^-$道路同伦于常值道路$c_{x_0}$（或由$V$单连通，$(\beta*\alpha_i)*\gamma^-$在$V$中道路同伦于常值道路$c_{x_0}$推得）. 根据乘法$*$的广群性质，在$X$中$\alpha_i$道路同伦于$\beta^-*\gamma$. 设$F_i$为这个道路同伦，它是$X$中$\alpha_i$与$U\cap V$中道路$\beta^{-1}*\gamma$之间的一个道路同伦.

接着，我们将每一个道路同伦F_i重新参数化，得到一个从$[s_i,s_{i+1}]\times[0,1]$到X的映射，然后将这些粘起来，获得一个α与完全在U中的一条道路之间的道路同伦$F:[0,1]\times[0,1]\to X$，

$$F(s,t)=F_i\left(\frac{s-s_i}{s_{i+1}-s_i},t\right),\quad s\in[s_i,s_{i+1}],i=0,1,\cdots,n-1.$$

由于每个道路同伦F_i都保持端点不动，F是完全确定的. 由粘接引理知，F连续. 注意，$F(s,t)$全在U中，而U单连通（i^U_*为零同态），故闭道路$F(\cdot,1)$在U中，因而也在X

中同伦于常值道路 c_{x_0}. 于是

$$\alpha \simeq_{\mathrm{p}} F(\cdot,1) \simeq_{\mathrm{p}} c_{x_0},$$

这就证明了 X 是单连通的.

(证法 2) 设 $x_0 \in U \cap V$ 为基点, $\forall [\alpha] \in \pi_1(X, x_0)$. 再设 $\lambda > 0$ 为紧致度量空间 $[0,1]$ 的开覆盖 $\{\alpha^{-1}(U), \alpha^{-1}(V)\}$ 的 Lebesgue 数. 令 $n \in \mathbf{N}$, 使得 $\frac{1}{n} < \lambda$, 则必有 $\alpha\left(\left[\frac{i}{n}, \frac{i+1}{n}\right]\right) \subset U$ 或 V, $i = 0,1,\cdots,n-1$, 记此开集为 $U_i \in \{U, V\}$. 我们定义 α_i: $[0,1] \to X$,

$$\alpha_i(t) = \alpha\left((1-t)\frac{i}{n} + t\frac{i+1}{n}\right) = \alpha\left(\frac{i}{n} + \frac{t}{n}\right).$$

因 $\alpha\left(\frac{i}{n}\right), x_0 = \alpha(0) \in U_i \cap U_{i+1}$, 而 $U_i \cap U_{i+1} = U$ 或 V 或 $U \cap V$ 总是道路连通的, 故 $U_i \cap U_{i+1}$ 中必有连接 x_0 到 $\alpha\left(\frac{i}{n}\right)$ 的道路 γ_i, $i = 0,1,\cdots,n-1$. 易见

$$\begin{aligned}
[\alpha] &\xlongequal{\text{验证}} [\alpha_0] * [\alpha_1] * \cdots * [\alpha_{n-1}] \\
&= [\alpha_0 * (\gamma_0^- * \gamma_0) * \alpha_1 * (\gamma_1^- * \gamma_1) * \cdots * (\gamma_{n-2}^- * \gamma_{n-2}) * \alpha_{n-1}] \\
&= [\alpha_0 * \gamma_0^-] * [\gamma_0 * \alpha_1 * \gamma_1^-] * \cdots * [\gamma_{n-3} * \alpha_{n-2} * \gamma_{n-2}^-] * [\gamma_{n-2} * \alpha_{n-1}] \\
&= [c_{x_0}] * [c_{x_0}] * \cdots * [c_{x_0}] * [c_{x_0}] = [c_{x_0}] = 0
\end{aligned}$$

(由于 $\alpha_0 * \gamma_0^- \in \Omega(U_0, x_0)$, $\gamma_i * \alpha_{i+1} * \gamma_{i+1}^- \in \Omega(U_{i+1}, x_0)$, $i = 0,1,\cdots,n-3$; $r_{n-2} * \alpha_{n-1} \in \Omega(U_{n-1}, x_0)$, 其中每个 U_i 都是单连通的, 于是, $[\alpha_0 * \gamma_0^-] = [c_{x_0}]$, $[\gamma_0 * \alpha_1 * \gamma_1^-] = [c_{x_0}]$, $\cdots$, $[\gamma_{n-3} * \alpha_{n-2} * \gamma_{n-2}^-] = [c_{x_0}]$, $[\gamma_{n-2} * \alpha_{n-1}] = [c_{x_0}]$). 这就证明了 X 是单连通的. □

例 3.5.5 $\pi_1(S^n) = 0 (n \geqslant 2)$, 即 $S^n (n \geqslant 2)$ 为单连通空间.

证明 (证法 1) 令 $U = S^n \setminus \{\boldsymbol{e}_{n+1}\}$, $V = S^n \setminus \{-\boldsymbol{e}_{n+1}\}$, 其中 $\boldsymbol{e}_{n+1} = (0,\cdots,0,1) \in \mathbf{R}^{n+1}$ 为 S^n 的北极, $-\boldsymbol{e}_{n+1} = (0,\cdots,0,-1) \in \mathbf{R}^{n+1}$ 为 S^n 的南极. 分别由北极投影与南极投影知

$$U \cong \mathbf{R}^n \cong V, \quad U \cap V = S^n \setminus \{\boldsymbol{e}_{n+1}, -\boldsymbol{e}_{n+1}\} \cong \mathbf{R}^n \setminus \{\mathbf{0}\}.$$

显然, 它满足定理 3.5.3 的所有条件, 所以, $\pi_1(S^n) = 0 (n \geqslant 2)$, 即 $S^n (n \geqslant 2)$ 为单连通空间(S^n 道路连通在例 1.4.13 已证).

(证法 2)(直接用定义) 对 $\forall [\alpha] \in \pi_1(S^n, x_0)$, $\alpha: ([0,1], \partial[0,1]) \to (S^n, x_0)$ 为闭道路. 由于 $[0,1]$ 紧致, 故 α 一致连续, 从而对 $\varepsilon = \frac{1}{2}$, $\exists \delta > 0$, 当 $t', t'' \in [0,1]$, $|t' - t''| < \delta$ 时, 有 $\|\alpha(t') - \alpha(t'')\| < \varepsilon = \frac{1}{2}$. 取 $[0,1]$ 的分割 $0 = t_0 < t_1 < \cdots < t_m = 1$, 使得

$\max\limits_{0\leqslant i\leqslant m-1}(t_{i+1}-t_i)<\delta$，则 $\alpha([t_i,t_{i+1}])\neq S^n$（注意，$\alpha([0,1])$ 可能为 S^n！）. 应用球极投影，$\alpha|_{[t_i,t_{i+1}]}$ 定端道路同伦于大圆弧. 因此，α 道路同伦于由 m 段大圆弧组成的闭道路 $\widetilde{\alpha}$. 因为 $\widetilde{\alpha}([0,1])$ 为 Lebesgue 零测集，所以 $\widetilde{\alpha}([0,1])\neq S^n$. 再一次应用球极投影知，$\alpha\simeq_{\mathrm{p}}\widetilde{\alpha}\simeq_{\mathrm{p}}c_{x_0}$. 这就证明了 S^n 为单连通空间. □

注 3.5.2 注意，S^1 不能应用定理 3.5.3，此时 $U\cap V=S^1\setminus\{e_2,-e_2\}$ 非道路连通！事实上，从例 3.5.1 知，$\pi_1(S^1)\cong\mathbf{Z}\neq 0$，所以 S^1 不是单连通的.

定理 3.5.3 可推广到更一般的情形.

定理 3.5.4 设 $\{U_j\mid j\in J\}$ 为拓扑空间 X 的开覆盖，使得：

(1) $\bigcap\limits_{j\in J}U_j\neq\varnothing$；

(2) 每个 $U_j(j\in J)$ 单连通；

(3) $U_i\cap U_j(i,j\in J)$ 道路连通.

则 X 单连通.

证明 仿照定理 3.5.3 证法 2 中的证明，只需取 $x_0\in\bigcap\limits_{j\in J}U_j$. □

定理 3.5.3 的另一种推广如下：

定理 3.5.5 设 X 为拓扑空间，U 与 V 为两个开集，$U\cap V$ 是道路连通的，$x_0\in U\cap V$，$X=U\cup V$. 如果包含映射

$$i^U:(U,x_0)\to(X,x_0),\quad i^V:(V,x_0)\to(X,x_0)$$

都诱导出基本群之间的零同态 i_*^U 与 i_*^V，则 $\pi_1(X,x_0)=0$，即 X 为单连通空间.

证明 因 U 与 V 道路连通，$U\cap V\neq\varnothing$，故 $X=U\cup V$ 也道路连通.

仿照定理 3.5.3 证法 1 中的证明，只需删去"U, V 单连通"，并修改最后一段为"$F(s,1)$全在 U 中，而 $i_*^U:\pi_1(U,x_0)\to\pi_1(X,x_0)$ 为零同态，故闭道路 $F(s,1)$ 在 X 中（而不是在 U 中！）同伦于常值道路 c_{x_0}". □

例 3.5.6 如果 U 与 V 单连通，则 $\pi_1(U,x_0)=0$，$\pi_1(V,x_0)=0$，自然 i_*^U 与 i_*^V 都为零同态. 但反之并不成立. 例如：令 $U=S^2\setminus\{\boldsymbol{e}_2,\boldsymbol{e}_3\}$，$V=S^2\setminus\{-\boldsymbol{e}_2,-\boldsymbol{e}_3\}$，其中 $\boldsymbol{e}_2=(0,1,0)$，$\boldsymbol{e}_3=(0,0,1)$，则 U 与 V 都非单连通. 令

$$x_0\in U\cap V=S^n\setminus\{e_n,e_{n+1},-e_n,-e_{n+1}\},$$

则

$$i_*^U:\pi_1(U,x_0)\to\pi_1(S^2,x_0)$$

与

$$i_*^V:\pi_1(V,x_0)\to\pi_1(S^2,x_0)$$

都为零同态.

显然，上述 U 与 V 不满足定理 3.5.3 中的某些条件，但满足定理 3.5.5 中所有的条

件.因此,应用定理3.5.5知,S^2为单连通空间.

6. 应用轨道空间.

定义3.5.1 设X为拓扑空间,G为拓扑群(如果G为拓扑空间,又为一个(抽象的)群,并且G的群运算(乘法$\cdot: G\times G\to G, (g_1,g_2)\mapsto g_1\cdot g_2$与逆元运算$J: G\to G, g\mapsto J(g)=g^{-1}$)都是连续的,则称$G$为**拓扑群**).若$G$的每个元素对应了$X$的一个同胚,且满足:

(1) $hg(x)=h(g(x)), \forall g,h\in G, \forall x\in X$;

(2) $e(x)=x, \forall x\in X$,其中$e\in G$为单位元素(e为X上的恒同同胚);

(3) $G\times X\to X, (g,x)\mapsto g(x)$是连续的.

则称G**作为一个同胚群左方作用于拓扑空间**X,并称$\{g(x)\mid \forall g\in G\}$为过点$x\in X$的**轨道**.

$x\sim y\Leftrightarrow \exists g\in G$, s.t. $g(x)=y$.易见,$\sim$为一个等价关系(因$e(x)=x$,故$x\sim x$;若$x\sim y$,即$y=g(x)$,则$x=g^{-1}g(x)=g^{-1}(y)$,即$y\sim x$;若$x\sim y, y\sim z$,则$g(x)=y$, $h(y)=z$,故$hg(x)=h(y)=z$,故$x\sim z$).称与x等价的元素全体为x的**等价类**,记作

$$\begin{aligned}[x] &= \{y\mid x\sim y\}\\ &= \{y\mid \exists g\in G, \text{s.t. } y=g(x)\}\\ &= \{g(x)\mid \forall g\in G\},\end{aligned}$$

它是过点x的**轨道**.于是,称

$$X/G = X/\sim = \{[x]\mid x\in X\}$$

为**轨道空间**,它是X在G或$\sim$下的商空间.

定理3.5.6 设拓扑群G作为一个同胚群左方作用于单连通空间X,并且对$\forall x\in X$,有x的开邻域U_x(不同的x对应于不同的U_x),使得

$$U_x\cap g(U_x)=\varnothing,\quad \forall g\in G\backslash\{e\},$$

则

$$\pi_1(X/G)\cong G.$$

证明 固定一点$x_0\in X$,对于$g\in G$,由定义,单连通空间X必是道路连通的,所以可用一条道路$\tilde{\gamma}$将x_0连接到$g(x_0)$.如果$p: X\to X/G$为投影,则$p\circ\tilde{\gamma}$为X/G中以$p(x_0)$为基点的闭道路.我们定义

$$\psi: G\to \pi_1(X/G, p(x_0)),$$

$$g\mapsto \psi(g)=[p\circ\tilde{\gamma}].$$

由于X单连通,我们将$\tilde{\gamma}$换成任何其他连接x_0到$g(x_0)$的道路$\tilde{\gamma}_1$,必有$\tilde{\gamma}_1\simeq_p\gamma$, $p\circ\tilde{\gamma}_1\simeq_p p\circ\tilde{\gamma}$, $[p\circ\tilde{\gamma}_1]=[p\circ\tilde{\gamma}]$,所以$\psi$的定义是确切的.

对 $\forall[\alpha]\in\pi_1(X/G,p(x_0))$，选 α 在 X 中的一个提升 $\tilde{\alpha}$，即 $\tilde{\alpha}$ 是以 x_0 为起点，并满足 $p\circ\tilde{\alpha}=\alpha$，其终点 $\tilde{\alpha}(1)$ 在 x_0 的轨道 $\{g(x_0)\mid g\in G\}=p^{-1}(p(x_0))$（$p(x_0)$ 的纤维）内（由定理条件，$U\cap g(U)=\varnothing,\forall g\in G\backslash\{e\}$. $U,g(U)$ 都同胚. $p:U\to p(U)$ 也同胚，从而 $\{g(U)\mid g\in G\backslash\{e\}\}$ 为片状结构）. 因此，$\exists g_0\in G$, s. t. $g_0(x_0)=\tilde{\alpha}(1)$. 根据 ψ 的定义，$\psi(g_0)=[p\circ\tilde{\alpha}]=[\alpha]$，所以 ψ 为满射.

设 $\psi(g_1)=\psi(g_2)$，则 $[p\circ\tilde{\alpha}_1]=\psi(g_1)=\psi(g_2)=[p\circ\tilde{\alpha}_2]$，从而

$$p\circ g_1(x_0)=p\circ\tilde{\alpha}_1(1)=p(x_0)=p\circ\tilde{\alpha}_2(1)=p\circ g_2(x_0).$$

根据定理 3.4.3′，有

$$g_1(x_0)=\tilde{\alpha}_1(1)=\tilde{\alpha}_2(1)=g_2(x_0).$$

由此及定理中的条件推得 $g_1=g_2$（因为 $x_0=g_1^{-1}g_2(x_0)$，$x_0\in U_{x_0}\cap g_1^{-1}g_2(U_{x_0})$，所以，根据定理条件必有 $g_1^{-1}g_2=e$，即 $g_1=g_2$）. 因此，ψ 为单射.

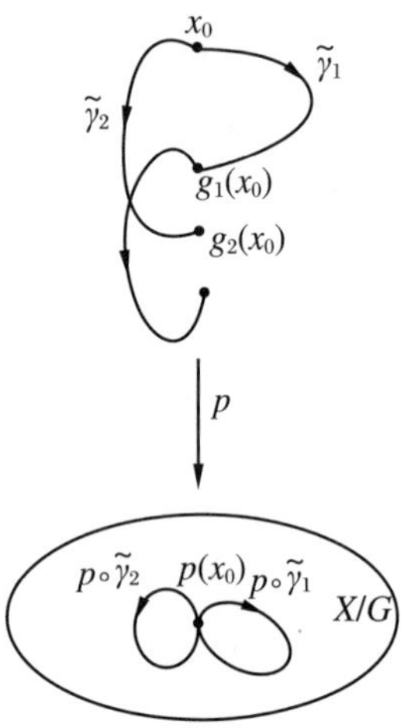

图 3.5.4

再证 ψ 为同态. 事实上，设 $\tilde{\gamma}_i(i=1,2)$ 为 X 中连接 x_0 与 $g_i(x_0)$ 的道路. 易见，$\tilde{\gamma}_1*(g_1\circ\tilde{\gamma}_2)$ 为 X 中连接 x_0 到 $g_1g_2(x_0)$ 的一条道路. 从而，$p\circ(\tilde{\gamma}_1*(g_1\circ\tilde{\gamma}_2))=(p\circ\tilde{\gamma}_1)*(p\circ\tilde{\gamma}_2)$ 为 X/G 中连接 $p(x_0)$ 到 $p\circ g_1g_2(x_0)$ 的一条道路. 于是

$$\begin{aligned}\psi(g_1g_2)&=[p\circ(\tilde{\gamma}_1*(g_1\circ\tilde{\gamma}_2))]\\&=[(p\circ\tilde{\gamma}_1)*p(g_1\circ\tilde{\gamma}_2)]\\&=[(p\circ\tilde{\gamma}_1)*(p\circ\tilde{\gamma}_2)]=[p\circ\tilde{\gamma}_1]*[p\circ\tilde{\gamma}_2]\\&=\psi(g_1)*\psi(g_2),\end{aligned}$$

这就证明了 ψ 为同态（图 3.5.4）.

综上所述，ψ 为同构. □

例 3.5.7 应用定理 3.5.6 证明：

(1) $\pi_1(S^1\times S^1)\cong\mathbf{Z}\oplus\mathbf{Z}$；

(2) $\pi_1(P^n(\mathbf{R}))\cong\mathbf{Z}_2$.

证明 (1) $G=\mathbf{Z}\oplus\mathbf{Z}$ 左方作用于 $X=\mathbf{R}^2=\mathbf{R}\times\mathbf{R}$，即

$$(m,n)((x,y))=(x+m,y+n).$$

它以环面 $X/G=S^1\times S^1$ 为轨道空间，且满足定理 3.5.6 中的条件（读者自行验证），故

$$\pi_1(S^1\times S^1)\cong\mathbf{Z}\oplus\mathbf{Z}.$$

(2) $G=\mathbf{Z}_2$ 左方作用于 $X=S^2$. 设 $\mathbf{Z}=\{[0],[1]\}$，左方作用为

$$[0](x)=x,\quad\forall x\in S^n,$$

$$[1](x)=-x,\quad\forall x\in S^n.$$

它以 $X/G=P^n(\mathbf{R})$为轨道空间，且当 $n\geqslant 2$ 时满足定理 3.5.6 中的条件（读者自行验证），故

$$\pi_1(P^n(\mathbf{R}))\cong \mathbf{Z}_2. \qquad \square$$

为显示定理 3.5.6 的重要性与威力，我们必须举出用前面的方法计算不出其基本群，而应用定理 3.5.6 却能计算出其基本群的实例.请看下面两例.

例 3.5.8 $G=\mathbf{Z}_p$ 左方作用于 $X=S^3$ 以**透镜空间** $X/G=L(p,q)$为轨道空间（p 与 q 互素（质）），且

$$\pi_1(L(p,q))\cong \mathbf{Z}_p.$$

证明 设 p 与 q 为互素（质）的正整数（p,q 本身不一定为素数）.将 3 维单位球面 S^3 视作 2 维复空间 $\mathbf{C}^2=\{(z_0,z_1)\mid z_0,z_1\in\mathbf{C}(\text{复数集})\}$中的单位球面，即

$$S^3=\{(z_0,z_1)\in\mathbf{C}^2\mid z_0\overline{z}_0+z_1\overline{z}_1=1\}.$$

令 g 为循环群 $\mathbf{Z}_p$ 的生成元，定义 $\mathbf{Z}_p$ 在 S^3 上的左方作用为

$$g(z_0,z_1)=(\mathrm{e}^{2\pi\mathrm{i}/p}z_0,\mathrm{e}^{2\pi q\mathrm{i}/p}z_1).$$

当然 g 的上述作用一经确定，由此 $g^2,g^3,\cdots$ 所诱导的同胚也就确定了（$g^2(z_0,z_1)=g(g(z_0,z_1)),\cdots$）.显然，$g^p=\mathrm{e}$ 为恒同同胚.

由于 p,q 互素，即$(p,q)=1$，则$\forall j=1,\cdots,p-1$，有 $p\nmid(jq)$，$jq\not\equiv 0(\mathrm{mod}\ p)$，$\mathrm{e}^{2\pi jq\mathrm{i}/p}\neq 1$.再由 $z_0\overline{z}_0+z_1\overline{z}_1=1$ 知，z_0,z_1 不同时为零，因而，$\forall v\in S^3$，$g^j(v)\neq v$.由 g 连续知g^j 也连续，因而对

$$\varepsilon_0=\frac{1}{2}\min\{\|g^j(v)-v\|\mid j=1,\cdots,p-1\},$$

$\exists\,\delta_j>0$，s.t.

$$\|g^j(u)-g^j(v)\|<\varepsilon_0,\quad \forall\, u\in B_{S^3}(v;\delta_j).$$

令 $\delta=\min\{\delta_j,\varepsilon_0\mid j=1,\cdots,p-1\}$，取 v 的开邻域 $U=B_{S^3}(v;\delta)$，则对$\forall\, u\in U=B_{S^3}(v;\delta)$，有

$$\|g^j(u)-v\|\geqslant\|g^j(v)-v\|-\|g^j(u)-g^j(v)\|>2\varepsilon_0-\varepsilon_0=\varepsilon_0\geqslant\delta.$$

因而，$U\cap g^j(U)=\varnothing$，$j=1,\cdots,p-1$.从而它满足定理 3.5.6 中的条件，故

$$\pi_1(L(p,q))\cong\mathbf{Z}_p. \qquad \square$$

注 3.5.3 设 p,q 不互素，即$(p,q)=k>1$，即 $k\mid p$，$k\mid q$，取 $j_0=\dfrac{p}{k}$，则 $1\leqslant j_0\leqslant p-1$，$p\mid(j_0q)$（$j_0q=j_0(kq_1)=(j_0k)q_1=pq_1$），$j_0q\equiv 0(\mathrm{mod}\ p)$，$\mathrm{e}^{2\pi j_0q\mathrm{i}/p}=1$.取 $v_0=(z_0,z_1)=(0,1)\in S^3$，$g^{j_0}(v_0)=v_0$（$g^{j_0}((0,1))=(0,\mathrm{e}^{2\pi j_0q\mathrm{i}/p}\cdot 1)=(0,1)$）.而 $g^{j_0}\neq\mathrm{e}\left(j_0=\dfrac{p}{k}<p\right)$.从而，不存在 $v_0=(0,1)$的开邻域 U，使得 $U\cap g^j(U)=\varnothing$，$j=1,\cdots,p-1$，

即它不满足定理3.5.6的条件.

例 3.5.9 设 $G\cong\{a,b\mid a^2=b^2\}$(满足 $a^2=b^2$ 并以 a,b 为无限生成元所形成的群)$\cong\{t,u\mid u^{-1}tu=t^{-1}\}$(满足 $u^{-1}tu=t^{-1}$并以 t,u 为无限生成元所形成的群). G 左方作用于 $\mathbf{R}^2$ 以 Klein 瓶 K 为轨道空间,则

$$\pi_1(K)\cong G.$$

其中 G 为非交换群.

证明 显然

$$\begin{cases}a=tu\\ b=u\end{cases}\Leftrightarrow\begin{cases}t=au^{-1}=ab^{-1}\\ u=b\end{cases},$$

$u^{-1}tu=t^{-1}\Leftrightarrow tut=u\Leftrightarrow tutu=u^2\Leftrightarrow a^2=b^2$.

G 在 $\mathbf{R}^2$ 上左方作用定义如下:

$t,u:\mathbf{R}^2\to\mathbf{R}^2$,

$t(x,y)=(x+1,y),\quad t^{-1}(x,y)=(x-1,y)$,

$u(x,y)=(-x+1,y+1),\quad u^{-1}(x,y)=(1-x,y-1)$.

$t^n(x,y)=(x+n,y),\quad \{t^n\mid n\in\mathbf{Z}\}\cong\mathbf{Z}$ 为无限循环群.

$$\begin{aligned}u^n(x,y)&=u^{n-1}(-x+1,y+1)=u^{n-2}(x,y+2)=u^{n-3}(-x+1,y+3)\\&=u^{n-4}(x,y+4)\\&=\cdots,\end{aligned}$$

$\{u^n\mid n\in\mathbf{Z}\}\cong\mathbf{Z}$ 为无限循环群.

(1)

$$\begin{aligned}u^{-1}tu(x,y)&=u^{-1}t(-x+1,y+1)=u^{-1}(-x+2,y+1)\\&=(x-1,y)=t^{-1}(x,y),\end{aligned}$$

$$u^{-1}tu=t^{-1}.$$

$$a^2(x,y)=(tu)^2(x,y)=(x,y+2)=u^2(x,y)=b^2(x,y),$$

$$a^2=b^2.$$

(2)

$$\begin{aligned}ut(x,y)&=u(x+1,y)=(-(x+1)+1,y+1)=(-x,y+1)\\&\neq(-x+2,y+1)=t(-x+1,y+1)=tu(x,y),\end{aligned}$$

即

$$ut\neq tu.$$

$$\begin{aligned}ab(x,y)&=tu^2(x,y)=(x+1,y+2)\\&\neq(x-1,y+2)=utu(x,y)=ba(x,y),\end{aligned}$$

$$ab \neq ba.$$

由此知,G 为非交换群.

(3) 读者可画出 Klein 瓶的平面剖分示意图,并从图可想象出上述 t, t^{-1}, u, u^{-1} 在 $\mathbf{R}^2$ 上左边作用的公式.进而从图想象出,上述 G 在 $\mathbf{R}^2$ 上左方作用满足定理 3.5.6 中的条件,因而

$$\pi_1(K) \cong G. \qquad \square$$

7. 应用棱道群.

定义 3.5.2 设 $a^0, a^1, \cdots, a^q$ 为 n 维 Euclid 空间 $\mathbf{R}^n$ 中占有最广位置的 $q+1$ 个点,$0 \leqslant q \leqslant n$(即向量 $a^1 - a^0, a^2 - a^0, \cdots, a^q - a^0$ 是线性无关的).称集合

$$\{x = \lambda_0 a^0 + \lambda_1 a^1 + \cdots + \lambda_q a^q \mid \lambda_0 + \lambda_1 + \cdots + \lambda_q = 1, \lambda_0, \lambda_1, \cdots, \lambda_q \geqslant 0\} \subset \mathbf{R}^n$$

为一个 **q 维单(纯)形**,记作$(a^0, a^1, \cdots, a^q)$,点 $a^0, a^1, \cdots, a^q$ 称为**顶点**.显然,顶点为 0 维单形.1 维单形称为**棱**.

r 维单形

$$\begin{aligned}(a^{i_0}, a^{i_1}, \cdots, a^{i_r}) \\ = \{x = \lambda_{i_0} a^{i_0} + \lambda_{i_1} a^{i_1} + \cdots + \lambda_{i_r} a^{i_r} \mid \lambda_{i_0} + \lambda_{i_1} + \cdots + \lambda_{i_r} = 1, \lambda_{i_0}, \lambda_{i_1}, \cdots, \lambda_{i_r} \geqslant 0\}\end{aligned}$$

称为 $q(\geqslant r)$维单形$(a^0, a^1, \cdots, a^q)$的一个 **r 维面**.显然,0 维单形是一个点,1 维单形是一条线段,2 维单形为一个三角形的面,3 维单形为一个四面体(见图 3.5.5).

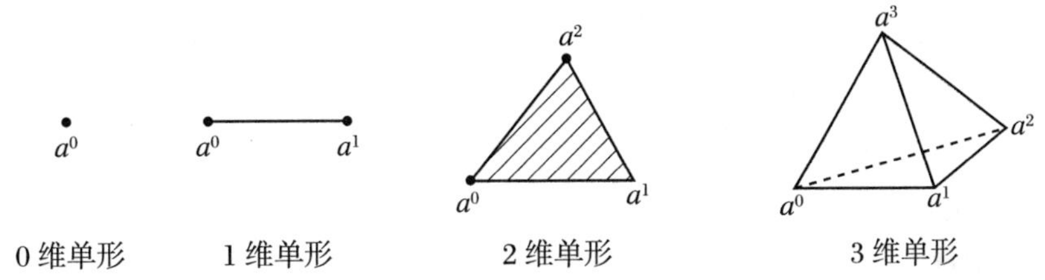

图 3.5.5

如果两个单形的交是空集或是它们的公共面,则称这两个单形是**规则相处**的.

设 K 是一个以 n 维 Euclid 空间 $\mathbf{R}^n$ 中的单形为元素的有限集合.如果 K 满足:

(1) 若单形 $\underset{\sim}{s} \in K$,则 $\underset{\sim}{s}$ 的任一面单形 $\underset{\sim}{t} \in K$;

(2) K 的任意两个单形都规则相处.

则称 K 为(有限)**单纯复合形**,简称为**单纯复形**或**复形**.K 中所有单形的维数的最大者称为K 的**维数**,记作 $\dim K$.

定义 3.5.3 设 K 为单纯复形,$\alpha = v_0 v_1 \cdots v_m$ 为 K 中顶点的有限序列,如果所有$(v_i, v_{i+1}), i = 0, 1, \cdots, m-1$ 都为 K 中的 1 或 0 单形,则称 α 为K 中从 v_0 到 v_m 的**棱道**.当 $v_0 = v_m$ 时,称 α 为**闭棱道**,称 v_0 为**基点**.$v_m \cdots v_1 v_0$ 称为 α 的**逆棱道**,记作 α^-.当

所有$\{v_i, v_{i+1}, v_{i+2}\}$都不张成 K 的单形，且相邻顶点不出现 $v_iv_{i+1}=v_iv_i$，$v_iv_{i+1}v_{i+2}=v_iv_{i+1}v_i$ 时，称 α 为**既约棱道**. 显然，任一棱道都对应唯一的既约棱道(图 3.5.6).

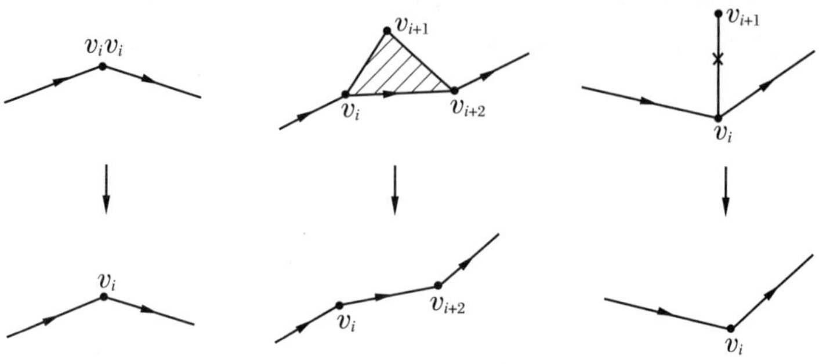

图 3.5.6

如果棱道 α 与β 对应于同一既约棱道，则称它们是**等价**的，记作 $\alpha\sim\beta$. 于是，在 K 的全体棱道所成集合上定义了一个等价关系(满足反身(自反)性、对称性、传递性)，α 所属的等价类称为**棱道类**，记作$[\alpha]$.

K 中以 v_0 为基点的闭棱道类可按自然的方式定义乘法：

$$[v_0v_1\cdots v_kv_0][v_0v_1'\cdots v_l'v_0]=[v_0v_1\cdots v_kv_0v_1'\cdots v_l'v_0].$$

易见，K 中以 v_0 为基点的闭棱道类所成集合在上述乘法下成为一个群，称为 K 的以 v_0 为基点的**棱道群**，记作 $E(K,v_0)$，其单位元为常棱道 v_0 的棱道类$[v_0]$，$[\alpha]=[v_0v_1\cdots v_mv_0]$ 的逆元为$[\alpha^-]=[v_0v_m\cdots v_1v_0]$.

K 的以 v_0 为基点的闭棱道 $\alpha=v_0v_1\cdots v_{k-1}v_0$ 对应于多面体$|K|$(单纯复形 K 的所有单形的点的并集)的以 v_0 为基点的闭道路 σ_α 如下：将$[0,1]$作 k 等分，令 $\sigma_\alpha:[0,1]\to|K|$由

$$\sigma_\alpha(0)=\sigma_\alpha(1)=v_0,\quad \sigma_\alpha\left(\frac{i}{k}\right)=v_i,\quad i=1,\cdots,k-1$$

作线性扩张所得，则$[\sigma_\alpha]\in\pi_1(|K|,v_0)$. 易见，等价的闭棱道对应于同伦的闭道路，因而可定义映射

$$\varphi:E(K,v_0)\to\pi_1(|K|,v_0),$$
$$[\alpha]\mapsto\varphi([\alpha])=[\sigma_\alpha].$$

显然，φ 为一个同态.

构造上述同态是自然的，进而会猜测 $E(K,v_0)\cong\pi_1(|K|,v_0)$. 由此知道要计算基本群 $\pi_1(|K|,v_0)$就只需计算棱道群 $E(K,v_0)$，而后者简单且容易把握.

定理 3.5.7 $\varphi:E(K,v_0)\to\pi_1(|K|,v_0)$为同构.

证明 (1) φ 为满射.

设 $L=\{0,1,(0,1)\}$为$[0,1]$的一个剖分(即 L 为单纯复形,且多面体$|L|=[0,1]$).对 $\forall[\sigma]\in\pi_1(|K|,v_0)$,由单纯逼近定理(参阅文献[1]160 页定理 5.8),存在非负整数 m 和 σ 的单纯逼近 $\eta:L^{(m)}\to K$,其中 $L^{(m)}$ 的顶点为$\frac{i}{2^m}(i=0,1,\cdots,2^m)$,$v_i=\eta\left(\frac{i}{2^m}\right)$为 K 的顶点,$\alpha=v_0v_1\cdots v_{2^m-1}v_0$ 为 K 中的闭棱道.显然,$\varphi([\alpha])=[\eta]=[\sigma]$.这就证明了 φ 为满射.

(2) φ 为单射.

设 $\alpha=v_0v_1\cdots v_{k-1}v_0$,$\varphi([\alpha])=1(\pi_1(|K|,v_0))$中的单位元,即由 α 决定的闭道路σ_α 定端同伦于常值闭道路 c_{v_0}.于是,存在连续映射 $F:[0,1]\times[0,1]\to|K|$,使得 $F(s,0)=\sigma_\alpha(s)$,$F(s,1)=c_{v_0}$(即 F 将正方形$[0,1]\times[0,1]$的$[0,1]\times\{0\}$外的另三边都映成 v_0).以 L 记图 3.5.7 剖分$[0,1]\times[0,1]$所得的复形,其中 x,y,z,w 为正方形的顶点,$x_1,\cdots,x_{k-1}$为底边$[0,1]\times\{0\}$的 $k-1$ 个等分点,而 $F(x_i,0)=v_i$,$i=1,\cdots,k-1$.

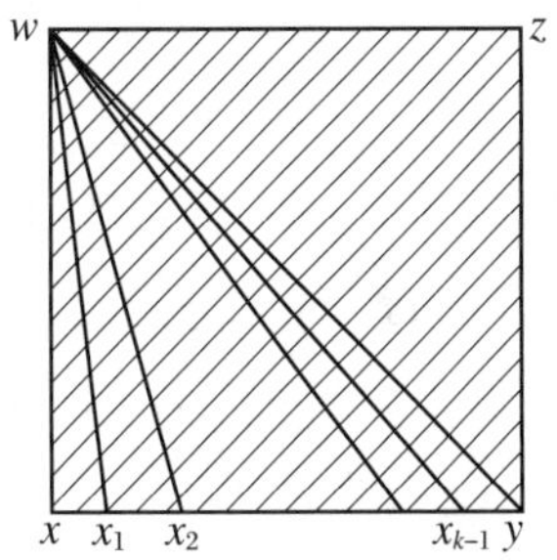

图 3.5.7

L 中的棱道 $xx_1\cdots x_{k-1}y$ 与 $xwzy$ 显然是等价的.对 L 作m 次重心重分(参阅文献[1]142 页)后,它们变成 $L^{(m)}$ 中的两条等价的棱道,记为 e_1 与 e_2.由单纯逼近定理,可取非负整数 m 充分大,使得 F 有单纯逼近$G:L^{(m)}\to K$,则 $L^{(m)}$中等价的棱道 e_1 与 e_2 在映射 G 下的像仍等价.e_2 在 G 下的像为$v_0\cdots v_0\sim v_0$.$F(x_i,0)=v_i$ 在x_i 与x_{i+1}之间的 e_1 中新顶点在 F 下的像落在(v_i,v_{i+1})上($F(\cdot,0)=\sigma_\alpha$ 在x_i 与x_{i+1}之间线性).由于 G 为F 的单纯逼近.这些新顶点在 G 下的像只能是v_i 或v_{i+1}.因此,e_1 在 G 下的像等价于$\alpha=v_0v_1\cdots v_{k-1}v_0$.由此得到$[\alpha]=[v_0]$,即 φ 为单射. □

推论 3.5.1 $\pi_1(|K|,v_0)\cong\pi_1(|K^2|,v_0)$,$K^r$ 为K 中所有$i(0\leqslant i\leqslant r)$维单形组成的子复形,称为 K 的r **维骨架**.

证明 因为$E(K,v_0)$只与 K 的 2 维骨架 K^2 有关,故 $E(K,v_0)=E(K^2,v_0)$.再由定理 3.5.7 得到

$$\pi_1(|K|,v_0)\cong E(K,v_0)=E(K^2,v_0)\cong\pi_1(|K^2|,v_0).$$ □

例 3.5.10 应用推论 3.5.1 重证 $\pi_1(S^n)=0(n\geqslant 2)$.

证明 (证法 3)(证法 1 与证法 2 可参阅例 3.5.5)设 σ^{n+1}为 $n+1$ 维单形,其边缘复形 $\mathrm{Bd}\sigma^{n+1}$(σ^{n+1}中所有 $i(0\leqslant i\leqslant n)$维面单形组成的复形)给出了 S^n 的一个剖分($|\mathrm{Bd}\sigma^{n+1}|\cong S^n$).当 $n\geqslant 2$ 时,$\mathrm{Bd}\sigma^{n+1}$与 σ^{n+1}的闭包复形 $\mathrm{Cl}\sigma^{n+1}$(σ^{n+1}中所有面单形组成的复形)的 2 维骨架相同.因此,由推论 3.5.1,有

$$\begin{aligned}\pi_1(S^n)&\cong\pi_1(|\mathrm{Bd}\sigma^{n+1}|)\cong\pi_1(|(\mathrm{Bd}\sigma^{n+1})^2|)\\&=\pi_1(|\mathrm{Cl}\sigma^{n+1}|^2)\cong\pi_1(|\mathrm{Cl}\sigma^{n+1}|)=0.\end{aligned}$$ □

根据定理 3.2.1,研究基本群只需考虑道路连通的拓扑空间.因此,设 K 为连通(即 $|K|$ 连通)的复形.定理 3.5.7 与推论 3.5.1 的作用在于将基本群 $\pi_1(|K|,v_0)$ 的计算归结为计算棱道群 $E(K,v_0)=E(K^2,v_0)$.但是,这种棱道群的计算仍相当复杂.为了简化并计算的有效,我们引入极大树的概念,从而证明定理 3.5.8.再通过一些实例来熟悉应用棱道群计算基本群的方法,体会它的威力与奥妙.

定义 3.5.4 任何 $a,b\in K^0$(单纯复形 K 的 0 维骨架,即 K 的顶点集),如果存在 K 中从 a 到 b 的一条棱道,则称 a 与 b 是**可连接**的.

$\forall\, \underline{s},\underline{\sigma}\in K$,如果 $\underline{s}$ 的顶点与 $\underline{\sigma}$ 的顶点可连接,则称 $\underline{s}$ 与 $\underline{\sigma}$ **可连接**.K 中单形可连接的关系是一种等价关系,此关系下的等价类称为 K 的**组合分支**,易知,K 的每一组合分支为 K 的一个极大连通子复形.如果 K 的组合分支为 $K_1,\cdots,K_r$,则 $|K|$ 的道路连通分支恰为 $|K_1|,\cdots,|K_r|$.

设 L 为 K 的含 v_0 的组合分支,则由定理 3.2.1 与定理 3.5.7,有

$$E(K,v_0)\cong\pi_1(|K|,v_0)\cong\pi_1(|L|,v_0)\cong E(L,v_0).$$

定义 3.5.5 设 K 为复形,如果 $\dim K\leqslant 1$,则称 K 为一个**图**.如果 K 为图,且 $|K|$ 可缩,则称 K 为**树**.

设 K 为复形,$v_0\in K^0$(即 v_0 为 K 的顶点),因 K 为有限复形,故有 K 中的树 L,使 0 维单形 $(v_0)\in L$;并且任给 K 中的树 L',若 $L'\supset L$,必有 $L'=L$.我们称 L 为 K 中含 v_0 的**极大树**.

引理 3.5.1 设 K 为连通复形,L 为 K 中含顶点 v_0 的极大树,则 $L^0=K^0$.

证明 显然,$L^0\subset K^0$.(反证)假设 $L^0\neq K^0$,则有 $v\in K^0\setminus L^0$.由 $v_0\in L^0$,K 连通,则有 K 中棱道 $v_0v_1\cdots v_mv$ 连接 v_0 与 v,并且 $r\in\{1,\cdots,m\}$,当 $i\leqslant r$ 时,$v_i\in L^0$,而 $v_{i+1}\notin L^0(v_{m+1}=v)$.令 $M=L\cup\{(v_r,v_{r+1}),(v_{r+1})\}$,则 M 为 K 的子复形,$|M|$ 与 $|L|$ 同伦等价,从而 $|M|$ 也可缩.显然,$\dim M\leqslant 1$,所以,M 为 K 中含 v_0 的树,$L\subsetneqq M$,这与 L 为极大树相矛盾. □

定理 3.5.8 设 K 为连通复形,L 为 K 中含顶点 v_0 的极大树,$K^0=\{v_0,v_1,\cdots,v_m\}$.群 $G(K,L)$ 为由 K 的所有棱道 $g_{ij}=v_iv_j$ 生成,其生成关系是(g_{ij} 为 $G(K,L)$ 的母元):

(1) 若 $(v_i,v_j)\in L$,则 $g_{ij}=1$;

(2) 若 $(v_i,v_j,v_k)\in K$,则 $g_{ij}g_{jk}=g_{ik}$,即 $g_{ij}g_{jk}g_{ik}^{-1}=1$.

于是

$$C(K,L)\cong E(K,v_0).$$

证明 构造 $\varphi:G(K,L)\to E(K,v_0)$.

用 L 的棱道 ε_i 连接 K 的顶点 v_0 与 v_i,ε_0 取为 v_0(注意:因 L 为极大树,由引理 3.5.1,$L^0=K^0$,且 $|L|$ 连通).令

$$\varphi(g_{ij}) = [\varepsilon_i v_i v_j \varepsilon_j^-].$$

如果 v_i, v_j 张成L 的单形,则 $\varepsilon_i v_i v_j \varepsilon_j^-$ 为L 中的闭棱道.由于 L 为极大树,故$|L|$ 可缩,$[\varepsilon_i v_i v_j \varepsilon_j^-]$为 $E(K, v_0)$中的单位元.

如果 v_i, v_j, v_k 张成K 的单形,则有

$$\begin{aligned}\varphi(g_{ij}) \cdot \varphi(g_{jk}) &= [\varepsilon_i v_i v_j \varepsilon_j^-][\varepsilon_j v_j v_k \varepsilon_k^-] \\ &= [\varepsilon_i v_i v_j v_k \varepsilon_k^-] = [\varepsilon_i v_i v_k \varepsilon_k^-] = \varphi(g_{ik}).\end{aligned}$$

因此,$G(K,L)$的定义中的关系在 φ 下保持.在母元 g_{ij}上定义的φ 可扩张成$G(K,L)$到 $E(K, v_0)$的同态.

构造 $\psi: E(K, v_0) \to G(K,L)$,

$$\psi([v_0 v_k v_l \cdots v_m v_0]) = g_{0k} \cdot g_{kl} \cdot \cdots \cdot g_{m0}.$$

显然,ψ 为同态.

再证 φ 与ψ 互逆.由于 ε_i 与ε_j^- 为L 中的棱道,所以

$$\psi \circ \varphi(g_{ij}) = \psi([\varepsilon_i v_i v_j \varepsilon_j^-]) = g_{ij} = 1_{G(K,L)}(g_{ij}),$$

即 $\psi \circ \varphi = 1_{G(K,L)}$.另一方面,对$\forall [v_0 v_k v_l \cdots v_m v_0] \in E(K, v_0)$,有

$$\begin{aligned}\varphi \circ \psi([v_0 v_k v_l \cdots v_m v_0]) &= \varphi(g_{0k} \cdot g_{kl} \cdot \cdots \cdot g_{m0}) = \varphi(g_{0k})\varphi(g_{kl})\cdots\varphi(g_{m0}) \\ &= [\varepsilon_0 v_0 v_k \varepsilon_k^-][\varepsilon_k v_k v_l \varepsilon_l^-]\cdots[\varepsilon_m v_m v_0 \varepsilon_0^-] \\ &= [v_0 v_k v_l \cdots v_m v_0] = 1_{E(K, v_0)}([v_0 v_k v_l \cdots v_m v_0]),\end{aligned}$$

即 $\varphi \circ \psi = 1_{E(K, v_0)}$.

综上所述,在

$$G(K,L) \underset{\psi}{\overset{\varphi}{\rightleftarrows}} E(K, v_0)$$

中,φ 与ψ 为互逆的同构. □

例 3.5.11 图 3.5.8 给出了 n 叶玫瑰线$|K|$,K 为它的一个单纯剖分.取极大树 L(图中用粗线表示)为每个三角形中包含 v_0 的两条棱和所有顶点组成的子复形,则由图 3.5.8 可看出,

$$\pi_1(|K|, v_0) \cong E(K, v_0) \cong G(K,L)$$

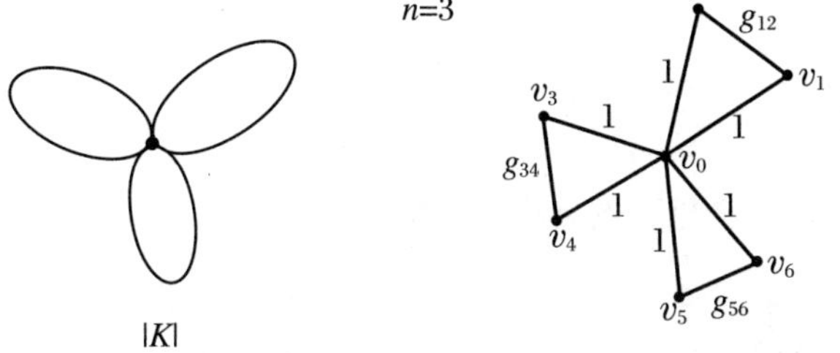

图 3.5.8

的母元组为$\{g_{12},g_{34},\cdots,g_{2n-1,2n}\}$,无定义关系,故它是 n 个母元的无限自由群.

值得注意的是,它是非交换群(参阅例 3.5.16),它与直和$\underbrace{\mathbf{Z}\oplus\cdots\oplus\mathbf{Z}}_{n个}$是不同构的!

例 3.5.12 如果单纯复形 K 与其多面体$|K|$由图 3.5.9 给出.易见极大树与例 3.5.11 中的相同.从图可看出

$$\pi_1(|K|,v_0)\cong E(K,v_0)\cong G(K,L)$$

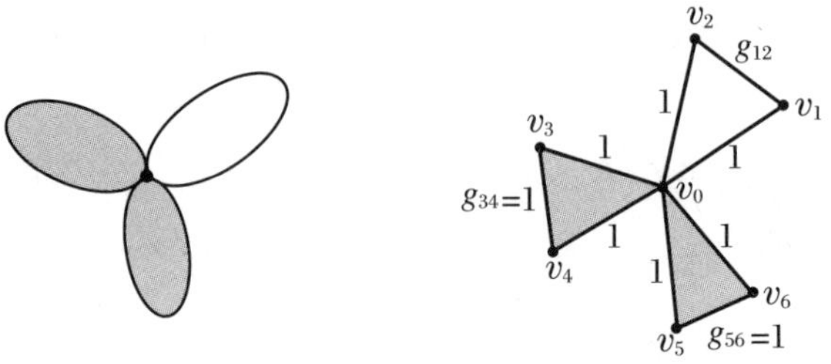

图 3.5.9

的母元组为$\{g_{12}\}$,定义关系为

$$g_{03}\cdot g_{34}=g_{04},\quad 即\ 1\cdot g_{34}=1,g_{34}=1;$$

$$g_{05}\cdot g_{56}=g_{06},\quad 即\ 1\cdot g_{56}=1,g_{56}=1.$$

因此,$\pi_1(|K|,v_0)\cong\mathbf{Z}$.

例 3.5.13 图 3.5.10 给出了 Möbius 带$|K|$的一个单纯剖分 K,其中相同标号的点为粘在一起的同一点.粗线标出极大树 L. $G(K,L)$的生成元有$\{g_{03},g_{05},g_{15}\}$满足

$$g_{05}=g_{03}\cdot g_{35}=g_{03}\cdot 1=g_{03},$$

$$g_{05}=g_{01}\cdot g_{15}=1\cdot g_{15}=g_{15},\quad g_{15}=g_{05}=g_{03}.$$

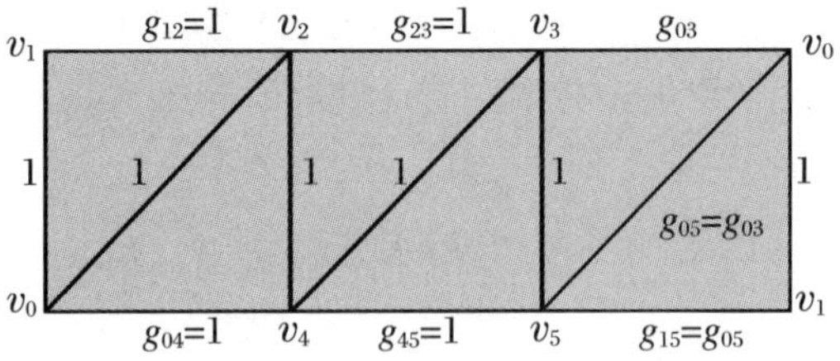

图 3.5.10

所以,$G(K,L)$同构于一个母元的自由群,即

$$\pi_1(|K|,v_0)\cong G(K,L)\cong\mathbf{Z}.$$

例 3.5.14 应用 $G(K,L)$证明环面$|K|=S^1\times S^1$ 的基本群为

$$\pi_1(S^1\times S^1)\cong G(K,L)\cong\mathbf{Z}\oplus\mathbf{Z}.$$

证明 K 为环面 $|K|=S^1\times S^1$ 的单纯剖分，L 为含 v_0 的极大树（图 3.5.11 中用粗线标出）. 令 $g_{04}=a,g_{02}=b$，则除标出 1（L 中）外，其他 g_{ij} 均可用 a,b 表示出. 在右下角正方形内可得到 a 与 b 的生成关系为

$$b^{-1}a=g_{24}=ab^{-1},$$

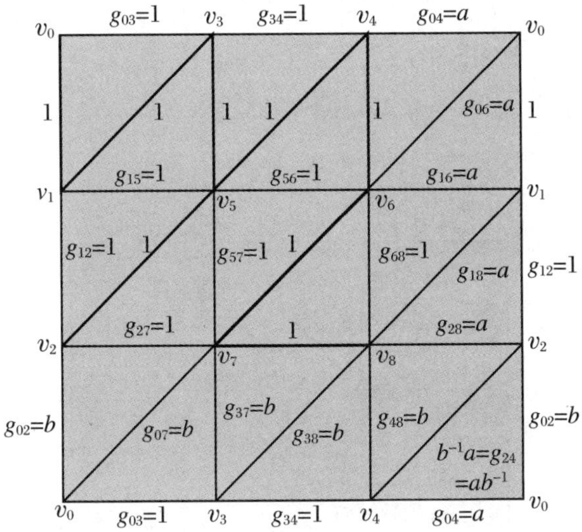

图 3.5.11

即 $ab=ba$. 因此

$$\pi_1(|K|)\cong G(K,L)\cong\{a,b\mid ab=ba\}\cong \mathbf{Z}\oplus\mathbf{Z}$$

即为两个生成元 a 与 b 的交换群. □

例 3.5.15 图 3.5.12 给出了 Klein 瓶 $|K|$ 的一个单纯剖分 K，其中相同标号为粘

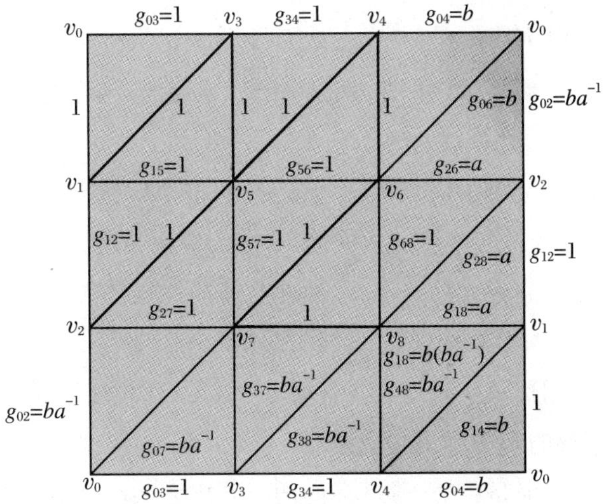

图 3.5.12

在一起的同一点，粗线标出极大树L. 令$g_{04}=b$, $g_{26}=a$，则除标1(L中)外，其他g_{ij}均可用a, b表示出. 在右下角正方形内可得到a与b的生成关系为

$$b(ba^{-1})=a,$$

即$a^2=b^2$. 所以

$$\pi_1(|K|)\cong G(K,L)\cong\{a,b \mid a^2=b^2\}.$$

如果同上单纯剖分，取相同的极大树，但令$g_{04}=u$, $g_{02}=t^{-1}$，则除标1(L中)外，其他g_{ij}均可用t, u表示出. 在图3.5.13右下角的正方形内可得到t与u的生成关系为

$$tu=ut^{-1},$$

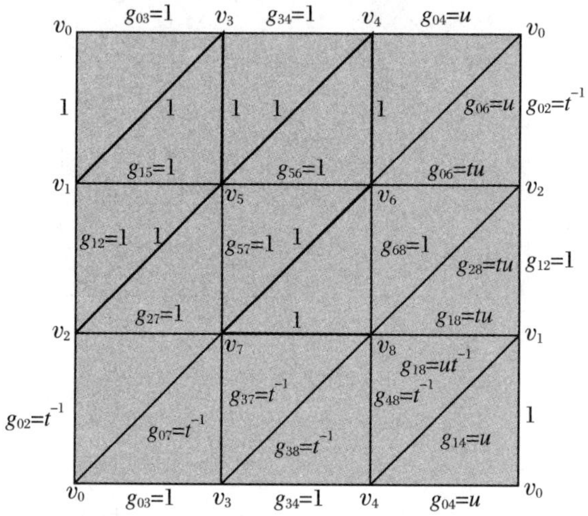

图 3.5.13

即$u^{-1}tu=t^{-1}$. 所以

$$\pi_1(|K|)\cong G(K,L)\cong\{t,u \mid u^{-1}tu=t^{-1}\}.$$

以上两种计算结果与例3.5.9中的结果相符. 虽计算不同，但实质上它们彼此是同构的群，甚至母元可彼此表示出(见例3.5.9).

例3.5.9指出了Klein瓶的基本群为非交换群(非Abel群). 但这里应用棱道群的方法并不能给Klein瓶的基本群不可交换的信息. 因为应用棱道群与$G(K,L)$只能给出生成元的等式，并不能给出生成元的不等式，而非交换群就是存在x, y，使得$xy\neq yx$.

例3.5.11当$n=2$时2叶玫瑰线$|K|$的基本群为2个生成元的无限自由群，但是否为交换群不清楚. 下面用覆叠空间理论来证明8字形(2叶玫瑰线)的基本群是非交换群.

例 3.5.16 8字形的基本群是非交换群.

证明 (证法1)8字形是相交于点x_0的两个圆周之并(它同胚于相交一点的两个三角形之并). 我们来描述8字形的一个覆叠空间E(图3.5.14).

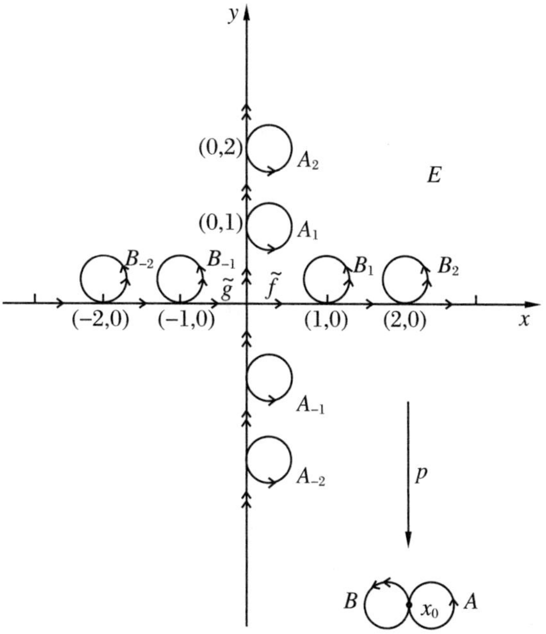

图 3.5.14

在平面的 x 轴的每一非零整点上安放一个与 x 轴相切的小圆周；在 y 轴的每个非零整点上安放一个与 y 轴相切的小圆周，E 为 x 轴、y 轴以及这些稀疏小圆周的并.

覆叠映射 p 将 x 轴缠在圆周 A 上（用单箭头表示），将 y 轴缠在圆周 B 上（用双箭头表示），并使两类整点都落在基点 x_0 处. p 将在 x 轴上相切于整点的小圆周同胚地映到 B 上（用双箭头表示）；将 y 轴上相切于整点的圆周同胚地映到 A 上（用单箭头表示）. 将两类切点都映为 x_0，映射 p 实际上是一个 $\aleph_0$（可数）层的覆叠映射.

现在令 $\tilde{f}:[0,1]\to E$ 为沿着 x 轴从原点到 $(1,0)$ 的道路，$\tilde{f}(s)=(s,0)$；$\tilde{g}:[0,1]\to E$ 为沿着 y 轴从原点到 $(0,1)$ 的道路，$\tilde{g}(s)=(0,s)$.

设 $f=p\circ\tilde{f}$，$g=p\circ\tilde{g}$，则 f 与 g 为 8 字形中以 x_0 为基点的分别绕着 A 与 B 的闭道路. 根据定理 3.4.3′及

$$\widetilde{f*g}(1)=\tilde{f}*\tilde{g}(1)=(1,0)\neq(0,1)=\tilde{g}*\tilde{f}(1)=\widetilde{g*f}(1),$$

我们断定 $f*g$ 与 $g*f$ 不是定端道路同伦的. 因此

$$[f]*[g]=[f*g]\neq[g*f]=[g]*[f],$$

8 字形的基本群便不是交换群了.

为了证明上述论断，将 $f*g$ 与 $g*f$ 提升为 E 中以原点 $O\in p^{-1}(x_0)$ 为基点的道路. 一方面，道路 $f*g$ 提升为沿着 x 轴从原点走到 $(1,0)$，然后绕着在 $(1,0)$ 处相切于 x 轴的

小圆周走一圈的这样一条道路；另一方面，道路 $g * f$ 提升为沿着 y 轴从原点走到(0,1)，然后绕着(0,1)处相切于 y 轴的小圆周走一圈的这样一条道路. 由于提升后的道路的终点不同，根据定理 3.5.3′，$f * g$ 与 $g * f$ 不是定端道路同伦的.

(证法 2)考虑由图 3.5.15 所示的覆叠映射 p 将 A_1 在 A 上绕两圈，将 B_1 在 B 上绕两圈，并且 p 将 A_0, B_0 分别同胚地映到 A, B 上. 用这个 3 层覆叠空间 E 类似证法 1 的证明可得到 8 字形的基本群不是交换群.

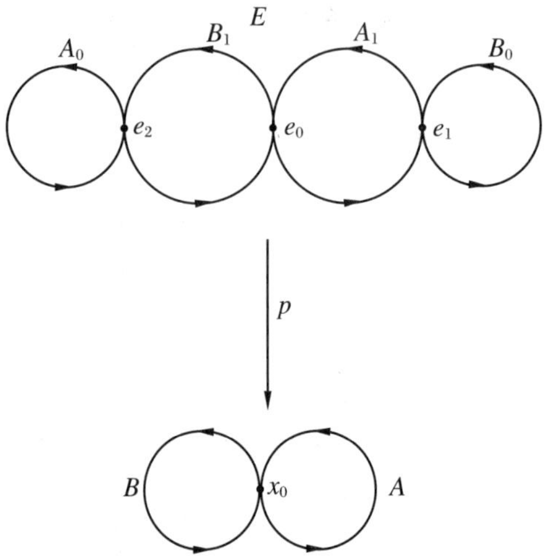

图 3.5.15

只需取 $\widetilde{f}:[0,1]\to E$ 为从 e_0 绕 A_1 走半圈的道路；而 $\widetilde{g}:[0,1]\to E$ 为从 e_0 绕 B_1 走半圈的道路. 令 $f = p\circ\widetilde{f}, g = p\circ\widetilde{g}$，则它们分别为 8 字形中以 x_0 为基点的绕 A 与 B 的闭道路. 根据定理 3.4.3′及

$$\widetilde{f * g}(1) = \widetilde{f} * \widetilde{g}(1) = e_1 \neq e_2 = \widetilde{g} * \widetilde{f}(1) = \widetilde{g * f}(1),$$

我们断定 $f * g$ 与 $g * f$ 不是定端道路同伦的. 因此

$$[f] * [g] = [f * g] \neq [g * f] = [g] * [f],$$

8 字形的基本群不为交换群.

为了证明上述论断，将 $f * g$ 与 $g * f$ 提升为 E 中以 e_0 为基点的道路. 道路 $f * g$ 的提升为沿着 A_1 从 e_0 走半圈达 e_1，然后沿着 B_0 从 e_1 走一圈到 e_1；而道路 $g * f$ 的提升为沿着 B_1 从 e_0 走半圈达 e_2，然后沿着 A_0 从 e_2 走一圈到 e_2. 由于提升后的道路的终点不同，根据定理 3.5.3′，$f * g$ 与 $g * f$ 不是定端道路同伦的. □

8. 应用底空间 B 的万有覆叠空间(U, B, q)的自同构群 $A(U, B, q)\cong\pi_1(B, b_0)$计算 $\pi_1(B, b_0)$.

读者可参阅定理3.6.3、定理3.6.4与例3.6.2.

例3.5.17 2维球面 S^2 与环面 $S^1\times S^1$ 既不同胚,也不同伦.

证明 因为

$$\pi_1(S^2)=0\not\cong \mathbf{Z}\oplus\mathbf{Z}\cong\pi_1(S^1\times S^1),$$

所以,根据基本群的同胚不变性与同伦不变性,$S^2\not\cong S^1\times S^1$,$S^2\not\simeq S^1\times S^1$. □

作为覆叠空间理论的应用,对 $n=2$,我们来证明著名的Borsuk-Ulam定理.进而,应用Brouwer度可以证明一般的 n 维Borsuk-Ulam定理.

例3.5.18(2维Borsuk-Ulam定理) 不存在保径映射 $f:S^2\to S^1$,即不存在连续映射 $f:S^2\to S^1$,使得 $f(-x)=-f(x)$,$\forall x\in S^2$.

证明 (反证)假设存在连续映射 $f:S^2\to S^1$,使得 $f(-x)=-f(x)$,$\forall x\in S^2$,则可定义连续映射 $h:P^n(\mathbf{R})\to P^1(\mathbf{R})\cong S^1$,使得图表

$$\begin{array}{ccc}
(S^2,x_0) & \xrightarrow{f} & (S^1,y_0)\\
\downarrow p & & \downarrow q\\
(P^2(\mathbf{R}),a_0) & \xrightarrow{h} & (P^1(\mathbf{R}),b_0)
\end{array}$$

可交换,其中 p 与 q 是由自然投影给出的覆叠投影.$(S^2,P^2(\mathbf{R}),p)$与$(S^1,P^1(\mathbf{R}),q)$分别为 $P^2(\mathbf{R})$与 $P^1(\mathbf{R})$($\cong S^1$)的2层覆叠空间.

设 $x_0\in S^2$,$y_0=f(x_0)$,$a_0=p(x_0)$,$b_0=q(y_0)$.α 为 S^2 中连接 x_0 到 $-x_0$ 的道路,则 $q\circ f\circ\alpha\in\Omega(P^1(\mathbf{R}),b_0)$,注意到 f 的性质,有

$$f\circ\alpha(1)=f(-x_0)=-f(x_0)=-f\circ\alpha(0),$$

即 $f\circ\alpha$ 不为闭道路.因此,根据定理3.4.3′,$q\circ f\circ\alpha$ 与常值道路 c_{b_0} 不道路同伦,即 $[q\circ f\circ\alpha]\neq0$.另外,由图表交换性可得

$$[q\circ f\circ\alpha]=[h\circ p\circ\alpha],$$

其中 $p\circ\alpha\in\Omega(P^2(\mathbf{R}),a_0)$.于是

$$h_*([p\circ\alpha])=[h\circ p\circ\alpha]=[q\circ f\circ\alpha]\neq0.$$

但由 $\mathbf{Z}_2\cong\pi_1(P^2(\mathbf{R}))$到 $\mathbf{Z}\cong\pi_1(S^1)\cong\pi_1(P^1(\mathbf{R}))$的同态必为平凡同态(读者自行验证),故 $h_*([p\circ\alpha])=0$,矛盾. □

注3.5.4 例3.5.18的证明不能推广到 $n(\geqslant3)$维.事实上,当 $n\geqslant3$ 时,

$$\mathbf{Z}_2\cong P^n(\mathbf{R})\xrightarrow{h_*}P^{n-1}(\mathbf{R})\cong\mathbf{Z}_2$$

中,h_* 未必为平凡同态(如将生成元映为生成元的同态 h_* 就不是平凡同态).

但是,应用Brouwer度可以证明一般的 n 维Borsuk-Ulam定理.

例3.5.19(n 维Borsuk-Ulam定理) 不存在连续的保径映射 $f:S^n\to S^{n-1}$($n\in\mathbf{N}$),即不存在连续映射 $f:S^n\to S^{n-1}$,使得 $f(-x)=-f(x)$,$\forall x\in S^n$.

证明 当 $n=1$ 时,(反证)假设存在连续映射 $f:S^1\to S^0=\{-1,1\}$,使得 $f(-x)=-f(x),\forall x\in S^1$.由此立知 $f(S^1)=\{-1,1\}=S^0$ 不连通.但是,由 S^1 连通,根据连通为连续不变性推得 $f(S^1)$也连通,矛盾.

当 $n=2$ 时,例 3.5.18 中已用覆叠空间理论证明了.

当 $n\geqslant 2$ 时,(反证)假设存在保径映射 $f:S^n\to S^{n-1}$,使得 $f(-x)=-f(x)$.令 $i:S^{n-1}\to S^n$ 为包含映射(S^{n-1}作为 S^n 的"赤道",即

$$S^{n-1}=\{\boldsymbol{x}=(x_1,\cdots,x_{n-1},0)\mid \boldsymbol{x}\in S^{n-1}\}).$$

则 $i\circ f:S^n\to S^n$ 也为保径映射.根据文献[3]211 页定理 3.66(Borsuk 定理),$i\circ f$ 的 Brouwer 度 $\deg(if)$为奇数.由

$$i\circ f(S^n)\subset S^{n-1}\neq S^n\quad(\text{即 } i\circ f \text{ 为非满射}),$$

应用球极投影立知 $i\circ f$ 零伦.再根据 Brouwer 度的同伦不变性定理(参阅文献[3]204 页定理3.58),有

$$\deg(i\circ f)=\deg(c_{y_0})=0$$

(c_{y_0}为常值 $y_0\in S^{n-1}\subset S^n$ 的连续映射).显然,0≠奇数,矛盾. □

进而,有:

例 3.5.20 (1) (Borsuk-Ulam)不存在连续的保径映射 $f:S^n\to S^{n-1}$.

⇔(2) 设 $g:S^n\to\mathbf{R}^n$ 为连续的保径映射,则必∃$\boldsymbol{x}_0\in S^n$,s.t. $g(\boldsymbol{x}_0)=0$.

⇔(3) 设 $h:S^n\to\mathbf{R}^n$ 为连续映射,则必∃$\boldsymbol{x}_0,-\boldsymbol{x}_0\in S^n$(一对对径点),s.t. $h(\boldsymbol{x}_0)=h(-\boldsymbol{x}_0)$.

证明 (1)⇒(2).(反证)假设 $\nexists\boldsymbol{x}_0\in S^n$,s.t. $g(\boldsymbol{x}_0)=0$,令 $f:S^n\to S^{n-1}$,$f(\boldsymbol{x})=\dfrac{g(\boldsymbol{x})}{\|g(\boldsymbol{x})\|}$,则 f 连续且保径,这与(1)相矛盾.因此,(1)成立蕴涵着(2)成立.

(2)⇒(3).设 $h:S^n\to\mathbf{R}^n$ 连续,令 $g:S^n\to\mathbf{R}^n$,$g(\boldsymbol{x})=h(\boldsymbol{x})-h(-\boldsymbol{x})$,则 g 连续,且

$$g(-\boldsymbol{x})=h(-\boldsymbol{x})-h(\boldsymbol{x})=-g(\boldsymbol{x}),$$

即 g 为保径映射.根据(2),必∃$\boldsymbol{x}_0\in S^n$,s.t. $h(\boldsymbol{x}_0)-h(-\boldsymbol{x}_0)=g(\boldsymbol{x}_0)=0$,即 $h(\boldsymbol{x}_0)=h(-\boldsymbol{x}_0)$.因此,(2)成立蕴涵着(3)成立.

(3)⇒(1).(反证)假设(1)不成立,即存在连续的保径映射 $f:S^n\to S^{n-1}\subset\mathbf{R}^n$,则由(3)必∃$\boldsymbol{x}_0,-\boldsymbol{x}_0\in S^n$,s.t. $f(\boldsymbol{x}_0)=f(-\boldsymbol{x}_0)$.因此

$$f(\boldsymbol{x}_0)=f(-\boldsymbol{x}_0)=-f(\boldsymbol{x}_0),$$

$$2f(\boldsymbol{x}_0)=0,\quad 0=f(\boldsymbol{x}_0)\in S^{n-1},$$

矛盾.因此,(3)成立蕴涵着(1)成立. □

应用例 3.5.20(3)可以证明下例中的结论.

例 3.5.21 S^n 与 $\mathbf{R}^n$ 中的任何子集都不同胚.

证明 （证法1）（反证）假设存在同胚 $h:S^n\to h(S^n)\subset\mathbf{R}^n$，则由例3.5.20(3)，$\exists\, x_0\in S^n$，s.t. $h(\boldsymbol{x}_0)=h(-\boldsymbol{x}_0)$. 因为 $\boldsymbol{x}_0\neq-\boldsymbol{x}_0$，所以 h 不为单射，这与同胚 $h:S^n\to h(S^n)$ 为单射相矛盾.

（证法2）（反证）假设存在同胚 $h:S^n\to h(S^n)\subset\mathbf{R}^n$. 因为对 $\forall\, p\in S^n$，有 p 的开邻域 V_p 同胚于 $\mathbf{R}^n$ 中的一个开集（应用球极投影可看出），根据 Brouwer 区域不变性定理（设 U 为 $\mathbf{R}^n$ 中的开集，$f:U\to f(U)\subset\mathbf{R}^n$ 为同胚，则 $f(U)$ 也为 $\mathbf{R}^n$ 中的开集），$h(V_p)\subset h(S^n)$ 为 $\mathbf{R}^n$ 中的开集. 于是，$h(S^n)=\bigcup\limits_{p\in S^n}h(V_p)$ 为 $\mathbf{R}^n$ 中的开集. 因紧致集 S^n 的连续像 $h(S^n)$ 是紧致集，故为闭集. 又因 $\mathbf{R}^n$ 连通，所以 $h(S^n)=\mathbf{R}^n$. 从 $\mathbf{R}^n$ 非紧致知，$h(S^n)$ 非紧致，这与上述 $h(S^n)$ 紧致相矛盾. □

应用例3.5.20(3)还可以解决所谓的三明治问题：对于两片面包夹一片肉（不论如何放置）的三明治，总可以切一刀，将两片面包与肉（按 Lebesgue 测度）都等分.

例3.5.22（三明治定理） 设 $A_1,\cdots,A_m$ 为 $\mathbf{R}^n$ 中 n 个具有非零测度的有界可测集，则存在 $\mathbf{R}^n$ 中的超平面 π，同时将所有的 $A_i(i=1,\cdots,n)$ 平分.

证明 设 $\mathbf{R}^n=\{\boldsymbol{x}=(x_1,\cdots,x_n,x_{n+1})\in\mathbf{R}^{n+1}\mid x_{n+1}=0\}$ 为 $\mathbf{R}^{n+1}$ 中的超平面，S^n 为 $\mathbf{R}^{n+1}$ 中的单位球面，$p=(0,\cdots,0,1)$ 为北极. 定义 $f_i:S^n\to\mathbf{R}$ 如下：对 $\forall\,\boldsymbol{x}\in S^n$，如果 $\boldsymbol{x}\neq\pm\boldsymbol{p}$，过 $\boldsymbol{p}$ 作与 $\boldsymbol{x}$ 垂直的超平面 $\pi_{\boldsymbol{x}}$，则 $\boldsymbol{x}\notin\pi_{\boldsymbol{x}}$，且 $\pi_{\boldsymbol{x}}$ 与 $\mathbf{R}^n$ 相交，交集为 $\mathbf{R}^n$ 中的超平面，它分 A_i 为两部分，其中与 $\boldsymbol{x}$ 在同一侧的那部分的 Lebesgue 测度为 $f_i(\boldsymbol{x})$. 补充定义 $f_i(\boldsymbol{p})=0$，$f_i(-\boldsymbol{p})=\text{meas}A_i$（$A_i$ 的测度）. 易见，f_i 连续，且 $f_i(-\boldsymbol{x})$ 为 A_i 被 $\pi_{\boldsymbol{x}}$ 所分两部分中与 $\boldsymbol{x}$ 异侧那部分的测度. 令 $f:S^n\to\mathbf{R}^n$，$f(\boldsymbol{x})=(f_1(\boldsymbol{x}),\cdots,f_n(\boldsymbol{x}))$，则 f 连续. 根据例3.5.20(3)，$\exists\,\boldsymbol{x}_0\in S^n$，s.t. $f(\boldsymbol{x}_0)=f(-\boldsymbol{x}_0)$. 因 $f(\boldsymbol{p})=0\neq\text{meas}A_i=f(-\boldsymbol{p})$，故 $\boldsymbol{x}_0\neq\pm\boldsymbol{p}$. 所以，$\pi_{\boldsymbol{x}_0}$ 与 $\mathbf{R}^n$ 交得的 $\mathbf{R}^n$ 的超平面 π 将所有的 $A_i(i=1,\cdots,n)$ 按 Lebesgue 测度平分（图3.5.16）. □

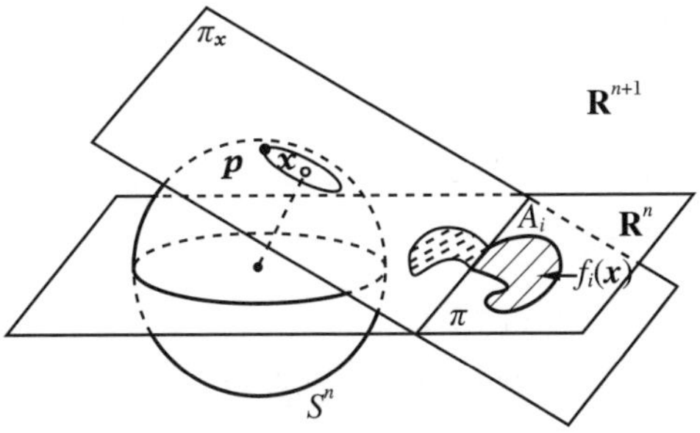

图3.5.16

3.6 万有覆叠空间、正则覆叠空间

对于道路连通、局部道路连通且半局部单连通空间 B，基本群 $\pi_1(B,b_0)$ 的子群共轭类与 B 的覆叠空间的同构类是一一对应的.

这里有两个极端情形：一是相应于整个基本群 $\pi_1(B,b_0)$ 的覆叠空间 $(B,B,1_B)$；二是相应于 $\pi_1(B,b_0)$ 的仅含单位元的平凡子群的覆叠空间，根据定理 3.4.9，这个覆叠空间就是 B 的万有覆叠空间.

例如：由指数映射 $p:\mathbf{R}\to S^1$ 确定的覆叠空间 $(\mathbf{R},S^1,p)$；由 $p\times p$ 确定的覆叠空间 $(\mathbf{R}^1\times\mathbf{R}^1,S^1\times S^1,p\times p)$；由自然投影 $p:S^n\to P^n(\mathbf{R})(n\geqslant 2)$ 确定的覆叠空间 $(S^n,P^n(\mathbf{R}),p)$ 都是万有覆叠空间. 如果 B 单连通，则 $(B,B,1_B)$ 为 B 的万有覆叠空间. 但是，由幂函数 $p_n:S^1\to S^1$ 确定的覆叠空间 (S^1,S^1,p_n)（因 S^1 非单连通）则不是 S^1 的万有覆叠空间.

根据定理 3.4.9(2)，道路连通、局部道路连通且半局部单连通的拓扑空间 B 必存在万有覆叠空间 (E,B,p)，且 $p_*(\pi_1(E,e_0))$ 的共轭类就是仅含单位元的平凡子群所属的共轭类. 根据覆叠空间的分类定理（定理 3.4.7）或定理 3.4.9(1)，同一底空间 B 上所有万有覆叠空间都是同构的.

为了强调 B 为半局部单连通空间，我们从另一个角度来叙述定理 3.4.9.

定理 3.6.1 设 B 为道路连通且局部道路连通空间，则：

(1) B 有万有覆叠空间.

$\Leftrightarrow$(2) B 有覆叠空间 (E,B,p)，使 $p_*(\pi_1(E,e_0))=0$.

$\Leftrightarrow$(3) B 为半局部单连通空间.

证明 (1)$\Rightarrow$(2). 设 (E,B,p) 为 B 的万有覆叠空间，则 $\pi_1(E,e_0)=0$，$p_*(\pi_1(E,e_0))=p_*(0)=0$.

(1)$\Leftarrow$(2). 设 $p_*(\pi_1(E,e_0))=0$，根据引理 3.4.1，p_* 为单同态，故 $\pi_1(E,e_0)=0$，即 (E,B,p) 为 B 的万有覆叠空间.

(1)$\Leftarrow$(3). 由定理 3.4.9(2) 可得结论.

(1)$\Rightarrow$(3). 设 (E,B,p) 为 B 的万有覆叠空间，则 E 单连通. 对 $\forall b\in B$，$e\in p^{-1}(b)$，V 为 b 的基本邻域，U 是 $p^{-1}(V)$ 的含 e 的片状结构中的一片（开集），则有下面的交换图表：

$$\begin{array}{ccc} U & \xrightarrow{i^U} & E \\ \downarrow{\scriptstyle p|_U} & & \downarrow{\scriptstyle p} \\ V & \xrightarrow{i^V} & B \end{array} \qquad \begin{array}{ccc} \pi_1(U,e) & \xrightarrow{i^U_*} & \pi_1(E,e) \\ \downarrow{\scriptstyle (p|_U)_*} & & \downarrow{\scriptstyle p_*} \\ \pi_1(V,b) & \xrightarrow{i^V_*} & \pi_1(B,b) \end{array}$$

其中 i^U，i^V 都为包含映射．由于 E 单连通，故 $\pi_1(E,e)$ 为平凡群，从而 p_* 为零同态．根据图表的交换性，有

$$i^V_* \circ (p|_U)_* = p_* \circ i^U_* = 0.$$

再由 $p|_U$ 为同胚，因而 $(p|_U)_*$ 为同构，故 i^V_* 为零同态．这就证明了 B 是半局部单连通的． □

例 3.6.1 设 $B=\bigcup\limits_{n=1}^{\infty} C_n$ 为平面 $\mathbf{R}^2$ 的子拓扑空间，其中 C_n 是圆心在 $\left(\dfrac{1}{n},0\right)$、半径为 $\dfrac{1}{n}$ 的圆周，则点 $(0,0)$ 处不存在定义 3.4.6 中的开邻域 V，使 $i^V_*:\pi_1(V,b)\to\pi_1(B,b)$ 为零同态（留作习题），因而它不是半局部单连通的．根据定理 3.6.1，B 上无万有覆叠空间（图 3.6.1）．

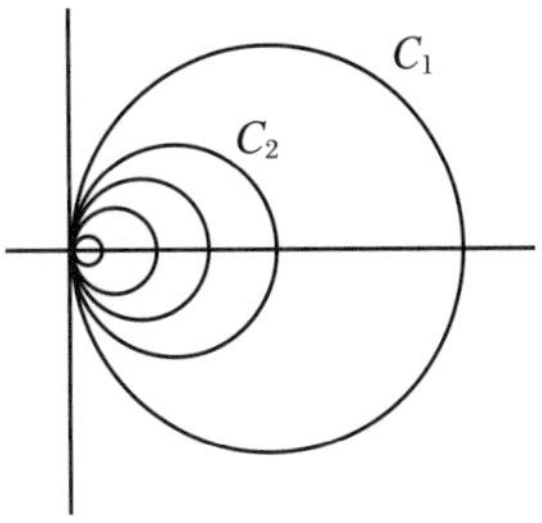

图 3.6.1

为了给出万有覆叠空间的两个重要性质（定理 3.6.2 与定理 3.6.3），我们先证明下面的引理．

引理 3.6.1 设 (E_1,B,p_1) 与 (E_2,B,p_2) 为 B 的两个覆叠空间，$h:E_1\to E_2$ 为同态．如果 E_1，E_2 都是道路连通的，且 B 是局部道路连通的，则 (E_1,E_2,h) 为 E_2 的覆叠空间．

证明 因为 $E_i(i=1,2)$ 道路连通与 p_i 连续，故 $B=p_i(E_i)$ 道路连通．再从 B 局部道路连通与 p_i 为局部同胚知 E_i 也是局部道路连通的．

对 $\forall x\in E_2$，设 V_1 与 V_2 分别是 $p_2(x)$ 关于 p_1 与 p_2 的基本邻域．令 V 是 $V_1\cap V_2$ 的包含 $p_2(x)$ 的道路连通分支．由于 B 局部道路连通且 $V_1\cap V_2$ 为 B 中的开集，根据定理 1.5.2′(3)，V 为 B 中的开集，且它是关于 p_1 与 p_2 的基本邻域．

我们将证明 $p_2^{-1}(V)$ 的含 x 的道路连通分支 W 是 x 关于 h 的基本邻域（图 3.6.2）．

类似 V，W 为 E_2 的开集．因为 $p_1^{-1}(V)=(p_2\circ h)^{-1}(V)=h^{-1}(p_2^{-1}(V))$，所以 $h^{-1}(W)$ 是 $p_1^{-1}(V)$ 的某些道路连通分支的并集（B 局部道路连通条件用于此！）．设 S 为 $h^{-1}(W)$ 的任一道路连通分支，S 也是 $p_1^{-1}(V)$ 的道路连通分支．从 $p_2\circ h|_S=p_1|_S:S\to V$ 为同胚推得 $h|_S=(p_2|_W)^{-1}\circ p_1|_S:S\to W$ 也为同胚．这就证明了 W 是 x 关于 h 的基本邻域，从而 (E_1,E_2,h) 为 E_2 的覆叠空间． □

定理 3.6.2（万有覆叠空间是任意覆叠空间的覆叠空间） 设 B 为局部道路连通空间，(U,B,q) 为 B 的万有覆叠空间，(E,B,p) 为 B 的任意覆叠空间，则存在连续映射

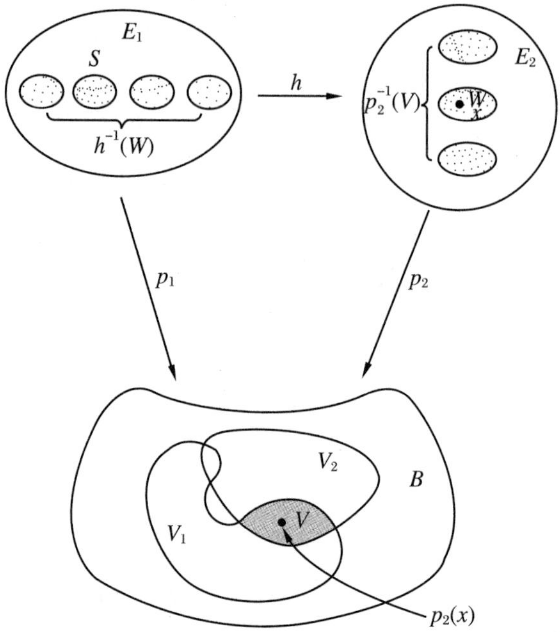

图 3.6.2

$h: U \to E$，使得 $q = p \circ h$（即 h 为覆叠空间的同态），且 (U, E, h) 是 E 的覆叠空间.

证明 设 $b_0 \in B, e_0 \in p^{-1}(b_0), u_0 \in q^{-1}(b_0)$. 因为 (U, B, q) 为 B 的万有覆叠空间，故 $\pi_1(U, u_0)$ 为平凡群. 考虑图表

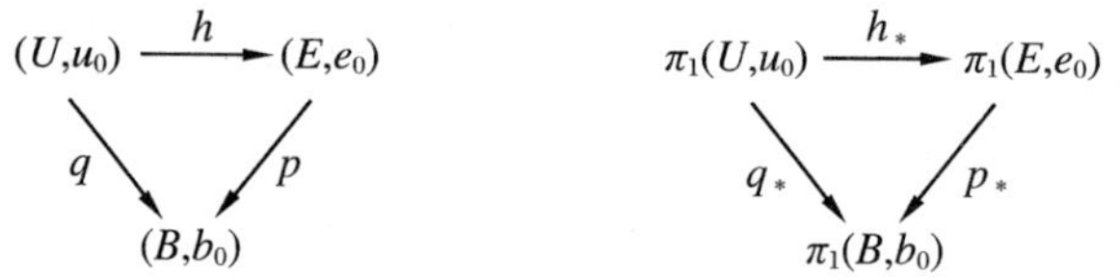

因为 $\pi_1(U, u_0) = 0$，所以

$$q_*(\pi_1(U, u_0)) = q_*(0) = 0 \subset p_*(\pi_1(E, e_0)).$$

根据映射提升定理（定理 3.4.6），存在同态 $h: U \to E$. 再由引理 3.6.1，(U, E, h) 为 E 的覆叠空间. □

定理 3.6.2 表明，B 的万有覆叠空间 (U, B, q) 是 B 的任意覆叠空间 (E, B, p) 的覆叠空间 (U, E, h). 因此，(U, B, q) 赋以"万有"是当之无愧的. 在该定理意义下，B 的万有覆叠空间是 B 的"最大"覆叠空间，而 $(B, B, 1_B)$ 则是 B 的"最小"覆叠空间.

为了给出万有覆叠空间的另一重要性质（定理 3.6.3），我们先引入自同构群概念.

定义 3.6.1 设 (E, B, p) 为 B 的覆叠空间，(E, B, p) 到自身 (E, B, p) 的同构称为**自同构**或**覆叠变换**. 自同构全体在映射复合下构成的群称为**自同构群**或**覆叠变换群**，记

作 $A(E,B,p)$.

如果 $f\in A(E,B,p)$，$e\in p^{-1}(b)$，则由自同构定义知 $p\circ f=p$，故 $p\circ f(e)=p(e)=b$，$f(e)\in p^{-1}(b)$. 因此，f 将一个纤维中的点映成同一纤维中的点.

引理 3.6.2(自同构群 $A(E,B,p)$的简单性质) 设 E 连通.

如果 $f,g\in A(E,B,p)$，且 $\exists\, e_0\in E$，有 $f(e_0)=g(e_0)$，则 $f=g$；

特别地，如果 $f\in A(E,B,p)$，且 $\exists\, e_0\in E$，有 $f(e_0)=e_0=1_E(e_0)$，则 $f=1_E$.

证明 因为 E 连通，$f,g\in A(E,B,p)$，且 $\exists\, e_0\in E$，s.t. $f(e_0)=g(e_0)$，则图表

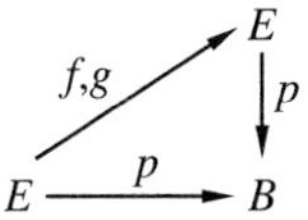

可交换，即 $p\circ f=p=p\circ g$. 因此，f 与 g 关于(E,B,p)都为 p 的提升，根据映射提升的唯一性定理(定理 3.4.2)，$f=g$. □

显然，$1_E\in A(E,B,p)$. $\forall\, e\in p^{-1}(p(e_0))$，是否 $\exists\, f\in A(E,B,p)$使 $f(e_0)=e$? 如果(E,B,p)为万有覆叠空间或正则覆叠空间，下面的定理 3.6.3 与定理 3.6.4 给出了正面的回答.

定理 3.6.3(万有覆叠空间的重要性质) 设 $b_0\in B$，B 局部道路连通，(U,B,q)为 B 的万有覆叠空间，则

$$A(U,B,q)\cong\pi_1(B,b_0),$$

且(U,B,q)的层数 $=\overline{\overline{q^{-1}(b_0)}}=\overline{\overline{\pi_1(B,b_0)}}=\overline{\overline{A(U,B,q)}}$.

证明 取 $u_0\in q^{-1}(b_0)$，定义映射 $T:A(U,B,q)\to\pi_1(B,b_0)$如下：对 $\forall\, f\in A(U,B,q)$，设 γ 是单连通空间 U 中连接 u_0 到 $f(u_0)$的道路. 因为 $q\circ f(u_0)=q(u_0)=b_0$，所以 $f(u_0)\in q^{-1}(b_0)$，$q\circ\gamma\in\Omega(B,b_0)$. 令 $T(f)=[q\circ\gamma]\in\pi_1(B,b_0)$. 因为 U 单连通，所以连接 u_0 到 $f(u_0)$的任意两条道路 γ_1 与 γ_2 都道路同伦，故 $q\circ\gamma_1$ 与 $q\circ\gamma_2$ 也道路同伦，从而$[q\circ\gamma_1]=[q\circ\gamma_2]$. 因此，$T(f)$与 γ 的选取无关. 由此，T 的定义是确切的(图 3.6.3).

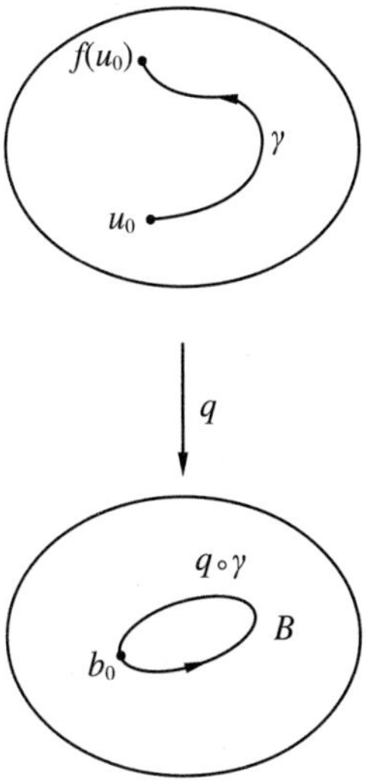

图 3.6.3

设 $f_1,f_2\in A(U,B,q)$，γ_1,γ_2 分别是 U 中连接 u_0 到 $f_1(u_0)$和 u_0 到 $f_2(u_0)$的道路，则

$$T(f_1)=[q\circ\gamma_1],\quad T(f_2)=[q\circ\gamma_2].$$

道路 $\gamma_1*(f_1\circ\gamma_2)$连接 u_0 到$(f_1\circ f_2)(u_0)$. 因此

$$\begin{aligned}T(f_1\circ f_2)&=[q\circ(\gamma_1*(f_1\circ\gamma_2))]\\&=[(q\circ\gamma_1)*(q\circ(f_1\circ\gamma_2))]\end{aligned}$$

$$= [(q \circ \gamma_1) * (q \circ \gamma_2)] = [q \circ \gamma_1] * [q \circ \gamma_2]$$
$$= T(f_1) * T(f_2).$$

这就证明了 T 为同态(图 3.6.4).

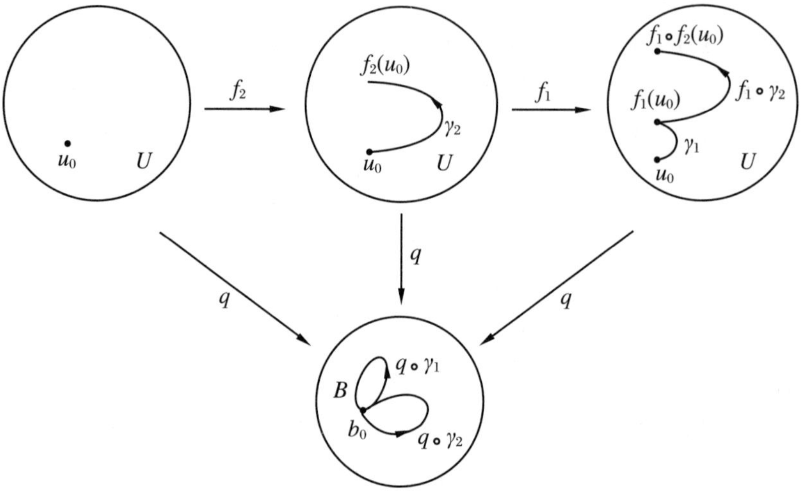

图 3.6.4

设 $f_1, f_2 \in A(U, B, q)$,使得 $T(f_1) = T(f_2)$.令 $\gamma_i (i=1,2)$为 U 中连接 u_0 到 $f_i(u_0)$的道路,则

$$[q \circ \gamma_1] = T(f_1) = T(f_2) = [q \circ \gamma_2],$$

因此,$q \circ \gamma_1 \simeq_p q \circ \gamma_2$.由于 $\gamma_1(0) = u_0 = \gamma_2(0)$,根据定理 3.4.3′,$\gamma_1 \simeq_p \gamma_2$,且 $\gamma_1(1) = \gamma_2(1)$,即 $f_1(u_0) = \gamma_1(1) = \gamma_2(1) = f_2(u_0)$.再由引理 3.6.2,$f_1 = f_2$.这就证明了 T 为单同态.

对 $\forall [\alpha] \in \pi_1(B, b_0)$,设道路 $\tilde{\alpha}$ 为 α 的以 u_0 为起点的唯一提升,则 $\tilde{\alpha}(1) \in q^{-1}(b_0)$.考虑图表

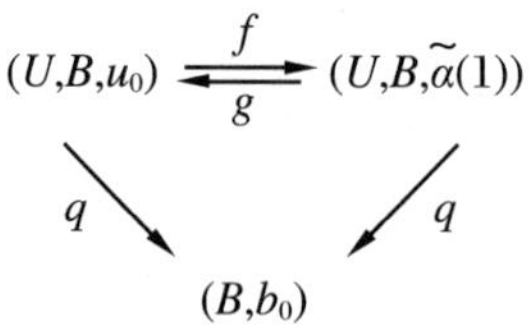

由于 U 单连通,故 $q_*(\pi_1(U, b_0)) = q_*(0) = 0 \subset q_*(\pi_1(U, \tilde{\alpha}(1)))$.因为 B 局部道路连通与 p 为局部同胚,所以 U 也局部道路连通.根据映射提升定理(定理 3.4.6),存在同态 $f:(U, u_0) \to (U, \tilde{\alpha}(1))$为 q 关于(U, B, u_0)与$(U, B, \tilde{\alpha}(1))$的提升.交换 u_0 与 $\tilde{\alpha}(1)$ 的位置可得到同态 $g:(U, B, \tilde{\alpha}(1)) \to (U, B, u_0)$.于是

$$g \circ f(u_0) = g(\tilde{\alpha}(1)) = u_0 = 1_U(u_0),$$
$$f \circ g(\tilde{\alpha}(1)) = f(u_0) = \tilde{\alpha}(1) = 1_U(\tilde{\alpha}(1)).$$

再由引理3.6.2，$g\circ f=1_U=f\circ g$. 因此，f 为自同构. 又因 $f(u_0)=\tilde{\alpha}(1)$，$\tilde{\alpha}$ 为 U 中连接 u_0 到 $\tilde{\alpha}(1)$的道路，根据 T 的定义，有

$$T(f)=[q\circ\tilde{\alpha}]=[\alpha].$$

这就证明了 T 为满同态.

综上所述，$T:A(U,B,q)\to\pi_1(B,b_0)$为同构.

由上可推得$\overline{\overline{\pi_1(B,b_0)}}=\overline{\overline{A(U,B,q)}}$. 再由定理3.5.1，有$\overline{\overline{q^{-1}(b_0)}}=\overline{\overline{\pi_1(B,b_0)}}$. 因此

$$(U,B,q)\text{ 的层数 }=\overline{\overline{q^{-1}(b_0)}}=\overline{\overline{\pi_1(B,b_0)}}=\overline{\overline{A(U,B,q)}}.\qquad\square$$

例 3.6.2 (1) 设 $p:\mathbf{R}\to S^1$ 为指数映射 $p(t)=e^{2\pi t i}$，$(\mathbf{R},S^1,p)$为 S^1 的万有覆叠空间. 我们定义 $\varphi:A(\mathbf{R},S^1,p)\to\mathbf{Z}$ 如下：对 $\forall f\in A(\mathbf{R},S^1,p)$，由 $p\circ f(t)=p(t)$，即 $e^{2\pi f(t)i}=e^{2\pi t i}$，$e^{2\pi(f(t)-t)i}=1$，$(f-1_{\mathbf{R}})(t)=f(t)-t\in\mathbf{Z}$. 由 $\mathbf{R}$ 连通与 $f-1_{\mathbf{R}}$ 连续知，$(f-1_{\mathbf{R}})(\mathbf{R})$连通，必有 $n\in\mathbf{Z}$，使得 $f(t)-t=n$，即 $f(t)=t+n$，于是，令 $\varphi(f)=n$. 易验证 φ 为同构，因此 $A(\mathbf{R},S^1,p)\cong\mathbf{Z}$. 根据定理3.6.3，有

$$\pi_1(S^1)\cong A(\mathbf{R},S^1,p)\cong\mathbf{Z}.$$

(2) 设 $p\times p:\mathbf{R}\times\mathbf{R}\to S^1\times S^1$ 为 $p\times p(t_1,t_2)=(e^{2\pi t_1 i},e^{2\pi t_2 i})$. $(\mathbf{R}\times\mathbf{R},S^1\times S^1,p\times p)$ 为 $S^1\times S^1$ 的万有覆叠空间. 对 $\forall f\in A(\mathbf{R}\times\mathbf{R},S^1\times S^1,p\times p)$，有

$$f(t_1,t_2)=(t_1+n_1,t_2+n_2).$$

从而有同构 $A(\mathbf{R}\times\mathbf{R},S^1\times S^1,p\times p)\cong\mathbf{Z}\oplus\mathbf{Z}$. 根据定理3.6.3，有

$$\pi_1(S^1\times S^1)\cong A(\mathbf{R}\times\mathbf{R},S^1\times S^1,p\times p)\cong\mathbf{Z}\oplus\mathbf{Z}.$$

(3) 设 $p:S^n\to P^n(\mathbf{R})$，$\boldsymbol{x}\mapsto p(\boldsymbol{x})=[\boldsymbol{x}]$为自然投影，$(S^n,P^n(\mathbf{R}),p)$为 $P^n(\mathbf{R})$的万有覆叠空间，其中 $n\geqslant 2$. 对 $\forall f\in A(S^n,P^n(\mathbf{R}),p)$，下证 f 或者为恒同映射，或者为关于原点的反射，即 $f=1_{S^n}$ 或 -1_{S^n}. 从而有

$$A(S^n,P^n(\mathbf{R}),p)\cong\mathbf{Z}_2.$$

根据定理3.6.3，有

$$\pi_1(P^n(\mathbf{R}))\cong A(S^n,P^n(\mathbf{R}),p)\cong\mathbf{Z}_2.$$

余下我们来证明 $f=1_{S^n}$ 或 -1_{S^n}. 事实上，对 $\forall\boldsymbol{x}\in S^n$，因为

$$[f(\boldsymbol{x})]=p\circ f(\boldsymbol{x})=p(\boldsymbol{x})=[\boldsymbol{x}],$$

所以 $f(\boldsymbol{x})=\boldsymbol{x}$ 或 $-\boldsymbol{x}$. 令

$$U=\{\boldsymbol{x}\in S^n\mid f(\boldsymbol{x})=\boldsymbol{x}\},\quad V=\{\boldsymbol{x}\in S^n\mid f(\boldsymbol{x})=-\boldsymbol{x}\},$$

由 f 连续，易知 U 与 V 均为开集，且 $U\cap V=\varnothing$，$S^n=U\cup V$，由 S^n 连通立知，$V=\varnothing$，$U=S^n$，$f(\boldsymbol{x})=\boldsymbol{x}$，$f=1_{S^n}$；或 $U=\varnothing$，$V=S^n$，$f(\boldsymbol{x})=-\boldsymbol{x}$，$f=-1_{S^n}$.

注 3.6.1 定理3.6.3与例3.6.2表明，我们可以通过计算 B 的万有覆叠空间

(U,B,p)的自同构群 $A(U,B,p)$来得到 B 的基本群$\pi_1(B,b_0)$.

定义 3.6.2 设(E,B,p)为 B 的覆叠空间,E 道路连通,B 局部道路连通(它蕴涵着 E 局部道路连通,B 道路连通). $b_0\in B, e_0\in E, p(e_0)=b_0$. 如果 $p_*(\pi_1(E,e_0))$为 $\pi_1(B,b_0)$的正规子群,则称(E,B,p)为 B 的**正则覆叠空间**. 此时,$p_*(\pi_1(E,e_0))$在 $\pi_1(B,b_0)$中的共轭类只有一个元素. 易见,正则性与 b_0, e_0 的选取无关(请验证).

引理 3.6.3 (1) B 的万有覆叠空间(E,B,p)是正则覆叠空间. 但反之不真.

(2) 如果 $\pi_1(B,b_0)$为交换群,则 B 的任何覆叠空间(E,B,p)都是正则覆叠空间.

证明 (1) 设(E,B,p)为 B 的万有覆叠空间,则

$$p_*(\pi_1(E,e_0)) = p_*(0) = 0$$

为 $\pi_1(B,b_0)$的平凡子群,它是 $\pi_1(B,b_0)$的正规子群,因此(E,B,p)是正则的.

设 $p_n: S^1\to S^1, p_n(z)=z^n$ 为幂函数. 例 3.4.4 表明(S^1,S^1,p_n)为 S^1 的覆叠空间. 由于 $\pi_1(S^1)\cong\mathbf{Z}$ 为交换群,故(S^1,S^1,p_n)为 S^1 的正则覆叠空间(由(2)). 但从 S^1 非单连通知,(S^1,S^1,p_n)不是 S^1 的万有覆叠空间.

(2) 设 $\pi_1(B,b_0)$为交换群,根据定义知,它的任何子群都是正规子群($[h]\in H, [\alpha]\in\pi_1(B,b_0)$必有$[\alpha]^{-1}[h][\alpha]=[h][\alpha]^{-1}[\alpha]=[h]\in H$,所以,$H$ 为正规子群). 当然,$p_*(\pi_1(E,e_0))$也为 $\pi_1(B,b_0)$的正规子群,所以(E,B,p)是正则覆叠空间. □

从引理 3.6.3(2)可看出,要构造一个非正则覆叠空间,B 的基本群$\pi_1(B,b_0)$必须为非交换群. 首先想到的是 B 为 8 字形空间.

例 3.6.3 (1) 设 B 为 8 字形空间,$E=\bigcup\limits_{n=1}^{\infty}A_n$ 为 $\mathbf{R}^2$ 的子拓扑空间,其中 A_n 如图 3.6.5 所示,$A_n\subset A_{n+1}$(注意:当 n 增大时,图中直线段按适当比例缩短长度).

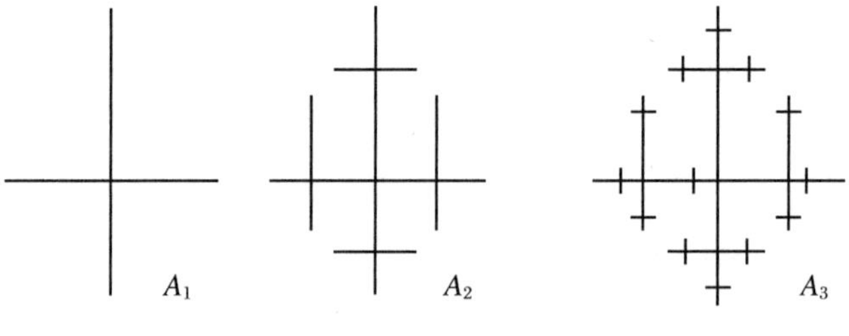

图 3.6.5

为了构造覆叠投影 $p:E\to B$,如图 3.6.6 所示标出了 E 中直线段和 B 中圆周的指向,映射 p 以自然方式(例如修改指数映射)将 E 中标有单箭头的线段,逆时针绕一圈映成 B 中左边的圆周;而将 E 中标有双箭头的线段,顺时针绕一圈映成 B 中右边的圆周. 易见,(E,B,p)为 B 的覆叠空间(注意:E 中每个 A_n 的直线段的"外"端点不属于 E!).

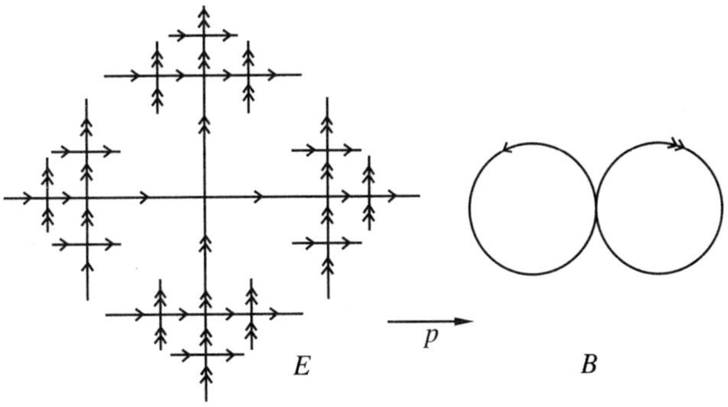

图 3.6.6

对 $\forall\ \tilde{\alpha}\in\Omega(E,0)$，由 $\tilde{\alpha}$ 连续，$[0,1]$紧致，故 $\tilde{\alpha}([0,1])\subset E$ 也为紧致集. 从而 $\exists\, N\in\mathbf{N}$，使 $\tilde{\alpha}([0,1])\subset A_N$. 由于 A_N 以$\{0\}$为强形变收缩核，收缩映射为 $F: A_N\times[0,1]\to A_N$，

$$F(\cdot,0)=c_{\{0\}},\quad F(\cdot,1)=1_{A_N},$$

$$F(0,t)=0=F(1,t),\quad \forall\, t\in[0,1].$$

于是

$$G(s,t)=F(\tilde{\alpha}(s),t),\quad G(s,0)=F(\tilde{\alpha}(s),0)=c_{\{0\}},$$

$$G(s,1)=F(\tilde{\alpha}(s),1)=1_{A_N}(\tilde{\alpha}(s))=\tilde{\alpha}(s),$$

$$G(k,t)=F(\tilde{\alpha}(k),t)=F(0,t)=0,\quad \forall\, t\in[0,1],k=0,1.$$

这就证明了 $c_{\{0\}}\simeq_{\mathrm{p}}\tilde{\alpha}$，即 $\tilde{\alpha}\simeq_{\mathrm{p}}c_{\{0\}}$，从而 E 单连通，即 $\pi_1(E)=0$. 于是，(E,B,p)为 B 的万有覆叠空间.

(2) 设 B 为 8 字形空间，$E=\bigcup\limits_{n=1}^{\infty}A_n$ 为$\mathbf{R}^2$ 的子拓扑空间，其中 A_n 如图 3.6.7 所示，$A_n\subset A_{n+1}$. 仿(1)可构造出覆叠投影 $p: E\to B$ 使得(E,B,p)为 B 的覆叠空间.

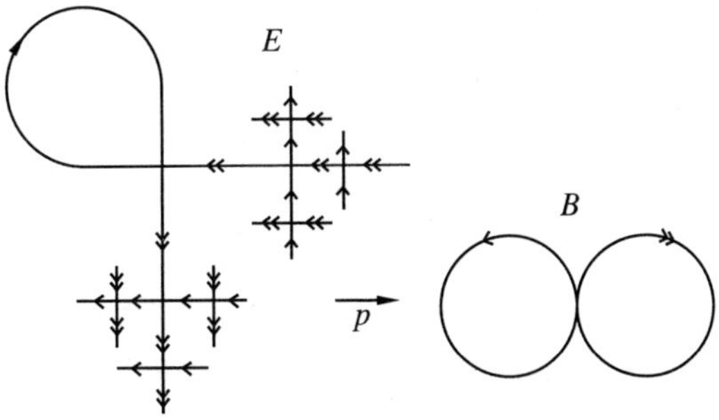

图 3.6.7

进而不难证明 $p_*(\pi_1(E,0))$恰为 B 的左边圆周对应的$\pi_1(B,b_0)$的子群，再应用例

3.5.16 中的方法可证 $p_*(\pi_1(E,0))$ 不是 $\pi_1(B,b_0)$ 的正规子群(读者自证),从而 (E,B,p) 不是 B 的正则覆叠空间.

定理 3.6.4 设 (E,B,p) 为 B 的正则覆叠空间,$\forall b_0\in B$,$\forall e_0\in p^{-1}(b_0)$,则:

(1) $\overline{\overline{A(E,B,P)}}=\overline{\overline{p^{-1}(b_0)}}$;

(2) $A(E,B,p)\cong\pi_1(B,b_0)/p_*(\pi_1(E,e_0))$;

(3) (E,B,p) 的层数 $=\overline{\overline{p^{-1}(b_0)}}=\overline{\overline{A(E,B,p)}}=\overline{\overline{\pi_1(B,b_0)/p_*(\pi_1(E,e_0))}}$(称它为 $p_*(\pi_1(E,e_0))$ 在 $\pi_1(B,b_0)$ 中的指数.

证明 (1) 因为 (E,B,p) 为 B 的正则覆叠空间,故 $p_*(\pi_1(E,e_0))$ 为 $\pi_1(B,b_0)$ 的正规子群.而正规子群的共轭类中只含一个元素.根据定理 3.4.5,对 $\forall e\in p^{-1}(b_0)$,$p_*(\pi_1(E,e))$ 与 $p_*(\pi_1(E,e_0))$ 共轭,从而 $p_*(\pi_1(E,e))=p_*(\pi_1(E,e_0))$.由映射提升定理(定理 3.4.6),$p$ 有唯一的提升 $\varphi(e):E\to E$,使 $\varphi(e)(e_0)=e$.易知,$\varphi(e)\in A(E,B,p)$(类似上述 p 有唯一的提升 $\xi(e_0):E\to E$,使 $\xi(e_0)(e)=e_0$.于是,$\xi(e_0)\circ\varphi(e)(e_0)=e_0$,故 $\xi(e_0)\circ\varphi(e)=1_E$.同理,$\varphi(e)\circ\xi(e_0)=1_E$,从而 $\varphi(e)\in A(E,B,p)$),并得到映射 $\varphi:p^{-1}(b_0)\to A(E,B,p)$.

若 $\forall h\in A(E,B,p)$,则 $p(h(e_0))=p(e_0)=b_0$,因此,$h(e_0)\in p^{-1}(b_0)$.令 $\gamma:A(E,B,p)\to p^{-1}(b_0)$,$\gamma(h)=h(e_0)$,则

$$\gamma\circ\varphi(e)=\gamma(\varphi(e))=\varphi(e)(e_0)=e,\quad \forall e\in p^{-1}(b_0),$$

$\gamma\circ\varphi=1_{p^{-1}(b_0)}$,以及

$$\varphi\circ\gamma(h)(e_0)=\varphi(\gamma(h))(e_0)=\gamma(h)=h(e_0),\quad \forall h\in A(E,B,p),$$
$$p\circ\varphi(\gamma(h))=p=p\circ h.$$

由引理 3.6.2,有

$$\varphi\circ\gamma(h)=\varphi(\gamma(h))=1_{A(E,B,p)}(h),\quad \forall h\in A(E,B,p),$$

$\varphi\circ\gamma=1_{A(E,B,p)}$.因此,$\varphi$ 与 γ 互为逆映射,从而 φ 为双射,且

$$\overline{\overline{A(E,B,p)}}=\overline{\overline{p^{-1}(b_0)}}.$$

(2) 定义映射 $\psi:\pi_1(B,b_0)\to p^{-1}(b_0)$,$[\alpha]\mapsto\psi([\alpha])=\tilde{\alpha}_{e_0}(1)$,其中 $\tilde{\alpha}_{e_0}$ 是以 $e_0\in p^{-1}(b_0)$ 为起点的 E 中的 α 的道路提升.因为

$$[\alpha]=[\beta]\ \Leftrightarrow\ \alpha\simeq_{\mathrm{p}}\beta\ \Rightarrow\ \tilde{\alpha}_{e_0}\simeq_{\mathrm{p}}\tilde{\beta}_{e_0}\ \Rightarrow\ \tilde{\alpha}_{e_0}(1)=\tilde{\beta}_{e_0}(1)$$

(由道路同伦提升定理),所以 ψ 的定义是确切的.

对 $\forall e\in p^{-1}(b_0)$,由 E 道路连通,有 $\tilde{\alpha}:([0,1],0,1)\to(E,e_0,e)$,则 $[p\circ\tilde{\alpha}]\in\pi_1(B,b_0)$,且

$$\psi([p\circ\tilde{\alpha}])=\widetilde{(p\circ\tilde{\alpha})}_{e_0}(1)=\tilde{\alpha}(1)=e.$$

这就证明了 $\psi:\pi_1(B,b)\to p^{-1}(b_0)$ 为满射.

下证图表

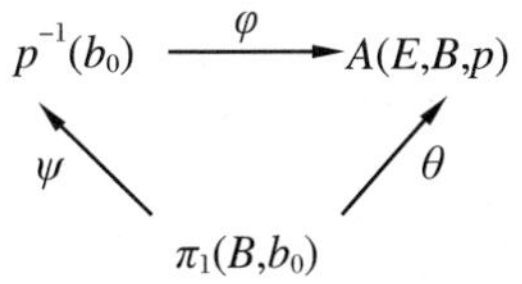

中的 $\theta=\varphi\circ\psi$ 为同态.事实上,对 $\forall[\alpha],[\beta]\in\pi_1(B,b_0)$,令 $e=\widetilde{\alpha}_{e_0}(1)\in p^{-1}(b_0)$.由 θ 与 φ 的定义,有

$$\begin{aligned}\theta([\alpha]*[\beta])(e_0) &= \varphi\circ\psi([\alpha*\beta])(e_0) = \varphi(\psi([\alpha*\beta]))(e_0)\\ &= \varphi(\widetilde{(\alpha*\beta)}_{e_0}(1))(e_0) = \widetilde{(\alpha*\beta)}_{e_0}(1) = \widetilde{\beta}_e(1),\end{aligned}$$

$$\begin{aligned}((\theta([\alpha])\circ\theta([\beta]))(e_0) &= \theta([\alpha])(\theta([\beta])(e_0)) = \theta([\alpha])(\widetilde{\beta}_{e_0}(1))\\ &= \theta([\alpha])\circ\widetilde{\beta}_{e_0}(1) \xlongequal{\text{补证}} \widetilde{\beta}_e(1) = \theta([\alpha]*[\beta])(e_0).\end{aligned}$$

再由 $\theta([\alpha]*[\beta])\in A(E,B,p)$,$\theta([\alpha])\circ\theta([\beta])\in A(E,B,p)$以及引理 3.6.2,有

$$\theta([\alpha]*[\beta]) = \theta([\alpha])\circ\theta([\beta]).$$

余下的是补证 $\theta[\alpha]*\widetilde{\beta}_{e_0}=\widetilde{\beta}_e$,从而 $\theta([\alpha])\circ\widetilde{\beta}_{e_0}(1)=\widetilde{\beta}_e(1)$.这是因为

$$p\circ\theta([\alpha]) = p,\quad p\circ\theta([\alpha])\circ\widetilde{\beta}_{e_0} = p\circ\widetilde{\beta}_{e_0} = \beta,$$

$$\theta([\alpha])\circ\widetilde{\beta}_{e_0}(0) = \theta([\alpha])(e_0) = \widetilde{\alpha}_{e_0}(1) = e = \widetilde{\beta}_e(0),$$

所以根据道路同伦提升定理,有 $\theta([\alpha])\circ\widetilde{\beta}_{e_0}=\widetilde{\beta}_e$.

最后,因为

$$\begin{aligned}&[\alpha]\in\mathrm{Ker}\theta(\text{同态的核})\\ \Leftrightarrow\ &\theta([\alpha]) = 1_E\in A(E,B,p)\\ \overset{\text{引理3.6.2}}{\Leftrightarrow}\ &\widetilde{\alpha}_{e_0}(1) = \theta([\alpha])(e_0) = 1_E(e_0) = e_0\\ \Leftrightarrow\ &[\widetilde{\alpha}_{e_0}]\in\pi_1(E,e_0)\\ \Leftrightarrow\ &[\alpha] = [p_*\circ\widetilde{\alpha}_{e_0}] = p_*([\widetilde{\alpha}])\in p_*(\pi_1(E,e_0)),\end{aligned}$$

所以,$p_*(\pi_1(E,e_0))=\mathrm{Ker}\theta$,从而

$$A(E,B,p)\cong\pi_1(B,b_0)/p_*(\pi_1(E,e_0)).$$ □

注 3.6.2 当$(E,B,p)=(U,B,q)$为 B 的万有覆叠空间时,它当然也是 B 的正则覆叠空间(引理 3.6.3(1)),此时,有

$$A(U,B,q)\cong\pi_1(B,b_0)/p_*(\pi_1(E,e_0))$$

$$= \pi_1(B, b_0)/\{0\} = \pi_1(B, b_0).$$

因此,定理3.6.3就是定理3.6.4的特殊情形.我们先给出定理3.6.3的证明,再给出定理3.6.4的证明是为了培养读者由浅入深、由特殊到一般的研究问题的能力.

注3.6.3 从定理3.6.4的证明看到,$\forall e \in p^{-1}(b_0)$,$\exists \varphi(e) \in A(E, B, p)$,s.t. $\varphi(e)(e_0) = e$,即$\varphi(e)$为正则覆叠空间(E, B, p)上将$e_0 \in p^{-1}(b_0)$映为$e \in p^{-1}(b_0)$的自同构.

从定理3.6.3的证明看到,由U道路连通,必有道路$\tilde{\alpha}$连接$u_0 \in q^{-1}(b_0)$与$u \in q^{-1}(b_0)$,并存在同态$f:(U, u_0) \to (U, \tilde{\alpha}(1)) = (U, u)$,实际上还证明了它是一个同构,其逆为$g$.

参 考 文 献

[1] 江泽涵.拓扑学引论[M].上海:上海科学技术出版社,1978.

[2] 廖山涛,刘旺金.同伦论基础[M].北京:北京大学出版社,1980.

[3] 朱元喜,张国樑.拓扑学[M].上海:上海科学技术出版社,1986.

[4] 徐森林,薛春华.流形[M].北京:高等教育出版社,1991.

[5] 徐森林,微分拓扑[M].天津:天津教育出版社,1997.

[6] 徐森林,薛春华.微分几何[M].合肥:中国科学技术大学出版社,1997.

[7] 汪林,杨富春.拓扑空间中的反例[M].北京:科学出版社,2000.

[8] 熊金城.点集拓扑讲义[M].3 版.北京:高等教育出版社,2006.

[9] 徐森林.实变函数论[M].合肥:中国科学技术大学出版社,2006.

[10] 徐森林,薛春华.数学分析:第二册[M].北京:清华大学出版社,2006.